KB168287

문도선행록

問道禪行錄

통나무

목차

Miru Kim

작가 김미루金彌陋Miru Kim는 1981년, 미국 마사츄세츠 주 스톤햄에서 태어나 서울에서 유년시절을 보냈다. 이대부속 초등학교, 금란여중을 다녔는데, 중학교 2학년 때 자신의 결정으로 도미하여 L.A. 라파즈 중학교를 거쳐 마사츄세츠 주 앤도버 필립스 아카데미에 입학하여 1999년 우수한 성적으로 졸업하였다. 그 후 컬럼비아대학에서 불어불문학을 전공하고, 아버지의 권유에 따라 의학을 전공했으나, 결국 자신의 소질과 희망에 따라 프랫 인스티튜트에서 서양화를 공부했다(2006년 졸업, 미술학석사MFA). 이스트 리버 미디아에서 2년 동안 그래픽 디자이너, 사진작가로 활동하다가 『뉴욕타임스』에 하나의 "전설"로서 소개되어 세계인의 주목을 받았다. 헐스트 코포레이션의 『에스콰이어』 매거진에서 예술가로서 최고의 대중문화 영예라 할 수 있는 "베스트 앤 브라이테스트"로 뽑혀 세계적인 명성을 획득하였다. 그리고 TED에서 초청받아 강연했는데, 인기가 높아 프론트 페이지 웹사이트에 올라갔다. 그 후 인간과 문명의 본질을 탐색하는 작품활동을 계속했는데, 뉴욕, 마이애미, 이스탄불, 베를린 등의 유명갤러리에서 전시했다. 2009년 현대갤러리에서 유례없는 전관전시를 하여 한국인들의 사랑을 받았다. 서울 트렁크갤러리 개인전, 타이완 까오시옹 피어 아트센터 개인전, 뉴욕 첼시갤러리 개인전, 스위스, 크로아티아 퍼포먼스, 폴란드 비엔날레 등 다양한 작품활동을 계속했다. 김미루의 작품은 국립현대미술관과 리움, 서울시립미술관, 한미포토뮤지엄에 소장되어 있다.

Michigan Central Station, Detroit, MI, USA 2009 Digital C-Print 152.4×101.6cm

들어가는 말

우리에게 사막은 종종 죽음의 이미지와 연관되어 있다. 모든 생명의 원천인 물이 고갈되어 살 수 없는 곳! 사막을 가본 적이 없는 사람들은 우선 두려움에 물러선다. 방향을 상실하거나, 가혹한 폭염과 목마름에 고생하거나, 모래바람에 묻히거나, 전갈이나 뱀에 물리거나 하는 이미지에 압도당하고 마는 것이다. 그러나 이러한 죽음의 관념 때문에, 사막은 종종 영적인 공간으로서 인식되기도 한다. 서양의 종교, 성자들이 모두 이 사막에서 나왔다. 모세도, 예수도, 세례 요한도, 무함마드도 다 사막에서 절대자의 소리를 들었다.

우리는 죽음이 지배하는 이 광막한 "빔"의 공간에 대하여 무언가 낭만적인 이미지를 가지고 있기도 한 것이다. 그대의 실존의 고뇌나 기억들을 뜨거운 바람과 함께 다 망각으로 날려버릴 수 있는 "빔"의 장소, 고통을 겪으면 겪을수록 신성해지는 장소, 그러한 곳으로 승화되어 있기도 한 것이다.

세상에는 사막에 관한 셀 수 없이 많은 책과 영화들이 있다. 한 아리따운 여인이 남편이 죽은 후에 캐러밴을 따라 고통스러운 여행을 하게 된다든가, 파일럿 조종사가 문명에서 격리된 공허한 사막에 추락하여 낯선 환경의 소년을 만나게 된다든가, 한 남자가 그의 사망한 연인을 비행기에 태우고 날아가다가 모래에 쑤셔박혀 결국 로칼 베두인에게 구원을 얻는다든가 하는 이야기는 대부분 사하라사막을 배경으로 한 것이다. 사하라는 가장 크고 가장 죽음의 그림자가 짙게 드리워져 있다. 거기에는 사랑과 죽음과 극단적 수난과 자기발견과 수행과 종교적 계시 같은 것이 발생할 수 있는 모든 가능성이 함장되어 있다.

그러나 세계의 사막은 사하라만 있는 것이 아니다. 사하라 중심의 사고 역시 서구인들의 좁은 인식의 지평과 관련되어 있다. 나는 가급적이면 다양한 사막의 진면목을 체험하고 싶었다. 물론 나 또한 나의 오딧세이를 시작했을 때는 매우 진부한 사고를 하고 있었을지도 모른다. 우선 나 자신을 정신적으로 신체적으로 정화시키고 싶었을 것이다. 도시의 삶은 과도한 감관의 피로를 강요하고, 의미 없는 인간관계를 계속 엮어나간다. 사막은 나에게 위대한 해독제였다. 매우 평범한 사막의 유목민처럼 고독하게 청춘의 3년을 유랑한 나의 삶은 해독의 한 극단적 실험이었다.

그러나 진실로 내가 사막을 헤매지 않으면 아니 되었던 또 하나의 이유가 있다. 그것은 인간의 언어로써는 도저히 표현할 수 없는 막대한 아름다움이다. 막대함은 숭고함을 뛰어넘는 그 무엇이다. 나의 사진작품은 그 막대한 아름다움을 도저히 따라갈 수가 없다. 내가 뉴욕의 메트로폴리탄 박물관에서 램브란트의 원화를 처음 바라보았을 때의 충격! 나는 몇 개의 그림 앞에서 멍하니 몇 시간을 배회할 수밖에 없었다. 중고등학교 시절에 칼렌다에 인쇄되어 있었던 그림들을 보았을 때의 느낌과 너무도 달랐다. 인쇄물로써는 화가의 붓질의 느낌, 그 질감의 총체적 아름다움을 흠상할 길이 없다. 사막은 영원히 우리의 분별심을 뛰어넘는 무명無名의 아름다움을 간직한다. 사막의 아우라는 그대 본인이 직접 사막 한가운데서 느껴보지 않으면 안된다. 어떠한 매체도 그 광활한 숭고미를 전해주지 못한다.

내가 쓰고자 하는 이야기는 트래블로그travelogue가 아니다. 그것은 지혜를 갈망하는 모든 자들이 거쳐야만 하는 "벗음"의 여정이다. 사막은 사막마다 유니크한 체험을 안겨준다. 언어가 다르고, 삶의 양식이 다르고, 그곳에서 생활하는 사람들의 세계구성이 다르다. 나는 이 다양한 구성 속에 나의 삶을 융합시키는 어려운 시도를 끊임없이 감행하였다.

사막에는 우리의 일상에서 도저히 경험할 수 없는 신비로운 그 무엇이 있다. 계시라면 계시라고도 말할 수 있는 특별한 체험이 나를 휘감았다. 그러나 사막에서의 해탈의 진정한 의미는 그런 신비니 계시니 하는 것들을 벗어버리는 데 있다. 나는 평범한 사람으로서 돌아왔을 뿐이다. 똑같은 사람으로서 제자리로 돌아온 것이다. 조금 더 슬기로워지고 여유로워졌다. 3년간의 사막의 고행은 나를 보다 온전한 인간으로 만들어주었다. 최종적인 소득이라면 나의 삶과 나의 예술이 하나로 되었다는 것이다.

뉴욕의 도시의 삶으로 돌아왔을 때 나는 나의 기억이 사라지는 것이 매우 애처로왔다. 나의 모험을 글로 써서 남겨야겠다고 생각했다. 지금 사막에서의 나날을 생각하면 그냥 꿈만 같다. 나는 지금도 조금씩은 더 지혜로워지고 있을지도 모른다. 나는 나의 여행의 전체적 의미를 아직 파악하지 못하고 있을 수도 있다. 전체를 안다는 것은 정말 어려운 것 같다. 그러나 나는 붓을 옮길 수밖에 없었다. 미국의 저명한 소설가 제임스 솔터James Salter, 1925~2015가 한 말을 되새기면서: **"모든 것이 꿈이었다는 것을 깨달을 때가 분명히 온다. 그러나 언어 속에 보존된 그것들이야말로 그나마 진실의 가능성을 보유한다."**

맨해튼에서

저자 김미루

【제1송】

사하라의 신기루, 팀북투로 가는 길

내가 2012년 정월에 시작하여 전 세계의 사막으로 여행을 떠나게 된 사연, 그것은 희한한 내막이 숨어있는 이야기는 아닐 것 같다. 청춘의 여로에서 흔히 만날 수 있는 에로스적 충동, 더 나은 이데아를 향해 현실의 모든 쓰라림을 존재의 뒷켠으로 깨끗이 내던지고 싶은 충동, 그 충동을 수용해 주는 광활한 공간이 나에게는 사막으로 형상화 되어 나타났다.

너무도 강렬하고, 흔하지 않은 이야기! 3년에 걸친 한 가냘픈 여인의, 고독한 모험의 발자취! 나는 말리, 이집트, 모로코의 사하라 사막, 요르단의 아라비아 사막, 인도의 타르Thar 사막, 몽골리아의 고비 사막을 헤매고 또 헤매었다.

이 방황의 이야기를 나의 조국이 새로운 역사의 장을 맞이한 이 시점에서 할 수 있게 되어 너무 기쁘다. 미국이나 유럽사회는 선진의 징표로 여겨져왔던 외형적 문명의 장관이 본질적인 생존의 공동체윤리를 망각해온 허상이었음이 점차 노출되어가고 있는 데 반하여, 우리나라 사람들은 불우한 역사적 환경 속에서도 도덕적으로 정당한 정의로운 길을 선택해왔다는 것이 입증되고 있다. 한국인들에게는 무아의 지혜가 축적되어 있다. 우리역사는 옛 사고방식을 다 떨쳐버리고 새로운 모험을 감행하고 있다. 모험은 단순히 어려움을 헤쳐나간다는 의미는 아닐 것이다. 모험의 과정에서 "새로움"이 생겨나야 하는 것이다. 내가 새로워지고, 내가 인식하는 세계가 새로워져야 하는 것이다.

사막, 낙타, 유목민족의 삶에 관하여 내가 강렬한 매혹을 느끼게 된 것은 2011년 늦은 여름, 사진작가로서의 나의 삶의 단면을 다큐화 하는 방송용 작품을 찍기 위해 요르단에 한 달 동안 머물게 된 것이 그 결정적 계기가 되었다.

그 사건은 내가 중동지역에 발을 디디게 된 첫 경험이었다. 나는 초라한 행색으로 하는 질소한 여행스타일에 별로 경험이 없었다. 그리고 한국의 텔레비전 회사들이 아주 빈약한 예산과 충분한 정보가 없이 다큐를 곧바로 찍어댄다는 것도 전혀 예상치 못했다. 제작팀은 암만Amman의 교외에 아주 검약한 시설을 예약해놓았다. 첫날 밤, 내 방 샤워실 물 빠져나가는 하수관 막이에 온갖 인간들의 털들이 엉켜 수북이 쌓여있는 것을 보고 나는 질겁을 했다. 나는 팀에게 당장 시내에 있는 좋은 호텔로 방을 바꾸어달라고 졸랐다.

그런데 놀랍게도 팀은 나의 청을 실현시켜 주었다. 그러나 다음날, 베두인족이 운영하는 사막 캠프에서 하룻밤을 지낼 수밖에 없었는데, 나는 모든 것이 공포스럽게 느껴졌다. 예를 들면, 내가 덮는 담요는 때가 얼마나 덕지덕지 끼었는지 그 담요가 이 세상에 나온 후로 한 번도 물세례를 받은 적이 없어 보였다. 그리고 내가 마실 수 있는 물들은 모두 오염된 것처럼 보였다.

그때만 해도 나는 사치 속의 안락을 당연한 것으로 여기는 그런 철없는 소녀였을지도 모르겠다. 그러나 그러한 현실의 곤경에도 불구하고, 사막 그 자체의 광막함은 나의 모든 정열을 불사르기에 충분했다.

제일 먼저, 사막의 황폐함이 지니고 있는 이국적이고도 로맨틱한 관념의 포스가 나를 사로잡았다. 그리고 그 포스는 손상된 인간관계의 현실태로부터 도피하고 싶은 나의 욕망을 부추겨댔다. 나는 그 여행에서 뉴욕 나의 아파트로 돌아오자마자, 세계의 다양한 사막들과 낙타에 의존하는 유목민족문화에 관하여, 서적과 정보를 광적으로 수집하기 시작했다.

그러다가 나는 구글 페이지에서 "사하라 사막의 푸른 인종들The Blue Men of The Sahara"이라고 표기되고 있는 뚜아렉민족Tuaregs에게 시선이 끌리게 되었다. 그들이 휘두른 옷이나 얼굴의 문식이 모두 옥청색의 인디고 염료로 물들여져 있기 때

뚜아렉 사람들. 의상은 색깔이나 모양이나 약간씩 다를 수 있다.

문에 서있는 모습 그 자체가 푸른 생명체처럼 보인다. 나는 이 사막의 종족에 관하여 아무 것도 알지 못했다. 실상 나는 다른 사막종족에 관해서도 아무 정보가 없었다. 이 신비스럽게 옅은 쪽빛 천으로 휘감긴 사람들의 이미지가 너무도 강렬해서 나를 도취하게 만들었던 것이다. 나는 직접 사막에 가서 이들과 만나는 방법을 모색하기 시작했다.

이 뚜아렉종족은 더 큰 개념의 베르베르 에트닉 그룹Berber ethnic group에 속해 있다. 베르베르족은 남서 리비아, 알제리 남부, 니제르Niger, 말리, 부르키나파소Burkina Faso 북부의 넓은 지역에 걸쳐 살고 있다. 이들이 사는 지역이야말로 현재의 국경과 관계없이 사하라 사막 중심부의 광대한 영역을 포섭한다. 이들이야말로 구약의 옛 이야기에서나 만날 수 있는 전통적 유목문화를 고수하고 있는 유목민들의 정통후예들이다. 획일화 되어가고 있는 인류문명사의 거센 물결을 거슬러, 신비로운 태고의 쪽빛 문화를 지키고 있는 고독한, 그러면서 자족한 이들에 대한 나의 향심은 열렬했다. 그러나 내가 어떻게 그곳으로 갈 수 있겠으며, 이 지구상에서 가장 개발되지 않은 거대한 사막 속에 외롭게 살고 있는 이들과 함께 소굴을 틀 수 있겠는가?

이것은 처음에는 나의 단순한 판타지로만 끝나 버릴 공상처럼 느껴졌다. 그러나 몇 달 후에 나는 여행가방 짐을 꾸리고 있었다. 뚜아렉문화를 과시하는, "사막의 제전Festival au Désert"이라 불리는 뮤직 페스티발이 매년 정월이면 팀북투Timbuktu에서 가까운 모래언덕 위에서 열린다는 정보를 입수했던 것이다. 그런데 이 해, 그러니까 내가 참석한 2012년에 열린 이 뮤직 페스티발이야말로 이후의 정치상황으로 인하여, 그 평화로운 페스티발 역사의 마지막 장이 되어버리고 말 것이라는 사실을 나는 새카맣게 모르고 있었다.

우리가 흔히 쓰는 영어 관용구에 "여기서 팀북투까지from here to Timbuktu"라고 하면, 그것은 보통 우리의 발길이 미치지 못하는 아주 먼 곳, 전설적 미지의 땅을 가리킨다. 그러나 그런 말을 쓰는 사람들도 대부분 팀북투라는 곳이 그들이 실제로 방문할 수 있는 현실적 도시라는 사실을 미처 깨닫지 못한다.

팀북투 사막의 제전에 참가하기 위하여 전 세계에서 모여드는 사람들

팀북투는 아직도 서아프리카의 육지로 둘러싸인 말리Mali라는 나라(면적은 남한의 12배 크기이다. 인구는 1,500만 정도)의 한복판에 존재하는 고대도시이다. 더 정확하게 말하자면 사하라 사막의 남쪽 변경에 있는 니제르강 북쪽으로 약 20km 되는 지점에 위치하고 있다. 이 도시는 1988년에 유네스코 문화유산으로 등록될 정도로 특별한 역사적 가치를 지니고 있지만 지금 가보면 흙벽돌로 지은 집들이 얼기설기 배치되어 있는 뿌연 먼지길만 황량하게 보이는 빈곤한 도시이다(인구는 5만 4천 정도).

그러나 14세기 말리제국 시대에 거슬러 올라가보면, 팀북투는 북아프리카 문화 중심지였다. 이슬람 스칼라십과 아프리카 무역의 환상적 센터였다. 이곳은 북부아프리카의 캐러밴 루트의 교차지로서 부가 축적되었으며, 산코레 마드라사Sankore Madrasah라는 권위 있는 이슬람대학이 있었다.

팀북투에 남아있는 황토벽돌 이슬람사원, 1327년에 완공된 징게레베르 모스크The Dinguereber Mosque. 이것은 종교적 사원일 뿐만 아니라 당대 세계학문의 한 중요한 센터였다. 내부에 들어가보면 장엄한 광경이 펼쳐진다. 1988년에 유네스코 세계문화유산으로 등재되었다.

17세기에 이르기까지 이 도시의 영화는 꾸준히 하락했지만, 중동과 유럽에는 이 도시에 관한 환상적 이야기들이 계속 나돌았다. 팀북투의 길거리들은 모두 금벽돌로 포장되어 있으며, 소금과 금이 동일한 무게로 교환될 수 있다는 것이다. 전자는 과장된 이야기이지만, 후자의 이야기는 결코 거짓이 아니었다. 소금이 그토록 귀하게 느껴졌던 것이다. 하여튼 이런 이야기들이 날이 갈수록 더욱 맹랑하고 화려하게 포장되었고 모험가들의 환상을 자극시켰다.

19세기 초부터 서구의 탐험가들은 잃어버린 도시, 팀북투를 찾아 나서기 시작했다. 그러나 이 탐험이야말로 그들에게는 불행의 연속일 뿐이었다. 온갖 질병이 그들을 괴롭히면서 대원隊員이 저승으로 사라졌고, 추락, 익사, 적대적인 토착민들의 공격 등등으로 그 어느 누구도 성공적인 탐험을 수행해내지 못했다. 바로 이러한 이유로 "팀북투"라는 단어는 인간의 발걸음이 미칠 수 없는 모호한 먼 이상향의 심볼이 되어갔다. 독자들이 영한사전을 펼쳐보아도, "Timbuktu"는 "멀리 떨어진 곳"의 뜻으로 해설되어 있는 것을 발견할 수 있을 것이다.

드디어 1828년에, 르네 까예René Caillié, 1799~1838라는 불란서의 탐험가가 팀북투를 단신으로 탐험하는 모험을 감행한다. 까예는 16살 때 이미 불란서해군 선박의 선원으로서 서아프리카 세네갈 해변에 수개월을 머무른 경험이 있었으며, 평생 팀북투를 가보고자 하는 열정에 사로잡혀 있었다. 그는 자금을 모았고, 이전의 실패담의 원인을 치밀하게 조사했다. 그는 아랍어를 배웠고 이슬람의 문화를 습득했다.

르네 까예René Caillié, 1799~1838

그는 무슬림으로 변장하여 여행을 계속했으며, 목적지에 도달했고, 프랑스의 자기 고향으로 안전하게 돌아왔다. 팀북투의 실상을 체득하고 돌아온 첫 유럽인이 된 것이다. 이 사건 이후로 황금과 눈부신 부의 이상향의 꿈은 사라졌다.

까예는 이 도시를 아주 작고 초라한 볼품없는 한 마을로 묘사했다. 까예는 프랑스 지리학회의 도움을 받아 보고서를 썼다. 그러나 그는 빈궁하게 살았고 38세의 젊은 나이에 폐병으로 죽는다.

하여튼 팀북투는 그 모습대로 초라하게 유지되었다. 그러나 최근의 북부 말리 분리내전(2012년부터 지금까지 지속되고 있는 복잡한 내전)이 발생하기 이전까지, 팀북투는 전혀 다른 종류의 금을 보유하고 있었다. 그곳에는 고대 이슬람 학자들이 남겨놓은 수천수만 권의 책과 원고가 보존되어 있었고, 황토 흙벽돌로 지은 매우 유니크한 건축스타일의 모스크들, 그리고 다양한 문화적 전승이 남아있었던 것이다.

그러한 풍요로운 역사유산 때문에 팀북투는 근세에 규모는 크지 않지만 관광산업을 유지할 수 있었다. 팀북투에 여행한다는 것은 결코 쉬운 일이 아니다. 그러나 불가능하지는 않다. 그러나 지금 이 글을 읽는 독자들에게는 완벽히 불가능한 이야기가 되고 말았다. 지금은 관광이 허용되지 않는다. 이러한 정치적 정황에 관해서는 내가 나중에 좀 설명할 기회가 있을지도 모르겠다.

특별히 나에게 있어서, 수 주 안에 급히 이 여행을 플랜하는 작업은 결코 쉬운 일이 아니었다. 2011년 12월 중순, 나의 삶에 좌절을 안겨준 변화가 일어났다. 나는 비장한 느낌으로 곧바로 뉴욕에서 바마코Bamako(니제르강변에 위치한 말리의 수도. 말리의 남서부에 있다)로 가는 싼 비행기표를 왕복으로 끊었다. 티켓은 내가 2012년 1월 10일에 말리에 도착하고 같은 달 18일에 그곳을 떠나는 일정만을 허락했다.

자아! 걱정이 태산 같이 쌓이기 시작했다. 바마코에서 팀북투는 어떻게 갈 것이며(부산에서 북한의 신의주로 가는 것보다도 훨씬 더 멀다), 또 어떻게 돌아올 것이며, 어디서 묵고, 무슨 장비와 양식을 준비해야 할 것인가? 어떻게 신속하게 비자를 획득하고, 방역조건들을 만족시킬 것인가?

말리를 들어가려면 황열병 백신주사는 필수다. 이런 생각을 하자니, 다양한 질병의 공포가 나를 괴롭히기 시작했다. 나는 우선 악명 높은 말라리아가 공포스러웠다. 말라리아는 모기 내에 기생하는 벌레가 그 주둥이 주사를 통하여 인간의 혈관 내로 주입되어 인간의 간에 정착하여 증식하는 매우 구체적인 전염질환이다.

말라리아에 대해서는 현대의학의 발전에도 불구하고 백신이 존재하지 않는다. 그래서 더욱 공포스러운 것이다. 말라리아를 예방하기 위하여 처방되고 있는 다양한 약들이 대체적으로 심각한 부작용을 유발하며 건강에 악영향을 끼친다는 것은 잘 알려져 있다.

나는 예방약은 먹지 않기로 결심했다. 이 결심은 내가 말라리아 모기에 물리지 않기 위하여 광범한 대책을 수립해야만 한다는 것을 의미했다. 그러나 이것은 정말 지난한 과업이다. 내 피부는 태생적으로 "모기 자석mosquito magnet"이라고 불릴 정도로 모기와 친화력이 강하다. 내 친구들은 나를 자기들의 모기방충제라고 부르곤 했는데, 내 옆에 앉으면 모기가 다 나에게로 오고 자기들에게는 안 간다는 것이다.

그래서 나는 구할 수 있는 모든 종류의 모기방충제를 주문했다. 그리고 애매한 약이지만 비타민B 반창고까지 주문했다. 이것은 한국사람들이 잘 쓰는 파스 같이 생긴 것인데 아무데나 붙이면 온몸에서 비타민B가 땀으로 분비되게 만든다. 실제로 붙여보면 비타민B 냄새가 온몸에서 난다. 모기가 이 냄새를 몹시 싫어한다는 것이다. 이 약을 만든 사람들의 주장은 아무런 과학적 근거는 없는 것 같다. 그러나 나는 다급하니 샀고 또 그것을 사용했다. 나는 모기와 다른 벌레들을 못 오게 만드는 다섯 종류의 방충약을 더 샀다.

물론 방충제만이 내가 살 것이 아니었다. 나는 물정화제water purification tablet(알약인데 물에 집어넣으면 더러운 물도 마실 수 있다. 투입하고 4·5시간 기다린 후에 마신다. 옥도정기 같은 냄새가 난다), 설사약, 진통제, 항염증제, 항생제도 사야했고, 커피, 쵸코릿, 씨리얼, 파스타깡통 같은 음식, 그리고 슬리핑백, 모기장, 배낭 같은 캠핑도구를 다 장만해야 했다. 사람들은 나의 예술작품의 성격상 내가 이런 일들에 매우 익숙할 것 같이 생각하는데, 나는 실제로 야외활동가가 아니었다. 나는 캠핑도 해본 적이 없고, 텐트를 어떻게 치는지도 알지 못했다.

허구한 날을 나는 맨해튼에 있는 나의 콘도아파트에서 인체공학적으로 만든 그물의자에 앉아 사유를 향유하는 것으로 만족하는 그런 소극적 삶을 즐겼다. 나는 대부분 외식을 하지 않지만 나가 먹으면 반드시 미쉐린에서 별표를 받은 좋은 레스토랑만을 골라 순회한다. 여행을 할 때도 최소한으로 편리한 호텔급의 숙소를 선택했다. 나는 여행을 무척 많이 다니는 편이지만 그래도 문명화 된 나라들만을 다녔다. 백신주사를 요구하는 그런 지역은 가본 적이 없었다. 내가 틴에이저 시절 유럽배낭여행을 할 때에도 3성급 이상의 호텔에서만 묵었지, 호스텔급에서 묵은 적은 없었다.

그러나 이제 나는 토착적 삶의 방식에 적응할 수밖에 없었다. 거칠고 익숙하지 않은 환경에 나를 내던지기로 결심한 것이다. 그래서 우선 온라인상으로 팀북투에서 묵을 수 있는 곳을 찾아보았다. 결국 팀북투의 북쪽 가장자리에 있는, 호텔 사하라패션Hotel Sahara Passion이라 이름하는 아주 싼 숙박시설을 하나 발견했다. 그 업소는 신둑Shindouk이라 부르는 뚜아렉 남자가 경영하는 곳이었다.

신둑은 나이가 한 50 되어 보이는데, 실제로는 나이보다 훨씬 더 늙어 보인다. 사막의 강렬한 태양이 사람들의 얼굴을 그을리기 때문이다. 그의 부인은 미란다 Miranda라 이름하는, 블론드 머리에 매우 매력적인 캐나다 여인이었다. 이 30대의 젊은 서양여자는 발룬티어 활동가로서 팀북투에 왔다가 말뚝을 박고 토착민과 결혼해버린 것이다.

나와 협상을 하기 위해 그의 호텔 안방에 앉아 있는 신둑. 확실히 포스가 있어 보이는 인물이다.

정말 재미있는 부부라고 나는 생각했다. 그렇게 두 사람이 결합한다는 것 자체가 매우 흔치 않은 충격적 사건으로 나에게 다가왔던 것이다. 나는 리뷰를 읽고 그들과 이메일을 주고받은 후에 그들이야말로 나의 말리여행을 안전하게 가이드해줄 수 있는 이상적 커플이라고 생각했다. 나는 우선 그들에게 바마코에서 팀북투로 가는 여행길을 오거나이즈 해달라고 도움을 요청했다.

특히 요즈음 이슬람 마그레브Islamic Maghreb 지역의 알카에다 조직에 의한 유괴·납치의 뉴스가 잦았기 때문에, 나는 말리 내에서 내 스스로 여정을 플랜한다는 것이 매우 어리석은 짓임을 직감하고 있었다. 그리고 나는 신둑에게 나는 사진작품을 만들어야 하는데, 그 작품은 사막과 낙타와 내 누드로 구성된다는 것을 설명했다.

신둑은 나의 사진작품계획을 도와주겠다고 약속했다. 그 전체지역이 무슬림 관할이라는 것을 생각하면, 젊은 여성의 나체를 포함하는 작품활동이 얼마나 황당하고 또 실제적으로 어려운 요청인지를 나 자신도 인지하고 있었다. 그때만 해도 나는 내 의식 속에서 어떠한 것을 기획하고 있었는지조차 잘 가늠할 수 없었다.

그러나 나는 당시 엄청나게 불행한 사건이 일어나고 있었다는 것을 알면서도 과감하게 모든 여행일정을 확정지었던 것이다. 2011년 11월, 그러니까 바로 전 달에, 3명의 유럽인 관광객들이 알카에다 조직에 의하여 유괴되었다. 그리고 한 독일 관광객은 트럭에 올라타라는 명령에 저항했다가, 팀북투 시내 한복판의 레스토랑 밖에서 대낮임에도 불구하고 머리에 총상을 입고 즉사했다.

나는 축적된 비행기 마일리지를 활용하여 바마코로 가는 비즈니스좌석을 획득했다. 빠리 경유였다. 나는 빠리 샤를 드골 공항의 안락한 VIP라운지에서 뚜아렉사람들의 역사와 문화에 관한 위키 등등의 기사를 읽었다. 그러면서도 나는 불안감에 비닐포장 된 소독물수건을 부지런히 챙겨 저축해 놓고 있었다.

비행기에서는 내 옆에 건장한 모리타니아(대서양 쪽으로 있는 말리의 옆 나라) 비즈니스맨이 앉아 있었는데, 그는 나에게 말리에서 별일 없을 테니 걱정하지 말라고 계속 안심시켜주었다. 그러나 그의 충언도 나에겐 별 도움이 되질 않았다. 나는 비행시간 내내 불안에 떨었다. 비즈니스칸의 훌륭한 침대좌석도, 맛있는 샴페인도

나의 작품들은 반문명적인 테마, 아니 소박한 자연주의, 미니멀리즘을 지향하는 성향이 깔려있다. 이것은 모래내 철거지역에서 찍은 것인데 이 아름답고 자연스러운 가옥들을 헐어버리고 뒤에 병풍처럼 둘러친 고층아파트를 더 나은 삶의 터전으로 지향하는 것이 과연 우리역사의 바른 방향일까? 불도저 앞에 힘없이 무너져내린 집들 중에는 가족사진을 비롯하여 개인사에 기록될만한 물건들이 많이 남아있었다. 주민들은 무시무시한 자연재해로부터 도망치듯 이곳을 떠났다.

나를 잠들게 하지 못했다.

나는 2012년 1월 10일 오후 늦게 바마코 세누 국제공항the Bamako-Sénou International Airport에 도착했다. 부친 짐을 찾고, 졸라대는 호객상들을 뿌리치면서, 나는 아주 점잖은 훌라니Fulani족의 남성과 해후할 수 있었다. 그의 이름은 고렐Gorel이었는데, 바마코에서 활약하는 신둑의 투어가이드 파트너였다. 나는 그의 4륜구동차에 올라타 우선 시내 한복판에 있는 환전소로 갔다. 모든 길 주변으로 덮여있는 붉은 먼지 속에서 나는 찌는 듯이 후끈한, 습도와 먼지로 뒤범벅이 된 공기를 헤쳐나가며 가냘프게 숨을 쉬었다.

말이 끄는 전통적 수레들, 그리고 쓰레기라는 개념조차 인지되지 않는 문명의 찌끄레기, 비닐백이 사방에 흩어져 반짝이는 들판이 나에게는 매우 새로운 광경이었다. 시내에 도착할 즈음, 작열하는 태양이 지평선에 걸리자 모기떼들이 공격을 개시했다. 나는 물리는 것이 너무도 공포스러웠다. 나는 계속 빙빙 돌면서 안달거렸다. 나의 그러한 모습이 환전소에 있는 사람들을 즐겁게 만든 모양이다. 창가에 앉아있던 한 남성이, 크게 웃으며 소리친다: "웰컴 투 말리Welcome to Mali." 나는 다시 차로 돌아가자마자 몸을 커버하는 디트DEET라는 모기약 스프레이를 뿌려댔다. 우리는 고렐의 집으로 가고 있었다.

바마코의 대부분의 좁은 길들은 포장되지 않았고 울퉁불퉁했다. 거리의 가로등은 가끔이나 한둘 있을까말까, 그래서 어두웠다. 고렐이 살고 있는 동네는 거의 등불이 보이지 않는 어두운 주택가였는데, 마치 벽돌과 세멘블럭이 쌓여있는 공사현장 같이 보였다. 왜냐하면 대부분의 가옥들이 완성되기도 전에 입주하여 대강 거적으로 처리하여 삶의 공간을 꾸렸기 때문이다.

내가 고렐의 집에 도착했을 때, 어린아이들이 아버지를 마중하기 위해 조르르 달려 나왔다. 나의 방은 꽤 얌전한 곳이었고 욕실에는 더운 물이 나오지 않았다. 그렇지만, 고렐 가족의 친밀감은 나를 안심시켰다. 그 집의 분위기는 나의 어린시절 추억의 아기자기한 단편들을 회상시켰다. 나도 어렸을 땐 봉원동 산언덕받이 아주 작은 집에서 살았고, 길쭉한 작은 정원은 단지 세멘트바닥이었다. 나는 그곳에서 오빠와 맨발로 소꿉장난을 했다.

얼마 안 있어, 마당에서 저녁이 제공되었다. 식탁에는 상당히 많은 양의 소고기 꼬치, 열대 바나나 튀김, 감자 튀김, 올리브 양파, 콩, 그리고 쌀밥이 놓여 있었다. 잠시 나는 인도에서 어느 가정집에서 주는 음식을 먹고 장질부사에 걸려 고생을 한 나의 친구 생각을 했다. 그러나 곧 그런 불길한 생각을 접어두고 그들이 제공한 음식을 맛있게 다 먹어치웠다. 저녁을 먹은 후에는, 나는 동네로 마실 나갔는데 이웃사람들이 구멍가게 앞에 설치된 뒤가 쑥 나온 옛날 텔레비전 앞에 옹기종기 모여 있었다.

그들의 모습은 실상 우리의 멀지 않은 과거였다. 나는 그들이 얘기하는 것을 듣다가 집으로 돌아왔는데, 오는 길에 미네랄워터 한 병을 샀다. 그 병에는 "보건부에 의하여 검증되고 시인됨"이라는 라벨이 붙어 있었다. 나는 그 물로 이빨을 닦고 남은 물에다가 비타민 가루를 타서 홀짝 다 마셨다.

나에게 주어진 방은 생활용품으로 가득 차있었다. 보아하니 고렐이 자신의 방을

바마코의 거리

나에게 내준 것 같았다. 나는 시트가 깨끗한지 어떤지 확인할 여력도 없었다. 죽도록 피곤했지만, 매트 구석구석에 빈대가 숨어있는지만은 확인해 보아야 했다. 침대에 빈대가 없다는 것을 확인한 후 나는 비로소 모기장 안으로 기어들어 갔다. 사실 내 인생에서 모기장에 들어가 본 것도 이때가 처음이었다.

그 다음날 나는 고렐이 심부름하느라고 여기저기 다니는 것을 졸졸 따라다녔다. 이날 밤, 고렐은 출국을 한다고 했다. 미국으로 떠나기 전에 해야 할 일이 좀 있다고 했다. 그는 그가 볼일을 보는 사이에도 여기저기 관광할 것이 있으면 보여주겠다고 했다. 그 하루가 꿈결처럼 지나갔다. 나는 내가 이 지구상 어디에 있는지도 도무지 감을 잡을 수 없었다. 나는 카메라에 들이닥치는 먼지를 막아보려고 헛된 수고를 계속하는 가운데, 나는 길거리에서 보여지는 광경들을 해탈한 고승처럼 조용히 바라보았다.

길 가장자리로 염소떼를 몰고 가는 사람들, 황토길을 어지럽게 달리는 오토바이 군상, 등에는 아기를 업고 머리에는 산더미 같은 바나나 수확물을 이고 가는 삶의 전선의 여인들, 나무지게 위에 도살된 동물들을 잔뜩 지고 가는 사람들, 죽은 새들, 부적으로 사용하기 위하여 건조된 원숭이머리 등등 기이한 물건들을 파는 행상들이 파노라마처럼 의식을 스쳐 지나갔다.

나에게 깊은 인상을 남긴 별종의 행상이 있었는데, 그것은 담배상과 약종상이었다. 담배상의 경우는 목에 맨 넓은 나무상자를 열면 온갖 고급 유럽 브랜드의 담배곽들이 진열되어 있는 것이다. 약종상의 경우, 매우 재미있는 광경이 내 눈앞에 전개되었다. 온갖 다른 종류의 조제약이 똑같이 생긴 흰 상자 속에 들어있는데, 그 상자를 큰 양동이에 수북이 쌓아놓고 그 뒤에는 인상 깊게 생긴 늙은 여인이 의젓하게 앉아계신 것이다.

사람들이 찾아와 어디가 아프다고 호소하면 그 호소하는 데 따라 그 흰 곽을 하나씩 골라준다. 귀 아프다고 하면 귀약을 주고, 목 아프다고 하면 목약을 주고, 눈 아프다고 하면 눈약을 준다. 하여튼 그 여인은 만병통치의 의사와도 같았다. 한 양동이 안에다가 종합병원을 차려놓고 있는 것이다. 아마도 이것이 기나긴 지혜의

산물이라고 한다면 이 양동이 하나가 거대자본의 현대식 종합병원보다 더 유용할 지도 모르겠다.

나는 우선 고렐에게 그 담배가 진짜인지를 물어보았다. 그랬더니 고렐은 단순하게 대답했다. 사서 피워보고 그 맛이 나면 진짜가 아니겠냐고 했다. 할머니 약은 어떠냐고 물었더니, 그는 "마찬가지죠. 먹어봐야 약효가 있는지를 알죠"라고 대답했다. 그는 쿨한 프래그머티스트였다.

이날, 고렐이 한 중요한 일이란 팀북투에 사는 신둑을 위하여 대형트럭인지 트랙터인지, 그 한 부품을 구매하는 것이었다. 그래서 내가 그것을 비행기에 싣고 가도록 만드는 것이다. 나는 하는 수 없이 오케이라고 말했지만, 실로 그는 나에게 아무런 선택의 여지를 주지 않았다. 부품상의 한 소년이 지저분하고 낡아빠진 굵은 마포대에 담긴 엄청나게 무겁고 녹슨 쇳덩어리 부품을 질질 끌고 나오는 것이었다. 아니! 이렇게 무거운 물체를 비행기에 실으라니! 내 짐은 아무것도 못 가지고 가겠네.

내가 그들의 수고비는 다 지불했건만, 어찌 하여 나에게 이런 구질구질한 수고를 하게 만든단 말인가! 약속이 다르잖아! 이런 류의 욕지거리가 막 내 입에서 쏟아져 나올 판이었지만, 나는 정중하게 혼자 중얼거리듯, 속삭이는 듯이 말했다: **"이 보이소. 포장이라도 다시 해야 하지 않겠소? 비행기회사가 이렇게 무거운 쇠뭉치를 짐칸에 넣어줄 리 있겠소?"** 그들은 나의 말을 아랑곳하지 않았다.

내가 집에 돌아왔을 땐, 나는 완벽하게 에너지가 고갈되어 있었다. 고렐은 방을 들락거리며 이날 밤 출국을 위하여 그의 물건들을 팩킹하고 있었지만 나는 침대에 쓰러져 있었다. 나는 온몸이 먼지로 덮이고 피곤의 극을 달리고 있었지만 샤워를 할 엄두도 내지 못했다. 물이 얼음처럼 싸늘했다.

팀북투로 가는, 페스티발 주최측에 의하여 조직된 전세기가, 1월 12일 아침 일찍 출발하기로 되어 있었다. 모든 사람들이 동시에 체크인 하기 위해 심하게 북적거렸고 나는 그 놈의 쇳덩어리 때문에 마음을 졸였다. 그런데 공항직원들이 내 짐과 마대에 담긴 쇳덩어리를 군말도 하지 않고 싹 가져가 버렸다. 군중 속에 멋진

팀북투 공항

뮤지션들과 서양인들이 있는 것을 보자 나는 좀 안심이 되었지만, 나는 긴 소매를 입었음에도 불구하고, 몸에 디트 모기약을 뿌려댔다. 공항 내에 모기가 꽤 많이 있었기 때문이다. 팀북투까지의 항공은 예상과는 달리 쾌적했고 금방 지나갔다. 비행시간 내내 나는 깊은 호기심으로 커다란 키에 짙은 피부색을 지닌 말리인 스튜어드들을 바라보았다. 그들의 골격은 정말 인상적이었다.

비행기가 팀북투에 착륙하자마자 곧 나는 우렁찬 목소리가 나의 이름을 부르는 것을 들을 수 있었다. 그 목소리의 주인공은 신둑이었다. 건장한 사나이! 불쑥 올라온 널찍한 코에는 마마자국이 가득했고, 몸은 아주 산뜻한 쪽빛 뚜아렉의상으로 휘감겨 있었다.

배기지 클레임이 전동으로 돌아가는 회전대가 아니라 거대한 카트에다가 짐들을 담아놓은 채 가져가라는 것이다. 나는 아귀처럼 달려드는 여행객들을 헤치고 내 짐을 꺼내야만 했다. 신둑은 그 속에서 가뿐하게 그 육중한 시커먼 마대를 들어올렸다. 그리고 그것을 그의 어깨 위에 마치 가벼운 오리털베개인 것처럼 둘쳐멨다. 그리고 곧바로 그의 미니밴으로 갔다.

끝없이 펼쳐지는 지푸라기 색깔의 모랫길, 같은 색깔의 작은 4각의 하꼬방집들을 스치며 지나갔다. 나는 가끔 시야에 들어오는 당나귀를 볼 때마다 흥분을 감출 수 없었다. 나는 살아있는 실물로서의 당나귀를 처음 보았던 것이다. 이렇게 나의 팀북투 모험은 시작되었다.

팀북투 공항에서 짐을 찾는 광경

【제2송】

사막의 삶과 예술, 나의 만트라

나는 드디어 예약해놓은 호텔 사하라 패션Hotel Sahara Passion에 도착했다. 말이 호텔이지 실상인즉 평범한 단층집에 불과했다. 그 단층 게스트하우스에 도착하자마자 신둑은 나를 그들의 안방으로 데려갔다. 안방이라 해봐야 모래바닥 위에 카페트를 몇 개 얹어놓은 것에 불과했다. 팀북투의 집들은 기초라는 개념이 없다. 습기가 없기 때문에 모래 위에 칸막이 흙벽돌만 쌓아올린 것이다. 그 거실은 신둑의 아내와 자녀들의 사진으로 장식되어 있었다.

온라인상으로 전통가족윤리적인 친절과 환대에 관한 뚜아렉철학을 엿듣게 된 나는 그들의 환심을 살 수 있는 상당량의 선물을 잔뜩 준비해갔다. 큰 단지에 든 양질의 꿀, 어린이들에게 필요한 약품들, 뉴욕의 유기농 슈퍼마켓에서 살 수 있는 다양한 생필품을 많이 싸갔다. 나는 그것들을 꺼내 진열하면서 여행용 가방 하나를 전부 비웠다. 끈끈한 가족애를 과시하리라고 확신하면서 그들의 반응을 살폈다.

헌데 이게 웬일인가! 우선 신둑의 캐나다 부인 미란다는 내가 늘어놓는 물건들을 아주 재미없게 쳐다봤다. 그 여자의 무거운 얼굴표정에 아무런 변화가 없이 지루한 땡큐를 한두 마디 뇌까렸을 뿐이다. 나중에야 깨달았지만 그들이 선호하는 선물이란 무조건 현금이었다. 돈은 돈이고, 선물은 선물이지 않은가? 게다가 신둑은 곧바로 나와 비즈니스 협상에 착수했다. 아주 완곡한 방법으로! 솔직한 비즈니스 거래라는 것은 그들의 문화에 존재하지 않은 듯했다.

팀북투의 전형적인 행길, 그리고 흑벽돌 집들.

핵심에 도달하기까지 아주 긴 시간 고생을 해야만 했는데, 신둑의 부인 미란다가 남편이 하는 말을 한 문장 한 문장 고집스럽게 영역을 해댔기 때문이었다. 신둑은 나에게 불어로 말했고, 나는 그 불어를 완벽하게 알아들었다. 그리고 나는 불어로 대답했는데도, 그녀는 영어통역을 고집했던 것이다. 하여튼 신둑의 말 내용은 다음과 같다:

> "내가 당신이 하고자 하는 것을 들었을 때, 나는 당신이 보통 관광객이 아니라는 것을 잘 알았소. 당신이 날 접촉했을 때, 나는 때마침 공교롭게도 나의 옛 친구 한 사람으로부터 소식을 들었소. 그는 사막에 사는 한 성자요. 나는 오랫동안 그를 만나지 못했기 때문에 한번 방문해야겠다는 필요성을 느끼고 있소. 그는 낙타와 기타 다른 동물들과 밤낮으로 같이 살면서 특별한 영력靈力을 획득한 대 성인의 손자요. 나는 당신을 그의 캠프로 데려가려 하오. 당신이 달성하고자 하는 일을 실행하기 위해서는 당신은 반드시, 페스티발 부근의 엉터리 캠프가 아니라, 믿을 만한 정통의 로컬 뚜아렉 캠프로 가야만 하오. 그리고 나는 당신을 항상 낙타에 태워 뚜아렉 인사이더로서 페스티발에 데려갈 것이오. 나하고 같이 행동하면, 당신이 제시한 짧은 기간 동안에도, 나는 당신에게 보통 관광객이 일년 체류해도 못할 경험을 충분히 누리게 해줄 수 있소. 나는 나의 주변에 일어나는 모든 우연을 신의 은총으로 간주하오. 나는 내가 당신을 안내한다는 것을 상업적으로 생각하지 않소. 당신이 기증하는 모든 기금은 나의 마을의 종족이 사용하는 음식과 물값으로 활용될 것이오."

신둑은 한 마을의 추장이라고 했다. 그는 한 종족부락의 추장으로서 권위를 지니고 나에게 말하고 있는 것이다. 그런데 사실은 이러한 식의 화술이야말로 나에게 가능한 한 많은 돈을 긁어내기 위하여 동원된 조용한 협박이었다.

그는 돈의 액수를 언급하지 않았다. 나는 곧 딜레마에 빠졌다. 과연 이 사람과 바게인을 해야 할 것인가? 말 것인가? 그런데 이 사람은 매우 위협적인 인물이었다. 그의 표정이나 그의 언변의 장엄한 스타일이 이 사람을 잘 말해주고 있었다. 나는 그의 비위를 건드릴 수 없었다. 나는 직감적으로 이 고립된 먼 지역에서의 나의 안전은 이 사람에게 의존할 수밖에 없다는 것을 잘 알고 있었기 때문이었다. 그가 여기서 좀 멀리 떨어져 있는 한 부락의 추장이라는 것은 거짓말은 아닌 듯했다. 그러니까 그의 애민愛民적 의도를 의심할 필요는 없었다.

좌우지간, 신둑을 우선 내 편으로 만드는 것이 현명한 처사처럼 보였다. 그래서 나는 그의 이타주의적 의도에 관해 생각해보겠다고 말했다. 그리고 그의 부인 미란다를 옆으로 끌고 가서 내가 과연 얼마를 내야하는지 그 정확한 액수를 가르쳐 달라고 말했다. 미란다는 끝내 나에게 어떠한 액수도 말하지 않았다. 남편에게 매우 굴종적인 여인이었다. 그리곤 그것은 내 예산에 달린 문제라고만 반복해서 말했다. 그녀의 그런 태도는 나를 더욱 당황케 만들었다.

이날 오후 2시경, 나는 신둑과 함께 남성 뚜아렉 복장을 사기 위하여 시가지 중심에 있는 시장으로 갔다. 머리에 두르는 터번turban은 나의 머리를 몇 번 감아싸는 하나의 긴 흰 천에 불과했다. 신둑은 나에게 맞는 그랑부부Grand Boubou라는 것을 하나 추천해주었는데, 그것도 머리와 팔을 밖으로 내놓을 수 있는 구멍이 뚫린 커다란 직사각형의 천이었다. 이것을 뒤집어쓰게 되면 사이즈가 큰 판초와 같은데 후드 없이 발목까지 내려뜨려진다.

그리고 신둑은 내 옷 한 벌을 만들 수 있는 푸른 옷감을 끊어 재봉사에게 맡겼다. 그것은 몸뻬 스타일의 바지와 기장이 무릎까지 내려오는 긴소매 웃옷이었다. 신둑은 푸른색은 물과 하늘, 사막의 삶에서 빼놓을 수 없는 가장 바이탈한 두 요소를 상징한다고 가르쳐주었다. 불과 몇 달 전까지만 해도, 나는 뚜아렉이 뭔지도

시장 가는 길. 나는 그토록 많은 사람이 올라탄 트럭을 처음 보았다. 팀북투의 일상이었다.

몰랐다. 그런데 지금 나는 그들의 삶으로 침투하기 위하여 그들의 독특한 의상을 맞추고 있는 것이다.

사실 그들의 의상을 입고 살아보아야 비로소 조금이라도 그들의 삶의 느낌이 나에게 밸 수가 있다. 나는 평생 입어보지 못한 색다른 옷을 입었을 때 느끼는 흥분 속에 들뜨기 시작했다. 그런데 그러한 순결한 흥분은 갑자기 물 끼얹히듯 지저분한 감정으로 전락되었다. 신둑이 나에게 그 옷 한 벌 값으로 미화 120불을 내놓으라는 것이다.

천도 내가 원하는 고급스러운 면소재도 아니었고, 물감도 전통적 천연염료가 아닌 싸구려 화학염료였다. 도대체 이 사막 한복판의 작은 시장에서 사는 평범한 합섬소재의 토착민 한 벌 옷값이 120불이라니, 좀 심하다는 생각이 들어, 불만을 표명했더니, 신둑은 여기 토착민이 와서 사도 같은 가격이라고 계속 우겨대는 것이었다. 원래 비싼 옷이라는 것이다. 지금 와서 생각해보면 말도 안되는 바가지였는데, 그때 나는 신둑을 믿었기 때문에 120불이라는 가격이 정당하다고 믿었다. 나는 정말 순진한 아이였다.

내가 얼마나 순진했나 하는 것은, 그 순간에 신둑이 떠벌이는 특별한 성자에게로의 투어에 대한 특별한 "기부금"을 그 옷 한 벌의 가격에 기준하여 산정하면 되겠다고 결심한 것으로도 입증된다. 나는 나의 존재의 모든 용기를 불러모아 단전에 힘을 주고, 그에게 최종적 가격을 제시했다: "어때요? 500달러!" 사실 나 같은 어린애의 입에서 "500달러"의 오퍼가 나왔다는 것은 그에게 기대 이상의 떡고물이었을 것이다. 그러나 그는 완전 교활한 장사꾼이었다.

신둑은 한참 동안 심사숙고 하는 척 고개를 숙이고 있다가 갑자기 대답했다: "오케이! 합의본 것으로 합시다! 600달러!" 아~ 그 마지막 순간에 또 100달러를 올리다니, 나는 더 할 말이 없었다. 나의 적나라한 본성 속에서는 분노가 치밀어 올라 고함을 지르고 싶었지만, 나는 양순한 얼굴로 "오케이!" 하고 말았다.

그리고 나는 그가 내가 주는 돈으로 그의 마을에 한 톤의 수수를 보낼 것이라고 말하는 그의 언약을 믿기로 했다. 나는 실상 돈이 없었다. 그러나 그들에게 내가 짠 예산으로 사는 가난한 예술가라는 것을 설득시킨다는 것은 불가능한 일이다.

신둑은 나를 어느 상점에 데려가 터번을 씌워주면서 길이를 재보았다. 그랑부부도 이 집에서 처음 입어보았는데, 옷감은 모두 중국에서 수입된 것이었다.

팀북투는 지난 몇 달 동안 관광객이 급격히 감소하여 기아선상에서 허덕이고 있다. 그리고 나는 단신으로 이곳에 왔기 때문에 나의 편이 아무도 없었다. 내 말을 거 들어줄 사람이 아무도 없는 것이다. 이곳의 사람들에게 나는 걸어다니는 에이티엠ATM, 즉 자동현금인출기로 보일 뿐이다.

이날 뮤직 페스티발에 가기 전에 나는 내가 묵을 곳과 배쓰룸을 점검해야 했다.

나는 독방을 요구했다. 그런데 사실 이 사하라 패션에는 독방도 없었다. 단층건물에 여러 침대가 들어있는 한 방의 합숙시설만 있었다. 그들은 나를 지붕에 설치해 놓은 텐트로 데려갔다. 그것이 나의 독방인 셈인데, 변소를 쓰기 위해서는 불가불 아래층으로 내려가야 했다.

그런데 그 합숙시설 방에는 아주 심술궂게 생긴 늙은 네덜란드 관광객이 투숙하고 있었다. 그 더치 노인은 내가 변소를 쓸 때마다, 문을 쾅쾅 치면서 나를 좌불안석케 만들었다. 내가 너무 변소간에 오래 앉아있는다는 것이다. 휴지말이는 그곳에 존재하지 않았다. 아~ 얼마나 다행이었던가! 나는 바마코에서 휴지말이 하나를 집어왔던 것이다.

팀북투에서 맞이한 첫 밤, 나는 페스티발에서 매우 늦게 돌아왔다. 그런데 문제가 발생했다. 그 더치 노인네가 그의 방문을 아예 잠가버려서, 그 방 안에 있는 변소로 갈 길이 차단되어 버린 것이다. 그래서 나는 정원에 설치된 옥외변소를 써야만 했다. 물론 전등이 없어 캄캄했다.

그런데 그 변소는 땅바닥에 플라스틱 파이프를 하나 박아놓고 흙벽돌만 둘러 친 이해하기 어려운 구조였다. 천정이 없었기 때문에 별이 쏟아졌다. 파이프는 직경이 15㎝ 정도 되는 작은 구멍이었으며 옆으로 두 개의 널빤지가 놓여있기는 해도 모든 것이 동일평면상에 있었다. 그리고 구멍이 벽 쪽으로 치우쳐 있어 쭈그려 앉기도 불편했다. 이것은 여성의 소변방식에 대한 배려가 전혀 없는 괴이한 구조였다.

똥을 눌 때와 오줌을 눌 때 몸을 움직여가면서 구멍에 조준을 해야하지만, 그 조준이 빗나갈 확률이 대부분이었다. 그러나 그 변소바닥 전체가 찌린내가 진동한다는 사실로 추론하건대 완벽한 조준은 애초부터 요구사항이 아닌 듯했다.

이 사건은 나에게 변소마루와 똥통이 층별로 분리되어 있는, 같은 원시상태이지만 정갈한 우리나라 옛 변소의 위대함을 상기시켰다. 똥통이 따로 있고, 그 똥 위에 재를 뿌려 냄새와 벌레를 제거하고 퇴비를 생산했던 우리 변소는 "생명의 순환"이라고 하는 에코 시스템을 전제로 한 예지의 소산이다.

그러나 사막에서는 농업이라는 것이 존재하지 않는다. 퇴비라는 것이 존재하지 않는 것이다. 똥이나 오줌이나 나의 몸에서 배출되는 순간, 나에게서 단절되는 것이다. 나에게 되돌아오지 않는다. 그 파이프 속은 단절의 구멍일 뿐이다. 서구인들의 사유의 일방성, 절대성, 타자성, 신비성, 초월성이 모두 이러한 사막의 삶의 양식에서 유래된 것이라고 나는 생각했다. 그 구멍 속이 지옥이든 천당이든 그것은 모두 단절적 사유의 소산일 뿐이다. 순환 그 자체가 궁극적 신비라고 하는 사유가 사막에서는 성립하기 어려운 것이다.

다음 날 오전에 찍은 사진이지만 정면에 양철문이 빼꼼 열려 있는 곳이 문제의 옥외변소다.

페스티발에서도 변소의 사정은 나을 게 없었다. 단지 나의 불평을 들어줄 수 있는, 체험을 공유하는 국제사회의 참석자들이 있어서 좀 마음이 편했다. 나는 곧 캐나다, 미국, 유럽, 뉴질랜드에서 온 몇몇의 음악가들과 친구가 되었다. 며칠 동안 토착민들과 혼자 씨름하다가 내 곤궁을 이해할 수 있는 동질의 인간들을 만나 푸념을 늘어놓을 수 있다는 것이 얼마나 큰 즐거움이고 삶의 위로인지, 그런 정황을 처음 느껴본 것 같다.

올해만 해도 아프리카 외부로부터 오는 국제참석자들은 테러리스트 납치사건들로 인하여 반으로 절감되었다. 그러나 아직도 300명 정도가 참석했다. 그리고 이 모래언덕에 모여든 로컬 사람들과 여타 아프리카 국가에서 온 사람들은 6천여 명에 이르렀다.

방문객의 대부분은 음악가였고, 음악과 관련된 기술진이었고, 음악평론가, 다큐 제작자들이었다. 기묘한 일이지만, 그 다양한 인종이 뒤섞인 군중 속에서 아주 가냘픈 젊은 일본여자 두 명을 발견할 수 있었는데, 그들은 순수 관광을 목적으로 온 것 같다. 일본여자들은 얌전한 것 같지만 매우 극성맞은 구석이 있다. 이 두 여인을 제외하면 나야말로 유일한 동방인이었는데 아무도 내가 동방여성이라는 것을 눈치채지 못했다. 나는 푸른 뚜아렉 남성복장으로 가려져 있기 때문이었다.

사흘 동안 열린 페스티발의 오후마다 나는 매번 뚜아렉 복장으로 낙타를 타고

페스티발에서 만난 친구, 키란 알루왈리아Kiran Ahluwalia. 인도계 캐나다 국적의 가수인데, 티나리원 그룹에 가담하여 노래 한 곡을 불렀다. 변소에 관하여 내내 같이 투정했다.

등장했다. 처음에는, 그러한 복장을 입고 낙타를 탄다는 것이 결코 쉬운 작업이 아니었다. 그러나 나는 곧 딱딱한 나무 안장과 덜거덕덜거덕 하는 폭이 큰 낙타의 동작리듬에 익숙해졌다. 그리고 복장의 거추장스러운 소매를 메둘치며 비디오를 찍는 데도 시간이 좀 걸렸다. 긴 겉옷에 걸려 넘어지지 않고, 머리는 이집트의 미라처럼 싸 둘러맨 채, 모래 위를 걷는다는 것도 과히 즐거운 일만은 아니었다. 뚜아렉 의상을 하루종일 입는다는 나의 고집도 어리석은 면이 없는 것도 아니다. 그러나 나는 모든 문명을 체험과 순응을 통하여 배우고 싶었다. 그리고 토착민 남장은 나에게 많은 실리를 가져다주었다.

자유롭게 군중을 돌아다니며 사진을 찍고 비디오를 돌려대도 아무도 나에게 시비 걸거나 주목하는 자가 없었다. 나의 얼굴 전체가 항상 가려져있기 때문에, 나의 존재는 군중의 흐름 속에 자연스럽게 녹아들어갔다. 경비경찰도 내가 외국인이라는 것을 알지 못했다. 외국인들이 신청하면 주는 외신기자 뱃지도 나는 마지막 날까지 찰 필요가 없었다.

며칠 동안의 수없는 연습을 통해 나는 내 머리 터번을 나 홀로 거울을 보지 않고 두르르 말 수가 있었다. 뿐만 아니라, 어느 때부터인가 지나가는 남자들을 보면 터번만 눈에 들어왔다. 그들이 어떤 식으로 감았으며 어떤 옷감을 사용했는지를 파악하게 되었다. 내가 뾰족구두를 사려고 하면 맨해튼 전체에 깔려있는 것이 뾰족구두를 신은 여자인 상황과 비슷하다.

석양이 깔리면 음악공연이 메인 스테이지에서 시작된다. 그러면 관중석은 지역 젊은이들로 꽉 들어찬다. 뚜아렉족, 쏭하이족, 풀라니족, 그리고 내가 구별할 수 없는 많은 다양한 종족들이 모여 환호했다. 뚜아렉과 쏭하이가 팀북투에 사는 인종의 대표적 그룹이다. 그러나 그들은 다양한 언어를 말한다. 말리국에서만도 40여 개의 다른 아프리카 언어가 일상적으로 사용되고 있다. 뚜아렉족만은 여타 종족으로부터 쉽게 구분된다. 예외없이 터번을 두르고 있기 때문이다.

예상 밖으로 뚜아렉의 여성들은 그렇게 헤비한 두건으로 치장하지 않는다. 얇은 천 하나로 머리를 살짝 가리고 얼굴은 편하게 노출시키며, 머리카락도 부분적으로는 드러나 있다. 이것은 뚜아렉족이 본질적으로 이슬람근본주의에 예속되어있지 않다는 것을 의미할지도 모른다.

그들은 7세기 우마이야 칼리프왕조Umayyad Caliphate가 도착해서 이슬람으로 전향하기 전에는 베르베르족 신화Berber mythology에 기초한 자기 고유의 제식과 습속과 장례문화를 가지고 있었고 심지어 티피나그Tifinagh라고 하는 고대문자까지 사용하고 있었다. 뚜아렉이 이슬람문화를 아프

뚜아렉 복장의 필자. 처음에는 좀 어색했다.

페스티발로 가는 길. 내가 낙타 안장 위에서 찍다. 저 멀리 페스티발에 몰려있는 사람들이 깨알처럼 보인다.

리카대륙 북부에 전파하는 데 공헌하기는 하였지만 상당히 여유롭게 무슬림의 제식들을 받아들였다. 특히 여성들은 그들의 고유한 모계사회풍속, 여신숭배, 땅의 경배, 월경문화, 퍼틸리티 컬트 등을 고수하였다.

뚜아렉의 남성들은 터번을 이마에 여러 번 감고 반드시 입을 막고 얼굴 전체를 둘러싼다. 공적인 상황에서는 항상 그들의 눈만 빼꼼 보일 뿐 전체가 가려져 있다. 신둑의 설명에 의하면 남성이 입을 가려야만 하는 두 가지 이유가 있다.

첫째, 남자의 입술은 여자의 젖꼭지만큼이나 섬세하고 섹시한 것으로 간주되기 때문에, 그것을 항상 부드럽고 아름답게 간직할 필요가 있다는 것이다. 둘째, 남자들은 진리만을 말해야 하므로 말을 줄이기 위해 입을 가려야 한다는 것이다.

두 번째 이유는 첫 번째 이유의 허황된 허영을 감소시키기 위하여 나중에 첨가된 이론인 것 같다. 하여튼 자기들의 풍속을 외부인들에게 신비롭게 만들기 위하여 고안된 설명인 것 같은데, 남성의 입술을 여성의 성감대와 동일한 그 무엇으로 감지한 몸의 인식체계는 그 나름대로 누적된 문화적 이유가 있을지도 모르겠다.

페스티발에서 공연된 음악들은 모두 나에게는 생소한 것들이었다. 나는 말리로 여행을 떠나기 전에, 그 문화를 조사해보기 위한 숙제의 일환으로 티나리원Tinariwen이라 불리는 한 밴드의 노래 몇 개를 들은 적은 있다. 티나리원은 뚜아렉족의 토착적 밴드로서 세계적으로 알려진 가장 유명한 록 그룹이다. 아마도 아프리카대륙의 뮤직 그룹으로서는 가장 잘 알려지지 않았나, 생각한다.

그 명성은 이 그룹이 제54회 그래미상Grammy Awards(아카데미상이 영화에 주어지는 상이라고 한다면, 그래미상은 음반에 주어지는 상으로서 영어문화권에서 가장 권위 있는 상이다. 1회상은 1959년 5월 4일에 있었고, 제54회 그래미상은 2012년 2월 12일에 있었다) 중에서 베스트 월드뮤직 앨범상을 받았다는 사실로써도 입증된다.

여기 "월드뮤직World Music"이라는 말에 대해 약간의 설명이 필요할 것 같다. "월드뮤직"은 "세계음악"이라는 일반명사가 아니다. 영어문화권에서 "월드뮤직"은 하나의 음악장르를 가리키는데, 우리가 보통 "민속음악"이니, "포크뮤직"이니, "토착음악"이니, "전통음악"이니 하는 따위의 말을 많이 쓰는데, 그런 모든 함의를 아

사람들이 몰려드는 광경

우르는 말이다. 서구세계에 국한되지 않은 "전세계"에 어디든지 그 토착적 음악이 있게 마련이라는 의미로 "월드뮤직"이라는 말이 사용되는 것이다.

이 말은 1960년대 초 민속음악자인 로버트 브라운Robert E. Brown, 1927~2005에 의하여 최초로 발명되어, 1980년대부터 비서구전통음악을 지칭하는 말로서 자리 잡았다. 하여튼 월드뮤직이라는 개념이 우리가 쓰는 민속음악이나 전통음악보다는 더 진취적인 개념인 것 같다. 그런데 월드뮤직에서 대체로 강세를 보이는 것은 아프리카음악이다.

티나리윈은 1979년 알제리 타만라세트Tamanrasset에서 결성되었는데, 그 시조가 되는 인물인 이브라힘 아그 알하비브Ibrahim Ag Alhabib는 4살 때 뚜아렉 민중항쟁 지도자였던 아버지가 1963년 말리항거에서 처형되는 것을 목도하였다고 한다.

어린 아그 알하비브는 주석 깡통과 자전거 브레이크 와이어를 모아 자신의 기타를 제조했는데, 그는 남북전쟁을 배경으로 한 어느 미국의 서부영화에서 기타로 싸우는 주인공의 이미지로부터 영감을 얻었다고 한다. 그는 평생 권총 대신 기타로써 싸우는 사막의 자유투쟁 용사의 이미지를 구축하여 뚜아렉 종족의 전설이 되었다.

1980년 리비아의 통치자 카다피는 리비아에 불법체류하고 있는 모든 젊은 뚜아렉 청년들을 소집하여 강력한 사하라 전투부대를 만든다는 포고령을 내렸고, 그들로 하여금 본격적인 군사훈련을 받게 했다. 아그 알하비브와 그의 밴드는 이 포고령에 화답하여 9개월 동안 치열한 군사훈련을 받고 투사가 되었다. 그 과정에서 이들은 뚜아렉 혁명투사들을 많이 만났다.

티나리윈의 리더, 이브라힘 아그 알하비브Ibrahim Ag Alhabib.

이후 이들은 뚜아렉 반군에 계속 가담하고 또 평화협정이 성립하면 음악으로 되돌아오곤 한다. 1998년 그들은 프랑스의 월드뮤직 앙상블인 로호Lo'Jo와 그 매니저 필립 브릭스Phillippe Brix의 주목을 끌게 되면서 일약 세계적 스타로 도약하게 되었으며, 2005년에는 영국 BBC 월드뮤직상, 2008년에는 독일의 최고음악상인 프래토리우스 음악상Praetorius Music Prize을 수상했다. 그리고 2010년 남아프리카 피파 월드컵경기의 개막식에서 음악을 주도했다.

그들의 음악은 "사막블루스desert blues"라는 장르로 분류되는데, 처음 들을 때는 단순한 전통음악적 멜로디의 구성으로만 느껴져 그렇게 파워풀하게 다가오지는 않았다. 그러나 들으면 들을수록 중독성의 매혹에 빠져들어 간다. 실상 그들의 음악은 문화적으로 매우 복합적인 요소를 포함하고 있다.

그들은 아프리카의 토속적 멜로디와 음색으로 노래 부르며 꼭 전통적 의상을 입고 연주한다. 그런데 또 미국의 현대적인 블루스 락 스타일의 음악을 일렉트릭 기타로써 연주해댄다. 나는 나중에야 깨달았지만, 그들의 음악에 대한 동경이 어렸을 때는 엘비스 프레슬리로 시작했고, 결국에는 지미 헨드릭스Jimi Hendrix, 1942~70의 광열팬이었다는 사실을 알았을 때는 좀 김이 샜다. 그러나 사실 알고 보면, 미국의 블루스라는 독특한 음악형식이나 느낌이 바로 아프리카의 이 지역에서 유래했다는 사실을 인정하고 나면, 지미 헨드릭스의 광기나 또 그 광기를 흉내낸 티나리원의 리듬은 돌고 도는 문명사의 한 고리일 뿐이라는 아이러니를 되씹어보게 된다.

요번 페스티발에 등장한 연주자들은 실로 재미있는 그룹이 한둘이 아니었다. 나는 본시 음악에 나의 관심의 초점을 두고 사는 사람이 아니기 때문에, 그들에 관하여 자세한 메모를 남기지는 못했다. 그러나 하여튼 나는 요번 페스티발 참가를 통하여 아프리카 음악의 현주소, 그 다양성과 위대함에 대하여 많은 공부를 했다.

오후가 되면 축제는 낙타 레이싱으로부터 시작하여 아주 여유로운 토속춤들의 향연이 계속된다. 그리고 메인 음악공연은 저녁 7시 반에 시작하여 새벽 2시에 끝난다. 마지막 날만 티나리원이 피날레를 장식했기 때문에 새벽 3시까지 주공연이 지속되었다. 공연된 모든 음악의 반가량이 뚜아렉 음악이었고, 나머지 반은 국제적 음악이었는데 대부분 아프리카대륙의 인접한 다른 나라에서 온 것들이었다.

나에게 인상 깊게 기억된 사람으로는 말리의 그리오(griot: 서아프리카에서 민담

티나리원Tinariwen 밴드. "티나리원"은 사막을 의미하는 테네레*tenere*의 복수형이다. 사진: 티나리원 특별제공

전승을 읊는 시인들을 총칭하는 말) 음악가 아브둘라예 디아바테Abdoulaye Diabate(1956년생의 음유시인이며 기타리스트)가 있다. 풍부한 성량으로 판소리처럼 계속 뇌까린다.

모리타니아로부터 온 여성가인歌人인 누라 민트 세이말리Noura Mint Seymali는 역시 그리오이며, 가수며, 쏭 라이터이며, 다양한 악기의 연주자이다. 13살부터 재능을 나타냈다고 하는데 음색이 매우 독특하고 강렬하다. 멜로디의 진행이 자유자재의 극치를 과시한다. 마르틴 스콜세지가 "블루스의 원조 디엔에이"라고 규정한 말리의 전설적 가인이며 기타리스트였던 알리 파르카 뚜레Ali Farka Touré, 1939~2006의 아들인 뷰 파르카 뚜레Vieux Farka Touré(1981년생)의 기타와 노래도 퍽 의미 있는 공연이었다.

말리의 솔로 싱어이자 쏭 라이터이며 탁월한 기타리스트였던 하비브 쿠와떼Habib Koité(1958년생)도 출연하였는데, 그의 음악은 내 귀에는 거의 스페인풍의 플라멩코(집시의 춤에서 유래)처럼 들렸다. 하여튼 이 모든 음악인들은 한결같이 달인이었고 고유한 자기 색깔을 가지고 있었다. 그런데 나를 정말 놀래킨 것은, 하늘에서 그냥 뚝 떨어진 것처럼 예고 없이 나타난 세기적 거물 유투U2의 보노Bono(본명은 Paul

한밤중의 페스티발 열기

David Hewson, 1960년생)의 출현이었다.

20세기 팝음악의 역사에 있어서 비틀즈를 뛰어넘는 유일한 락 그룹으로서 많은 사람이 유투를 꼽는다. 비틀즈는 1960년에 영국 리버풀에서 결성되어 10년만에 깨져버렸지만, 유투는 1976년 아일랜드 더블린에서 결성되어 오늘날까지 40여 년 동안 그 오리지날 멤버가 유지되고 있으며, 그 리더인 보노는 의미 있는 활동을 계속하고 있다.

비틀즈는 가볍고, 귀엽고, 일상적이고, 내성적이지만 유투는 무겁고, 다면적이고, 사회적이고 역사적이면서도 아름다운 가사와 멜로디를 계속 뽑아내고 있다. 『원 *One*』이라는 노래는, 가사의 추상성 때문에 많은 사람들이 다양한 개인적 해석을 내리고 있지만, 그 핵심은 동·서독의 통합을 상징하고 있다. 그리고 동구라파의 몰락도 인류는 하나라고 하는 박애정신 속에서 품에 안아야 한다는 함의를 안고 있다.

파바로티와 같이 부른 『미스 사라예보 *Miss Sarajevo*』도 보스니아내전을 견디어 내는 사람들의 참혹한 삶의 실상을 아주 추상적인 아름다운 언어로 그려내고 있다. 보노는 세계사적 우환의식을 지닌 액티비스트이며, 진정한 진보정신의 예술가이며, 또 박애주의를 실천하는 자선사업가이기도 하다.

그러한 보노가 이 사하라 사막의 모래언덕에 갑자기 나타난 것이다. 그는 무대 위에서 "**투우~ 투우~ 팀북투**"를 계속 반복하면서 노래를 불렀는데, 그는 실상 아무런 노래준비를 해오지 않은 것 같았다. 그는 노래보다는 기부를 하기 위해 온 것 같았다. 그가 만든 자선재단은 아프리카의 질병이나 가난의 퇴치를 위하여 매우 조직적인 활동을 벌이고 있는 것이다.

팀북투에서 나의 둘째 날 아침, 나는 합숙방에 딸린 변소를 더 이상 쓸 수 없다는 통보를 받았다. 누군가 그 합숙방 전체를 단일 유니트로 하여 전용권을 획득

영향력에 있어서 비틀즈를 뛰어넘는 세기적 가수 보노가 이 페스티발에 갑자기 나타났다는 것은 뜻밖의 대사건일 수밖에 없었다. 보노는 한국공연을 미루다가 2019년 12월에 내한공연을 하였다. 최근에 그는 문재인 대통령에게 서한을 보내, 고국 아일랜드 사람들이 코로나19를 극복할 수 있도록 한국의 지혜와 협조를 요청하기도 했다.

했다는 것이다. 그 결과 나는 그 방에 들어갈 수도 없었다. 그것은 결국 양변기를 쓸 수 없음은 물론이고, 비록 얼음처럼 차디차기는 하지만 샤워조차 할 수 없다는 것을 의미했다.

나는 부아가 치밀어 견딜 수가 없었다. 그렇게 많은 돈을 내고 또 정성스럽게 선물까지 주었는데 나를 옥상 위 텐트로 뻥 차버리다니! 나는 텐트 속에서 내가 가지고 온 슬리핑백을 써야만 했고, 잘 때도 추워서 자켓을 입고 자야 했다. 그리고 그 끔찍한 옥외 변소를 써야만 했다. 나는 불평도 못하고, 하도 억울해서 사람들이 보지 않는 틈에 엉엉 울고 말았다.

나는 최근까지도 어느 스폰서의 초청으로 상하이에 있었는데, 그랜드 하야트 82층 수트에서 체류할 수 있었다. 그 고급스러운 안락의 이미지와 팀북투의 현실은 강렬한 대비를 일으키게 마련이다. 옥외 변소간의 문을 여는 순간, 그런 백일몽은

판소리 같은 노래를 부르는 풍부한 성량의 아브둘라예 디아바테Abdoulaye Diabate.

허망하게 스러지고 만다. 누적된 찌린내의 콱 쏘는 냄새가, 파리가 앉아있는 내 얼굴을 화악 덮어버린다.

변소만이 나의 유일한 불편은 아니었다. 마당에서 서브되는 음식 또한 고행의 하나였다. 식당이 따로 있는 것이 아니고 마당의 큰 모래박스 한 켠에 낡아빠진 카페트를 깔아놓은 것이 전부였다. 그 위에 큰 쟁반이 하나 놓이는데 쟁반 속에는 항상 쌀밥이나 곡식 모양의 파스타(수제비라고 생각하면 족하다)가 올리브 오일이나 다른 양념과 비벼져서 수북이 쌓여있다. 그 밥 위에는 태양에 몇날 며칠을 말려지느라고 파리로 덮여있던 양고기가 요리되어 얹혀져 있다. 오직 하나의 쟁반만 놓이게 되면 그 집에 속한 모든 사람이 둘러앉아 손으로 꾹꾹 눌러 집어 먹는다. 물론 자기 접시도 없고 한 쟁반 내의 같은 음식을 공유하는 것이다. 가장 많이 쓰이는 스파이스는 내가 잘 알 수 없는 잎새를 말려 간 것인데, 꼭 걸레를 씹는 맛이었다. 짐짐하고 아무 맛도 느낄 수 없었다.

그런데 진짜 오묘한 팀북투의 스파이스는 모래였다. 모든 음식에 모래가 안 들어있는 상황은 전무했다. 내 입안에서 지금지금거리는 모래, 그리고 걸레 같은 맛이 나는 스파이스, 그리고 꾸득꾸득 말라빠진 양고기의 역한 냄새가 뒤섞여 나의 후각을 자극할 때 처음에는 정말 구역질이 나서 바로 토할 것 같았다. 그러나 나는 곧 아무 말도 하지 않고, 태연자약 웃기까지 하면서 한참 씹은 음식의 복합체를 꾸욱 목구멍 아래로 꾸겨넣었다.

나는 티벹 승려들처럼 계속 만트라를 혼자 중얼거렸다: "저들은 아프지 않다. 저들과 한 상, 한 그릇에서 같은 음식을 먹는 나 또한 아프지 않을 것이다." 만트라 덕분일까? 나는 아프지 않았다. 여행 전 기간 동안 나는 위장이 뒤틀리거나 설사를 한 적이 단 한 번도 없었다. 비샤야 비샤야 스바하!

다른 사람들이 다 먹고 떠난 후에도, 나는 남아 신둑과 함께, 천천히 모래밥을 음미하면서 잘 삼켰다.

【제3송】

초월 아닌 초탈의 여로

이 공허한 사막의 고도 팀북투에서 내가 겪어야만 하는 불편으로부터 초래된 긴장감과 피로는, 내가 우리의 본거지로 지정한 한 작은 스낵 텐트에서 세계적인 음악가들과 페스티발 참석자들과 둘러앉아 노닥거릴 때는 깨끗이 사라졌다. 고맙게도 거기에는 항상 캠프파이어가 타오르고 있었고 나는 그곳에서 마담노릇을 했다. 그 원두막 주인은 카스텔Castel이라는 이름의 맥주도 팔았다. 아마도 페스티발 조직팀이 어떻게 반입한 것 같은데, 원칙적으로 이 지역에서는 알코올은 종교적 이유로 허용되지 않았다.

그리고 사막에서 캠프파이어 앞에 앉는다는 사실은 나의 생애에서 첫 경험이기도 했지만 그것은 매우 마술에 가까운 매혹이었고 그 열기는 너무도 인간적이었다. 내가 새로운 친구들을 사귀고 또 홀로 페스티발 주변을 여기저기 맴도는 시간 내내, 나를 졸졸 따라다니면서 감시의 눈을 잠시도 떼지 않는 한 뚜아렉 소년이 있었다.

이 22살의 뚜아렉 소년의 이름은 아바Aba였는데, 신둑이 이 소년에게 나의 보디가드 역할을 하도록 부탁한 모양이었다. 페스티발에서 나를 감시케 하고 밤에는 사하라 패션까지 데려다주는 임무를 맡겼다. 아바는 이 의무를 잘 수행했다. 그 소년은 밤늦게까지 나를 기다렸다가 한밤중에 끊임없이 중첩된 모래언덕 위로 별이 쏟아지는 사막길을 동행해주었다.

그 여정은 20분 거리였다. 나의 트라이포드를 내 텐트 속에 놓아주면 나는 그의 손에 20달라를 쥐어주었다. 그리고 굿나잍 인사를 했다. 그것은 진실로 오묘한 시나리오였다. 얼굴을 터번으로 가린 시동이 나를 따른다는 것 자체가 나를 어색하게도 식민지귀족으로 만드는 느낌이 들었다. 그래도 그것은 분별 있는 신둑의 배려였다. 나는 그곳 실제 정황에 관하여 전혀 알지를 못했던 것이다. 하여튼 시간이 흘러감에 따라 아바는 내가 믿고 기댈 수 있는 유일한 친구가 되어갔다.

내가 "원두막"이라 부른 스낵 텐트. 내가 새롭게 사귄 친구들.

사막의 캠프파이어. 독특한 마력이 있다. 그 따사로움은 해진 후 사막의 냉기를 녹여준다.

사막은 결국 모든 인간관계를, 각자의 배경이나 경제적 지위와 무관하게 평등으로 몰고 간다. 순간순간 닥치는 허무의 느낌은 운명공동체라는 의식 속으로 모두를 휘몰아간다. 서양문화에 깔려있는 평등의식은 이러한 사막문화와 무관하지 않을 것이다. 그만큼 초월자의식도 강렬하게 나타나는 것이 아닐까?

그러나 페스티발의 마지막 밤, 나는 아바에 대하여 매우 의구심을 가지게 되는 공포의 순간을 경험했다. 1월 15일 새벽 4시경이었다. 티나리원 밴드가 그들의 마지막 피날레공연을 마쳤을 때, 나는 페스티발에서 만난 친구들에게 모두 작별인사를 했다. 그 중에는 인도계 캐나다국적의 여가수인 키란과 뉴욕에서 온 그녀의 기타리스트 친구 데이비드도 있었다.

아바는 그때까지 내가 활동하고 있었던 그 스낵 원두막 주변에서 잠자고 있었다. 나는 이제 이곳을 떠날 준비가 되었을 때, 아바를 깨웠다. 그랬더니 한 낡은 짐칸 트럭이 왔다. 아바는 그 트럭운전사에게 가더니 한참 뭐라고 속삭였다. 그러더니 아바는 나에게 급한 듯 빨리 오라고 손짓하는 것이다. 나는 당황중 카메라를 급히 챙겨서 달려갔다. 그랬더니 두 청년이 나를 붙잡아 트럭 뒷켠으로 올려주었다. 그들은 나 보고 트럭 난간을 꽉 잡고 얼굴을 숨기라고 말했다.

차가 출발하자, 스낵 원두막의 주인이 내가 트럭에 올라탄 것을 알아차리고 그의 손을 공중에 흔들면서 나에게 달려오면서 외쳤다: "노우, 노우, 노우! 지금 차 타고 가는 것은 위험해요!" 그의 부정적 손짓과 무관하게 차는 멀어져갔고, 나는 너무도 피곤에 지쳐있었기 때문에 곯아떨어질 지경이었다. 달리는 트럭은 몹시 흔들렸다. 그래서 내가 잡을 수 있는 것은 무엇이든지 단단히 잡지 않으면 아니 되었다.

나는 짐칸 뒷켠에 아바와 함께 타고 있었고, 옆에 젊은 사람이 하나 더 있었다. 그리고 나이 든 두 사람이 앞쪽에 있었다. 달리는 차간에서 곰곰이 생각해보니, 원두막 주인이 달려오면서 외쳤던 소리가 뇌리 속을 떠나지 않았다. 나는 순간 겁에 질리기 시작했다.

이 사람들이 나를 납치해가고 있는 것은 아닐까? 이들을 나는 전혀 알지 못한다. 아바는 어떨까? 아바가 날 납치하지는 않겠지. 설마! 그가 돈이 궁할 수도 있잖아? 아까 왜 그토록 오래 쑥덕궁 거렸지? 왜 그렇게 모두 비밀스럽게 굴지? 왜 내 얼굴을 가리고 파묻으라고 했지? 그 순간 나는 팀북투에서 죽을 수도 있겠다고 생각했다. 아니면 여기 테러리스트들에게 납치된 사람들처럼 붙잡혀 몇 년을 썩을 수도 있겠다고 생각했다.

이런 무시무시한 생각들이 나의 뇌리를 스칠 때, 갑자기 나는 아바가 내 등쪽으로 심하게 기대고 있다고 느꼈다. 분명 중력의 방향이 내 쪽으로 쏠리고 있는 것도 아닌데 말야! 그래도 아바의 몸짓이나마 겁에 질린 나에게 잠시 딴 생각을 하게 했다. 그가 무엇을 하려고 하고 있는지 나는 정말 알 수가 없었다. 혼미스러운 가운데 나는 어떤 행동도 취할 수가 없었다. 다행히도 내가 아바를 밀쳐내기 전에, 혹은 무슨 짓을 꾸미고 있냐고 야단치기 전에 트럭이 멈추었고, 우리는 내렸다. 그리곤 오래된 관습을 반복하듯이 아바는 나를 완벽한 침묵 속에 나의 텐트까지 데려다주었다. 결국 아무 일도 일어나지 않았다.

페스티발이 끝나고 다음날 아침, 나는 매우 늦게 일어났다. 그래서 오찬에나 참석할 수 있었다. 지금거리는 모래는 이제 더 이상 나에게 문제되지 않았다. 그 오찬은 정말 성찬이었다. 진짜 가지요리와 토마토소스까지 있었으니까. 신둑의 친척이 고기를 쭉쭉 찢어 나에게 건네주었을 때 나는 주저 없이 그것을 오른손으로 받아 직접 입안으로 쑤셔 넣었다. 이때에는 나는 이미 그들의 음식을 그들의 방식으로 먹는 데 익숙해있었다. 왜냐하면 나는 항상 배가 고픈 상태로 살았기 때문이다. 오찬이 끝나자, 아바는 나를 그가 빌린 오토바이에 싣고 시내구경을 시켜주었다. 나는 1327년에 완공된 학문의 전당이며 사원인 징게레베르 모스크Djinguereber Mosque를 보았다. 그 장엄한 설계는 아부 에스 하크 에스 사헬리Abu Es Haq es Saheli라는 건축가의 작품으로 알려져 있는데, 말리제국의 무사 황제 1세Musa I of Mali는 그에게 황금 200kg을 설계비로 주었다고 한다.

징게레베르 모스크의 입구

중세 이슬람 학자들의 소중한 원고가 소장되어 있는 박물관이 위치한 징게레베르 모스크의 담 따라 나있는 길.

거기에는 소중한 원고박물관이 있었는데, 내가 떠난 후로 이슬람 근본주의자들의 테러로 사라졌다. 인류의 문화유산은 어려운 가운데도 그 귀중한 것들이 어떻게든지 살아남았는데 최근의 야만은 기존 어떠한 야만보다도 더 악랄하다. 이념화 된 문명의 야만이 최악인 것이다. 아바는 유럽의 탐험가들의 이름이 새겨진 흙벽돌집도 몇 개 보여주었다.

팀북투는 유네스코가 지정한 세계문화유산도시이고, 인류의 르네상스에 기여한 그 소중한 원고들도 기억에 남는 추억이었지만, 나에게 가장 아슬아슬했던 체험은, 아바가 모는 낡은 오토바이 뒤에 타고 작은 모래 골목길들을 쏜살같이 달리는데 팀북투의 꼬마들이 소리치며 깔깔대며 환희 속에 길을 피하는 모습을 목도하는 것이었다. 한물간 구식 오토바이는 덜덜거렸다. 나는 아바의 허리를 껴안지 않고 안장 뒤에 앉은 채 내 몸의 발란스를 맞추어야 했던 것이다.

우리가 사하라 패션으로 돌아왔을 때 낙타 몇 마리가 기다리고 있었다. 신둑은 나에게 내가 스스로 몰 수 있도록 매우 훈련이 잘 되었고 유순한 흰 낙타 한 마리를 제공했다. 지두Jidou라 이름하는 낙타조련사는 고삐를 잡는 법과 뚜아렉 안장에 앉는 바른 자세를 가르쳐주었다. 뚜아렉 안장은 아라비아 안장과 그 방식이 매우 달랐다. 지두는 매우 친절하고 온화한 사람이었다. 키가 매우 컸다. 그리고 나를 언제나 오묘한 액센트의 불어로 "위대한 뚜아렉le graan' Tuareg"이라 불렀다.

신둑은 나에게 굿바이를 하면서 내가 사막의 지두네 집으로 가게 될 것이라고 말해주었다. 다행스러운 일은 아바가 따라온다는 사실이었다. 나는 아바만 옆에 있으면 그래도 안심이 되었다. 아바는 나에게 딴 소년들이 그러하듯 보석을 팔 생각을 하지 않았다. 우리는 해가 떨어지고 나서야 여행을 시작했다. 내 얼굴은 항상 터번으로 가려져 있어야 했다. 테러리스트 때문만은 아니었다. 경비대 사람들이 지두와 아바가 나를 납치해간다고 오인할 수도 있기 때문이었다. 낙타를 타고 나는 서쪽으로 두 시간 가량 갔다.

이 두 시간이야말로 내 인생에서 가장 나의 존재의 상식적 시공을 뒤바꾸어 놓은 위대한 여행이었다고 해야 할 것 같다. 그야말로 광대한 허공, 동방인들이 태허太虛라고 부른 우주의 기운, 내가 일찍이 체험해본 적이 없는 황홀한 은하의 빛줄기

나의 보디가드 아바가 원고박물관의 문을 열고 있다.

원고박물관 소속의 가이드가 우리에게 소장품 원고들을 친절하게 보여주고 있다. 이 소장품은 모두 원품이었다. 그런데 그만 안타깝게도 이 박물관이 이슬람 극단주의자 반군들에 의하여 파괴되었을 때, 원고의 대부분이 파손되었다.

내가 재미있다고 생각한 오묘한 도상이 있는 문서들. 이 원고들은 태고의 신비를 간직한 듯하다. 지금 이 원고가 존속하는지 알 수가 없다. 박물관이 폭파되기 전에 원고가 안전한 곳에 운반되었다는 설도 있으나 확인할 길이 없다.

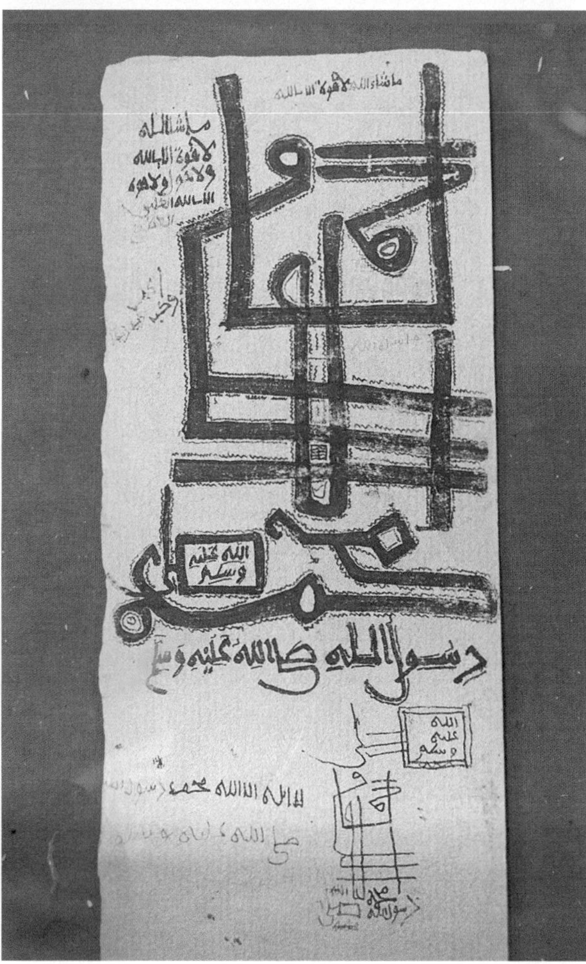

투어리스트 맵 상에 제6번 장소로 표시된 독일 탐험가의 집 앞에서 아이들이 놀이를 즐기고 있다. 이 집은 하인리히 바르트 박사Dr. Heinrich Barth, 1821~1865의 저택이었다. 바르트는 역사상 가장 위대한 아프리카 탐험가로 기억되고 있다. 그는 아랍어에 능통했고 아프리카 언어들을 배웠으며, 그가 방문한 지역의 문화를 세밀하게 기록했다. 그의 5권짜리 탐험기는 아프리카를 이해하는 데 빼놓을 수 없는 학문적 성과로 꼽힌다.

팀북투의 문화관광청에서 도시 한가운데 세워놓은 투어리스트 맵.

속을 나는 끊임없이 헤매고 있었다. 그것은 단순히 외부적 공간이 아닌 참다운 자기와의 만남의 황홀경이라는 각성이 나를 사로잡고 있었다. 한없이 펼쳐지는 광활한 나의 내면 속으로 나는 낙타와 함께 들어가고 있었다. 도시의 삶에서 망각된 참된 내면의 자아가 그 광활한 허공 속에서 나를 부르고 있었던 것이다.

우리가 캠프에 왔을 때, 지두는 그의 거실에서 나와 아바를 접대했다. 그의 거실이래 봐야 나뭇가지와 지푸라기 매트로 모래 위에 둘러 친 반원형의 가림막일 뿐이었다. 우리는 그곳 불 주변으로 동네사람들과 같이 앉았다. 4명의 아이들이 주변에서 뛰놀았다. 어른들은 타마쉑Tamasheq이라는 베르베르어족Berber languages에 속하는 뚜아렉 토착어로 잡담을 나누고 있었다. 이 언어는 고대 페니키아문자에 영향을 준 상당히 태고의 보수적 발음체계를 간직하고 있다고 한다.

그들은 자물쇠가 닫힌 여행가방을 돌려가면서 누가 이것을 열 수 있는지 상담하고 있었다. 다이얼로 된 자물쇠 번호를 아는 사람이 없었던 것이다. 또 한 사람은 아주 구식의 노키아 핸드폰을 물에 빠뜨려 작동이 안된다고 투덜거리자, 옆에 있던 사람이 그것을 뜯어서 불에 말리고 있었다.

지두의 부인이 기름과 토마토소스에 볶은 짧게 자른 스파게티 한 쟁반을 내왔다. 그것을 요리하는 데 사용한 물의 냄새가 쾌적하지 못했지만 스파게티는 따끈했고 나의 입맛을 당겼다. 나는 가차 없이 쟁반에 손을 담갔다. 배불리 먹고 난 후에 나는 기름기 있는 손을 비누 없이 씻었다. 뚜아렉 사람들은 식사 전과 후에 반드시 손을 씻는다. 주전자를 쏟아 손을 씻는데 필터가 있는 특별한 용기 위에 붓는다. 그 물은 반드시 다시 사용된다.

성인남자들은 동물의 뼈로 만든 파이프로 담배를 피웠다. 한 시간 가량 그렇게 빈둥거리다가 아바와 나만 남고 모든 사람이 사라졌다. 지두 거실의 한 켠에 놓여 있는 매트 위에서 나는 잠을 청했다. 아바가 건네준 때에 쩔어 딱딱해진 낡은 모포 한 장을 덮었다. 군불이 죽자 공기는 얼음장으로 변했다. 낮과 밤의 온도차이가 그토록 극심했다.

나는 추워 벌벌 떨면서 나의 시각을 매몰시킨 황홀한 별들을 경이롭게 바라보고 있는데, 아바가 그의 작은 핸드폰에서 울리는 한 노래를 듣고 있었다. 아바는 그 노래만 들으면 최근에 자기를 버리고 간 여자친구 때문에 가슴이 찢어지는 것 같다고 했다. 나는 팀북투의 젊은이들이 우리가 경험하는 똑같은 식의 연애에 상심하기도 한다는 사실을 그제서야 새삼 느껴보았다. 아바가 좋아하는 노래는 레바논의 유명한 남자가수 노래였는데 가사는 이런 내용을 담고 있었다: "내 마음을 뭐라 말해야 좋을까? 그걸 치료할 약은 없어. 네가 내 가슴 속에 있었지. 가슴에서 사라진 그 공허를 뭐로 치료할 수 있을까? 그대를 부르다 부르다 지쳐 내 목소리만 허공에 사라져간다."

다음날 아침 일찍 지두가 와서 다시 불을 만들어주었다. 아바와 나는 머리 꼭대기로부터 발끝까지 모포로 감싸고 있었다. 서서히 잠이 깨면서 나는 다양한 신비로운 문양이 모래 위에 그려져 있는 것을 발견했다.

그것은 뒷다리가 긴 저빌쥐gerbils, 도마뱀, 딱정벌레들이 지나간 자취였다. 태양이 올라오자마자 대지는 다시 달아올랐다. 아침은 내가 가져온 비스켓과 인스턴트 커피로 때웠다. 그러자 다시 이웃들이 왔다. 지두는 숯불 위에 전형적인 청색 차주전자를 놓았다. 차는 뚜아렉문화의 핵심 중의

사막의 경비대 사람들. 픽업트럭의 뒤에 그들은 기관총을 장착시켜 놓고 있다. 안전을 위한 것이라는데, 그것을 바라보는 나의 마음은 불안하기만 했다.

지두의 이웃사람이 동물뼈로 만든 파이프로 담배를 피우고 있다.

지두가 자기 파이프를 주면서 나 보고 피워보라고 했다. 답례로 나는 담배를 피우는 척만 했는데 맛이 엄청 강했고 불편했다.

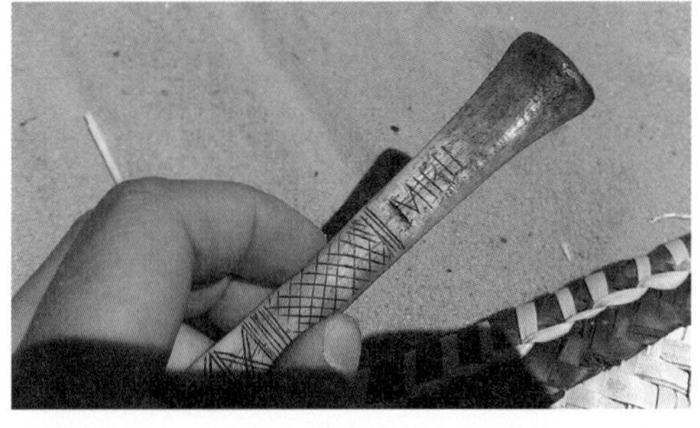

지두가 자기 파이프에 내 이름을 새겨서 선물했다. 나는 영광스럽게 느꼈다.

저빌쥐가 모래 위에 남기고 간 자국. 사막 모래 위에서 동물의 자국을 본 것은 이것이 처음이었다. 너무도 신비롭게 느껴졌다. 우리가 살고 있는 우주는 생명의 힘으로 가득 차 있는 것이다.

하나이다. 사회생활이 대부분 차마시기를 공유하면서 이루어진다. 아주 강렬하고 쓴, 그렇지만 끈적끈적할 정도로 짙고 단, 그리고 소주잔 같은 유리컵에 공중 높이 긴 주전자 주둥이로부터 솜씨있게 쏟아부을 때 거품이 올라오는, 완벽한 뚜아렉차를 만드는 공력은 하나의 제식적 과정이었다.

한 자리에서 그들은 보통 세 잔을 마신다. 그리고 하루에 3번이나 4번 차를 마신다. 그 짙은 카페인과 설탕이 사막에서의 하루를 견디게 만들고, 또 배고픔을 완화시킨다. 그 찻잎은 모두 홍차계열인데 중국산이다. 그들이 사용하는 것 대부분이 다 중국산이다.

차를 마신 후, 나는 지두가 그의 염소들을 멕이는 장면을 지켜보았다. 그는 도시에서 가져온 골판지 박스를 적신 후, 대야에 넣고 잘게 찢었다. 그리고 목화씨 껍질을 첨가해서 사료를 만들었다. 염소는 대부분 흰색이었는데 가시나무로 둘러쳐진 울타리 속에서 밤을 지낸다. 지두가 울타리문을 열자마자 염소들이 쏟아져 나와 그 골련때기, 종이상자래서 인쇄까지 된 도시의 산물을 너무도 맛있게 너무도 열심히 씹어먹는 것이다. 그리고는 좋아라고 주변을 헤매었다.

골판지도 나무 펄프로 만든 것이고 탄수화물이기는 하지만 그것이 소중한 생명의 식량이 된다는 것은 상상키 어려운 일이었다. 염소는 삐쩍 말랐지만 건강해보였다. 그 염소가 정상인지는 잘 모르겠지만 털이 매우 짧았다. 나는 그런 종자는 처음 보았다. 우리가 항상 리어카에 내버리는 골판지가 염소의 귀한 양식이 되고, 젖이 되고, 살이 된다는 것은 경이로웠다. 나는 그늘에 앉아 아이들이 뛰노는 모습을 하염없이 바라보았다.

사막에서 시간은 빨리 지나간다. 막상 아무 일도 하지 못했는데……. 때로는 꼬

이것이 지두의 거실이다. 나는 지두가 앉아 있는 매트 옆으로 놓여있는 매트 위에서 잤다. 그 매트 위에 나의 카메라 가방이 있다. 아침에 지두가 우리를 위하여 아침 불을 만들면 아바가 나를 깨웠다.

챙이를 들고 다니면서 마른 낙타똥을 수집했다. 낙타똥은 나무가 없을 때는 귀한 불쏘시개로 쓰인다. 때로는 지두의 부인이 금속단지를 긁는다든가, 옥외에서 물을 끓이곤 하는 가사잡일을 앉아서 지켜보았다. 물은 큰 플라스틱 황색항아리에 담겨져 있는데, 물이 없을 때는 아이들이 엎어놓고 드럼으로 쓴다.

어느샌가, 낙타를 데리고 갈 시간이 되었다. 우리는 나의 사진작업을 위해서 그림과도 같이 펼쳐진 깔끔한 모래언덕으로 가야만 했다. 나는 신둑이 나와 함께 가기 위해 오는지 안 오는지도 알 수 없었다. 아무도 나에게 자세한 일정을 말해주지 않았다. 아바는 내가 낙타와 함께 누드로 서서 사진작업을 할 것이라는 사실을 전혀 모르고 있었다. 내가 이 어려운 여행을 기획한 주목적이 바로 이 사진을 찍기 위함인데, 신둑이 나의 작업을 원만히 진행시키기 위해 나타나주지 않으면 어쩔 것인가, 나는 걱정에 사로잡혔다. 내가 안절부절 못하는 것을 목격한 아바는 무슨 사정인지 전부 자기에게 얘기해달라고 졸랐다. 주저주저하다가, 나는 나의 작품에 관해 설명했다. 그리고 나의 누드가 자연과 인간이 원초적으로 융화된 모습에 관한 것이지 성적인 감성의 문제가 아니라고 역설하였다.

뚜아렉의 차문화. 이웃이 모여 담소하면서 느긋하게 쉰다.

염소먹이 만드는 과정. 골판지 박스를 찢어 만든다. 우리가 도시에서 내버리는 박스 쪼가리가 젖과 고기를 생산하는 생명의 양식이 된다는 것은 평소 생각하기 어려운 일이다. 자연의 순환은 참으로 오묘하다.

염소들이 좋아라고 그 골판지 아침식사를 즐기고 있는 모습을 지두가 지켜보고 있다.

지두의 딸이 물통을 드럼처럼 연주하고 있다. 특별히 배웠을 것 같지도 않은데 그 리듬이 서구세계의 프로급 수준이었다.

묵묵히 점심을 준비하고 있는 지두의 부인. 정숙한 여인상이다. 뚜아렉 여인들은 이 지두의 부인처럼 얼굴을 가리지 않고 살았다. 그런데 지금 이슬람 골수분자들이 이 지역을 점령하면서 보수적 종교성향의 아랍여인처럼 얼굴을 가리도록 강요당하고 있다고 한다. 언제나 광신이 비극이다.

지두가 사는 동네의 전경. 그의 이웃들이 낙타를 타고 일 나가고 있다.

내가 시험촬영을 위해 삼각대 위에 나의 카메라를 설치하고 있다. 나는 이 사진들을 위해 낡은 뚜아렉복장을 빌렸다. 나의 새 복장은 영 사진작품에는 어색하게 느껴졌기 때문이었다.

아바는 아무 문제 없다고 말하면서 지두에게도 설명을 했다. 그들의 반응은 지극히 냉정했다. 그들은 단순히 이렇게 말했을 뿐이다: **"우리를 믿으시오. 아무 문제도 없소. 타인에게는 말하지 않을 것이오."**

모래사막 언덕에서 사진을 찍는 작업은 결코 쉽지가 않았다. 내가 사진의 전경으로 쓰는 모래공간은 아무 자국도 없는 처녀지의 모습이어야만 했다. 그리고 내가 사진 속의 오브젝트가 어느 곳에 있어야 할지를 정확히 지정하는 것도 어려웠다. 사막에서 제한된 시간 내에 완벽한 사진을 얻어내는 데 관한 나의 실제경험이 턱없이 부족했다. 해는 급속도로 하강하고 있었다. 사진작업의 예비단계로서 감을 잡기 위해 나는 옷을 입은 채 흰 낙타를 타고 황색낙타를 탄 아바를 따라가는 나의 모습을 여러 장 찍어보았다.

그러던 중, 신둑이 결국 나타났다. 그래서 나는 그에게 셔터버튼을 누르는 방법을 가르쳐주었다. 자아, 이제 우리는 주요작업을 위해 보다 은밀한 공간을 찾아나서야 했다. 신둑은 웬일인지 모두 자리를 비키라고 명령하였다. 이때 모두를 데리고 갔더라면 문제가 오히려 단순했을 것이다.

신둑은 내가 원하는 지점으로 낙타 두 마리를 끌고가서 낙타를 꿇어앉게 했다. 여기까지는 문제가 없었다. 그런데 그가 안장을 벗겨달라는 나의 청을 거절했을 때, 나는 공포에 휩싸이기 시작했다. 안장이 있으면 사진이 되지 않는다. 그런데 안장은 혼자서 쉽게 벗길 수 있는 그런 작업이 아니었다. 사람들은 가고 없었다. 신둑은 안장 없이 사진 찍어야 한다는 것을 전혀 몰랐다고 투덜대기만 했다.

도대체 내가 왜 왔는데? 돈을 얼마를 주었는데? 사람들은 왜 쫓아 보내놓고 내 작업만 망치려 드는가? 허파가 터지도록 욕지거리가 쏟아져 나올 지경인데, 나는 부드럽게 몇 마디 더듬거렸을 뿐이다: "**으음, 음, 저 말이죠, 안장 안 벗기면 모든 게 나무아미타불이거든요.**" 결국 그는 투덜거리며 버겁게 안장과 고삐를 다 벗겼다. 이때다 하고 나는 잽싸게 옷을 벗어버리고, 낙타 옆으로 달려갔다. 그리고 낙타 곁에서 다양한 포즈를 취하면서 셔터를 누르게 했다.

낙타들은 유순하기 그지없는 탁월한 모델이었다. 그들은 나와는 정반대로 옷을 벗는 것이 너무도 행복했던 것이다. 나는 또 몇 개의 좋은 구도를 셀프 타이머를 활용하여 찍었다. 그런데 모래언덕 꼭대기에서 망보고 있었던 신둑이 갑자기 소리치는 것이다: "**옷 입어! 옷 입어! 빨리! 빨리!**" 나는 황급히 달려가 옷을 입어야

신둑이 드디어 투덜거리면서 낙타의 안장과 고삐를 벗겼다.

했다. 이때 오토바이부대가 몰려오는 소리가 들렸다. 속옷과 바지를 후다닥 입는 나의 손이 덜덜 떨렸다.

그들이 나에게 가까이 다가오기 전에 모든 겉옷을 뒤집어쓰기에 여념이 없었다. 내 머리카락은 헝크러졌고 정신은 혼미했다. 모터바이크를 타고 현대식 잠바를 입은 몇몇의 건장한 사람들이 내가 있었던 곳을 둘러보고 있었다. 신둑은 그들과 대화를 나누었다. 나는 뭔 일이 일어났는지, 그들이 누구인지, 신둑이 그들에게 뭘 말했는지 일체 알 수가 없었다.

왜 그토록 고적한 사막 한가운데 오토바이를 탄 사내들이 갑자기 나타났는지를 나는 도무지 이해할 길이 없었다. 내가 할 수 있는 유일한 일이란 흰 낙타등에 올라타 얼굴을 다시 파묻고 아무 말 없이 신둑을 따라가는 것이었다. 신둑은 그곳 사막으로부터 팀북투로 직행했다. 그는 나에게 아무 말도 하지 않았다. 그날 밤을 그의 옛 성자 친구집에서 머물 것이라고 한 약속이 취소되었다는 이야기조차 해주지 않았다.

팀북투에서의 마지막 날은 우울과 정적과 애착과 후회가 교차하는 씁쓸한 느낌으로 가득 차있었다. 늦은 아침, 나는 아바에게 그의 오토바이를 타고 시내를 더 둘러보고 싶다고 청원했다. 그랬더니 아바의 사촌이라는 아이가 나에게 보석을 비싼 가격에 사라고 강요하는 것이다. 나는 무시해버렸다. 찬물로 샤워를 한 후에 나는 휴대용 컴퓨터에 어제 찍은 사진을 옮기느라, 옷 입느라 좀 시간이 걸렸다.

내가 시내를 둘러보고자 했을 때는 아바는 이미 사라지고 없었다. 나는 결국 사하라 패션의 울타리 속에 갇히고 말았다. 신둑이 이 울타리를 절대 넘어가지 말라고 나에게 명령했다. 그에게는 충분한 이유가 있었다. 바로 아프리카역사에서는 유명한 뚜아렉 내전(Tuareg Rebellion of 2012)이 이미 시작되고 있었던 것이다.

뚜아렉반란부족들은 흑인 이슬람정권인 말리정권에 대하여 아자와드Azawad라 불리는 말리 북부지역의 정치적 독립을 원하고 있었다. 반란군이 이미 가오Gao 지역의 메나카Menaka를 점령했다는 라디오 소식이 들려왔다. 사헬리안 말리Sahelian Mali(사헬Sahel은 사하라와 수단 사바나 사이의 특수기후지대를 일컫는 생태지리학적 개념)의 동부지역은 오랫동안 뚜아렉반군들의 거점이 되어왔다. 정체불명의 반란군이 소동을 일으켰다는 소식이 전해지자, 뚜아렉의 전체 민간인구가 다 경계태세에 들어갔다. 사실 뚜아렉 민간인들 대부분은 반란과는 관계가 없었지만, 인종 정체성 때문에 반군으로 쉽게 휘몰릴 수가 있었다.

나중에 알았지만 정체불명의 반란군은 아자와드해방민족전선(NMLA : the National Movement of the Liberation of Azawad)의 멤버였다. 이들은 리비아 카다피의 용병으로서 훈련을 받은 뚜아렉전사들이 주축을 이루고 있었다. 독립국가로서 인정받고자 하는 아자와드 지역의 영역 속에 팀북투도 포함되어 있었다. 흑인 말리정권에 대해

내가 팀북투의 사막에서 작품으로 선정할 수 있었던 유일한 작품. 팀북투 전 여행을 통해 나는 겨우 이 작품 하나만을 건졌다. 2012년 전시회에 출품된 이 작품의 이름은 "사헬, 말리, 사하라"이다. 감상자들에게는 단순한 사진으로 보일지 모르지만, 예술가 본인에게는 너무도 많은 기구한 사연이 얽혀있다.

뚜아렉 분리주의운동으로 시작된 이 반란은 극단적 이슬람종교그룹들과 외국간섭이 개재된 매우 복잡한 양상으로 발전하여 아직까지도 결말을 보지 못하고 있다.

첫 라디오 방송이 있었을 때, 신둑은 반란이 아자와드해방민족전선(NMLA)에 의한 것인지, 극단적인 이슬람 마그레브 알카에다(AQIM: Al-Qaeda in the Islamic Maghreb. 아프리카 북부의 IS 비슷한 극단적 조직이다. 뚜아렉과는 별개의 반란군인데, 뚜아렉 반군들은 이들과 연합함으로써 본래의 뚜아렉민족주의의 아이덴티티를 상실했다)에 의한 것인지를 잘 알 수가 없었다. 그래서 그는 자신의 관할 하에 외국여행객을 두고 있다는 사실 그 자체를 걱정했다.

내가 2012년 1월 17일 현재, 팀북투에 남은 단 하나의 여행객이라고 신둑은 말해주었다: "미루! 당신은 이곳 사정을 잘 모르오. 아바조차도 잘 몰라요. 조용히 안에만 있어야 했어요. 당신이 아바 하고 지두에게 당신의 사진작업에 관해 이야기

옥상에서 바라본 팀북투의 광경. 중앙에 있는 둥근 작은 첨성대 같이 보이는 그슬린 것이 빵을 구워먹는 전통적 오븐이다. 도시 어느 곳에나 있다.

한 것, 그 자체가 잘못이오. 사람들이 말하고 있지 않소? 왜 사람들이 갑자기 황량한 사막에서 작업하고 있는 당신을 보러 왔겠소? 소문이 나는 것이 나에겐 불리하오. 나는 돌보아야 할 가정이 있소. 사람들이 당신의 예술이 자연에 관한 것이라는 것을 이해할 리가 있겠소? 그들은 스캔들만 지어낼 뿐이오."

신둑은 추장처럼 근엄하고도 가혹한 매너로 나에게 말했다. 자신이 일찍 오지 않았기 때문에, 나와 충분한 대화를 하고 일정을 알려주지 않았기 때문에, 그리고 아바와 지두를 돌려보냈기 때문에 생긴 문제라는 반성이 전혀 없었다. 나는 모든 게 커뮤니케이션 부족에서 생긴 것이라고 불쑥 말해버리고, 자리를 떠버렸다. 나는 홀로 또다시 눈물을 터뜨렸다. 신경이 곤두설 대로 곤두섰다. 과연 내가 울고 있는 것이 신둑의 자의적 엉터리 분노 때문인지, 오늘이 팀북투에서 보낼 수 있는 마지막 날이라는 절박함 때문인지 나는 도무지 알 수가 없었다.

한참을 울고나서 되돌이켜 보니, 팀북투 생활의 막판에서 나는 스스로 너무도 편안해지고 있음을 느낄 수 있었다. 처음에 견딜 수 없도록 불편하게만 느꼈던 삶의 이질감이 시간이 지남에 따라 무의식적으로 "와~ 정말 이곳이 좋구나!" 하고

사하라 패션 지붕에서 바라본 팀북투. 잊을 수 없는 나의 삶의 한 지평이 되었다. 지역인들의 삶의 편린들이 한없이 정겨웠다.

용서와 화해로 변해갔던 것이다.

맨해튼에서 상실했던 삶의 요소들을 이곳에서 되찾은 듯했다. 그것이 무엇이었을까? 아마도 단순함, 소박함? 아마도 사막에서 내 뺨을 스치는 다양한 공기의 감촉이었을까? 동물들의 여운 있는 울음소리였을까? 맨발로 걸어갈 때 느끼는 모래의 감촉이었을까? 질병과 더러움의 공포를 근원적으로 상실했을 때, 나는 이전에 느낄 수 없었던 평화와 아름다움의 감각을 획득했다. 나를 둘러싼 사람들도 그렇게 친근하게 느껴졌다. 외모상의 차이나 삶의 방식의 차별을 넘어서서 그들은 같은 동질적 인간일 뿐이었다. 내가 이 지구상에서 만난 어떤 사람들보다도 더 인간적이었다.

예를 들면, 아바가 그의 2살 난 어린 조카를 데리고 있는 모습을 처음 보았을 때 나는 완전히 인간적 감성의 충격에 빠지고 말았다. 아바가 애를 껴안고 있는 모습, 그리고 조카의 뺨에 부드럽게 뽀뽀를 해주는 모습이 너무도 자연스럽고 그 솜씨가 아름다웠다.

아바가 그의 조카를 안고 친척아이들과 웃음 짓고 있다.

그것은 도저히 문명세계에서 볼 수 있는 그의 나이의 남성에게서 자연스럽게 우러나올 수 있는, 그러한 몸짓이 아니었다. 그 태도는 내가 도시에서 만나는 남성들의 삶의 자세와 극심한 컨트라스트를 이루었다. 문명의 이기에 심취해 있는 인간들은 근원적으로 생명에 대한 경외감을 결여하고 있는 것이다.

석양의 해가 떨어지기 전에 신둑은 나 보고 보여줄 게 있다고 옥상으로 올라오라고 손짓했다. 낙타떼의 한 캐러밴이 팀북투를 떠나고 있었다. 그들은 타우덴니 소금광the Taoudenni salt mines에서 캐온 암염판과 교환한 수수, 차, 담배, 그리고 기타 생활용품을 가득 싣고 다시 타우덴니로 돌아가는 대열의 장관을 연출하고 있었다. 소금광까지 돌아가는데 사하라사막의 모래길을 스무 날은 가야 한다. 이 캐러밴은 사하라사막에서 아직도 살아남은 거의 유일한 전통적 대상이다.

타우덴니 소금광으로 돌아가는 낙타행렬. 이 지구상에 마지막으로 현존하는 전통적 대상의 장면이다. 나는 이런 행렬을 따라 하염없이 여행하고 싶은 강렬한 충동을 느꼈다.

타우덴니는 팀북투에서 북쪽으로 700km나 떨어져 있는 고대의 사해유적인데, 아직도 사람들이 손으로 그 호수 바닥에서 대리석판과도 같은 암염을 떠내고 있다. 이 지구상에서 가장 건조한 사막지역의 한복판이 옛날에는 푸른 바다였다는 것을 생각하면 우리가 바라보는 세상의 변화는 참으로 무상한 것 같다. 나는 신둑에게 이렇게 진귀한 광경을 소개해준 것에 대해 감사했다. 신둑은 친구들을 만나러 간다고 자리를 떴다. 옥상에서 바라보는 팀북투의 마지막 광경은 찬란했고 또 놀라웠다.

나는 주변의 사람들의 생활상과 아름다운 경관을 찍느라고 열심히 비디오를 돌려댔다. 석양이 가라앉았을 때 아바가 나타났다. 아까 말도 없이 사라진 것에 대해 정말 미안했다고 순수한 유감의 정을 드러냈다. 가족에 문제가 생겨 자기가 급히 돌봐야 했다고 말했다. 그리고는 계속 이야기했다. 내가 떠나면 자기는 섭섭해서 어떡하냐고 울먹이듯 이야기하는 것이다. 나는 감정의 어색함을 피하기 위해 급히 1층으로 내려와 버렸다.

동네의 모든 남자들과 소년들이 화톳불 주변으로 몰려들었다. 나는 앉아서 물끄러미 신라금관 문양 같은 화염을 바라보고 있었다. 한 중년의 무어인Moor이 모래 위에 아랍어로 뭔가를 썼다. 쏭하이Songhai 소년이 그 글씨를 흉내내어 또 썼다(무어인은 베르베르인에 속한다. 베르베르인은 아랍의 아이덴티티를 가지고 있다. 뚜아렉과는 전혀 다른 아랍 방언을 말한다). 신둑은 염소의 뒷다리 허벅지를 하나 가지고 왔다. 그 허벅지를 타고 있는 숯불 위에 직접 놓았다. 모든 사람이 고기가 익기를 기다리고 있었다. 그리고 돌아가면서 열심히 풀무질(상하운동 하는 나무와 포대로 만듦)을 해댔다.

뒷다리가 속까지 잘 익었을 때, 아바가 무딘 칼로 고기를 잘게 찢었다. 모두 달려들어 한 점씩 잡고 그것을 수북이 쌓인 타우덴니 암염가루에 찍었다. 나도 몇 점 불에 그슬린 고기를 먹었다. 고기가 다 끝나 버리자, 신둑은 뼈를 깨물었고, 그 속의 골수를 빨아내어 먹었다. 나는 불 주변에 앉아 화끈히 달아오른 열기에 젖어 아바가 차를 만드는 것을 다시 쳐다보았다. 그는 때때로 나를 쳐다보면서 웃었는데, 웃음에는 성인끼가 있었다. 그가 웃을 때 완벽하게 가지런히 자리잡은 하이얀 이빨의 광채가 그의 검은 피부에 대조적으로 빛났다.

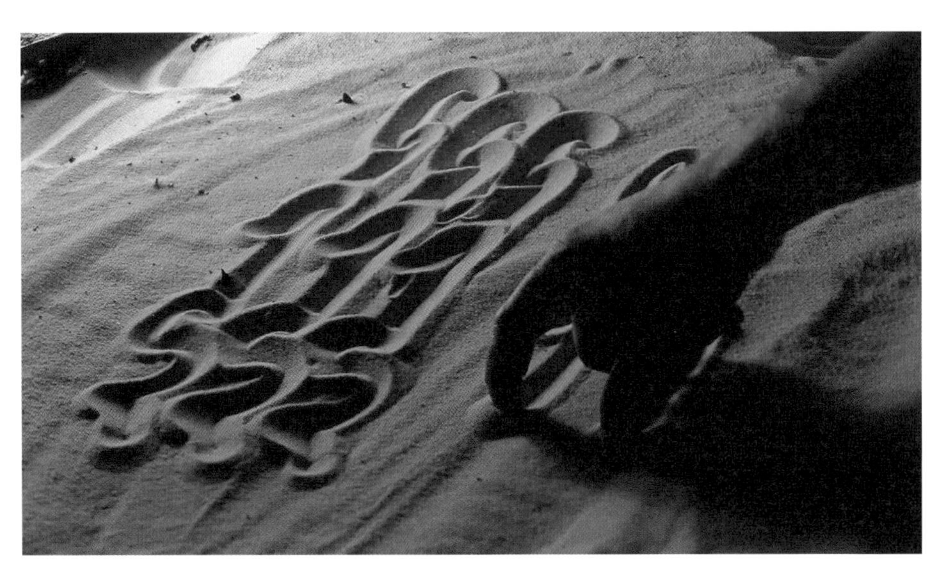

무어인이 모래 위에 아랍어로 쓰고 있다. 재미있는 것은 이 글씨는 여러 손가락을 동시에 사용하여 썼다는 것이다. 그 내용인즉 "무함마드"라는 말을 반복한 것이지만, 그 형태가 매우 아름답다. 모래와 잘 어울리는 글씨형태다. 서도는 붓으로 쓰는 것만이 서도는 아니다. 모든 민족에게 서도예술은 나름대로의 소중한 전승을 지니고 있다.

화톳불을 바라보는 것은 선승의 좌선과도 같다. 무념의 시간은 너무도 빨리 지나간다. 모두가 작별의 인사를 나눌 때가 되었다. 모두 잠자리로 돌아가야 한다. 아바도 시내의 숙소로 돌아가야 한다. 그는 또 말했다. 그는 내가 그리울 것이라고 하면서 손을 흔들었다. 나는 그를 크게 껴안아 주었다. 그랬더니 그는 주춤거렸다. 나는 말했다: "이건 미국식 작별인사야!" 나는 그의 손에 남은 돈을 쥐어주었다.

다음날 아침, 신둑과 미란다가 날 공항까지 바래다주었다. 신둑은 나에게 "영광과 감사의 말"을 건넸다. 다음번에는 반드시 나를 사하라사막의 가장 신성한 곳으로 데려가겠다고 약속했다. 그리고 말했다: "당신은 이제 나에겐 투어리스트가 아니요. 한 가족이지요." 나도 진심어린 감사의 말을 전했다.

이제 겨우 팀북투의 삶에 진짜로 익숙해진 순간에 바로 이곳을 떠나야 한다는 아이러니가 퍽 우울하게 느껴졌다. 돌이켜 보면 그때 정치상황이 악화되기 직전에 그곳을 안전하게 탈출한 그 사태는 정말 천우신조의 행운이었다. 긴 여정 끝에 나는 뉴욕에 도착했다. 나는 정말 지쳐있었다.

무어인이 쏭하이 소년에게 모래 위에 글씨 쓰는 법을 가르치고 있다. 타오르는 불길과 암영의 굴곡이 매우 아름답다.

【제4송】

눈물을 흘리는 낙타 이야기

– 고비사막을 찾아서 –

2012년 1월 말리 팀북투에로의 여행 이후로, 나는 낙타라는 동물에 관한 정보와 책들을 모으기 시작했다. 새로운 또 하나의 사막으로 여정을 시작하려고 할 즈음에는 나의 사진작품작업에 필요한 정보와는 별도로, 그 동물에 관해서 엄청난 지식을 획득할 수 있었다.

낙타의 진화에 관해서는 정말 재미있는 이야기가 많다. 그 동물의 프로토타입이라고 할 수 있는 그 원조동물은 4천만 내지 5천만 년 전에 북아메리카 대륙에서 발생하였다. 지금도 알라스카에 베링 랜드 브릿지Bering Land Bridge라는 지명이 있지만 베링해협은 육로로 연결되어 있어 알라스카와 북동아시아대륙은 소통되어 있었다(가장 좁은 구간은 지금도 82km 정도이다).

지금 중동과 아프리카지역에 살고 있는 단봉낙타는 이동경로로 볼 때에도 당연히 아시아대륙의 낙타보다 후대에 정착된 것임을 알 수 있다. 낙타등의 육봉이 쌍봉이 아니고 단봉으로 진화된 것을 드로메다리Dromedary(그리스 · 라틴어원으로 "뛴다"의 뜻이 있다)라고 하는데, 이 드로메다리의 해부학적 구조는 수분을 상실하지 않고 오래 담지할 수 있어 덥고 마른 지역에 더 잘 적응할 수 있는 특징을 지니고 있다. 상세한 전문지식은 여기 논의될 필요가 없는 것 같다.

박트리안 쌍봉낙타. 고비사막에서.

단지 우리가 알아야 할 것은, 박트리안 낙타Bactrian camels라고 부르는 좀 키가 낮은 쌍봉낙타는 중앙아시아에서만 살고 있는데, 이 박트리안 낙타야말로 진화론적 관점에서 볼 때 아프리카·중동지역의 단봉낙타보다 훨씬 더 오리지날한 원조격의 낙타라는 것이다. "박트리안"이라는 이름 자체가 역사적으로 유명한 박트리아 Bactria(힌두쿠시 산맥과 아무다랴Amu Darya 강 사이에 위치)라는 나라이름에서 온 것이다.

그리고 진짜 야생의 낙타, 멸절의 위기에 놓여있으며, 유전학적으로도 가축화된 박트리안 낙타와는 계통이 다른 야생낙타가, 고비사막과 타클라마칸 사막의 편벽한 지역에 살고 있는데, 이 야생낙타가 바로 쌍봉낙타라는 사실은 쌍봉낙타야말로 단봉낙타보다 유전적으로 더 조형의 낙타에 가깝다는 추론을 확고하게 만든다.

사실 동방인들의 일반적인 낙타관념은 쌍봉낙타의 이미지로 구성되어 있다. 내가 어릴 때 엄마가 20세기 중국문학의 한 대표적인 소설작품을 우리말로 옮겨 출판했는데, 그 소설은 한 순박한 인력거꾼이 군벌의 병영에 끌려갔다가 억울하게 인력거를 창탈搶奪당하고 낙타 세 마리를 끌고 돌아와 인력거를 다시 장만하려는데, 모든 것이 다 뜻대로 되지 않아 결국 좌절하고 마는 리얼리즘의 섬세한 스토리를 그리고 있다.

소설가는 노벨문학상 후보로까지 올랐다가 홍위병에게 비참한 최후를 당하는 기인旗人 라오서老舍, 1899~1966이고, 그 작품은 『루어투어시앙쯔駱駝祥子』이다. 그때 나는 5살이었는데 그림을 잘 그린다고 칭찬받아 그 책의 표지를 그렸다. 그때는 나도 잘 몰랐는데 어김없이 쌍봉의 낙타를 그려놓았다. 내가 그린 것이 박트리안 카멜이었던 것이다. 서울 동숭동의 낙산駱山의 모양새도 쌍봉의 이미지와 관련 있다.

필자가 5살 때 그린 『루어투어시앙쯔』 표지 그림. 어김없이 쌍봉낙타를 그려놓았다.

야생의 낙타는 지금 1,400마리 정도가 현존한다고 하고, 또 200만 정도의 가축화된 박트리안 낙타가 있다고 하는데, 단봉의 드로메다리는 그에 비하여 3천만 마리나 된다고 한다. 그러니까 단봉낙타가 수적으로 훨씬 우세한데 아프리카, 중동, 아시아대륙의 서쪽, 그리고 오스트레일리아에 분포되어 있다(전체 낙타개체수의 94%를 차지한다).

중동의 어떤 사람들은 나에게 자기 나라에도 쌍봉낙타가 있다고 우기곤 하는데, 그들의 말은 다 거짓말일 뿐이다. 쌍봉의 박트리안 낙타는 그 지역에는 존재하지 않는다. 어느 날 나는 요르단 페트라에서 한 칠칠치 못한 기념품 상인과 다툰 적이 있다. 그 가게주인은 쌍봉의 낙타인형을 요르단의 수제품이라고 우기면서 팔고 있었다.

그런데 그것은 분명 싸구려 중국제품이었다. 내가 그것은 중국에서 만든 것이라고 말하자, 그 가게주인이 발끈 성을 내면서 자기 비즈니스를 망치려 한다고, 경찰을 부르겠다고 막 협박하는 것이었다. 그 우스꽝스러운 반응을 쳐다보면서 나는

웃으며 말했다: "**불러! 빨리 불러! 경찰이 온다고 중국제가 요르단제로 둔갑하겠어?**"

나에게 있어서 낙타의 실존적 의미는 내가 나의 예술 속에서 추구하는 평화라는 테마와 관련이 있다. 낙타는 포유류 소목(偶蹄目, 牛目) 낙타과의 순결한 초식동물로서 자신을 방비하거나 타 포식동물을 공격할 수 있는 아무런 무기를 가지고 있지 않다. 캣과의 동물들처럼 날카로운 이빨이나 발톱을 가지고 있지 않을 뿐더러 남하고 싸울 생각이 전혀 없다. 평화만을 원하며 전쟁을 싫어하는 것이다.

그래서 이들이 살아남을 수 있는 유일한 길은 도망가는 것 밖에 없었는데, 도망을 가도 또 다른 포식자가 기다리고 있는 곳으로 가면 말짱 헛것이 되고 만다. 그래서 포식자들이 살 수 없는 곳, 환경의 조건이 최악이래서 포식자들이 살 수 없는 곳으로 도망가야만 했다. 그 과정에서 이 평화로운 동물은 자신의 몸을 그러한 최악의 환경에 적응시키는 방향으로 진화시켰다.

이 북아메리카대륙에서 생겨난 낙타의 원조 중 한 부류는 남으로 이동을 했는데 이들은 고원지대로 올라가면서 라마Lama와 알파카Alpaca가 되었다. 북미대륙의

남아메리카 대륙의 라마 모습. 얼굴만 보고 있으면 꼭 낙타 같다. 페루 마추피추에서 촬영.

마추피추가 내려다 보인다.

원조는 1만년~1만 2천 년 전의 빙하기 최종시기에 멸절되었다. 그리고 베링육교를 건너 서로 서로 이동한 부류가 낙타가 되었다. 사막에는 그들처럼 거대한 포유류가 살 길이 없다. 그들은 마침내 최상의 생존방식을 선택하는 데 성공한 것이다. 그들은 평화의 승리자가 되었다. 사막에는 그들을 괴롭히는 사자 같은 포식자가 존재하지 않는다.

그리고는 인간이 등장했다. 인간이라는 포유류는 지능이 발달하면서 이 지구상의 모든 것을 지배하고자 했다. 그러나 뜨겁고 건조한 사막에서는 도저히 살 수 없다는 것을 깨닫게 된 인간은 자기와는 달리 그 환경에 몸을 적응시킨 이 평화의 동물을 길들임으로써 그들의 삶의 영역을 사막의 정적에까지 확대시킬 수 있다는 것을 알게 된다. 그리고 그 작전은 성공을 거두었다.

인간은 무리를 지어 가축화된 낙타가 필요로 하는 물과 초목지대를 찾으며 유랑하였고, 이 낙타는 우리 인간에게 영양과 교통과 거처를 제공하였다. 아마도 낙타가 그들의 동반자로서 우리 인간을 선택했을지도 모른다. 그리고 그들은 우리가 그들의 삶의 방식을 배우기를 지금도 갈망하고 있을지도 모른다. 버려진 사막에서 평화를 찾는 그 놀라운 지혜를! 지금은 사막의 커뮤니티가 종교, 권력, 정치, 자원 이권 등등의 문명의 요소로 인하여 오염된 측면이 있지만, 낙타와 인간이 사막에서 공생하는 최초의 순결한 삶의 방식은 평화 그 자체였을 것이다.

나는 낙타의 원조, 내가 이전에 보지 못했던 매혹적인 박트리안 낙타를 만나고 싶어, 또 하나의 여행을 계획했다. 나의 선택은 몽골, 중국의 사막지역, 그리고 이웃하는 "— 스탄"("stan"은 인도 · 이란계열의 언어에서 "나라"를 뜻하여 "굳건하게 서다"라는 의미도 있다) 나라들이었다. 먼저 내가 가고자 한 나라는 몽골리아였다. 그러한 갈망은 『우는 낙타 이야기*The Story of the Weeping Camel*』라는 독일에서 만든 다큐드라마를 보고난 후 더욱 명백해졌다. 2003년에 출시되었으며 감독은 비암바수렌 다바아Byambasuren Davaa와 루이기 파로르니Luigi Falorni로 되어 있는데, 비암바수렌은 1971년 울란바토르에서 태어난 몽골여성이다. 국제영화제의 다양한 상을 받았고 오스카상에도 노미네이트되었다.

이 다큐드라마는 고비사막의 낙타들과 한 유목 가정의 애환과 사랑과 환희를 다루고 있다. 이 영화의 동화 속 요정들의 무대와도 같은 장면들은 매우 매지칼했으며, 그것은 내가 사하라사막에서 체험한 것과는 매우 다른 것이었다. 그래서 나는 직접 그곳에 가서 내가 겪어봐야만 할 문화라고 생각하게 되었다. 그런 생각을 하게 된 것은 말리 팀북투로부터 돌아온 지 몇 주 지나지 않아서였다. 때마침 2012년 3월에 서울의 트렁크 갤러리에서, 최근 봉준호 감독이 만든 영화 『옥자』의 주제를 훨씬 앞서 표현한, 나의 돼지와의 교감, 대규모 동물사육의 문제점에 관한 솔로 전시가 열리게 되었다. 나는 그 전시가 끝난 후에 곧바로 몽골을 가기로 결정했다.

내가 울란바토르에 도착한 것은 2012년 4월 14일이었다. 서울을 출발하여 나는 북경에서 사흘을 묵은 후에 울란바토르로 간 것이다. 나 혼자 직접 가지 않고 서울에서 출발하게 됨으로써 나의 원래 계획에 큰 차질이 생겼다. 나의 아버지는 막내딸이 다시 눈앞에 어른거리며 뭘 하겠다고 하니깐 금방 걱정이 되어, 몽골 가겠다는 이야기를 듣자마자 곧바로 울란바토르에 사는 한국인 사업가 한 사람을 수

단봉낙타, 드로메다리. 요르단.

쌍봉낙타, 박트리안 카멜. 고비사막.

배하여 막내딸의 여행을 관리하도록 해놓았다.

나는 내 스스로의 접선과 계획이 있었지만 아버지의 안배를 환영했다. 내 접선은 빈털털이들이지만 아버지라인에서는 작은 경제적 도움이라도 얻을 수 있기 때문이다. 내 접선은 20대의 몽골여성인데 이름이 티제이TJ라고 했다. 티제이는 그 여성의 풀 네임인 "체체크자르갈Tsetsegjargal"의 약자인데, 풀 네임은 내가 정확히 발음할 수가 없었다. 뉴욕에 있는 나의 친구가 그녀를 소개해 주었던 것이다.

티제이는 울란바토르에서 달란자드가드Dalanzadgad로 가는 비행기표를 구입해 놓았고, 달란자드가드에서 사막 한가운데 살고 있는 유목민 가족에게 데려다 주는 운전사를 한 명 수배해 놓았다. 달란자드가드는 고비사막에서 공항이 있는 유일한 도시였으며 그 사막 한가운데 자리잡고 있었다. 실상 나는 이들 외로 더 이상의 도움도 필요로 하지 않았지만, 아버지의 지인을 만나게 되면 아무래도 사막에 가기 전과 후에 잠시라도 안락과 사치를 엔죠이할 수 있지 않을까 하는 실없는 기대를 하고 있었다.

내가 처음 바라본 칭기스칸 국제공항은 생각보다 매우 초라했다. 아니, 인간적이라 해야겠지! 나는 공항에 도착하자마자, 아버지의 접선인 고 선생님의 영접을 받을 수 있었다. 고 선생님은 그의 조수와 함께 나왔다. 바이갈마Baigalmaa라 이름하는 몽골여성이었는데, 놀라웁게도 한국어를 유창하게 했다. 첫 인사를 나누자마자 고 선생님은 나에게 옛날 애니콜 같은 접히는 핸드폰을 건네주면서, 빨리 아버지에게 안전하게 도착했다고 전화를 드리라고 했다.

고 선생님의 이름은 고철상高哲相이라고 하는데, 옛날에 한국에는 고철을 모아 파는 가게가 많았기 때문에 놀림을 받았다고 했다. 그 분은 아버지와 직접 안면이 있는 분은 아니고, 아버지의 평생 친구인 오동희라는 분이 소개한 사람이었다. 고 선생님은 60대의 연령에 매우 인자한 웃음을 띄운 얼굴을 하고 있었는데 자신의 가혹했던 과거 인생살이에 관한 이야기를 반복적으로 늘어놓는 성향이 있는 사람이었다.

20년 전에 그는 자기 돈을 몽땅 사기질 쳐서 가지고 도망간 사기꾼을 잡기 위해 몽골에 왔다. 그러나 포획에 성공할 리가 없었다. 주머니에 다시 고국에 돌아갈 여비도 없었다. 주머니에 남은 20달러를 가지고 이국땅에서 나 홀로의 인생을 다시 시작할 수밖에 없었다.

칭기스칸 승마상. 총진 볼도그Tsongjin Boldog, 투울강Tuul River변에 위치함. 왼쪽이 고 선생님.

영하 30℃는 보통 내려가는 울란바토르의 혹독한 겨울날들을 고국에 두고 온 가족들과 이야기도 못하고 보지도 못하고, 싸늘한 지하실에서 웅크리고 지내야만 했다. 그는 그 역경을 이겨내고 자작나무에 기생하는 차가버섯을 활용하여 머리털 나게 만드는 비누를 비롯하여 다양한 건강식품·화장품을 만드는 회사를 일궈냈다. 참고로 말하자면 전통적으로 몽골사람들은 대머리가 없다는 것이다.

하여튼 고 선생이 재기했을 때, 그의 부인은 이미 그를 떠난 후였다. 그리고 그의 사랑하는 딸들의 교육을 지원할 수 있는 시기도 다 지나버렸다. 고 선생님은 자기 딸들의 나이가 나와 비슷하다고 했다. 그런데 최근 3년 동안은 딸들을 만날 수 없었다고 고백했다. 인생의 가장 참혹한 시련의 시기에 가장 보고 싶었던 대상은 막내딸이었다고 했다.

고 선생님은 나의 아버지의 나에 대한 걱정이 공감이 된다고 말하고 또 말했다. 나는 가장 어리고, 가장 연약하고, 가장 예쁘기 때문이라 했다. 고 선생님은 나에게 몇 번이고 되풀이했다: **"아버지가 어떻게 느끼시는지, 그걸 자네가 꼭 이해해야 돼! 아버지에게 틈틈이 전화해서 네가 잘하고 있다는 것을 말씀드리는 게 중요해!"** 고 선생님은 틈틈이 나에게 당신의 셀폰을 주시면서 아버님께 보고 드리라고 했다. 나는 물론 순순히 응했다. 조금 시간이 지나니까 나의 아버지는 내가 전화를 자주 거는 것에 대해 경이로운 느낌을 받으시는 것 같았다. 이게 한국인의 정감이라는 것일까?

울란바토르에 대한 나의 첫인상은 가로등이 없다는 것이다. 어둑한 도시의 거리는 현란한 서울에 비해 극심한 콘트라스트를 이룬다. 울퉁불퉁한 길을 어둠 속에 달리는 느낌, 여기저기 간혹 키릴문자의 알파벹으로 그려진 네온사인의 형광을 스칠 때, 내가 상상할 수 있는 최상의 느낌은 구 소련시대로 되돌아온 것 같다는 것이었다.

내가 묵게 된 호텔은 화이트하우스 호텔White House Hotel이라 했는데 울란바토르에서는 좋은 호텔에 속하는 것 같았다. 그래도 낡아빠진 구식 가구들, 때투성이의 카페트, 그리고 얼룩진 시트 등 어설픈 느낌이 기대에 부응하지는 못했지만, 말리를 겪은 나의 체험 속에서는 이 모든 것이 그저 감사하기만 했다. 나는 고 선생님과

바이갈마에게 그렇게 좋은 호텔을 제공해준 데 대해 감사를 표시했다. 나는 그들이 떠난 후에 호텔에 부속되어 있는 나이트클럽을 체크해보기 위해 지하로 내려가 보았다.

클럽은 흐리게 조명되어 있었고, 몇 개의 색깔이 드리운 스포트라이트와 천장에 매달린 작은 디스코볼이 돌아가고 있었다. 작은 무대에는 라이브의 커버밴드가 하나 있었는데, 러시안 팝송과 같은 노래들을 연주하고 있었다. 그런데 리드 싱어가 목소리를 뽑아내는데 마치 셀린 디온의 시원한 목소리보다도 더 시원하게 고음을 뽑아내는 것이었다. 나는 부지불식간에 주머니에서 아이폰을 뽑아내어 그 장면을 기록하려고 했다. 그랬더니 상스럽게 보이는, 작은 눈에 불거진 광대뼈에 군인스타일의 머리를 한 꺽다리 두 명이 나를 손가락질하면서 머리를 흔드는 것이다.

분명히 사진을 찍지 말라고 지딴에 임무를 수행하는 것으로 알았지만, 나에게 사진 찍히는 것이 영광인 줄 알아라 하고 나는 계속 셔터를 누르고 있었다. 순간 주변을 둘러보니 레슬러 같이 생긴 여러 명의 남자들이 내 주변에 서서 나를 쳐다보고 있는 것이다. 갑자기 나는 위협을 느꼈다. 얼른 되돌아서 빨리 침실로 올라갔다. 누구의 눈과도 마주치지 않은 채.

칭기스칸 승마상 위에서 찍은 모습

다음날, 고 선생님은 나에게 관광안내를 해주셨는데, 도심에서 30분 정도 걸리는 동쪽의 투울강Tuul River 변에 자리잡고 있는 칭기스칸 승마상을 보러갔다. 소재가 스테인레스 스틸이고 40m의 높이의 이 조각상은 둥근 승마상 콤플렉스 건물 위에 자리잡고 있는데 사람들이 자유의 여신상처럼 말목을 통과하여 말머리 부분에까지 올라가 파노라믹한 경관을 즐길 수 있다. 조각가 에르데네빌레크D. Erdenebileg와 건축가 엔크자르갈J. Enkhjargal에 의하여 2008년에 완성되었다.

칭기스칸은 알고 보면 너무나 잔인하고 지구상 가장 큰 면적에서 집단학살을 감행한 지도자이지만 그의 과감성과 진취성 때문에, 또 그만이 갖는 특이한 덕성 때문에 그는 몽골 아이덴티티의 창립자로서 존경되고 찬미되고 있다. 그의 이미지는 도시 어디에든지 나타난다. 공적인 소상塑像들이나 통화로부터, 술병, 담배곽에 이르기까지 없는 곳이 없다.

그러니까 칭기스칸의 이미지를 구현하는, 세계에서 가장 큰 승마상을 미화 410만 불을 들여 건립했다는 사실도 별로 놀랄 일은 아니다. 아무래도 번질번질한 스테인레스의 질감은 그리 가슴에 와닿질 않았다. 그러나 그의 본명 테무진Temüjin이라는 말이 철*temür*를 녹이는 사람, 즉 대장장이의 뜻이므로 쇠로 만든 그의 상은 그 나름대로 정당성이 있어 보였다.

승마상을 보러 갔다 오는 길에 고 선생님과 그의 조수 바이갈마, 그리고 몽골인 운전사와 함께 교외에 있는 한국음식점에 들러 점심을 먹었다. 창밖으로 내비치는 나무 없는 언덕들, 완만하게 넘실거리는 그 언덕들의 기복이 자아내는 색다른 광경들을, 아직 나의 의식 속에서 처리하지 못하고 있을 때에, 고 선생님은 나 혼자 사막을 가는 솔로 트립에 관한 심각한 걱정을 토로하기 시작했다.

나의 아버지는 고 선생님께 내가 정확하게 왜 몽골을 가는지에 관해 이야기를 하지 않은 것 같았다. 그래서 내가 다음날 고비사막으로 9일간의 여행을 떠날 것이라고 말하자 충격에 휩싸이는 것 같았다. 나는 조용히 앉아서 매운탕에 들어있는 낙지를 후루룩 소리내며 먹고 있는데, 씹히는 질감은 얼었다가 녹은 놈이 분명했다. 그런데 내 주변의 모든 사람들은 내가 사막으로 혼자 가는 것을 말리려고 애를 쓰고 있었다. 운전사와 조수, 두 몽골사람들도 내 플랜에 반대를 표했다. 날씨가 나쁘다, 물이 나쁘다, 사람들이 사기성이 농후하다 등등을 말하면서.

고 선생님은 혼자서 결단을 내리신 듯했다. 요번에는 자기와 머무는 것으로 만족

칭기스칸 승마상에서 내려다 보이는 광경. 몽골은 보이는 사방이 다 빈터다. 그래서 아름답다.

울란바토르 교외의 소박한 모습. 시내에도 텐트집인 게르가 섞여있다.

해달라는 것이다. 다음에 팀을 데리고 와서 사막으로 가라는 것이었다. 그는 반복적으로 강조했다: **"한국사람들은 더 이상 이 나라에서 호감을 받지 못해. 몇몇의 나쁜 놈들이 물을 흐려놓았지. 몽골사람들은 더 이상 한국인들을 좋아하지 않아. 미루가 가고자 하는 곳들을 혼자 갈 수 없어."**

이런 얘기들은 몽골리아에는 도둑놈들과 사기꾼들로 가득 차있는 듯한 느낌을 나에게 준다. 고 선생님이 나의 아버지의 지인이라는 사실 때문에 나는 말 한마디 없이 그냥 고개만 끄덕였다. 그렇게 고개만 끄덕이다 보니 웬일인지 나는 목이 조이고 숨이 막히는 것 같았다. 그리고 고독과 불안과 불만이 섞인 강렬한 감정이 나를 엄습했다. 그것은 내가 솔직한 이야기를 할 수 없다는 사실로부터 기인하는 것이다. 인간이 진실로 "만난다"는 것이 이렇게 어려운 것이다.

나는 치밀어 오르는 울음을 참느라고 애를 써야만 했다. 나는 나 자신에게 반문했다: "그들이 과연 내가 왜 사막에 가는지를 알 수 있겠는가? 그들이 과연 내가 왜 내 계획을 실천에 옮겨야만 하는지를 알 수 있겠는가?" 나의 감정적 반응은 과도한 것일 수도 있다. 남남이려니 하면 그만이다. 그러나 그렇게 내가 우기고 있는 순간에도 나 자신 왜 그토록 어려운 여행을 감내해야만 하는지, 정확히 그 원인을 알지 못하고 있는 것이다.

이날 오후 늦게 나는 나 자신의 가이드, 티제이를 만났다. 티제이는 도시형 엘리트여인이었는데 외국인들을 위하여 여행을 조직하는 데 능수능란한 면모를 보였다. 그녀는 내가 기대했던 바로 그러한 인간의 전형이었다. 스마트했고 단호했으나, 또한 순정적으로 따뜻했고 주도면밀했다.

티제이와 나는 큰 야외시장으로 갔다. 고 선생님은 이곳에는 소매치기가 우글거리니 절대 가지 말라고 했던 곳이다. 나는 티제이와 함께 몽골의 전통의상을 사려고 했다. 나는 우선 무릎 밑까지 오는 펠트로 라이닝을 댄 가죽장화를 하나 샀다. 이 장화는 강력한 고무바닥으로 되어 있었는데, 정말 나중에 알았지만 끝없이 날카로운 돌이 펼쳐진 고비사막의 지면에서는 이 장화가 없었으면 기동성이 전혀 없을 뻔 했다.

전통의상에 관해서는 결국 나는 티제이의 겨울 데일deel을 빌려 입기로 했다. 데일은 몽골의 전통의상인데 모포느낌의 둘러싸는 가운 같은 것이다. 티제이는 이 데일의 허리를 어떻게 실크천으로 감아 매는지를 가르쳐주었고, 내 머리를 양 옆으로 땋아 늘어뜨렸다. 그리고 티제이는 나를 한 몽골식당으로 데려갔는데, 그 식당에서는 양의 머리 하나 전체를 식탁 위에 올려놓았다. 먹을 것이 정말 많았지만 나는 양고기를 냄새 때문에 그렇게 엔죠이하지 않는 편이다.

이 심상치 않은 저녁을 먹은 후에, 나는 내가 사막에서 만날 유목민들에게 전할 나의 메시지를 몽골말로 번역해달라고 티제이에게 요구했다. 나는 내 여행의 목적을 설명하는 메시지들을 나열했다. 그랬더니 티제이는 그 위에다가 자기 나름대로 그 사람들을 감동시킬 언어들을 첨가하였다. 이 사진작가 여인은 자연환경의 아름다움을 깊게 사랑하는 사람이며, 몽골의 문화와 관습을 존중하는 휴매니스트임을 천명해놓았다.

그녀는 사막의 유목민들이야말로 선량하고 진실한 사람들이라고 나에게 친절하게 설명하고 확신을 주었다. 티제이의 확신은 고 선생의 경고들을 다 잊어버리게 만들었고, 나는 나의 견고한 신념들을 다시 회복할 수 있었다. 인간이란 얼마나 허약한 동물인가!

티제이와 양머리고기 식사를 끝낸 후. 티제이는 매우 성숙한 여자처럼 보인다.

2012년 4월 16일 오후, 바이갈마는 나를 울란바토르 공항에 떨어뜨려 놓았다. 특수한 날씨 조건 때문에 입은 나의 밝은 빨강 하이킹 재킷은 내가 탄 작은 비행기 속에서 나를 유별나게 이질적인 외국인처럼 만들었다. 주머니 속에는 고 선생이 나에게 준 설사약이 들어 있었다. 스튜어디스가 웃으면서 어디서 왔냐고 묻는다. 나는 타인과 정담을 나눌 분위기에 있지 않았기 때문에 황급히 “코리아”라고만 말하고 에어플레인 매거진에 머리를 파묻었다. 매거진에 실린 사진들이 고비사막의 정취를 담고 있어서 내가 원주민들과 소통할 때 도움을 줄 수 있는 것들이 많았다. 나는 그 매거진을 가지고 가기로 했다.

내가 비행기로부터 내렸을 때, 매우 거대한 몸집의 중년 몽골남자가 4륜구동 렉서스 중형차를 가지고 날 기다리고 있었다. “거대하다”고 말한 것은, 그가 정말 내가 인터넷에서 보곤 했던 일본에서 매우 유명한 몽골출신의 스모꾼 역사力士와 너무도 닮았기 때문이었다.

차에 많은 생수병과 3병의 칭기스 보드카를 운전사의 추천대로 유목민에게 줄 선물로서 비축해놓았다. 그리고 또 다른 선물로서 캔디, 치약, 쌀, 간장, 식물성 식용유를 차에 싣고 우리는 달란자드가드를 떠났다. 달란자드가드는 고비사막 지역의 지역수도라 말할 수 있는데 인구가 2만 명도 채 되지 않는다.

떠난 후 얼마 되지 않아 나는 벌써 운전사와 소통하는 것을 포기해야만 했다. 내가 “잉그리쉬” 하고 물을 때마다 그는 머리를 휘저었다. 나는 계속해서 그와 소통해보려고 노력해봤지만 결국 소통의 방편이 없었다. 나는 대화를 시도할 때마다 그 어색한 분위기를 풀기 위해 낄낄거리며 웃고 그 장면을 끝낼 수밖에 없었다. 내가 나의 생각을 정확하게 표현할 수 있는 유일한 방편은 운전사의 셀폰밖에 없었다.

나는 그 셀폰을 통해 티제이에게 전화를 걸고 통역을 요구했다. 그것도 전화가 터질 때만이 가능한 일이었다. 수신이 안될 때가 태반이었다. 티제이는 그녀가 소개한 그 운전사를 직접 만난 적이 없었다. 그래서 전화상으로 전 여정을 그와 같이

몽고 전통의상 데일을 입고, 부츠를 신고, 쌍봉낙타를 탄 필자의 모습.

해야 할 텐데 그 운전사가 괜찮겠냐고 계속 물었다. 나는 명확하게 대답할 수가 없었지만, 이제는 별다른 옵션이 없었다.

조금 지나다 보니, 그는 대체적으로 성격이 좋은 사람 같았다. 내가 불쑥 카메라를 꺼내 창밖의 무엇인가를 찍으려고 하면, 속도를 늦추든가 스톱을 해주든가 하는 것이었다. 이것만 해도 나로서는 큰 위안이었다. 보통의 경우 달리는 차에 불쑥 서라고 하면 신경질을 팍팍 내는 것이 운전사의 생리이다. 그러나 사진을 찍어야 할 상황은 불현듯이 닥친다. 사진은 타이밍의 예술이다. 그러나 차는 연속적으로 달리기를 좋아한다. 달리는 차에 매번 스톱하라고 외치는 것처럼 괴로운 일도 없다.

도시를 빠져나가자마자, 광활한 대평원 위에 일정한 타이어 트랙, 즉 옛 마찻길처럼 생긴 다져진 트랙의 길이 아스팔트길을 대신했다. 나는 여태까지 나의 비젼이 그렇게 거대한 공간을 끝없이 달리는 그러한 랜드스케이프를 체험해본 적이 없다. 내가 밟고 있는 땅, 그 대지가 그렇게 완벽하게 평평하고 오픈되어 있을 수가 없었다. 아~ 그 반듯하게 뻗은 두 선의 타이어 트랙이 사라지는 단 한 점으로 수렴되는 그곳이 지평선상이었고, 그 위로는 아무 것도 없었다. 오직 새파란 하늘만 안계를 지배했다. 그것은 진실로 너무도 이색적이고 경탄스러운 광경이었다.

미술학도들이 배우는, 직선들로 이루어진 원 포인트 퍼스펙티브one-point perspective (한 점으로 모든 것이 집중되는 원근화법)가 종이 위에서가 아닌, 살아있는 광경으로서 내 눈앞에 펼쳐지고 있는 것이 아닌가! 그 광경을 스치는 것만으로도 나의 의식세계는 비움虛의 경지로 승화되는 것 같았다. 모든 것이 사라지고 마는 것이다. 움직이는 차 속에서 그 광활한 허虛를 묵언 속에 노려보고 있는 것만으로도 몇 주간 용맹정진을 하는 참선의 경지를 맛보는 것 같았다.

사막! 사막! 나는 다시 나의 본향으로 되돌아온 것이다. 나의 의식은 정상수치를 회복한 것이다.

사하라사막으로부터 맨해튼으로 되돌아온 나는 멜란콜리아에 계속 빠져들어 갔다. 정서적 불안이나 짜증이 날 괴롭혔다. 번잡한 도시의 광경은 결국은 지루할 뿐이다. 아름다운 옛 건물이나 흉칙한 회색의 마천루나 모두 위압적일 뿐이다. 인간은 결국 자연을 떠나 행복할 수가 없는 것이다. 자연도 센트랄 파크와 같이 만들어진 자연이 아닌, 있는 그대로의 자연, 가장 좋은 것은 역시 빈 자연이다.

도시가 왜 존재해야만 하는지, 왜 인간이 도시에서 살아야만 하는지, 왜 그러한 삶의 방식을 문명이라고 예찬해야만 하는지, 나는 계속 물었다. 생노병사의 고뇌가 나를 엄습하기 시작한 것일까? 내가 일종의 성장통을 겪고 있는 것일까? 그게 무엇이든 좋다! 고비사막 한가운데로 들어가자마자, 나의 도시삶의 번쇄한 잡념, 그리고 근심들이 일시에 해체되어 버렸다.

원 포인트 퍼스펙티브 광경

내가 가고자 했던 바로 그 사막.
태고의 고독을 느끼기에는 가장 아름다운 고비사막,
콩고린 엘스의 모습. 빈 우주, 이곳은 들리지 않은
온갖 소리로 가득차 있었다.

【제5송】

불타는 절벽, 쥬라기공원의 시작

고비사막에서 내가 처음으로 선택한 행선지는 바얀작Bayanzag이라는 곳인데 보통은 "불타는 절벽Flaming Cliffs"이라는 이름으로 알려져 있다. 석양이 뉘엿뉘엿할 때 칼날 같이 깎아지른 사암절벽이 붉게 타오르는 것처럼 보이기에 그런 이름이 붙었다. 1920년대 이 지역을 방문한 고생물학자 로이 차프만 앤드류Roy Chapman Andrew가 그렇게 명명한 데서 유래한다. 이 지역에서 공룡의 알이 처음 발견되었다.

백악기 후기 공룡인 벨로시랍터Velociraptor(재빨리 포획한다는 뜻. 스필버그 영화에 등장하여 유명하게 되었다)의 화석과 유테리안 포유동물Eutherian mammals의 화석이 발견되기도 하였다. 그러니까 이곳은 영화 『쥬라기공원*Jurassic Park*』(1993)의 모든 상상력의 원천인 셈이다. 나의 운전사는 절벽의 끝자락에 있는 일몰관망대에서 정차하여 내가 그 석양의 장관을 찍을 수 있도록 배려해주었는데, 그 관망대에서는 내가 찍고자 하는 좋은 사진을 얻을 수 없었다.

그리고는 우리는 모래 대신 회색 자갈이 깔려있는 평평한 사막지대 한가운데 위치한 고립된 한 텐트로 갔다. 인구가 너무 적어 한 텐트와 한 텐트 사이는 서로 보이지 않을 정도로 떨어져 있었다. 자연상태에서 인간은 군집을 하되 서로가 일정한 거리를 두고 살며 평화를 유지한다고, 룻소가 『에밀』 속에서 한 말이 생각났다. 하여튼 독립적인 삶을 사는 인간의 모습이었다.

바얀작 풍경. 내가 찍은 위치와 기후조건이 "불타는 절벽"의 느낌을 충분히 살리지 못했다.

이토록 황량한 사막에 게르 하나가 호젓이 서있을 뿐이다. "독립"이라고 한다면
이런 삶을 견딜 수 있어야 독립이라 말할 수 있을 것이다.

게르 내부의 전체 모습. 장롱 앞, 낮은 책상이 놓여있는 곳이 식사장소이다.

"게르*ger*"라고 알려진 몽골유목민의 주거형태는 크고 둥근 포터블 텐트인데, 그것은 나무 널빤지와 다이아몬드형 격자식의 줄이고 늘일 수 있는 벽구조물, 단열재 펠트, 타르를 칠한 방수범포, 그리고 양탄자 등으로 구성되어 있다. 우리가 게르 가까이 주차를 하자, 아주 튼실하게 생긴 중년의 여인이 게르를 나와 우리를 반겨준다.

그 여인은 거기에 홀로 14살 먹은 아들과 같이 살고 있었는데, 그 아들은 특이한 종류의 학습장애가 있는 것처럼 보였다. 그렇지만 그 아들은 엄마의 일들을 잘 도와주었다. 염소와 낙타를 지키는 따위의 일을 했다. 불행하게도 나는 그들과 소통할 수 있는 아무런 수단도 가지고 있지 않았다. 그래서 나는 그들의 이름이 무엇인지조차도 알 수가 없었다. 그리고 이 여인이 남편이 있는지 없는지, 그 외의 가족이 있는지 없는지도 알 수가 없었다. 언어가 소통되지 않는 상태에서는 도무지 구체적인 개념적 지식이 성립하기 어렵다. 나는 단지 때때로 미소를 지을 뿐이었고, 또 나 홀로 그들의 삶의 모습을 기록했다.

저녁은 아주 단순한 밀가루국수탕이었는데, 마른 육포고기를 두드려 거의 가루 모양이 된 건덕지가 들어갔고, 간은 소금으로만 했다. 후추 같은 양념이 없으니까 고기냄새를 상쇄시키는 그 무엇이 없었다. 나는 그냥 덤덤하게 먹고 있는데, 운전사는 그 음식이 너무도 맛있는 모양이었다. 그는 후루루룩 아주 큰소리를 내며 입맛을 쩍쩍 다셨다.

저녁을 먹고 난 후 모두가 작은 텔레비전 주변으로 둥그렇게 앉았다. 아주 전형적인 몽골 게르에는 중국에서 만든 태양광발전판넬이 다 부속되어 있는데, 그 판넬로 하나의 미니 텔레비전과 하나의 에너지절약형 형광등과 하나의 모바일 폰 충전기의 전기가 공급된다. 텔레비전은 보통 입구의 맞은편에 위치하고 있는데, 정가운데에는 아주 칼라풀한 나무장이 있게 마련이고, 그 곁으로 텔레비전이 놓인다. 장롱 위에는 거울과 함께 가족사진들이 정겨운 모습으로 진열되어 있다. 그리고 거기에는 여타 중요한 기념품들이 같이 놓여 있었다. 이러한 정경은 한국의 시골집에서도 찾아볼 수 있다.

이렇게 진열된 곳 앞에는 낮은 상이 놓여 있다. 그 상은 그곳이 밥 먹는 곳이라는 것을 말해주고 있다. 그리고 전체 둥근 방의 한가운데는 난로가 놓여 있는데, 그것은 조리를 위해 사용되며 또 난방용으로도 쓰인다. 연기는 천정의 한가운데 나있는 구멍을 관통하는 쇠파이프를 통하여 곧바로 대기로 빠져나가게 되어 있다.

14살 먹은 아들이 텔레비전을 보고 있다. 진열된 사진들은 가족사를 말해준다.

천장의 채광창은 낮에는 빛을 방 내부로 들이기 위하여 열려있고, 비가 올 때는 그 창은 닫히고 방수커버로 잘 덮인다. 중앙의 양쪽가에는 침대가 하나씩 놓여 있는데 나무로 만든 것도 있고, 철물로 만든 것도 있다. 그 위에는 두꺼운 펠트가 겹겹이 놓여 있고 또 매트리스로 쓰이는 담요들이 여러 장 깔려있다.

게르의 정중앙의 천정 모습

대체적으로 말하자면, 몽골의 게르는 밖

에서 보는 것과는 달리, 안에 들어와 보면 놀랍게도 넓은 공간이 펼쳐진다. 그리고 그 구조적 디자인이 내가 다른 사막에서 보았던 어떠한 종류의 주거형태보다도 정교하고 순결했다. 이 진화된 형태의 게르는 고비사막 기후의 악조건에는 매우 적합한 것 같다. 고비사막은 겨울에는 보통 영하 30℃ 이하로 내려가며 여름에는 40℃ 이상의 고열을 뿜어댄다.

내가 유숙한 이 특정한 게르 내부에서 나의 주목을 가장 심하게 끈 것은 이 집에서 기르는 고양이였다. 아주 연약하게 보이는 작은 고양이가 매우 짧은 목줄에 묶여 있는데, 14살 먹은 아들이 고양이를 가구의 여러 곳에 쉬지 않고 묶었다 풀었다 하면서 전전하는 것이다. 고양이를 옮길 때마다 그 아들은 고양이를 거칠고 무관심하게 다룬다.

그런데 고양이는 뼈가 없는 인형처럼 흐느적거렸다. 그것을 쳐다보고 있는 것 자체가 매우 고통스러웠다. 그러나 고양이는 그 아들이 자기를 그렇게 거칠게 다루는 그러한 존재양식에 익숙한 듯했다. 최소한 그 고양이는 먹이를 공급받고 있으며 또 겨울에는 따스한 환경에서 지낼 수 있다. 나는 날씨만 조금 따뜻해지면 그 고양이가 석방되기를 간절히 바랬다. 그러나 나는 고양이에 관해서도 아무 말도 할 수 없었다.

저녁식사로 부른 배를 소화시키기 위해 빈둥거린 후에, 바닥 위에 담요를 깔아 잠자리를 만들었다. 운전사가 그의 잠자리를 내 옆에 만들겠다는 시늉을 하면서 조크를 걸어왔다. 나는 조금도 즐겁지 않았다. 내 얼굴표정이 무뚝뚝한 성낸 모습을 하는 동안에도 그 운전사는 계속 웃어댔다. 그러더니 방의 저 켠으로 가버렸다. 아마도 조크의 수준이 무엇인가 엇갈리어 있었던 것 같다.

내가 일어난 아침, 그 주인여자는 이미 밖에서 일을 하고 있었다. 내 옆에 뜨거운 물이 놓여있는 것을 발견하고는, 나는 얼른 한 컵의 인스턴트 커피를 만들어 마셨다. 그리고 비디오 카메라를 들고 뛰어나갔다. 사막의 모랫바람이 맹렬하게 불어대는데 나는 겨우 실눈만 뜰 수 있었다. 내 얼굴로 휘몰아치는 모래가 얼굴

낙타는 우리가 없다. 주인 여자가 낙타 젖을 짠 곳도 바로 이런 황량한 사막에서였다.

표면을 불쾌하게 따끔따끔 때린다. 나는 카메라를 잘 싸서 몸에 간직하고 낙타떼가 있는 곳으로 나아갔다.

그 여인은 머리와 입을 천으로 휘감은 상태에서도, 암낙타의 젖을 놀라운 솜씨로 짜내고 있었다. 그토록 열악한 기후조건에서 말이다. 아마도 그 비결의 하나는 그녀의 강력한 목소리에 있는 것 같다. 그녀는 손으로 낙타의 젖을 살살 달래면서 짜내는 동안 그녀의 낙타에게 아주 특별한 발성의 노래를 부르고 있었다.

낙타의 젖은 그냥 무턱대고 짠다고 나오는 것이 아니다. 나는 낙타들이 인간의 음악에 특별히 민감하게 반응한다는 사실을 잘 알고 있었다. 나는 진짜 쌍봉의 박트리안 낙타가 나팔모양의 축음기 앞에서 인간의 음악을 감상하고 있는 옛 흑백사진을

여인이 젖을 짜낸 통을 들고 있다.

음악을 감상하는 낙타

본 적이 있다. 그 사진은 『뉴욕타임스』 신문 기사를 위하여 1909년에 찍힌 것이다.

그 기사는 "동물원의 동물에게 미치는 음악의 효과에 관하여*Effects of Music Upon Animals of the Zoo*"라는 제목을 가지고 있었는데, 브롱크스동물원의 낙타들은 어김없이 음악에 반응한다는 것을 말하고 있다. 그들의 코를 그래머폰의 나팔에 파묻으며 음악을 감상한다는 것을 아주 유머러스하게 기술하고 있다. 뱀은 음악에 무감각하며, 늑대는 놀란다는 것이다.

우리가 같이 게르 안으로 돌아왔을 때, 그 여인은 큰 솥에다가 차를 달이기 시작하였다. 차는 본시 유목민의 삶에서 빼놓을 수 없는 중요한 부분이다. 여타 모든 사막에서도 차는 공통주제였다. 중국역사에서 보면 차의 수출금지로 북방민족을 다스렸다고 하니, 차가 얼마나 중요했는지를 알 수 있다.

차를 만들고 있는 여인

그런데 몽골리안 티는 다른 사막의 차와는 좀 달이는 방식이 독특했다. 지금도 여전히 중국에서 수입하는 저급한 찻잎으로 달이는데 그 차를 우려낸 물에 밀크를 더한다. 그런데 가장 핵심적 맛의 성분이 설탕 대신 소금을 쓴다는 것이다. 첨가하는 밀크는 다양한 종류가 사용될 수 있다. 그런데 오늘의 경우는 아까 방금 짜낸 낙타의 젖이 사용되었다. 낙타밀크를 화로 위에 끓고 있는 찻물 위에 첨가한 후 계속 큰 국자로 휘저으며 거품을 낸다. 섞여진 찻물을 국자로 높게 들어올리며 다시 쏟아붓곤 하는데, 이러한 반복적 과정을 거치면서 밀크티는 거품과 함께 비단결의 미끈미끈한 질감의 액체가 된다.

이 액체는 다시 큰 보온병 속으로 저장되면서 하루종일 유목민의 목을 적신다.

사막의 사람들에게 매우 중요한 영양소와 에너지를 공급하는 것이다. 지혜로운 삶의 방식이라 아니 말할 수 없다. 첫 한 입을 마셨을 때, 그 소금기의 감각이 좀 오묘했다. 그러나 조금 지나니까 그 맛은 매우 부드러워졌고 또 풍요로운 오미五味의 맛이 다 함축되어 있었다. 나는 곧 이 소금계열의 차맛에 익숙해졌다. 그 후로 나는 남은 8일 동안 하루도 빼놓지 않고 종일 차를 마셨다.

이날 내가 성취하고자 했던 것은 아직도 풍성하고 긴 아름다운 겨울털을 간직하고 있는 훌륭한 박트리안 낙타들과 함께 나의 나체 사진을 찍는 것이었다. 나로서는 정말 큰 행운이었다. 조금만 시간이 지났어도 겨울털이 벗겨지기 시작하면 낙타는 듬성듬성 털이 빠지고 아주 꼴불견으로 되어 버린다. 풍요로운 털과 신체 모양을 간직한 쌍봉낙타의 모습을 잡기 위해서는, 먼저 여인에게 설명을 해야만 했다. 내가 할 수 있는 일이란 티제이가 몽골말로 써준 쪽지를 보여주고, 그리고 나의 작품이 실린 카탈로그를 보여주는 것이었다. 그 여인은 다 훑어보고 고개를 끄덕였다. 그리고 항상 웃는 얼굴표정을 찡그리지 않았다. 나는 그녀가 잘 협조해주리라는 것을 직감할 수 있었던 것이다.

그런데 옆에 있던 운전사도 덩달아 웃었다. 그러나 그 인간의 웃음은 질이 달랐다.

털이 빠지기 시작하는 낙타

생각 없는, 한 미숙한 남성의 여성 누드에 대한 반응, 어처구니없어 경멸의 시선을 돌리게 만드는 그런 불순한 반응은 항상 기분이 나쁘다. 나는 운전사의 어리석은 미소와 평어를 무시해야만 했다. 분명 내 몸매가 아름답다니 뭐니 떠드는 것 같다. 구역질이 날 뿐이었지만 그가 악의가 전혀 없다는 것을 알았기에 어느 선까지는 관용할 수밖에 없었다.

낙타들은 하루에 해야 할 일들이 정해져 있는 것 같았다. 그 여인이 젖짜기를 끝낸 낙타들은 아침에 목초를 뜯어먹기 위해 푸른 관목지대로 간다. 그리고 오후에는 물을 먹기 위해 샘으로 간다. 지역사람들이 샘을 보호하기 위해 작은 콘크리트 방을 지어놓았다. 우리가 차를 몰고 샘으로 갔을 때 이미 낙타들은 그곳에서 주인이 오기만을 기다리고 있었다. 그 여인은 빌딩 안으로 들어가서 자동차 타이어를 펴서 만든 줄이 묶인 빠케쓰를 샘물 바닥까지 내려 물을 길어 올린다. 그리고 벽에 나 있는 구멍으로 그 샘물을 쏟는다. 그 구멍은 밖으로 길게 생긴 물구유가 연결되어 있다. 낙타들이 물을 충분히 먹을 때까지 이 작업은 계속된다.

낙타들은 물을 충분히 들이킨 후에, 근처의 아주 평평하고 잿빛의 무미건조한 광경의 한가운데서 어슬렁거리고 있었다. 거기에는 식물이 아무 것도 없었기 때문에

샘에서 물을 긷는 여인. 샘의 깊이는 10m는 족히 되었다. 앞 구멍에 물을 쏟는다.

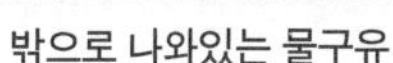

밖으로 나와있는 물구유

물을 열심히 먹는 낙타

마치 우주인이 달표면을 걷고 있는 것처럼 매우 특이한 느낌이 들었다. 그 순간 나는 이때다! 나의 작품사진을 만들기에 최적의 기회라는 생각이 들었다. 나는 번개처럼 삼발이를 펴고 카메라를 설치했다. 그리고 완벽한 구도를 잡아냈다. 그리고 그 여인에게 어떻게 셔터버튼을 누르는지를 알려 주었다.

그것은 누구에게든지 이해하기 어려운 일이 아니었다. 말리의 뚜아렉 사람들도 나를 위해 셔터를 곧잘 눌러주곤 했다. 평범한 지역사람들, 전혀 사진기를 모르는 사람조차도 별 문제가 없었다. 그래서 나는 이번에는 정말 환상적인 좋은 작품사진을 얻을 수 있으리라고 확신했다. 나는 재빨리 옷을 벗고 낙타들에게 접근했다.

나는 여러 포즈를 취하고 사진이 찍히는 것을 기대했다. 낙타들은 곧 다른 곳으로 가버렸다. 그들은 옷을 입지 않은 우스꽝스럽게 보이는 인간동물이 자기들에게 접근하는 것을 편하게 느끼지 않은 모양이었다. 나는 얼른 카메라로 가서 사진 찍힌 상황을 점검했다. 아뿔사! 헐떡거리며 뒤져보니 아무 것도 찍히지 않았다! 그 여인은 다른 버튼만 계속 누르고 있었던 것이다. 그토록 정교하게, 민활하게 낙타의 젖꼭지를 주무르는 그녀의 손길이었건만, 카메라 셔터는 그녀의 포르테forte(장점)가 아니었던 것이다. 이미 상황은 사라지고 없었다. 예술은 반복되지 않는다.

내가 낙타들을 주시하고 있는 동안 내가 발견한 하나의 사실이 있다. 그들은 강력한 바람이 휘몰아칠 때 잘 운다는 것이다. 눈물은 모래로 찬 눈을 씻어내주는 효과가 있다. 이 사실은 나에게 『우는 낙타 이야기*The Story of the Weeping Camel*』

라는 다큐드라마를 연상시켰다. 나는 사실 이 다큐 때문에 몽골리아를 오게 되었던 것이다.

이 영화는 낙타떼를 기르는 한 몽골 유목민 가족의 애틋한 이야기를 그리고 있다. 봄철에 한 낙타가 새끼를 낳았는데, 이틀 동안이나 너무 고생스럽게 진통을 겪은지라 산모낙타가 신생아 낙타를 보기도 싫어하는 것이다. 젖을 주는 것도 거부하고 어미의 보호본능을 상실해버린 것이다.

그런데 신생아는 아주 고품격으로 평가되는 희귀한 흰 낙타였다. 산모낙타는 첫 출산이었기 때문에 전혀 어미로서의 구실을 못하는 것이다. 이 유목민 가족은 에미와 새끼의 결합을 위하여 안깐힘을 쓰게 된다. 우선 이 가족은 전통적인 굿을 한다. 이 영화는 몽골의 굿이 어떻게 진행되는지 그 복잡한 과정을 잘 묘사하고 있다. 동네사람들도 많이 모여들고 무당을 초빙하느라 돈도 많이 든다. 이 칼라풀하고

샘과 낙타들

복잡한 천지신명께 드리는 제사에도 불구하고 낙타 모자의 정은 회복되지 않았다.

그래서 이 가족이 생각해낸 것이 몽골 민속음악을 켜는 토속적 바이올리니스트를 초빙하기로 한 것이다. 그래서 두 아들이 어렵게 사막을 지나 여행을 하여 시장 한복판에 오게 된다. 거기서 바이올리니스트를 발견하고 그 사정을 호소한다. 실제로 초빙한 사람은 몽골 특유의 악기 모린쿠우르morin khuur(우리나라 해금, 중국의 얼후와 같은 계열의 악기. 말총으로 만든 두 줄의 스트링이 있다. 울림통이 해금보다 크다)의 달인이었다. 초빙되어 온 모린쿠우르의 달인은 낙타의 육봉에다가 악기를 놓고 제식을 하고 엄마낙타와 애기낙타의 상징적 정감의 연결을 선포하고 난 후, 모린쿠우르를 들고 음악을 연주하기 시작한다.

"후스hoos"라는 몽골 특유의 아름다운 멜로디가 울려퍼질 때, 엄마낙타의 눈에서는 눈물이 뚝뚝 흐르기 시작한다. 곧 모자의 정이 회복되고 어미는 새끼에게 젖을

내가 다시 찍기를 시도했으나 낙타는 멀리 가버렸다.

멕이기 시작한다. 어미의 눈에서 실제로 눈물이 흐르는 장면은 실로 너무도 감동적이었다. 영화관에서 눈물을 안 흘리는 사람이 없었다. 그러나 실제로 낙타를 본 후에 나는 그 엄마낙타의 눈물은 음악 때문이 아니라 바람 때문이었다는 것을 알게 되었다.

다음날 아침, 나는 나의 짐을 정리하고 그 여인에게 굿바이를 해야만 했다. 나는 그 여인과 아이폰으로 사진을 찍고, 그녀에게 몽골화폐 투그리크Tugrik 2만원권 한 장을 건네주었다. 그것은 당시 환율로 미화 15불 정도에 해당된다. 나는 순간 그녀가 아주 환한 웃음을 지으며 만족스러워하는 것을 보았다. 그 순박한 모습을 보았을 때, 상업적 교환가치를 뛰어넘는 인간의 순결한 모습이 내 가슴속으로 스며들어 왔다. 사하라의 인간들과는 달랐다. 동방인의 정서는 역시 깊이가 있었다.

차로 들어간 후, 나는 비행기에서 취한 비행기잡지를 펼쳐 운전사에게 보여주었다. 금빛의 아름다운 모래언덕이 중첩되어 깔리는 대사막 뒤로 짙은 색깔의 바위산이 병풍을 치고 있는 그 장엄한 사진 컷을 가리키며 바로 이곳을 가자고 했다. 그곳은 콩고린 엘스Khongoryn Els(Hongorin Els라고도 표기한다)라는 곳인데 자그마치 모래언덕이 965㎢에 걸쳐 펼쳐져 있다.

모래언덕은 바람 때문에 매우 날카로운 엣지edge로 끝나는 물결패턴을 과시하고 있다. 강한 바람이 언덕 위로 스치게 되면, 그 엣지가 끊임없이 무너지면서 모래입자들이 부딪히는 소리를 낸다. 귀신이 강림하는 듯한 오싹하는 오묘한 소리를 내기 때문에 이 지역은 "노래하는 모래언덕Singing Sands"이라고 명명되어 알려졌다.

한 불란서 탐색팀이 이 아발란치avalanche 현상을 정밀하게 분석하여 보고했다. 엣지가 무너질 때 모래가 판을 형성하면서 그 안에 있는 모래들이 공명하는 것이다. 이 공명은 사막의 열기와도 관련된다. 그 열기가 모래입자들의 부딪힘을 조화롭고 리드믹하게 만드는 것이다. 이 모래사막 언덕들의 높이는 보통 80m 정도이고 제일 높은 곳은 300m에까지 이른다. 나는 몽골에 여행하기로 결심하면서 이 장쾌한 자연의 경관을 담고 싶어했다. 이곳이야말로 내가 일주일을 온전히 보내고자

눈물 흘리는 낙타

한 곳이었으며 나는 나의 작품에 대한 기대가 만만치 않았다.

그런데 이런 곳으로의 여행이 사진 한 장을 보여줌으로써 즉각적으로 이루어지고 있는 것이다. 운전사는 아무 것도 없는 허허벌판을 4시간 동안이나 묵묵히 달렸다. 나는 보이는 진기한 광경에 점점 흥분도 되었지만, 도무지 방향감각도 없고 표지도 일체 없고 언어의 소통도 존재하지 않는 무無의 시공 속으로 빠져들어가는 느낌은 공포스럽기도 했다.

콩고린 엘스로 가는 길에, 나는 매우 인상적인 돌무더기를 하나 발견했다. 그리고 그 돌무더기는 산악지대의 뿔이 큰 염소 아이벡스ibex의 해골과 뿔들로 장식이 되어있다. 그 꼭대기 한가운데 나무 솟대가 하나 꼽혀 있는데 그것은 보통 푸른 천으로 감싸져 있다. 나는 나중에야 이것이 오부Ovoo(중국인들은 "아오빠오敖包"라고 부른다)라고 부르는 몽골 고유의 샤머니즘적 사당이라는 것을 알았다. 사람들은 이곳에서 신들에게 제사를 지내고 행운을 빈다.

가운데 솟대를 감싼 푸른 천은 하늘의 신인 텡게르Tengger(텡그리Tengri라고도 한다)를 상징하는데, 몽골의 민간신앙에서 최고의 신이다. 텡그리라는 말은 우리나라의 단군Tangun과 같은 말인 것 같다. 그러니까 단군은 그 자체로 "하느님"의 뜻이 될 것이다. 이 오부의 제식 때 쓰는 푸른 실크 스카프는 카다그Khadag라고 불리는데, 이것은 티벹불교에서도 똑같이 사용된다.

티벹불교는 12세기 후반에 몽골에 전파되어 16세기 후반에는 정식으로 몽골국가종교가 된다. 티벹불교가 몽골의 강인한 기질을 약화시켰다는 설도 있다. 사회주의 시절에 이 티벹불교는 억압되었지만 소련이 붕괴된 후 티벹불교는 부활되었으며 현재 가장 유력한 종교가 되었다.

그러나 몽골의 티벹불교는 실제로 몽골사람들의 민간신앙과 융합되어 다양한 형태로 나타난다. 불교의 승려들이 전통무속인들의 역할을 빼앗아 가는 것이다. 하여튼 오부Ovoo는 불교에서 유래된 것이 아니고, 몽골의 토착적 고래신앙에서 유래된 독창적인 것이라고 본다. 사실 그러한 신앙에 반드시 "샤머니즘"이라는 서구식 이름을 붙일 이유도 없다. 그것은 모든 고등종교의 디프 스트럭쳐인 것이다. 이 몽골의 오부야말로 우리의 고래신앙인 성황당(서낭당)과 분리시켜 생각할 수 없다. 고조선시대로부터 공존한 문화의 동질적 맥을 연상케 한다. 오부와 서낭당은 선후를 논할 수 없다. 같은 돌무더기이고 주변을 시계방향으로 세 번 돈다든가, 돌을 던진다든가, 음식을 바친다든가 술을 붓는다든가 하는 모든 습속이 동일하다.

몇 개의 작은 계곡을 통과한 후에 우리는 산악지대 언덕배기 끝자락에 포근하게 둥지를 튼 하나의 외딴 게르에 도착했다. 우아~ 그곳에 도착해보니, 광대한 광야를 가로지르고 있는 콩고린 엘스의 장쾌한 전체경관이 한눈에 들어온다. 나에게는 운전사의 행동양식이 하나의 불가사의의 신비영역에 속하는 것이었다. 도대체 길도 없고 싸인도 없는 광막한 모래벌판을 4시간을 질주하여, 내가 지시한 사진경관이 정확히 펼쳐지고 있는 특정한 하나의 게르 앞에 나를 데려다 놓는다는 것 자체가, 어떠한 육감을 활용한 것인지 나는 도무지 헤아릴 길이 없었다.

오부 성황당의 모습

하여튼 그 운전사는 이 캠프의 소유자를 알고 있는 듯했다. 오후 늦게 우리가 그곳에 도착했을 때, 자그마한 한 노인이 조용하게 우리를 맞이해주었다. 그리고 그 분은 우리에게 차를 대접했고 또 건육포 조각을 집어넣은 항시 먹는 누들수프도 대접해주었다. 그는 60대 후반으로 보였지만 도무지 사막사람들의 나이는 종잡을 수가 없었다.

고철상 선생의 말대로 대머리가 없었고 또 흰머리가 없었다. 사막의 기후가 거친 피부를 만들어주기 때문에 그의 진짜 나이보다도 더 늙은 것처럼 보이게 하지만 머리는 새까맣기 때문에 또 진짜 노인티도 나지 않는다. 운전사는 그 노인과 앉아 차를 마시며 몇 마디를 주고받았지만, 그냥 무엇을 기다리는 듯 줄창 앉아만 있었다. 나는 도무지 무엇을 기다리는지도 알 수가 없었다.

나는 한국말을 몽골말로 번역하는 작은 회화집 하나를 가지고 있었지만, 그것을 가지고 회화를 시도한다는 것은 어불성설이었다. 그 지역사람들은 한글로 표기된 몽골어 발음을 내가 아무리 발성해내도 그것을 알아듣지 못했다. 그래서 시도하다가 좌절 끝에 포기하고 만다. 더구나 질문과 대답이 모두 복잡해지면 무엇을 구성해낸다는 것이 불가능했다. 제일 좋은 방식은 그냥 기다리는 것이다. 나는 비디

콩고린 엘스의 장관

오 카메라를 들고 밖에 나가 여기저기 빈둥거렸다. 그렇게 한 시간이나 지났을까? 나는 내가 무엇을 기다려야만 했는지를 알 수 있었다.

처음에 우리를 맞이해준 노인은 이 집의 주인이 아니었다. 내가 모래언덕의 장엄한 모습을 카메라에 담기 위해 노력하고 있을 동안, 양과 염소의 큰 떼 한가운데서 낙타와 함께 걷고 있는 매우 우락부락하게 생긴 건장한 한 중년남자를 목도할 수 있었다.

그가 집 가까이 오자 그의 우리에다가 양·염소떼를 가두었다. 그리고 내 쪽으로 다가올 때 나는 비로소 태양에 그슬린 얼굴에 푹 파인 주름들을 목도할 수 있었다. 그의 얼룩진 손은 소가죽보다 더 두꺼웠고, 그의 상용복인 데일은 매우 두꺼운 군텐트와 같은 기지로 만들어졌는데 이제는 아주 퇴색되어 색깔을 잃고 말았다. 그것은 원래 붉은 기가 도는 브라운 칼라였는데 시간이 지나면서 그 칼라가 사라지고 잿빛으로 화해버렸다. 모든 것이 이글거리는 태양 아래 그슬리게 되면 대지의 색깔로 다 변해간다.

내가 도착한 곳, 콩고린 엘스의 모습. 모래지대와 산악지대가 같이 있는 것이 특징이다.

그가 게르에 도착했을 때, 이미 그 노인은 사라지고 없었다. 아마도 그 노인은 근처에 사는 사람 같은데 근처라는 곳이 보이지 않는 곳이었다. 한 게르와 한 게르의 사이가 넓어야만 하나의 독자적 생활권이 확보되는 것 같다. 가축의 먹이나 모든 것이 그러한 독자적 영역을 요구하는 것이다. 이러한 삶의 영역에는 진실로 문명이나 국가가 개입할 여지가 별로 없다. 이들은 아직도 고조선의 삶을 살고 있는 것이다. 고독과 평화가 공존하는 것이다.

자아~ 이제 결국 3명만 남게 되었다. 중년남자 주인과 나와 운전사! 그런데 운전사는 일어나더니 돌아가야 된다고 했다. 나를 이 외딴 황야에 팽개쳐놓고 도시로 돌아간다는 것이다. 그렇다면 이 외딴 벌판에, 아무런 외침의 외마디도 들리지 않는 이 게르에 홀로 중년남자와 지내야 한단 말인가?

나는 본시 패밀리 스테이를 요구했었다. 게르에 혼자 살고 있는 남성과 스테이할 생각은 꿈에도 생각치 않았다. 이 사람은 정말 이 게르에 혼자 살고 있는가? 나중에 다른 식구가 올까? 안 오면 어쩌지! 부정적인 생각들이 나를 공포 속에 휩싸

콩고린 엘스의 주인과 낙타

이게 만들기 시작했다. 진짜 어떤 일이 벌어질지 나는 생각할 수조차 없었다. 나의 불안끼를 감지한 듯 운전사가 나에게 해준 한마디, 큰 웃음을 띠며 한 말 중 내가 알아들을 수 있었던 단 한마디의 몽골말은 "아아우aav"라는 단어였다. 그것은 "아버지"라는 뜻이었다.

내가 추측컨대 그가 의도하고자 했던 것은 그 유목민이 나를 아버지처럼 잘 대해줄 것이라는 위안의 말이었던 것 같다. 더 이상의 아무런 설명도 없이 그 운전사는 그곳에 나를 남겨둔 채 차를 몰고 떠나갔다. 그 순간 내가 바랄 수 있었던 유일한 희망은 운전사가 약속한 바대로 일주일 후에 돌아와서 내가 안전하게 건강한 모습으로 있는 것을 발견하게 되리라는 그 아포칼립스적인 대망의 스토리였다.

【제6송】

콩고린 엘스여! 안녕

— 캄캄한 어둠에 내뱉다, 그리고 깨닫다 —

그 운전사가 나를 홀로 남겨두고 떠나간 후로, 나는 나의 "패밀리 스테이"에 관한 약속이 어떻게 돌아가고 있는지, 도무지 아무것도 알아낼 방도가 없었다. 캠프에는 작동하는 전화가 없었다. 나중에나 그의 이름을 알게 되었지만, 비암바Biamba라고 불리는 나의 호스트는 전화수신장치를 가지고 있지 않았다.

텐트 밖에 TV채널을 수신하기 위한 위성중계접시가 설치되어 있기는 했지만, 전화가 되고 안되고는 그의 삶의 영역 밖의 문제였다. 한 시간 가량이나 되었을까, 참기 힘든 어색함 속에 어물쩡거리다가, 나는 그에게 도움이 될 수 있는 일을 찾아나 자신을 바삐 움직이도록 해야겠다고 생각했다.

내가 도울 수 있는 일을 무언 속에 찾아내는 것은, 비암바가 하는 일을 관찰하다가, 내가 어떤 일을 따라하는 시늉을 하여 그에게 괜찮겠냐고 손짓 몸짓으로 동의를 구하는 방식이 최선이었다. 그러나 항상 그러하듯이 이런 사막의 생활에서 외부인이 도울 수 있는 일이라는 것이 별로 없었다.

결국 내가 할 수 있는 최상의 일을 찾아냈는데, 그것은 마른 똥딱지를 줍는 일이었다. 땅바닥에는 염소와 양이 오랜 세월 동안 갈겨댄 엄청난 양의 똥이 다져져서 두꺼운 층을 형성하고 있었다. 삽으로 그 똥을 떠내 작은 조각으로 부수어 텐트

내가 간 비암바 게르의 전경을 보여주는 좋은 사진이다. 게르의 문이 난 향방은 남쪽이다. 그러나 몽골인의 향방에 대한 개념은 우리와 다르다. 집을 앉히는 풍수지리적 테마가 바람이지 햇빛이 아니다. 뒷산이 북쪽에 위치하여 마침 남향집이 되었지만 북쪽의 뒷산이 안온하게 감싸 바람을 막아주기에 여기 자리잡은 것이다. 이 반대편으로 엄청난 사막의 모래언덕과 고산의 병풍이 광활하게 펼쳐진다. 게르가 두 개 있지만 왼쪽 것은 창고로 쓰고 사람이 살지 않는다. 오른쪽의 막사가 가축의 우리이다.

안으로 가져오는 일은 내가 할 수 있는 매우 유용한 작업이었다. 그 똥딱지는 훌륭한 연료로 쓰일 수 있기 때문이었다.

나는 앞서 바얀작에서 낙타똥이 장작나무의 보조연료로 쓰이는 것을 목격하였지만, 이렇게 많은 똥딱지가 연료의 주재료로서 쓰이는 상황은 처음 보았다. 사실 어찌 생각해보면, 동물의 똥을 연료로 쓴다는 것이 이상할 것이 하나도 없다. 주로 풀을 뜯어먹는 동물이 내장을 경유하여 배출하는 음식물은 결국 섬유질일 것이고, 그것이 강력한 사막의 태양 아래 마르게 되면, 별로 냄새도 나지 않을 뿐 아니라 타기도 아주 잘 타며 또한 화력도 좋다. 완벽한 자연의 선순환인 셈이다.

이러한 냉철한 사실에도 불구하고, 똥덩어리를 집 안방에 들여와 그 화력으로 음식을 장만한다는 것이 기분이 그렇게 좋지는 않았다. 더구나 비암바는 그 똥딱지들을 영원히 씻지 않은, 때 묻은 손으로 만질 뿐 아니라, 그 손으로 또다시 밀가루를

땅바닥에 엄청난 가축의 분변이 쌓여있다. 이 똥딱지는 주기적으로 가축의 우리를 옮기면서 조직적으로 땔감으로서 생산해내는 것이다. 유목민의 삶의 지혜라 아니 할 수 없다.

반죽하고 마른 고기들을 자르는 것이다.

저녁밥상이 다 마련되었을 때, 나는 잠시 밥그릇을 째려보았다. 그리고 눈을 감고 명상에 잠겼다. 이것은 끓인 것이다! 똥에 묻었던 균들은 다 돌아가셨다! 그리고 순간 수제 칼국수를 입에 넣고 지역민들이 하듯 고기국과 함께 후루루룩 소리를 내면서 꿀꺽 삼켰다. 그렇게 저녁을 끝냈을 즈음, 나는 비암바와 좀 편한 관계가 되었다. 그는 매우 자상한 사람이었으나, 그의 하루 일상의 일과를 전혀 나의 존재를 의식하지 않고 묵묵히 수행했다. 그는 자연에 가까운 존재였다.

비암바가 요리양념으로 쓰기 위해 마른 고기를 썰고 있다.

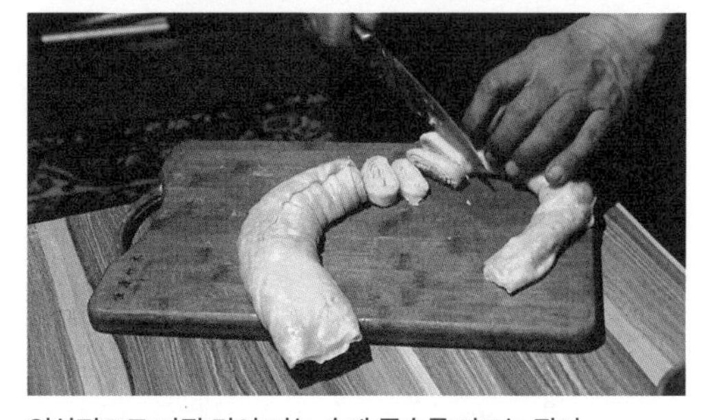

일상적으로 가장 많이 먹는 수제 국수를 만드는 장면.

저녁을 먹은 후에 그는 텔레비전을 보고, 파이프를 피우고 보드카 한 잔을 들이키고 난 후 그냥 곯아 떨어졌다. 나는 텐트 저 켠에 있는 침대를 취했다. 내 물건들을 침대 주변으로 파수꾼처럼 늘어놓고 옷을 갈아입지 않은 채 화학섬유담요 밑으로 기어들어갔다. 놀라웁게도 나는 깊은 잠을 잤다. 아마도 여독에서 생긴 피로 때문이었으리라! 그러나 아침에 잠을 깨는 일은 결코 쉬운 일이 아니었다. 나는 내가 어디서 자고 있었는지, 완전히 망아의 상태에 있었다.

착란의 순간, 나는 내가 나의 뉴욕 아파트에 편하게 드러누워 있는 것이라고 생각했다. 그러나 순간 내 등 밑에 있는 것은 포근한 퀸 사이즈 매트리스가 아니라 딱딱한 나무판대기 위에 카펫 한 장을 깐 것이었는데, 내 몸 하나 겨우 얹어놓을 만한 짧은 길이였다. 그리고 내가 덮은 묵직한 화섬담요는 온갖 죽은 세포들과 마른 땀으로 딱딱하게 쩔은 것이었다. 새로 빤 면커버가 씌워진 오리털 다운솜의 이불이 아니었다.

온전하게 정신이 회복되면서 현실은 나의 존재감을 고비사막의 고독한 한 중심으로 돌변시켜 놓았다. 아무런 소통의 수단을 지니지 못한 완벽한 이방인과 함께 있는 나 미루였다. 패닉의 한 순간이 찾아왔다. 집으로부터 너무도, 너무도 멀리 있다는 격절감, 완벽한 불확실성 속에 상실된 자아의 몇 가닥들이 패닉을 형성하고 있었던 것이다. 그러나 텐트 밖으로 나가자마자, 콩고린 엘스의 장쾌한 파노라마는 그러한 불안감을 일시에 쓸어가 버렸다. 나는 또다시 침착한 분위기 속에 안정을 되찾았다.

비암바는 염소집 울타리를 고치고 있었다. 울타리 고치는 일을 끝내고나서 비암바는 나 보고 그의 옛 실버 중형차 있는 데로 오라고 손짓을 했다. 나는 옳거니 하고 바로 비디오 카메라를 집어들고 그와 함께 떠났다. 그는 내가 대부분의 관광객들이 그러하듯 모래언덕 구경하는 것을 원하는 것으로 생각했던 모양이었다.

샌드 듄으로 가는 길에 비암바는 갑자기 차를 멈추었다. 그리고는 재빨리 나에게 쌍안경을 건네주며, 내 육안으로는 볼 수 없는 색다른 광경을 손으로 가리켰다. 쌍안경을 통해서 나는 들에서 뛰놀고 있는 가젤(길게 뿔이 난 영양羚羊의 일종)의

한 떼를 목격할 수 있었다. 정말 운좋은 첫 날 행차였다. 우리는 모래언덕이 시작되는 밑바닥에까지 차를 대었다. 그리고는 모래언덕을 걸어 올라가기 시작했다.

바람이 세차게 불었다. 나는 푸른색의 면 스카프로 머리를 휘감아야만 했다. 그리고 모래 속을 걷는 데 이골이 난 비암바를 따라갔다. 비암바는 꾸준히 같은 속도로 걸었지만 하나의 보폭이 매우 넓었다. 나는 그를 따라가면서 촬영할 수 있는 것을 모조리 담으려 노력했다.

강력한 사막바람은 모래언덕을 스치며 한 층의 모래구름을 형성했다. 나는 이곳에 와

어색하게 저녁식사를 하고 있는 필자

가축 우리를 고치고 있는 비암바. 심한 광선이나 바람을 막기 위하여 스키고글을 구해 쓴 것 같은데 좀 분위기가 코믹하다.

모래언덕을 큰 보폭으로 올라가고 있는 비암바

서 비로소 왜 모래언덕이 그렇게 높게 형성되는지를 실감했다. 그리고 꼭대기에는 리드믹하게 굽은 날카로운 용마루가 선명하게 드러난다. 20분 가량을 걸었을 때, 비암바는 한 20마리 가량의 브라운색의 낙타들이 모래계곡에서 어슬렁거리고 있는 것을 가리켰다. 나는 비암바가 그 낙타들에게 걸어가서 그 군집 속으로 들어가는 것을 촬영했다.

그 낙타는 일견 주인 없는 야생의 낙타처럼 보였지만 그렇지 않았다. 그 낙타떼는 비암바의 낙타들이었던 것이다. 내가 낙타에게 접근하면 낙타들은 예외 없이 겁먹고 달아난다. 그러나 비암바가 접근했을 때는 그를 반기는 눈치였다. 어떻게 그 넓은 무분별의 천지에서 방목이 가능한지, 어떻게 서로가 서로의 소재를 파악하는지, 도무지 나에게는 신비롭게만 느껴졌다. 우리가 집에 돌아왔을 때, 그래봤자 늦은 아침이었다. 비암바는 또다시 염소우리의 문을 열고 많은 염소떼들과 함께 사라졌다. 또 하나의 일과가 시작된 것이다. 어디론가 데려가서 풀을 멕이고 물을 마시게 할 것이다.

하루종일 나는 텐트 안과 주변을 어슬렁거려야만 했다. 나의 문제상황이란 시간을 보내는 것뿐이었다. 다양한 사물들을 관찰하고, 밖에 있는 낙타와 교섭하는 것이 전부일 수밖에 없었다. 밖에는 네 마리의 어린 낙타들만 묶인 채 남아있었다. 내가 그들에게 가까이 가기만 하면 그들은 겁에 질리는 듯했다. 그래서 나는 접근을 삼가야했다.

대신 나는 우리에 갇힌 두 마리의 다 큰 낙타들에게 갔다. 나는 별 생각 없이 건초를 멕여주기도 하고, 또 지루해지면 낙타에게 노래를 불러주기도 했다. 이 여행을 떠날 때 나는 배낭 속에 책을 집어넣지 않았다. 진정 내가 할 수 있는 일이라고는, 둘러보고 기다리는 것밖에는 없었다. 이러한 불의의 정황은 나 같이 맨해튼에 사는 도회지 사람에게는 정말 아주 새로운 경험일 수도 있다. 물론 서울에 사는 사람들에게도 느낌이 똑같을 것이다.

아무 생각 없이 오직 시간을 보내기 위해서 순결하게 앉아있거나 걷거나 하는 상황은, 도시인들에게는 별로 발생하지 않는다. 그들은 틈만 나면 뭔가 해야 할 일이 있다. 쇼핑을 가든, 영화를 보든, 독서를 하든, 소셜 미디어를 체크하든, 이미 문명의 얼개 속에서 강요되는 것이 있다.

처음에는 순수하게 아무것도 할 일이 없다는 것이 불편하게 느껴졌다. 그러나 좀 지나자, 자연 속에 있다는 것만으로, 무엇인가 끝내야만 하는 일이 없다는 사실만으로, "그냥 있는 것" 그것은 나에게 "평화"의 새로운 감각을 주었고, 삶에 대한 새로운 견해를 갖게 해주었다. 도대체 삶의 목적이 무엇인가? 왜 내가 지식이든, 돈이든, 많은 것을 가지고 있다고 남에게 과시를 해야만 할까?

내가 스마트하다구? 내가 유명하다구? 남보다 어린 나이에 일찍 성공하는 것이 뭐가 그렇게 대견한가? 쉼 없이 트위트 하고, 사진을 올리고, "라익스likes"를 얻기 위해 경쟁하고, 이게 다 뭔 소용인가? 우리는 이토록 아름다운 별 위에서 먹을 것도 많고 마실 물도 많이 있고 생존을 위해 그토록 경쟁해야 할 하등의 이유가 없는데, 왜 그렇게들 안달하며 살아가야 할까? 한국의 어느 스님이 "해탈"은 그냥 "멍때리기"라고 말했다는데, 그것은 실로 아주 무책임한 말이 아니면 아주 높은 경지를 획득한 자의 혜안일 것이다.

멀리 있는 양·염소떼를 바라보고 있는 필자

늦은 오후, 나는 게르 안에 앉아서 집안의 다양한 오브제들을 관찰하고 있었다. 제일 먼저 눈에 띈 것은 낮은 부엌상 위에 놓인 응결조각 치즈와 비스켙이었다. 모든 유목민 가정에는 항상 한 줌의 이 마른 유제품이 아무런 덮개가 없이 소복이 쌓여있게 마련이다. 나는 그걸 정말 먹으라고 놓는 것인지 잘 알 수가 없었다. 이 응결조각 치즈는 생김새가 매우 다양했다. 어떤 것은 작고 하이얗다. 어떤 것은 감아올린 똥모양(나선형)이었고 어떤 것은 크고 베이지색깔이었다. 꽃모양도 있고, 부정형으로 잘린 조각들도 있었다.

나는 이것들이 물론 발효된 밀크로부터 응결된 것이겠거니 했다. 첫눈에 그것은 어렸을 때 보았던 가게에 진열된 작은 사탕 같이 보였다. 그래서 그것 하나를 집어 꽉 깨무는 실수를 범했다. 하마터면 내 이빨이 조각날 뻔 했다. 그것은 진실로 차돌맹이보다 더 단단했고 빙초산처럼 시었다. 그리고 끝에는 농가의 헛간 앞마당에서 나는 사향 비린내 같은 맛이 기분좋게 감돌았다.

아아루울*Aaruul*

나중에나 알게 되었지만 이 위장을 휘젓는 치즈조각들은 "아아루울*Aaruul*"이라고 불리는 것인데, 이것은 반드시 장시간 입에 넣고 불리면서 부드럽게 변하면 조금씩 물어 뜯어먹는 몽골의 주요식품에 속한다. 아아루울은 몽골 유목민의 식생활에서 빼놓을 수 없는 것인데 그것이 다양한 비타민과 미네랄을 제공하기 때문이다. 그리고 이 아아루울 덕분에 몽골사람들은 건강한 치아를 유지하기도 한다 했다. 칼슘도 많고 갉아먹기 때문에 잇몸에 좋은 모양이다. 그리고 아아루울은 도무지 유효기간이라는 게 없다. 언제 어떻게 만들어졌는지 도무지 알 바가 없다. 나는 개가 갉아먹듯이 갉아먹는 시도를 계속했다. 몇 개를 먹고나니까 그 맛을 좀 알 듯도 했다. 그러나 엔죠이할 수준은 못되었다.

나의 관심을 사로잡은 또 하나의 물체는 장롱 위에 놓여진 가족사진의 디스플레이였다. 두 판넬로 접혀지게 되어있는 나무 프레임 속에는 16개의 사진이 들어있었다. 젊은 비암바가 늙으신 부모님을 모시고 함께 찍은 사진, 그리고 전통의상을 입고 있는 엄마, 아버지가 어떤 웃고 있는 비즈니스맨과 함께 서있는 색 바랜 옛 사진이 있었다. 정감이 서렸다.

비암바가 게르 앞에서 한 여인과 포즈를 취하고 있다. 그리고 커다란 모피모자를 쓴 그의 아이들이 털이 많이 난 아름다운 브라운색의 낙타를 타고 있다. 친지들의 그룹사진도 몇 개 있었다. 한 할머니가 밧줄을 만들기 위하여 낙타의 털을 꼬고 있는 사진, 마지막으로, 한 여인의 아주 인상적인 흑백사진이 있었는데, 윗도리만 걸치고 아랫도리는 노출된 어린 딸을 안고 카메라를 응시하고 있었다.

도대체 이들은 모두 어디에 있는 것일까? 비암바가 진실로 혼자 사는 사람인지도 나는 알지 못했다. 그의 부인은 어떻게 되었나? 그의 자식들은 어디로 갔나? 그렇다면 비암바는 왜 도시에서 살지 않고 홀로 사막에서 살고 있는 것일까? 이 사진들은 떠다니는 퍼즐 조각들처럼 나의 의식을 맴돌았다. 며칠 후에 비암바의 이야기를 듣고 나서야 이 퍼즐들은 맞추어지기 시작했다.

같은 장롱 위 가족사진 옆에는 티벧밀교계통의 만다라, 만다라 중에서도 간지干支 차트에 속하는 그림의 복제품을 표구해놓은 일종의 작은 성단聖壇이 정성스럽게 모셔져 있었다. 그곳에는 다양한 작은 청동그릇들이 있었는데, 그 중의 하나는 계속 타고 있는 봉헌용 촛불을 담고 있었다. 그리고 제식용 푸른 카다그 즉 스카프를 담고있는 좀 큰 은사발이 옆에 있었는데, 그 뒤로는 푸른 하늘을 배경으로 한 멋드러진 몽골말들의 사진이 배경을 장식했다.

그리고 이 모든 사진과 성단의 구조는 세 폭짜리 유리거울로 병풍 처져있었다. 그런데 아주 코믹한 사실은 그 유리병풍의 상단 오른쪽 코너에는 터미네이터로 분장한 아놀드 슈왈츠제네거의 잡지사진 오린 것이 정성스럽게 붙여져 있었다. 이 사막 오지에도 21세기적 가치관은 역력했다. 유명배우의 인기가 애매한 신들의 권위를 뛰어넘는 것이다.

방안 장롱 위 가족사진 디스플레이. 접히는 곳 하단 왼쪽에 아기를 안고 있는 여인을 보라! 매우 인상적인 미녀인데, 바로 그 여인이 비암바의 부인 . . .

저녁 7시경, 비암바는 어김없이 그의 염소와 양떼를 데리고 귀가했다. 오자마자 그는 동물떼를 우리에 몰아넣었다. 우리문을 닫자마자 그가 하는 첫 업무는 죽어가는 촛불을 다시 살리는 것이었다.

그는 집안에 들어오자마자, 젖빛의 딱딱한 물체를 잘게 잘라, 냄비에 넣고 불 위에서 투명한 액체로 만들었다. 그때까지만 해도 나는 그가 무엇을 하려는지 잘 알지를 못했다. 그가 솜조각을 비벼 한 가닥의 스트링을 만들 때 비로소 나는 그가 초와 심지를 만들고 있다는 것을 깨달았다. 그는 촛불봉헌을 지속시키고 있는 것이다. 나는 그때만 해도 그것이 정확히 무엇을 위한 것인지는 몰랐지만, 비암바는 촛불이 밤낮으로 24시간 계속 타오르게 만드는 것을 사명으로 삼고 있는 듯했다. 나는 그가 촛불을

솜으로 촛불 심지를 만들고 있는 비암바. 그의 표정에 깃든 성스러운 진지함을 보라!

촛불과 만다라

다시 켤 때 무엇인가 장엄한 슬픔같은 것을 감지했다. 아마도 혼백이 떠나가버린 사랑하는 사람에게 봉헌하는 촛불이었을 것이다. 어디서나 비극적 정조情調는 우주적 느낌을 수반한다.

저녁은 보통 빨리 지나간다. 비암바가 요리하는 것을 지켜보고, 같이 먹고, 또 그가 밤에 루틴으로 하는 일들을 쳐다본다. 한 텐트 안에 낯선 사람과 단 둘이서 갇혀있다는 사실이 아직도 매우 어색하기는 했지만, 둘째날부터 나는 공존에 좀 익숙해졌다. 게르 안에서 한 가족이든 한 공동체이든, 같이 생활하는 가장 생소한 측면은, 소위 우리가 생각하는 "프라이버시"라는 것이 존재하지 않는다는 것이다. 옷을 갈아입든, 몸을 씻든 프라이버시라는 개념이 정확하게 성립하지 않는다.

나는 솔직히 말해서, 몸을 노출시키지 않으면서 근지러운 속옷을 갈아입는 일 이외로는, 이 두 가지를 하지 않았다. 그리고 얼굴세수만 이틀에 한번 정도 고양이세수로 대신했다. 샤워도 없었고, 변소도 물론 없었다. 게르 밖에 나가 아무 데나 적당히 골라 큰 것이든 작은 것이든 싸면 되는 것이다. 없이는 해결할 수 없는 유일한 것이 바로 토일렡 페이퍼였다. 그것만은 꼭 가지고 나가 큰 것을 해결하기 위하여 파둔 구덩이에 같이 묻어버리는 것이다. 약간의 비가 올 때 결국 그 페이퍼를 분해시키리라는 희망을 안고. 그리고 저녁부터는 될 수 있는 대로 물을

비암바는 염소와 양을 우리에서 꺼내, 멕이기 위해 벌판으로 데리고 나갔다.

마시지 않는 것이 상책이라는 지혜도 터득했다. 몹시 추운 밤에 밖에서 오줌을 누는 것이 지극히 괴롭고 불편한 일이었기 때문이다.

다음날, 나는 비암바와 그의 가축을 따라나섰다. 먼저 비암바는 다섯 마리의 큰 낙타를 풀어주었다. 이 낙타들은 자유롭게 다닐 수 있다. 그러나 저녁이 되면 그들은 반드시 집으로 돌아온다. 왜냐하면 그들의 아기낙타들이 캠프에 묶여 있기 때문이다. 매우 강하게 보이는 또 하나의 낙타는 하루종일 비암바와 같이 머물렀다. 비암바가 키우는 가축의 규모는 진실로 장난이 아니었다. 염소와 양을 합쳐서 한 300마리 가까운 거대한 떼였다.

그러기 때문에 비암바는 낙타등 위에서 이 떼를 관리해야만 했다. 그가 낙타등 위에서 가축떼를 지휘하는 모습은 몽골유목민의 완벽한 목가풍의 장면을, 장쾌한 모래언덕과 짙은 색깔의 산들을 배경으로 하면서 연출해내고 있었다. 이 장쾌한 전원시의 풍경을 잡아내기 위하여 나는 두 개의 카메라와 트라이포드를 들고 몇 시간 고생스럽게 사막 속에서 비틀거렸다. 날카로운 돌멩이들이 깔린 사막들판에서 뛰어다닌다는 것은 보통 일이 아니었다. 울란바토르에서 티제이와 함께 산 가죽장화가 아니었다면, 나는 그날 하루에 이미 내 신발과 발을 함께 다 망가뜨렸을 것이다.

비암바의 낙타들은 여기저기 흩어져 있는데 약 100마리나 된다고 한다. 낙타들은 사막에 서 관목이나 풀을 먹는다. 가시 달린 떨기나무도 우두두둑 어렵지 않게 씹어먹는다. 낙타는 하여튼 먹성이 좋다. 비암바는 이 낙타들의 소재를 즉감적으로 파악하고 있는 것이다.

비암바가 가축을 데리고 제일 먼저 간 곳은 가축들이 먹기 좋아하는 떨기나무와 풀로 가득한 광대한 초원이었다. 비암바는 멀찌감치 낙타 옆에 앉아서 그의 가축 떼가 풀을 열심히 뜯어먹고 있는 모습을 흐뭇하게 지켜보고 있었다. 나는 그 사이 장비를 들고 계속 찍어댔다. 몇 시간이 지나자 비암바는 모든 가축떼를 남김없이 휘몰아, 30분 가량 산꼭대기로 올려보냈다. 그 장면은 마치 모세가 이스라엘민족을 데리고 다니는 시나이 광야의 모습을 연상시켰다.

그 언덕 꼭대기에는 샘이 있었다. 샘 자체는 나무 뚜껑으로 덮여있었지만 옆으로 펌프가 장착되어 있어, 손으로 펌프질을 하면 물이 옆으로 길게 나있는 구유로 쏟아졌다. 그 여물통에 일시에 아가리를 처박고 물을 먹을 수 있는 가축의 숫자는 약 20마리 정도밖에 되지 않았다. 그러니까 가축떼가 일시에 다 몰렸을 때 물을 선취하려고 달려드는 혼란스러운 경쟁자들의 모습은 매우 재미있는 광경이라 아니 할 수 없다.

양과 염소떼를 낙타 위에서 지휘하는 비암바. 호쾌한 유목민의 목가적 풍경이다.

역시 쎈 놈들은 염소였다. 강자들은 억척스럽게 타자의 등 위를 밟고 올라가 주둥이를 여물통에 먼저 처박고야 만다. 평화로운 목가적 장면에도 다윈의 법칙은 엄존한다. 낙타는 물을 엄청 많이 먹기 때문에 양과 염소가 다 먹고나면 혼자서 평화롭게 먹는다. 우리는 샘가에서 한 시간 정도의 시간을 보냈다. 그리고 서서히 집으로 향했다. 귀가의 여로 또한 약 한 시간 남짓 걸렸다.

우리가 집에 도착할 즈음 벌써 석양이 뉘엿뉘엿 지평 위로 가라앉고 있었는데, 어미 낙타들이 귀가를 서두르고 있었다. 나는 그들이 언제 돌아오리라는 것을 알고 있었다. 왜냐하면 아기 낙타들이 고음조의 절규하는 목소리로 엄마를 부르고 있었기 때문이다. 어미 낙타들이 멀리서 길고 늘어진 목소리로 그 부름에 반향을 했는데, 그것은 마치 바이킹영화의 안개 낀 바다에서 거센 물결을 타고 들려오는 아련한 긴 뿔고동소리 같았다. 이탈리아 오페라의 한 아리아 명장면보다도 더 잊을 수 없는 감동이 나를 전율시켰다. 나는 피곤했지만 만족스러운 하루를 보냈다고 생각했다.

물을 먹기 위해 언덕을 올라오고 있는 엄청난 양떼 전경

들판에서 열심히 일하고, 순결한 공기를 마음껏 들이킨다는 것은 진실로 나의 심신을 건강케 만들고 있었다. 내가 어쩌다가 당면케 된 지금 이 상황에 대하여 긍정적인 느낌을 갖기 시작했을 때, 패닉의 한 순간이 나를 엄습했다. 봉투에 잘 싸서 내 가방 속에 꼭꼭 숨겨놓았던 현금 돈뭉치가 보이지 않는 것이다. 그것은 상당한 거액의 뭉치였다. 드라이버의 전체비용, 그리고 패밀리 스테이에 관한 비용, 그리고 비상용의 엑스트라 현금을 포함하는 나의 전 재산이었다. 갑자기 나는 공포에 질리기 시작했다.

사실 내가 의심할 수 있는 사람은 게르 안의 타자밖에는 없었다. 나보다 강하고, 나에게는 전혀 생소한 이 지역에 익숙한 그 사람! 이런 생각이 스치고 지나가자 매우 불길한 망상들이 따라들어왔다. 비암바가 돈을 꼬불쳤다 치자! 그럼 그는 얼마든지 나쁜 짓을 더할 수 있는 것이 아닌가? 그가 나에 대하여 나쁜 의도를 가지고 있다면 나는 어쩌나? 도망갈 데도 없다! 도와줄 사람도 없다! 소리쳐봐야 허공에 묻히고 만다! 나의 상상력은, 내가 이곳에서 죽는다면 아무도 나의 시체조차

가축에게 물주기 위해 펌프질 하는 비암바

발견할 길이 없을 것이라는 슬픈 사연에까지 미쳤다.

자아! 이제 비상탈출의 계획을 세우는 수밖에 없다. 이때 부엌권역에 놓인 작은 도끼 하나가 눈에 띄었다. 아~ 저기 무거운 가마솥도 있다. 누가 덤비면 저거라도 세차게 던지면 되겠다! 아~ 저기 밧줄도 있구나! 저걸로 목을 조르면 되겠군! 너무도 많은 호러무비를 보았기 때문일까, 나의 망상은 그칠 줄을 몰랐다.

그러나 비암바는 오늘 유난히 기분이 좋았다. 오묘한 민속조의 노래를 흥얼거리며 나를 위한 특별요리를 만들고 있었다. 그는 동물지방을 작은 사면체로 썰어 그것을 양파와 더불어 볶았다. 그리고는 약간의 건육을 첨가하여 계속 볶았다. 그것은 몽골 특유의 부즈*buuz*라 불리는 만두의 속이었다. 티벧사람들이 모모*momos*라고 부르는 찐만두와 비슷했는데 우리가 생각하는 고기만두와 크게 차이가 없었다. 비암바는 조심스럽게 밀가루반죽을 했다. 그리고 만두피에 속을 넣고 팔랑개비처럼 꼬아올리는 그의 솜씨는 완전히 프로급이었다.

순간 나는 그의 순결한, 함박꽃 같이 웃는 얼굴을 쳐다보면서 나의 의심을 의심하기 시작했다. 어떻게 이 순간 그토록 순결한 웃음을 지을 수 있겠는가? 아하~ 저 사람은 내가 돈이 없어진 것을 눈치챘다는 것을 이미 알고 있음에 틀림없어! 그래서 아무일도 일어나지 않았다는 알리바이를 만들기 위해 저렇게 유쾌한 얼굴을 가장하고 있는 거야! 그때 정황으로는 나는 나의 공포스러운 생각들을 떨쳐버릴 수가 없었다. 곧 잘 쪄진 만두가 상 위에 올라왔다. 첫 입, 깨물자마자 단물이 흘렀다. 그 순간 모든 부정적 생각이 해체되었다. 그 만두는 너무도 맛이 있었던 것이다.

감사하게도 그 다음날 아침, 나를 난처하고도 부끄럽게 만드는 신의 계시가 내려왔다. 나는 나의 돈뭉치를 주배낭에 숨겨둔 것이 아니라, 카메라백의 찾기 어려운 주머니에 잘 간직해두었던 것이다. 지난 저녁 나는 너무도 피곤한 상태에 있었기 때문에 철저히 탐색을 하지 못했던 것이다. 좌우지간 그와 나 사이에 소통할 수 있는 언어가 부재했다는 사실이 내가 쪽팔릴 수 있는 곤경으로부터 나를 면제시켜 주었다.

언어가 부재한 묵언에 대하여 내가 이토록 고마움을 느낀 적이 없었다. 트럼프와 김정은 사이에서 오가는 말들도 소통언어가 없었다면 아니 할수록 더 좋은 말뿐이었으리라! 비암바는 어제 저녁 내 얼굴의 표정이나 그를 바라보는 시선이 좀 이상했다는 것을 눈치챘을지도 모른다. 그러나 오해는 없었다. 나는 묵언 속에 그에게 정중하게 사죄를 했다. 정죄를 해서는 아니 될 사람에게 나는 정죄를 감행했던 것이다.

나는 비암바에게 작품사진 찍는 것을 좀 도와달라고 말할 수 있는 편안한 분위기로 되돌아왔다. 한몽단어장의 도움으로 여러 단어를 짚으면서 결국 "차간테메*tsagaan temee*"라는 말을 전달하는 데 성공했다. 이것은 "하얀색의 낙타*white camel*"라는 뜻이다. 나는 모래색깔의 낙타를 원했다. 작품의 색조를 위하여 나의 스킨톤과 환경이 잘 어울리는 그

비암바가 집에서 키우는 강아지. 이름을 "아이스 랑"이라고 하는데 "사자"라는 뜻이다. 성격이 우리나라 진도개와 매우 비슷하다. 낮에는 저 혼자 마실을 다닌다. 언덕 넘어 아들집에 있다오곤 한다.

비암바가 타고 다니는 짙은 밤색의 낙타 두 마리와 차간테메 모자. 차간테메는 색깔이 문자 그대로 하얗지는 않은데, 백색 톤이 도는 옅은 색의 털을 입고 있다. 비암바는 이 별종을 어렵게 나를 위하여 구해왔다.

런 낙타분위기를 원했던 것이다.

나는 그의 대답을 듣고 좀 어렵겠다는 생각이 들기도 했다. 왜냐하면 그는 손가락으로 "1"자를 상징해보였고, 그리고 모래 위에다가 "100"을 썼다. 그 말인즉, 100마리의 낙타 중에서 차간테메는 1마리 있을까말까 하다는 뜻인 것 같았다.

하여튼 비암바는 아주 멋드러진 모래언덕의 파노라마가 펼쳐지는 좋은 장소로 나를 데려다주었다. 쿵더덕쿵더덕 하는 차를 타고 가는 동안에 비암바가 튼 유일한 노래가 있었다. 카세트에 들어있었는데 반복해서 듣고 또 들었다. 그 노래는 "아와 조리노*Aavaa Zorino*"라는 노래였는데, 매우 단순한 리듬이 유쾌했으나 또 슬픈 색조가 짙게 깔려있었다. 군대 간 젊은이가 늙으신 아버지를 염려하면서 부르는 노래라는데 그 주제가 서양에서는 찾아보기 힘든 "효孝"였다. 몽골문화는 한국문화와 상통하는 면이 있었다. 그곳에 도착하자마자 나는 놀라움을 금치 못했다. 내가 본 가족사진 속에 있었던 젊은 남자가 내가 원하는 흰 낙타와 그의 새끼낙타를 데리고 우리를 기다리고 있었던 것이다. 새끼 낙타의 목에는 붉은빛 나는 쇠판이 목도리처럼 둘러쳐져 있는데 늑대의 공격으로부터 방위하기 위한 것이라 한다.

늑대는 큰 낙타는 공격하지 못하지만, 새끼 낙타는 곧잘 공격하는 모양이다. 그래서 몽골유목민은 사나운 개들을 여러 마리 키운다.

나는 비암바의 성실한 노력에 감동을 받았다. 내가 나의 누드사진작품을 시도할 때도 비암바는 이상한 눈길을 나에게 준 적도 없고 상궤를 일탈하는 어떤 행동도 한 적이 없었다. 그는 나를 위해서 아주 열심히 카메라 셔터를 눌러주었다. 그리고 무심하게 카메라 뷰파인더를 들여다보면서 나의 위치가 프레임에서 벗어났다는 것을 성실하게 가르쳐주었다. 그리고 작업이 끝나면 곧바로 나의 몽골의상 데일을 건네주었다. 나는 재빨리 몸을 감쌀 수 있었다. 그는 아주 프로펫셔날한 포토 어시스턴트처럼 행동했다. 하루의 일과가 다 끝난 후에도, 그는 나를 사막 더 깊숙이 데리고 가서, 그곳에서 뛰놀고 있는 말들을 보여주었다. 재수좋게도 우리는 멀리서 여우새끼들도 관찰할 수 있었다.

이 사진은 내가 작품을 만드는 과정을 보여주고 있다. 차간테메를 먼저 비암바 보고 원하는 위치에 놓게 하고, 내가 달려가서 비암바로부터 고삐를 물려받는다. 그런데 이 낙타는 내 말을 듣지 않는다. 내가 억지로 끌면 화를 낸다. 낙타는 화를 내면 반드시 상대방에게 침을 뱉는다. 그런데 그 침은 꼬린내가 엄청 심하다. 물로 씻어내지 않고는 못견딘다. 내 생각대로 차간테메와 모래와 내 몸의 스킨톤은 잘 어울린다.

비암바의 아들의 부인, 즉 비암바의 며느리. 대체로 아들은 분가하여 장인과 더불어 사는 것 같다. 며느리는 정말 착하고 복성스럽게 생겼다. 몽골에서는 아직도 애기엄마가 타인들 앞에서 유방을 내놓고 젖을 멕인다. 우리부모 세대만 해도 우리나라 습속 또한 동일했다.

그날 오후에 나는 비암바의 아들의 패밀리가 가까운 곳에서 살고있다는 사실을 확인했다. 그들의 텐트는 불과 자동차로 한 5분 거리에 자리잡고 있었다. 그런데 내가 그들을 볼 수 없었던 것은 이 두 집 사이에 모래언덕이 있었기 때문이었다. 비암바의 아들은 그의 아내와 그들의 아기와 아내의 아버지와 함께 살고 있었다. 내가 도착했을 때 나를 처음으로 맞이해준 노인은 바로 비암바의 아들의 장인이었던 것이다. 비암바의 아들은 20대 후반, 아니면 30대 초반의 청년이었다. 마른 체격에 아버지처럼 그을렀고, 또 끝이 위로 올라간 작은 눈에 광대뼈가 튀어나왔다.

그의 부인은 비슷한 눈매에 복스러운 분홍색 뺨이 넓었다. 스킨톤이 하얗고 체격은 통통했다. 그녀는 항상 웃기를 잘했다. 내가 말하려는 것을 알아듣지 못할 때는 내 단어장을 집어들고 계속 여기저기 뒤졌다. 단어장은 한국말순서대로 되어있었고 몽골어순으로 되어있질 않았다. 그래서 그녀의 노력은 항상 수포로 돌아갔다. 비암바는 이날도 오후 가축 돌보는 일을 하러 집을 떠났다. 그래서 나는 아들가족과 오후 내내 머물렀다. 아기 염소를 멕이고, 그 집 아기를 돌보고, 개들과

아들집에서 아기염소 멕일 젖을 끓이고 있다. 젖은 분유가루로 만든다.

놀아주고 하면서 시간을 보냈다. 평상시 리듬대로 비암바는 저녁 7시에 돌아와서 나를 픽업하고 또 저녁을 만들어주었다. 나의 "패밀리 스테이"에 관한 호기심이 어느 정도 충족되었다. 그러나 내가 체험해야 할 더 많은 사건들이 나를 기다리고 있었다.

2012년 4월 21일 밤의 사건은 잊을 수가 없다. 나의 여행 역사에서 나 스스로 가장 큰, 아니 가장 어리석은 실수를 저질렀기 때문이다. 그 사건은 비암바를 방문한 손님들로부터 비롯되었다. 비암바와 내가 저녁을 끝냈을 즈음, 자동차 한 대가 비암바의 게르 앞에 머리를 대었다. 그리곤 중년의 한 남자와 한 젊은 청년이 텐트 안으로 쓰윽 들어섰다. 그들의 말끔한 스킨톤과 양복차림으로 판단컨대 그들은 도회지에 사는 사람들이 분명했다. 비암바는 이들과 인사를 하고는 술자리를 펴기 위해 앉았다. 그러던 중 나의 존재감이 눈에 띈 모양이었다. 비암바가 나를 어떻게 소개했는지 내가 알 수가 없었다. 하여튼 그 중년남성은 비암바와 몇마디 중얼거리더니 즉각 나에게 매우 서투른 한국말로 지껄이기 시작했다. 서투르다기보다는 아주 천박한 엉터리 한국말이라고 해야 할 것이다.

이런 순결한 사막의 게르에 밤에 찾아오는 도회지사람에 대해 나는 응당 거리감을 두었어야 했다. 그러나 당시 나의 감정을 정확히 기술하기가 어렵다. 닷새 동안 전혀 이방의 지역에서 단 한마디도 소통할 길이 없다가 처음으로 얘기가 통하게 되는 사람을 만나게 되었을 때의 느낌은 무심한 나에게 경이와 안도가 섞인 환희의 불꽃을 튀게 만들었다. 그는 내 옆에 앉아 나와 한국말로 계속 얘기하고 싶어하기에 그대로 앉게 두었다. 그는 보드카가 담긴 쇠종재기잔을 계속 패스했다. 몽골의 습속도 우리나라 옛날 습관처럼 술잔 하나만 가지고 앉아있는 사람들이 계속 돌아가며 마시는 것이다. 우리나라는 간염 전염 운운하면서 그런 잔돌리기 습관이 많이 사라졌지만 몽골은 어김없이 한 잔으로 돌아가고 있는 것이다. 쇠종 재기잔 하나의 분량은 적지 않았다.

그 중년남성은 이름을 만다기라 했는데, 그는 수년 동안 한국에 살았기 때문에 한국말을 좀 했다. 그는 다섯 살 먹은 아이 수준으로 한국말을 했는데, 그는 그가 말하려고 하는 것을 내가 이해할 수 없을 때마다, "버려"라고 계속 반복적으로 내뱉었다. "버려"라는 표현이 "물건을 내버리라"는 뜻일 텐데, 아마도 그는 "내버려 두라"는 의미로 쓰고 있는 것 같았다. 하여튼 천박한 방식의 표현이었다. 그러나 우리는 그가 계속 제공하는 종이와 펜의 도움을 받아가면서 꽤 많은 정보를 주고받을 수 있었다.

무엇보다도 먼저, 나는 비암바에 관한 중요한 정보들을 획득할 수 있었다. 내가 "비암바Biamba"라는 이름을 알게 된 것도 만다기를 통해서였다. 나는 이 시점까지 비암바가 그의 이름이라는 것을 알지 못했던 것이다. 만다기는 비암바의 부인이 아주 최근에 세상을 떴다고 말해주었다. 그리고 그와 같이 사는 딸은 그녀의 아기가 아프기 때문에 달란자드가드에 있는 병원에 가있다는 것이다. 치료기간이 길어져도 그 딸은 그녀의 아기와 함께 병원에 머물러있을 수밖에 없다는 것이다. 그러나 아마도 며칠 후면 비암바의 딸은 손자와 함께 돌아올 것이라고 했다. 만다기는 비암바의 딸이 매우 아름다운 여인이라는 말을 덧붙였다. 어쨌든, 모든 퍼즐이 일시에 풀리는 것 같았다. 색바랜 옛 사진 속의 여인과 아기 딸, 그리고 밤낮으로 하루종일 정성스럽게 피어오르는 촛불 등등의 수수께끼가 풀렸다.

그리고 만다기는 자기 인생에 관하여 넋두리를 늘어놓기 시작했다. 그는 달란자드가드 부근에서 태어나 성장했다. 그러나 성인이 되어 울란바토르로 갔다가 한국에 돈벌 기회가 많다는 소문을 들었다. 그는 열심히 잡일을 하면서 저축하여, 결국 서울로 가는 비행기를 탔다. 그러나 서울이 그에게 기회의 신세계일 리가 없었다. 고생만 죽도록 하고 여기저기 쓰리디업종을 전전하다가, 우연한 기회에 관광사업 쪽으로 전념하면 돈벌이가 되겠다는 전망을 얻게 되었다. 그는 비즈니스의 꿈을 꾸고 몽골리아로 돌아왔다. 그리고 콩고린 엘스에다가 근대적 투어리스트 캠프를 지었다. 그것은 오직 돈을 벌기 위한 끔찍한 파괴였지만 그는 자기 건물에 대해 엄청난 자부심을 토로했다. 그리고 여러 동물들의 생태, 공룡알, 그리고 되도않는 영어단어들을 지껄이며 지저분한 잡소리를 늘어놓았다.

나는 우리가 무슨 얘기를 했는지도 잘 기억할 수 없다. 왜냐하면 그들은 계속해서 보드카 종재기잔을 돌려댔기 때문이다. 술자리에는 비암바도 참석했고 또 비암바 아들의 장인도 참석했다. 그들은 누구도 나에게 보드카잔을 돌리는 것을 막지 않았다. 오히려 장려하는 분위기였다. 그리고 취흥이 깊어지자 비암바는 내가 사다준 특별한 칭기스보드카병까지 꺼내왔다. 보통, 그는 매우 저급한 러시아산 보드카를 마신다. 아마도 이날 저녁은 특별한 술잔치라 생각되었는지 아끼는 보드카를 내어놓은 것이다. 그런데 그 금딱지의 딜럭스 칭기스보드카는 향기와 알콜도수가 장난이 아니었다. 그것은 즐겁기만 한 것이 아니었다. 오늘날까지도 그 맛을 연상하기만 해도 역한 기운이 솟구쳐 몸서리가 쳐진다.

나는 아버지쪽 체질을 받아서 그런지 술에 잘 취하지 않는다. 나는 여태까지 술을 먹고 비틀거린 적이 없었다. 중국에서도 상류사람들이 초청하면 매우 고급스러운 높은 도수의 마오타이류를 마신다. 그런 자리에서 나는 뒤쳐진 적이 없었다. 맞잔에서 양보가 없었다. 그런데 이 날은 뭔 일이 벌어졌는지 나 스스로 감 잡을 수가 없었다. 솔직히 말해서 내가 경험이 부족했고, 술을 몰랐고, 사람을 몰랐다고 말하는 것이 정답일 것이다. 이날 나는 오랫동안 술을 한 방울도 입에 대지 않은 상태였기에 알콜에 취약했을 것이다. 그리고 사람들이 나에게 술을 멕이는 것이 재미있어 빨리 술잔을 돌렸고, 또 술의 도수가 매우 높았고 거칠었다. 이 모든 요소들이 결합하여 나의 감관과 의식을 보통 술자리보다 빨리 붕괴시켰다. 이 세상 사람들은 자기 혼자 무너지기가 싫어 꼭 타인과 같이 무너지려고 한다. 동방의 게마인샤프트적인 술습관은 별로 아름답질 못하다.

얼마나 많은 보드카잔이 돌았는지 "온리 갇 노우스only god knows!" 이때 나는

너무도 깨알같이 작게 보이지만 장엄한 대자연 속에서 풀을 먹고 있는 비암바의 가축떼.

만다기라는 작자가 나에게 아주 고상한 척, 나에게 이와 같이 청하는 것을 들었다. 자기가 고독하기 때문에 자기와 한 이불 아래서 잘 수 있겠냐는 것이다. 그 순간 나는 "쉿! 오 노우!"를 외치면서 그를 콱 밀쳐버렸다. 그랬더니 이 작자가 나에게 잡아먹을 듯이 달려들면서 이와 같이 외치는 것이다: "니가 오해했어! 난 결혼한 몸이고 와이프를 사랑하지. 그런데 와이프가 사막에 살질 않아. 난 네가 예뻐서 한번 껴안아주고 싶었을 뿐이야. 난 나쁜 짓 안 해." 이런 류의 말을 내뱉는 것을 똑똑히 나는 들었다.

가련한 촛불을 이어가는 순결한 비암바의 정성스러운 모습과 타락한 도회지의 인간이 대비되면서, 이 음흉한 인간이 자기변명을 뇌까리는 모습이 너무도 가증스럽게 보였다. 그런데 이 어색한 상황은 나의 신체의 생리가 멋드러지게 해결했다. 우리 인체는 매크로한 레벨이든 마이크로한 레벨이든 포린 바디foreign body 즉 이물질이라는 것을 견디지 못한다. 이물질을 배출하지 못하면 그것은 신체의 파멸로 이어진다.

이날 내가 마신 술은 나의 신체의 생리에 엄청난 이물질이었다. 술도 적당량 마시면 친구가 될 수 있지만 이렇게 엄청난 양이 들어오면 그것은 적이 된다. 적은 싸워 물리쳐야 한다. 위장관gastrointestinal tract에 들어온 것이 항문으로 배출되는 것은 매우 시간이 많이 걸리고 위험하다. 이미 독소가 온몸으로 퍼지기 때문이다. 이것을 재빨리 이물질의 본향인 몸 밖으로 내보내기 위해서는 최단코스를 택하지 않으면 안된다. 그것은 들어온 입으로 곧바로 역류시키는 것이다. 이 신체의 현명한 작전을 우리는 "토한다vomiting"라고 표현한다.

우리말에도 신체적 구토는 정신적 역겨움과 상통한다. 그 작자가 변명을 정당화하는 지저분한 언어들을 듣는 순간 나에게는 온갖 메스꺼움이 치솟았다. 그의 얼굴은 어느 드라마에 나오는 백귀처럼 보였다. 순간, 저녁 때 먹은 모든 수제비 국수 조각과 불어터진 고기조각들이 내 입에서 분출했는데 그의 얼굴부터 그의 양복 전체가 범벅이 되었다. 어찌나 많은 양이 쏟아지는지 나는 죽어가는 드래곤처럼

제일 높은 모래언덕. 높이가 300m나 된다.

뒷산

게우고 또 게웠다. 내가 기억하는 것이라고는 비암바가 게운 것을 치우는 장면이었고, 나머지는 순식간에 불순한 분자들이 다 줄행랑 쳐버렸다는 것이다.

다음날 아침 일찍, 나는 비암바가 텐트 밖에서 취기에 흥얼거리는 것을 들었다. 비암바는 그의 자동차에 실을 것을 다 싣고는 텐트 안으로 들어와서 오늘도 사진 찍으러 같이 나가겠냐고 묻는 것이다. 나는 간신히 실눈을 떴는데, 순간 나의 두뇌는 천만조각으로 깨지는 느낌이었다. 나는 나의 손을 한 인치도 움직일 수 없었다. 나의 상황을 잠깐 들여다본 비암바는 밖으로 나가더니 차를 몰고 사라졌다. 아직도 가시지 않은 취기 속에 노래를 부르며! 그리고는 무서운 정적이 깔렸다.

나는 그날 하루종일 몸을 꼼짝할 수 없었다. 하루종일 잤다. 늦은 오후에 비암바의 아들이 왔다. 그리고는 나를 위해 수프를 만들어 놓고 떠났다. 이것은 알콜이 나를 이틀 동안이나 병상 위에 감금시킨 유일한 사건이었다. 지금 나는 그 순간들을 생각만 해도 소름이 끼친다. 그것이야말로 나를 죽일 수 있는 유일한 것이었다. 그것은 유목민도 아니고, 날씨도 아니고, 야생동물도 아니었다. 한 병의 보드카였다. 나의 무지와 무절제가 나를 파멸시킬 수 있는 것이다. 예수의 말대로 인간의 죄악은 모두 나의 내부에 있다. 사람의 입으로 들어가는 것이 더러운 것이 아니라 사람의 입에서 나오는 것이 더럽다고 했다. 술은 신체를 파멸시킨다. 그러나 동시에 술과 더불어 생겨나는 모든 불순한 생각들이 인간을 파멸시킬 수도 있는 것이다.

비암바는 이날 밤 돌아오지 않았다. 그의 아들이 밤늦게 음식과 불을 확인한 후에 나를 혼자 남겨둔 채 떠났다. 그는 다시 오지 않았다. 나는 이날 저녁과 밤을 혼자 있어야 했다. 이 지구의 고립된 한 코너에서 병약해진 채. 이 날은 구름이 짙게 덮여 별도 달도 전혀 보이지 않았다. 그것은 완벽한 어둠을 의미하는 것이었다. 그날 밤 이전에 나는 "고독"이라는 것의 진정한 의미를 깨닫지 못했다고 말해야 할 것 같다. 뉴욕이라는 메트로폴리탄 한가운데서 사회적 소외로 인한 고독이나 근심에 대하여 이러쿵저러쿵 실존주의적 신음소리를 내는 것은 하나의 죠크에 불과했다. 그날 밤, 나는 지구상에서 상상할 수 있는 가장 멀고 가장 편벽한 공간에, 손이 미칠 수 있는 단 하나의 사람도 없이 드러누워 있었다. 나의 신체적 상태는 죽음에 가까웠다. 그리고는 공포가 시작되었다. 간헐적으로 들려오는 소리가 있었다. 등골이 오싹해지는 울음이었는데 그것은 마치 극도의 고뇌에 달한 인간이 외치는 울부짖음처럼 들렸다.

나는 그것이 어느 동물의 울음인지 알 수가 없었다. 그것은 어느 야행성 조류의 소리 같기도 한데 소리가 새소리라 말하기엔 너무도 괴이했다. 그것은 여우가 짝짓기를 위해 구애하는 소리일 수도 있다. 그것이 무엇의 소리였든지 간에 그 음산한 핏기 없는 소리는 곧바로 내 골수를 서늘케 했다. 이런 상황에서 변을 보러 밖에 나간다는 것은 정말 문제였다. 늑대나 여타 야수가 달려들어 바지내린 내 궁둥이를 꽉 물면 어쩌나? 이런 상념은 지금 들으면 사람들은 가가대소를 하겠지만 그때는 정말 진지한 고민이었다. 나는 아주 작은 전등 하나만 가지고 있었고 주변을 넓게 비출 수 있는 큰 놈은 가지고 있질 않았다. 추운 날씨는 문제도 아니었다. 그러나 몇 번 화장실 여행을 성공적으로 수행한 후에 나는 어떻게 어떻게 곯아떨어질 수가 있었다.

그런데 꿈을 꾸었다. 낡은 몽골 의상을 입은 도적놈이 게르 지붕 꼭대기로 올라가더니 꼭대기 구멍을 통해 나의 가슴에 총을 겨누었다. 이 꿈은 내가 꿈속에서 진짜 죽어버린 첫 경험이었다. 아침에는 또 하나의 꿈과 더불어 깼다. 나는 실제로 뉴욕에 있었고 엄마와 더불어 홀푸드로 쇼핑을 나갔다. 엄마는 나를 위해 진짜로 좋은 오르개닉 푸드를 세심하게 고르고 있었고, 또 다양하게 맛있는 음식들이 진열되어 있는 회랑을 헤매고 있었다. 엄마는 항상 물건을 살 때 세심하게 유효기간 등의 정보를 살핀다. 나는 그 꿈을 꾸기 전에는, 내가 엄마를 얼마나 그리워하는지도 알지 못했다. 엄마는 그냥 엄마였다. 그러나 이러한 참혹한 곤경 속에서는 엄마는 나에게 없어서는 아니 될 원초적 존재였다. 나는 잠재의식적으로 엄마의

병원에 있었다지만 건강하게 보이는 비암바의 외손자. 이 외손자의 얼굴 속에 밝은 몽골의 미래가 있다. 내가 아기의 독사진을 찍으려 하면 그 엄마는 반드시 개나 염소와 같이 있는 모습을 찍게 했다. 그만큼 동물과 인간이 한 식구

따스한 품을 그리워하고 있었던 것이다. 내가 눈을 떴을 때, 내 눈에서는 눈물이 죽죽 흘렀다. 엄마는 너무도 너무도 멀리 있었고, 먹을 수 있는 음식이라고는 밀가루와 말라빠진 건육뿐이었다.

내가 나의 의식을 회복하자마자, 비암바가 그의 딸과 손자를 데리고 돌아왔다. 손자를 퇴원시킨 모양이다. 비암바의 딸은 만다기가 말한 바대로, 애교 있는 체격에 따스한 마음씨를 가진 젊은 여인이었으나 좀 쿨한 편이었다. 그녀의 아기는 건장했고 썩 잘 생겼다. 나는 아직도 어지럽고 메스꺼웠지만, 배고픔을 느낄 정도로 몸이 회복되었다. 나는 내 침대에 앉아서, 그들이 점심으로 무엇을 준비하는지 쳐다보고 있었다. 놀라웁게도 비암바는 쌀밥을 만들고 있었다. 그리고는 차트렁크에서 가져온 골판지 상자로부터 무엇인가를 꺼내 나에게 건네주었다.

열어보니 그것은 팩으로 되어있는 양념한 한국 김 한 상자였다. 나는 그것을 보는

라는 관념이 그들을 지배했다. 도가적 해탈의 경지에 이른 비암바의 목가적 삶이 이 아기의 미래 속에서 무궁히 펼쳐지기를 나는 바래고 또 바랬다.

순간 감격에 목이 메었다. 그들은 달란자드가드 시장에서 달걀과 쏘세지와, 놀라웁게도 김치를 사왔던 것이다. 비암바는 아픈 나를 너무도 걱정했던 것이다. 그래서 나를 위해 특별히 시장을 보았던 것이다. 나는 그의 친절에 너무도 감동을 받았다. 참으려고 노력했지만 내 눈가에는 눈물이 한두 방울 뚝뚝 떨어졌다. 그리고는 굶주린 야생 멧돼지처럼 걸신들린 듯이 막 꾸겨넣었다. 김치는 좀 시었고, 김은 신선한 것은 아니었지만, 아마도 그 한 끼는 내 인생에서 다시 경험할 수 없는 가장 맛있고 의미있는 성찬이었을 것이다.

나머지 이틀 동안 나는 드디어 기획했던 아름다운 "패밀리 스테이family stay"를 실현할 수 있었다. 그리고 아름다운 작별인사를 할 수 있었다. 비암바는 그의 딸과 손자가 돌아오고나서 보다 명랑한 사람이 되어 있었다. 그리고 마지막날까지 나의 작품사진촬영을 성실하게 도와주었다. 이번에는 모래 듄dunes 내부에서 흰 낙타를 데리고 찍었다. 그날 아침에는 눈이 휘날렸다. 그러나 이 시점으로부터 내가

떠나기 전날 나는 비암바 아들의 기념비적인 사진을 찍었다.

찍은 모든 사진들은 내가 바랄 수 있는 가장 이상적 효과를 낸 작품들이었다. 구름이 낀 것이 오히려 유리하게 작용했다. 구름이 모래언덕들의 기묘한 선율에 좀 음울한 라이팅효과를 내주었던 것이다. 결국 요번 몽골여행은 나의 작품활동의 시각에서 볼 때에도 가장 생산적인 여정이 되었다. 그리고 다시는 맛볼 수 없는, 또한 맛봐서는 아니 될 유니크한 체험을 선사했다. 이 고난의 행군을 끝내고 나는 결국 성공적으로 울란바토르공항에 돌아올 수 있었다.

공항에 돌아오기까지 나의 드라이버의 행동은 좀 무례했다. 엄청난 고액의 비용을 지불했는데도 제멋대로였다. 어느 사막타운에서 나를 홀로 한 시간 가량 차에 남겨둔 채 자기 용무를 보기도 하고, 또 자기 동생을 어느 타운에까지 실어다주기도 하고, 또 달란자드가드에서는 터무니없이 비싼 중국식 후어꾸어火鍋집에 데려갔다. 실컷 먹고 나보고 돈을 내라는 것이다. 그러나 하여튼 나는 달란자드가드에서 비행기를 타고 성공적으로 울란바토르에 다시 안착했던 것이다. 공항에는 고철상 선생님께서 보낸 바이갈마가 나를 기다리고 있었다. 팔을 흔들면서 큰 웃음을 지었다. 고 선생님은 내가 전에 화이트하우스호텔에 묵었던 그 방으로 다시 돌아갈 수 있도록 잘 안배를 해놓았던 것이다.

호텔로 가는 차를 몰면서, 바이갈마는 빙그레 웃음 지으며 나에게 이와 같이 말했다: "와아! 진짜 몽골사람 냄새가 나시네요." 나는 시트에 폭 움츠러들면서 열흘 동안이나 목욕을 하지 않은 나의 몸에서 악취가 나기 때문에 그런 말을 하는 것이 아니기를 몰래 바랬다. 그랬더니 그녀는 이와 같이 자기말을 다시 해석하는 것이었다: "몽골의 시골사람들은 그들만이 간직하는 특별한 내음새가 있어요. 그것은 악취가 아니라, 그들이 먹고 일하는 방식에서 우러나오는 삶의 향기 같은 것이죠. 미루씨는 정말 몽골리안이 되셨네요!"

잊을 수 없는 고비사막의 여로

나는 안도의 한숨을 쉬기는 했지만, 아무래도 그녀가 말하는 내음새라는 것은 온갖 똥딱지의 훈훈한 연기와, 신 양치즈냄새, 그리고 마른 염소고기냄새가 복합된 그 무엇일 것이다. 내 겨드랑이에서 나는 내음새도 과히 아름다울 것 같지는 않다. 나는 호텔로 돌아가자마자 따끈한 물을 틀어 오랫동안 샤워를 했다. 그리고 티제이를 만나러 갔다. 티제이는 나의 성공적 귀환을 축하하기 위하여 그의 여자친구들과 함께 한 나이트클럽에 가는 것을 준비해놓았다.

현기증이 날 정도로 현란한 장면의 변화가 내 눈앞에 펼쳐졌다. 깊은 고비사막 유목민들의 삶의 잔잔한 색깔이 순식간에 90년대 구식 요란한 디스코 그리고 하이힐과 빨간 립스틱과 보석을 걸친 레이디들의 법석으로 뒤바뀌는 기나긴 역사의 회전을 나는 목도해야만 했다. 짙게 화장한 젊은 여성들은 나에게 계속 칵테일을 패스했다. 그때마다 나는 굳건하게 거절했다. 그들은 내가 절대금주의 수행자라도 된 것처럼 알았을지도 모른다.

나는 명상에 잠겼다. 과연 어떤 새로운 광적 영감, 그 모험이 나를 기다리고 있을까? 나는 드디어 이해하기 시작하고 있었다. 나는 영원히 우주적 생명을 탐구하는 실증적, 아니 체험적 연구자! 나는 이 지구환경의 모든 다양한 구석들을 쑤시고 다니는 글로브트로터globetrotter! 혹자는 나에게 이렇게 물을 것이다. 너는 왜 이토록 사서 고생을 하는가? 너의 예술도 부질없는 하나의 사치가 아닌가? 그럼 나는 이렇게 답하리라! 나는 오직 "사람되기를 배우고 있는 중Learning to be human"이라고.

【제7송】

베이루트의 명암

– 인류문명의 한 시원 속에 버려진 외로운 소녀의 눈물 –

심원한 몽골리아 사막으로의 유니크한 체험이 마감된 바로 그해 여름, 나는 나의 배낭에 3개월 생존할 수 있는 생필품들을 꾸겨 처넣고 또다시 뉴욕을 떠났다. 요번에는 서구문명의 한 시원지라 할 수 있는 레방트Levant(서구인들의 입장에서 볼 때 "해가 뜨는 곳"이라는 뜻인데, 지중해의 동쪽연안지역 나라들을 가리킨다)의 나라, 레바논Lebanon이었다.

나는 레바논의 수도, 베이루트에 있는 한 패밀리의 가옥에 내가 원하는 대로 얼마든지 머물러도 좋다는 초대를 받았던 것이다. 나는 5월 초 플로리다에서 열린 국제사진전에서 젊고 매우 재능을 지닌 한 사진가, 레바논 청년을 만났는데, 그와 곧 마음이 통하는 친구가 되었다. 그는 유모아 감각이 있는 예술가였는데, 그의 엄마와 함께 플로리다에 왔다. 나는 그들의 제안을 받아들이기로 한 것이다. 나는 레바논의 수도 베이루트Beirut를 레방트 지역과 이집트 지역을 탐구하는 베이스로 활용할 생각을 했다.

2012년 7월 말, 나는 매우 조용한 기독교인들의 주거지역(레바논에서는 기독교인들 공동체와 이슬람 공동체가 나뉘어져 있다. 서로 잘 왕래하지 않는다)에 정착했다. 그들의 가옥은 베이루트 메트로폴리탄 지역에서 동쪽으로 20분 정도의 거리에 있었다. 가족의 환대 덕분에, 나는 레바논 상류층 사람들의 삶을 체험하는 즐거움을 만끽할

찬란했던 과거를 말해주는 중심가의 상점들. 그러나 지금은 분위기가 대체적으로 썰렁하다.

수 있었다. 토착적 특색이 있는 맛있는 가정요리를 먹으면서, 첫 3주 동안 도시의 곳곳을 될 수 있는 대로 많이, 철저히 탐방했다. 나는 결국 앞으로 2년 동안 지속될 운명이 되고 만, 새로운 여행의 베이스 캠프로서 활용할 수 있는 이상적 장소를 발견한 셈이었다.

베이루트라는 도시는 "중동의 빠리the Paris of the Middle East"라는 별칭을 자랑스럽게 과시한다. 무엇보다도 그 도시에는 문자 그대로 프랑스풍의 문화색조가 짙게 깔려있다. 레바논은 제1차세계대전에서 오스만제국의 붕괴와 더불어 그 지배영역에서 벗어나자, 1920년부터 공식적으로 프랑스식민지가 된다. 그리고 1946년에 프랑스군대가 완전철수할 때까지 26년간 프랑스의 지배를 받았다. 물론 이 두 나라의 문화적 관계는 18세기 초 제수이트들의 활동에까지 소급될 수 있다. 베이루트는 동서를 잇는 문화의 가교였고 지중해상업교역의 대문이었다.

베이루트 시내에는 프랑스 스타일의 까페, 불어로 쓰인 간판, 식민지시대의 고풍

외관으로 보아도 빠리의 뤼드 리볼리 지구의 모습과 매우 유사하다. 그러나 이것들은 이스라엘 폭격 후에 다시 지어진 것이다. 그래서 마치 세트장에 온 느낌이 든다. 고풍의 품격이 리얼하지 않은 것이다.

스러운 건물들이 도처에 즐비하다. 그리고 재건축된 다운타운의 한 지역은 거리 전체가 빠리의 뤼드 리볼리Rue de Rivoli(빠리의 가장 유명한 거리 중의 하나. 1797년 나폴레옹의 승전 리볼리전투the battle of Rivoli로부터 그 이름이 왔다. 전통과 현대가 묘한 조화를 이루고 있는 상업지구)의 아치형 전면前面을 그대로 빌려왔다. 베이루트에서는 모든 유럽의 고급사양의 부티크나 멋쟁이 사치품들을 다 발견할 수 있다. 서구의 컬러니알한 고풍의 매혹과 이국적인 오리엔탈의 느낌이 뒤섞인 일종의 짬뽕문화는 나같은 방문객에게는 매력적인 성격을 지니고 있을 수밖에 없다.

베이루트라는 도시와 점점 친근해짐에 따라, "중동의 빠리"라는 별명이 매우 구체적이고 다양한 함의를 지닌다는 사실을 인지하게 되었다. 한때 빠리가 세계의 미술과 지성의 허브 노릇을 했듯이, 베이루트 또한 오리엔트에서 그러한 기능을 달성하고 있었다. 베이루트의 예술과 음악의 장면들은 내가 예상했던 것보다 훨씬 더 활기가 넘치는 왕성한 것이었다. 갤러리, 이벤트, 콘서트가 풍요롭게 돌아가고 있었다. 한때 유럽의 힙스터hipster(유행의 첨단을 쫓는 젊은 사람들) 예술의 천국이라고 불렸던 베를린! 그 베를린 못지 않게 베이루트에도 건물벽 낙서와 거리예술이 어디서나 참신한 기운을 발하고 있었다.

그리고 나는 그 악명 높은 베이루트 밤의 문화로 기어들어 가보기 시작했다. 베이루트는 세계적으로 데카당트한 클럽과 빠가 융성하기로 이름 높다. 환상적인 패션디자이너들, 젊은 보헤미안들이 밤의 열기 속에서 마치 내일이 존재하지 않는 듯이 파티의 광열을 돋우고 있는 것이다. 그 광경은 1980년대 뉴욕 소호의 열광에 비교되어도 결코 과장은 아닐 것이다.

이스라엘 폭격으로 폐허가 된 할러데이 인 호텔 건물. 전체가 빈 채로 남아있다.

“마치 내일이 없는 듯이”라는 표현은 베이루트의 일상에서는 매우 문자 그대로의 의미를 지닐 수 있다. 그동안 끊임없는 전쟁이 참혹한 파괴를 자행해왔다.

1975년부터 발발하여 1990년까지 지속된 레바논내전Lebanese Civil War은 12만 명 이상의 사망자를 내었으며, 7만 6천 명이 집을 잃었고, 최소한 1백만에 이르는 사람들이 레바논을 탈출하여 국외로 망명하였다. 이 내전은 기본적으로 무슬림과 기독교인들 사이에서 발생한 것이다. 프랑스가 이 지역을 관장하고 있었을 때는 종파간에 이권다툼이 일어나지 않도록 균형자역할을 수행했지만, 독

길거리를 지키는 레바논 군인들과 장갑차

거리낙서: 반反 이스라엘 정서가 노출되어 있다. 레바논 사람들 입장에서 보면 팔레스타인 난민을 향한 이스라엘의 폭격은 정말 황당한 것이다.

립이 되면서 종교간의 충돌은 적나라하게 맞부딪히게 되었고, 불만의 씨는 증폭되어 갔다. 초기에는 무슬림과 기독교인들 사이에 평형이 유지되었지만 이스라엘의 탄압을 받는 팔레스타인해방기구(PLO) 사람들이 대거 피난 와서 무슬림파의 세력이 확대되자 평형이 깨지게 된다. 1982년에 이스라엘군대가 레바논을 침공하여 팔레스타인해방기구의 리더십 베이스인 베이루트 서쪽지구를 장악하여 1만 8천 명을 죽이고, 3만 명을 부상 입혔는데, 이들 대부분이 민간인이었다. 2006년에는 레바논 시아파 무력단체인 헤즈볼라와 이스라엘 사이에서 다시 전쟁이 발생하였다. 그리고 2008년에는 헤즈볼라와 정부군 사이에 무력충돌이 일어난다. 하여튼, 마론파 기독교Maronite Christians, 드루즈 유니태리안종파Druze Unitarians, 수니 무슬림, 시아 무슬림, 팔레스티니안 난민세력, 헤즈볼라 등등의 세력이 얽혀있는 이 내전과 대이스라엘전쟁의 실타래는 여기서 내가 풀어내기에는 너무도 복잡하다.

베이루트에 사는 사람들은 전쟁은 항상 언제고 일어날 수 있는 운명적 그 무엇이라는 것을 기정의 사실로 받아들이고 사는 것 같다. 곧 들이닥칠 듯한 죽음의 그림자가 도처에 보인다. 시내 안의 훌륭한 건물이 반쪽이 파괴된 채 그냥 방치되어 있는가 하면, 멀쩡한 건물의 벽에도 폭탄의 파편자국이 어지럽게 수를 놓고 있다. 거리에는 도처에 군인들이 총을 들고 서있다. 바로 이러한 사회의 암면이야말로 젊은 파티광들이 그토록 공격적으로 몰입하는 진짜 이유일지도 모르겠다.

내가 맨해튼을 떠난 것은 마음의 평화를 얻을 수 있는 조용한 곳을 원했기 때문이었다. 그런 의미에서 베이루트의 격렬한 전쟁의 상흔들은 내가 지향하고자 하는 목적에서 크게 벗어나 있는 그런 인간세의 어리석음을 가리키고 있었다.

우리나라 사람들은 성서에 해박한 사람들이 많기 때문에 "가나안Canaan"이라는 말을 익히 들어 안다. "가나안"이라는 말의 정확한 어원을 알 수 없지만 대체로 셈족 언어로 "낮은to be low"을 의미한다고 한다. 가나안 자체가 레방트의 "저지대lowlands"를 가리키는 말이다. 그런데 "젖과 꿀이 흐르는 가나안"은 팔레스타인 지역보다는 현재 레바논지역이었다. 이곳은 레바논산맥과 안티레바논산맥 사이의 풍요로운 곡창지대와 지중해 해변의 무성한 백향목지대가 길게 늘어져 있다. 레바논의 백향목이 없이는 솔로몬의 성전도 이집트의 피라미드도 존재할 수 없었다. 거대석조건축에는 반드시 대량의 목재가 소요되는 것이다.

가나안문명을 이어서 개화한 문명이 바로 페니키아문명Phoenician civilization이었다. 레바논은 페니키아문명의 적손이다. 페니키아라는 말은 희랍어의 "붉다"라는 뜻을 가진 "포이닉스phoinix"에서 유래되었는데, 페니키아의 도시들이 뼈고동 패류Murex mollusc에서 채취되는 자홍색염료의 수출지로서 유명했기 때문이었다. 페니키아인들은 지중해 연안의 모든 지역과 왕래했는데 대체로 BC 1500년에서 BC 500년까지 융성했다. 이들의 가장 위대한 업적이 인류의 운명을 바꾸어놓은 바로 알파벧문자의 발명이다(BC 1050~150년 경. 22개의 자음으로만 구성).

이 페니키아문자는 지구상에 존재하는 모든 소리글의 원형이 되었다. 이집트의 상형문자나 중동 고문명의 설형문자에 비해 쉽고 정확하게 인간의 언어를 기술하는 방법을 고안해낸 이들의 업적은 희랍어문자로 계승되어, 인류문명의 찬란한 하나의 피크인 희랍고전시대를 개창한다. 이 희랍문명을 전 세계로 전파한 이가 바로 마케도니아의 알렉산더대왕이다. 그러나 아이러니칼하게도 그가 건설한 제국에 의하여 고대 근동문명의 아이덴티티는 해체되고 서양의 고대세계Ancient World는 대단원의 막을 내리게 된다. 레바논은 이런 맥락에서 보면 인류문명의 매우 중요한 한 핵심적 시원이라고 말할 수 있다.

예수도 레바논지역을 왕래하며 예수운동을 전개했던 사람이었다. 따라서 예수운동의 초기 원형적 성격이 레바논문화에는 남아있다. 그 한 줄기가 바로 마론파기독교인데, 이 마론파기독교의 심오한 측면을 잘 대변해주는 20세기 초반의 인물이 하나 있다. 그가 바로 사상가, 작가, 시인, 화가로서 우리에게 잘 알려져 있는 칼릴

빠알간 기와로 덮인 이 마을의 인간적 경관은 문명과 자연의 조화를 극도로 달성하고 있다. 브샤레는 정말 조용하고 아름다운 곳이었다. 바로 이곳에서 칼릴 지브란이 태어났다.

지브란Khalil Gibran, 1883~1931이다. 지브란이 마론파 신부의 외손자로 태어나서 자라난 카디샤계곡의 브샤레Bsharrī라는 마을을 가보면 지금도 그 영험한 종교적 서기가 곳곳에 서려 있다. 그의 『예언자*The Prophet*』는 믿음이나 구원을 추구하는 책이 아니다. 진정한 자유가 무엇인지를 추구하고 있다. 지브란은 인간에게 상대적으로 나타나는 모든 가치들, 삶과 죽음, 기쁨과 슬픔, 자유와 속박, 출발과 도착, 영혼과 육체, 무한과 유한, 사랑과 증오, 선과 악, 부와 빈, 인성과 신성… 이 모든 상반되는 두 개의 얼굴이 서로를 배척하지 않고 서로를 껴안을 때, 평화는 이루어지고 자유는 획득된다고 말한다. 불교의 열반이나 해탈사상과 비슷한 측면이 있으나, 궁극적으로 자유의 저항을 추구하는 서구적 정신의 맥을 잇고 있다. 초기기독교가 지향했던 때묻지 않은 해방의 정신을 표현하고 있는 것이다.

칼릴 지브란Khalil Gibran, 1883~1931. 조각가 로댕의 제자이기도 하다. 48세로 요절.

이슬람전통도 레바논에 오면 심오한 드루즈철학이 되는데, 드루즈신앙은 유일신관과 아브라함의 종교적 전통을 고수한다. 『지혜서한*Episteles of Wisdom*』이라는 성경을 주요경전으로 삼는데, 이슬람, 영지주의, 신플라톤주의, 피타고리아니즘, 힌두이즘을 다 포섭한다. 뭔가 레바논토양의 오리지날한 영성을 개방적으로 융합하고 있는 느낌이 든다. 이러한 영성의 레바논이 온갖 극단적 종교적 독선에 시달려 전쟁의 포화가 끊이지 않고 있는 현황은, 정말 문명과 종교에 대한 근원적 의문을 던지게 하는 것이다.

그런데 나의 마음을 베이루트에서 근원적으로 떠나게 만든 결정적 사건은, 분열된 종교당파나 전쟁의 위협이나 밤의 열기의 광란이 아니었다. 내가 그 사회의 저변 곳곳에서 해후하지 않을 수 없었던 비극, 그것은 너무도 추악하고 너무도

베이루트 서쪽 해변에 있는 비둘기바위Pigeon Rocks. 베이루트의 상징이다. 로오쉐바위Rock of Raouché라고도 한다. 해변으로 산책로가 있으며, 초기 인류의 존재를 나타내는 석기들이 발견되었다.

명백한 레이시즘racism, 즉 인종차별주의였다. 레바논에서 레이시즘은 클라시즘classism, 즉 계급주의와 매우 밀접히 관련되어 있다. 이 현상은 그 나라에 편재하는 외국인 가정부무역에서 유래되는 것인데, 이것은 내 관점에서 본다면 현대사회에서 자행되고 있는 노예무역 이외의 딴 것이 아니었다. 가정부를 아시아와 아프리카의 개발도상국으로부터 수입하는 공인된 제도는 가정이라는 밀폐된 환경 속에서 자행되는 통제되지 않는 학대를 허락하고 있는 것이다. 레바논이라는 나라의 인구가 겨우 500만밖에는 되지 않는데 외국에서 이주한 가정부가 20만 이상이나 된다(전체 인구의 4% 정도). 레바논의 상류, 중상류, 그리고 중류가정조차도 대부분이 에티오피아, 케냐, 스리랑카, 방글라데시, 필리핀 등지에서 가정부를 고용하는 것이 통례로 되어 있다. 이러한 사회적 관행 때문에 가장 저열한 사회적 신분을 특정한 외관이나 국적에 자동적으로 부여하는 것이다. 이 나라에서 "스리랑칸

내가 정착한 베이루트 동쪽 근교. 기독교인 지구

Sri Lankan"(스리랑카 사람)이라는 말은 곧 레바논 자곤jargon으로 "하녀"를 의미한다.

독자들은 내가 베이루트의 거리에서 일상적으로 어떤 취급을 받게 되었는지를 쉽게 상상할 수 있을 것이다. 나는 항상 누군가의 필리피노 하녀로서 심부름 나온 사람으로 즉각적으로 취급되었다. 매우 크고 모던한 한 식료품가게에서 올리브를 사기 위해 나는 줄을 서고 있었다. 나는 두 늙은 백인 앞에 서있었는데, 나를 제키고 그들을 먼저 서브하는 것이었다. 그리고 나는 모든 사람이 서브된 후에야 비로소 서브되었던 것이다. 계산대에 있는 노인은 나에게 마치 개에게 명령하듯이 그의 손으로 "기다려"하고 손짓할 뿐이었다. 내가 불만을 토로하자, 입에 손가락을 대면서 "쉿"할 뿐이었다. 명백한 줄의 순서를 어기는 행위는 한국에서나 미국에서나 체험하기 어려운 것이다.

나의 단순한 외관 때문에 내가 나에게 던져지는 그토록 낯뜨거운 레이시즘을 체험한다는 것은 진실로 새로운 경험이었다. 내가 동아시아 사람처럼 보인다는 것이 그 이유가 아니었다. 나의 얼굴이 보통 아시아 사람보다 다크 스킨톤인데다가 눈이 크기 때문이었다. 대부분의 레바논 사람들은 전형적인 일본인이나 중국인, 한국인 관광객을 더 못사는 나라로부터 온 까무잡잡한 가사노동자들로부터 구분하는 능력을 지니고 있다. 대부분의 한국인들은 나를 보면 좀 이색적이라고 칭찬 비슷한 말을 던지곤 하는데, 바로 이놈의 "이색적 외관"이 이 레바논 지역에서는 전적으로 핸디캡이 되고 마는 것이다.

내가 피부가 좀 더 하얗고 눈이 옆으로 찢어지고 광대뼈가 불거졌다면 나는 돈 많은 일본관광객으로 취급되었을 것이다. 그랬더라면 레바논 사람들은 나를 공경스럽게 대했을 것이다. 내가 이러한 나의 체험을 말하자, 한 레바논 친구가 이렇게 디펜드하는 것이다: "여기 사람들이 특별히 레이시스트라고 말할 것은 없지. 그들이 판단하는 것은 사회적 계급이야. 네가 부자처럼 보이면 사람들이 널 잘 대접할 거야." 나는 이 새로운 설을 입증하기 위하여, 머리꼭대기로부터 발끝까지 백만불 여인처럼 치장을 화려하게 하고 밤에 나가보았다. 그러나 이 작전은 결코 멕히질 않았다. 나는 나보다 나이가 어린 새로 사귄 친구들과 함께 어울려 빠를 갔는데, 아이디카드를 보자고 한 것은 나 혼자뿐이었다. 나 혼자만 유색인종이었던 것이다. 그 뒤로 줄곧, 내가 아무리 잘 옷을 입더라도 나 혼자만 체크당하는 수모를 계속 당해야만 했다. 여러 번 나는 문간 경비 어깨들이 내 미국여권을 보자마자 그들의 태도를 180도 바꾸는 사태를 체험했다. 약자에게 비열하고 강자에게 비굴한 중동문화의 한 측면을 나는 강렬하게 체험했다. 종교문화는 결코 인간에게 보편주의를 선사하지 않는 것 같다. 모든 종교가 인간의 구원을 외치면서 인간을 차별하고 있는 것이다.

인간을 "구원의 대상"으로 바라보지 않는 동방의 인문주의East-Asian Humanism가 오히려 더 보편주의적이라고 말해야 할 것 같다. 나는 매우 화가 났다. 그래서 이 가정부문제를 보다 깊이 탐구했다. 그리고 많은 이민자 가정부들이 그들을 고용한 가정에서 못 견디고 가출을 하게 되면 결국 길거리에서 매춘이나 천직에 불법고용되어 비참한 삶을 살게 되는 현실을 목도하게 되었다.

베이루트에는 가정부조달 에이전시가 많이 있다. 누구든지 가정부를 고용하고 싶으면 조달소에 나타나 국적을 선택할 수 있다. 에티오피아 가정부를 2년계약으로 고용하는 데는 서류작성과 비행기표를 포함하여 대략 2,000불이 든다. 그리고 방글라데시 식모를 구하는 데는 대략 1,500불이 든다. 그러나 이 돈은 양국의 에이전트들이 다 먹는 것이며 가정부 본인과는 무관하다. 본인은 그 나라를 떠날 수 있다는 사실 때문에 신청할 뿐이다. 그리고 계약대로 가정부가 도착하면 매월 샐러리가 지급되는데, 에티오피아 여자에게는 200불, 방글라데시 여자에게는 150불, 필리핀 여자에게는 250불 등등의 가격이 매겨져 있다.

그런데 이 소녀들이 공식기구를 통하여 돈거래가 되는 것이 아니라 그 소녀를 고용한 패밀리가 전적으로 모든 관리를 담당하기 때문에 가정부들의 여권과 서류를 고용주가 쥐고 있는 것이다. 따라서 월급조차도 고용주의 변덕에 따라 보류되기도 하곤 하는 것이다. 그리고 이 외국노동자들을 보호할 수 있는 일체의 노동법이 존재하지 않는다. 이러한 제도는 무제한의 혹사와 학대를 허용한다. 가정부들의 자살이 흔치않게 보도된다. 소녀들이 가정으로부터 도망치면, 그들은 여권을 포함한 모든 서류를 상실하기 때문에, 매춘과 같은 불법노동에 종사할 수밖에 없게 된다.

레바논 가정의 고용주들이 월급을 꼬박 주었는데도 가정부가 도망쳤다고 투정하는 소리를 듣는 것은 흔치 않은 일이 아니다. 그들은 그러한 사태의 원인을 규명하여 불만과 불행에 시달리는 노동자들의 처지를 개선할 생각은 전혀 하지 않고 단지 그 자리를 새로운 가정부로 대치할 뿐이다. 그들은 소비성 상품에 불과한 것이다. 가정부조달 에이전트들은 그들의 가정부에 대해 이런 광고를 써붙이곤 한다: "신중히 선택된 메이드, 우울증에 걸리지 않음."

일인당 GDP가 1만 9천 불 정도 되는 나라, 그런데 불합리한 종교의 교리가 의식세계를 지배하는 나라, 그리고 오랜 내전으로 국가조직의 통제력이 와해된 나라, 이러한 모든 정황을 고려해보면 이러한 인간불평등의 부조리에 대하여 아무런 기준도 만들지 않고 있다는 무책임한 사실도 쉽게 이해가 간다. 우리 한국문명의 대체적인 개화의 방향이 세계문명의 기준에서 볼 때, 탁월한 정도正道를 지향해왔다는 사실도 비교론적으로 확인할 수 있다.

내가 묵고 있던 집에서 일하는 리나. 피고용인들은 반드시 가정부로 규정되는 복장을 입는 것이 통례이다. 레이시즘의 한 상징이다.

내가 머물고 있던 기독교 가정에도 이미 2년 동안 일하고 있었던, 방글라데시에서 온 19살의 소녀가 있었다. 그녀의 이름은 리나Rina였다. 리나는 방글라데시의 어느 시골 작은 마을에서 살았는데, 아주 어린 나이에 임신을 했고 임신시킨 남자는 도망가버렸다. 그런데다가 설상가상 엄마가 세상을 떴다. 그래서 리나는 자기의 애기를 언니집에 맡겼고 자신은 양육비를 벌기 위해 에이전시에 취직을 부탁한 모양이다. 에이전시는 리나가 단 한마디의 아랍어도 하지 못한다는 것을 알면서도 임의적으로 레바논에 배정했던 것이다. 리나는 호리호리한 몸매에 아주 작고 어여쁜 얼굴을 한 매우 조용한 소녀였다. 그녀는 항상 수심에 찬 표정을 하고 있었는데 내가 그녀와 감정을 소통하려고 접근하면 때때로 환한 웃음을 지었다. 그녀는 매일 새벽 일찍부터 저녁식사 후 설거지 때까지 하루종일 일했다.

그런데 나에게 그토록 잘해주는 패밀리의 엄마, 다시 말해서 리나의 보스조차도 끊임없이 그녀에게 소리를 질러댔다. 그리고 그 집안의 아이들, 이미 성년이 된 아이들이었지만, 그들도 허파가 터질 듯이 리나의 이름을 불러댔다. 벗어놓은 양말이 없어졌다든가, 자기들이 제일 좋아하는 셔츠가 사라졌다든가 하면서. 물론 리나의 처지는 레바논의 대부분의 가정부의 처지보다는 더 좋은 상태인 것으로 간주되었지만, 나는 그녀가 로보트나 집안의 부속품처럼 취급되는 모습을 그냥 바라보기만 한다는 것이 도무지 소화해내기 어려웠다.

그녀는 결사적으로 휴식이 필요할 때는 꼭 장롱 하나처럼 생긴 작은 그녀의 방으로 숨어버리곤 했다. 레바논의 가옥에는 식모방이 그렇게 코딱지만 하게 설계되어 있다. 나에게 그토록 친절하고 관대한 엄마, 나를 한가족처럼 생각해준 고마운 그 엄마도 나에게 여러 번 리나에 관해 불평을 토로했다: "우리는 리나가 여기 오기까지 모든 비용을 댔고, 매달 월급도 꼬박꼬박 주었지. 리나는 매달 언니집으로 송금을 해. 그 돈은 방글라데시에서는 큰 돈이라구. 나는 리나에게 많은 것을 가르쳐주었지. 지금은 아랍어까지 알아들을 수 있어. 그런데도 리나는 너무 멍청해! 아직도 항상 실수를 저지르고, 내가 그녀를 위해 해준 것에 대해 고마움을

리나의 얼굴은 정말 때묻지 않은 인간의 순결함을 나타내고 있다. 잘생긴 얼굴이다. 그런데 내 얼굴은 그러한 남방계 얼굴과 대차가 없다. 얼굴 덕분에 남들이 못 느끼는 레이시즘의 체험을 했다.

모른단 말이야!" 언젠가 리나가 부엌 한 귀퉁이에 쭈그리고 앉아 벽을 쳐다보고 밥을 먹고 있었다. 남들에게 시달리는 것이 싫었던 것이다. 그리고 방글라데시 집에서 먹는 것처럼 밥을 손으로 꾹꾹 눌러 입에 넣고 있었다. 그것은 그녀의 너무도 자연스러운 모습이었다.

그런데 패밀리의 엄마는 그녀를 가리키며 나에게 말하는 것이다: "저것 좀 보라구! 쟤는 개처럼 먹고 있잖아!" 문화적 관습에 대한 근원적 인식이 전혀 없는 것이다. 상대주의의 관용이야말로 보편주의의 기본원칙이라는 것을 전혀 용인하지 않는 것이다. 이러한 상황에 나는 어떻게 대처해야 할까? 나는 그 집에 존경받는 게스트였고, 주제넘게 주인의 인식체계를 교정할 수 있는 포지션에 있지도 않았다. 그저 묵묵하게 주인의 비위를 거슬리지 않는 표정을 지을 수밖에 없었다.

이 패밀리의 한 친구인 젊은 레바논 청년이 나에게 이렇게 말한 적이 있다: "리나는 참 운이 좋아! 이 패밀리는 나이스해. 리나를 때리지는 않으니까." 그 무의식적인 말인즉슨, 레바논에서 가정부에 대한 체벌이 보편적이라는 것을 암시하고 있었다. 너무도 충격을 받아 공포스러운 얼굴을 하고 있는 나에게 그 청년은 계속 말을 이었다: "레바논의 가정부 상황은 일반적으로 정말 좋지 않아! 많은 소녀들이 학대받고 있지. 예를 들면 우리집 옆의 패밀리가 얼마 전에 바캉스를 떠났어. 그런데 그들의 메이드를 음식과 물도 공급해주지 않고 방에 감금해버렸단 말야. 그래서 내가 매일 가서 창문으로 먹을 것을 공급해주었지."

그 청년의 언어는 나의 감정을 누그러뜨리는 데 아무런 도움을 주지 않았다. 내가 그 잔학무도한 장면을 직접 목도하지 않았다는 것만이 나의 위안이었다. 아무튼, 리나의 정황을 쳐다보면서 나는 내가 오랫동안 되씹지 않았던 오래 전의 감정, 내 존재의 내면에 깊숙이 숨겨져 있었던 그런 감정을 다시 불러일으켰다. 내가 영어단어를 매일매일 외우면서, 계속 다짐하고 또 다짐했던 나날들의 추억이 나를 휘감았다. 언젠가 나를 놀리고 멍청하게 만드는 아메리칸 키드들보다 내가 더 훌륭한 인물이 되고야 말리라라는 굳은 맹세가 생각난 것이다. 그때 나는 불과 13살이었다. 영어 한 단어도 알지 못하는 상태에서 캘리포니아의 오렌지카운티에 홀몸으로 왔던 것이다.

미국의 공립중학교의 아이들은 타인에 대한 배려가 전혀 없는 좀 사악한 종자들이 많았다. 그들은 내 얼굴에 대고 웃거나 심술궂은 행동을 마구 해댔다. 내가 영어를 할 줄 모르는 아시아의 소녀라는 오직 그 이유 하나 때문이었다. 나는 이모집에 머물렀는데, 나의 이종사촌의 한국계 친구들조차도 나를 매우 귀찮은 존재로 여겼다. 물론 나 자신이 세련되지 못했고, 분위기를 쉽게 파악하지 못했지만 그들은 나와 함께 어울리는 것을 아주 불쾌하게 여겼다. 나는 "FOB"라고 놀림을 당했는데, 그것은 "fresh off the boat"라는 뜻이다. 배에서 갓 내린 세상 물정을 모르는 촌놈이라는 뜻이다. 아시아계 미국아이들도 나를 "포브"라고 놀려만 댔던 것이다.

그토록 어린 나이에 아주 이방의 먼 땅에서 완벽하게 고독한 단독자로서의 삶을 살아야 했던 그 느낌을 나는 지금도 기억하고 있다. 인자하기 그지없는 이모의 배려가 있었고 또 사촌들과 같이 잘 지냈지만, 베드에 들어가기 전에 거의 매일 밤 울었던 것을 기억한다. 그래서 나의 리나에 대한 동정심, 아니 공감의 폭이 각별했다. 불과 17살의 어린 나이에 모든 사람이 경멸하는 시선으로만 바라보는 이국의 땅에, 홀몸으로 내팽개쳐진다는 것이, 얼마나 견디기 어려운 시련이었을까를 생각하면 정말 몸서리쳐지는 일이었다.

어느날, 나는 리나가 부엌에 혼자 앉아있는 것을 발견했다. 그래서 재빨리 나는 나의 랩탑컴퓨터를 가져다가 유튜브를 눌렀다. 나는 "방글라뮤직Bangla Music"을 찾아, 물항아리를 나르는 전통적 시골여인들로 분장한 가수들이 노래부르는 비디오 하나를 클릭했다. 노래가 터져나오는 순간, 나는 그 순간의 리나처럼 환희에 찬 모습을 어느 누구에게서도 느껴보질 못했다. 리나는 홍조를 띠며 흥분 속에 그 노래를 따라 부르기 시작했다. 리나는 그 노래를 완벽하게 암송하고 있었다. 그 순간

이야말로 리나가 2년만에 자기 모국에서 온 무엇인가를 처음으로 느껴볼 수 있었던 순간이었던 것이다.

리나에게는 인터넷이나 텔레비전을 보는 것이 일체 허용되질 않았다. 물론 스마트폰도 가지고 있질 못했을 뿐 아니라 어떤 종류의 셀폰도 허락되질 않았다. 주인의 입회 아래 일주일에 한번 정도 지상통신선으로 집에 전화를 걸 수 있었다. 그것도 제한된 시간범위 내에서. 뮤직비디오를 쳐다본 후에 리나는 그녀가 잘 알고 있는 또 하나의 방글라 비디오를 손가락으로 가리켰다. 그것은 일종의 코메디쇼였다. 우리가 같이 그것을 쳐다보고 있는 한참중에 문 여는 소리가 들렸다. 리나는 재빨리 컴퓨터로부터 멀어져갔고, 빨리 그것 좀 꺼달라고 손짓을 했다.

그때로부터 나는 주변에 아무도 없을 때면 리나에게 방글라 텔레비전을 틀어주었다. 물론 누가 나타나기 전에 재빨리 끌 준비를 하고 있었지만. 자연스럽게 리나는 나에게 깊은 애정을 표시하는 표정을 지었다. 2년만에 처음으로 그녀는 한 인간으로부터 아무런 격 없는 대접을 받았던 것이다. 그토록 자연스러울 수 있는 인간의 관계가 왜 그렇게 왜곡되어야만 하는지, 칼릴 지브란의 심오하고 아름다운 레토릭도 이 예언자의 고향에서 공허하게 느껴지기만 했다.

내가 리나에게 마지막 작별인사를 했을 때, 그녀의 도톰한 눈망울에는 눈물이 솟구치는 것을 목도할 수 있었다. 그녀는 나에게 숫자가 적힌 종이 한 쪽지를 건네주었다. 아마도 그것은 방글라데시 고향에 있는 자기 연락처였을 것 같다. 그러나 결국 나는 그 번호로 그녀와 연락하는데 실패했다. 국가번호도 그렇고 자릿수가 도무지 맞아떨어지지 않았다. 2년 후에 나는 그녀가 결국 가출하고 말았다는 소리를 들었다. 리나에게 무슨 일이 일어났는지 아무도 알 수가 없었다.

결국 "중동의 빠리"라는 베이루트의 추억이나 모든 기획이 나의 존재의 심연으로부터 매우 이질적인 것으로 멀어져만 갔다. 중동에서는 가장 아름답고, 가장 흥분되고, 가장 열광적이고, 가장 고상하고, 가장 음식이 맛있는 곳처럼 느껴졌던 나의 환상은 이 가정부무역의 문제로 인하여 여지없이 부서지고 말았다. 사실 이러한 현상은 알고보면 중동의 어디에서나 벌어지고 있다. 예수시절부터 "돌로 쳐죽이기" 린치가 공공연한 율법으로서 자행되고, 지금도 "명예살인"이 사회규범으로 인지되는 그런 분위기, 결국 구약적 세계관에서 아직도 못 벗어나고 있는 것이다. 그렇다고 미국인들은 그런 것이 없다고 말할 수 있을손가?

인류문명의 진보가 가야할 길은 아직도 멀다. 그러나 어찌되었든, 나의 다음 목적지 요르단에서는 나는 필리피노 하녀로 취급되는 일은 없었다. 요르단이라는 나라는 최소한 그토록 뻔뻔스러운 레이시즘이 설치는 분위기에 예속된 그런 문명의 나라는 아니었다.

레바논 지역의 위대함을 입증하는 로마유적 바알베크Baalbek. 아마도 로마시대의 가장 거대한 건축이라 해야 할 것이다. 알렉산더대왕 때 이미 헬리오폴리스Heliopolis(태양의 도시)로 규정되었고 폼페이우스, 줄리어스 시저 이래 300여 년 동안 지속적으로 보강된 건물이다.

【제8송】

요르단 베두인의 삶 속으로 들어가는 아라비아사막 길

2012년 8월 12일, 나는 암만의 퀸알리아 국제공항The Queen Alia Inter-national Airport에 도착했다. 사이드Said라 이름하는 팔레스타인계열의 요르단사람의 영접을 받았다. 나는 2011년 여름, 한국 SBS텔레비전 다큐팀과 요르단에서 작업을 했을 때 사이드를 만났다. 암만에 살면서 중동 영화학에 관한 진지한 연구를 진행하고 있었던 댄Dan이라는 이름의 젊은 미국인 풀브라이트 스칼라를 알게 되었는데, 그는 컴퓨터를 뒤지다가 나의 작품을 만나게 되었고, 나의 작품에 관한 진지한 관심을 표명했다.

그런데 그 풀브라이트 스칼라 댄이 나에게 많은 재미있는 요르단 지역의 명사들을 소개해주었는데 그 중의 한 사람이 바로 사이드였다. 내가 한 해가 지나고 다시 암만으로 왔을 때는 이미 댄은 미국으로 돌아가고 없었다. 그러나 나는 사이드와 계속 연락을 취하고 있었던 것이다. 사이드는 규모는 작지만 매우 성공적인 여행사를 운영하고 있었다. 그래서 그의 도움은 나에게는 매우 실제적인 것이었다. 그는 나에게 본격적인 여행을 떠나기 전에 자기 부모님집에 있는 빈 방에서 며칠 유숙할 수 있다는 제안까지 해주었다. 나는 기꺼이 그 제안을 받아들였다.

사이드가 말하는 바, 그는 나의 예술작업이 매우 신선하게 느껴진다는 것이다. 그 자신이 그의 스트레스로 가득찬, 반복되는 사업적 일로부터 좀 벗어나고 싶은 갈망이 있기 때문에, 얼마든지 나의 일을 돕고 싶다는 것이다. 나는 그에게 몇 주만이라도 아주 정통적인 베두인생활을 체험할 수 있는 집에서 유숙할 수 있게 해달라고 요청했다. 그는 나의 말을 듣자마자 요르단의 남부에 남아있는 베두인마을을 접선할 것을 그의 운전사비서에게 지시했다. 그리고 사막으로 내려가는 여행을 조직해주었다.

사막에서의 홈스테이를 준비하기 위해서 우리가 제일 먼저 시급히 해야할 일은 다운타운의 시장구역에 가서 나의 베두인 의상을 사는 것이었다. 암만의 다운타운은 알발라드al-Balad라고 하는 곳인데 그 유적은 BC 7000년 정도로까지 소급될 수 있는, 보기 드물게 인구가 밀집된 고대도시의 잔해인데, 비잔틴시대의 역사적 건물들도 많이 남아있다. 그곳의 상업지구에는 음식과 잡화를 파는 아웃도어 시장 점포들이 즐비하게 가득 차있는데 야릇한 중동의 분위기가 감돈다. 상점에서는 옷부터 가구, 기계설비, 전기용품, 전자상품 등등, 모든 것을 다 판다. 중동 도시들의

그랜드 알후세이니 모스크Grand Al-Husseini Mosque가 있는 암만의 다운타운.
이 모스크는 킹 압둘라King Abdullah가 1924년에 지었다.

인간미가 흐르는 특징은 항상 왁자지껄 떠든다는 것이다. 도시 밖의 마을에서 온 사람들, 그리고 중하층계급의 사람들이 모여 서로 인사하고 환호하고 소리지른다.

암만은 중동의 도시 중에서는 매우 모던하고 서구화된 곳이라서 그렇게 이슬람 문화의 내음새를 풍기지 않고 자유로운 편이다. 그런데 오히려 다운타운에서는 거의 모든 여성들이 히잡hijab("히잡"은 원래 "격절"의 뜻이다. 무슬림의 여성들이 집 밖을 나설 때 타인 남성 앞에서 얼굴과 가슴을 가린다는 뜻이다)을 쓰고 다녔고 많은 사람들이 아주 전형적인 아랍복장을 입고 있었다. 나는 사이드의 도움을 얻어서, 몇 개의 "토오브*thaub*"라 불리는 허리 아래까지 내려오는 가볍고 긴 튜닉을 샀다. 토오브는 보통 발목까지 내려오는 남성의 의상에 쓰이는 말이지만, 여성의상에도 쓰인다. 여성의상의 경우는 화려한 수가 놓여져 있다. 그리고 모든 사우디의 여자들이 입는 좀 헐렁한 무게감 있는 까만 드레스를 하나 샀는데, 이것은 "아바야Abaya"라 불리는 것이다. 이 옷들은 모두 발목까지 내려오고 또 소매도 손등까지 내려온다. 전통적으로 무슬림여인들은 팔과 다리와 머리카락을 노출시키는 것이 허용되지 않았던 것이다.

암만의 다운타운

빨간색의 튜브형 스카프가 속에 있고, 그 겉을 스카프로 자유롭게 둘렀다. 속 튜브형과 색깔을 맞추어 칼라풀한 문양을 선택한다. 그리고 뒤쪽으로 불쑥 튀어나온 모양 속에는 꽃리본이 감추어져 있다. 요즈음 요르단의 젊은 여성이 멋을 마음껏 부린 형태로 내 모습을 만들어보았다. 뒤로 요르단의 국기가 나부끼고 있다.

나는 머리용 스카프로서는 몇 개의 다른 종류를 구입하였다. 꽃무늬로 장식된 길고 얇은 스카프 몇 개와, 단순한 튜브 모양으로 생긴 것도 샀다. 튜브 모양의 스카프는 그냥 뒤집어쓰면 되니까 매우 간편하다. 그러나 아름답지는 않다. 그래서 도시를 다니는 멋쟁이들은 튜브 모양의 스카프를 먼저 뒤집어쓰고 그 위에 다시 이중으로 스카프를 휘두른다. 튜브형 스카프는 나일론이나 혼합직물로 만든, 신축성 있는 튜브캡이라서 머리카락을 잘 고정시킨다. 이 튜브캡 위에 다시 화려한 스카프를 둘러서, 바깥쪽 스카프를 핀으로 안쪽 스카프

히잡을 쓰고 토오브를 입고 있는 소박한 베두인 여자

에 고정시킨다. 그러면 스카프가 하루종일 다녀도 벗겨지거나 흐트러지지 않는다. 우리는 보통 특별한 관심이 없어 의식 못했겠지만 아랍여성의 히잡을 자세히 보면, 속과 밖의 이중 라인과 색깔로 겹쳐 있는 것을 목도할 수 있다. 히잡은 여성해방론자들에게는 제거되어야 할 그 무엇이겠지만, 실제로 그들을 편하게 만들고 아름답게 만드는 측면도 있다.

나는 내 스스로 히잡을 쓰게 되면서, 히잡을 쓰고 있는 중동의 여인들을 열심히 관찰하는 습관이 생겼다. 히잡의 다양한 스타일이 눈에 들어오기 시작하고, 또 개성있는 멋의 포인트도 알아차릴 수 있게 되었다. 재미있는 것은 요즈음의 젊은 여성들은 히잡을 패셔너블하게 만들기 위해 다양한 방식을 개발하고 있다는 것이다. 요즈음의 최신 트렌드 중의 하나는 겉 히잡 속 머리 뒤쪽에 커다란 꽃송이 형태의 리본을 달아 히잡이 머리 뒤에서 불쑥 나오는 형태로 만드는 것이다. 그것은 마치 스필버그가 만든 이·티(외계인)의 형상처럼 보인다. 중동의 젊은 여성들에게는 그 정도의 배리에이션이라도, 어떤 변화가 그리운 것이다.

그리고 나는 전통적인 남성 두루마기인 디쉬다샤*dishsasha*(앞서 말한 남성용 토오브를 디쉬다샤라고도 부른다)를 한 벌 샀다. 이것은 발목까지 내려오는 흰 천의 통옷이다.

디쉬다샤를 입은 남성들

몸빼형 바지도 같이 샀다. 그리고 머리에 쓰는 케피예*keffiyeh*도 같이 샀다. 케피예는 네모난 스카프인데 보통 순면으로 만들고 이글이글 타는 태양광과 먼지, 모래로부터 보호하기 위하여 뒤집어쓰는 것인데, 반드시 그물모양의 문양이 있다. 요르단사람들은 흰 바탕 위에 붉은 그물이 그려져 있고, 팔레스타인사람들은 흰 바탕 위에 검은 그물이 그려져 있는 것을 사용한다. 아라비아의 로렌스(영국군 대령 T. E. Lawrence, Lawrence of Arabia, 1888~1936)도 이 케피예를 쓰고 디쉬다샤를 입고 터키에 저항하는 아랍전쟁을 리드했다. 이 모든 옷들이 만만치 않은 가격이었다. 한 벌에 미국돈 30~40달러는 소요되었다. 그런데 내가 산 옷들의 대부분이 고급면이나 실크가 아니라 중국산 싸구려 합섬재료라는 것을 생각하면 결코 합리적 가격이 아니었지만, 나는 공격적인 상인들과 협상하는 데는 질 수밖에 없었다. 그들은 내가 관광객이라는 것을 알고 있었기 때문이다.

내가 체험한 이 알발라드라는 구역은 아마도 중동을 제대로 체험하기 전에 내가 전형적인 중동도시라고 상정했던 그러한 광경에 가장 가깝게 오는 모습이었을 것이다. 2011년 이전에 내가 미국의 언론매체를 통하여 인식했던 중동의 모습은 극보수적이고 분쟁으로 치달리는, 길거리에는 쌈박질을 하거나 땅바닥에 엎드려

금요일 거리에서 이루어지는 기도의 모습. 여자는 보이지 않는다. 여성은 보이지 않는 곳에서 따로 한다.

기도하는 불길한 예감이 드는 인간들로만 가득 차있는, 그러한 모습일 뿐이었다. 나는 사실 SBS 다큐를 찍기 위해 갑자기 그곳으로 불려가기 전에는 중동에 대한 진지한 관심도 없었고, 또 요르단이나 그 수도인 암만에 관해 아무런 리서치를 하지 않았다.

처음에는 긴 천을 휘감고 검은 베일로 가려진 채 걸어가는 여인들, 모스크의 미나레트*minaret*(쑥 올라온 등대 같은 건축양식)에 설치된 확성기를 통하여 계속 울려 퍼지는 므와찐*muezzin*(기도하라고 미나레트에서 외치는 특별한 목소리의 사람. 새벽, 정오, 오후 중반, 해질 때, 밤, 하루에 다섯 번 외친다)의 구성진 목소리들, 금요일 길거리에서 동시에 이루어지는 군중의 기도, 쓰레기가 여기저기 흐트러진 가운데 어지럽게 서있는 시장판매대, 사암으로 덮인 낮은 건물들이 계단식으로 층층이 자리잡고 있는 비좁은 골목광경, 이 모든 내음새는 암만에 대해 내가 가지고 있던 편견들을 구체화 시켜주는 듯 싶었다.

그러나 놀라웁게도 알발라드는 실상 암만의 매우 작은 한 부분에 지나지 않았다.

암만의 부잣집 모습

암만에 오래 머물게 됨에 따라, 나는 암만이 매우 진보적이고 모던한 문화를 소지한 도시라는 것을 깨닫게 되었다. 내가 공적 장소에서 만난 여인들의 최소한 절반은 히잡을 쓰지 않았다. 인구의 90% 이상이 무슬림이었지만 종교적 구속을 받지 않고 있는 것이다. 국제적 감각의 까페나, 레스토랑, 클럽, 빠, 그리고 세계의 유명브랜드가 다 모인 거대한 몰이 눈부시게 빛나고 있는 것이다. 암만의 많은 장소가 맨해튼이나 서구도시의 거리모습과 다를 것이 아무 것도 없었다. 그리고 풀브라이트 스칼라 댄의 도움으로 나는 암만의 탑 엘리트 클래스의 사람들을 만날 수 있었다. 전 수상의 자녀들, 대사들, 매우 부유한 비즈니스맨들을 만났는데 이들은 모두 서양에서 교육받은 사람들이었다.

호기심에 가득 찬 나는 극도로 사치스러운 암만의 최상층부의 삶의 내면을 들여다볼 기회도 많았다. 아름다운 대저택, 시골의 별장, 공식적인 대사관저 파티, 그리고 박물관의 은밀한 미팅에 초대되는 영광을 엔죠이할 수 있었다. 그런 곳에 가면 꼭 지중해 섬 안이나 연안에 있는 사치스러운 별장에 온 것 같은 착각을 느꼈는데, 암만이 완벽히 내륙지역이라는 것을 생각하면 정말 이상한 것이다. 아마도 그 저택들의 팬시한 빠들이 다양한 꽃나무로 덮인 아름다운 수영장 곁에 위치하고 있기 때문이었을 것이다. 서민들은 수돗물을 하루에 몇 시간도 제대로 공급받지 못하는 사막기후라는 것을 생각할 때 이러한 사치는 가히 충격적인 것이다.

내가 광야로 떠나기 바로 전날 밤, 나는 요르단의 가장 강력한 기독교문벌의 아름다운 대저택에서 열린 파티에 초대되었다. 나를 초대한 사람은 요르단의 문화 아이콘으로 자타가 인정하는 예술가, 건축가, 예술교육가인 알리 마헤르Ali Maher였다. 그는 요르단의 왕실영화제작소의 소장이었고, 아뜰리에 바바 예술학교Atelier Baba Art School의 창시자였고 요르단-소비에트 우호회의 리더였다. 그의 아버지 파와즈 마헤르Fawaz Maher는 요르단국군의 장성이었는

나를 초대한 알리 마헤르Ali Maher, 1958~2013.

데 요르단의 써카시안 소수민족Circassians(북서 코카서스 인종그룹으로 각지에 퍼져있는데 8백만에 이른다. 요르단에는 18만 정도 현존)의 리더였다. 알리 마헤르는 대머리에다가 거대한 몸집의 멋쟁이였는데, 말굽모양의 콧수염이 일품이었다. 그는 암만의 문화적 자산이자 대부로서 모든 사람의 존경을 받았다. 사람들은 그를 사랑하면서 애칭으로 알리 바바Ali Baba라고 불렀다. 그런데 그는 그만 2013년 6월 10일, 엄마하고 같이 아침 먹다가 심장마비로 유명을 달리하고 말았다. 나로서도 참 아쉬운 인연이었다. 이 자리를 빌어 그의 명복을 빈다.

그는 나를 보자마자 즉각적으로 나를 좋아했다. 나의 과감한 작품에 필이 꽂혔던 것이다. 그는 나를 그의 친구들에게 멋있게 소개해주었다. 그 덕분에 그들은 모두 나의 사진작품을 열광적으로 흠상했다. 중동의 엘리트 써클에 속한 그 어느 누구도 나의 작품 속에 등장하는 나의 나신裸身과 돼지를 아무런 문제가 없는 듯이 편하게 감상해주는 사람이 없었다. 알리 바바만이 예외였다. 정말 그는 문화 아이콘이라 할 만큼 해탈한 견식을 가지고 있었다. 여자의 노출된 몸과 돼지는 이슬람에서는 아주 고도로 금기시되는 것이었다.

다른 한편으로 내가 그들에게 진실로 강렬한 충격을 전한 것은 내가 사막으로 가서 베두인들과 실제로 같이 살고자 한다는 강한 나의 의지였다. 여자의 나체와 돼지에 대해서는 관용할 줄 아는 사람들이 내가 베두인과 같이 산다는 것에 대해서는 닭살이 돋는 충격을 느낀다는 것 자체가 나에게는 하나의 코메디처럼 느껴졌다. 그들은 그만큼 자기존재의 뿌리로부터 멀어졌을 뿐 아니라 문화적으로도 그만큼 서구화가 깊게 진행되었다는 것을 의미했다.

요르단 엘리트층의 많은 사람들이 그들 존재전승의 뿌리를 사막의 베두인족에 두고 있을 터이지만, 그들은 이미 예전에 사막의 삶으로부터 격리되었다. 물론 그들은 전통적 삶의 방식에 대한 존경심을 표한다. 그렇지만 그들이 말하는 베두인이란 기껏해야 이상화된 "고상한 야만족noble savages" 수준이다. 그리고 현실감있게 말하자면, 이미 고도로 세련화 된 도시거주자들은 때와 그을림으로 덮인 베두인 텐트 안에서 침대시트나 수도나 전기도 없이 단 하룻밤이라도 그곳에서 잔다는 것을 상상조차 할 수가 없다. 그들의 더러는 사막을 방문하여 하룻밤 정도 자본 경험이 있다. 그러나 그들은 인근의 호화스러운 관광용 캠프시설에서 자거나, 서구식 하이테크 캠핑도구를 가지고 와서 잔 것이다. 그들로서는 베두인 집에서 하루라도 생활할 이유가 없었다. 그리고 나처럼 그들의 삶이 객관화되기에는 베두인이 너무 가깝게 있는 것이다. 베두인들은 단지 자기들의 선조가 몇백 년 전에 살았을 그러한 삶의 방식을 지금도 고수하고 있는 가난한 깡촌 사람들일 뿐이다.

알리 바바의 친구들은 포도주를 들이키면서, 요르단 최남단의 와디 럼Wadi Rum이라 부르는 사막 한가운데서 베두인들과 3주를 같이 살 계획이라는 나의 플랜을 듣고 이구동성으로 다음과 같이 말하는 것이었다: "**왜 그렇게 너 자신에게 바보짓을 하니? 위험한데. 여기서 지내. 훨씬 안전하잖아. 우리가 다 어렌지해줄께. 우리도 아주 멋있는 시골별장들이 다 있어.**" 요르단의 친구들이 내 안전을 걱정한다는 사실이 앞으로 내가 감행해야 할 여행에 대하여 모종의 불안감을 불러일으켰다. 나는 사실 요르단 사람들에게 있어서 사막거주인과 도시거주인의 분별이 역사적으로 어떠한 수준의 것인지 잘 알지를 못했다. 그러나 상식적으로 생각컨대, 암만에 사는 고위층 부자 사람들에게 사막에 사는 베두인에 관해 물어본다는 것은, 팬시한 뉴요커들에게 웨스트 버지니아West Virginia의 깊은 산림 속에 사는 "힐빌리Hillbilly"(애팔래치아산맥, 오자르크스the Ozarks산맥에 사는 시골 백인들. 약간 비하해서 말하는 함의가 들어있다)에 관해 물어보는 것과 비슷한 얘기가 될 수 있을 것 같다. 그날 밤 내 숙소에 왔을 때, 나는 안절부절못했다. 다음날 5시간을 달려야 하는 여행을 위하여 눈을 붙이려고 노력했지만 헛수고였다.

다음날 기나긴 드라이브는 스무스하게 진행되었다. 자동차에 에어콘이 없었기에 괴롭기는 했지만 오히려 그 덕분에 나는 뜨겁고 먼지 이는 바람풍토에 익숙해져갔다. 우리의 자동차길은 요르단을 남북으로 관통하는 루트15, 데저트 하이웨이

루트15, 데저트 하이웨이의 황량한 모습.

Desert Highway라는 것이었다. 전통적으로 모세시절부터 언급되어온 킹스 하이웨이 King's Highway라는 것도 있지만, 그 길은 꼬불꼬불하며 볼 것도 많다. 데저트 하이웨이는 남단의 와디 럼Wadi Rum을 가는 데는 더 직통길이지만, 문자 그대로 하이웨이 주변은 살벌한 사막평지뿐이다. 사막이라지만 거무틱틱한 짙은 색깔의 땅 위에 지저분하게 느껴지는 모래와 조약돌뿐이라서 그냥 황량한, 아무것도 없는 빈 공간만 전개된다. 그토록 살풍경한 광경에 그나마 눈에 걸리는 것이라고는 전봇대와 고압선 철탑뿐이다. 그러나 남부로 내려갈수록 그러한 황량한 평지는 불쑥불쑥 튀어올라온 놀라웁게 매력적인 사암바위군으로 장식되고, 5천만 년 동안 그 바위돌들이 부서져 흘러내려 쌓인 부드러운 모래가 바닥을 형성하고 있다. 바닥색깔이 점점 빨갛게 변해감에 따라 내 가슴도 흥분의 도가니 속으로 빨려들어가기 시작했다. 내가 가고자 하는 이 지역이 바로 그 유명한 페트라Petra와 지질학적으로 같은 벨트의 동네라는 것을 생각하면 빨간 모래의 매력이 쉽게 연상이 될 것이다.

일 년 전에 나는 이 남부 요르단의 사막지역을 답사한 적이 있다. 그때 나는 중

남부의 사암이 보이기 시작한다.

동에 처음 왔었고 또 이 지역을 하룻밤 여행으로 잠깐 피상적으로 훑고 지나갔다. 그때 내가 기억한 것은 내가 본 광경이 이 세상의 풍경과는 너무도 다르다는 것, 장밋빛의 빠알간 모래의 바다 위에 둥둥 떠있는 거대한 통돌의 기괴한 형상들이 나바테안 왕국Nabataean Kingdom(신약성서에도 등장하는 이 지역의 왕국. BC 6세기경 성립. 아람어를 썼다)의 환상적 심볼리즘을 연출하고 있는 듯이 보였다. 나는 그때 지리에 대한 정확한 감각이 없었다. 그때 내가 본 것은 사실 와디 럼 보호구역(국립공원과 비슷한 개념: 생태보존을 위해 건축이 허락되지 않는다. 2km 폭에 남북으로 130km 뻗어있다) 내에 있는 것도 아니었다. 와디 럼 보호구역 내로 들어와봐야 진정으로 장엄하고 숭고한 아름다운 광경을 목도할 수 있다.

데저트 하이웨이를 벗어나 동쪽으로 아무 길표시도 없는 사막길로 접어들었을 때, 나는 갑자기 긴장감에서 오는 공포심을 느끼기 시작했다. 자기가 저질러놓은 일이지만 베두인 토착민들과 혼자서 살러 간다는 것이 좀 가슴 떨리는 일이 아닐 수 없었다. 나는 이미 뚜아렉사람들과 또 몽골의 유목민들과 별 문제 없이 지낸

보호구역 내의 장엄한 광경

경험을 지니고 있지만 이번에는 좀 상황이 달랐다. 뚜아렉사람들도 그 근본뿌리가 이슬람이 아니었고, 몽골사람들은 제도화된 종교와 무관하게 사는, 우리와 같은 토착문화를 가진 사람들이었다. 그러나 사이드나 그 친구들이 경고한 바대로 베두인은 매우 종교적이고 극보수적인 전통을 지녔으며 특히 이 와디 럼 지역의 사람들은 자기들을 선지자 모하메드의 정통핏줄이라고 생각한다는 것이다. 그러니 신경이 곤두서지 않을 수 없다. 나는 미국의 언론매체들에 의하여 내 머릿속에 주입된 스테레오타입화 된 관념들을 지워버릴 수가 없었다.

그러나 실상 베두인들은, 내가 단순히 외국사람이라는 이유로, 혹은 나체로 사진을 찍거나 돼지 수천 마리와 함께 산다든가 하는 등등의 반종교적인, 신성모독의 행위를 한다고 나를 붙잡아 목을 베는 그러한 극단적 이슬람주의자들과는 전혀 다른, 평화로운 삶을 사는 생활인이라는 사실을 나는 정확히 이해하지 못하고 있었다. 지금 생각해보면 내가 얼마나 어리석었는지, 그들의 의상 하나 마련하는 것 외로는 그들의 문화에 대한 아무런 지식도 없이 그들과 무턱대고 같이 살아보겠다고 한 발상이 얼마나 무모한 짓이었는지 한숨만 나온다. 그러나 내가 한 인간으로서, 한 몸으로서 그들의 삶에 부닥쳐보지 않고서 어떻게 베두인을 알 수 있겠는가? 방법이 어떠했든지간에 나의 모험은 정당한 것이었다. 바로 그 나라에 사는 사람들도 그들에 대한 피상적 견해밖에는 갖고 있질 못했다.

내가 처음 들른 곳은 베두인 대가족이 함께, 전통적 방식으로 살고 있는 한 캠프였다. 전통적 방식이란 우선 천막 속에 산다는 뜻이다. 그리고 염소나 당나귀, 개, 닭, 낙타 등의 다양한 가축과 함께 산다는 뜻이다. 트레이닝 바지에 티셔츠를 입은 그 가족의 가장이 먼저 나와 우리를 영접한다. 그리고 그의 어머니가 차를 준비했다. 차는 모든 사막문화에 공통된 주요문화였다. 사이드가 그곳 가정에 머물면서 그들의 삶의 방식을 배우고 싶어 한다고 설명을 하자, 그 남자는 미소를 지었다. 그리고 그의 엄마가, 흥분 속에 동방인이라는 색다른 요소에 관심을 표명하고 있는 중년의 여성을 불렀다. 이 여성들은 우선 낯선 이방인 남자가 왔는데도

와디 럼의 풍경

숨거나 얼굴을 가리거나 하질 않았다. 그리고 자기들끼리 막 떠들어댔다. 추측컨대 그 내용인즉, 자기들이 나를 베두인 여자로 만들어주겠다고, 자기들 하는 것을 다 가르쳐줄 수 있다고 호감을 보이는 것이었다. 아이들도 수줍음을 탔고 호기심에 충만하여 내 주변을 빙빙 돌면서 웃고 쳐다보곤 했다. 참 명랑한 분위기였다. 나는 곧 결정을 내려야 할 순간에 처해졌다.

그들은 우호적이었고, 삶의 방식도 전통적이었고, 중요한 것은 낙타들을 소유하고 있었다는 사실이었다. 나의 사막여행 그 자체가 낙타에 대한 호기심에서 출발한 것이다. 그런데도 나는 낙타와 더불어 살아보지는 못했다. 이 집에 살면 낙타를 직접 만지고 느껴볼 수 있는 리얼한 체험의 기회가 주어질 것 같았다. 정말 좋은 기회였다. 그러나 내가 그곳에 앉아 작은 컵에 담긴 차를 마시고 있는 동안 주변을 자세히 살펴보았는데 거슬리는 것이 하나 있었다. 자동차가 하이웨이를 쌩쌩 지나가는 모습이 포착되는 것이다. 그것은 마치 아름다운 교향곡을 연주하고 있는데 한 악기주자가 전혀 다른 음을 내는 것과도 같았다. 그 삑사리 하나가 나의 체험의 전체 교향곡을 망쳐놓는 것과도 같았다. 나는 한동안 신중히 고려하다가 어렵게 사이드와 그의 운전사에게 말했다: **"베두인하고 살려고 왔는데 하이웨이 옆에 살 순 없잖아! 나는 명상하러 왔어. 소음으로부터 멀어지고 싶다구."**

다음으로 우리는 드라이버가 아는 다른 동네의 사람에게 갔다. 차를 몰고 가서 한 집 문앞에 파킹을 했다. 그 집은 아주 단순한 단층의 사각형집이었는데, 세멘벽돌과 세멘트로 지은 집이었다. 전통적 의상을 입은 남자가 우리를 영접하고 방 안으로 안내했다. 모든 사람들은 신발을 벗어 문밖에 두고 안으로 들어가야 했다. 전형적인 베두인집 구조는 정문을 열면 네모난 큰 거실이 나타난다. 거실에는 기다란 바닥 쿠션들이 깔려있고 그 옆에 기댈 수 있는 큰 딱딱한 베개가 놓여있다. 우리나라의 보료 같은 것을 연상하면 족할 것이다. 그리고 이 정문의 거실은 그 뒷켠에 있는 살림채와 문 하나만 있는 벽으로 격절되어 있다. 손님이 당도하면 그 문은 굳게 닫혀있다. 그 문을 열고 들어가면 거기에는 부엌과 침실들이 여러 개

있는데, 이 구역에는 아주 가까운 친인척과 여성손님만이 들어갈 수 있다. 변소는 내실 사람들을 위한 것이 하나 안에 있고, 집밖에 손님들을 위한 것이 하나 더 있다. 이러한 디자인은 조선왕조의 가옥구조에 남자구역과 여자구역이 나누어져 있는 것과도 비슷하다. 하여튼 이러한 디자인에서는 여성들이 바깥손님들 눈에 띄지 않게 편안히 있을 수 있다. 그런데 실상 나는 바깥쪽 거실에 있었지만 그곳에 있었던 유일한 여성이었기 때문에, 실상 내실에 있는 안사람들처럼 보이지도 않았고 존재감이 없었다.

사이드가 말하기를, 모든 비즈니스는 남자들끼리 먼저 얘기를 해야한다는 것이다. 그리고 베두인을 다루는 방식은 또 그들의 허세에 좀 맞춰주어야 한다는 것이다. 나는 전 시간 동안 한 코너에 앉아 세 남자가 시시콜콜 떠들도록 내버려두었다. 사이드의 운전사는 이름을 아부 칼리드Abu Khalid라고 했는데, 그것은 "칼리드의 아버지"라는 뜻이다. 그러니까 그의 첫째 아들이 칼리드라는 것을 알 수 있다. 남성선호의 혈통주의문화를 살펴볼 수도 있다. 아부 칼리드는 연락책이었고, 실제로 거사를 도모하는 것은 사이드였다. 그 베두인 남자는 그들을 만나 즐거운 듯했다. 그리고 크게 떠들었다.

나는 그들이 뭘 말하고 있는지 정확히 알 수는 없었지만, 나는 확신할 수가 있었다. 처음 20분 정도는 내가 왜 이곳에 왔는지에 관한 본론은 전혀 포함되지 않았다는 것이다. 본론에 들어가기 전에 반드시 이러쿵저러쿵 오가는 허세의 이야기들이 있어야만 하는 것이다. 그 폼잡음 속에는 테스토스테론의 호르몬 내음새가 흘렀다. 마초가 좀 과시되어야 하는 것이다. 그들이 얘기하는 것은 실상 아주 사소한 일상적 소재일 것이다. 그들의 가족상황이 어떠하다든가, 연줄이 어떻게 된다든가, 무슨 뉴스가 있다든가, 자동차에 무슨 고장이 났다든가 하는 등등의 이야기! 사이드는 이 남자를 생전 처음 만났기 때문에, 비즈니스나 구체적 이슈로 막바로 진입하는 것은 이들 문화에 있어서는 결례에 속한다는 것을 잘 알고 있었던 것이다. 허세를 피우면서 정이 통해야만 본론에 기름이 흐르는 것이다.

와디 럼에서 뛰는 필자. 모든 공포를 떨치고 힘차게 모험을 감행하자!

한 시간 넘도록 달콤한 차를 마시면서 그들의 담론을 지켜보고 있었다. 그리고 드디어 다같이 일어섰다. 그 남자의 매제의 집으로 간다는 것이다. 자기 여동생의 남편이 내가 원하는 것을 제공해줄 수 있는 사람이라는 것이다. 매제가 살고 있는 다른 동네까지 가는 데 자동차로 20분이 소요되었다. 우리는 마치 고속도로휴게소 같이 보이는 어느 구역을 통과했다. 나중에 알게 되었지만 그곳은 방문객정보센터였고, 720㎞^{2}에 이르는 와디 럼의 광야를 포섭하는 보호구역의 입장개찰구이기도 했다(이때는 밤이라서 사람이 없었지만 관광객들은 입장료를 내야만 한다. 정부가 이들 베두인들을 컨트롤하기 위해 땅을 주고 집을 주고 전기를 공짜로 공급해준다).

우리가 이 지역에 있는 단 하나의 마을에 도착했을 때는 벌써 어두웠고, 길거리에는 가로등도 없었다. 그 매제는 젊은 남성인데 내 나이쯤 되어 보였다. 이름을 아우데Aude라고 했다. 매제는 우리를 낡은 사륜구동 짚차로 갈아 태웠다. 내가 사이드에게 여기서 또다시 더 깊은 사막으로 들어가는 거냐고 물어보았을 때, **"예스,**

나의 엄마가 사막 깊은 곳에 살아요"라는 소리가 들렸다. 나의 질문에 대답한 것은 매제 아우데였다. 놀라운 발견이었다. 아우데는 영어를 이해하고 말할 수 있는 능력이 있었던 것이다. 그리고 그는 매우 유쾌하고 친절했다.

그것은 5분도 채 안 걸리는 짧은 드라이브였지만, 잊기 어려운 추억이었다. 그것은 한밤중에 길없는 사막을 자동차로 달리는 첫 경험이었기에. 별이 쏟아졌다. 앞으로 수없이 경험해야 할 드라이브의 첫 경험이었다. 그리고 또다시 나는 불안에 떨기 시작했다. 덜컥덜컥 흔들리는 차 속에서 헤드라이트가 모래바닥 위에 난 타이어트랙을 밝힐 때 나는 그 불빛에만 집중하고 있었다.

우리가 그 엄마 캠프에 도착했을 때 검은 천으로 휘감은 어떤 여성이 휙 지나가는 것을 느꼈다. 우리가 차에서 내리자마자 그 여성은 텐트 속으로 사라졌다. 그들의 엄마는 전통적인 텐트생활을 고집하고 있었다. 아우데는 우리를 불 곁에 둘러앉아 있는 그의 가족에게 데려갔다. 거기에는 늙은 엄마와 중년의 남성과 어린아이가 있었다. 늙은 엄마는 우리가 그곳에 앉자 차를 대접했다. 사이드는 그 옆의 중년남성에게 말을 걸었다. 그의 이름은 아흐마드Ahmad였다. 그는 아우데의 형이었다. 그러나 상냥한 아우데와는 달리, 형은 매우 근엄하고 위협적인 표정을 짓고 있었다. 사이드가 이야기하고 있을 동안, 나는 검은 긴소매 셔츠와 요가팬츠를 입고 편안히 조용히 앉아 있었다. 아흐마드는 매우 강렬하게 집중해서 듣고 있었는데, 그의 얼굴은 푹 파인 찡그린 주름 속에 꽉 잠겨있었다.

와디 럼 보호구역 안에 있는 마을

【제9송】

와디 럼과 아라비아의 로렌스, 그 역사와 전설

아흐마드의 무서운 표정은 중동에서 일어나는 전쟁에 참여하는 전사들의 험악한 얼굴, 또는 명예살인을 저질렀기 때문에 미디어에 등장하는 아주 전형적인 중동남자의 이미지를 연상시켰다. 그가 아주 짙은 아라빅 악센트를 섞어가면서 나에게 영어로 심문하듯 말걸기 시작했을 때 내 심장은 펑펑 뛰기 시작했다.

그의 얼굴에 새겨진 각박한 표정들은 변함이 없이 타오르는 장작불에 비쳐 짙은 색조로 나에게 다가왔다: "**당신 이름이 무엇이오? 대학생이오? 여기서 무엇할려고 하시오? 얼마동안 유숙할 생각이오? 베두인 옷들은 가지고 계시오?**"

나는 이런 질문에 대해 침착하게 하나 하나씩 다 대답해나갔다. 나의 이름은 누라 Noora였고, 대학생이었으며, 베두인과 더불어 3주를 살면서 그 문화를 몸소 체험해 보고 배우고 싶다. 헤드스카프를 포함하여 모든 전통의상을 갖추고 있다 등등. 사이드는 이런 상황에 대비하여 미리 나에게 현명한 대처방식을 가르쳐 주었던 것이다.

나는 베두인 이름을 가져야 한다, 그리고 베두인가족들을 편하게 해주기 위해서는 그냥 대학생이라고 말하는 것이 좋다. 내가 성인이고 무슨 미디어에서 왔다고 의심하게 되면, 내가 카메라를 사용하는 것을 전혀 허락치 않을 것이다. 그들의 전통문화 감각으로는 여인들은 사진찍히거나 동영상에 나타나서 공중에 드러

와디 럼 내에 있는 "읍내"와 같은 마을. 이 마을은 보호구역내에 유일한 것이다.

나는 것이 금지되어있기 때문이다. 그렇지 않아도 나는 아흐마드의 인상이 하두 험궂었기 때문에 내 이름을 "누라"라고 해야할 충분한 이유를 가지고 있었다. 가명을 쓰지 않고 실명을 썼다가는 그들은 온라인상으로 나의 작품들을 매우 손쉽게 접근할 수 있을 것이다.

여기도 관광사업이 발달해서 베두인들도 활발하게 인터넷을 사용하고 있는 것이다. 우연히 내 실명을 한번 눌렀다가는 내가 발가벗고 돼지들과 뒹구는 모습을 쉽게 발견할 수 있을 것이다. 그것은 어차피 시간의 문제일 뿐이었다. 그럼 무슨 일이 벌어질지 나는 생각하기도 싫었다. 내가 다른 사막에서 사진작업을 위하여 나의 작품성격을 공개했던 것과는 달리, 요르단 사막에서는 나의 작품에 관한 정보를 모두 차단시킬려고 애썼다. 나의 작품은 극비에 부쳐졌던 것이다. 로칼 베두인들과 가능하면 오랜 시간동안 살고 싶었기 때문이었다. 그런데 그때만 해도 그 기간이 1년이상에 이르게 되리라고는 꿈도 꾸질 못했다. 하여튼 나의 전통베두인과의 공생共生은 이렇게 시작되었던 것이다.

아흐마드의 심문이 끝났을 때, 나는 나의 질문을 던지기 시작했다. 나는 기실 한가지 질문밖에는 더 물어볼 것이 없었다: "**낙타를 키우십니까?**" 아흐마드는 자기 엄마가 직접 낙타를 키우지는 않지만 주변에 낙타가 많이 있다고 말했을 때, 그는 그의 어조를 좀 부드럽게 낮추었다. 그러한 톤은 나에게 모종의 안도감을 주었다. 나는 나중에야 알게 되었지만, 다른 베두인들도 아흐마드를 항상 투덜거리는 심술꾼으로 취급한다고 했다. 그는 기분이 좋을 때도 마치 성난 것처럼 말한다는 것이다. 그리고 놀랄만한 일은 그가 실제로는 내 나이 또래 밖에는 되지 않는다는 사실이었다. 그는 나보다 최소한 스무살은 더 먹어보였다. 그의 벗겨진 민머리와 깊은 주름살들은 아마도 유전성과 사막의 태양과 그의 스트레스 도수의 복합원인으로

내가 유숙한 움 아흐마드의 집 전경. 흰 텐트 속에서 엄마와 딸이 잔다. 나는 장작불 앞 야외에서 스폰지 매트리스를 깔고 두꺼운 이불을 덮고 잤다.

발생했을 것이다. 나는 주변에 낙타들이 있다는 것을 확인하고, 또 시야에 하이웨이가 보이지 않는 것을 확인하고 난 후, 사이드에게 나는 이곳에 머물겠다고 말했다. 그 시점에서는 나는 선택의 여지를 가지고 있질 않았다. 사이드는 깊은 연고도 없는 이방인인 나를 위해 이미 너무도 많은 친절을 베풀었던 것이다: "행운을 빌어! 나의 친구여! 정말 너는 너의 예술에 미친 사람이야!" 아부 칼리드와 아우데와 함께 빌리지로 돌아가기 전에, 사이드가 나의 귓전에 속삭였던 말이다.

그들이 모두 떠나자, 작고 어린 여자가 텐트 밖으로 나타났다. 그녀가 바로 우리가 도착했을 때 텐트 속으로 휙 자태를 감춘 바로 그 여인이었다. 그녀는 매우 어려보였다. 그녀는 캠프파이어 건너편에 나를 마주보고 앉았다. 그리고 아무 말없이 두 눈을 크게 뜨고 나를 꿰뚫듯이 쳐다보고 있었다. 어색한 침묵의 시간이 늘어지자, 나는 어떻게든 이 침묵에서 벗어나고 싶었다. 그래서 나는 그녀에게 아주 털이 많이 난 몽골리안 쌍봉낙타 사진을 보여주기로 했다. 나의 작전은 순간 재치있는 힛트였다. 흥분속에서 그녀는 나의 아이폰을 그녀의 얼굴 가까이 가지고 갔다. 세밀하게 관찰하고 밝은 웃음을 띄우며 엄마를 와서 보라고 힘차게 불렀다. 그녀가 일찍이 본 적이 없는 이상하게 보이는 쌍봉의 자말jamal("카멜"의 아랍어)은 하나의 경이였던 것이다.

나는 더 많은 사진들을 보여주면서 그 여인과 소통하려고 노력했다. 그녀는 "예스"나 "유 슬립you sleep"과 같은 몇개의 단어를 말했다. 그래서 나는 그녀가 영어를 좀 알아들을 수 있다고 생각했다. 나는 나를 소개했다. 나는 여행을 많이 하는 사람이고, 뉴욕에서 왔다 등등. 그녀는 고개를 끄떡이며 "우후, 우후"라는 소리를 반복했다. 내 말을 알아듣는 듯했다. 그러나 내가 무슨 말을 해도 그녀는 똑같은 반응을 되풀이했다. 한참 후에 나는 그녀가 나의 말을 단 한마디도 알아듣지 못한다는 것을 알게 되었다. 실제로 "유 슬립," 이 한마디가 그녀가 아는 유일한 영어 문장이었다. 덕분에 취침시간이 되었을 때는 그 한마디라도 도움이 되었다. 그녀의 엄마는 두꺼운 담요 한장과 벼개를 가지고 왔다. 나는 텐트 밖 불옆에 기다란 스폰지 쿠션요를 깔고, 그 위에 담요와 벼개를 놓았다. 그리고 옷입은 채로 거적때기 밑으로 기어들어갔다.

나는 완벽한 정적靜寂과 부동不動의 사막공기를 들이키며 눈을 빼꼼 내놓고 별들이 쏟아지는 밤하늘을 쳐다보고 있었다. 나는 순간 우주공간에 극미한 무중력상태의 한 점으로 부웅 떠있게 되었다. 내가 두 눈을 뜰 때마다, 수천억개의 별들을 볼 때마다, 나의 몸은 무한소無限小의 질점으로 끝없이 끝없이 빨려들어간다. 무한소의 질점속에서 존재가 무존재로 화해버린다. 그런데 그때의 느낌은 순결한 공포였다. 내가 난생처음 깊은 바다로 뛰어들었을 때 느꼈던 체험과 매우 유사한 공포였다. 머리를 물속에 파묻고 거대한 대양의 심연을 들여다 보았을 때 광막한 미지, 오싹한 고독속에 홀몸으로 버려지고 있다는 그 공포감은 감내하기 어려운 것이었다. 그런 느낌의 연상속에서 요르단 사막에서의 첫날 밤은 눈을 뜨지 않으려고 노력했다. 거대한 바다속의 폭풍처럼 우주공간을 감싸고 있는 은하수의 어지러운 광경을 나의 극소한 존재감으로써는 감내하기 어려웠다. 실제로 사막에서 고고하게 야영해보지 않은 사람들은 이 느낌을 공유하기 어려울 것이다.

나는 아침 8시경 타는 나무냄새 때문에 눈을 떴다. 너무도 신선한 아침 공기가 벌써 태양에 달구어지고 있었다. 움 아흐마드Um Ahmad—아흐마드의 엄마라는 뜻—는 불을 만들고 있었다. 나는 우선 내가 가져온 인스탄트 커피를 한잔 타마시고는 곧바로 작업에 착수했다. 히잡을 단정히 고쳐쓰고, 카메라장비들을 챙기고, 움 아흐마드가 염소들을 몰이하는 광경을 동영상에 담기 시작했다. 9시경, 염소들은 목초를 먹기위해 우리에서 풀려났다. 황량한 사막에 뭐가 먹을게 있냐고 반문하겠지만, 실상 자세히 보면 가축들이 먹을 수 있는 작은 관목들이 여기저기 널려있다. 그리고 바위산 언덕에는 더 많은 식물들이 살고 있다. 특별히 식수원이 있는 근처에는 식물이 꽤 많이 있다. 태양이 작열하기 시작하면 염소들은 사막에 외롭게 서있는 아카시아나무 밑으로 간다. 아카시아나무는 보통 한 그루가 사막 한가운데 장엄하게 서있게 마련인데, 그 그늘이 25마리 정도의 염소들을 거둘만하다. 염소들은 아카시아나무로부터 떨어진 꽃과 잎파리들을 먹는다.

고고하게 서있는 아카시아나무. 사막에서 보기 어려운 교목이다. 그 아래 나와 아흐마드의 엄마가 서있고 염소가 아카시아에서 떨어진 것을 주워 먹는다.

"아카시아나무"라고 하면 한국산하에 너무 흔해서 좀 의아하게 생각하겠지만 사막의 아카시아나무는 매우 특별한 종자인데 잎새모양이나 가시나 꽃이나 열매가 모두 우리가 알고 있는 아카시아와 비슷하게는 생겼지만 아주 단단하게 수분이 증발안되는 형태로 외피가 발달해있다. 우리 아카시아와는 달리 매우 고귀한 느낌이 드는 단단한 재질의 나무인데 「출애굽기」 26장~27장에 보면 유대인의 성막이나 제단이 모두 이 아카시아나무로 만들어진다는 것을 알 수 있다. 성서의 문구들도 실제로 와서 봐야 그 의미가 생생하게 느껴진다.

아카시아나무 아래서 얼마동안 염소떼를 쉬게하고 멕이고 난 후, 움 아흐마드는 일어나서 그들을 몰고 딴 곳으로 갔다. 나는 그들을 따라가지 않고, 이곳에 머물면서 바위도 올라가보고 수원지도 조사해보고 전체광경도 조망해보았다. 아카시아나무에서 멀지 않은 곳, 거대한 돌산의 바닥 지평선 주변에 동물들을 위하여 시멘트와 돌로 지어진 기다란 물구유가 있었다. 그 바로 옆에 큰 텐트가 있고 그 속에서는 베두인들이 관광객들에게 기념품을 팔고 있었다. 그 물은 언덕 상부에 있는 샘에 고무호스를 박아 공급되고 있었다. 샘이 있는 언덕 상부까지는 걸어서 10분은 올라가야 하는 거리였다. 의문이 드는 사실은 샘이라면 낮은 곳에 있어야 하는데 왜 높은 곳에 있는가 하는 것에 관한 질문이다. 그곳을 올려다보니 그 샘이 있는 주변으로 수평선을 따라 녹지가 형성되고 나무들이 자라고 있었다. 참으로 기적같은 일이었다. 녹지가 형성된 수평선은 붉은 사암의 거대한 절벽이 그 아래의 화강암의 지반과 만나는, 그러니까 두 개의 다른 질의 암반이 만나는 곳이었던 것이다.

낙타들이 물마시는 곳.

아래 돌 기초는 나바테안 신전의 유적이다. 그 위로 사암과 화강암이 만나는 수평선을 따라 식물들이 자라고 있는 것을 볼 수 있다.

사막이라고는 하지만 어느 사막이든지 강우량이 제로인 곳은 없다. 이곳은 겨울철에는 여러 차례에 걸쳐 비가 내린다. 그런데 비가 내릴 적에는 아주 폭우가 쏟아진다. 모든 사막에는 빗물의 흐름이 그려져 있다. 그런데 사암은 놀라웁게 물을 잘 흡수한다. 사암이 기괴한 형태들을 하고 있는 것도 물흡수작용과 관련이 있다. 빗물은 사암이 흡수하여 속으로 속으로 내려 보내는데, 그 물이 화강암층을 만나면 더이상 투과를 하지 못하고 그 이질적 경계에서 수조를 형성하게 되는데, 그것이 압박을 받으

샘의 모습. 실제로 물은 땅속에 숨어 있어 겉으로 보이지는 않는다. 옆에 있는 무화과나무의 존재로써 수원지임을 알 수 있다. 나무 밑에 염소 몇마리가 있고, 오른쪽 가장자리에 고무호스가 있는 것을 확인할 수 있다.

샘이 있는 곳에서 내려다 보는 광경. 아카시아나무가 보인다.

면서 물이 용출하여 엣지edge부분에 작은 샘을 형성하게 된다.

이 샘이야말로 베두인족이 사막에 살 수 있는 생명의 원천이 된다. 일년 내내 끊이지 않고 충분한 물이 흐른다. 작열하는 태양아래 맑은 물이 졸졸 흐르는 것을 보면 물의 고귀함과 생명의 고귀함을 동시에 느끼게 한다. 이 물로써 동물을 사육할 수 있고, 그 지역에 사는 패밀리들이 생존할 수가 있다. 이 샘은 사막에서 극히 제한된 몇 지역에만 있고, 베두인들은 그 샘들을 중심으로 공동체를 형성했던 것이다. 와디 럼Wadi Rum 마을이라는 것도 이 수원지를 중심으로 형성되었던 것인데, 지금은 인구가 늘어나고 물소비량이 많아 외부에서 수조트럭으로 실어나른다.

질질 끌리는 긴 토오브를 입고 고무쓰레빠를 신고 난생처음 화강암바위산을 올라가는 것은 결코 쉬운 일이 아니었다. 밑에 있는 사람들의 시선을 벗어나자 나는 긴 치마를 무릎 위까지 걷어 올리고 걸었다. 여자가 속살을 드러내는 것은 매우 불경스러운 것이다. 머리에 쓴 히잡도 사막의 열기속에서 보통 불편한 것이 아니었다. 샘 옆에 자라고 있는 무화과나무가 하이킹 후에 헐떡거리는 나에게 안식의 그늘을 제공한다. 그토록 건조하고 화성표면같이 보이는 랜스케이프 속에서 바위사이에서 자라나는 푸른 나무 밑에서 휴식을 취하고 있다는 사실이 한 폭의 써리알리즘 그

자발 카잘리. 아침 해가 뜬 후 자동셔터로 찍었다.

림과도 같았다. 물이 생명을 창조하는 힘은, 사막에서처럼 극적으로 느끼기가 어렵다. 동방인들이 말하는 수화론水火論의 한 전형적 시스템을 느끼게 하는 것이다.

나는 한 바위에 걸터앉아 와디 럼에서 가장 인상적인 장대한 바위산의 완벽한 시야를 확보하고 그 아름다움을 예찬하고 있었다. 이 바위산의 이름은 자발 카잘리Jabal Khazali였는데 로칼의 전설에 의하면 카잘Khazal이라는 도망자의 이름을 딴 것이라 한다. 카잘은 이 산 꼭대기에까지 몰렸는데 그 꼭대기에서 뛰어내려 기적적으로 몸하나 안다치고 언덕을 떠내려가듯이 추격자들을 따돌렸다고 한다. 성공적인 도망자가 영웅시되는 민담속에는, 얼마나 억울하게 휘몰린 사람들이 많았나 하는 것이 암시되고 있다. 이 거대한 바위덩어리의 기괴한 형태는 너무 위압적으로 돌출해 있어서 금방 갈 수 있는 것 같은 착각을 주지만, 내가 서있는 곳으로부터 그 산까지 갈려면 최소한 2시간은 걸어가야 한다.

"아~ 광대하다, 울림이 있다. 신적이다!Vast, echoing, and God-like!" 이것은 영국군 장교 토마스 에드와드 로렌스Thomas Edward Lawrence, 1888~1935가 이 광경을 바라보면서 외친 세마디로서 역사에 새겨져 있다. 로렌스는 오스만제국에 항거한 아랍 반란The Arab Revolt기간 동안에(1916~1918) 와디 럼을 수차례 방문했고, 이곳을 특

"지혜의 일곱기둥" 바위산

별히 사랑했다고 한다. 원주민들은 여기 저기에 로렌스가 살았다고 말한다. 많은 지명이 로렌스의 이름을 따고 있다. 그러나 실제로 이러한 작명은 대부분 관광목적으로 날조된 것이다. 와디 럼에서 찍은 그의 혁명적 투쟁을 주제로 다룬 영화, 『아라비아의 로렌스*Lawrence of Arabia*』(감독, 데이비드 린David Lean)가 1962년 12월에 방영되고, 1980년대 요르단관광이 붐을 일으키자 아라비아의 로렌스라는 역사적 인물은 전설이 되어 갔고, 외국관광객을 끌어들이기 위한 브랜드 전략이 되어갔다.

예를 들면, 방문객센터의 정맞은 편에 하늘로 치솟는 기둥들의 모음같이 보이는 거대한 바위산이 있다. 언뜻 보아도 5개의 기둥이 역력히 보이고 가생이로 2개가 더 보인다. 관광가이드들이나 지역주민들은 그것을 주저없이 "지혜의 일곱기둥

Seven Pillars of Wisdom"이라고 부른다. 그것은 곧바로 로렌스의 그 유명한 자서전적 저술의 제목이 되는 것이다. 마치 그 자서전의 작명이 이 와디 럼의 바위산에서 유래된 것 같은 인상을 준다. 그러나 기실, 로렌스는 이 바위산을 언급한 적이 없다. 그의 책의 제목은 원래 옥스퍼드에서 고전학과 고고학, 중동학을 전공한 학자로서 1차세계대전 이전에 중동의 7개의 도시에 관한 책을 쓰려고 했던 발상에서 시작된 이름이었다. 그리고 그 이름 자체는 「잠언」 9장 1절에서 온 것이다:
"지혜가 일곱 기둥을 세워 제 집을 짓고 소를 잡고 술을 따라 손수 잔치를 베푼다."

슬프게도 내가 서있는 해맑은 수원지도 관광코스로 지정되었고 "로렌스 스프링"이라는 이름이 붙었다. 로렌스가 거기서 목욕을 한 적이 있다는 것이다. 그러나 그가 그의 자서전에서 언급한 샘은 마을에 가까이 있는 다른 샘이었다. 로렌스는 그의 이름이 붙은 이 샘을 한번도 방문한 적이 없었을 것이다. 나는 이 샘을 아인 아부 아이네Ain Abu Aineh라는 원래의 이름대로 부르고 싶다. 그것은 "아이네의 아버지의 샘"이라는 뜻이다. 전통속에서는 샘의 주인은 권력자였다. 사막에 관광지로 지정되어 있는 "로렌스 하우스"라는 것도 마찬가지의 가짜 작명의 한 예이다. 그것은 실제로 나바테안 왕국의 사람들에 의하여 지어진 유적일 뿐인데, 로렌스가 거주한 저택이라고 뻥을 치는 것이다. 로렌스가 오토바이사고로 죽었을 때 그의 장례식에 참여한 윈스턴 처칠은 이와 같은 말을 남기었다: "로렌스 같은 인간유형을 우리는 다시 볼 수 없을 것입니다. 그의 이름은 역사속에 살겠지요. 그는 전쟁사의 페이지에 살아있을 것입니다. 그리고 아라비아의 전설속에 살겠지요."

내가 텐트로 돌아왔을 때, 아우데의 여동생 이만Iman과 엄마가 텐트 안의 부엌 있는 곳에 앉아 있었다. 그들은 두 개의 큰 비닐 봉지를 열고 있었는데 그 안에는 뭔가 가득 들어있었다. 한 통속에는 작고 동그랗고 이스트로 부풀어오른 딱딱한 빵이 들어 있었다. 그들은 그것을 "쿠브즈*khubz*"라고 부르는데 서구인들이 보통 "피타 브레드pita bread"라고 하는 것과 비슷하다. 부풀어 속이 비었기 때문에 갈라서 무엇을 넣어 먹을 수 있다. 다른 한 통에는 "사즈*saj*"라 불리는 다른 종류의 빵이 들어 있었다. 그것은 지역에서 만드는 것으로 효모가 들어가 있지 않고 밀가루 반죽만을 눌러 얇게 편것이다. 인도의 "난"보다도 더 얇게 한 겹으로 솥뚜껑 같은 철판에 펴서 구운 것이다. 밀가루는 베두인 다이어트의 주요부분을 차지한다. 쿠브즈는 매일 소비되는

사즈 빵을 꺼내주는 움 아흐마드

데, 엄청난 양이 매일 빵굽는 큰 기계시설이 있는 타 도시로부터 이 마을로 공급되는 것이다. 요르단의 빵은 국가에서 보조금이 지급되어 가격변동이 없다. 밀가루는 여러나라에서 오겠지만, 주로 루마니아와 러시아로부터 수입되고 있다. 나에게는 큰 조각의 사즈(얇고 납작한 호떡)와 공장에서 만든 은박지로 싼 V자형 쐐기 모양의 치즈가 점심으로 대접되었다. 치즈는 사우디아라비아 산인데 그렇게 공장제품화된 치즈를 지역사람들이 먹는다는 사실이 나에게는 좀 가슴아픈 일이었다.

언덕 위에서 내려다 본 나의 생활권 전경. 내가 앉아 있는 곳 정면에는 자발 카잘리가 있고 가장 오른쪽에 있는 텐트가 움 아흐마드의 집이다. 인간의 삶이 성립하는 생활권의 미니멀리즘이라고 할 수 있다.

움 아흐마드 집 전경. 언덕위 높은 지대에 남동향으로 자리잡고 있다. 배경은 사암으로 둘러쳐져 바람을 막아준다.

이만은 또 오빠들이 마을에서 사온 오이와 토마토를 빈곤한 물에 씻어 툭툭 썰어 나에게 주었다. 와디 럼에서 야채를 부담없이 먹는다는 것 또한 하나의 신선한 충격이었다. 나는 다른 사막에서 내가 체험한 바대로 모든 식사는 파스타나 쌀과 같은 탄수화물, 그리고 자체적으로 사육된 염소나 낙타로부터 얻어지는 밀크와 고기 정도의 미니멀한 자체해결의 식사를 기대했던 것이다. 그러나 와디 럼 베두인의 식사는 자본주의가 침투된, 오염된 보편성의 소산이었다.

내가 사막의 삶을 갈망했던 주요한 이유는, 인간과 동물이 하나의 유기체적 순환고리를 형성하여 서로가 의존할 수 있는 음식을 전통적 방식으로 자체생산해내는 극히 단순하고 목가적인 소박한 세팅을 체득하고 싶었기 때문이었다. 나의 동물사랑은 도시인들의 자기기만적인 페트사랑과는 좀 격을 달리하는 것이다. 사막의 유목민의 삶은 근대적 삶에서 완벽하게 사라진 인간과 동물간의 매우 밀착된 유기적 상생관계의 표상이었다. 특히 산업주의적 고기생산의 비인간적 잔혹한 현실, 그 현실속에서는 동물이라는 위대한 자연의 엄연한 생명체가 대량식품생산의 단순한 물리적 재료로서 비하되는 비극을 목도하고 나서 나는 그러한 문명에 대한 대안을 추구하고 항의에 나섰던 것이다. 그래서 대량생산의 돼지우리에 들어가 그들과 같이 뒹구는 모습을 영상화시키기도 했고, 심지어 쥐와도 공생하는 삶을 나의 작품속에서 보여주기도 했다.

그러나 나의 베두인컬쳐에 대한 이상주의적 이미지는 점점 붕괴되어 갔고, 매우 현실적인 생존의 논리만 남게 되었다. 이러한 붕괴과정은 하나씩 은박지로 포장된, 온갖 방부제가 첨가된 V자형 우유치즈상품과 더불어 시작되었던 것이다. 그리고 더 경악할 사실은 온갖 깡통음식들이 전 세계로부터 쏟아지고 있다는 것이다. 투나피시깡통은 베두인들이 가장 사랑하는 음식 중의 하나이다. 한국의 참치깡통은 특급이다.

아우데가 나에게 가져온 사과 껍데기에 "레드 델리시어스Red Delicious, 와싱톤 Washington"이라는 스티커가 붙어 있었다. 우리나라의 사과와는 달리 미국의 사과는 작고 새빨갛고 푸걱푸걱하며 맛이 없는데, 이것이 모두 서부의 와싱톤주에서 생산된다. "레드 델리시어스"가 대표적 상표이다. 그런데 그런 사과가 그 뜨거운 사막에서 긴 시간의 유통과정을 거쳤어도 아주 신선한 듯한 모습을 유지하고 있다는 것 자체가 무지막지하게 많은 케미칼이 사과를 코팅하고 있다는 산 증거이다.

그들이 수입된 백설탕으로 매일 발효시키고 있는 베두인차도 스리랑카로부터 수입된 것이다. 무엇보다도 충격적인 사실은 그들이 관광객들에게 베두인 치킨요리라고 대접하고 있는 닭고기가 싸그리 미국과 브라질에서 수입된 공장사육 냉동제품이었다. 많은 가정이 그들의 닭들을 사육한다. 그래서 나는 아우데에게 왜 구태어 수입된 냉동식품을 쓰느냐고 물었다. 그랬더니 그는 천연덕스럽게 다음과 같이 대답했다: "우리 닭은 쪼끄매. 기르느라고 고생은 많이 해야되는데, 고기는 별로 없어. 냉동식품은 간편하고 고기도 많고, 값도 싸."

움 아흐마드와 이만은 나에게 주어진 소찬조차도 같이 먹질 않았다. 라마단 기간이 아직 끝나지 않았기 때문에 해떨어지기 전에는 음식을 먹을 수 없는 것이다. 영혼의 정화를 위한 금식의 달이었는데, 원래 꾸란을 무함마드에게 처음으로 계시한 사건을 기념하기 위하여 설정된 것이었다. 라마단(음력계산. 당시 5·6월 한 달간)을 지키는 것은 "이슬람의 다섯 기둥Five pillars of Islam"(신앙, 기도, 구제, 금식, 순례)의 하나를 실천하는 것이다. 나는 정말 그들이 어떻게 그 무서운 사막의 열기속에서 일몰까지 아무것도 먹지도 마시지도 않고 견딜 수 있는가, 도무지 이해가 되질 않았다. 나는 그들이 금식 때문에 텐트 속에 앉아있거나 하루종일 낮잠을 자거나 할 것이라고 생각했다. 그러나 나중에 나는 그들이 낮에도 일상적으로 생활하는 대로 변함없이 활동한다는 사실을 발견했다.

암만과 같은 대도시에서는 라마단기간 동안에 많은 사람들이 밤늦게까지 잠을 자지 않고 새벽까지 밥을 꾸겨 처넣는다. 그리고 될 수 있는 대로 늦잠을 자고 일어

아흐마드가 염소를 거꾸로 걸어 피를 뺀 후 다양하게 손질을 하고 있다.

나는 것이다. 라마단의 본래적 성격은 경건한 삶을 일깨우고 일체의 탐욕과 죄악에서 멀리하는 것이다. 그런데 이들의 삶은 이러한 제식의 의미를 본질적으로 망가뜨리고 있는 것이다. 그러나 사막 한가운데서 외롭게 살고 있는 두 베두인 여인은 종교적 규율을 너무도 적절하게 따르고 있었다. 그들의 환경이 규율을 지키기에 더 열악한 것임에도 불구하고 말이다! 이슬람종교는 사막에서 유래되었고 사막의 삶에 대한 이해가 있다. 아마도 베두인들이 그래서 그 종교에 순종하는지도 모르겠다.

라마단이 끝났을 때, 모든 무슬림이 축제를 여는 그 마지막 날임에도 불구하고, 이만과 엄마는 아주 소박하게 그들의 축제를 즐겼다. 살짝 기름에 데친 양파로 만든 요리. 미원이 잔뜩 들어간 육즙큐브를 넣어 끓여낸 인위적 닭맛의 수프, 그리고 다양한 야채가 들어있는 깡통하나, 그리고 쿠브즈 빵, 그것이 전부였다. 진짜 축제는 다음날에 있었다. 베두인 가족들이 다 모이고 친척들도 오고, 그들이 제일 사랑하는 요리인 신선한 염소고기가 등장하는 축제였다.

다음날 아침 나는 일찍 일어났다. 전날 나는 염소를 잡기 전에 나에게 알려달라고 신신당부를 했었다. 그래서 일어나자마자 염소우리 가까이 있는 바위지역으로

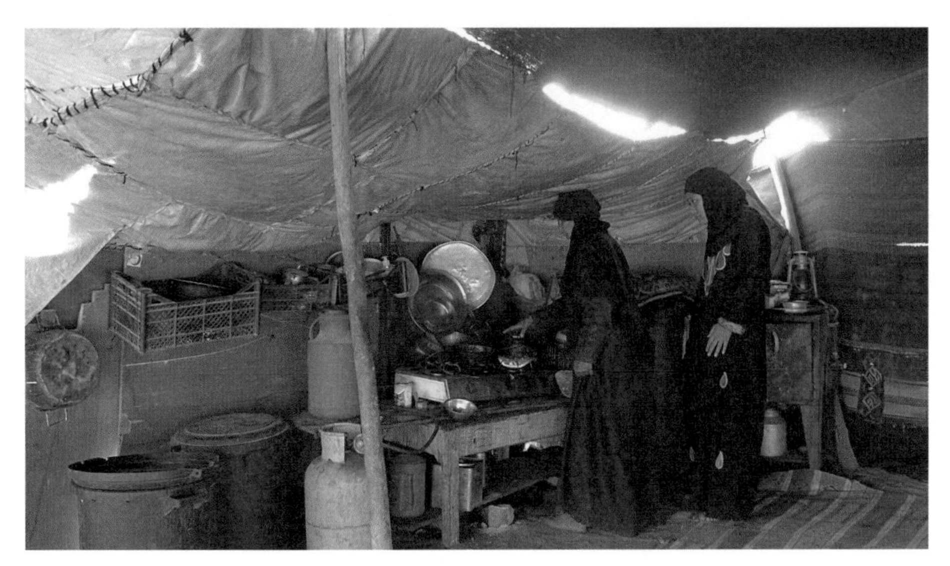

부엌광경. 가스레인지 옆에 깡통 채소, 깡통 투나가 놓여 있다.

가보았다. 앗뿔싸! 원망스럽게도 이미 염소는 황천길을 가고 있었다. 나는 아우데와 아흐마드에게 도축과정을 볼 수 있게 해달라고 요청했었다. 전체도살과정을 동영상에 담을 예정이었다. 그런데 아무도 나에게 도축이 시작되었다는 것을 말해주지 않았다. 그것은 일년에 몇번 치르는 행사이고, 내가 꼭 봐야할 유니크한 무엇이 아니라고 가볍게 생각했을 수도 있다. 그러나 슈퍼마켓에 말끔히 부분 부분 분류되어 포장되어 있는 고기상품만을 보고 자란 나로서는 살아있는 동물이 도살되는 과정전체를 본 적이 없다.

나는 비록 죽이는 첫장면을 놓쳤지만, 나머지 과정, 껍질을 벗기고, 내장을 끌어내고, 자르고, 요리하는 과정에는 참여할 수 있었다. 아침용으로 작은 고기조각과 간조각이 양파와 더불어 볶아졌고, 빵과 함께 식탁에 올려졌다. 점심과 저녁용으로는 뼈있는 고깃덩어리가 큰 통에 넣어지고 장작불에 몇시간 동안 계속 삶아졌다. 이때 들어가는 전통적 요르단 조미료는 "자미드jameed"라는 것인데 염소젖에서 얻은 치즈를 태양에 말린 것이다. 나는 이 전과정에서 참다운 베두인 삶을 느낄 수 있었고, 상품화된 치즈와 깡통채소에 실망한 후인지라 너무도 신선한 느낌을 받았다. 이날 찍은 비디오는 염소머리가 분해되고 창자가 꺼내어져 요리되는 장면을 포함하고 있었는데 나중에 뉴욕갤러리에서 사진들과 함께 전시되었다.

많은 관객들, 특히 고상함을 자랑하는 한국부인들이 이런 살육장면은 전시장에서 안틀면 좋겠다고 나에게 항의하는 것이다. 교육상 아이들에게 좋지 않다는 것이다. 나의 비디오를 보면 아흐마드의 3살난 아들은 염소의 몸통 옆에서 아주 재미있게, 자연스럽게 놀고 있다. 베두인들은 걷기 시작할 때부터 이미 동물이 도축되는 모습을 보면서 자라난다. 이것은 우리 한국인들도 마찬가지였다. 고기를 먹는다고 하는 것은 반드시 고기를 만드는 과정, 귀한 생명이 도축되는 과정, 그것이 축제의 일환으로 인식된다. 닭을 잡을 줄 모르면 닭을 먹어서는 안되는 것이다. 나에게 자식교육 운운하면서 항의한 부인들은 결코 채식주의자가 아니다. 그들은 누구보다도 자식들에게 고기를 많이 멕이는 여인들이다.

식탁이라는 것이 따로 없고 그냥 바닥에 놓는다. 그럼 전식구가 각자 빵으로 집어 먹는다. 간과 살코기와 양파를 볶은 것인데 왼쪽에 우리가 먹는 보통 요구르트가 놓여있다. 요구르트를 찍어 먹는다.

고기를 먹는다고 하는 우리의 행위의 전체과정을 정확히 인지하는 것이 교육적일까? 그것을 속이고 감추고, 오직 공장에서 생산된 최종적 고기상품만을 식탁에서 먹게만들고, 위생, 잔인, 살생, 백정놈들 운운하면서 고상한 삶의 가치를 구가하는 것이 교육적일까? 우리의 자녀들을 대량고기생산의 맹목적 소비자로 만드는 것, 그렇게 함으로써 아무 생각없이 불필요하게 과도하게 고기를 많이 먹는 병적인 인간들로 만드는 것이 이 지구와 인류의 미래를 위하여 더 바람직한 것일까? 수천년 지속되어온 "고기먹음"의 축제적 성격, 자연스럽고 지속가능한, 생태순환적인 전과정을 인지하도록 만드는 것이 더 정당하지 않을까? 과거에는 소고기를 먹어도 일년에 한번이면 족했던 것이다. 인류 식생활에 대한 근원적 성찰이 요청되는 시점인 것이다.

축제. 양고기를 자미드와 같이 푹 삶고 있다. 왼쪽이 이만.

【제10송】

붉은 노을 진 사막, 그 황홀한 정적을 가르는 라이플

— 니깝의 아이러니, 관념의 모험과 퇴행에 관한 문명론의 한 단상 —

베두인들은 본시 사냥도 하고 육식도 즐기는 종족으로 알려져 있지만, 일반적으로 고기를 미국인이 게걸스럽게 많이 먹는 것처럼 먹지는 않는다. 한번 생각해보라! 평균 미국인은 으레 아침에는 소세지나 베이컨을, 점심에는 샌드위치용 고기를, 저녁에는 닭고기나 소고기 스테이크를 먹는 것이다. 별 의식 없이 삶의 전체를 고기로 도배질해놓고 헬스나 다니면서 가장 문화인인 척 하는 것이다.

베두인이 염소를 잡는 것은 매우 특별한 계기에만 행하는 제식이다. 두 번의 중요한 이슬람의 휴일인 이드 알휘트르Eid al-Fitr(라마단의 끝남. 단식의 종료축제)와 이드 알아드하Eid al-Adha(아브라함이 그의 아들 이삭을 번제로 드리려 한 후 그의 신앙심을 확인하고, 대신 염소를 잡게 한 데서 유래한 축제)의 계기, 그리고 아주 특별한 손님이 오셨을 때 염소를 잡는 것이다. 염소 한 마리의 분량은 한 가족이 다 소비하기에는 너무 많다. 그래서 가족이 먹기도 하지만, 못사는 이웃이나 친지들에게 고기를 나누어준다. 그러한 습속이 제식적으로 규정되어 있다. 내가 8월 19일, 아우데의 집안 잔치에 참여한 축제는 바로 라마단의 종료를 기념하는 이드 알휘트르였다. 아우데는 그 축제를 나에게 설명하면서 그것은 "무슬림 크리스마스"에 해당된다고 했다. 아마도 크리스마스와 같은 큰 할러데이라는 뜻이겠지만, 라마단은 무함마드가

천막집의 전실과 후실. 이것은 천막을 뒤쪽에서 찍은 것이다. 오른쪽 개방되어 있는 곳이 전실이고 왼쪽 가려져 있는 곳이 후실이다. 후실에 여자들이 옹기종기 모여있는 것이 보인다.

꾸란의 계시를 받은 것이고 크리스마스는 예수가 태어난 사건이므로, 예수의 하나님 아들됨을 인정하지 않는 무슬림의 입장에서는 양자는 동일차원에서 논의될 수 없는 것이다. 하여튼 "무슬림 크리스마스"라는 표현이 풍기는 파라독스의 신랄함은 나에게 낄낄거리는 홍소를 터뜨리게 했다.

나는 염소고기와 간을 프라이팬에 볶은 요리를 아침으로 직계가족 전원과 함께 먹었다: 엄마 움 아흐마드와 막내딸 이만Iman, 큰아들 아흐마드Ahmad, 그리고 아흐마드의 부인과 아기, 둘째아들 아우데Aude와 그의 부인, 그리고 이만의 시집간 큰언니 파티마Fatima. 파티마는 서열이 두 번째이다. 아우데보다 나이가 많다. 파티마는 내가 빌리지에서 만난 그 남자에게 시집갔는데, 남편과 6살, 9살 난 두 딸과 함께 왔다. 아침은 직계가족 모두가 한자리에 어우러져 먹었는데, 파티마의 남편이 오자마자 남자들은 천막의 앞쪽 방으로 이동했다. 사위는 역시 좀 거리감이 있는 것이다.

아랍문화권의 모든 가옥구조가 그러하듯이 천막은 두 부분으로 구획된다. 앞쪽은 공적 공간이고 뒤쪽은 사적 공간인 것이다. 안채라 할 수 있는 메인 텐트는 염소

후실의 부엌. 더워서 열어놓았지만 앞쪽에서 보면 후실은 가려져 있다. 앞에 보이는 것이 움 아흐마드와 이만의 침실.

털로 짠 무거운 천막으로 이루어졌는데, 움 아흐마드의 어머니(그러니까 할머니) 세대만 해도 모든 천막은 스스로 짰다고 하는데, 지금은 터키에서 수입된 패브릭을 쓴다. 사도 바울이 "텐트제조tent making"로 생계를 유지했다는 말이 실감나게 느껴진다. 칸막이 앞쪽은 두 면이 개방되어 있고 그 앞에 차를 대는 손님도 그 내부 사정을 시각적으로 파악할 수 있다. 그러나 부엌이 있는 뒤쪽은 4면이 다 가려져 있어 외부인들이 볼 수 없다. 그 후실後室 옆으로 기역 자 모양으로 꺾인 위치에 또 하나의 작은 밀폐된 4각텐트가 있다. 그곳에서 이만과 이만의 엄마가 같이 잠을 잔다. 축제날 후에야 나는 내가 잠을 잔 외부공간이 앞쪽 거실 밖에 위치하고 있었지만, 실상 그곳은 외부손님을 맞이하는 현관과도 같은 부속공간이라는 것을 알게 되었다. 보통 그곳에 캠프파이어를 피운다.

이날 아침부터 직계가족이 아닌 남성방문객들은 전실에만 머물렀다. 여기에 깔린 원칙은 아주 어리거나 늙은 경우가 아니고서는 여성들은 일체 외간 남성들에게 보여져서는 아니 된다는 것이다. 엄마 움 아흐마드는 손님을 맞이하기 위하여 자유롭게 전실을 들락거렸고, 파티마의 어린 딸들도 아무 곳이나 자유롭게 원하는 곳에서 뛰놀았다. 그러나 사춘기로부터 폐경기에 이르기까지의 모든 여성은 베일 없이 남편, 형제, 아버지 이외의 어떠한 남성에게도 그 모습이 시각적으로 드러나서는 아니 된다는 철칙이 지배하고 있는 것이다.

한 여인이 외출을 할 때는 그녀는 반드시 남성가족 한 사람에 의하여 동반되어야 하며, 두 눈만 빼놓고 얼굴 전체를 까만 천으로 가리는 니깝niqab을 둘러야만 한다. 어떤 소수의 미혼녀들은 니깝을 쓰지 않는다. 그러나 집밖에서 얼굴 내놓고 다니는 여인을 발견한다는 것은 지극히 드문 일이다. 니깝을 써야만 한다는 것이 과연 이슬람의 철칙이냐에 관해서도 이슬람 내부의 율법학자들 사이에서 이견이 있다. 그러나 여성들 자신이 니깝을 쓰는 것이 편하다는 관념에 이미 물들여져 있는 것이다.

빌리지의 몇 가정은 자신들의 딸들도 고등교육을 받아야 한다고 결단을 내리는 상황이 있다. 극소수는 버스로 1시간을 매일 가야하는 지역대학에까지 딸을 보낸다. 이런 경우, 딸들은 얼굴을 가리지 않는다. 그러나 딸들에게 그러한 자유를 허용하는 패밀리는 극히 드물 수밖에 없다. 상궤에 대한 반역적 용기를 가져야만 하기 때문이다.

니깝과 아바야를 휘두른 여인들. 이들 가운데 필자가 있다. 밖에 다닐 때의 복장인데 가장 괴로운 것은 이 옷들이 싸구려 중국산 폴리에스테르로 만들어졌다는 것이다. 피부나 건강에 좋을 리 없을 것 같은데 이들은 잘 감내하고 산다. 옛날처럼 마나 면으로 만들면 오죽이나 좋을까?

여성이 공공의 영역에서 모습을 가려야만 한다는 것, 그리고 가정생활에 있어서도 은밀한 구역에 제약되어 있다는 것은 우리나라 조선왕조의 습속을 생각하면 쉽게 이해가 간다. 신분이 있는 여인들은 타인에게 보여질 수 없었으며 반드시 하인들이 들고 다니는 가마나 교자轎子 속에 가려져 있었다. 이것은 베두인들이 자신의 여인들을 토요타트럭 속에 가린 채 운반하는 상황과 동일하다. 조선왕조에서는 평민의 여자조차도 밖에 나다닐 때는 장옷이나 너울의 쓰개를 걸치는 것이 통례였다. 그리고 가옥구조도 사랑채와 안채가 2원화 되어 남녀생활권의 구획이 뚜렷했다. 그러나 역사적으로 보면 이러한 2원구조는 조선왕조의 유교문화가 정착되면서 강요된 것이고, 그 이전의 고려시대에는 전혀 그러한 구획이 존재하지 않았다.

그런데 이와 비슷한 상황이 베두인문화에도 존재했다. 나중에야 알게 되었지만, 여자에 관한 베두인습속의 대부분이 원래 베두인 자체의 습속이 아니라는 것, 여인들이 중국에서 수입된 싸구려 폴리에스테르 새까만 천으로 만든 니깝이나 아바야abaya(몸 전체를 가리는 두루마기)를 휘두르고 다니는 것이 아주 최근에나 사우디아라비아로부터 수입된 신유행풍속이라는 것을 알게 되었을 때 그 충격이 매우 컸다. 일례를 들자면, 움 아흐마드가 소녀였던 1960년대에만 해도, 베두인 여성들은 전체가 매우 칼라풀한 의상을 자유롭게 입었고, 베일을 쓰지 않았으며, 머리를 땋아서 얼굴 양옆으로 길게 늘어뜨렸다. 그리고 얼굴에는 선과 점으로 이루어진 문신을 했는데, 그 문신이 종족이나 제식적인 양식이 있는 것도 아니고 개인의 미감의 취향에 따라 자유롭게 선택하는 순수한

20세기 초에 찍은 베두인 여인의 사진. 의상도 개방적이고 여성의 삶도 자유로웠다는 것을 이 여인의 얼굴에서 느낄 수 있다.

20세기 초에 찍은 베두인 대가족의 사진. 이러한 베두인 토착문화가 사우디아라비아의 극우보수주의 신학과 윤리에 의하여 사라진 것은 매우 안타까운 일이다.

장식이었다. 그 말을 듣고 보니, 늙은 여인들의 얼굴에서 지금도 그 문신의 흔적을 찾을 수 있었다. 선과 점의 문양이 대부분 입근처에 집중되어 있었고, 드물게 이마나 뺨에서도 발견된다.

그리고 그들이 지금도 쓰고 있는 베일은 전혀 현대 젊은 여성들의 히잡이나 니깝과 개념이 달랐다. 얼굴을 검은 스카프로 느슨하게 두르고, 이마에 접는 천으로 만든 밴드를 감아 머리 뒤에서 매듭으로 단단히 묶는다. 그 모습이 꼭 일본의 검객 닌자들같이 활동적으로 보인다. 베두인 여성들의 옛 사진을 보면 개방적 베일을 고정시키는 또 하나의 천으로 묶은 헤드 밴드(머리띠)를 항상 목격할 수 있다. 베두인 여성들은 본시 최근까지만 해도 사막을 자유롭게 다녔고 많은 독립적 생활의 자유를 향유했다. 그리고 그들의 얼굴과 머리카락을 가려야만 한다는 강박관념에 시달림이 없었다. 모든 것은 공개적이고 개방적이었다.

베두인들의 옛날 사진. 앞의 누운 여자는 유방을 노출시키고 있는데, 그 여자는 노예로 해석되고 있다. 노예는 웃옷을 안 입었다고 한다. 그러나 노예의 자세로 보아 결코 우리가 생각하는 예속 개념의 존재는 아닌 것 같다. 그만큼 베두인 문화의 도덕구조가 오늘의 이슬람 보수주의에 쩔은 경직성을 가지고 있지 않았음을 말해준다.

이러한 아름다운 본래의 문화가 사라지게 된 것은 요르단의 베두인들은 기본적으로 북부 요르단의 도시문화보다는 사우디아라비아의 수니파 극우보수주의의 문화를 선호하고 흠모했기 때문이었다. 수니파 극우보수주의는 수니파 이슬람의 4대종파 중의 하나인 한발리학파Hanbali School(그 창시자 한발Ahmad ibn Hanbal, AD 780~855은 율법학자, 신학자, 금욕주의자, 하디쓰 전통주의자)가 발전한 것인데, 근세에 와서 와하비즘Wahhabism(신학자 무함마드 이븐 아브달 와합Muhammad ibn Abd al-Wahhab, 1703~1792에 의하여 창시된 극단적 유일신관의 율법주의)의 배타주의적 순결주의에 의하여 극도의 율법주의로 치달았다.

인간의 관념은 개방적 모험을 감행하기도 하지만 극도의 퇴행 속으로 자신의 순결성을 강조하기도 한다. 고려제국에서 조선왕조로의 변화는 발전이 아닌 퇴행일 수도 있다. 베두인문화가 수니파 극우보수주의를 일종의 모더니즘으로 수용한 아이러니는, 융통성 없는 조선주자학의 문제점과 궤를 같이하는 것이다.

나는 아우데에게 그의 엄마가 한 것과 같은 본래 베두인 의상을 입게 해달라고 간청했다. 아우데는 나의 청을 그 방에 있는 이만과 여자들에게 번역해서 설명했다. 그랬더니 모두가 폭소를 터뜨리는 것이다. 아우데는 나를 돌아보면서 말했다: **"안돼! 안돼! 그건 늙은 사람들만 하는 거야. 너같이 예쁜 사람은 젊은이들이 하는 아름다운 패션을 해야되지 않겠어?"** 나는 실망했다. 그러나 그들을 설득시킬 재간이 없었다. 내가 입고 있는 전통의상이 베두인의 전통의상이 아니었다. 수입된 외래문화였는데 그들에게는 그것이 더욱 모던한 것이다. 속박 속으로의 역행이 더욱 모던한 것이라니! 퇴행이 진보라니! 이 아이러니를 나 홀로 감당할 수밖에 없었다. 사우디아라비아에서 흘러들어오는 극보수의 종교적 운동은 사막민족의 고유한 문화를 매우 본질적으로 붕괴시키고 있었다.

더 많은 친척들이 하루종일 오갔다. 나는 외국인이었기 때문에 여자이지만 남자들이 앉는 전실에 앉아있을 수가 있었다. 대부분의 남자들이 서툴지만 영어를 했다. 그래서 그 집안 대가족 전체에 관한 정보를 수집할 수 있었다.

움 아흐마드가 차를 마시고 있다. 머리를 두른 띠모양은 전통 베두인 양식을 따르고 있다. 얼굴에 코 밑과 뺨, 그리고 이마에 문신자국이 남아있음을 볼 수 있다. 이 문신은 동양의학의 혈穴과도 같은 개념이 있었다고 하는데, 문신이 건강에 좋다고 생각했다고 한다.

움 아흐마드가 거실(전실)에서 커피를 끓이고 있다. 나이 먹은 여인은 거실에 자유롭게 드나든다.

내가 여태까지 같이 지낸 움 아흐마드Um Ahmad는 무살렘Musalem의 둘째 부인이다. 무살렘이라는 대가족의 종주는 몇 년 전에 세상을 떴다고 한다. 무살렘의 첫째 부인인 움 마흐무드Um Mahmoud는 70대의 여인으로 아직도 생존해있다. 이 늙은 여인은 시력이 약하고 이빨도 몇 개 남지 않은 채, 빌리지의 매우 소박한 집에서 살고 있다. 빌리지에 산다는 것은 사막의 텐트생활을 버리고 도회의 마을에서 산다는 뜻이다. 이 여인, 그러니까 첫째 부인은 자식을 일곱을 낳았다. 물론 첫째 부인과 둘째 부인의 관계가 우리 습속과 같이 처와 첩의 관계로 나뉘는 것이 아니기 때문에(정부인을 넷까지 둘 수 있다) 평등한 가족개념에 다 포섭된다.

그러나 아무래도 첫째 부인의 정통성은 존중되는 것 같다. 7명의 자식은 다음과 같다: 그 맏이 마흐무드Mahmoud라는 중년의 남성이다. 둘째 아들이 40세 된, 살렘Salem이라 이름하는 남성인데, 일찍이 출가하여 사우디아라비아에서 부유한 비즈니스맨으로 성공하였다. 셋째 아들이 하산Hasan인데, 매우 성공적인 관광객 캠프시설을 운영하고 있다. 그 관광사업을 첫 부인인 유럽여자와 함께 시작하였는데 지금은 이혼하여 혼자 살고 있는 모양이다. 넷째 아들이 타야Tayah인데 경주용 낙타를 기르고 팔고 하면서 작은 관광객 캠프를 운영하고 있다. 그리고 다섯째, 여섯째가 여성인데 모두 결혼했다. 그리고 일곱째 막내가 25살 난 아들 칼리드Khalid였다. 칼리드는 좀 맹랑한 성격의 청년이었다.

이 축제를 틈타 첫째 부인의 아들들, 그리고 다른 친척들이 모였다. 그리고 그들은 베두인의 커피와 차를 함께 마셨다. 그 커피는 우리가 일상적으로 먹고 즐기는 커피와는 좀 다른 개념의 그 무엇이었다. 라마단의 종료일과도 같은 특별한 날에만 대접하는 매우 제식적인 향음이었다. 이 커피는 녹색의 아라비카 커피콩을 연하게 볶아 카르다몸cardamom이라고 하는 인도산 생강과의 씨앗 향료와 같이 끓여

맛을 낸 것인데 설탕 없이 그냥 쓴 채로 마신다. 색깔도 커피색이 아니고 옅은 갈색이다. 꼭 모종의 한약 같다. 그것은 달라dallah라고 불리는 매우 특별한 커피포트에 달인다. 그 포트는 호리병박의 모양에 고려청자와도 같이 길고 가느다란 주둥이가 달린 아주 전통적인 베두인 포트라 했는데 재미있는 것은 밑바닥에 쓰인 글씨는 "메이드 인 파키스탄"이었다. 다 달여진 커피는 아주 작고 손잡이가 없는 미니 자기잔에 담겨 서브되는데, 보통 객손은 세 번이나 그 이상을 마신다. 내가 잔을 들고 있으면 계속 따라준다. 더 이상 마시고 싶지 않을 때는 잔을 살랑살랑 흔들면 된다. 그리고 빈 잔은 호스트에게 건네준다. 이 커피는 최소한 한 잔은 마시는 것이 에티켓이다. 이 커피는 환대와 관대와 풍요를 상징한다. 싸움이나 집안의 분규도 이 커피를 마시는 제식을 통하여 부드럽게 해결되곤 한다고 한다.

방문객들 중에서 나에게 가장 강렬한 인상을 남긴 인물은 큰집의 막내인 칼리드Khalid였다. 땅딸막하고, 에너지가 넘치고, 정신없이 이 얘기 저 얘기 해대는 25세의 청년인데 실나이보다 최소한 10살은 더 먹어 보였다. 그는 다른 사람에 비해 영어를 잘했는데, 아마도 그의 왕성한 에너지와 끝

전통적인 베두인 부부의상. 매우 개방적이다.

이드 축제 때 모인 친척 중의 한 사람. 그가 앉아있는 곳이 전실이다.

베두인 포트, 달라dallah.

없는 호기심 때문에 관광객들에게 계속 묻고 말하는 동안 영어실력이 불어난 것 같다. 그는 나에게도 많은 질문을 던졌다. 그리고 투어리즘에 대한 그의 체험을 과시하려고 애를 썼다.

그의 핵심주제는 암벽등반이었다. 주위를 둘러보아도 전문적인 록 클라이머들이 전 세계로부터 몰려드는 것은 놀라운 일이 아니다. 와디 럼에는 등반의 모든 조건을 갖춘 스릴 있는 암벽들이 끝없이 펼쳐져 있었다. 칼리드는 사람들이 다녀보지 못한 많은 새로운 코스들을 개발하고 있었는데, 그것은 매우 위험한 도전이기도 했다. 칼리드는 전문 산악인들을 안전하게 안내하는 능력을 갖춘 소수의 베두인 가이드 실력자 중의 한 사람으로 정평이 나 있었다. 그는 그의 형제들에 비해 매우 근대적인 서구문화의 감각을 갖춘 영리한 인물이었다. 그는 유럽과 미국, 그리고 오스트랄리아로부터 오는 야외생활을 즐기는 젊은 관광객들과 깊은 인연과 광범한 교제를 즐기고 있었다.

그날 이후로, 그는 때때로 자기 둘째 엄마(실제로 나는 자기 아버지의 다른 부인들을 어떠한 방식으로 부르는지 토속적인 표현을 파악하지 못했다. 아버지의 다른 부인도 엄마로 생각하지만 아무래도 첫째 부인인 자기 엄마에 대한 자긍심은 있는 것 같았다)의 텐트에 불쑥 나타나곤 했다. 그는 그의 삐까번쩍한 하이얀 새 토요타 사륜구동차를 가지고 나타나선, 나와 더불어 영어로 몇 마디 지껄이곤 또 갑자기 사라지곤 했다.

칼리드에게는 저돌적인 그 무엇인가가 있었다. 그러나 나는 나의 3주 체류기간의 말기에는 그와 친근하게 되었다. 우선 영어로 소통이 잘되었고, 또 그 대가족에서 결혼 안한 유일한 남성이었기 때문에 그의 토요타에 나를 태우고 사막의 다양한 경관을 체험하게 해주는 열정과 자유를 가지고 있었다. 그는 나의 체류 막바지에 단 한 번 그의 셋째 형 하산의 캠프에 나를 데려갔다. 그는 좀 더 나를 외부에 데려다주고 싶었어도 그렇게 하지 못한 이유를 담박하게 설명했다. 자기 형제들의 손님을 자기가 데리고 나가는 것은 일종의 도덕적 코드를 깨는 것이라고 했다. "손님"이라는 것이 일종의 소유물인 것처럼, 마치 무슨 자산인 것처럼 취급되는 것에 관하여 야릇한 느낌을 가지기도 했지만, 실상 생계가 외국의 방문객들에게 의존하는 그들의 세계에서는 당연한 감각이기도 했다. 손님들은 돈을 지불하는 관광객일 뿐 아니라, 인터넷상에 그들의 관광비즈니스를 세팅하는 것을 도와주는 볼룬티어이기도 했던 것이다. 빌리지에 사는 젊은 남성 베두인 대부분은 외국인이 자기들을 위하여 웹사이트를 건설해주면, 그들에게는 돈이 잔뜩 쏟아진다는 환상을 가지고 있었다.

무엇보다도 나는 여자였다. 내가 여자였기 때문에 그들은 나를 보호해야만 할 대상으로 생각했고, 따라서 나에게 속마음을 털어놓지 못했던 것이다. 이 해 뒤늦게, 장기체류를 위해 내가 다시 와디 럼으로 되돌아왔을 때는 그들이 나에게 웹사이트뿐 아니라 여러 가지 청탁을 하는 데 별로 시간이 걸리지 않았다.

첫째 부인의 가정에서 또 하나의 재미있는 캐릭터가 살렘Salem이었다. 살렘은 와디 럼 전체를 통틀어 가장 부유한 사람일 것 같다. 전하는 풍문에 의하면 그는 틴에이저 시절에 빌리지를 떠나 아라비아로 이주하는 모험을 감행했다. 그는 밑바닥의 천직부터 마다하지 않고 열심히 일했다. 운좋게도 그는 그에게 부동산투기업을 조직적으로 가르쳐주는 좋은 멘토를 만났다. 30대에 이미 그는 땅을 사고팔면서 엄청난 부를 축적했는데, 어떤 땅은 유전을 포함하고 있었다고 한다. 유전이 없는 줄 알고 싸게 산 땅에서 유전이 터지게 되면 부자가 되는 것이다. 부자가 된 후, 그는 자신의 고향 빌리지로 돌아와 한 거리 전체를 그의 모든 형제들과 가족들을 위하여 샀다. 그리고 그들 모두에게 새집을 건축할 수 있는 돈을 주었다. 빌리지에 있는 그의 집은 믿을 수 없을 정도로 화려한 것이었다. 아름다운 하이얀 자연석 벽

아우데 집의 거실에서. 나의 의상은 내가 암만에서 사온 것이다. 이 집도 결국 살렘이 돈을 대주어 지은 것이다.

베두인 여인. 아드완 족Adwan tribe. 병을 고치는 의녀이다. 예수도 이와 같은 힐러healer였다. 옷이 자연섬유이고 인디고 쪽빛 염료로 염색된 것임을 알 수 있다.

돌로 치장된 고급스러운 건축물이며 근대적인 부엌과 배쓰룸 시설을 갖추었다. 빌리지에 있는 모든 사람이 꿈에나 소망할 수 있는 환상적 집이었다.

그러나 그 집은 거의 일년 내내 잠겨져 있다. 살렘과 그의 가족은 사우디아라비아에서 살고 있기 때문이다. 그가 연중 몇 번인가 고향을 방문하게 되면, 그는 반드시 그의 인도네시아 하녀를 데리고 온다. 그리고 신종의 렉서스 사륜구동차를 몰고 다닌다. 너무도 소박한 사막 빌리지 한가운데 이런 고급스러운 몽환적 집이 있고, 그것이 대부분 비어있다는 사실이 나에게는 너무도 이상했다. 더구나 그의 모친은 아주 낡고 오래된 시멘트벽돌집, 그 모래마당에는 베두인 텐트나 하나 붙어있는 그런 초라한 환경에서 살고 있는 것이다. 살렘이 그의 가족에게 매우 후하다는 것, 그리고 베두인들이 그들의 모친을 극도로 잘 보살피고 존중한다는 사실로 미루어볼 때, 이러한 사태는 단 하나의 변명밖에는 있을 수가 없다. 살렘의 엄마도, 움 아흐마드가 빌리지에 살기를 완강히 거부하듯이, 비록 빌리지에 살기는 하지만 근대적 석조건축물 속에서 살기를 거부하는 것이다.

그들에게는 그들 삶의 타성이 있고 체질에 맞는 편한 환경이 있는 것이다. 냉방병에 걸려있는 현대인의 오류를 그들은 답습하지 않으려는 것이다. 아흐마드와 아우데도 그들의 엄마에게 수차례 빌리지로 이사 올 것을 권고했지만 움 아흐마드는 염소를 치면서 텐트에서 사는 것을 고집했다. 엄마는 자기가 살아온 방식대로 사는 것이 항상 그녀에게 더 건강한 삶을 제공한다는 지혜를 잊지 않고 있는 것이다. 움 아흐마드는 자기가 태어나고 성장한 전통적 삶의 방식을 고집했다. 결국 타협점은 빌리지 가까운 곳에 텐트를 치는 것이었다. 그래서 그의 아들들이 매일 가볼 수 있고, 생필품을 제공해드리는 데 불편이 없는 거리에 살게 된 것이다.

살렘은 이드 알휘트르(라마단 종료일)가 지난 다음날 움 아흐마드를 방문하기 위하여 내가 있는 텐트로 왔다. 그는 나를 거실로 불렀다. 그리고 나를 그와 거리를 두고 마주보고 앉게 했다. 그리고는 나에게 질문을 퍼부었다. 그의 영어는, 당연히 관광업에 종사한 사람이 아니었기 때문에, 그의 동생들만큼 유창하지는 못했다. 그러나 기본적인 것을 소통하는 데 별 불편이 없었다.

"어디서 왔소? 인도네시아에서 왔소?" 그가 그런 방식으로 질문한다는 것에 하등의 모독감을 느낄 건덕지는 없었다. 나는 히잡을 쓰고 있었고, 나의 얼굴 모양이 동남아적 요소가 많았으며, 또 스킨 칼라가 다크한 편이니까. 아마도 그는 그의 메이드가 인도네시아에서 왔기 때문에, 그 친숙함 때문에 별 편견 없이 물어본 것이리라!

그는 계속 물었다. 내가 어디에서 살고 있는지, 내가 요르단에서 무엇을 했는지, 나의 직업이 무엇인지… 그가 물어보면 물어볼수록 나의 대답은 그의 예상을 뛰어넘는 듯했다. 그는 매우 감동을 받고 흥미진진하게 나를 꿰뚫어보듯 쳐다보기도 하고, 조용히 듣다가는 고개를 끄덕이곤 했다. 내가 느끼기에 그에게는 순박한 측면이 있었다. 이틀이 지난 후에, 아우데가 나에게 와서 말하는 것이다. 살렘이 사막 깊숙이 여행을 시켜주고자 한다는 것이다. 그리고 하룻밤을 캠프하고 돌아온다는 것이다. 나는 혼자 살렘을 따라간다는 것에 주저할 수밖에 없었다. 아우데는 같이 가지 않는다. 그러나 살렘은 좋은 사람처럼 느껴졌고 그의 모처럼의 호의를 왜곡한다는 것도 미안한 일이었다. 사실 이만과 침묵 속에 앉아있기만 하는 것도 따분하기 그지없었다.

그래서 나는 내 짐을 주섬주섬 싸서 아우데의 차에 올라탔다. 아우데는 나를 사막으로 몰고 갔다. 아무것도 없고 살렘의 흰 렉서스만 기다리고 있는 모래의 지평 위로 나를 데려갔다. 살렘은 차 안에 있었는데 매우 조급한 것처럼 보였다. 그리고 빨리 차를 환승하라고 재촉하는 것이다. 내가 마치 어떤 불법의 대상인 것처럼 취급되고 있다는 느낌을 받은 최초의 사건이기도 했다. 내가 살렘과 함께 그의 차를 타고 간다는 것이 매우 비밀스러운 사건인 것처럼 연출되고 있다는 사실이 나를 더욱 불안하게 만들었다. 내가 단순한 여행객으로 취급되면 그뿐 아닌가? 왜 나를 데리고 여행을 간다는 것에 대하여 두려움을 느끼고 있는 듯이 보일까? 살렘이 흑심이라도 품고 있으면 난 어쩌나? 아우데가 살렘이 집안의 대 권력자이기 때문에 그가 나와 원하는 것을 마음대로 할 수 있도록 방조하는 거간꾼 노릇을 한 것이라면? 세단의 새 가죽의자에 푹 눌러앉아 사막의 산들이 스쳐 지나가는 것을 만화경 속처럼 들여다보고 있을 때, 내 머릿속에는 이 남자와 황야 속으로 홀로 가는 것이 과연 굳 아이디어였는지, 회한스러운 상념들이 같이 스쳐 지나갔다.

사람에 관한 믿음의 감각이 크게 실패한 적은 내 생애에 별로 없었다. 그래서 나는 이 오버나잇 트립에 관해 나의 본능이 판단하도록 내버려두었다. 그리고 진취적인 기상을 발휘했다. 이날 저녁 나는 나 자신에 관하여 두 가지 새로운 사실을 발견했다. 첫째는 내가 사막에서 매우 서투른 운전사라는 사실이었다. 둘째는 내가 매우 탁월한 소총 사격자라는 사실이었다.

우리가 광야 깊숙이 들어가고 또 지나다니는 사람이 눈에 보이지 않게 되자, 살렘은 여유로워졌고 매우 친절하게 변모했다. 그는 나에게 그의 차를 운전해보라고 했고 또 죠크도 자유롭게 던졌다. 그는 솔직하게 말하는 것이었다. 그가 마을에서 지닌 위상 때문에, 사람들이 만약 자기가 그의 차에 외국여성을 앉히고 가는 것을 보기만 해도 이상한 소문들을 지어낸다는 것이다. 그리고 그의 부인이 금방 질투할 것이라는 것이다. 그는 단순히 뭔가 나에게 호의를 베풀고 싶은데 그러한 환경이 주어지질 않았던 것이다. 그 베두인 빌리지의 사이즈를 생각할 때 그의 입장은 이해가 갔다. 큰 도시에서도 권세 있는 강력한 인물들은 항시 스캔들을 두려워하게 마련이다.

살렘의 새 차. 새 차가 닳는 것이 두려워서 비닐포장지를 그대로 두었다.

해가 기울자, 우리는 서쪽 하늘의 전경을 만끽하기 위해 바위산을 올라갔다. 살렘이 그의 등에 낡은 M16소총을 메고 길을 인도했다. M16 정도의 큰 사이즈의 돌격소총은 사냥용으로는 좀 무지막지하게 보였다. 그러나 베두인들은 암시장에서 그들이 입수할 수 있는 중고품 병기를 보이는 대로 샀을 뿐일 것이다. 사냥은 베두인 남성들에게는 가장 중요한 레저활동의 하나였다. 그들이 가장 노리는 헌팅의 대상은 누비안 아이벡스Nubian ibex이다. 고비사막에서 발견된 것과 매우 유사한 거대한 두 개의 뿔을 지닌 야생염소 종자이다. 고비사막 종자에 비해 털이 짧다. 지난 날, 아이벡스는 사람들이 하도 사냥질을 해대는 바람에 요르단에서 멸종되었다.

요르단정부는 1989년부터 아이벡스를 타지에서 구매하여 와서 사육하기 시작했고, 다시 야생에 방목하는 데 성공했다. 그러나 이러한 정책도 베두인들로 하여금 아이벡스를 사냥하는 것을 금지시키지 못했다. 나는 아우데에게 멸종위기에 있어 정부에 의하여 보호받고 있는 아이벡스를 왜 사냥하느냐고 물었다. 그의 대답은 이러했다: "그들이 규정된 펜스 밖에 있을 때는 쏘아도 됩니다. 산에 많이 있거든요."

이 귀한 희귀종이 정부의 가상한 노력에 의하여 그토록 어렵게 다시 야생으로 돌아왔는데 또 다시 사냥 당한다는 것이 끔찍하게 불합리하게만 느껴졌다. 요르단 전역에 700마리 정도만 생존해있다고 하는데 그 숫자가 점점 줄고 있을 것이다. 아라비아늑대와 바위너구리rock hyraxes와 같은 희귀종도 거의 멸종상태에 이르고 있다고 한다. 요르단정부는 총기와 사냥에 관한 법령을 반포했지만 베두인 영역에서는 별 효력이 없는 것 같다. 나는 몇 달 동안 와디 럼의 구석구석을 돌아다녔지만 결국 단 한 명의 법집행관을 목격하지 못했다.

【제11송】

사막에서 사유멈추기를 배우다

— 아무 것도 하지 않음의 미학 —

요르단 와디 럼의 광야로 더욱 더 깊게 들어갈수록 석양의 노을이 스펙터클하게 펼쳐졌다. 자연의 예술은 인간의 예술과는 달리 순간에만 존재하지만 그 광경의 다양성과 장쾌함은 인간의 모든 개념적 카테고리를 뛰어넘는다. 내가 바위 위에 앉아 하늘이 진홍색으로 변해가고, 오묘한 구름의 문양에 불이 활활 타오르기 시작하는 것을 목격하고 있는 동안 내 주변에는 단 한 점의 소음도 존재하지 않았다. 그 침묵은 압도적이었다. 그것은 내가 움 아흐마드의 텐트 안에서 느꼈던 것과는 정말 다른 느낌이었다. 움 아흐마드의 텐트는 사람들에게서, 그리고 기르는 가축에게서 흘러나오는 다양한 소리들로 충만해 있다.

태양이 지평선 밑으로 가라앉고 하늘이 자색으로 물들어 갈 때 살렘은 그의 소총을 휘두르면서 나에게 물었다: "한번 당겨보겠소?" 갑자기 전체 시나리오가 초현실주의적으로 바뀌는 느낌이었다. 내가 사막여행을 기획했을 때 생각해보지도 못했던 체험의 장이 펼쳐지는 것이었다. 완전히 아랍인의 의상을 한 한 남자, 그리고 기다란 돌격소총을 멘 남자, 그것도 아무도 없는 사막의 한가운데서 그와 단 둘이서 있다는 것 그 자체가 어찌 보면 초현실적인 그림이었고, 극히 공포스럽게 느껴질 수 있는 그런 상황이었다. 그러나 그러한 장면 속에서 나는 태연하게, 아주 정상적인 상태에서, 보통 때보다도 더 조용하게 그 베두인 남자에게 소총을 당겨보겠다고 말하고 있는 것이다.

물론 나는 사격이나 사냥에 취미를 느껴본 적이 없다. 그리고 여태까지 그러한 호기심을 가질 일이 없었다. 그러나 이것은 생애에 한번 있을까 말까 하는 모험의 기회였다. 나는 실제로 총을 쏘아본 적도 없었고 또 앞으로도 없을 것이다.

살렘은 나를 사격의 포지션에 안치시켰다. 그리고 라이플을 어떻게 다루어야 하는지 시범을 보여주었다. 그리고 타겟을 어떻게 조준하는지 설명했다. 타겟은 100m 가량 떨어진 산의 표면을 덮고 있는 한 작은 바위였다. 내가 사격 포즈를 취하자 살렘은 나에게서 멀찌감치 떨어졌다. 총신을 잡자 개머리판이 나의 어깨를 단단히 눌렀다. 나는 시선을 목표를 향해 정밀하게 정렬했다. 그러자 나의 가슴은 미세한 떨림으로 흔들렸다. 그리고 잠시 동안 나는 나의 숨을 완벽하게 동결시켰다. 그리고 미세한 움직임도 없이 손가락만을 당겼다. 붐! 아~ 얼마나 큰 소리인가! 그 굉음은 마치 침묵을 파열시키는 거대한 폭약소리처럼 들렸다. 첫 방은 아주 근소하게 목표를 빗나갔다. 그러나 두 번째부터는 정확하게 타겟을 맞추었다. 살렘은 좋아라고 박수를 쳤다. 그리고 우리는 적절한 캠프사이트를 찾기 위해 더

고요한 사막에서 M16 소총을 겨누다.

깊은 광야로 달려 나아갔다.

내 손에 그토록 강력한 무기를 잡는다는 것은 정말 잊을 수 없는 느낌이었다. 순간의 일이었지만, 긴 라이플을 손에 든다는 것은 즉각 나에게 권력을 장악했다는 허위적 감각을 제공했다. 아드레날린이 솟구치고 가슴이 으쓱 부풀어올랐다. 그 경험 이후로, 나는 왜 근대적 무기의 발명이 인간성을 전쟁과 파괴의 광분 속으로 그토록 휘몰아갔는지, 그 심리적 측면을 조금 이해할 수 있게 되었다.

캠프사이트는 보통 바위로 둘러싸여 바람이 비켜가는 모래지면 위에 잡는다. 자동차의 파킹도 캠프를 보호하는 방식으로 해놓는다. 캠프라 해봐야 폼 매트리스를 몇 장 캠프파이어용의 장작과 나뭇가지를 주변에 놓는 것 이상의 아무 것도 아니다. 먼저 불을 피운 후에, 살렘은 차를 준비했다. 그리고 밀봉된 플라스틱 보존용기로부터 그의 하녀가 준비해놓은 양념닭을 꺼내었다. 그는 그 양념닭을 포일에 싸서 자글자글 거리는 작은 불 위에 놓았다. 닭이 잘 익은 후에 그는 숯불 위에 직접 동그란 쿠브즈 빵khubz bread을 놓고 양쪽을 다 뒤집으면서 구웠다. 그리고는 잘 구워지면 먹기 전에 공중에 빵을 들어 재와 탄 부분을 툭툭 털어낸다. 이렇게 해서 만들어진 요리는 정말 맛있었다.

사막광야 한가운데 캠프에서 불을 피우고 차를 달이다. 우리 옛 습관과 똑같이 숯불을 옆에 따로 담아 그 위에 주전자를 올려놓고 차를 달인다.

그 요리를 준비한 인도네시아 여인은 역시 동양의 미각을 지녔기 때문이겠지만, 베두인 여인들이 만드는 음식과는 비교될 수 없는, 내 입맛에 맞는 요리를 만들어 놓았다. 배를 불린 후에, 살렘은 불이 지속되도록 계속 가지를 얹고 차를 다시 달였다. 그리고는 나에게 질문을 해댔다.

그는 내가 하고 있는 일에 관하여 정말

순수하게 호기심을 가지고 있었다: "내가 그대와 처음으로 대화했을 때, 나는 정말 놀랐소. 베두인 텐트 속에서 베두인과 똑같이 살아보려고 하는 이방의 여성이라? 너무 신기하지 않소? 나는 당신이 보통의 시시한 관광객이 아니라는 것을 알아차렸지. 그대는 지성과 아름다움을 겸비했고, 또 매우 영리하오. 그대가 하는 일들은 범상치 않소."

처음에 나는 그의 질문에 상투적인 방식으로 대답했다. 그냥 사막이라는 고립된 지역에서의 삶의 방식에 관심이 있다든가, 베두인이 과연 어떻게 하루하루의 삶을 운영하고 있는지를 찍는 다큐멘터리 프로젝트를 기획하고 있다든가 하는 등등의 얘기를 했다. 그러나 살렘은 매우 집중해서 들었고, 또 놀라웁게도 갑자기 이렇게 소리쳤다: "**그러나 왜 사막이냐 말이오? 왜 하필 사막이냐 말이오?**" 그는 마치 내가 이 여행을 떠나기 전에 느꼈던 생로병사의 멜란콜리를 알아차리고나 있는 듯이 말했다.

그때 아마도 사막에서 외롭게 타오르고 있던 불꽃이 나의 고독감, 그 고독감으로 생겨난 허심탄회한 공허감에 불을 지폈는지도 모르겠다. 그 동기가 무엇이었든지 간에 그때의 정적 속의 분위기는 내가 모종의 실존적 상처로 인해 문명세계를 탈출해보고 싶은 강렬한 동기가 생겨났다는 이야기를 하게 만들었다. 영혼의 정화를 위해 사막의 단절이 필요했고, 그것은 나에게 어떤 신선한 생명력을 부여하고 있다고 얘기했다. 더 이상 깊은 얘기는 할 수가 없었다. 살렘은 내가 하는 이야기를 이미 예상이나 한 듯이 양식적으로 이해했다. 사막에 오랫동안 머무는 외국인들의 공통된 이야기라고 말했다: "그대는 옳은 일을 했소. 그대는 아직 젊고, 유망하오."

살렘은 뉴욕에 사는 나의 친구가 나를 위로하듯이 그런 상투적인 말로써 나를 위로했다. 그리고는 또 엉뚱한 말을 했다: "여기 당신이 결혼할 수 있는 베두인 남자는 많아요."

이러한 멘트에 대해 과연 나는 어떻게 대답해야 할까? "참 고마운 얘기군요. 그러나 내가 추구하는 삶이란 당신이 생각하는 행복과는 거리가 멀답니다." 뭐 이런 투로 얼버무려야 할까? 하여튼 인생의 짙은 이야기는 함부로 떠들어 좋을 건덕지가 없다. 침묵이 제일이다.

담소 후에, 살렘은 차로부터 담요 두 장을 꺼냈다. 나에게 한 장을 건네주고, 자기는 자기 매트리스로 가서 누웠다. 나는 굿나잍을 이야기하고는 순간 깊게 잠들어 버렸다. 나는 야외에서 자는 데 이미 익숙해 있었다. 내 몸 밑에는 부드러운 모래가 열기를 전하고 위로는 헤아릴 수 없는 별들이 이불 노릇을 해준다.

내가 여기에 도착한 이후로 한 모든 활동들, 움 아흐마드의 삶을 관찰하고, 라마단을 끝내는 이드축제Eid festivities에 참여하고, 살렘과 같이 광야 깊은 데서 캠프한 일 등등의 작업 이외로, 나는 내가 사막에서 해야만 할 중요한 작업이 나를 기다리고 있다는 사실을 잊지 않았다. 그것은 나의 예술사진작업이었다. 말리와 몽골리아에서는 지역원주민들에게 내가 낙타와 함께 찍는 사진작업에 관하여 도움을 요청하는 일이 가능했다. 그러나 여기서는, 아무에게도 나의 사진작업에 관해 이야기할 수가 없었다. 그리고 나의 신원이나 정체를 밝힐 수가 없었다. 그래서 내가 사진작업을 감행할 수 있는 유일한 방도는 이곳 사람이 아닌 타지의 사람으로부터 도움을 요청할 수밖에 없었다. 나의 유일한 커넥션은 암만의 여행사 주인 사이드Said였다. 고맙게도 사이드는 그의 영민한 운전사 아부 칼리드와 함께 약속대로 나에게 와주었다. 그리고 작품사진을 위해 움 아흐마드의 캠프로부터 나를 데리고 나갔다. 내가 그의 차에 앉자마자 사이드는 빙그레 웃으며 멘트를 날렸다:

"오~ 넌 정말 베두인족이 되었구나!"

우리는 아부 칼리드가 아는 캠프에서 하룻밤을 지내기로 결정했다. 그 캠프는 와디 럼 보호구역 밖에 있었다. 와디 럼 빌리지보다도 더 큰 디시Disi라고 불리는 또 하나의 빌리지에 가까운 데 자리잡고 있었다. 이 지역은 와디 럼을 벗어나 있었기 때문에 내가 무엇을 하든 소문이 와디 럼 사람

사막에 빠진 차를 친절하게 도와주는 사람들

들에게 미칠 가능성이 적었다. 소문이 잘못나면 나의 와디 럼 생활을 계획대로 마치는 데 지장을 초래할 수도 있었다.

우리의 차가 모래에 박혀 지나가는 원주민의 차의 도움으로 꺼내어지곤 했다. 우리는 드디어 작은 계곡 속에 숨겨진 하나의 빈 관광캠프에 도착했는데, 거기서 한 베두인 남자를 만났다. 그리고 항상 그러하듯이 사이드는 유창하게 그와 협상하는 말을 했다. 그리고는 얼마 안되어 그 베두인 젊은이는 두 마리의 낙타를 데리고 와서 우리 텐트 곁에 묶어 놓았다. 내가 사이드에게 사진촬영을 위해 낙타를 빌려야 한다고 말했기 때문이었다. 나는 손짓으로 그 베두인 젊은이에게 낙타 안장을 벗겨줄 것을 요청했다. 그 젊은이는 묻지도 않고 내 말대로 해놓고 떠나갔다. 사이드와 아부 칼리드 그리고 나만 옹고롯이 남게 되자, 나는 즉각 작업에 착수했다. 로케이션을 헌팅하고 카메라 장치들을 준비해놓고… 태양이 벌써 가라앉고 있었다. 빛이 오후 5시 이후에는 급격히 퇴조한다. 나는 안달거리며 마지막 햇살을 놓치지 않으려고 분주히 움직였다. 내가 옷을 벗으면 또 원주민들에게 들킬 것을 걱정해야만 했다. 이토록 스트레스를 받는 상황 속에서도 내가 아주 편하게 의존할 수 있는 두 사람이 도와준다는 사실이 이 모든 작업과정을 용이하게 만들었다. 결국 이날 오후 햇살에서 찍은 하나의 즉발적인 사진이 전 사막작품 시리즈의 이미지 중에서 가장 탁월한 것이 되었다.

이날 밤, 사이드와 아부 칼리드는 고맙게도 거대한 캠프파이어를 만들어 주었다. 그 앞에서 우리는 어린아이들처럼 낄낄거리며 놀았다. 온전한 보름달이 우리를 비추고 있었다. 히잡도 쓰지 않고 츄리닝만 걸친 채, 마음대로 입고 마음대로 말하는 느낌은 움 아흐마드의 집에서 며칠을 보낸 후인지라 그런지 진실로 해방감을 만끽하게 해주었다. 아주 평범한 정상적 일상행위가 그토록 강렬한 해방감을 던져준다고 하는 그런 느낌은 이전에 생각해본 적이 없는 독특한 체험이었다.

다음날 아침, 우리는 낙타 한 마리가 밤을 틈타 사라진 것을 발견했다. 정말 황당했다. 우리는 죄의식을 느끼며 한바탕 웃어댈 수밖에 없었다. 어떻게 해야 하나?

빌리지 디시Disi 근처에서 찍은 걸작. 빛이 사라지고 있는 상황에서 촉급히 찍은 것이다. 그래서 주름의 컨트라스트가 더 강렬하고 또 부드럽다. 인간이라는 오브제가 있고 없고의 차이가 선명하게 드러난다. 그 해석은 작품을 보는 사람들의 자유다.

그 낙타가 언제 탈출했는지, 얼마나 멀리 갔는지 도무지 알 길이 없었다. 아부 칼리드는 셀폰으로 이 캠프 주인을 컨택하고 상황을 설명했다. 그랬더니, 불과 한 시간 후에, 마술처럼 어제 데리고 왔던 그 베두인 젊은이가 바로 도망간 그 낙타를 데리고 왔다. 너른 들판에는 수백 마리의 낙타가 어슬렁거리고 있다. 어떻게 바로 그 동일한 낙타를 찾아내어 데리고 올 수 있단 말인가! 그것은 미스테리였다. 나 같으면 낙타에 지피에스 위치추적기가 달려있다 해도 찾지 못했을 것이다. 그날 아침 우리에게는 두 낙타와 함께 찍고 싶은 사진을 다양한 장소에서 다양한 방식으로 찍을 수 있는 충분한 시간여유가 있었다. 그러나 결국 내 마음에 드는 단 하나의 사진도 얻지 못했다. 전날 저녁에는 시간도 없었고 마음의 스트레스도 심했다. 그런데 위대한 작품이 나왔다. 이런 상황은 이번뿐만이 아니었다. 최상의 이미지는 최악의 환경에서 창조된다. 이것이 단순한 우연의 일치인지 나의 무의식의 장난인지 알 수 없으나, 생명의 진실을 말해주고 있는 듯하다.

움 아흐마드의 캠프로 돌아오면서 나는 히잡을 다시 썼다. 사이드와 아부 칼리드에게 너무도 너무도 감사했다고 말하면서 굿바이를 한 후, 나는 다시 또 하나의 나의 삶의 정상궤도가 되어가고 있는 베두인 삶으로 돌아갔다. 그날 저녁, 움 아흐마드와 이만은 빌리지(읍내)에 있는 친척집을 방문했다. 나는 그들과 함께 가기 위해 이만의 언니 파티마Fatima가 나에게 준 아주 얇고 싼 나일론으로 만든 토오브 긴옷을 입었다. 그런데 파티마는 좀 뻔뻔스러운 여자였다. 그녀는 나에게 매우 관대한 듯이 보였지만, 그 이면에는 숨겨놓은 좀 치사한 목적이 도사리고 있었다.

이드 축제날, 파티마는 다양한 헌옷으로 가득 찬 큰 수트케이스를 엄마집으로 가지고 왔다. 그녀 남편의 여동생이 사우디에서 많은 옷들을 가지고 온 모양이었다. 그녀는 옷을 하나씩 들척이면서 엄마와 여동생 이만에게 보여주고는 그 중에서 너무 길거나 저열한 옷은 모두 나에게 주는 것이다. 내가 그들보다 크니깐 맞을 거라고 하면서. 일반적으로 베두인들은 작기 때문에 때로는 내가 자이언트처럼 느껴지기도 한다. 딴 곳에서는 대체적으로 나는 작은 편에 속한다. 그녀가 가져온 헌옷은 매우 저질이고 스타일이 엉망이었다. 더구나 나에게 주는 것은 그 중에서

움 아흐마드의 침실에서. 움 아흐마드, 이만, 그리고 나. 이 여인들은 사진 찍는 것을 좋아하지 않는다. 나에게 사진을 허락한 것은 특별한 배려였다.

최악의 것들이었다. 나는 계속 거절했지만, 파티마는 웃으면서 계속 받으라고 권유하는 것이다. "시스터, 시스터"라고 영어로 말하면서 내가 자기 언니 같다고 하면서 옷들을 받으라는 것이다. 솔직히 그 옷들은 모조리 쓰레기통이나 자선드럼통으로 들어가야 할 것들이었지만 나는 그녀의 관대함에 감사를 표시해야만 했다. 그러나 그녀의 저의는 다른 데 숨어있었다. 파티마는 내가 암만에서 사온 아름다운 새옷들에 눈독을 들이고 있었다. 내 허락도 없이 그녀는 내 짐을 뒤져 아름답게 수놓인 퍼플색의 토오브를 꺼내는 것이다. 그것은 내가 고르고 골라서 결국 미화 35달러나 주고 산 것이다. 그녀가 그것을 한번 입어봐도 되겠냐고 물었을 때 거절할 수는 없었다. 그녀는 그 옷이 자기에게 맞나 자세히 살펴보고는 나에게 돌려주었다. 나는 그 옷을 너무나 사랑했기 때문에 그녀에게 줄 마음이 없었다. 내가 줄 생각이 없다는 것도 그녀는 충분히 눈치챘다.

그러나 며칠 후에 파티마는 다시 와서, 바로 그 퍼플 토오브를 꺼내 입는 것이다.

사막의 석양. 대자연만큼 인간에게 행복감을 주는 것은 없다.

이번에는 아주 오래 입었다. 내가 아껴서 한 번도 입어보지 않은 것인데 그녀는 그 옷을 입은 채 설거지를 했다. 그녀는 아예 그 옷을 벗을 생각이 없다는 식으로 행동했다. 그녀의 모든 드라마는 내 옷 하나를 뺏는 데 초점을 맞추고 있었던 것이다. 하는 수 없이 나는 그녀에게 그 옷을 가져도 좋다고 말했다. 그녀는 미친 듯이 좋아했다. 그녀의 패밀리 모두가 나에게 베두인생활을 할 수 있도록 도와준 데에 대한 감사의 표시를 해야 할 의무가 있었다. 내가 정말 좋아했던 아름다운 비싼 옷을 빼앗기고 쓰레기더미를 그 대신 받았지만 나는 상관하지 않았다. 그것은 물질적 삶에 집착하지 않는 지혜를 배우는 한 실습과정일 뿐이었다.

긴 시간은 아니었지만 나의 첫 빌리지 경험은 많은 인내심을 요구하는 하나의 도전이었다. 아우데가 우리를 자동차로 한 소박한 빌리지 가옥으로 데려다 주었다. 중년부인이 우리를 마중했고, 집 뒤쪽으로 있는 방으로 안내했는데, 그 뒷방에는 아주 연로한 이빨 없는 할머니가 앉아 있었다. 그녀가 머리에 쓴 검은 베일이 흘러내려 얼굴 위쪽을 반쯤 가렸다. 이만이 나에게 "윰마 시스터yumma sister"라고 말해주는 것을 보면, 그 늙은 레이디는 움 아흐마드의 언니, 그러니까 이만의 큰이모였다.

"윰마"는 우리나라 말의 "엄마"와 같은 애칭이며 "윰마 시스터"란 "엄마의 언니"라는 뜻이다. 그들이 이모 할머니에게 이야기할 때는 바로 귀에다 대고 했고, 대답할 때도 할머니는 작은 소리로 중얼거리기만 했다. 중년부인이 방으로 들어와서 차를 대접했다. 우리는 모두 얇은 쿠션 위에 앉은 채, 사막의 텐트로 돌아가기 전까지 여러 시간 동안을 그냥 앉아있어야만 했다. 차디찬 쌩 콘크리트벽에 아무런 가구도 없고 아주 희미한 형광등 하나 켜진 곳에서 줄창 조용히 앉아 있는다는 것이 얼마나 참기 어려운 고통인지, 나는 사막텐트의 자연스러움의 역동성, 그 고마움을 최초로 인지하기 시작했다. 사막의 텐트에서는 캠프파이어의 불꽃을 쳐다볼 수도 있고, 별들을 쳐다볼 수도 있다. 사막에서 사는 것이 읍내 콘크리트집에서 사는 것보다 얼마나 즐거운 것인지, 자연의 경이로움보다 더 인간에게 지속적인 행복감을 주는 것은 없다.

대부분의 베두인들은 읍내에서 사는 것이 더 편리하다고 말한다. 수도와 전기가 있다는 것이다. 그러나 그들이 말하는 읍내는 나에게는 아주 초라한 타운일 뿐이고, 여성의 자유를 구속하는, 신경 쓸 일이 많을 뿐인 곳이다. 여자는 밤에 절대 밖에 나돌아다닐 수 없으며 콘크리트 박스 속에 갇혀 조용히 지내는 것 외로는 아무 것도 할 일이 없다. 나중에 알게 되었지만, 낮에는 다닐 수는 있지만, 걷기만 하면 사람들이 나를 멈춰 세우고 뭔 문제가 있냐고 하면서 말을 건다. 그래서 결국 낮에 다니기도 어렵다. 주변사에 무관심한 사람이 없는 것이다. 모든 사람이 나를 만나기만 하면 멈추고 묻는다. 외국인이 베두인복장을 하고 밖을 걸어다니는 사례가 거의 없기 때문이다. 결국 한참 지난 어느 시점에는 내가 누구라는 것이 다 알려졌지만, 와디 럼 읍내공동체 사람들의 입을 통한 정보의 일체감은 무서운 동질감과 결속력을 과시하는 것이다.

저녁에 우리로 돌아오는 염소. 베두인 여인들은 염소들을 관리하는 약간의 일 이외로는 크게 할 일이 없다.

나는 왜 움 아흐마드가 전통적 방식으로 살기를 고집하는지를 이해할 수 있었다. 그 가장 핵심적 이유는 감시로부터 해방이었다. 문명의 이기는 인간의 해방이 아닌 구속을 가져온 것이다. 움 아흐마드는 사막정신의 진정한 구현자였다. 그 광막한 대자연의 트인 공간이야말로 해방자였으며 보호자였다. 사막 그 자체가 하느님이었다.

사막의 여인들은 모두가 고경에 도달한 선승이라고 말할 수 있다. 그들은 진실로 아무 것도 하지 않는 삶의 예술을 마스터했다. 움 아흐마드와 이만은 해야 할 일이 너무도 적다. 아침과 저녁에 약간의 보살핌을 요구하는 염소가 있을 뿐이다. 낮에는 그냥 앉아서 그들을 방문하는 사람들을 기다리는 것 외로는 아무 것도 할 일이 없다. 그들은 독서를 하지 않는다. 그리고 수공예도 하지 않는다. 차를 만들고 아주 소박한 소찬을 만드는 것 외로는 거의 절대적으로 삶의 활동이라는 것이 없다.

나중에 알게 되었는데, 이만이 엄마와 같이 고립된 삶을 사는 이유는 바로 그녀가 간질병환자였기 때문이란다. 그녀는 결혼을 하지 않을 것이고 사회로부터도 피해있을 것이다. 그러한 병은 마귀의 침범이며 따라서 타부의 대상이다. 이러한 생각은 예수의 시대로부터 오늘까지 변함이 없다. 예수의 해방론적인 복음은 결코 그 발생지에서부터 먹혀들어가지 않은 것이다. 이러한 상황은 왜 이만이 은둔생활을 해야만 하는지를 잘 설명해준다. 이만과 그녀의 엄마는 텐트 밖을 멀리 벗어난 적이 없다. 결혼식이나 친척방문을 위해 빌리지를 가야만 하는 특별한 계기에도 반드시 남자들이 차로 데려다 준다. 사실 텐트에서 빌리지까지 도보로 20분밖에 되지 않는다. 그러나 일평생 이 구간을 여성들은 두발로 걸어본 적이 없는 것이다. 우리나라의 과거 농촌을 보더라도 비슷한 상황이 없는 것은 아니지만, 이렇게 혹독한 이념적 격리는 찾아볼 수 없다. 사막종교의 도덕성과 유교문명의 인문적 도덕성은 비교할 수 없다. 전자는 너무 가혹하다.

아우데와 아흐마드는 매일 엄마를 찾아온다. 그리고 생필품을 가지고 온다. 그러나 둘 중에 누가 언제 무엇을 가져올지는 아무도 모른다. 이 두 여인은 그냥 앉아서 기다린다. 기다리는 것이 너무도 자연스럽다. 그리곤 언젠가 누가 나타나게 되어있다. 그들과 함께 침묵 속에 앉아 있는 것, 사건이라고는 똥파리의 날개소리가 유일하다, 그 침묵을 견디는 것이 처음에는 가장 힘든 과업이었다. 처음에는 나는 도대체 어디를 쳐다보아야 할지를 몰랐다.

이만이 오랫동안 한 방향으로 시선을 정지시키고 조용히 앉아있을 동안, 나는 수백만 장소를 훑어보면서 안달거릴 수밖에 없었다. 이만의 감정표현이 없는 얼굴을 어느 순간 쳐다본다. 그리고 그가 쳐다보고 있는 방향으로 그 시선을 따라가보면 아무 것도 없다. 사건이 부재한 것이다. 그러면 곧 나는 주변을 두리번거리기 시작한다. 때로 이만의 시선이 나와 마주칠 때에는 나는 아주 어색하게 웃을 수밖에 없다. 그러나 이만의 얼굴은 절대적 무표정의 정적을 유지하고 있다. 나는 순간 웃는 행위를 멈추고 눈길을 피할 수밖에 없다.

처음에는 소통의 부재를 언어장벽 때문이라고 생각했다. 그러나 시간이 지나면서 나는 아랍어를 좀 할 수 있었고 또 바디 랭귀지를 습득하여 이야기할 수 있었다. 기실 내가 모르는 것은 그들의 언어가 아니라, 그들의 사유방식을 모르고 있는

하염없이 무념무상으로 앉아 있는 이만. 우리나라의 어떠한 고승보다도 더 좌선의 경지가 높은 것 같다. 우선 구도자로서의 자의식이 없다.

것이다. 그들이 무엇을 생각하고 있는지를 추론할 수가 없는 것이다. 일주일이 지난 후로는, 나는 순결한 침묵에 매우 익숙해졌다. 그리고 그들이 사유 그 자체를 하고 있지 않다는 것을 깨닫게 되었다. 나의 체류가 거의 끝나갈 무렵에는 나도 생각하는 것을 멈추는 예술의 경지에 거의 도달해가고 있었다.

처음 체류 며칠 동안은 대낮의 "앉아있음"만이 유일한 곤란이 아니었다. 밤에 밖에서 자는 것도 많은 걱정거리를 수반했다. 우선 동물의 활동이 많았다. 개들이 짖고 고양이들의 괴이한 소리와 싸움이 나를 괴롭혔다. 특히 고양이가 텐트 안으로 기어들어와 부시럭대면 소스라치도록 놀라 깨곤 했다. 야생의 동물들이 자는 나를 물면 어떡하나 하고 걱정했다. 무슨 소리가 들리면, 벌떡 일어나 머리 곁에 둔 손전등을 켠다. 대부분이 고양이였고, 고슴도치도 많았다. 사막의 고슴도치는 가시가 짧고 귀엽게 생겼다. 그리고 여우도 나타나곤 했다.

어느날 한밤중에 일어나 불을 켜보니 여우가 1m 가량 떨어진 곳에서 내가 마시다 놓아둔 찻잔 속의 남은 차를 훌쩍훌쩍 마시고 있었다. 나는 조용히 있었는데 여우는 내 눈을 뚫어지게 쳐다보더니, 차를 다 마시고는 유유히 사라졌다. 나의 존재에 관해 별다른 생각이 없는 듯했다. 나는 그 여우를 여러 차례 만났다. 모두 동일한 여우였다. 한 발을 절었으니까. 사실 이러한 나의 생활은 어린이 동화책에 나오는 한 이야기 같다. "옛날 옛적에, 사막에서 자는 한 소녀가 있었지요. 별이 총총한 하늘, 달님이 방긋 웃는 그날 밤에 여우와 고슴도치가 찾아왔지요 …"

첫 주에 내가 잠을 잘 자지 못한 것은 동물 때문만은 아니었다. 내가 덮는 수십 년을 빤 것 같지 않은 모포의 더러움에 숨어사는 온갖 미생물의 감염, 그리고 미지의 세계가 한 공간에 펼쳐지는 위압적인 갤럭시의 비젼이 공포감을 주기도 했다. 제2주부터는 나는 잠을 잘 잤다. 묵은 때와 미생물, 곤충에 대한 의식을 버렸다. 그리고 갤럭시의 위압적 공포감도 어린아이들이 방 천장에 장식해놓는 야광 별들처럼, 위안을 주는 별님들로 변해갔다. 그리고 내 일상생활을 다큐멘트 해야 한다는 의식조차 사라져갔다. 사막의 삶에 잘 동화되었기 때문이리라.

제3주째는 모든 것이 나의 정상적 일상으로 느껴졌다. 맨발로 걸어도 발바닥 밑에 그 무엇도 의식하지 않게 되었다. 발바닥이 두꺼워졌기 때문이리라. 그 발로 바위 뒤켠에 모래를 파서 대변을 보고 왼손으로 닦는다. 오른손으로는 아무 그릇이나 숟갈 같은 매개가 없이 음식을 먹는다. 그리고 매일 아침 거울도 없이 히잡을 쓰며, 도마 없이 양파를 썬다. 최소한의 물로 옷을 빠는 지혜를 익힌다. 밤에는 뉴욕에서의 나의 삶의 장면들이 주마등처럼 지나가는데 그 장면들은 모두 비실재적인 환영처럼 느껴진다. 꿈같은 사막생활을 하고 있는 도시의 소녀

거실의 고양이. 도둑고양이가 많다. 고양이는 마호메트가 사랑한 동물이란다. 그래서 캠프 주변에 자유롭게 들락거린다. 개는 생활공간 주변에 못 오게 한다.

고슴도치

인지, 도시의 꿈을 꾸고 있는 사막의 소녀인지 분간이 가질 않는다. 장주의 나비가 되어 나의 정체성이 사라진 의식의 세계를 소요하고 있는 것이다. 만약 그 상태를 그대로 만끽하고 살았다면 나는 대각자가 되었을 것이고, 지금도 사막에서 살고 있을 것이다. 그러나 그 지경에 이르기 전에 나는 내 정상으로 돌

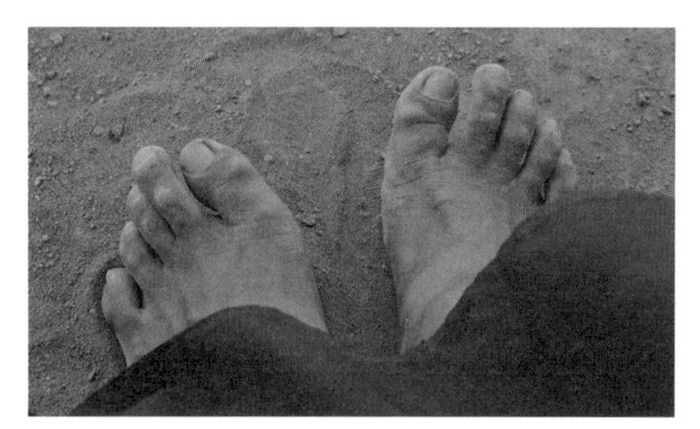

사막생활에 익숙해진 나의 발.

이만의 옷을 내가 빨아주고 있다. 베두인도 가루비누를 쓴다.

부엌 광경. 깡통과 못 쓰는 오븐 속에 음식을 넣어두어야 한다. 그렇지 않으면 고양이가 다 도둑질해 간다.

아와야 했다. 떠나자! 사막을 떠나자! 예수도 필요없다! 석가도 필요없다! 나는 도사나 구루가 되기 위해 사막을 간 것이 아니다!

암만에 돌아왔을 때, 모든 것이 새롭게 느껴졌다. 부엌 싱크대에서 물이 쏟아지는 것을 보았을 때의 그 감격! 평생 본 적이 없었던 것처럼, 평생 그런 물에 손을 씻는 적이 없었던 것처럼 느껴졌다. 우아! 더운 물 샤워의 감격이란 이루 형언할 수 없었다. 숟갈을 대는 모든 음식이 감미로웠다.

처음에는 나는 사막에서의 삶의 태도를 고수하려고 노력했다. 물이나 전기를 낭비해서는 아니 되겠다고 결심했다. 그러나 도시에 돌아와 일주일이 되니 모든 것은 옛날로 돌아갔다. 다시 참기 어려운 낭비를, 아무 일 없었다는 듯이, 감행하고 있는 것이다. 그러나 나는 사막의 꿈을 지키고 산다. 사막에서의 장면들은 결코 환영으로 사라질 수는 없는 것 같다. 그것은 이 생애 끝날 때까지 내 생명의 원천 *Ursprung*으로 남아있으리라!

젖은 음식도 둘러앉아 그냥 손으로 먹는다.

【제12송】

물 한 방울 없는 사막에서 만나는 태고의 바다

– 화이트 데저트를 찾아서 –

카이로라는 도시가 원래 일하는 낙타들의 편의에 맞추어 설계되었다는 것을 어디선가 읽은 후로, 이집트는 내가 꼭 한번 가봐야 할 곳으로 나의 여행 리스트의 우선순위 꼭대기에 있었다. 로마가 이집트를 다스릴 동안에(BC 30년부터 AD 395년까지, 비잔틴제국의 지배는 AD 642년까지), 말이 끄는 수레들이 도입되었으나, 당시로서는 매우 "모던"하다고 여겨졌던 수레들이 곧 쓸데없는 무용지물이 되고 말았다. 왜냐하면 이집트의 풍토 속에서는, 낙타가 바퀴 달린 수레들보다 훨씬 더 운반의 도구로서 효용성이 높았기 때문이었다. 로마인들은 그들의 관습에 따라 말수레들을 위한 널찍하고 곧은 불러바드를 만들었으나 그런 도시계획은 수정되지 않을 수 없었다. 그것이 바로 올드 카이로the Old Cairo가 현대문명의 내연기관이 도입되기 이전까지 작고 꼬불꼬불한 비포장 골목길로 구성된 채로 남아있었던 이유였다. 낙타의 발바닥은 말발굽과는 달리 부드러웠기 때문에 딱딱한 지표면은 적합하지 못했다.

피상적인 시대감각밖에 지니지 못한 서구인들의 입장에서는 아랍지역은 바퀴 달린 운송수단의 발전역사에서 매우 후진되어 있다고 기술할 뿐이다. 그래서 대체적으로 후진국가들이라고 규정해버리곤 하는 것이다. 이것이 바로 "직선발전사관"의 폐해인 것이다. 서구식 발전방식이 곧 전 인류의 직선적인 발전의 이데아가 되어

화이트 데저트

야만 할 하등의 이유가 없다. 진실을 말하자면, 서구식 운송수단을 채택하지 않는 것이 더 옳은 것이다. 서구식 운송수단은 불필요한 노동과 비효율성의 문제를 야기시킬 뿐이다. 낙타는 그 풍토와 기후조건 아래서는 가장 선구적이고 진보적인 방식으로서 간주될 수밖에 없었던 것이다. 사실 오늘의 자본주의 발전방식이나 인공지능의 문제에 이르기까지 그들이 말하는 "발전"은 거부될수록 좋은 것이다. 그러나 그 발전을 추구하는 자들의 강권이 너무도 강력해서 그 연계된 산업구조나 삶의 방식 전체를 컨트롤해버리기 때문에, 침묵할 수밖에 없는 인민대중은 그저 순응할 뿐이다. 대부분의 발전은 안 할수록 좋은 것이다.

이러한 상념을 간직한 나는, 이집트에 잔존하고 있는 낙타에 의존하고 있는 문화형태를 찾아보기 시작했다. 그러던 중에 화이트 데저트White Desert(백사막, 카이로에서 서남쪽으로 있는 파라프라Farafra 지역에 있다)라는 숨막힐 듯한 충격적인 사막 이미지를 만나게 되었다. 보통 우리가 백악白堊이라 부르는 석회질 암석의 우뚝우뚝 서 있는 모습이 너무도 하이얗게 빛나서 마치 그것은, 그 뜨거운 광활한 사막 위에 눈사태가 덮친 듯한, 결합되기 힘든 이미지의 변태의 광란처럼 보인다. 백악기의 지질변동이 이러한 절묘한 스펙타클을 지상에 창조해놓았던 것이다.

이 사건은 내가 요르단의 베두인들과 3주간의 공생의 체험을 완료하고, 다시 3주간이 지난 후에 일어났다. 때는 2012년 9월이었다. 나는 와디 럼에서 암만으로 돌아온 후, 그곳의 도시 엘리트들과 며칠간의 휴식을 취했다. 그리고 베를린에 가서 나의 몇 작품을 전시하는 아트 쇼를 했다. 그리고 그곳에서 베이루트로 돌아오는 길에 이스탄불에서 며칠을 머물렀다. 베이루트에는 나의 친구 패밀리에게 맡겨놓은 짐이 있었다.

내가 베이루트에 돌아왔을 때쯤, 나는 완전히 도시사람으로 환원되어 있었다. 그러나 또 하나의 사막을 체험하고 싶다는 열망은 다시 타오르기 시작했다. 화이트 데저트의 이미지를 접하는 바로 그 순간 나의 행보는 결정되었다. 일주일 후, 나는 나의 카메라 장비 일체를 패킹하고 카이로국제공항으로 날았다. 도시의 광경은 모조리 생략하기로 하고, 카이로공항에서 직접 "서부사막Western Desert"(나일강 서부의 대사막을 일컫는 고유명사)으로 직행하였다.

이 여행을 위하여 그토록 짧은 시간에 세부계획까지 완결짓는다는 것은 실로 하나의 도박이나 다름이 없었다. 그러나 감사하게도 어디에나 관광산업이라는 것이 있다. 화이트 데저트는 2002년 이탈리아 환경기관의 도움을 받아 보호구역으로 지정되었고, 주변의 오아시스 타운들에 사는 주민들의 소득에 도움을 주는 에코 관광방식이 개발되었다. 와디 럼에 갈 때처럼, 캠핑여행을 위한 로컬 투어 가이드를 온라인에서 찾는 것은 그렇게 어려운 일이 아니었다. 그러나 와디 럼의 경우와 화이트 데저트의 상황은 눈에 띄는 차이가 있었다.

첫째, 가이드들은 와디 럼에서처럼 그 보호구역 내에 사는 사람들이 아니었다. 보호구역 내에는 일체 사람이 살 수가 없었다. 그리고 보호구역 내 광야에는 가설의 준영구한 캠프조차도 일체 설치되어 있질 않다. 화이트 데저트 보호구역은 면적이 3,010km²에 이르는데, 그것은 와디 럼의 4배나 된다. 그리고 전통적으로 그

화이트 데저트

곳에는 베두인의 정착지가 일체 없었다. 일년 강우량이 제로에서 15mm에 이르는 극소량에 머문다. 그리고 요르단과 이집트는 모든 것이 스케일이 다르다. 국토의 면적이 요르단의 11배가 되며, 사막도 전 국토의 3분의 2가 된다. 보이는 모든 것의 광활한 느낌이 아기자기한 요르단과는 차원이 다른 것이다. 이집트의 광활한 사막 중 리비아 쪽으로 펼쳐진 것을 서부사막Western Desert이라 칭하는데, 사하라 사막의 동쪽임을 생각하면 좀 이상하지만, 나일강을 중심으로 생각하기 때문에 서부사막이라고 하는 것이다. 나일강에서 홍해까지 펼쳐진 사막은 동부사막Eastern Desert이라고 부른다.

방대하고 메마른 땅이지만 다양한 지질학적 형성층과 우리의 상상을 초월하는 풍요로운 고고학적 유물들, 그리고 고대 이집트 문화의 색다른 질감의 어필 때문에, 이 서부사막은 헝가리의 귀족이며 탐험가며 비행사인 래즐로 알마시László Almásy, 1895~1951와 같은 20세기 서구 탐험가들의 모험심과 환상을 자극시켰다. 알마시의 기구한 삶의 이야기는 미카엘 온다체Michael Ondaatje(1943년생. 스리랑카에서 태어난 캐나다 시인, 소설가. 현재 캐나다를 대표하는 작가로서 꼽힌다)의 소설 『더 잉글리쉬 페이션트*The English Patient*』(1992년 작)의 주인공으로 둔갑되었고, 그 소설은 1996년 안토니 밍겔라Anthony Minghella, 1954~2008 감독에 의하여 소설과 같은 이름의 영화로 만들어져서 9개 부분의 오스카상을 획득하여 전 세계인의 심금을 울린 바 있다.

『잉글리쉬 페이션트』가 배경으로 삼고 있는 그 광막한 사막을 개인적으로 친분 있는 그 어느 누구의 도움도 없이 혼자서 진입한다는 것은 진실로 깡다귀 좋은 아이디어임에 틀림이 없다. 나는 요르단과 레바논의 친구들로부터 젊은 여성이 혼자서 이집트를 여행한다는 것은 정말 위험하다는 경고성 이야기를 너무도 많이 들었다. 강간이나 여타 끔찍한 공포실례를 계속 말해주는 것이다. 그러나 나는 그토록 유니크한 사막의 풍경을 체험할 수 있는 기회가 눈앞에 다가왔는데, 그것을 포기할 수는 없는 노릇이었다. 그래서 나는 우선 인터넷에서 발견할 수 있는 몇 개의 지역 관광회사들을 접촉했다. 나는 우선 여행객들이 여행소감을 쓰는 리뷰사이트와 다른 온라인 가이드들을 세밀하게 한 줄 한 줄 읽으며 점검해 들어갔다. 그래서 내가 받아본 답장의 전문성을 평가하면서 결국 두 회사로 내 선택의 범위를 좁혔다.

『잉글리쉬 페이션트』의 실제 주인공, 헝가리의 백작 래즐로 알마시. 매력있게 생겼다. 영화에서는 랄프 파인즈가 분扮했다.

여기저기 모색해보면서, 스스로 회사를 꾸려서 온라인상에 자기 회사를 책임 있게 선전하는 로컬 가이드들은 아무래도 더 성실하며 그들의 명성에 먹칠하여 생계를 망가뜨리는 그런 짓은 하지 않을 것이라는 생각이 들었다. 첫 번째 응답은 한 관광오퍼레이터로부터 왔는데, 그는 일반 관광객에게 매우 인기가 있는 사람인 듯했다. 그러나 그는 차를 스스로 몰지 않고, 운전사와 가이드를 따로 두고 있었다. 두 번째 응답은 하마다Hamada라 이름하는 남성이었는데 그는 명백하게 자기 회사를 가지고 있었고 모든 관광객을 본인 스스로 데리고 다니면서 책임지는 사람이었다. 하마다에 대한 이전의 관광객들 평을 읽어보고, 그와 수차례에 걸쳐 이메일을 교환해본 결과, 그는 안전한 선택이라는 생각이 들었다. 그에게 나의 프로젝트가 무엇이며, 왜 그 모든 것이 절대적 프라이버시 속에서 진행되어야 하는지를 설명했을 때, 그는 나에게 프랑스 사진작가의 웹페이지를 연결시켜 주면서, 이 사진작가가 사막에서 3명의 남성 누드모델과 "예술을 만드는" 작업을 하는 것을 자기가 도왔다고 말하는 것이었다.

하마다의 이메일을 통하여 그 링크를 클릭해본 결과, 그가 말하는 "예술"이란 진짜 진지한 예술이 아니고, 성인을 위한 호모들의 에로틱한 누드사진의 상업적 컬렉션이었다. 이 의외의 광경은 나를 한바탕 낄낄거리게 만들었다. 생각해보라! 극보수적인 무슬림마을 출신의 성실한 사나이가 세 명의 게이 모델들을 데리고 나신을 가죽끈과 체인으로 휘감으며 엽기적인 사진을 찍고 있는 불란서 사진사를 돕고 있는 장면을! 계속 낄낄거리지 않을 수 없었다. 그 장면이 그의 문화적 관념에서 너무 동떨어진 것이기 때문에 하마다는 그가 무엇을 돕고 있었는지 전혀 감이 없었을 것 같다. 하여튼 나로서는 그의 체험과 내가 요구하는 것은 맞아떨어지는 것이라는 안도감이 들었다. 하마다는 자기야말로 나보다도 더 조심을 해야 하는 입장에 있다는 것을 설명했다. 방문객들은 그냥 지나칠 뿐이지만, 자기는 이곳에서 계속 생계를 꾸려야 하고 누군가에게 자기가 이런 사진작업을 돕고 있다는 사실이 발각되면 맥락 여하를 막론하고 자기는 사단이 난다는 것이다. 그리고 또 말했다: "저는 결혼도 했고 아들 하나가 있으며 단란한 가정을 꾸리고 있습니다. 우리 습속에서는 여성이 그런 예술을 할 수 없지만, 저는 여행객들을 많이 상대해서 그들의 문화가 우리와 다르다는 것을 잘 알고 있지요. 나는 당신을 판단하지 않아요.

당신이 원하는 대로 도와드릴 수 있습니다.” 이방인의 말을 어떠한 아름다운 말일지라도 쉽게 신뢰해서는 안 되지만은, 나는 나의 직감을 따랐다. 하마다? 오케이! 나는 그와의 여행을 예약했다.

2012년 9월 29일, 나는 아침 늦게 카이로국제공항에 도착했다. 낡은 봉고차 앞에서 내 이름을 쓴 싸인보드를 들고 있는 운전사를 한 명 발견했다. 하마다는 카이로의 운전사 한 명으로 하여금 나를 픽업하고 남서방향 사막으로 직행케 하고, 다음날 아침부터 바로 사진작업을 할 수 있도록 모든 것을 어랜지 해놓았던 것이다. 나는 낙타들과 사막에서 이틀밤을 보내고, 그 근처에서 하룻밤을 더 보낸 후에 바로 카이로로 직행하여 도시광경과 관광명소를 구경하고 베이루트로 가서 내 짐을 모두 챙긴 후에 뉴욕행 비행기를 타는 것으로 예약을 해놓았다. 촉박한 여정을 보아도 알 수 있듯이, 그때에는 요번 서부사막으로의 여행이야말로 사진 몇 컷을 건지기 위한 순발력 있는 단 한 번의 프로페셔널 트립으로 내 머릿속에 규정되어 있었다. 내가 이곳에 두 번이나 더 오게 되리라는 것은 꿈에도 생각칠 못했다. 더구나 내가 하나의 오묘한 낙타와 깊은 정이 들게 되어 특별한 관계를 갖게 되리라고는 상상도 못했다. 그러나 그 낙타는 나와의 특별한 관계 속에서 슬픈 죽음을 맞이하게 되고 만다. 잉글리쉬 페이션트를 연상케 하는 이 기구한 비극이야기는 다음에 내가 다시 쓰게 될 것이다.

카이로에서 바하리야 오아시스Bahariya Oasis(서부사막 한가운데 있는 오아시스. 카이로에서 370km 지점)까지 가는 데 5시간가량 걸린다. 넓게 펼쳐진 어반 정글을 뚫고 지나가 나일강을 건너면서 만나게 되는 다양한 광경은 매우 낯익다. 어디선가 본 적이 있는 듯하다. 아하! 그랬구나! 나일강변의 광경은 한강변을 달리는 것과 별 차이가 없었다. 기자Giza의 외곽을 지나는데 반쯤 지어진 콘크리트 아파트건물이 즐비하게 늘어져 있다. 그 아파트군 너머로는 그 유명한 기자의 대피라미드군의 세 꼭지가 내 시선을 자극한다. 말끔한 도시형 하이웨이가 생명체라고는 아무것도 보이지 않는 끝없이 펼쳐진 불모의 땅에 외롭게 달리는 한길로 변하기 전에, 우리는

카이로 나일강변

에스에프영화에나 나올 법한 지구의 끝처럼 보이는 지역을 지나가야 했다. 짓다가 말아버린 거대한 빈민아파트단지처럼 보이는 거대한 지역에 쓰레기더미만 난무하고, 도둑개떼들만 여기저기 몰려다니고, 모래바람만 휘몰아친다. 영원히 끝날 것 같지 않는 이러한 도시의 죄악이 "서구식 발전"이라는 이름하에 여기저기서 자행되고 있는 것이다. 판자촌을 무리하게 헐어버리고 대형아파트촌을 짓는 대한민국의 모습도 결국 대동소이할 것 같다.

나는 텅 빈 미니버스의 패신저 시트에 조용히 앉아 이런 인류문명사의 페이지들을 넘기고 있었다. 드라이버는 내 나이쯤 되어 보이는데 영어를 하지 못했다. 나에게 주어진 특권은 침묵밖에 없었다. 내가 기억하는 단 하나의 질문은 내 아이폰이 얼마나 되냐는 것이다. 아이폰이야말로 전 세계 젊은이들의 보편적 관심이 되어버린 것이다. 요르단의 베두인들도 예외가 아니었다. 어딜 가나 나는 이런 질문에 봉착했다.

자동차여행을 하는 긴 시간 내내, 나는 히잡을 쓰고 있었다. 나중에 생각해보면 그것은 완벽하게 어리석은 짓이었다. 그때는 여성 혼자서 이집트에 여행한다는 그 사실 자체가 나에게 공포로 인식되었기 때문에 히잡이라도 쓰면 변장의 효과가 있어 비무슬림 외국여자에게 덮치는 흉악범들에 대한 좋은 보호막이 될 수 있을 것이라고 생각했던 것이다. 친구들이 나에게 계속 들려준 호러 스토리들은 결코 나에게 아무런 도움도 되질 못했던 것이다. 나의 행동을 더욱 어색하게 만들기만 했다. 요르단의 베두인들은 순박해서 내가 그들의 토속 복장이나 히잡을 쓰면 그냥 좋게 생각했다. 그래서 내가 무슬림이 아니라 할지라도 히잡을 쓰는 것은 그들과 친해지는 좋은 방편이라고 생각할 수 있었다.

그러나 카이로와 같은 도시환경 속에서는 사람들은 히잡을 쓴 나의 모습을 혼란스럽게 바라보거나 경멸하거나 하는 것이다. 무슬림도 아닌데 왜 베일을 쓰냐는 것이다. 어떤 이집트인들은 무슬림도 아닌 외국인이 자기네 나라에서 베일을 쓰는 것을 매우 언짢게 생각하는 것이다. 왜냐하면 그러한 외국인의 행위 자체가 자기네 문명에 대한 공포를 나타내고 있다고 보는 것이다. 개화된 도시인들은 이렇게 생각할 것이다: "관광객이 왜 베일을 쓰는가? 자기네 나라에서는 안 쓸 것이 뻔한데. 우리는 타국의 문화습관을 존중할 줄 알아. 저 관광객년들은 우리가 무식하다고 생각하고 있는 거지."

뿐만 아니라, 이집트 인구의 10%가 콥트어의 초대교회전통을 고수하는 기독교인들이다. 그래서 이집트여인들의 소수그룹은 아랍문화에서 벗어나 있고 베일을 쓰지 않는다. 이러한 사실들을 인지했을 때, 나는 히잡을 벗었다. 그러나 나의 상황은 그들에게 불쾌감을 불러일으킨 적은 없었다. 나의 히잡 솜씨는 너무 정교했고, 원주민들도 나를 보면서 자연스럽게 인도네시아나 말레이시아로부터 온 무슬림 여인이라고만 생각했지 다른 생각은 하지 않았다.

자동차로 4시간을 열심히 달릴 동안, 평평하고 단조로운, 바위와 모래와 먼지의 랜드스케이프 이외에는 아무것도 나타나지 않았다. 그러나 아무것도 없는 그곳에 갑자기 기적적으로 야자수의 푸른 숲이 펼쳐지기 시작했다. 그리고 연이어 고대세

바하리야로 가는 길

계로 거슬러 올라가는 정착지들이 나타났다. 그것은 바하리야 오아시스였다. 이름 그대로 그것은 오아시스였다. 영화나 만화에서 인상 받는 오아시스란 모래사막 한 가운데 조그만 연못이 있고 주변에 종려나무들이 둘러쳐져 있는 광경이다. 물론 그런 광경 그대로이겠지만, 여기 오아시스란 대규모의 함몰지대와 그 주변을 둘러싸고 있는 여러 마을들이다. 그러니까 우리가 상상하는 것보다는 엄청 큰 대규모의 오아시스인 것이다. 바하리야 오아시스는 난형卵形의 거대한 함몰지역depression인데 그 함몰의 규모가 길이 94km, 폭 42km, 전체면적 2,000km^{2}나 된다. 이 함몰지대에는 이 세계에서 가장 큰 대규모의 화석수가 있다. 이 화석수를 누비안 사암대수층Nubian Sandstone Aquifer이라고 부른다. 이 "화석 지하수fossil groundwater"라는 것은 쉽게 말하면, 물 그 자체가 화석이라는 뜻이다. 그러니까 6천만 년 전의 물이 그대로 화석화되어 지하수로 존재한다는 것이다. 이 물은 석유와 같은 개념으로 생각하면 되는데, 한번 퍼서 먹으면 사라지고 만다. 이 지하수는 매장량이 15만 km^3 정도 되는데, 옛날 우리나라 동아건설이 참여했던 대수로공사라는 것도 이 화석

지하수를 관으로 유통시키는 작업이었던 것이다.

이 지역에는 호수와 샘물이 여기저기 많아 여러 마을에 물을 공급하는 것이다. 그 중 가장 큰 마을이 바위티Bawiti인데, 바위티에만 인구가 2만이 넘는다. 이 바하리야 오아시스는 당연히 풍요로운 역사를 지니고 있다. 신석기시대로부터 많은 사람들이 모여 살았으며 중왕조Middle Kingdom(BC 2040~BC 1650) 시절부터 이 오아시스의 기록이 나타나는데, 그 기록들은 이 지역에서 대추(대추야자의 열매인데 우리 대추와는 좀 다르다)와 같은 농산물이 재배되었다고 증언하고 있다. 물론 대추는 지금도 많이 재배되고 있다.

뿐만 아니라, 이 오아시스를 알렉산더대제가 순행하였다는 것이 상당히 근거있는 사실로 여겨지고 있다. 뿐만 아니라 이 지역에는 금도금 미이라의 계곡Valley of the Golden Mummies이라는 대규모의 공동묘지가 있다. 이 묘지는 그레코-로망시대에 조성된 것인데 1996년 자히 하와스Zahi Hawass(1947년생. 이집트의 고고학자, 발굴자, 고고학청 장관을 지냄. 독단적인 성향 때문에 비판의 대상이 되기도 한다)에 의하여 최초로 발굴되었는데, 그의 이집트팀이 발굴한 것은 250기 정도였지만, 약 1만 개의 미이라가 그 계곡에 은장되어 있는 것으로 추정되고 있다. 그레코-로망시대에 이 지역에서 죽은 사람을 미이라로 만드는 산업이 성하였던 것으로 보인다. 완벽하게 균형을 갖춘 미이라가 되면 호루스신이 망자를 데리고 가 오시리스신과 이시스여신을 만나게 해준다는 것이다. 이 두 신을 만나면 이집트의 푸른 초원패러다이스에 환생하여 복락을 누리게 된다는 것이다. 이 미이라는 금으로 도금이 되어 있었다. 하여튼 이집트의 고고학적 발굴의 세계는 무궁무진한 것 같다. 이 발견은 바하리야에 관한 국제적 이목을 집중시켰고, 더 많은 관광객들이 이 사막으로 흘러들어오게 만들었다. 그리고 바하리야 오아시스는 화이트 데저트 관광을 위한 베이스캠프 노릇을 하게 되었다.

하마다는 중년의 남자였는데 아주 부드럽고 친절한 성향의 사람이었다. 사막에 사는 사람들의 평균치에 비해 좀 통통한 느낌이 들었다. 바위티 입구에서 그는 나를 마중나왔다. 나는 아주 소박한 인사만을 나누고, 재빨리 미니버스로부터 그의 토요타 4륜구동으로 옮겨 탔다. 전 여행기간 동안에 나는 매우 긴장되어 있었다. 이집트는 사람들이 요르단보다 더 거칠고 보수적이라는 인상을 지우지 못했다. 그리고 나는 단 한 사람의 낯선 사람에게 모든 신뢰를 걸어야만 했다. 3일 밤낮을 이 한 사람에게 의지할 수밖에 없었다. 그가 아무리 친절하고 예의를 갖추어도 나는 좀 초조했다. 혼자서 외롭게 여행하는 여성에게 보통 있는 과민증 같은 것이리라. 개인적 정보를 별로 나눌 기회도 없이, 우리는 오아시스를

하마다와 그의 차. 캠핑도구가 지붕 위에 다 보관되어 있다.

현무암으로 덮인 산들

화이트 데저트

지나 바로 사막으로 진입했다. 이미 해는 지기 시작했고, 문명의 간판들은 사라졌다. 나는 모든 것이 사라지면서 정적이 깔리기 시작하자 이유 모르게 편안해졌다. 나는 검은 현무암에 덮인 끝없이 펼쳐지는 바위산 위로 하늘이 점점 크림슨 색깔로 변해가는 황홀한 광경을 조용히 쳐다보고 있었다.

새까맣게 되기 전에 우리는 지역민들이 수정산Crystal Mountain이라고 부르는 바위 앞에 차를 멈추었다. 그 바위는 자연적으로 생긴 아치형태로 되어 있었는데 한 사람이 걸어서 통과할 정도의 형상이었다. 캘사이트 크리스탈 조성물들이 벽을 장식하고 있었다. 나는 점점 더 기괴한 지질학적 기암이나 조성이 나타나는 광경을 놓칠 수가 없었다. 그래서 재빨리 차로 들어가 전진을 재촉했다. 우리가 더 깊숙이 차를 몰자, 광경은 변화를 일으켰다. 현무암은 하이얀 백악으로 변해갔다.

우리가 화이트 데저트에 도착했을 때는 석양은 이미 떨어졌다. 모함메드라 불리는 낙타 드라이버가 낙타 두 마리를 데리고 그곳에서 우리를 기다리고 있었다. 그 낙타몰이는 우리보다 먼저 이곳에 와있기 위해서 한 마리의 낙타를 타고 왔을 것이다. 원주민들은 이 화이트 데저트를 두 부분으로 구획한다. 옛 것과 새 것으로. 우리가 온 곳은 옛 화이트 데저트Old White Desert였다. 옛 것이라고 부르는 이유는 백악조성이 대체적으로 작고 둥글고, 색깔이 베이지색이기 때문이다. 베이지색 백악은 새 화이트 데저트New White Desert의 백설 같이 희고 큰 백악조성에 비해 좀 낡은 것처럼 보이기 때문이다. 그 이름은 실로 형성연도와는 아무런 상관이 없다. 옛 것이나 새 것이나 모두 수천만 년 전에 생긴 것이다. 제3기의 에오세Eocene Epoch, 우리가 시신세始新世(대강 6천만 년에서 3천만 년 전 사이)라고 번역하는 시대의 산물이다. 이 시기에 이집트의 중부 전체와 북부 일부분이 대양의 바닥에 깔려 있었다. 이 대양이 말랐고 또 융기현상이 일어났다. 화이트 데저트는 퇴적암의 두꺼운 층인데, 백악과 사암이 주종을 이룬다. 미네랄과 바위 종류에 따라 침식이 다양한 형태로 진행되었고 바위형태도 기기괴괴한 모습으로 형성되었다. 백악기로부터 시신세에 걸친 유적의 장관을 우리는 여기서 접할 수 있는 것이다.

하마다가 만든 캠프

요리하고 있는 하마다

하마다는 모래지역에 L자 모양의 매우 화려한 텐트를 세웠다. 천정을 세울 필요가 없으니까 L자 라는 것은 L자형의 벽을 둘러 친 것이다. 한 면은 차와 연결을 시켰고 주욱 돌아가면서 폴대를 세우고 화려한 천을 둘러쳤다. 자동차에 한 면이 고정되어 바람이 불어도 안정성이 있었다. 천장이 없어도 L자형의 벽만으로도 매우 따뜻하고 안온했다. 강우의 가능성은 전무했다. 마지막으로 하마다는 바닥에 양탄자를 몇 개 깔았다. 그리고 두 장의 폼 매트리스를, 하나는 바닥에 깔고 하나는 벽면에 세웠다. 궁둥이에 깔고 등을 기대라는 뜻이다. 그리고 그 중간에 다리 접히는 상을 펴서 놓았다. 이집트의 오아시스 사람들이 사막에 임시처소 캠프를 만드는 방식의 기민성과 효율성을 경탄스럽게 쳐다보았다. 요르단의 베두인들은 이런 방식으로 텐트를 친 적이 없다. 와디 럼에는 바람을 막을 수 있는 자연동굴이나 바위절벽이 많이 있기 때문이다. 그리고 그들은 보호구역 내에도 관광객을 위한 반영구적 가설 텐트를 만들 수 있었다. 그러나 화이트 데저트에는 이 모든 것이 엄금되어 있었다.

하마다는 작은 프로판가스통을 꺼내서 그 위에 화로를 연결했다. 그리고 냄비를 올려놓았다. 그리고 가져온 채소들을 볶았다. 그리고 모함메드는 캠프 옆의 모래바닥에 작은 캠프파이어를 피웠다. 그리고 양념에 젖은 닭을 굽고 납작한 빵을 데우기 시작했다. 요르단에서 내가 먹었던 것과 동일한 종류의 빵이었다. 닭을 굽는 냄새가 어찌나 후각을 자극하는지, 실제로 배고픈 것보다 더 배고프게 느껴졌다. 그런데 그 냄새를 맡고 있는 것은 나 혼자가 아니었다. 어둠 속에 숨어 있는 여우들이 우리의 식사를 공유하기 위해 몰려들고 있었다.

같이 먹고 싶어 하는 여우. 일정량을 떼어준다.

【제13송】

찬란한 백악의 향연, 지구라는 무대 위에서 펼쳐진 우연의 조화

우리가 식사를 마칠 즈음, 우리 주변을 배회하던 여우들에게도 음식을 공양해주었다. 야생동물이 주변을 어슬렁거리는 모습이 언뜻언뜻 비치는 것만으로도 내가 흥분을 감추지 못하는 것을 보고, 하마다는 몇 개의 닭뼈조각을 집어 텐트에서 멀지 않은 모래 위에 던져놓았다. 그러자 얼마 지나지 않아, 나는 고양이만한 크기의 작은 여우가 소심하게 그 뼛조각에 접근하는 것을 목도할 수 있었다. 그러자 순간 여우는 날쌔게 그것을 채어 달아났다. 그 여우는 도톰한 털로 덮여 있었으며 나무숲 같은 꼬리를 가지고 있었고, 특별히 귀가 컸다. 그 큰 귀야말로 체온을 잘 발산시키며 사막에서도 시원하게 살 수 있는 메커니즘을 제공한다고 한다. 몇 초 후에 그 여우는 다시 왔는데, 이번에는 하마다가 뼛조각을 던지지 않고 손에 들고 있었다. 내가 여우를 더 가까이서 볼 수 있게 하려는 것 같았다. 놀라웁게도, 여우는 사람 있는 곳으로 다가와서 하마다의 손에 쥐어져 있었던 닭뼈를 직접 물고 달아났다. 그 여우들은 관광가이드들과 이미 모종의 교감이 성립되어 있었다. 관광객들을 엔터테인하기 위해 먹이를 배분하는 데 반응하고 있었던 것이다.

하마다는 작은 유리컵에 물을 담아, 텐트에서 약간 떨어진 곳에 그 컵이 쓰러지지 않도록 모래 속에 박아놓았다. 그리곤 이렇게 말하는 것이었다: "**여우도 물을 마셔야**

달빛 아래 찍은 사진

해요. 여긴 마실 물이 전혀 없거든요." 자연에 대한 배려는 문명에 덜 오염된 사람들의 기본상식이다.

낙타몰이 모함메드와 하마다가 불을 피우고 차를 달이고 있는 동안, 나는 나 홀로 카메라장비를 챙겨들고 월야의 사막정경을 흠상하기 위하여 나 스스로의 벤쳐를 감행하기로 했다. 운 좋게도 화이트 데저트에서의 첫 밤은 보름달이 공산에 가득찬 때였다. 사막에서와 같이 오염된 공기가 완벽하게 제거된 구름 한 점 없는 곳에서의 보름달의 광채는 정말 도시거주자들이 상상할 수 있는 그러한 수준의 것이 아니다. 더구나 보름달의 광채가 백악의 바위들과 빛을 반사하면서 어우러지는 모습은 황진이가 벽계수에게 바쳤다는 명월의 광경을 뛰어넘으리라! 플래쉬라이트를 때릴 필요가 전혀 없었다. 하이얗게 빛나는 백악바위들은 때로는 일직선으로 정렬되어 있다. 그 사이에 가득 찬, 이태백이 서리와 같다고 표현한 월광을 헤치고 걸어가고 있노라면 나는 내가 전혀 모르는 새로운 행성을 걷고 있다는 착각에 곧 빠진다. 나는 이 나의 느낌을 캡처해야겠다고 생각해서 재빨리 삼각대 위에 카메라를 설치하였다. 그리고 자동셔터를 사용하여 나는 여기저기 뛰어다녔다. 이러한 랜스케이프 속에서 홀로 누드로 보름달 월광을 맞으며 걷는 그 경험은 너무도 초연실적이고 유니크해서 그 기억의 영상은 아주 생생하게 다시 꾸고 또 꾸곤 하는 꿈의 장면처럼 지금까지도 나에게 남아있다. 아마도 죽을 때까지 그 잔상은 사라지지 않으리라!

카메라의 자동셔터가 찰칵거리기를 멈추었을 때, 나는 카메라 쪽으로 향한 시선을 그 반대편의 끝없이 펼쳐진 무애無涯의 공간으로 돌린다. 갑자기 멍해지면서 망아忘我의 무중력상태가 된다. 나의 정신은 나의 몸을 이탈하여 어디론가 흘러가고 있는 느낌이었다.

갑자기 하마다가 내 이름을 부르는 소리가 들린다. 나는 재빨리 옷을 입고 텐트로 돌아갔다. 내가 그의 시야권에 들어오자 비로소 하마다는 안도의 한숨을 내쉰다.

그는 말한다: "절대 텐트를 이탈하여 혼자 먼 데로 가지 마세요. 여러 번 관광객들이 이곳에서 정신을 잃어요. 특히 밤에는 더 위험하죠. 뭔가 잘 모르지만 사람을 미치게 만드는 게 있는 모양예요." 하마다의 말을 듣고 나는 깨닫는 바가 있었다. 사람들이 사막에서 길을 잃거나 실성케 되는 것은 단지 단조로운 광경이나 거리의 왜곡된 인지 때문만은 아니다. 광대무변한 공간의 텅 빈 느낌이 인간의 프쉬케에 예기치 못하는 어떤 충격을 던지기 때문이다. 두 달 후에 내가 여행객들과 같이 이곳에 왔을 때, 한 여행객이 정신을 잃고 그를 찾는 사람들을 피해 멀리 도망가는 사태를 목격할 수 있었다. 그 여행객은 바위에 넘어지고 굴러서 상처를 입으면서도 계속 달아났다. 하마다가 말한 것은 과장이 아니었다.

다음날 아침, 숙면 후 눈을 떴을 때, 하마다는 나의 인스턴트 커피를 위하여 물을 끓이고 있었다. 태양은 떠오르고 있었고, 저 건너에 두 마리의 낙타를 역광으로 때렸다. 싱그러운 새벽의 햇살과 기운이 모든 사물에 실루엣을 드리우고 있었다.

나는 즉각적으로 하마다에게 사진촬영준비를 요청했고, 우선 낙타의 안장을 벗겨 달라고 했다. 아침햇살을 배경으로 하는 낙타 두 마리의 실루엣은 완벽에 가까운 대칭의 조화를 형성하고 있었다. 나는 이 완벽한 광경을 놓칠 수가 없었다. 주저 없이 카메라를 설치했고 막바로 작업에 들어갔다.

아름다운 새벽 햇빛은 그야말로 순식간에 지나가 버리기 때문에 나는 극보수의 무슬림 사람 앞에서 누드가 된다는 것을 생각할 겨를도 없이 순식간에 옷을 벗고 하마다에게 셔터버튼을 보여주었다. 셔터는 한 번 누르면 9장이 찍히도록 지정되어 있었다. 나는 하마다에게 계속 반복해서 누를 것을 요청했다. 내가 낙타를 향해 걸어갈 동안 그는 카메라의 파인더 구멍을 통해 보고 있었다. 내가 프레임 속에 들어가자 그는 "유 아 인You're in!"하고 소리쳤다. 나는 태양이 너무 높이 뜨기 전에 여러 포즈를 취했다.

낙타 옆에 앉아 있는 것으로부터 시작해서 두 낙타 사이를 천천히 걸어다녔다. 직감적으로 내가 선택할 만한 충분한 장면들이 카메라에 담겼다고 생각이 드는 순간 나는 작업을 일단 멈추었다. 나는 옷을 입고 사진들을 검토했다. 그 많은 사진 중에 내가 두 낙타 사이를 걷고 있는 사진이 내가 의도했던 바 너무도 자연스러운 대칭의 조화를 구현하고 있었다. 정말 내가 진정코 만족할 만한 작품을 얻은 것이다. 나는 카메라장비를 거두고 다음 장소로 이동했다. 나는 이 과정을 계속했다. 혹자는 내가 왜 이렇게 구차스러운 작업을 계속하는지, 돈이 들더라도 손발이 맞는 조수가 있어야 하지 않을까, 왜 그렇게 모든 위험성이 내재하는 순간들에 자신의 모든 것을 걸어야만 하는지에 관해 의문을 제기할지도 모른다. 그러나 실제로 금전적 문제를 떠나서도, 조수와 같이 다닌다는 문제가 결코 쉽지가 않다. 그리고 여행은 혼자 다닐 때, 그 느낌의 효과가 극대화된다. 그리고 나는 나의 삶을 작품에 예속시키고 싶질 않다. 나는 작품을 위하여 전문인으로서 사는 것이 아니다. 사는 과정에서 작품을 낼 뿐이다. 나의 작품은 나의 삶 그 자체이다. 나의 삶은 모험의 여정일 뿐이다.

대칭의 효과, 새벽 햇살 사진. 이것은 구舊 화이트 데저트에서 찍은 것이다.

하마다는 사진작업에 있어서 매우 좋은 조수였다. 그는 우리가 하는 작업을 낙타주인 모함메드가 구경하는 것을 원치 않았다. 우리가 촬영을 계속하고 있는 동안에는 그를 멀리 보내버렸다. 나는 하마다의 그러한 처사가 처음에는 좀 불편하게 느껴졌다. 하마다는 모함메드에게 내가 자기의 여자친구라고 말했다는 것이다.

논리인즉 이렇다. 내가 보통 관광객이라고 말하면 그는 언제고 다시 와서 구경한다는 것이다. 그러나 내가 누구의 여자친구이거나 지역사람의 부인이거나 하면, 와서 구경할 생각도 하지 못한다는 것이다. 이것은 요르단의 베두인들이나 이집트의 오아시스타운에 사는 남성들에게 내장되어 있는 여성에 대한 특유한 관념을 나타내고 있다. 여성은 완벽한 소유의 대상이다. 이것은 이슬람문화에서 비롯되는 가치일 것이다. 그 소유라는 관념은 남성이 여성을 보호해야 한다는 것을 의미하며 그것은 완벽하게 구획되어 있다. 한 여성은 한 남성에게 전적으로 소유되는 것이다. 이것을 표현하는 아랍말에 "기이라*gheera*"라는 단어가 있다. 번역하면 "보호성의 질투protective jealousy" 혹은 "정의로운 질투justified jealousy"라는 뜻인데, 이러한 관념은 이슬람사회의 의상코드와 연결되어 있는 것이다.

나는 바하리야의 큰 마을 바위티Bawiti에서, 요르단이나 기타 어느 곳에서도 볼 수 없었던, 완벽하게 커버된 여인들을 목도했다. 이 여인들은 까만 전신 니깝을 두르고서도 또 그 위에 새까만 망사천을 덮었다. 그들은 베일을 통해서만 세상을 본다. 그리고 장갑과 신발로 살을 다 가렸다. 그러니까 단 1밀리미터도 외부로 노출되는 살결이 없는 것이다.

이와 같이 토착민 여인들이 외부에서 입어야만 하는 의상의 관념을 생각할 때, 내가 사막에서 하는 행동은 너무도 적합치 못한 것이다. 적합치 못하다는 말은 너무도 관대한 표현일 것이다. 하여튼 고맙게도 하마다나 모함메드나 나에게 아무런 문제도 일으키지 않았다. 그들은 나와의 계약이 요구한 대로 성실하게 의무를 수행했다.

우리가 구舊 화이트 데저트로부터 신新 화이트 데저트로 옮겨감에 따라 나를 이집트로 오게 만들었던 사진들 속에서 보았던 바로 그 광경들이 내 눈앞에 현실로서 펼쳐졌다. 암석들의 형상이 어찌나 찬란하게 빛나는 백색이었던지 그것이 드리우는 그림자조차도 투명한 얼음의 푸른색이었다. 내가 인터넷상으로 보았던, 백악의 암석들이 백설더미 같이 보였던 그 사진들은 조금도 과장된 것이 아니었다. 실제 광경은 그보다도 더 순결했다. 나는 경외감에 멍하게 서있을 수밖에 없었다. 자연이 창조한 거대한 조각품들로 점철된 신비로운 대지의 아우라aura에 삼켜진 채 나는 망연하게 서있었다. 백악기의 지구는 해수면이 높았다. 그러니까 내가 서있는 곳은 바다 속이었다. 그때의 해수는 오늘의 해수에 비해 평균 17℃나 높았다. 온도가 높았다는 것은 생명활동이 그만큼 왕성했다는 뜻이기도 하다. 그러니까 석회질의 분비물을 내는 해양생물이 엄청 많았다는 뜻이다. 이 대양이 말라 버리고 해저가 노출됨에 따라(해령의 융기현상이 있었다) 이곳은 사막화되었고, 탄산칼슘이 퇴적하여 형성된 백악의 바위들은 수천만 년에 걸쳐 자연의 침식작용에 복속되어 초현실주의적인 형상들을 지어냈다. 어떤 것들은 3층짜리 빌딩의 높이에 달한다.

버섯 모양 벤티팩트

버섯 모양 벤티팩트. 버섯바위와 병아리바위

이 바위들의 형상들이 대체적으로 버섯모양을 하고 있는 것이 많다. 영어로는 이것들을 "벤티팩트ventifact"라고 부른다. 사막의 바람이 불 때 아랫도리를 모래 섞인 바람이 치기 때문에 위보다는 아랫도리에 침식이 가속화된다. 지역민들은 이 거대 바위형상에 대하여 이름을 붙였는데, 그 방식은 대체로 동물의 이름을 따르는 것이다 — 토끼바위, 닭바위, 낙타바위, 오리바위 등등. 인간은 비생명적 물체에 대하여 생명의 이름을 붙이는 습성이 본능화 되어 있는데, 그것은 실상 비생명적 물체도 본질적으로는 생명적인 특성을 지니고 있다는 것을 생각하면 너무도 당연한 것이다. 생명이 없는 듯이 보이는 바위도 움직이고 있고 형태를 바꾼다. 그들의 시간감각이 너무 완만하여 우리에게 인지되지 않고 있을 뿐이다.

백악바위형상을 관광하고 난 후, 나는 우연히 내 발아래를 내려 보았을 때 내가 여태까지 보았던 백악형상만이 지질학적 변화의 산물이 아니라는 것을 발견했다. 백설 같이 흰 방해석(CaCO3)의 퇴적 위에 뿌려진 수없이 많은 다양한 작은 까만

별모양의 까만 돌. 이런 돌이 즐비하다.

형상들이 있었다. 로컬들은 그것을 "사막장미"라고 부르는데 그것은 입체적인 별모양을 한 까만돌이었다. 어떤 것은 미니 아령 같이 생겼고, 어떤 것은 8각형이다. 또 어떤 것은 완벽하게 아이스크림을 담는 콘모양이다. 모든 것이 너무 완벽하게 주조된 것 같이 보이기 때문에 그것을 자연의 산물이라 믿기 어려웠다. 이 물체들의 신비는 나중에 내가 이들이 철을 함유한 미네랄의 소결절小結節(대부분이 적철광으로 알려진 산화철iron oxide로 구성되어 있다)이라는 것, 그리고 이 결절들은 이 사막지역이 바다 속에 있을 때 수중 화산폭발로 생겨난 것이라는 사실을 책에서 읽고 알았을 때 풀렸다. 나도 또한 수없이 많은 조개류, 갑각류 동물들의 화석, 암모나이트 화석, 상어이빨 등등의 화석의 잔재들을 발견했다. 나는 백악의 슬로우프 위에 서서 방대하게 펼쳐지는 바다의 장관을 상상해보았다. 인간이 생겨나기 이미 수천억 년 전에 이곳은 지구를 지배한 수없는 해양생물, 그 생명들로 가득 찬 만다라였다. 백악기는 중생대의 마지막 시기이며 공룡이 가장 활발했던 시기였다. 그 시기는 1억 4천 5백만 년 전부터 6천 5백만 년 전에 걸친다. 그 시기의 종료는 K-T대멸절이라는 사건으로 이루어진 것이다. 그것은 우연이었다.

백악기의 해양생물 화석들이 즐비하다.

이 지구는 곳곳에 40억 년의 생명의 비밀을 간직하고 있다. 지구는 2억 년마다 빙하기를 맞이하였다. 진화는 미덕美德과 무관하다. 인간은 3백만 년을 살았지만 공룡은 지구상에 1억 2천 5백만 년 동안 살았다. 인간은 지금 신이 되려고 하고 있다. 자연에 위장술을 발휘하는 생물들은 많다. 그러나 자기를 속이지는 않는다. 자신을 속이는 동물은 인간이 처음이다. 인간의 운명도 또 어떻게 변할지 모른다.

모든 것이 순간에 결정된다. 윌리엄 블레이크의 시가 생각난다.

> 한 알의 모래에서 세계를 보고,
> 한 송이 들꽃에서 천국을 보라!
> 그대 손바닥에 무한을 쥐고,
> 순간 속에서 영원을 보라.

자연이 만든 이 작은 예술품들을 흠상하며 몇 개 집고 있는 동안 나의 의식은 나의 유년시절로 돌아가고 있었다. 내가 자라난 신촌 봉원동에는 봉원사 뒷산이 퍽이나 무성했다. 나는 그곳에서 홀로 작은 풀이나 꽃, 열매, 돌멩이, 곤충들을 살피느라 모든 것을 잊고 여러 시간을 보내곤 했다. 부모님이 열중하고 있는 나를 찾으러 오시곤 했다. 내가 서있는 사막에서 나는 좌선의 가장 좋은 방법을 발견했다. 타오르는 태양 아래 작열하는 백악바위에 둘러싸여 시간·공간·소이연, 즉 언제, 어디서, 왜의 감각을 상실한 채 현재적 순간에만 집중하는 것이다. 모래에 깔린 수천 개의 작은 예술품을 바라보는 그 행위에만 나의 모든 의식이 집중되면서 무념상태로 빠져들었다. 내 등이 태양에 그슬려 너무 따갑게 느꼈을 때 나는 나의 선정禪定을

지나가는 사람들 때문에 숨는 모습

토끼바위

끝냈다. 그리고 사진작품을 위한 다음 장소로 이동하기 전에 잠깐 그늘에서 쉬었다. 다음 장소는 평평하고 막힌 데가 없었기 때문에 약간 위험성을 내포하고 있었다. 지나가는 사람들이 볼 수가 있기 때문이었다. 어느 한 시점, 하마다는 패닉상태에 사로잡혀 나에게 소리치면서 바닥에 엎드리라고 손짓했다. 그리고는 내 옷을 가지고 달려왔다. 나는 신속히 옷을 입었다. 곧 몇 대의 트럭이 관광객을 싣고 지나갔다. 운전사들은 지역사람들이었을 것이다. 나는 이동하면서 하마다의 지시를 잘 지켰다. 하마다와 계약할 때 그가 이메일에서 언급한 "비그 프러블럼"이라는 말의 범위를 난 잘 이해하지 못했다. 지역민이 자기가 누드의 이방인과 같이 있는 것을 보게 되면 어떤 문제가 생겨날까? 동네사람들의 까십에 오르내리는 인물이 될까? 그의 부인이 한동안 골 나 있을까? 종교적 계율을 어긴 벌을 받을까? 음란의 죄목으로 처벌을 받을까? 결국 이런 문제에 관해서는 아무 것도 모르는 것이 제일 좋은 것이다.

사진작업은 일몰 때까지 계속되었다. 유감스럽게도 낙타는 자기 동네로 돌아가야만 했다. 하루종일 먹지도 마시지도 못한 낙타는 지쳤을 것이다. 나는 이 여행을 위하여 700불이 넘는 대금을 지불했다. 낙타를 2일 동안 대여하는 비용이 포함되어 있었다. 그렇지만 나는 이 시점에서 더 무리한 요구를 할 수는 없었다. 원칙

공룡비늘 같이 생긴 바위밭

으로 말하면 나는 낙타를 24시간밖에 쓰지 못한 것이다. 하루 더 사용할 수 있는 권리가 나에게 있었다. 나는 우선 정말 어두워질 때까지 계속 셔터를 눌러댔다. 기실 대부분의 사진들은 별로 쓸모가 없었다. 아침햇살 같은 그런 싱그러움을 만날 길이 없었다. 나는 낙타를 떠나 보내는 것이 몹시 울적했다. 그러나 하루종일 작품사진을 찍은 탓에 나의 창조적 에너지도 고갈되어 있었다. 나는 다음날은 작업을 하지 않기로 결심했다. 오아시스 주변을 구경하는 것으로 만족하기로 했다. 정든 낙타와 헤어졌다.

다음날 아침 눈을 떴을 때는 해가 이미 중천에 있었다. 간단히 아침식사를 마친 후, 하마다는 나를 보다 다양한 이색적 장면으로 안내했다. 아주 커다랗고 회색인 바위더미들이 꼭 추락한 유에프오(비행접시)들처럼 보이는 그런 곳에도 데려갔고, 깊게 끌질 한 것 같은 바위조각들이 마치 공룡의 표면적의 비늘 같이 가지런히 놓여있는 필드에도 나를 데려갔다. 그리고는 사막 한가운데 깊은 곳에 자리잡고 있는 매우 특별한 작은 샘으로 나를 데려갔다. 그곳은 "아인 엘 세르우Ain el Serw"라고 하는 곳인데 보통 "매직 스프링Magic Spring"이라고 부른다. 그곳은 정말 만화에서 보는 오아시스의 전형처럼 보였다. 종려나무와 큰 풀들이 자라는 언덕이 있다. 그 언덕 위에서 정말 주변에는 아무 것도 없는데 물이 펑펑 쏟아져 나온다. 물이 분출되는 샘 아래로 여러 개의 작은 욕조처럼 생긴 풀을 만들어 놓았다. 그것은 계단식으로 연결되어 언덕의 바닥에까지 내려온다.

그 물은 나에게 그다지 매력적으로 보이지 않았다. 그 돌로 만든 풀의 내면이 조류로 덮여 있는데 그 조류로 인하여 물이 까맣게 보였기 때문이었다. 그러나 실상 그 물은 더러운 물이 아니었다. 아주 깨끗한 고귀한 물이었다. 하마다는 나 보고 그 안에 몸을 담그라고 권유했다. "깨끗한 물이오. 절대 샴푸는 사용하지 마시오." 좋은 충고였다. 하마다가 종려나무 그늘에서 점심을 준비하고 있는 동안, 나는 계단 풀 중에서 제일 상위의 풀에 들어가 앉았다. 신선한 샘물의 감촉이 전신을 상쾌하게 해준다. 그 욕조에서 광막하게 펼쳐지는 사막의 파노라마를 관망하는 사치는

아인 엘 세르우, 매직 스프링.

물웅덩이 3개가 연결되어 있는 모습. 내가 몸을 씻으면서 찍었다.

지상의 열락이라 말해야 할 것 같다. 위대한 샘물이었다!

이 특별한 샘은 "매직 스프링"이라고 불리는 특별한 전설을 지니고 있었다. 원주민들은 이 샘은 사람들이 접근할 때만 물을 낸다고 믿고 있다. 주변에 아무도 없을 때는 이 샘은 물을 거둔다고 한다. 원주민들은 이 샘이 살아있다고 믿는다. 인간들에게 생명을 주기 위하여 존재하는 생명체라고 믿는 것이다. 사막 한가운데서 솟아오르는 샘은 그 자체로 하나의 영원한 신비라 말해야 한다.

신비의 샘가에서 먹는 점심은 정말 맛있었다. 하마다는 샐러드를 준비했는데 매우 특별했다. 큰 가지를 통째로 호일에 싸서 불에 구운 다음, 그 익은 가지를 껍질만 남기고 다 후벼 파내어 마늘과 레몬과 올리브오일과 자극적인 푸른 고추와 함께 섞어 샐러드를 만들었다. 그리고 디저트로 먹은 석류는 가히 천상의 맛이었다. 보통 석류라고 하면 신맛만 연상이 된다. 그러나 이 석류는 내가 평생 맛본 적이 없는 오묘한 단맛이었다. 이 맛있고 탐스러운 과일이 고대 이집트에 있어서 풍요의 상징이었다는 사실이 놀랍지만은 않다. 그 기록은 기원전 1,600년경까지 올라간다. 석류는 파라오의 정원을 장식하는 데 필수였다.

점심을 먹고 그늘에서 한참을 쉰 후에 우리는 한밤을 지낼 다음 캠핑지로 이동했다. 이동중에 하마다는 나를 관광객들이 거의 방문하지 않는 특별한 곳으로 데려갔다. 그곳은 "엘 아가바트el Agabat"라 이름하는 계곡이었는데 나는 그곳의 높은 지대에서 일몰을 쳐다보았다. 내가 차에서 내려 순결한 모래언덕sand dune을 밟았을 때, 인간의 발자국이나 자동차의 바퀴자국이 전혀 없는, 짙은 태고의 선율을 그리는 모래물결이 선명하게 나의 시선을 자극한다. 그곳에서 아가바트 계곡의 파노라마를 훑어보는 순간, 나의 가슴은 뛰기 시작했다. 순결한 모래언덕의 아름다움은 사막의 핵심이다. 그 모래언덕이 유황색 절벽이 깎아지르고 있는 거대한 사암의 형상과 또 하부바닥으로 흘러내리는 하이얀 백악의 기슭과 조화되어 절대적으로 장쾌한 광경을 창조해내고 있었다. 그 장쾌함은 신 화이트 데저트의 광경보다 더 스펙타큘라했다. 더구나 일몰시의 색조는 이루 말할 수 없이 아름답고 평화로웠다. 후회 섞인 마음으로 나는 이렇게 스스로에게 반문했다: "왜 내가 일찍 이곳을 알지 못했던가? 이곳이야말로 나의 최고의 작품을 만들 수 있는 곳인데!"

그러나 이미 낙타도 가버렸다. 지금 사진을 열심히 찍어봐야 별 소용이 없었다.

엘 아가바트 샌드 듄

나는 엘 아가바트에 앉아있는 하마다의 스냅샷을 몇 장 찍어주었다. 하마다는 그것을 온라인상에 관광안내인 사진으로 쓰겠다고 했다. 나는 내가 다시 온다면, 이곳에서 무엇을 할 수 있을 것인가를 숙고하는 데 나의 사유를 집중시키고 있었다.

내가 화이트 데저트에서 찍은 작품사진에 관해 가장 불만스러운 측면은 모티프로 쓴 낙타의 색깔이었다. 나는 하마다에게 흰 색깔의 낙타를 요청했다. 그런데 그는 그 지역에서는 흰 낙타를 구경한 적이 없다고 했다. 그래서 나는 이집트로 떠나기 전에 나눈 그와의 이메일 교신에서, "정 흰색깔의 낙타를 구할 길이 없다면, 당신의 친구에게 가장 색깔이 옅은 놈으로 데려오라고 하세요. 모래색깔 정도라도 되는 놈, 그리고 코트가 부드럽고 단일한 색깔인 놈으로 골라주세요. 등에 꺼먼 털이 많이 난 혹을 가진 놈, 몸에 무슨 표지가 있는 놈, 그리고 입술이 늙은 낙타처럼 길게 늘어진 놈은 싫단 말예요."

그렇게 부탁했는데도, 모함메드가 데려온 낙타 두 마리는 짙은 브라운에다가 초라하고 작았다. 그들은 나의 화이트 데저트의 이상적 이미지와 들어맞질 않았다. 나는 내가 팀북투에서 보았던 털이 짧으면서 하이얗고 몸집이 거대한 단봉낙타에 꽂혀 있었다. 그리고 이집트의 스펙타큘라한 광경에 시각적으로 엄청 강렬한 이미지를 창출해낼 수 있는 낙타를 계속 생각하고 있었던 것이다. 흰 백악바위를 배경으로 하는 백악과 같이 흰 낙타, 그리고 강렬한 모래언덕물결은 시각적으로 위대한 이미지를 만들어 내리라고 믿고 있었다. 내가 왜 그러한 관념에 매료되었는지는 모르지만 아마도 그것은 모든 창조적인 작업에 종사하는 예술가들의 공통된 벽癖일 것이다. 예술가들은 합리적으로 설명될 수 없는 디테일에 매달린다. 그것은 당시 나의 집요한 벽이었다.

아가바트계곡의 일몰을 아무 작업 없이 쳐다만 보고 있는 나에게는 후회의 집념들이 몰아쳤다. 나는 다음날 아침 하마다에게 고맙다는 말을 하고 카이로로 날아갔다. 나는 카이로 시내의 주요한 관광지를 돌아보기에 편리한 곳에 아주 값싼 호텔을 사흘밤 예약을 해놓았다. 하룻밤을 그 호텔에서 지내고 난 후, 나는 예약을 취소하고 내가 예약할 수 있는 최고급의 5성급 호텔로 옮겼다. 카이로라는 도시가 너무 혼잡스러웠고 싼 호텔이 위치한 지역이 타히르 광장 주변의 중심가이긴 했지만 좀 안전치 못하다는 느낌이 들었다.

이 해 초에 대규모 민중데모로 축출된 전 대통령 무바라크의 재판을 둘러싼 항의데모가 또 벌어질 것이라는 풍문이 돌았다. 나는 나일강변의 아름다운 호텔의 옥상에서 수영장과 스파의 자쿠지jacuzzi 목욕을 즐기는 사치를 엔조이하고 있었지만, 흰 낙타와 엘 아가바트계곡의 오염되지 않은 선경仙境은 가물가물 나의 의식을 떠나지 않았다. 말을 타고 기자의 대피라미드의 위용을 보았다. 이집트 고고학박물관의 막대한 양의 보물들이 옛날 나무장 속에 켜켜이 쌓여 있었다. 이 모든 여정이 영화 『인디아나 존스』의 주인공이 보물을 캐러 떠나는 여로의 장면들과도 같았다. 나의 보물은 어디 있는가? 나는 결국 아무래도 또 다시 이집트에 오게 되리라는 것을 직감하고 있었다. 나는 그 사막에 다시 오게 되리라! 흰 낙타, 그 나의 보물을 다시 보기 위하여 나는 그 신비로운 사막으로 다시 오게 되리라!

엘 아가바트 샌드 듄

【제14송】

화이트 데저트에서 블랙 데저트로, 그리고 고된 시나이 여로

맨해튼에서 보낸 2012년 가을은 정말 빨리 지나갔다. 나는 이때 이집트와 요르단으로 다시 갈 것만을 구상하며 새로운 벤처를 준비하고 있었던 것이다. 나의 육신이 있는 곳에 나의 정신이 있질 않았다. 도시의 삶은 무의미하게만 보였다. 밖으로 외출할 때마다 왜 나는 꼭 엘리베이터라는 좁은 공간에 나를 실어야만 하는가? 트래픽이 막혀 오도가도 못하게 길 한복판에 갇혀 있을 땐, 왜 나는 택시미터에 올라가고만 있는 숫자를 쳐다보고 있어야 하는가? 사람들이 북적거리는 파티룸에서 왜 나는 그들과 마음에도 없는 얘기를 희희덕거리고만 있어야 하는가? 왜 철근콘크리트의 고층건물이 서있고, 아스팔트 깔린 대로들이 존재해야만 하는가? 왜 나는 내가 좋아하지도 않는 사람들을 즐겁게 해야만 하는가?

나를 둘러싼 환경이, 물리적이든 정신적이든지간에 모두 불필요한 것처럼 느껴졌다. 모든 것이 너무 과도한 것뿐이었다. 내가 여행할 동안 향유할 수 없었던 사치들, 맛있는 해산물요리라든가 끝없이 쏟아지는 더운물 샤워라든가 하는 것들이 나를 유혹하고 있음에도 불구하고 나는 끊임없이 화이트 데저트White Desert로 갈 꿈만 꾸고 있었다. 나의 작업이 진실로 무엇을 의미하는지 나 자신도 설명할 수 없었지만, 나는 일단 벌려놓은 일은 마무리해야 한다고만 생각하고 있었다.

2012년 10월 끝 무렵, 내가 사막으로부터 돌아온 지 불과 3주가량 되었을 때였다. 미국 동부사람들이 경험해보지 못했던 미증유의 슈퍼스톰Superstorm인 허리케인 샌디Hurricane Sandy가 뉴욕 심장부를 덮쳤다(1,400km 반경의 거대한 회오리바람으로 미화 700억 불의 손해가 발생하고 최소한 233명이 죽었다). 내가 나의 아파트 창문을 통하여, 이스트 리버East River의 물이 급증하여 맨해튼의 건물 사이를 휩쓸고 내가 살고 있는 아파트까지 침범하는 것을 물끄러미 바라보고 있는 동안에, 뉴욕도시 전체가 흑암 속에 침잠해 버렸다. 나는 허리케인의 광란에도 불구하고 그냥 잠에 취해 버렸다. 다음날 눈을 떴을 때, 나는 나를 둘러싼 모든 것이 고요하게 느껴졌다. 북적대는 주변의 사람들보다 나는 마음의 평정을 유지하고 있었다. 전기도 없었고, 수돗물도 나오지 않았다. 그리고 이 상태는 당분간 개선될 기미를 보이지 않았다. 그래서? 그래서 어쨌다는 것일까?

나는 사막에서 잘 훈련된 "반문명 베테랑"이었다. 밤에는 촛불을 켜고, 음식은 상할 것을 먼저 요리하고, 물은 절약할 수 있는 대로 절약한다! 이것은 이미 나의 정상적 생활의 일부였다. 나는 곧바로 다른 방식의 생활규범으로 돌아가고 있었다. 나의 사막체험은 도시적 삶에 대하여 내가 소중하게 지니고 있었던 이전의 관념들을 서서히 산산조각 내어버렸다. 내가 품어왔던 가치관은 실로 우물 속의 개구리의 비전 같은 것이었다. 우물 속의 세계가 내가 아는 유일한 것이고 최선의 것이라는 환상은 『장자』 「추수秋水」편 우화 속에도 잘 그려져 있다.

전기가 회복되자마자 나는 곧바로 사막에 가는 작업에 착수했다. 나는 우선 11월 16일부터 12월 16일까지 이집트에서 체류하는 한 달간의 여행스케쥴을 예약했다. 나의 계획은 우선 화이트 데저트로 가서 그 영역에서 흰색의 낙타를 찾아보고, 다음에 요르단의 와디 럼Wadi Rum으로 가는 것이었다. 그리고 버스를 타고 시나이까지 간 후, 그곳에서 나룻배를 타고 홍해the Red Sea를 건너 요르단으로 가는 것이었다. 이 계획을 나 혼자서 다 실행한다는 것은 매우 과감한 발상이었다. 이미 그곳은 여행경고지역이었다. 무바라크정권에 대한 2011년의 민중항거 이래로, 이집트의 정세는

화이트 데저트의 일몰 광경

매우 불안정했다. 무바라크는 사다트가 살해되고 난 후부터 집권하기 시작하여 자그마치 30년을 대통령직에 머물렀으나 그와 그의 친족통치는 부패할 대로 부패하여 민중의 저항을 초래하였다. 그는 2011년 2월, 18일간 계속된 민중의 데모에 의하여 퇴임당하였고 감옥에 갇혔다(2017년 3월 24일, 석방되었다. 우리나라 촛불혁명의 위대함에 미치지 못한다. 정확한 반성이 없는 것이다. 2020년 2월 25일, 육군병원에서 사망).

특히 시나이반도에는 정세가 더욱 불안했다. 이 지역을 할거한 이슬람과격분자들이 국경을 건너 이스라엘에 공격을 가하고 있었기 때문이었다. 나를 말리는 사람들에 대한 나의 논리는 이러했다. 내가 저자세로 다니고, 외국인 내음새를 피우지 않으면서 원주민들이 타는 지역교통수단을 활용한다면, 내가 테러리스트들에게 체포당할 가능성은 매우 낮다.

뭐 이런 생각을 하면서 또 한편 달리 생각해본다면, 서울 한복판에서 자동차사고로 죽거나, 뉴욕의 어떤 황당한 갱스터의 총에 당하거나, 어린아이가 쏘아대는 총에 맞거나, 이집트 시장의 어느 자살폭탄자가 단추를 누르는 그 순간에 내가 옆에

타쿠시, 화이트 데저트의 토끼바위를 바라보다.

서있거나 하는 가능성은 항상 동일한 수준의 확률인 것이다. 우리가 사는 세계는 어디든지 안전하지 않다. 인생이라는 것 그 자체가 요 정도의 위험확률을 항상 지니는 도박인 것이다.

이집트 2차여행에 관련하여 하마다와 다시 연락이 닿았다. 불행하게도 내가 그곳에 가있는 첫 이틀 동안은 그는 프랑스관광객들의 가이드노릇을 해야만 했다. 선약이 돼 있었던 것이다. 그는 나보고 관광요금을 따로 물지 말고 프랑스관광그룹에 따라붙으라고 했다. 나 또한 하마다와 다른, 별도의 관광약속이 되어있었다. 타쿠시라 이름 하는 젊은 일본인과 그의 친구를 위하여 내가 도착한 며칠 후부터 관광을 같이 하기로 약속을 정해놓았던 것이다.

타쿠시는 주駐카이로 일본대사관에서 인턴수련을 받고 있는 젊은이였는데, 암만에 있는 한 친구의 소개로 그를 알게 되었다. 타쿠시는 사막에서 생활을 했고 가이드와도 친분이 있는 나와 같은 사람을 알지 못했다면, 자기 혼자 화이트 데저트를 여행하는 계획을 세운다는 것은 꿈도 꾸지 못했을 것이다. 대사관에서 오래 일했지만 자기 생활의 루틴에서 빗나갈 생각은 하지 못하는 것이다. 타쿠시는 나와 함께 여행하는 것을 좋은 기회로 여겼다. 나 또한 그와 그의 친구를 데리고 간다는 것이 즐거웠다. 그리고 하마다에게는 이런 여행이 좋은 비즈니스거리가 되는 것이다. 그가 나를 위하여 진심으로 노력해준 성의에 나는 조금이라도 보답해주려 했다. 나의 계획은 이런 여행들을 하는 중간중간에 흰 색깔의 낙타를 찾아보는 것이었다. 그리고 요번 체류의 마지막 단계에서 흰 낙타와 기획했던 나의 작품사진을 찍는 것이다.

나는 이러한 나의 기획을 만족스럽게 생각했다. 왜냐하면 바하리야 오아시스 지역에 오래 머물면서 지역민들의 생활상과 사막의 생태계에 관하여 자세하게 알 수 있는 기회를 얻을 수 있기 때문이었다. 그리고 이 지역에 내가 한 달을 있는다는 것은 쉬운 기회가 아니었다. 그리고 모든 계획이 나의 재량권에 속한다는 것 또한 즐거운 일이었다. 어느 곳에 머물고 싶으면 진냥 머물 수 있기 때문이었다. 결국 나는 화이트 데저트와 바하리야에 열두 날을 머물렀다. 그런데도 시간은 놀랍게 빨리 지나가 버렸다.

사막을 여행한다는 것은 항상 새로웠다. 지루함이 있을 수 없었다. 하고 또 해도 지속할 수 있는 것이 사막의 삶이었다. 어느샌가 화이트 데저트는 나의 제2의 고향이 되어가고 있었다. 타쿠시와 그의 친구가 도착한 첫날 밤, 나는 그들을 모래 위의 캠프파이어에 둘러앉게 하면서, 마치 내가 그들을 나의 집 거실로 초대한 것과도 같은 기묘한 분위기에 젖어있었다. 사막은 나의 원초적 감정과 유리된 타자가 아니었던 것이다.

놀라웁게도, 그 지역에서 흰 낙타를 찾는다는 것은 헛수고였다. 실망이었다. 하마다는 나에게 어느 지역엔가 흰 낙타가 있다고 말하곤 했지만, 결국 그것은 그가 얘기를 들은 것이지 직접 목격한 것이 아니었다. 흰 낙타를 찾는다는 것, 무엇이든지 좀 희한한 것을 찾는다는 것은 바하리야 같은 곳에서는 엄청난 인내심을 요구하는 작업이었다. 하마다는 그의 친구들에게 흰 낙타에 관해 계속 문의해보았지만 그것은 소용없는 일이었다. 우선 통신수단인 전화가 믿을 수 없었다. 소통이 확실히 되지 않는 것이다. 가장 확실한 방법이란 몸으로 가서 확인하는 수밖에 없다. 대부분의 사람들이 쓰는 폰이 작은 노키아 셀폰인데 사막에선 잘 터지질 않았다. 셀폰 믿고 어디를 못가는 것이다. 일반적으로 사막에 사는 사람들은 전자기재에 삶을 의존하지 않는다. 셀폰이 있어도 가지고 다니질 않는다. 현대인의 도시생활에서는 이런 상황이라는 것은 무의식적으로 이미 상상할 수도 없는 것이 되어버렸다. 아침에 눈을 뜨자마자 스마트폰을 체크하고, 자기 전까지 마지막으로 하는 일과가 스마트폰의 문자나 영상을 확인하는 것이다. 도시의 삶은 우리를 스마트폰과 대화하는 요청에 종속되도록 만들어놓았다. 과연 우리가 스마트폰에 노예가 되는 것이 선진일까?

흰 낙타를 찾는 수고의 궁극적 결과와 무관하게, 무엇을 그렇게 몸으로 찾는 과정 그 자체가 진실로 새롭고도 신선한 체험이었다. 인터넷을 두드려 도어 투 도어로 물건을 배달받는 요즈음 세상! 아파트 문밖을 나갈 필요도 없고, 누구와 얘기할 필

바위티 시가. 오래된 지역으로 그래도 품격이 있다.

요도 없다. 그러나 아직도 아프리카대륙에서는, 내가 찾는 사람을 알고있는 사람들을, 몸으로 찾아나서야 한다. 그리곤 그들과 긴 이야기를 나누어야 하고, 때가 되면 그들 집안으로 끌려들어가 밥도 같이 먹어야 한다. 그리고는 교외 어딘가에 있는, 낙타를 기르는 사람 집을 알아낸다. 그리고 그 사람이 흰 낙타를 한 마리 혹은 두 마리 정도 기르고 있다는 정보를 얻어낸다.

바하리야 지역의 메인 읍내격인 바위티Bawiti는 놀라웁게도 인구가 2만 정도나 되는 상당히 큰 타운이었다. 나의 개인적 체험에 비추어 말하자면, 요르단 와디 럼 빌리지 인구의 열 배가 넘는 큰 사이즈였다. 바위티의 중심가는 내가 생각하는 "모던"의 개념을 뛰어넘었다. 고층의 건물들과 포장된 도로, 그러나 도로의 외변은 모래와 먼지로 뒤덮여 있었다. 레스토랑과 상점들, 그리고 호텔도 있었다. 나머지는 세멘 벽돌로 지은 단순한 주거형태였다. 요르단의 집들과 대동소이했다. 집에 들어가면 먼저 손님을 맞이하는 거실이 있다. 나는 여성이지만 외국인이기 때문에 그들과

처음에 발견한 옅은 색깔의 낙타. 좀 어리다.

함께 앉아있을 수 있다. 이야기는 하마다가 했기 때문에 나는 고요히 앉아 있기만 했다. 이틀 동안 차를 몰면서 사람들을 방문하여 낙타에 관하여 문의해보았지만, 바위티 타운에서는 단 한 마리의 낙타도 목격할 수가 없었다.

종국에 우리는 두 개의 다른 장소에서 두 마리의 옅은 색깔의 낙타를 발견할 수 있었다. 첫 번째 낙타는 모래색깔의 어린 낙타였다. 단지 몇 개월밖에 되지 않았는데, 노리끼리한 브라운색깔의 털이 온몸을 덮고 있었다. 그 낙타는 비교적 하얗게 보였지만, 그것은 기실 우리에 있는 나머지 낙타들이 브라운 아니면 검정색에 가까웠기 때문이었을 것이다. 우리는 계속 이동하다가 두 번째 낙타를 만날 수 있었다. 아주 작은 성년이었는데, 크림색과 모래색조의 낙타였다. 그런데 그 낙타는 매우 슬프게 보였다. 성년이 되기 위해서 너무 고생을 한, 혹조차 짜부라들은 것을 보면 영양실조에 시달린 작은 낙타였다. 암놈이었는데, 낙타라기보다는 라마에 가까웠다. 그리고 성격도 험상궂었다. 어찌 되었든 당시 나로서는 선택의 여지가 없었다. 그래서 하마다에게 어떻게 이 낙타를 빌릴 수 있는지를 상담해보라고 했다.

보통 검은색깔의 낙타

하마다는 주인에게 의논해보았지만 그것은 헛수고였다. 주인은 애당초 자기 낙타를 팔거나 렌트할 생각이 전혀 없었다. 하여튼 주인이 우리에게 자기의 낙타를 대여해줄 생각이 전혀 없음에도 불구하고 이 기나긴 탐색의 여정을 밟았다는 것 자체가 매우 이상했다. 그러나 발로 뛰는 세상에서는 이런 식의 미스커뮤니케이션은 다반사였다. 그래서 인생의 희비가 있는 것이 아닐까?

나는 바하리야에서 이미 일주일 이상을 보냈다. 그렇지만 나는 내가 온 목적을 달성할 수 있는 희망은 다 잃어버렸다. 그때였다! 바위티로 돌아가기 위해서 사막의 주간선 길을 타고 갈 때였다. 나는 창밖으로 지는 해를 바라보고 있었다. 그곳이 바로 블랙 데저트Black Desert라고 하는 곳이었다. 지역민들이 블랙 데저트라고 부르는 곳은 바하리야 오아시스에 인접한 지역인데 그곳은 원추형의 언덕들이 계속 연접해있었다. 그 원추형의 언덕들은 까만 화산재와 바위로 덮여있었는데 마치 상상의 하데스Hades(지옥)에서 바라보는 랜스케이프와도 같았다. 원추형의 봉우리

낮에 본 블랙 데저트 광경. 이것도 가히 환상적이다. 미불의 그림을 연상시킨다.

끝은 완전 새까만 껌댕이 색깔인데, 아래로 내려오면서 황금빛의 모래색깔로 변해간다. 그리고 중간중간에 산화철분의 붉은 색깔이 비친다.

일상적 내 인식 속에서는, 블랙 데저트라는 것은 화이트 데저트와 바하리야를 왔다갔다 할 때마다 지나쳐야만 하는 장소일 뿐이었다. 그러나 그때 그 순간, 블랙 데저트의 장엄한 기운이 나의 인식의 전환을 가져왔다. 결국 아름다움이란 "만남"이다. 기와 기의 만남, 객체의 기운과 주체의 기운이 만나는 데서 성립하는 순간이다. 해가 가라앉고 몇 분 지나 만공산의 보름달이 개성이 뚜렷한 봉우리들 사이로 솟아오를 때, 안개 자욱한 블루와 핑크가 하늘 위로 쫙 깔린다. 그것은 중국 북송의 화가 미불米芾, 1051~1107(조상은 서역 미국米國 사람. 호북湖北 양양襄陽 사람이다. 서법에도 뛰어났다. 채양·소동파·황정견과 함께 송사가宋四家로 불린다)의 그림을 실제로 바라보는 것과도 같았다. 미불은 안개가 짙게 깔린 중국 남방의 랜스케이프를 묽은 먹물의 굵은 붓질로 과감하게 표현해내었는데, 그가 그린 산들의 모습이 대강 내가 보고 있는 광경과도 같았다. "미점米點"이라는 말이 있듯이 점묘를 통해 안개 위로 솟은 원추형의 산들을 툭툭 찍어놓았다. 그 미점산수米點山水와도 같은 광경이 너무 매혹적이었기 때문에 순간 나는 소리쳤다: "흰 낙타는 잊어버리자! 세 마리 까만 낙타가 필요해! 저 블랙 데저트와도 같은 블랙 낙타면 충분해!"

다음날, 우리는 당장 사진작업에 착수했다. 블랙 데저트에서 세 마리의 블랙 낙타와 함께 사진을 찍는 작업을 수행하였다. 만족할 만한 작품들이 몇 개 나왔다. 나의 원래 일정이 요르단여행을 포함하고 있었다. 이집트에서 만족할 만한 작품이 나왔기 때문에 나는 일단 요르단으로 갈 생각을 했다. 그렇지만 나는 하마다에게 화이트 데저트에서 화이트 낙타와 작품을 만드는 계획을 포기하지 않았으며 그 기획을 위해 비용을 지불할 용의가 있다고 말했다. 그러자 그는 여러 군데 전화를 했다. 하는 척만 했을지도 모르지만. 그러나 결국 나에게 좋은 결과가 나왔다고 일러주는 것이었다. 수단으로부터 흰 낙타 한 마리를 사올 수 있는데, 자기에게 1만 이집트파운드를 지불해야 한다고 했다. 당시 그 돈은 미화로 1,600불에 해당되는 돈이었다(지금은 이집트 경제가 급추락하여 환율상 600불밖에 되지 않는다. 그러나 당시 나는 이 거액의 돈을 지불해야 했다). 낙타값과 운송비, 사료비, 보살피는 비용을 포함한다고 했다. 나는 속마음으로 이렇게 생각했다: "하마다가 가격에 관해서는 좀 거짓말을 하고 있을지도 모르지만, 요번 여행을 통해 저 친구는 나에게 최선을 다했잖아. 내가 원하는 낙타를 데리고 있기 위해서는 하마다는 그 돈이 필요할지도 몰라!"

나는 요르단에서 가장 싼 낙타의 가격이 미국돈 800달라를 소요한다는 것은 확실히 알고 있었다. 그러니까 하마다의 가격이 그렇게 뻥튀기 된 것은 아니라고 나는 생각했다. 그의 말을 믿고 나는 그 돈을 그에게 주었다. 그리고 카이로로 돌아갔다.

내가 전에 묵었던 5성급호텔인 켐핀스키 나일Kempinski Nile에서 하룻밤을 지내면서 더운물 목욕에 몸을 푸욱 담궈 사막의 때를 벗겨냈다. 기운을 다시 차리고 타쿠시를 만나 카이로에 있는 최고급 정통일본스시야에서 정교한 일본요리를 즐겼다. 다음날, 나는 히잡을 쓰고 어두운 썬글라스로 얼굴을 가린 채 로컬 버스정류장으로 갔다. 그리고 시나이반도의 홍해변The Red Sea coast에 있는 누웨이바Nuweiba로 가는 버스를 수소문하였다. 버스가 가득찬 파킹장 안에 작은 사무실이 있었는데, 거기서 누웨이바행 버스 티켓을 사자마자 누군가 나를 급히 버스로 밀어올렸다. 막 떠나는 버스에 운좋게 올라탈 수 있었던 것이다.

그것은 진실로 7시간이나 걸리는 고된 여행이었다. 그러나 나중에 알고보니 결국 9시간 여행이었다. 버스는 새것은 아니지만 그냥 그런대로 정상적인 버스였다. 그런데 모든 좌석이 비닐포장으로 덮여있었다. 산 지 몇 년이 됐을 텐데도 아직도 포장지를 벗기지 않은 것이다. 한때 중국소년소녀들이 썬글라스 한가운데 붙은 가짜외국상표를 떼지 않고 다니는 광경과 유사했다. 버스는 거의 만석이었다. 나는 후미의 윈도우쪽 좌석을 차지하고 나의 백을 오른쪽 빈 좌석에 놓았다. 아무도 내 옆에 앉지 못하게 하기 위한 것이었다. 나는 유일한 여성이었고, 또 유일한 외국인이었다. 내가 외국인이라는 것은 어떻게 히잡을 둘렀든지간에 결국 알아차린다. 가득찬 로컬 남성들에게 둘러싸인다는 것은 좀 공포스러웠다. 그러나 나는 다음과

블랙 데저트에서 블랙 낙타 세 마리와 찍은 나의 작품. 고생 끝에 얻은 만족할 만한 작품이었다.

같이 다짐하면서 내 신경을 안정시켰다: "이런 지역 버스가 관광버스보다는 테러리스트에게 당할 기회가 적을 거야." 하여튼 전 여행기간을 통해 한 사람도 나에게 말을 걸지 않은 것은 행운이었다. 돌이켜 생각해보니 나의 행동은 심히 웃기는 구석이 있었다. 9시간 동안 나는 버스 안에서 단 한 순간도 썬글라스를 벗지 않았다.

카이로의 혼잡한 트래픽을 벗어나자마자 나타난 하이웨이의 모습은 너무도 황량했다. 홍해는 시나이반도를 두고 양쪽으로 갈라져 있다. 우선 카이로로부터 수에즈까지 간다. 수에즈 캐널은 지하터널로 지나간다. 그리고 수에즈로부터 아카바 걸프에 있는 타바Taba까지 모세가 이스라엘민족을 이끌었다는 시나이반도를 지나가야 하는데 그 여정은 진실로 매우 단조롭고 메마른 불모의 땅이었다. 시나이사막을 건너는 데는 정말 모래와 먼지, 그리고 좀 높은 평원지대 외에는 볼거리라고는 아무것도 없었다. 사막의 볼 만한 산이라든가 독특한 바위형성 같은 것이 전혀 없었다. 루트35는 시나이반도의 가운데 허리를 거의 직선으로 가로지르는데 구

의자가 비닐로 덮여있는 버스

약성서에 나오는 독특한 영험스러운 산의 광경이 없는 곳만을 지나가고 있었다.

여행의 가장 어려운 점은 에어콘이 없고 먼지가 밖으로부터 심하게 유입된다는 것 이외로도 차가 심하게 덜덜거린다는 것이었다. 하이웨이라는 것이 전혀 보수가 되지 않아 여기저기 깨진데다가 사막으로부터 날아온 돌과 모래로 덮여 있었다. 게다가 대부분의 남자들이 버스 안에서 고약한 냄새가 나는 담배를 피고 있었다. 장시간 담배연기와 덜덜거림 속에 있는다는 것이 나를 괴롭혔지만, 그보다 더 괴로웠던 것은 차가 휴게소에서 멈추질 않아서 오줌보가 터질 정도로 몇 시간 소변을 참고 있었다는 것이었다.

버스가 한 검문소에서 멈추어야만 했을 때, 무장한 경찰관이 버스 안으로 들어와 모두에게 아이디를 요구했다. 나는 한 경찰관에게 내 패스포트를 건네주었는데 그 경찰관은 검문소 옆에 있는 빌딩 안으로 나의 여권을 들고 들어가 버렸다. 또 한 명의 경찰관은 운전사에게 짐칸을 열게 하더니 모든 승객의 짐을 밖으로 다 끌어내었다. 몇 승객은 버스에서 내려서 그들의 짐을 조사받아야 했는데, 대부분이 담요

버스 안에서 본 시나이 광경

같은 것들이었다. 꼴을 보니 쉽게 떠날 것 같지 않아, 나는 버스에서 뛰쳐나와 한 경찰관에서 "하맘hamam, 하맘hamam" 하면서 급하다고 소리쳤다. 그 경찰관은 알았다고 고개를 끄덕이더니 다른 경찰관을 시켜 빌딩 안으로 나를 안내했다. 그리고 변소를 가리켰다. 나는 다시는 나의 패스포트를 돌려받지 못하리라는 공포감, 그리고 소변을 누고 있는 동안에 버스가 그냥 떠나버리면 어쩌나 하는 불안감에 시달리면서도, 눌 것은 누고 봐야지 하고 시원하게 방광을 비웠다.

내가 버스로 막 뛰어 돌아왔을 때, 나는 패스포트를 돌려받을 수 있었다. 가짜 경찰들은 아니었던 것이다. 그리고 버스는 20분 가량을 더 머물러 있었다. 모든 사람의 짐을 자세히 조사하고, 운전사를 건물로 데려가 길게 심문하는 것을 보면 경찰관들이 무엇인가 특별한 정보에 따라 구체적인 것을 찾고 있는 듯했다. 그게 뭘까? 그 순간 의구의 념이 내 의식을 불현듯 스쳐지나갔다: "버스 안에 폭탄이 장착된 것은 아닐까?" 그러나 그 순간 또 나는 하마다의 말을 생각해냈다: "상업적 버스 드라이버들 가운데 아편 밀수를 해서 돈버는 사람이 많아요." 그러나 드디어 버스는 출발하였다. 나는 안도의 한숨을 내쉬었다. 나는 나 자신에게 말하고

나킬 인 호텔. 그곳 개와 함께 필자.

있었다. 그들이 찾고 있었던 것은 폭탄이 아니라 짐 속에 숨겨진 아편이었다고.

우리의 버스가 드디어 시나이반도의 동쪽 끝인 타바Taba에 도착했을 때는 이미 해가 진 후였다. 타바는 아카바 만의 가장 내륙의 해변에 위치하고 있는데, 타바에서 아카바 만 해변을 따라 밑으로 다시 내려가야 한다. 낮이었다면 아카바 만의 홍해물결이 보였겠지만, 모든 것이 어두워 아무것도 보이질 않았다. 아카바 만을 따라 내려가는 해변도로에는 심한 바람이 휘몰아치고 있을 뿐이었다. 우리 버스는 최종목적지인 누웨이바에 도착했다. 요르단에서 본다면 타바가 더 가깝지만 요르단 가는 페리가 누웨이바에서만 떠나기 때문에 누웨이바까지 왔어야만 했던 것이다.

9시간의 여행과 차멀미 끝에 나는 심신의 기운이 다 닳아빠진 걸레쪽지가 되어 있었다. 그러나 아직도 나는 릴랙스할 수가 없었다. 나는 나킬 인Nakhil Inn이라고 부르는 호텔에 방 하나를 인터넷으로 예약해놓았다. 나는 그들에게 전화를 걸어 그 호텔이 지정하는 택시를 보내달라고 했다. 새카만 밤이었고, 연약한 여성인 내가 아무 택시나 올라탈 수도 없는 노릇이었다. 위기는 엉뚱한 곳에 도사리고 있으니까.

드디어 호텔에 도착했을 때, 그곳은 완전히 새로운 하나의 파라다이스였다. 그들은 나를 위하여 특별한 만찬을 그 자리에서 만들어주었는데 살아있는 싱싱한 오징어요리는 일품이었다. 나는 지금도 그 감격을 생생하게 기억하고 있다.

복층으로 된 나의 방

나의 방은 독립된 통나무집이었는데 높은 천정에 널찍한 복층 로프트에 침실이 자리잡고 있었다. 침대로 가기 위해서는 계단을 올라야만 한다. 1층의 거실에는 정원으로 열리는 슬라이딩 유리창이 있었는데 문을 열어두면 아주 호의적인 개 한 마리가 들락거렸다. 길고 긴 잠을 늘어지게 자고 일어났을 때 충격적으로 아름다운 광경이 아침햇살과 함께 들어왔다. 눈을 뜨자마자 내가 목도한 것은 창문에 비친 바닷물결의 푸른 색조였다. 나의 캐빈 바로 앞에 나만의 개인 비치가 있는 것이 아닌가! 나는 이곳을 비우고 그냥 떠날 수가 없었다. 아침식사도 매우 정중했고 일부를 나는 그곳 고양이와 나누어 먹었다. 하루를 더 머물면서 해변을 마음껏 즐기기로 했다. 수정 같이 맑은 물과 조약돌로 덮인 요 작은 해변이야말로 내 생애에서 잊을 수 없는 추억을 안겨준 소중한 장소였다.

나의 방 앞 비치, 아카바 만.

【제15송】

사하라사막에서 아라비아사막까지 가깝고도 먼 길, 사라져버린 유목민의 삶

내가 아카바 만 이집트 사이드의 작은 해변에 발을 담그게 된 것은 진실로 완벽한 하나의 우연적 사태였지만, 이 누웨이바의 해변에서 나는 예기치 못한 하나의 새로운 의식의 전환을 체험했다. 나의 삶을 괴롭히는 매우 심오한 공포증세가 하나 있었는데, 그것이 바로 바다를 두려워하는 것이었다. 나는 이 바다 포비아 증세를 이곳 작은 해변에서 비로소 극복할 수 있었다. 어렸을 때부터 이상하게 자꾸 반복되는 악몽이 하나 있었다. 바다 속을 들여다보면서 아주 화려하고 다양한 색깔의 산호와 물고기들을 본다. 아마도 이러한 꿈을 꾸게 된 것은 텔레비전의 자연다큐프로그램에서 영향을 받았기 때문인 것 같다. 그런데 나는 점점 바다 속 깊은 곳으로 빠져들어 간다. 그리고 패닉상태에 빠져 땀을 흘리고 숨을 헐떡이며 깬다. 사람들은 나에게 왜 그토록 아름다운 바다를 공포스럽게 생각하느냐고 묻곤 한다.

아마도 지금 생각해보면, 어린 시절의 나에게 그 광막하고 황량한 다른 세계에 대한 막연한 공포가 짙게 나를 짓눌렀던 것 같다. 아무리 다양한 형태의 생명이 살 수 있다 하더라도 인간이 살 수 없는 곳, 화려하면 화려할수록 그 세계는 어린 아이에게 더 무섭고 공포스러운 그 무엇으로 감지되었던 것 같다.

시나이의 그 해변에서 보낸 첫날, 나는 용기를 모아 스노클snorkel을 쓰고 바다 속을 들여다보기로 했다. 스노클을 쓰면 깊게는 못 들어가도 표면에서 바다 속 광

시나이의 해변. 아름다운 산호초가 많기로 유명하다.

경을 체험할 수 있다. 그런데 그 아카바 만의 바다는 어찌나 깨끗하고 투명한지, 시감도가 너무도 좋아 바다 바닥까지 다 선명하게 보였다. 호텔 소속의 잠수선생이 그날 마침 할 일이 별로 없었기 때문에, 바다 속에서의 나의 활동을 잘 도와주었다. 그가 내 손을 잡고 산호초에 가깝게 갔을 때는 무서움이 엄습하기도 했지만 매우 새로운 체험이었다. 시나이 반도는 육지상으로는 마른 땅 사막이다. 그러나 바다 속으로 들어가기만 하면, 온갖 생명으로 충만한 숲으로 변해버리고 만다. 내 인생에서 처음으로 들여다보는 바다의 세계, 한 곳에 그토록 다양한 물고기들이

나킬 인의 너무도 훌륭했던 아침밥

나킬 인Nakhil Inn

히피 캠프

밀집해있는 것을 바라보는 것은 문자 그대로 생명의 축제였고 환희였다. 나는 너무도 환상적인 광경에 사로잡혀, 홍해 전체에 대한 깊은 매력을 느끼게 되었다. 그래서 그만 모든 관광객들이 필수적으로 방문하는 성 카타리나 수도원St. Katherine's Monastery(AD 330년경 로마 콘스탄티누스대제의 모친 헬레나가 세운 건물이 모체가 되어 생겨난 수도원. 초대교회의 모습이 그대로 보존된 거의 유일한 수도원이다. 모세가 야훼를 만난 불타는 덤불도 이곳에 있다) 관광도 빼먹고 하루종일 바닷가에 머물렀다.

이날 저녁, 나는 이 근처에 일종의 히피 커뮤니티 같은 것이 있다는 소리를 듣고 그곳을 찾아나섰다. 그것은 실상 일종의 투어리스트 캠프였다. 라스 샤이탄Ras Shaitan이라는 이름이 붙어 있는데 "악마의 머리"라는 뜻이다. 캠프 그라운드 내의 지형에 바다로 돌출한 부분의 바위모양을 본뜬 이름이라 한다. 이것은 단순한 투어리스트 캠프라고 말할 수는 없을 것 같다. 많은 관광객들이 2·3일 묵다가 그냥 좋아서 몇 달씩 묵게 되곤 하여, 자연스럽게 일종의 공동체를 형성한 것이다. 재미있게도 이 공동체는 이집트 남자와 결혼한 한 이스라엘 여인에 의하여 운영되고 있었다.

해가 가라앉을 무렵, 나는 그곳에 당도했는데, 옥외의 중심 라운징 에어리어에는

히피 캠프 라스 샤이탄. 중간에 바위가 돌출해있는데, 그 모습을 "악마의 머리"라고 부른다.

지역의 토착민 베두인들과 외국인들이 캠프파이어 주변으로 둘러앉아 음악을 연주하고 해쉬쉬를 피우고 있었다. 나는 그곳으로 매우 자연스럽게 편입이 되었다. 음악의 낌새를 영어로 "바이브스vibes"라고 하는데, 그 바이브스가 아주 유니크하고 정통적 히피 분위기를 풍겼는데, 특징이라고 한다면 로칼 시나이 베두인문화와 서양의 히피문화가 혼합되어 있다는 것이다. 그들은 돌려 피우는 해쉬쉬 꽁초를 나에게 건넸으나, 나는 정중하게 사양했다. 이 캠프에서 일어나는 일들을 나는 내 취향의 분위기는 아니었지만, 재미있게 관찰했다. 그리고 생각했다. 언젠가 나는 이곳에 돌아와 며칠을 머무르리라. 전기가 안 들어오는 물가의 한 외딴 오두막에서.

다음날, 나킬 인의 직원 한 사람이 나를 부둣가의 페리 정거장으로 데려다 주었다. 나는 부둣가 창고를 개조해서 만든, 오래된 나무 벤치들이 즐비하게 널브러져 있는 거대한 텅 빈 정거장에서 몇 시간을 기다려야만 했다. 내가 큰 페리선에 올라탔을 때는 이미 해가 가라앉고 있었다. 내가 올라탄 것은 불행하게도 급행이 아닌 완행 페리였다. 일거리를 구하기 위해 요르단으로 가는 이집트 노동자들이 가득 탄 완행! 낯선 남자들만이 나를 째려보는 듯한 광경이 나를 불편하게 만들었다. 그 여객선

누웨이바의 선착장 대합실

에는 여자라고는 거의 없었던 것이다. 페리가 요르단의 아카바에 도착하기 얼마 전, 평복을 입은 어떤 중년의 사람이 나에게 나의 패스포트를 달라고 요청했다. 비자를 받고 입국절차를 밟기 위해서는 패스포트가 필요하다는 것이다. 그것은 너무도 갑작스러운 요구였기에 나는 무심결에 나의 여권을 건네주었다. 그랬더니 그 사람은 자취 없이 사라졌다. 페리가 아카바에 당도했을 때, 나는 그를 찾을 수 없었고, 나는 극심한 공황상태에 빠지고 말았다. 내 패스포트를 가지고 간 사람은 보이지 않았고, 모든 사람들이 페리에서 하선하기 시작했다. 누군가 나에게 여권은 절대로 상대방이 공식 요원이라는 것을 확인하기 전에는 건네주어서는 안된다고 말했을 때, 사태는 이미 돌이킬 수가 없었다.

나는 모든 승객이 다 하선한 후에 가장 늦게 나갔다. 나는 체크 포인트에서 저지당했을 때, 나의 사정을 담당관에게 설명했다. 그랬더니, 그 중 한 사람이 사라졌다. 그리고 몇 분 후에 그 사람은 손에 나의 여권을 들고 나타났다. 그 여권에는 비자가 찍혀 있었고 입국심사 도장도 찍혀 있었다.

의심과 고마움이 엇갈리는 한숨을 내쉬면서 나는 힘없이 파킹장으로 나아갔다. 칼리드 무살렘이 자기의 하얀 4륜구동 토요타를 가지고 날 기다리고 있었다. 토요타는 나를 싣고 곧바로 와디 럼으로 달려갔다. 이집트의 사하라로부터 요르단의 아라비아사막까지, 뭍으로 바다로, 나는 나의 여정을 기획대로 완수했던 것이다.

요번 와디 럼에서의 나의 일정은 칼리드의 소관이었다. 칼리드는 나의 첫 번째 가이드였던 아우데Aude의 이복형제 들 중에서 가장 어린 사람이었다. 내가 뉴욕에 있을 동안, 나는 25살의 좀 맹랑한 성격의 청년인 칼리드와 교신을 했다. 그가 그나마 친절했고 이야기하기가 가장 편했기 때문이었다. 그는 유럽, 미국, 오스트레일리아 등지로부터 오는 젊은 관광객들을 많이 상대해왔기 때문에 영어도 곧잘 했고, 서구문화에 감각이 있어 보였다. 우리는 스카이프로 교신했는데, 맨해튼에서 아라비아사막 한복판의 베두인과 얼굴로 마주보며 화상통화를 할 수 있다는 것이 참 진기하게 느껴졌다. 내가 있는 곳을 보여줄 수도 있었다. 어느날, 채팅하는 중에 칼리드는 나에게 미국에서 물건을 하나 가져다 달라고 요청했다. 그는 카메라 앞에 짙은 핑크 잠바에 붙은 노스페이스 로고를 내보이며, 나에게 같은 브랜드의 잠바를 하나 사달라고 했다. 지금 자기 것 칼라가 너무 여성적이라서 싫다는 것이다. 아라비아사막 한가운데 있는 베두인 청년으로부터 그와 같은 고급 브랜드의 옷에 대한 투정을 듣고, 또 새로운 칼라의 구매를 부탁받는 비디오 채팅을 하고 있다는 것 자체가 믿기 어려운 기묘한 일이었다. 그런데 그것이 무살렘 패밀리로부터 받은 유일한 부탁이 아니었다.

칼리드의 부자 형 살렘도 나에게 특정한 독일 브랜드 차이스 쌍안경Zeiss binoculars을 하나 구매해달라고 부탁했다. 그런데 차이스 쌍안경은 미국돈으로 1,000불이 넘는 고가품이다. 그런데 그는 내가 미국을 떠나기 전에 사우디아라비아로부터 정확한 액수의 돈을 은행을 통해 송금해왔다.

이것은 무엇을 의미하는가? 내가 흰색의 낙타를 찾고, 블랙 데저트에서 작품사진을 만들고, 시나이반도를 횡단하고, 홍해를 건너는 기나긴 여정 내내, 그놈의 차이스 쌍안경과 검정-회색 칼라의 노스페이스 등산잠바를 오리지날 포장상태로 모시고 다녔다는 것을 의미했다. 그런 부탁을 받고 또 그 물건들을 모시고 다니는 것은 한없이 귀찮은 일이지만, 내가 그들에게 의존하고 있는 한 그들 베두인을 위하여 성의를 표시하는 것은 나의 의무라고 생각했다. 드디어 칼리드는 새 재킷을 손에 넣을 수 있었다. 그는 기뻐 날뛰었다. 나는 그 대금을 받지 않았다. 그냥 선물한 것이다. 살렘 또한 그의 새 장비에 너무도 흡족해했다. 재미있게도, 베두인들은 선물의 가격을 꼭 묻는다. 칼리드는 자기 재킷이 150불이라는 것을 알고는 그의 가족과 친구들에게 계속 자랑해댔다. 물론 가격을 빼놓지 않고 말하면서.

와디 럼에서의 한 주일간 나는 빌리지(읍내)에 있는 칼리드의 집에서 머물렀다. 칼리드는 자기 엄마와 같이 살고 있었는데 그녀는 고인이 된 무살렘의 첫째번 부인이다. 그녀는 그녀가 낳은 막내아들이 25살이니까 생물학적 나이는 60대 말이나 70대 초가 될 것임이 분명한데, 실제로 80대 말의 할머니처럼 보였고, 이빨과 시력을 다 잃었다. 그래서 그녀는 하루종일 집에 머문다. 가벼운 집안일 이외로는 별로 하는 일도 없이. 칼리드는 결혼하지 않은 유일한 자식이기 때문에 아직도 엄마와 함께 산다. 칼리드는 나에게 그의 방을 쓰라고 내주었다. 전형적인 소년의 방이었다. 어질러진 물건더미와 빨지 않은 블랭킷들, 그런데 이 소년의 방에는 널찍한 쇠침대가 자리잡고 있었다. 칼리드는 어디론가 딴 곳에서 자는데, 어딘지는 내가 알 길이 없다. 칼리드는 매우 활동적인 젊은 친구라서 집에 잠시도 붙어있지 못하고 들락날락거렸다. 그래서 나는 홀로 집에 오래 머물러있을 때가 많았다. 그럴 때는 도대체 무엇을 해야할지 몰랐다. 그런 지루함의 와중에 내가 발견한 것은 도기로 된 세면대의 케케묵은 때를 문질러 벗겨내는 일이었다. 모든 베두인의 가정에는 세면대가 변소 속에 있질 않다. 반드시 변소 밖의 공동공간에 세면대가 놓여있는 것이다. 부엌에 있는 금속의 싱크대의 때를 벗기는 것도 킬링타임의 좋은 방편이었다.

나는 나의 청소의 결과에 대해 만족감을 느꼈다. 그 도기는 브라운이 아니라 새하얀 것이었고, 메탈은 둔탁한 알루미늄이 아니라 빤딱빤딱한 스테인레스였다.

내가 공을 들인 이런 작업은 내가 떠난 후에는 아무런 의미가 없으리라! 그러나 그게 뭔 상관이랴! 내가 씻고 요리하는데 깨끗한 그릇을 쓸 수 있으니 됐지. 베두인 여자들이 음식을 만드는 것을 관찰한 후에 나는 그 패밀리 사람들을 위하여 디너를 만들어주겠다고 공언했다. 나는 사실 부모님대로부터 물려받은 재능과 다양한 문화체험 때문에 쿠킹에 관하여는 좀 특별한 조예가 있다. 맨해튼 사교계에서도 나의 쿠킹은 정평이 있다. 나의 디너에는 칼리드와 살렘, 둘째 부인 소생인 아우데와

내가 만든 디너. 왼쪽으로부터 시계방향으로 살렘, 아흐마드, 아우데, 컴퓨터 만지고 있는 칼리드. 여자들은 뒤에서 따로 먹는다. 여자들은 사진 찍을 수 없다.

아흐마드, 그리고 그들의 부인이 초대되었다. 그냥 평범한 자료들이었지만 아무래도 요리감각이 다를 수밖에 없었다. 냉동 통닭을 녹여 마늘에 볶은 다음 토마토 소스에 넣고 끓이는데, 감자와 당근, 그리고 푸른 호박도 같이 넣어 오래 끓인다. 그리고 쌀이 맛이 없기 때문에, 얇고 짤막한 스파게티 누들 스트립을 기름과 소금에 볶은 다음 거기에 물을 붓고 쌀과 같이 끓인다. 하여튼 최종산물은 정말 맛이 있었고 깔끔했다. 모든 사람들이 엔죠이했다. 그리고 그들은 내가 "아주 훌륭한 요리사"라고 칭찬하며 정말 놀랍다는 표정을 지었다. 요리는 장난을 안 치고 소박하게 만드는 것일수록 상품이다.

물론 쿠킹과 클리닝이 와디 럼 한 주간에 내가 한 일의 전부는 아니었다. 요번 여행에는 칼리드가 나를 그의 토요타에 태우고 사막의 다양한 배경을 맛보게 해주었다. 그리고 며칠은 밖에서 야영도 했다. 그리고 그는 나를 데리고 사냥도 다녔다.

다행스럽게도 아이벡스(산악지대의 뿔이 큰 염소)를 죽이는 일은 없었다. 내가 아우데의 엄마와 머무르고 있을 때는, 칼리드는 나를 데리고 다니질 못했다. 내가 애초로부터 그의 손님이 아니었기 때문이다. 그러나 이번에는 공식적으로 내가 그의 손님인 것이다. 그래서 그는 그가 가고 싶은 곳으로 나를 자유롭게 데리고 다녔다. 어떤 의미에서는 나는 단순한 방문객이라기보다는, 일종의 그들의 재산목록 계보에 들어가는 하나의 자산과도 같다는 느낌이 들었다. 이번에는 내가 칼리드를 통해서 왔기 때문에 칼리드의 자산이 된 것이다. 나를 칼리드로부터 빼앗아 갈 수 있는 유일한 인물은 살렘이었다. 살렘은 그의 친형이었고 전 패밀리의 두목격이었다.

살렘은 나를 그의 동생 타야Tayah가 경주용 낙타를 기르고 있는 곳에 낙타를 구경시켜주겠다고 데리고 갔다. 그곳은 관광객들의 발길이 미치지 못하는 아주 깊숙한 사막의 외진 곳이었다. 그때에도 칼리드는 낙타치기들의 캠프에 나타나서 얼쩡거렸다. 틈만 나면 나를 다시 채가겠다는 심산이었다. 특별한 목적이 없는 한 그것은 칼리드에게 너무 부담을 주는 과업이었다. 칼리드는 어린 독신의 남자이고

타야의 낙타사육장

결혼하지 않은 여자와 교섭할 기회가 거의 없었을 것이다. 칼리드가 나에게 모종의 연정을 품고 있다는 것을 눈치채기에는 시간이 걸리지 않았다. 그러나 그가 나에게 품는 어떠한 사적 감정도 허망한 것이라는 사실을 이해시키는 데는 시간이 좀 걸릴 수밖에 없었다.

살렘이 나에게 낙타를 보여주었을 때 나는 두 가지 일로 충격을 받았다. 첫째는 몇몇의 낙타는 너무도 아름답고 너무도 비싸다는 것이다. 가장 값이 나가는 놈은 미화로 4만 불이나 된다. 둘째로는 풀타임 낙타치기들은 전원이 다 외국인이라는 사실이다. 우리가 보통 베두인에 대하여 가지고 있는 관념은 지나치게 이상적이고 과거 순결한 유목민으로부터 오는 인상이다. 사막의 험난한 자연환경에 적응하면서 작은 공동체를 유지하는 고결한 사람들, 목초를 찾아 끊임없이 이동하는 아브라함의 후예들, 이들의 지혜로운 삶은 이미 찾아볼 수가 없다. 대부분의 베두인들은 이미 빌리지에 정착해버렸고, 많은 가축을 소유한 부유한 베두인들은 사막의 가축을

4만 불짜리 낙타. 배가 올라 붙었는데 중요한 레이스에서 일등을 했다. 목을 쓰다듬고 있는 이가 살렘.

낙타 캠프의 낙타치기들. 내 오른쪽으로 앉아있는 두 사람은 수단사람들, 그리고 예멘사람들.

돌보는 어려운 일들은 모두 못사는 나라들로부터 오는 노동자들에게 위탁해 버린다. 외국노동자들의 착취현황은 작은사막 빌리지의 공동체에서도 매우 처참한 양상을 보이고 있다.

대부분의 건설 노동자들은 이집트 사람들이다. 그리고 양이나 염소나 낙타를 멕이는 목자들은 수단 사람 아니면 예멘 사람이다. 물론 아우데의 엄마와도 같은 전 세대의 토착 베두인은 아직도 전통적인 삶의 방식을 고집하면서 스스로 가축을 멕이는 일을 하고 산다. 그러나 이런 전통 베두인은 이제 극소수에 지나지 않는다. 유목민적인 베두인 라이프 스타일은 이제 와디 럼에서 사라지고 있고, 아라비아사막의 다른 곳에서도 자취를 감추어가고 있는 것이다.

몇몇의 낙타는 매우 몸집이 컸고 또 정말 하얬다. 그들을 관찰하고 교감하면서, 나는 이집트에서 작품사진을 찍기 위하여 부탁해놓은 흰 낙타에 관하여 생각하고 또 생각했다. 나로서는 하마다가 내가 준 돈으로 흰 낙타를 구매하는데 성공하기를 기원하는 것밖에 딴 도리가 없었다. 요르단을 떠난 후로도 나는 이따금씩 하마다와 연락을 했다. 내가 반드시 그에게 되돌아간다는 것을 확인시켜야만 했다. 요르단에서 나는 카이로를 거쳐 뉴욕으로 갔다. 그리고 뉴욕에서 일주일을 머문 후에 나는 다시 아시아로 가야만 했다. 대만의 까오시옹高雄 뼈얼예술특구라는 곳에서 나의 대규모 솔로전시회, "황막에서의 원시, 낙타初始, 駱駝, 在荒漠"가

노동자들이 먹는 식사. 쌀과 염소고기. 염소고기는 비린내가 심하다.

열리기로 되어 있었고, 또 나는 가족을 만나러 한국을 가야만 했다. 그리고 인도로 가서 타르사막Thar Desert(인도 대륙의 북서쪽에 위치하며 20만km²에 이른다. 인도와 파키스탄의 자연경계를 형성한다. 아열대지역에서 9번째로 큰 사막이다)에서 사진작업을 할 수 있는 정황을 탐색할 계획이었다. 이 모든 복잡한 여정이 4개월이라는 시간을 잡아먹었다.

내가 드디어 다시 중동으로 돌아올 수 있었던 것은 2013년 4월에나 가능했다. 중동으로 가기 한 달 전, 그러니까 2013년 3월 초, 나는 하마다로부터 그가 수단으로부터 흰 낙타를 데려오는데 성공했다는 좋은 소식을 들었다. 그것도 한 마리가 아니고 두 마리라는 것이다. 한 마리는 자기용도를 위하여 자기 돈으로 샀다고 했다. "자기 돈"이라는 말 속에는 정직하게 얘기하는 것을 힘들게 생각하는 그들의 언어감각이 들어있다. 하여튼 내가 준 돈으로 두 마리라도 샀다면 다행일 수밖에. 중요한 것은, 한 마리는 정말 하이얗다는 것이다. 화이트 데저트의 백악군상처럼 스노우 화이트였다. 그리고 또 한 마리는 약간 그레이 톤이었다. 하마다는 이렇게 썼다: "나는 화이트 데저트에서의 화이트 낙타라는 당신의 기발한 아이디어에 감복했어요. 내가 짓고 있는 새 호텔에 흰 낙타떼를 양육할 꿈을 키우고 있소." 하마다는 바위티 근교에 꽤 큰 농장을 하나 샀다. 그 농장에 많은 방과 코트야드가 있는 단층 건물을 짓고 있는데, 그것을 관광객을 위한 게스트하우스로 활용하는 야심찬 계획을 세우고 있었다. 그 계획에 흰 낙타농장까지 첨가한 것이다.

2013년 4월에 내가 다시 요르단으로 가기로 한 것은 단순한 여행이 아니었다. 그것은 여행이 아니라 "이사"였다. 나는 당분간 뉴욕을 떠나기로 한 것이다. 뉴욕 아파트에 있는 모든 필수물품을 이민가방에 집어넣었다. 나는 내 여행의 새로운 홈베이스로 요르단의 암만을 선택했다. 인종차별과 험악한 밤생활로 베이루트는 배제되었고, 정치적인 불안정과 위험으로 카이로에서 살 수도 없었다. 내가 요르단에서 얼마 동안을 버틸 수 있는지는 몰랐지만 4월 초로부터 7개월 동안 암만에 있는 아파트를 하나 전차轉借하는 데 성공했다. 그것은 암만 중심가의 매우 신식

구역에 있는 소박한 투 베드룸 아파트였다. 그 지역에는 서구화된 까페, 바, 그리고 해외거주자들이 많았다. 내가 빌린 아파트는 레인보우 스트리트Rainbow Street라 불리는 홍대앞 번화가와도 같은 나이트 라이프 예술촌으로부터 겨우 한 블록 옆에 있었다. 역사적 고도의 중심지도 걸어갈 수 있는 곳에 있었다.

전에 나는 아파트 빌리는 웹사이트인 에어비앤비Airbnb를 통해 같은 아파트의 방 하나를 빌린 적이 있다. 그 아파트의 임대인은 나와 같은 나이의 팔레스타인 여자, 리나Leena였다. 리나는 친절했고, 예술에 대한 관심이 많았고 내가 하는 작업에도 깊은 관심을 표명했다. 그래서 계속 관계를 유지하고 있었는데, 공교롭게도 내가 아파트가 필요한 시점에 그녀는 팔레스타인 라말라Ramallah로 일년간 가있어야만 하고, 자기 아파트 전체를 싼 가격에 임대하겠다는 것이었다. 방 하나만 자기가 가끔 들러 쓸 수 있도록 그대로 비워달라는 조건을 수락하면 싸게 내놓겠다는 것이다.

암컷 낙타와 충분한 교감이 이루어졌다. 내가 원하는 것은 이런 색깔의 낙타였다. 그러나 이 낙타는 와디 럼 타야의 것이다.

나는 그 조건을 기꺼이 받아들였다. 아파트가 좀 낡기는 했지만 위치가 그만이었고 또 안전이 보장되는 곳이었다. 요르단의 아파트생활은 먼지와 싸우는 생활이다. 매주 수요일 단 한 번 시영 물탱크차가 와서 아파트 꼭대기의 수조에 물을 채운다. 물은 아파트 수조가 찰 때까지 넣어주기 때문에 그 수조급수시간 동안에 부지런히 빨래를 하고 집안먼지를 청소해야 한다. 그래야 결과적으로 더 많은 물을 공급받는 꼴이 된다. 이런 소동에도 불구하고, 이 작은 아파트 내 방은 험난했던 사막여행 끝에 편히 쉴 수 있는 고향집이 되어버렸다. 그리고 나는 편안하게 암만이라는 고도, 에돔족, 모압족과 함께 킹스 하이웨이를 장악하고 있었던 암몬족의 고도, 그 구석구석을 발로 다니며 흠상했다.

아파트를 깨끗이 치우고 여장을 풀고 정리한 후에 나는 또다시 와디 럼으로 가야했다. 나의 새로운 친구, 내 돈으로 산 흰 낙타 두 마리가 나를 이집트에서 기다리고 있는 것이다. 나의 계획은 시나이반도로 먼저 가서 그 히피촌 라스 샤이탄에서 며칠을 머물고, 바하리야로 가는 것이다. 요번에는 버스를 타지 않기로 했다. 시나이반도 혀끝과 같은 지점에 샤름 엘셰이크Sharm el Sheikh라는 곳이 있는데 거기서 비행기를 타고 카이로로 날아갈 수가 있었다. 그리고 하마다의 안배로 카이로에서 바하리야까지 자동차로 가면 만사오케이이다. 시나이를 버스로 횡단하는 것은 생애에 단 한 번의 체험으로 족하다. 내가 암만에서 카이로로 직접 비행기를 타고 갈 수도 있었지만 시나이를 또 들르게 된 것은 하마다의 스케쥴과 내 스케쥴이 잘 안 맞았기 때문이었다. 나는 4월 7일 저녁부터 이미 암만에서 생활하고 있었는데, 하마다는 나 보고 바하리야에 4월 18일에나 도착해달라고 요청했다. 열흘 이상 암만에 가만히 앉아있을 수는 없었다. 나는 끊임없이 움직여야만 하는 모험의 갈망을 채워야만 했다.

남으로 남으로 이동하던 중에 하마다로부터 이상한 소식을 들었다. 4월 10일 백설과 같이 흰 그 백색 낙타가 불현듯 죽음을 맞이했다는 것이다. 도대체 그 백색 낙타가 왜 죽었는지 아무도 알지를 못한다는 것이다. 한달 동안 우리에서 건강하게 잘 먹고 잘 지냈다는 것이다. 그런데 하룻밤 흰 낙타가 쓰러졌고, 다른 낙타는 우리를 나와 도망쳐버렸다는 것이다. 그날로 도망친 낙타는 찾아 우리로 끌고 왔다고 했는데, 그 소식을 들은 나는 하루종일 충격 속에 지내야만 했다. 어찌할까 생각해 보아도, 내가 할 수 있는 일이 아무것도 없었다. 내 원래계획대로 이집트에 도착하는 것 외로 딴 방도가 없었다.

요번 여행의 첫 스톱은 와디 럼에 있는 아우데 엄마의 캠프였다. 칼리드와 머무는 대신 이번에는 아우데 쪽을 선택했다. 칼리드의 열띤 행동패턴은 타인의 에너지를 고갈시킨다. 그리고 그에게는 나에 대한 불순한 갈망이 있었다. 아우데는 전혀 그런 걱정이 없었다. 그는 매우 성실한 패밀리맨이었고 조용하고 까다롭지가 않았기에 나를 편안하게 만들었다. 아우데는 칼리드만큼 적극적으로 나를 사막으로 데리고 다닐 수 있는 시간이 없었지만 내가 요구하는 것은 다 들어주었다. 그리고 그의 이복동생 타야의 투어리스트 캠프를 마음껏 쓸 수 있도록 해주었다.

불에 달아오른 쇠꼬챙이로 낙타의 배를 지진다. 이것은 낙인을 찍는 것이 아니라 일종의 뜸요법과도 같은 병치료라고 한다. 이것 역시 타야의 낙타다.

【제16송】

이스라엘 전쟁문화의 비극, 악마의 머리에서 울려퍼진 소리, 당신이 미루 킴이오?

타야는 정실마나님 움 마흐무드의 넷째 아들이다. 그는 앞서 말한 대로 경주용 낙타들을 기르고 팔곤 한다. 베두인들은 과거에는 낙타를 모든 운송의 수단으로 길렀다. 그러나 지금 베두인들은 다 자동차를 타고 다니고, 낙타는 관광객을 위한 것이 되고 말았다. 베두인들은 낙타의 젖을 먹기도 하고, 결혼식 같은 특별한 축제에는 낙타고기가 올라오기도 한다. 낙타의 젖은 영양의 주요한 자원으로서 귀하게 여겨졌다. 베두인들은 아직도 낙타젖이 건강에 좋다고 믿는다. 그들은 젖통에서 직접 짜낸 생젖을 그대로 마시는데, 나에게는 그것이 너무 위에 부담을 주어 마시기가 힘들었다. 가공 안된 낙타젖은 미지근하고 걸쭉하다. 그들은 몽골사람들처럼 그것을 뜨거운 차와 섞어 마시기도 한다. 중국사람들과 북방민족 사이에 차 때문에 전쟁이 난다는 것도 이해할 만하다.

하여튼 지금 낙타의 젖이나 고기는, 그것에 대한 수요가 거의 없기 때문에, 상업적인 가치가 없다. 그리고 관광객들을 위한 낙타태워주기도 별로 수익을 발생시키지 않는다. 그래서 타야는 낙타를 길러 큰돈을 버는 방법을 고안해냈다. 그 방법이란 결국 경주용 낙타를 기르는 것밖에는 없었다. 지역의 경기에서 이기게 만들면, 그 우승한 낙타는 큰돈을 투자할 수 있는 사우디의 부자들에게 팔 수가 있다. 아라비아반도의 산유국 나라들에 있어서 낙타경주는 수백만 달러의 이권이 걸린 매우 심각한 비즈니스였다. 어떤 최상급 낙타는 미화 100만 달러를 호가한다. 아랍에미리트에서 거래된 기록적인 가격은 270만 달러였다. 그런 낙타는 특수한 체형을 만들어야 하기 때문에 꿀과 밀크를 포함하는 매우 풍요로운 식단을 짜서 멕인다. 그리고 특별히 디자인된 현대적 러닝머신 위에서 특수훈련을 받는다. 사우디나 에미리트의 부자들이 보통 경주용 낙타를 멕이기 위하여 매달 1천 불을 쓴다는 것을 생각하면, 타야가 요르단에서 키우는 우승 낙타들을 4만 불에 판다는 것이 결코 허황된 이야기가 아니다. 사우디 부자들 입장에서는 오히려 가격이 싼 편이고 승률도 좋은 모양이다.

낙타사육이 타야의 주된 수입원이기는 했지만, 그는 사막에 자그마한 투어리스트 캠프를 운영하고 있다. 짭짤하게 사는 인물이다. 내가 지난번에 묵었던 아우데

낙타경주, 두바이. 도박은 금지되어 있다.

엄마의 텐트로부터 자동차로 20분 정도 달리면 도착하는 사막 깊숙한 곳이었다. 그 관광캠프는 보통 때는 비어있다. 그런데 타야는 아우데, 아흐마드, 그리고 칼리드로 하여금 관광객을 자기 캠프로 데려오게 한다. 그래서 가끔 캠프가 관광객에 의하여 사용되곤 한다. 아우데는 나에게 내가 원하기만 한다면 얼마든지 이곳을 기간제한 없이 사용할 수 있게 해주겠다고 했다. 나는 그의 제안을 받아들였다. 그리고 그 캠프를 한번 가보고 싶다고 말했다. 사실 그래서 나는 이집트로 가는 길에 구태여 와디 럼에 들르게 된 것이었다. 장엄한 랜스케이프 속에서 혼자 외롭게 생활할 수 있다는 발상 그 자체가 너무도 매혹적이었다. 물론 캠프이기 때문에 물이나 음식과 같은 생필품이 제공되고, 또 침대, 변소, 부엌 같은 생활편의 시설이 제공된다. 이 문명과 반문명의 묘합妙合은 나에게 창조적인 예술의 회오리바람 같은 흥분을 자아냈다. 아~ 이런 곳에서 오랫동안 은자처럼 지내보고 싶다. 나의 견딤의 지속성을 테스트하는 실험일 뿐 아니라, 모든 해탈과 카타르시스의 체험을 거쳐, 궁극에는 창조적인 현존재가 되는 어떤 변모를 예상하고 있었다. 자연

와디 럼의 낙타경주 장면. 낙타등 위에 있는 것이 로봇 작키이다. 낙타를 두드려준다. 이전에는 무게를 줄이기 위해 어린아이를 작키로 썼다. 위험해서 로봇으로 바꾸었다.

을 사랑하는 로맨티스트들에게 광야 속으로 사라져버리고 싶은 충동은 결코 희한한 것이 아니다.

한국에도 숀 펜Sean Penn이 직접 각본을 만들고 감독한 『광야로*Into the Wild*』라는 영화가 소개되어, 그 실제 주인공인 크리스토퍼 맥캔들리스Christopher McCandless, 1968~1992. 8.의 삶의 이야기를 알고 있는 사람들이 적지 않을 것이다. 크리스는 부유한 집안에서 태어나 에모리대학을 최우수성적으로 졸업한, 매우 성실한 성격에 운동선수로서의 기량도 출중한 인물이었다. 하바드 법과대학에도 갈 수 있는 모든 여건을 구비한 앞날이 창창한 청년이었다. 그런데 무엇인가 삶의 진실을 알고 싶어서 자신의 통장을 톡톡 털어 자선단체에 기부하고, 완벽한 무소유의 인간으로서 엄지손가락 하나 믿고(힛치하이킹) 여행을 떠난다.

다양한 체험을 하면서 그는 베링해협까지 도달하겠다는 결심으로 알라스카에 도착한다. 그가 1992년 4월 테클라니카강을 건넜을 때는 그 강은 얼어있었으므로 쉽게 도강할 수 있었다. 그는 버려진 버스를 발견하고 그곳에 주거를 정하고 자연 속에서 삶의 사투를 벌이지만, 반문명적인 삶이 얼마나 고달픈가를 절실히 깨닫는다. 그의 구도자로서의 문제의식의 최종적 결론은 이러했다: "행복이란 오직 타인과 더불어 공유할 때만이 리얼하다. Happiness is only real when shared." 그는 문명으로 다시 돌아가기로 작정하고 강을 건너려 했으나, 7·8월의 테클라니카강은 수심과 유속이 엄청난 강이었기에 도저히 건널 수가 없었다. 그는 113일의 일기를 남겼는데, 아마도 그는 독초를 식용으로 알고 잘못 먹은 모양이었다. 그는 서서히 죽어간다. 107일째 일기에는 "블루베리 얼마나 아름다운가!"라고 적혀 있다. 그 후 113일까지는 그는 점만 찍어 놓았다.

슬리핑백 속에 든 그의 시신은 2주 후 어떤 사냥꾼에 의해 발견되었다. 그의 삶의 실험은 매우 특별한 감동을 우리에게 전한다. 어떠한 종교적 구도자보다도 더 리얼한 문제의식을 우리에게 던져준다. 그의 삶은 미국의 문학과 영화예술을 통하여 불멸을 획득하였지만, 나는 크리스토퍼처럼 죽을 생각은 없었다. 나는 캠프를 보자마자 머리를 굴리기 시작했다. 크리스처럼 고립될 수는 없지. 사막에서 오랫동안 안전하게 버티는 모든 방도를 점검했다. 나는 반드시 읽고 쓸 수 있어야 한다.

양편의 거대 암석 사이의 계곡에 둥지를 튼 캠프는 다음의 요소들로 구성되어 있었다. 첫째는, 다섯 개의 작은 텐트가 있었는데 쇠막대기 프레임으로 만든 반영구적인 것이었고, 그 안에는 메탈프레임 침대가 두 개씩 놓여 있었다. 그리고 많은 사람이 같이 쓸 수 있는 큰 텐트가 하나 따로 있었고, 가리개가 덮인 라운지 영역이 있었다. 그리고 바위와 시멘트로 만든 공동취사시설이 있었고, 또 공용화장실이 따로 지어져 있었다. 이 화장실에는 몇 개의 샤워와 수세식변기가 하나씩 놓여있는 몇 개의 방이 있었다. 변소에는 천정이 없다. 이 캠프 동편의 바위언덕 꼭대기에 큰 쇠물통이 놓여있어 부엌과 변소에 물을 공급한다. 아우데는 내가 필요할 때는 언제든지 물탱크 트럭이 와서 쇠물통에 물을 채울 것이라고 말했다.

내가 아우데의 엄마 텐트에서 살았던 모습을 생각하면 이 관광캠프는 정말 사치

타야의 투어리스트 캠프 전경이 조감된다.

스러운 것이다. 무엇보다도 내가 할 수 있는 것은 무엇이든지 할 수 있다는 것, 내가 입고 싶은 무엇이든지 입어도 좋다는 것, 그러니까 안 입고 싶은 것을 안 입어도 된다는 것, 이런 것이 나에게는 대단한 자유였고 사치였다. 내가 그곳에 있는 짧은 시간 동안에 나는 주변을 부지런히 정찰하여 내 서재를 만들 수 있는 곳을 찾아놓았다.

타야의 투어리스트 캠프

작은 방의 내부. 침대 두 개가 놓여있다.

캠프 서편의 약 100m 높이의 바위산 중턱에 나는 아주 널찍하고 평평한 곳을 찾아냈다. 그 끝에서 보면 캠프 전체가 내려다보인다. 그리고 거기에는 반동굴처럼 생긴 암반이 형성되어 있었는데, 그곳에 앉아 있으면 그늘과 방풍의 효능이 보장된다. 그곳에 책상과 의자를 하나씩 놓고 끝없이 펼쳐진 모래와 산들을 바라본다고 한번 상상해보라! 얼마나 신선한 한가로움일 것인가! 그곳에 책상을 놓으면 등허리를 아프게 하지 않고 나는 저술을 계속할 수 있으리라! 네가 의자에 앉아 쓰고 있을 동안에 세속풍광과는 전혀 다른 저 세계의 파노라마를 감상할 수 있다고 한다면 그 얼마나 환상적인가!

캠프의 구조와 환경상태에 관하여 나는 매우 고무되었지만 그곳에서 보낼 시간은 많지 않았다. 요번 여행의 본래 목적은 이집트에 도착하여 내가 산 낙타를 보는 것이었다. 하루속히 아카바 항구로 가야만 했다. 빌리지에서 점심을 먹은 후, 아우데는 나를 페리 선착장으로 데려가 줄 택시를 하나 불렀다. 그러나 페리의 시간표를 아는 사람은 아무도 없었다. 나는 이전에 이집트에서 이쪽으로 타고왔던 페리의 시간표만을 기억하고 있었을 뿐이었다. 그리고 대기 라인이 얼마나 길었는지, 그 승선의 느낌이 얼마나 고통스러웠는지만을 기억했다.

책상 놓고 공부할 만한 곳으로 선정된 바위산. 가운데 네모낳게 움푹 파인곳이 나의 서재가 될만하다.

택시가 항구에 도착했을 때 운전사는 나 보고 왜 구태여 배를 타느냐고 반문했다. 이스라엘의 에일라트Eilat를 거쳐 타바Taba로 가서, 그곳에서 누웨이바Nuweiba로 가는 택시를 타면 된다는 것이었다. 이 아카바만의 가장 깊숙한 지역은 요르단과 이스라엘과 이집트 3국의 국경이 맞닿아 있다. 그래서 이스라엘을 통과하기만 하면 바로 이집트로 갈 수가 있었다. 아우데는 운전기사의 발상에 동의했다. 두 사람 모두 내가 미국 패스포트의 소유자이기 때문에 아무도 나를 국경에서 저지하지 않을 것이며, 그것은 매우 간편한 여행이 될 수 있을 것이라고 확신을 심어주었다. 이스라엘은 친미국가이니까 잘 대해줄 것이며 또 페리를 타는 것보다 훨씬 더 빠를 것이라고 했다.

택시가 나를 요르단·이스라엘국경 체크포인트에 내려놓은 것은 오후 3시의 일이었다. 요르단쪽 출입국관리소로부터 출국도장을 받았을 때, 그들은 나에게 기다란 폴이 달린 커다란 여행가방 카트를 하나 내주었다. 나는 그 카트에 나의 특대의 산악용 백팩과 또 바퀴 달린 카메라가방을 싣고 두 국경 사이의 200m 가량의 아스팔트길을 덜덜거리며 카트를 밀고 나아갔다. 이 행진이야말로 내 인생에서 다시 체험하기 어려운 죽음의 행진이라는 사실을 전혀 예측하지 못하고, 단지 한 가지 일만을 나에게 다짐하고 있었다. 이스라엘 입경 스탬프를 내 패스포트 위에 받지 말고 별도의 종이 위에 받아야지! 그래서 앞으로 아랍국가들을 드나들 때 트러블이 없도록 해야지!

이런 생각만 하고 있을 때, 나는 이미 내 여권 위에 수없는 아랍국가들의 입경 스탬프가 찍혀 있다는 위험한 사실을 상기해내지 못했던 것이다. 내 여권 위에 찍힌 레바논 입경 도장들이 나에게 끔찍한 문제를 일으킬 수 있다는 것을 꿈도 꾸질 못했다! 나는 정말 어리석기 그지없었다!

이스라엘국경 안에 들어서자마자 모든 분위기가 갑자기 바뀌었다. 이완되고 친절한 분위기가 경직되고 적대적인 분위기로 돌변했다. 문명화가 진행될수록 합리성이 증대되고, 합리성이 증대될수록 인간을 옥죄는 시스템이 발달한다. 이스라엘의

요르단에서 이스라엘로 가는 길. 200m 가량의 이 길을 간 것이야말로 나에게는 죽음의 행진이었다. 이스라엘측에는 "웰컴"이라는 표시 하나 없다.

이집트쪽 타바 게이트웨이. 이곳을 들어서는 순간 나는 안도의 한숨을 쉴 수 있었다.

분위기는 최악이었다. 한 관리가 나의 패스포트를 보더니 즉각 다른 사람에게 그것을 넘겼다. 그 사람은 나의 여권을 가지고 사라졌다. 나는 곧 어느 취조실로 끌려갔다. 러시아 사람처럼 생긴 블론드 머리카락의 여성관료가 나를 무표정으로 심각하게 뚫어지듯 쳐다보더니, 금속탐지기 속을 지나가게 하였다. 그리고나선 그 여자는 내 몸을 샅샅이 뒤졌다. 그리고 내 가방과 함께 나를 옆으로 밀어놓더니, 내 가방을 수색하기 시작했다. 그것은 예사로운 수색이 아니었다. 내 가방의 물품과 사진기 모든 부속을 철저히 해부하는 작업이었다. 뭔가 예사롭지 않은 상황이 벌어졌다는 것을 느끼기 시작했다. 나는 이스라엘이라는 국가에 대해 잘 알지를 못했고 와본 적도 없었다. 내 취조실에는 세 명의 완전무장을 한 군인들이 군복과 기관총을 들고 오직 나만을 쳐다보면서 일거수일투족을 응시하고 있었다. 일차적인 안전검사를 마친 후에, 그들은 나 보고 그곳에서 기다리라고 했다.

한 시간이나 지난 후에야, 그 무시무시하게 생긴 블론드 머리카락의 여인이 나를 특별실로 데려가더니, 계속 취조를 하는 것이었다. "당신 왜 레바논에 있었던 거야? 거기에 아는 사람이 누구야? 이름을 대!" 이런 소리를 듣는 순간, 그제서야 섬광이 내 머리를 스쳐갔다. "오~ 제기랄! 레바논과 이스라엘이 아직도 전쟁중이었던가?" 내가 베이루트에 머물렀고 또 내 짐들을 그곳에 쌓아놓았었기 때문에, 매우 자주 요르단과 이집트로부터 들어가는 입경 스탬프가 내 패스포트에는 찍힐 수밖에 없었다. 나는 매우 의심스러운 존재로 여겨질 수밖에 없었다. 내 미국 패스포트에는 전 세계의 국가로부터 받은 도장들이 수두룩했으니 "마타 하리"로 인지될 만도 했다. 나는 베이루트에서 본 빌딩들의 외벽의 처참한 모습들이 이스라엘 레바논공습의 잔재라는 것을 기억했어야만 했다. 2006년의 레바논전쟁은 베이루트의 라픽 하리리 국제공항까지 폭파시켰다는 사실, 이란의 지원을 받은 헤즈볼라가 완강히 저항했다는 사실, 1300명의 레바논 사람과 165명의 이스라엘 사람이 목숨을 잃었다는 최근의 사실을 기억했어야만 했다.

나는 내가 왜 베이루트를 갔는지, 그리고 누구를 만났는지에 관해 상세한 보고를 해야만 했다. 나는 뉴욕에 사는 사진작가일 뿐이며 그 지역에서 할 일이 있었다는 것을 설명했다. 물론 나의 누드사진작품에 관해서는 언급을 하지 않았다. 그 여성관료는 내가 베이루트에서 만난 사진작가 친구들의 풀네임과 접촉정보에 관한 사실을 전부 기록하게 했다. 그리고 나에게 이스라엘 친구가 있냐고 물었다. 나는 그녀에게 이스라엘에 아는 사람은 단 한 명도 없으며, 나는 단지 요르단에서 이집트로 가는 루트로서 우발적으로 이스라엘을 선택했을 뿐이라고 설명했다. 그러나 뉴욕에는 아는 이스라엘 친구들이 있다고 말했다. 그녀는 그 중에 한 사람, 자기들이 접촉할 수 있는 인물의 주소와 전화를 적어놓으라고 말했다. 나는 텔아비브로부터 온 패션디자이너를 알고 있었다. 내가 베이루트에서 뉴욕으로 돌아온 후, 그에게 베이루트에 있었다고 말하자, 그가 자기도 베이루트에 있었다고 말했다. 그러면서 자기가 베이루트에 있었던 것은 군복무중이었기 때문에 베이루트 건물에 폭격을 가하기 위한 것이었다고 말했다. 나는 그 친구의 이름이야말로 이 여인에게 남겨놓기에 합당하다고 생각해서 그의 이름과 전화번호를 적어놓았다.

이게 뭔 개지랄인가? 왜 내가 이런 꼴을 당해야 하는가? 정말 터무니없는 봉변이었지만, 사태의 심각성을 이해하는 나로서는 아무 말 없이 설설 길 수밖에 없었다. 그리고는 또 침묵의 시간이 흘렀다. 한 시간이 또 지나갔다. 나는 매우 불안해지기 시작했다. 내가 이름을 남긴 레바논 친구의 삼촌이 헤즈볼라의 강력한 인물이라는 것을 기억해내었기 때문에 나는 덜덜 떨리기 시작한 것이다.

그때, 나는 다시 새로운 여자관료에 의하여 취조실로 끌려갔다. 그 여성은 검은 머리카락을 하고 있었는데 그녀를 보는 순간 내 심장작동이 멈추는 듯했다: "아~ 이것으로 나는 끝이구나! 그들은 나와 헤즈볼라 사이에 모종의 연관성을 조작해내서 나를 스파이로 휘몰아 감방에 처넣으려고 하는 것 같다!"

그 까만머리의 새 이스라엘 관료는 러시아여자 같이 생긴 블론드가 나에게 물었던 것과 똑같은 질문을 반복해서 던졌다. 중범죄자에게는 항상 같은 질문을 던진다더니……. 그리고는 나 보고 컴퓨터를 꺼내서 나의 작품들을 보여달라고 했다. 뒤에 와서 생각해보면, 그때 내 예술작품의 전체를 보여주었어도 오히려 아무 문제가 없었을 수도 있었다. 그러나 그때는 내 누드 작품들은 보여주어서는 아니 된다고 생각했다. 그 대신에 나는 사막의 다큐멘터리 스타일의 작품들을 보여주었고, 또 베두인 복장을 하고 일상적인 잡일을 하는 모습을 비디오로 촬영한 것들을 보여주었다. 사실 정치적 혐의를 벗어나기 위해서는 누드작품이 유리했을지도 모른다. 그 국경관료는 그녀가 본 것에 관해 깊은 의심을 품은 것 같았다. 당장 이런 질문이 쏟아졌다: "당신이 왜 아랍복장을 입는가? 하필 왜 아랍복장을 입냐 말이오!" 나에게 그 대답은 명료한 것이다. 그냥 입고 싶으니 입는 것이다. 그러나 그녀에게는 그것이 이해가 되질 않는 것이다.

나는 베두인 컬처를 배우고 그들의 삶의 가치를 나 스스로 체험해보고 싶었기 때문이었다고 진지하게 설명했다. 그럴수록 그녀의 의구심을 더욱 깊어만 갔다. 연속된 그녀의 질문들은 단지 한 포인트로 집중되고 있었다: "도대체 당신은 왜 아랍인들을 좋아하는 것이요?"

그녀는 나에게 아랍어를 말할 줄 아냐고까지 물었다. 나는 아랍어를 열심히 공부하고 있다고 대답했다. 그러면 그녀는 당연히 이렇게 물을 것이다: "당신은 왜 아랍어를 배우고 싶어하는 거요?" 내가 단순히 월경越境 하나 때문에 왜 이런 질문에 답하고 있어야 하는가? 아니, 말 배우는 것에 무슨 "왜"가 필요한가? 어떤 교양인에게 왜 외국어를 배우시오라는 질문이 과연 의미가 있는 질문인가? 나중에 그 여자는 나에게 이렇게 말했다: "당신은 히브리어를 배워야만 하오!" 뭐라구? 도대체 나는 내 귀를 의심치 않을 수 없었다. 내가 왜 낯선 국경에서 이런 방식으로 취급당하고 있는 것일까? 내 인생에서 두 번 다시는 이스라엘 문턱에 발을 들여놓지 않으리라! 그때 이런 약속을 했고, 지금까지 그 약속은 지켜지고 있다. 그러나 사람 일은 누구도 모른다. 재수가 나빴을 뿐!

나는 이렇게 이스라엘 국경에서 4시간을 억류당했어야만 했다. 그리고 결국에는 나의 패스포트를 돌려받았다. 내가 원했던 대로 이스라엘 입경 스탬프는 별도의 종이 위에 찍혔다. 그리고 이스라엘 에일라트의 다른 쪽, 이집트의 타바와 국경을

라스 샤이탄과 독방 숙소들

접한 곳으로 직행했다. 이스라엘 땅을 나와 이집트 국경 내로 진입할 때 후유 하고 한숨이 나왔다. 내가 최종적으로 택시를 타고 누웨이바에 있는 라스 샤이탄Ras Shaitan 히피 캠프에 도착했을 때, 이미 해는 떨어진 후였다. 결국 와디 럼에서 이곳까지 오는 데 5시간 이상의 시간이 걸렸다. 그러니까 페리로 오는 것이 더 빠르고 편했을 것이다. 내가 히피 캠프에 도착했을 때 나를 반겨준 주인 여자는 아이러니칼하게도 이집트의 베두인 남자와 결혼한 이스라엘 여자였다. 그녀는 나를 따뜻하게 맞이해주었고, 나를 휴식공간으로 안내했다. 그곳에는 여전히 젊은이들이 둘러앉아 담소를 즐기고 음악을 연주하며 같이 노래 부르고 있었다.

주인여자는 새까만 곱슬머리를 하고 있었는데 정말 에너지가 넘치고 건장하고 씩씩했다. 그리고 이 고립된 해변에 그녀 스스로 창조해낸 소박한 유토피안 코스모스에 대한 자부심과 사랑이 대단했다. 그 여자에게 이스라엘 국경에서 내가 겪어야만 했던 곤욕을 이야기했을 때, 그녀는 이렇게 코믹하게 답변했다: "아~ 그놈들한테 내 이름을 안 주었기를 바래. 주었다면 골치아플 것은 내가 아니라 너일 테

라스 샤이탄 전경

라스 샤이탄에 도착해서 처음 먹은 음식. 모든 것이 꿀맛이었다.

니깐." 그러면서 호탕하게 웃어댔다. 가슴에서 우러나오는 웃음이었다. 그녀는 전쟁광적인 이스라엘을 극도로 혐오하고 있었고, 이스라엘이 자기를 싫어한다고 했다. 이 여인의 존재는 하나의 축복이었다. 이 상궤에서 벗어난 호탕한 이스라엘 여인이야말로 드라이하고 민족주의적인 국경출입국 관리소의 여인들과 정반대의 캐릭터였고, 우리가 이스라엘 여자에 관해 형성하기 쉬운 부정적인 스테레오타입의 관념을 분쇄하는 데 지대한 공헌을 하고 있었다. 어느 문명이든지 이러한 돌출한 기형의 인간이 없으면 그 문명은 생명력을 잃는다. 일본여인들도 아주 순종적인 듯이 보이지만 때로는 상궤를 일탈한 특이한 여성 또한 적지 않다.

히피 캠프 라스 샤이탄(악마의 머리)은 현대판의 키르케 섬Circe's Island(『오딧세이』에 나오는 마녀의 섬. 이 마녀는 사람들을 사로잡는 힘이 있어 그 섬을 떠나지 못하게 만든다)이라 말해야 할 것 같다. 이곳에서는 시간이 너무 빠르게 지나간다. 나는 이곳에서 바닷가를 산책하고 먹고 마신 것 이외로는 별로 한 것이 없는데도 순식간에 시간이 흐른다. 음식도 신선한 생선이 얼마나 맛있는지, 다양한 씨푸드의 천국이다. 맥주도 있다. 모든 식사와 맥주와 방값을 포함해서 하루에 15불밖에 받지 않는다. 나는 나 자신의 독방을 배정받았는데, 그것은 돌과 나무와 종려나무잎으로 만들어진 독채이다. 모기장과 폼 매트리스도 있다. 전기는 없고 밤에는 초를 켠다. 필요하다면 몇 분만 걸어가면 라운지에서 나의 전기용품들을 충전시킬 수 있었다. 변소와 샤워는 공동의 배쓰룸에 있는 것을 항시 쓸 수 있는데, 그곳에는 밤새 전기가 들어온다. 처음에는 공동의 배쓰룸을 사용하는 것이 불편했는데, 변소까지는 밤길 걷는 데 곧 익숙해졌고 샤워는 참았다가 아침에 하는 데도 줄이 길었다.

내가 이 히피 캠프 라스 샤이탄에 온 것은 12일 저녁이었다. 그런데 14일에는 이미 고참처럼 간략한 임시방편의 책상과 방석이 있는 의자를 해변가에 장만해 놓을 수 있었다. 그리고 나의 랩탑 컴퓨터에 동글을 장치해서 로컬 인터넷에 연결할 수 있었다. 땡볕이 너무 심하게 내려쬐면, 나는 팜트리 아래의 그늘로 책상을 옮겼다. 내 눈이 컴퓨터를 쳐다보다가 피곤해지면 나는 곧 컴퓨터 너머로 광활하게 펼쳐진 파아란 바다의 물결을 쳐다볼 수 있었다. 책상에 바르게 앉아 있는 것이 피곤하다 싶으면, 방석을 가지고 긴 접이의자에 기대어 나의 킨들Kindle 장치 속에 들어있는 제임스 솔터James Salter, 1925~2015(제임스 아놀드 호로비츠Horowitz라고도 부른다. 미국의 소설가이며 단편소설의 작가이다. 원래 공군 파일럿이었는데 소설가로 전향하였다. 퓰리처상의 수상자인 리처드 포드가 그를 가리켜 당대에 제임스 솔터만큼 미국 문장을 잘 쓰는 사람은 없다고 평했다)의 단편소설들을 읽는다. 나는 그렇게 물가에 하루종일 있을 수 있었고, 한 촌의 지루함도 느낄 겨를이 없었다. 인생이 아름다웠고 단순했다. 지적 욕망을 포함한 모든 욕망이 이곳에서 충족되었다. 저녁에는 불가에서 맥주와 차를 마시면서 자유로운 영혼의 여행가들과 원주민들과 담론하면서 악기를

해변가에 자리잡은 나의 책상과 의자. 오른쪽 의자에 있는 것은 휴대용 태양광발전기인데, 컴퓨터 · 휴대폰의 전기를 충분히 공급한다.

연주하고 노래 부르곤 하였다. 나는 왜 많은 사람들이 이 작은 패러다이스에 함몰되어 시간가는 줄을 모르고 죽치고 살게 되는지를 이해할 수 있게 되었다. 나 역시 그곳에서 수개월을 별 생각없이 지냈을지도 모른다.

4일째 되던 날, 젊은 국제학생여행단이 이곳에 도착했다. 다양한 나라로부터 카이로의 인턴쉽 프로그램에 참여하기 위하여 왔는데 대체로 십대 후반, 이십대 초반의 학생들이었다. 이들 모두가 에너지가 넘치고 새로운 체험에 목이 말라있었다. 그들이 잡담을 하고 있을 때, 나는 그들 곁에서 책을 읽고 있었다. 호기심 많은 그들은 곧 나에게 질문을 하기 시작했다: "어디서 오셨어요? 여기선 무엇을 하세요?" 등등. 나는 사진작가이며, 지금은 사막과 낙타에 관한 프로젝트를 진행하고 있다고 말해주었다. 그때였다. 그 많은 학생 중 한 어린 여학생이, 중국인이었다, 내 얼굴을 꿰뚫어지게 쳐다보더니 놀란 표정을 지으며 크게 소리치는 것이었다: "미루 킴이세요?"

내가 그렇다고 말하자, 그 여학생뿐 아니라 그 국제학생단 전체학생들이 기쁨의 환호성을 질렀다. 그 중국여학생은 황홀경에 빠진 듯, 위대한 스타를 만난 듯, 그녀의 친구들에게 그녀가 김미루의 티이디TED 강연을 청취했으며 그 뒤로 나의 작품을 계속 추적해왔다고 진지하게 설명했다. 갑자기 해변의 모든 주목이 나에게 쏠렸다. 그들 가운데 뭄바이로부터 온 한 어린 인도 소년은 내가 인도를 최근에 방문했다는 사실을 알고 너무도 기뻐했다. 친하게 된 후에, 그는 내가 다시 그곳을 방문하게 되면 자기 홈타운을 안내하겠다고 자청했다. 그 해 늦게 뭄바이에 들렀을 때 나는 그 소년의 도움을 받았다.

킨들 속의 소설들을 읽다.

【제17송】

태양에서 도망나온 낙타거미여 말해다오 나의 보싸는 다시 태양 속으로 사라지려는가?

낯선 고장에서 갑자기 나의 작품세계를 잘 아는 사람을 만남으로써 생겨나는 소란, 그리고 그 젊은 학도의 진지한 태도에서 풍기는 당혹감은 한바탕 퍼붓는 소나기를 맞은 듯한 느낌이었다. 정신이 번쩍 들었다. 라스 샤이탄이라는 히피마을에 머물고 있는 동안, 나는 예술가로서의 나의 사회적·공적 아이덴티티를 망각하고 있었다. 그렇게 마음이 편했다. 내가 의학도에서 미술학도로, 부모님의 반대에도 불구하고 전공을 바꾸었던 결단, 그 결단은 나의 심미적 비젼으로써 인류에게 더 큰 봉사를 할 수 있다는 신념에서 나온 것이라고 언론매체와 인터뷰할 때마다 힘주어 말하곤 했다. 나의 예술은 그냥 신적인 것이 아닌 다른 예술가들에 의하여 나에게 주어진 영감이다. 영감이라는 선물을 받았으면 그 값어치를 타인에게 되돌려야 하는 것이 나의 의무가 아닐까?

이런 말을 매체의 인터뷰어들에게 했을 때 과연 나는 빈말을 씨부렁거렸던 것일까? 정말 구체적인 레퍼런스가 있어 한 말일까? 그 중국소녀의 맑은 눈동자가 둥그레지는 것을 보고, 또 그 소녀가 자기 친구들에게 나의 작품을 온갖 열정을 쏟아 설명하는 것을 들으면서, 나는 내가 나의 예술작품에 관해 말하곤 했던 의미부여가 결코 거짓말이 아니었다는 것을 이런 낯선 해변에서 깨닫게 되었다. 세상은 정말 돌고 돈다. 그것이 우리 인간이 건설한 "문명"이라는 것이다.

그리고는 곧 나는 내가 사놓은 낙타가 있는 곳으로 가야만 한다는 것을 자각하게 되었다. 나는 화이트 데저트에서 화이트 카멜과 함께 창조해내고자 했던 그 예술적 이미지를 완성해야만 한다. 2013년 4월 17일 아침, 아쉬운 석별의 인사를 나누며 나는 이 미니 유토피아를 떠났다. 나는 시나이반도의 최남단에 샤름 엘셰이크Sharm el-Sheikh(아름다운 산호가 깔린 맑은 바다로 유명)로 가서 그곳에서 비행기를 타고 카이로로 갔다.

카이로에서 나는 나의 일본친구인 타쿠시를 만났다. 타쿠시는 고맙게도 나에게 그의 아파트의 방 하나를 하룻밤 숙박을 위해 내어주었다. 나는 그의 호의에 너무도 감사했다. 밤늦게 도착해서 아침 일찍 떠나는데 좋은 호텔은 너무 비싸고, 허름한 여관은 위험성이 도사리고 있기 때문이다. 타쿠시를 나에게 소개해준 친구는 나에게 암만에 있는 아파트를 재임대해준 팔레스타인 여자 리나Leena였다. 여행중에 이 많은 사람들을 소개로 소개로 알게 되어 도움을 받게 되는 정황은 참으로 놀라운 일이다. 나는 실제로 사교적인 인간이 아니기 때문이다. 그러한 인적 네트워크의 형성과정의 핵을 이루는 것이 나의 예술작품일지도 모르겠다. 사람들은 나의 작품 때문에 나를 예술가로서 대접을 해준다. 예술의 이름으로 내가 한 일들은 여행가로서의 나의 삶과 분리할 수 없다. 여행이 곧 예술이고, 예술이 곧 여행이다. 구도자도 앉아서 수행하는 사람도 있지만, 끊임없이 만행을 하면서 수행하는 사람도 있다. 나의 예술은 좌선坐禪이라기보다는 행선行禪이라 해야할까? 하여튼 예술창작과정과 삶의 과정은 분리될 수 없는 것 같다. 모든 인간에게 기실 삶, 그것이 예술일 것 같다. 그것을 예술로서 인식하든 않든간에.

다음날, 내가 바하리야 오아시스에 도착했을 때는 시계는 이미 오후 4시를 가리키고 있었다. 하마다는 바위티 타운의 외곽에서 나를 반갑게 맞이해주었다. 그리고는 자신의 게스트하우스를 짓고 있는 자기 땅으로 나를 데려갔다. 사막 한가운데 있는 그의 그린 필드로 우리 차가 지나갈 때 나는 나의 낙타를 만날 수 있다는 기대감에 안절부절못했다. 아~ 저기 그곳에 우아하게 키가 큰 화이트 낙타 한 마리가 서있었다. 그녀의 이름은 보싸Bossa였는데, 그것은 아랍말로 "키스"라는 뜻이다. 그녀는 너무 말라보였다. 너무도 못먹었는지 그녀의 등 위에 있는 혹이 거의 없이 밋밋했다. 그녀를 처음 바라볼 때 너무도 측은한 생각이 들어 내 눈에는 눈물이 글썽했다.

보싸는 분명 고통을 당하고 있었다. 그러나 아무도 그가 왜 그토록 불행한지를 알지 못했다. 그의 병력에 관한 정보가 불충분했다. 그리고 최근에 그의 친구가 죽은 것을 목격한 트라우마가 그를 괴롭히고 있는 것은 분명했다. 그 지역에 있는 유일한 수의사도 그가 신체적 질병을 앓고 있는지, 친구 문제로 단순히 디프레스된 것인지 확신을 가지고 말할 수가 없었다. 하마다는 나에게 보싸를 수단에서 데려왔다고 말했다.

내가 보싸를 처음 봤을 때의 모습. 너무 말랐고 불건강하게 보였다. 갈비가 드러나고 등혹이 가라앉았다.

그러나 실상 수단에서 수송되어오는 거리를 생각해볼 때, 과연 보싸가 수단에서 왔는지 어떤지는 확정짓기 어렵다. 그들은 나로부터 취한 금액을 정당화하기 위해 가능한 한 어려운 루트를 말하고 있을지도 모른다. 딜러들이 말하기를 보싸가 6살이라고 말했지만, 그것도 완벽한 거짓말이다. 내 눈에 보싸는 그보다 훨씬 더 늙어 보였다(낙타의 보통수명은 30~40살 정도이다). 그러나 보싸가 정말 수단에서 왔을 가능성도 배제할 수는 없다. 그렇게 털이 짧고, 색깔이 흰 낙타는 내가 방문한 이집트 어느 곳에도 있지 않았기 때문이다. 하여튼 보싸는 수단이나 어디로부터 카이로로 먼저 수송되어 왔다. 그리고 카이로에 있는 낙타시장에서 또 한 마리의 흰색 낙타와 합류하여 같이 바하리야에 있는 하마다의 땅으로 다시 수송되어 왔다.

이 또 한 마리의 흰색 낙타에게 하마다는 "사피나Safina"라는 이름을 지어주었다. 사피나는 젊고 아름다웠으며, 무엇보다도 색깔이 아주 희었다. 사피나의 긴 목덜미 등쪽으로 아름다운 곱슬머리털이 일렬로 나 있었다. 하마다는 이 두 마리의 낙타는 낮에는 들판을 자유롭게 소요하면서 행복하게 놀았고, 그리고 들판에서 자기들이 먹고 싶은 것은 무엇이든지 먹을 수 있었다고 했다. 저녁때가 되면 이 두 마리의 암놈들은 집으로 되돌아왔고, 서로 가까이서 잠자리를 같이했다. 다리 하나는 기둥에 묶인 채. 이렇게 한 달 동안 이 두 마리의 낙타는 새로운 환경에 매우 잘 적응하는 듯이 보였다. 눈에 보이는 건강문제는 전혀 나타나지 않았다고 했다.

그런데 뜻밖의 사건이 발생했다. 2013년 4월 10일 아침, 사피나는 잠자리에서 시체로 발견되었고, 보싸는 밧줄을 끊어버리고 도망쳤다. 충격 속에 믿을 수 없는 일이 일어났다고 고개를 저으며, 하마다는 도자기색으로 변색해버린 사피나의 시체를 자기 집을 짓고 있던 건축노동자들의 도움을 받아 먼 곳으로 옮겨놓았다. 시체는 사람들 눈에 띄지 않은 채 자연스럽게 부패·해체되어 간다. 이날 저녁 하마다의 사람들은 보싸가 하마다의 집에서 꽤 먼 곳에서 혼자 어슬렁거리고 있는 것을 발견했다. 그들은 보싸를 트럭을 이용하여 하마다집으로 수송했다. 그리고 트럭에서 내려서 밧줄로 묶어 보싸를 원래 잠자리로 데려가려고 했다. 그래야 발 하나를 기둥에 단단히 묶어놓을 수 있기 때문이었다. 그런데 매우 기묘한 일이 발생했다. 보싸는 그의 친구 사피나가 죽은 그 잠자리로 그를 데려가려고 한다는 것을 알아차리자마자 극심한 공포에 휩싸였고 완강히 그 자리 부근을 가는 것을 있는 힘을 다해 저항했다. 보싸는, 그 자리가 말끔히 치워졌고 또 사피나의 시체는 사라졌음에도 불구하고, 거기서 무슨 일이 있어났는지를 정확히 기억하고 있는 것이다.

그날 밤 사피나에게 무슨 일이 일어났는지는 지금도 하나의 미스테리로 남아있다. 단 한 명의 증인은 보싸였다. 그 죽음의 장면은 그의 영혼을 뒤흔들 정도로 아주 끔찍한 사건이었음에 틀림이 없는 것 같다.

하마다는 하는 수 없이 보싸에게 새로운 잠자리를 마련해주었다. 하마다는 낙타가 그토록 강렬한 기억을 지속적으로 유지시킬 수 있는 동물이라는 것을 알고는 매우 놀랐다고 나에게 말해주었다.

보싸의 극적인 반응은 매우 가슴아픈 일이었다. 그러나 그것은 나에게는 전혀 놀라운 일이 아니었다. 나는 여러 번 다양한 소스를 통하여, 대부분 베두인들과 뚜아렉사람들을 통한 것이었겠지만, 낙타라는 동물이 몇 년 전에 일어난 일도 정확하게 기억할 수 있고, 사람을 개별적으로 식별하는 놀라운 능력을 가지고 있다는 것을 들었다. 낙타들은 자기를 해친 사람에 대한 원한을 품을 줄 알며, 몇 년 후에까지 그것을 기억해두었다가 그 동일한 사람을 해치는 복수를 감행할 줄도 안다는 것이다. 심한 경우는 사람을 죽이기까지 한다는 것이다. 이러한 이야기가 정말인지, 또 낙타의 장기지속형 기억력longterm memory이 과학적으로 증명된 사실인지 어떤지는 내가 확언할 수 없다. 그러나 같은 종류의 이야기들을 낙타와 더불어 사는 사람들의 다양한 세계지역에서 수집한 나로서는 이 하나의 명제만은 믿을 수밖에 없었다: "낙타는 진실로 탁월한 기억력을 가지고 있다."

보싸의 이야기를 듣기만 해도 낙타라는 동물의 예민한 감성과 이성적 능력을 신뢰할 수밖에 없다. 사막으로부터 멀리 떨어져 있는 대부분의 도시문명세계에서는, 낙타는 코믹하게 생겼고 아둔하고, 좀 기이한 낯선 동물로 인식되며, 농담이나 만화 속에서 웃기게 묘사되는 것이 보통이다. 그래서 보통 문명인들은 낙타에 관해서는 실제로 별로 아는 것이 없다. 보싸를 우연히 만나고, 그와 대부분의 시간을 보내게 되면서 나는 낙타라는 긴 목을 지닌 신비스러운 유제류有蹄類(발굽이 있는 동물)에 대한 나의 인식을 완전히 그리고 철저히 바꾸게 되었다. 그것은 동물 한 마리에 대한 생각을 바꾸는 문제가 아니라, 나라는 존재의 인식의 질적 전환을 의미하는 문제였다.

2013년 4월 18일 내가 바하리야에 도착했을 때, 사피나가 죽은 그날 이후로 보싸는 거의 아무것도 먹지 않은 상태였다. 하마다는 나에게 말해주었다. 보싸가 이렇게 음식을 섭취하지 않으면 그는 곧 죽게 될 것이라고 주변 친구들이 다 말하고 있다고. 그런데 문제는 경험 있는 아프리카의 지역민들도 보싸가 왜 단식투쟁에 돌입했는지를 알지 못한다는 것이었다. 그의 친구가 죽고 난 다음부터 음식먹기를 거부한다는 사실만을 지적할 뿐이었다. 나는 서구화된 상식으로써 하마다에게 암시했을 뿐이었다: "사피나가 분명 전염성의 병으로 죽었을 거예요. 그래서 보싸가 그 병에 전염된 것 같아요. 보싸를 치료하기 위해서는 그 전염병의 정체를 알아내는 것이겠죠. 그럼 정확한 처방이 나오겠죠." 하마다는 반복해서 말할 뿐이었다. 수의사를 한번 데려왔는데, 수의사도 보싸가 왜 잘못되었는지를 전혀 알 길이 없다고 말했을 뿐이라고. 그리고 수의사는 약간의 약을 주었는데, 투약해보았어도 사태의 진전이 없었다. 그리고 그 지역에는 여러 마을을 관장하는 단 한 명의 수의사가 있었는데, 항상 매우 바빴다. 그래서 지역민들은 가축들이 병들면 기껏해야 동종요법homeopathic methods(비슷한 증상을 나타내는 약물을 극히 소량 물에 타서 멕이는 요법. 여기서는 그냥 민간요법을 뜻함)과 같은 민간요법을 사용하는 일 외로 별로 할 일이 없었다. 가축들이 죽으면 그것은 천운이었고, 생명의 현실일 뿐이다. 보싸를 쳐다볼 때마다, 나는 슬픈 감정과 죄책감에 동시에 휩싸였다. 보싸는 그 먼 길, 바하리야까지 나 때문에 왔어야만 했다. 그의 실존에 대하여 내가 책임이 있는 것이다. 나는 진실로 그를 그냥 그렇게 죽도록 놓아둘 수가 없었다.

보싸에게 접근하다.

내가 그를 처음 만났을 때, 나는 그가 나를 정면으로 똑바로 쳐다볼 수 있도록 정면으로부터 매우 부드럽게 접근해 들어갔다. 그러자 그는 주의 깊게 나를 피하는 듯 약간 옆으로 몇 발짝 움직이며 고개를 젓곤 했다. 그러나 나는 움직이지 않고 아주 오랫동안 마주서서 그를 계속 응시했다. 그리고 나는 결코 그를 해치는 존재가 아니라는 믿음 같은 것을 불어넣어주려고 애썼다. 자세히 그를 검진한 결과 나는 그의 눈이 백내장 같은 증상을 나타내고 있다는 것을 알아냈다. 그의 눈이 뿌옇게 구름 같은 것으로 덮여있는 것이다. 그리고 그에게는 신선한 클로버와 같이 생긴 줄기가 긴 풀만이 식물로서 제공되었다. 하마다는 이 클로버식물이야말로 낙타에게 제공될 수 있는 최상의 음식이라고 굳게 믿고 있었다.

불행하게도 하마다의 구역 내에서는 셀폰 접근성이 매우 제한되어 있었다. 따라서 나는 낙타의 음식과 질병에 관하여 연구할 방도가 없었다. 클로버가 과연 이런 상황에서 최상의 음식이라는 보장도 없는 듯했다. 나는 바하리야에 오기 전에 보싸의 소식을 듣자마자, 이미 보싸를 고칠 수 있는 치유방법에 관한 전문적인 정보를 수집했어야 했다. 그렇게 머리가 돌아가지 않은 것만이 통탄스러웠다. 그러나 이미 달리 무엇을 시도할 수 있는 방도가 없었다. 내가 할 수 있는 유일한 방도는

내가 주는 풀을 가까스로 먹기 시작하다.

그의 곁에 서서 클로버잎을 들고 있으면서 그가 그것을 먹도록 종용하는 것이었다. 처음에는 보싸는 그것을 먹기를 거부했다. 그러나 나의 지성至誠에 감복했는지 조금씩 그 연한 잎쪽을 갉아먹기 시작했다. 천천히 씹으면서 소량을 삼켰을 때 나는 만세를 불렀다. 그 사건 이후로 보싸는 내가 클로버 이파리를 내밀기만 하면 조금씩 먹기 시작했다. 단지 내가 주는 것만을 받아들이는 것이었다.

하마다의 사막집 시설은 매우 단순하고 소박한 것이었다. 그가 지으려는 호텔은 지금 건축중이었고 완성되기까지는 갈 길이 먼 듯이 보였다. 하마다는 그 와중속에도 내가 머물 수 있는 방 하나를 만들어냈다. 그 방은 침대가 하나 놓여 있었고, 전기가 들어왔고, 또 부속된 작은 욕실이 있었다. 욕실이 부속되어 있어 매우 편리했지만 수도꼭지를 틀면 흙탕의 빨건 물이 흘러나왔다. 그리고 샤워를 한다는 것은 매우 힘든 일이었다. 물이 찬데다가 수압이 없어 쫄쫄 흐르니까 실상 샤워가 무의미했다. 그냥 대야에 물을 받아 조금씩 몸을 문지를 수밖에 없었다. 그

내가 직접 보싸가 먹을 풀을 자르고 있다.

러나 사막의 각박한 캠핑생활에 익숙한 나로서는 크게 문제될 것이 없었다. 보싸 곁에 가까이 있을 수 있다는 것만으로도 다행스러운 일이었다. 보싸의 건강이 증진되어 화이트 데저트에서 같이 사진을 찍을 수 있다면 얼마나 좋을까? 뭔가 사진 이면에 기구한 사연이 배어들어갈 수 있겠지! 그러나 내가 실제로 할 수 있는 일이라곤 아무 것도 없었다. 15일 동안 나는 매일 하루종일 보싸 곁에 서서 그를 돌봐주어야만 했다. 나중에는 내가 왜 보싸를 이곳으로 데려왔는지 그 이유조차 망각 속으로 사라지고 말았다. 예술작품을 만든다는 것은 더 이상 나의 의식의 초점이 될 수 없었다. 섬세한 마음을 소유한 생명체의 생과 사가 엇갈리는 문제에 나는 몰두할 수밖에 없었다. 그토록 민감한 마음의 소유자! 그 친구가 어떻게 죽었길래 그토록 그의 죽음을 슬퍼할까보냐!

기초적인 음식재료를 사러 타운센터에 잠깐씩 다녀오는 것 외로, 나는 하마다의 친구의 농원에 한번 놀러나갔다. 그 외로는 매일 어떻게 하면 보싸가 더 먹게 만들 수 있을까를 궁리하면서 하루종일 보싸 곁에 붙어있었다. 그의 곁에는 항상 신선한 클로버가 더미로 쌓여있었다. 그러나 보싸는 내가 와서 그것을 한 뭉치로 만들어 입에 대주지 않는 한 먹으려고 하지를 않았다. 이런 작업만 해도 매우 인내와 노력을 필요로 하는 일이었다. 보싸가 조금씩이라고 먹기만 한다면 굶어죽지는 않으리라는 기대 때문에 나는 이 작업을 중단할 수가 없었다. 이 작업이 지루하게 느껴지면 나는 클로버뭉치로 그의 얼굴을 살랑살랑 휘감아 주면서 노래를 불러주었다. 때로는 나는 토속적인 산제나 마을굿에서 하듯이 양손에 클로버 뭉치를 쥐고 그것을 향대처럼 모아 동쪽, 남쪽, 서쪽, 북쪽을 향해 허리를 굽혀 정중하게 절을 하고는 그것을 보싸에게 먹으라고 주었다. 확실히 보싸는 더 잘 먹는 듯이 보였다. 첫 이틀 동안은 보싸가 특별히 음악에 민감한 반응을 보인다는 것을 알아차렸다. 그래서 나는 내 랩탑을 그에게 가까이 가지고 가서 다양한 재즈와 클래식음악을 틀어주었다. 얼마 지나면서 나는 보싸가 빌리 할러데이Billie Holiday, 1915~59(전설적인 재즈싱어. 가사와 템포를 자유자재로 변형시키면서 재즈음악의 새로운 경지를 창조)를 특별히 좋아한다는 것을 알게 되었다. 물론 나의 주관적 판단일 수도 있겠지만. 어쨌든 내가 빌리 할러데이에 맞추어 블루 문Blue Moon(로저스Richard Rodgers와 하트Lorenz Hart가 1934년에 만든 곡으로 고전적 발라드의 한 전형이다. 빌리 할러데이, 엘비스, 프랭크 시내트라 등이 불렀다)이나 섬머타임Summertim(거슈인이 작곡한 오페라 『포기 앤 베스』 속의 한 아리아인데 재즈 버전으로 불리어 20세기 대중음악의 대표적 곡이 되었다. 빌리는 1936년에 이 노래를 불렀다)을 부르면 보싸는 매우 행복해보였고 클로버잎을 더 먹었다.

내려쬐는 태양 아래서 하루종일 낙타를 멕이려고 애쓰는 것은 결코 쉬운 과업이 아니었다. 날짜는 제법 빠르게 지나갔다. 보싸는 나의 루틴에 매우 잘 적응하고 있는 것 같았다. 제5일, 보싸는 더 많이 먹기 시작했다. 그러나 내 손으로 주는 것만 먹었다. 하마다를 위해 일하는 깡마른 10대 소년이 아침이면 신선하게 채취한 풀을 한 더미 가져다 놓는다. 그러나 보싸는 내가 직접 내 손으로 멕여주지 않는 한, 거들떠보지도 않았다. 보싸는 내가 자기를 도우려 한다는 것을 직감적으로 알아차리고 있었다. 모종의 굳건한 신뢰관계가 보싸와 나 사이에 생겨난 것이다. 내가 보싸를 만져주면 그는 조용히 있었다. 그는 백내장이 심했지만, 나를 쳐다보고

등에서 마사지 해준다.

식별할 수 있었다. 제9일이 되자, 지역민들은 내가 보싸와 교감하는 것을 보고 나를 낙타의사라고 불렀다. 제11일, 나는 드디어 보싸가 앉아있을 때 그의 등에 올라앉아 그 몸을 두루두루 문질러줄 수 있게 되었다. 한 번은 내가 그의 머리와 몸을 마사지 해주었는데, 보싸는 너무도 기분이 좋았는지 그 머리를 늘어뜨리고 코를 곯기 시작하는 것이었다. 그의 얼굴 한 면을 땅에 철푸덕 댄 채. 내가 마사지를 멈추었을 때, 보싸는 곧 머리를 쳐들고 나를 쳐다보았다. 마치 보싸는 이렇게 말하고 있는 것 같았다: "왜 멈추세요?"

내가 보싸 등에 타 올라앉아 아무렇지도 않은 듯 그를 마사지 해주고 있는 광경을 보았을 때, 하마다는 너무 놀란 표정을 지었다. 그 어느 누구도 그렇게 할 수 있는 사람이 없었기 때문이었다. 하마다나 하마다가 부리는 사람들이 보싸에게 접근하면, 그는 크게 소리를 치거나 피하거나 어떤 때는 아주 공격적인 자세를 취한다. 보싸는 나 이외의 어느 누구도 그녀를 만지는 것을 허용하지 않았다(우리말에 동물에 대한 의인화된 대명사를 쓰지 않지만 때로는 재미있는 표현일 것 같다). 보싸가 나 이외로 경계심을 갖지 않는 사람이 목초를 베어오는 십대소년이었는데, 그는 보싸를 무서워했다. 그래서 목초만 한 더미 엎어놓고는 부리나케 달아났다.

저녁 때는, 나는 별로 할 일이 없었다. 작은 가스 버너와 낡은 냄비로 내가 먹을

내가 마사지 해주면 만족해 하는 모습. 보싸의 얼굴이 많이 편해졌다.

음식을 간단히 장만하거나, 하마다가 얼쩡거릴 때는 그냥 그와 잡담을 나누거나, 그렇지 않으면 혼자서 책을 읽는 것이 전부였다. 목초를 베는 작업을 돕고 하루종일 작열하는 태양 아래서 선 채로 보싸를 멕이고 나면 정말 지쳐버리기 때문에 그저 눈만 감으면 잠이 곧 들어버린다. 보싸를 돌보는 동안 나는 초저녁부터 잠을 잤다. 그러나 저녁 때 목격하곤 하는 흥분을 떨칠 수 없는 스펙태큘러한 사건이 있었다. 그것은 꼭 거미 같이 생긴 거대한 생명체인데 갑자기 나타나서 천정의 빔을 후욱 지나가거나 마룻바닥을 유령처럼 스쳐 지나가곤 한다. 내가 그것을 처음 보았을 때는 정말 소스라치게 놀라 움찔했다. 언뜻 인터넷에서 그 사진을 본 적이 있고, 보통 "낙타거미camel spider"라 부르는 이 생명체는 맹독을 가지고 있다는 루머와 함께 회자되곤 하는 것이다. 거미 같이 생기기는 했지만 너무도 크기 때문에 그것을 보는 순간 소름이 끼치지 않을 수가 없다. 어느 웹페이지에 이라크전쟁 후에 한 미국 병사의 짐에 묻어 들어온 이 낙타거미가 그 집의 개를 물어 죽였다

솔리푸개, 낙타거미

는 이야기를 기술하고 있다. 나중에 내가 자세히 조사해본 바로는 이 낙타거미는 사람에게 전혀 해를 끼치지 않는다는 것이 사실로 검증되었다고 한다. 매우 무섭게 생긴 외모와는 달리 몸에 독을 가지고 있지 않다. 두부에는 두 개의, 강모剛毛로 덮인 집게*chelicerae*가 달려있고, 몸통에는 10개의 다리가 있지만 실제로 땅에 닿는 발구실을 하는 것은 뒤쪽의 4쌍(8개)이고 제일 앞쪽의 한 쌍의 긴 다리는 페디팔프 pedipalps, 즉 촉수라고 하는 것이다. 그것은 일종의 안테나로서 닥쳐오는 환경과 교섭하는 중요한 감각기관 노릇을 한다 (상당히 정교한 복합안점의 눈도 가지고 있다).

보싸와 함께 셀카로 찍은 사진

이 생명체는 "윈드 스콜피온wind scopions"이라고도 불리는데 현재 153속 1천 종이 넘는다. 그런데 이것은 실제로 전갈도 아니고 거미도 아니다. 이 생물체의 이름은 정식으로 "솔리푸개Solifugae"라 하는데, 거미강蜘綱에 속한 절지동물로서 독립된 목目을 가지고 있다. 솔리푸개라는 이름은 "태양으로부터 도망온 것들"이라는 라틴어에서 왔다. 내가 하마다의 집에 본 것만 해도 모래색깔인데 그 크기가 다리를 계산해서 12~15cm에 이른다. 정말 거대한, 우리로서는 상상하기 힘든 거미모양의 생물이다.

하마다가 말하기를 이 낙타거미는 오히려 사람들을 두려워한다고 했다. 그러나 때에 따라 사람이 걸어가면 졸졸 뒤따라오는데, 그것은 사람의 그림자가 그들을 시원하게 만들어주기 때문이라고 했다. 그들은 공격을 당하거나, 위험을 느끼게 되면 "스— 스—"하는 소리를 내기는 하는데 사람을 무는 법은 없다고 했다. 물론 낙타거미는 날카로운 집게로 먹이를 자르고 찢고 할 수가 있으며 이빨도 강력하다.

며칠 동안 나는 이 기묘한 생명체를 관찰하면서 이 징그러운 낙타거미를 사랑하게 되었다. 사실 이들의 행태를 주의 깊게 관찰하는 것은 맨해튼에서 텔레비전을 보거나 인터넷을 뒤지고 있는 것보다는 훨씬 더 재미있고 유익하다.

2013년 5월 1일 아침, 나는 보싸와 매우 좋은 관계를 유지하고 있다고 생각하고 있었는데, 갑자기 보싸는 무엇을 씹고 삼키는 일이 불가능하게 되었다. 보싸는 내가 주는 클로버의 이파리 있는 쪽을 먹으려고 노력했다. 그러나 보싸는 한 뭉치를 먹을 수 있을 정도로 입을 크게 벌릴 수 있는 능력이 없었다. 뭔가 건강이 악화되고 있었다. 줄기가 없는 연한 이파리만 조금 떼어 먹고 입 속에서 거품만을 지어내었다. 먹고 싶어 하는데 도저히 먹을 수가 없는 것이다. 나의 안타까운 심정은 짙어만 갔다.

일몰에 보싸와 함께

【제18송】

죽음에로의 존재라는 자각이 어찌 인간만의 것이랴!

— 인도 타르사막으로 가는 길 —

보싸의 병세가 심해지는 듯한 불안감이 짙어갈 때, 나는 보싸에게 사과와 바나나 같은 과일을 주어 먹게 하려고 애를 썼다. 내가 보싸와 같이 있을 수 있는 시간은 며칠 남지 않았다. 보싸는 평소 사과와 바나나 같은 과일을 매우 좋아했다. 그러나 한편 그동안 안 먹던 과일을 먹어서 위장장애가 생길지도 모른다는 심려가 나에게는 있었다. 항상 그러하듯이 나는 보싸 옆을 하루종일 지키면서 그녀가 먹고 싶은 것을 먹고 싶은 만큼 먹게 하려고 무진 애를 썼다. 그리고 하마다가 수의사와 연락이 닿게 되기를 안타깝게 기다렸다. 그날 저녁 늦게 하마다는 드디어 수의사와 상담할 수 있게 되었다. 수의사는 왕진 나올 수는 없다 하면서 하마다의 이야기를 듣고 진단을 내렸다. 그의 최종적인 진단은 보싸의 목구멍에 벌레가 기생하고 있다는 것이었다. 그리고 하마다에게 근처의 다른 마을로 가서 벌레를 죽이는 약을 사오라고 지시했다. 목구멍에 기생하는 벌레라는 개념은 나에게는 매우 생소한 것이었지만 낙타의 기생충학적인 질환에 관해 나 스스로 아무런 리서치를 한 바 없기 때문에 뭐라고 할 말이 없었다.

다음날 아침이 돼서야 보싸는 그의 신비로운 처방약을 먹을 수 있었다. 낡은 플라스틱병에 담긴 누런 걸쭉한 액체였는데, 그것을 보싸의 목구멍으로 조금씩 쏟아

보싸에게 사과를 멕이고 있다.

부었다. 이날 오후에 보싸는 그녀의 입을 보다 크게 벌릴 수 있는 것 같았다. 그리고 좀 더 많이 먹을 수 있게 된 것 같았다. 하여튼 보싸가 기생충질환에 걸려 있을지도 모른다는 생각이 들었으나, 기실 아무것도 확실한 것은 없었다.

내가 보싸의 병간호를 할 수 있었던 마지막 날의 체험은 나의 생애에서 참으로 잊기 어려운 쓰라린 것이었다. 내가 보싸에게 짙은 애정을 느꼈다는 사실뿐 아니라, 보싸가 나 하나의 존재에만 모든 것을 기대고 있었다는 사실은 나로서는 참으로 처리하기 어려운 감정이었다. 나는 진실로 나에게만, 나 이외의 모든 존재를 신뢰하지 않고 나만에게 기대려고 하는 아픈 동물을 떠나야만 한다는 그런 느낌을 어떻게 내가 표현할 수 있을는지, 정말 난감할 뿐이다. 내가 그곳에 체류하는 마지막 순간까지 보싸가 나에게 대하여 느끼는 것은 기껏해야 "사랑"이라는 말로 표현할 수 있을까? 이때 "사랑"이라는 것도 낙타라는 동물종자가 느낄 수 있는 어떤 감정의 범위에 있는 것일게다.

목구멍의 기생충을 제거하는 약을 멕이고 있다.

내가 보싸의 목을 마사지 해주고 있다.

그녀의 행동방식을 관찰해보면 그녀가 나를 자신의 비참한 곤경으로부터 건져내줄 수 있는 유일한 친구라고 믿고 있는 것을 확신할 수 있었다. 나는 보싸의 상황이 악화되지 않기만을 간절히, 아주 간절히 원했다. 보싸는 내가 주는 풀잎을 반만 먹고 그 나머지는 입에서 흘렸다. 그리고 한번 떨어진 것은 다시 먹으려 하지 않았다. 그래서 나는 긴 풀을 모두 반으로 잘라서 보싸의 입질에 맞게 만들었다. 그렇지만 보싸는 입에 들어간 것조차 삼키는 것을 힘들어 했다. 나는 보싸의 입안을 살펴보았다. 혹시 충치가 심해서 그 충치가 그녀를 괴롭히고 있는 것은 아닐까? 그러나 그녀의 이빨은 모두 브라운색깔이었고, 입안에 가득한 거품과 녹즙 때문에 아무 것도 분별할 수가 없었다.

하루종일, 나는 보싸 곁에 붙어 있으면서 근심과 후회와 슬픔과 회복에 대한 간절한 소망으로 나의 감정을 물들였다. 제발! 제발! 내가 떠난 후에라도 다시 건강하게 되어라! 나는 그러한 소망을 담아 내가 몽골리아에서 가지고 온 푸른 카타 목도리를 그녀의 목에 걸어주었다. 몽골리아에서는 사람들이 예식을 차리러 성황당에 갈 때 목에 이 푸른 스카프를 맨다. 그것이 지니는 상징적 기원의 의미도 있겠지만, 내가 그것을 평소 항상 두르고 있었기 때문에 나의 체취가 충분히 배어

보싸의 목에 카타를 걸어주었다.

있었다는 사실이 중요했다. 나는 보싸가 나의 냄새를 맡으면서 회복하기를 기원했다.

2013년 5월 4일 아침, 나는 모든 풀을 반으로 자르고 보싸가 잘 먹을 수 있도록 해놓았다. 나는 보싸의 목에 매어져 있는 카타 스카프를 다시 단정하게 묶어주었다. 그리고 마지막 굿바이를 하면서 그녀를 꼭 껴안아 주었다. 카이로로 돌아오는 미니버스에서 나는 보싸가 왜 바하리야로 와야만 했는지를 회상했다. 보싸가 회복될 수 있었다면, 나는 어느 날 보싸를 데리고 사진촬영을 위하여 화이트 데저트를 유유히 걷고 있었을 것이다. 그 결과물로 얻어진 사진작품은 나의 인생에서 가장 의미 있는 작품이 되었을 것이다. 물론 객관적인 관객들은 그 내면의 이야기를 알지 못할 것이다. 그러나 그 작품들에 담긴 보이지 않는 기나긴 사연들은 그 작품들에게 모종의 서광을 던져 주리라고 나는 믿는다. 작품은 작가의 주관적 체험의 소산이지만 그것은 관객과 소통될 때 한층 더 빛을 발한다. 그리고 작가의 삶의 투영이 강렬하면 강렬할수록 그 작품은 그 무엇을 관객에게 던진다. 그러나 불행하게도 이런 걸작은 탄생될 길이 없었다.

보싸와의 마지막 포옹. 그 영혼이여 평안하소서.

보싸는 내가 떠난 후로 4개월을 더 버티었다. 그녀는 그녀의 삶에 절실하게 집착했다. 아마도 그녀가 생명을 부지할 수 있었던 것은 언젠가 나를 다시 만날 수 있다는 강렬한 소망이 있었기 때문이었을 것이다. 나는 보싸에게 돌아가려고 노력했다. 그러나 두 존재가 다시 연합되지 못하는 비극은 당시 이집트의 정치적 분규의 결과였다. 그해 7월 나는 요르단에 다시 와서, 보싸에게 갈 준비를 하고 있었다. 그러나 그때(2013년 7월) 공교롭게도 제5대 대통령 모하메드 모르시Mohamed Morsi, 1951~를 제거하는 이집트 군사쿠데타가 발발하고 말았다. 무바라크를 뒤이은 모르시는 국방장관을 포함한 쿠데타세력에 의하여 7월 3일 대통령직에서 물러났다. 모르시는 이공계학자 출신인데 오히려 온건한 인물이었을지 모른다. 그러나 그는 반미적 발언을 하여 미국의 지지를 얻지 못했다. 하여튼 장기집권자였던 무바라크가 축출된 이후로 이집트정국은 계속 소란했다. 군사쿠데타에 반대하는 친모르시 항의자들은 무자비하게 학살되었다. 8월의 대학살에서 817명의 민간인이 사살되는 비극이 전개된다. 폭동이 카이로 길거리를 메웠다. 자동차는 불탔고 기자들에 대한 무시무시한 폭력이 자행되었다. 이런 상황에서 나는 카이로 공항에 착륙할 수 있는 방법을 찾질 못했다. 더구나 나의 모든 카메라장비와 눈에 띄는 외국인 외모를 지니고 있는 내가 바하리야까지 여행할 수 있는 방법은 전무했다. 보싸에게 가는 것은 나로서는 나 자신의 무덤으로 걸어들어가는 것과 같은 상황이었다.

내가 8월 내내 폭동과 학살이 가라앉기를 기다리고 있는 동안 보싸는 홀로, 외롭게 죽었다. 나는 생각한다. 보싸는 그의 친구 사피나가 죽었을 때 이러한 자신의 결말을 이미 알고 있었을까? 그것이 과연 그녀가 단식을 하게 된 진정한 이유였을까? 그리고는 나를 만남으로써 그녀는 그녀의 삶을 지속하려 했을까? 그러다가 내가 다시 돌아올 수 없다는 것을 알아차린 것이 아닐까?

나는 생각한다. 죽음이라는 운명을 의식하고 사는 유일한 존재가 사람이라는 전제는 틀렸다. 하이데가가 말하는 "죽음에로의 존재*Sein zum Tode*"는 인간만의 자각적 특질이 아닐지도 모른다. 인간은 너무도 자의적으로 자신의 세계내존재의 성

타르사막에서의 나의 작품

격을 규정하고 있는지도 모른다. 보싸는 하이데가가 말하는 "실존*Exitenz*"의 모든 가능성을 자각하고 있었는지도 모른다.

2012년 후반 이집트에로의 두 번 여행과 내가 2013년 요르단으로 이사하여 보싸를 만난 그 시점들 사이에 나는 내 삶에서 처음으로 인도를 방문한 적이 있다. 그러니까 인도로의 첫 여행은 기실 보싸와의 만남 이전의 사건이다. 2013년 1월, 나는 아시아에 있게 되었다. 대만의 까오시옹高雄에서 열리는 나의 단독전시회를 준비해야만 했고, 또 그 참에 서울에 있는 나의 패밀리를 방문할 수 있었다. 까오시옹의 솔로전시 오프닝 후에, 나는 인도의 타르사막the Thar desert을 방문할 생각을 했다. 그것은 내가 고비사막에서 작업을 한 후였기에 너무도 정당한 발상이었다.

인도의 타르사막은 아시아대륙에서 매우 별난 향취를 발하는 곳이며, 그곳의 지역 유목민은 아직도 전적으로 낙타에 의존하면서 생활하고 있다. 매우 뜨거운 기후를 가지고 있고 또 중동에 근접해있는 연유 때문인지, 타르사막에는 단지 단봉의 드로메다리만 살고 있다. 그러나 사진상으로 판단컨대, 이 단봉낙타들은 내가

타르사막의 단봉낙타

요르단이나 이집트에서 본 것들과는 좀 다르게 보였다. 나는 이 색다른 이취의 낙타들을 직접 보고 싶었다. 그리고 그들을 둘러싼 풍경과 문화(풍물)를 직접 체험해보고 싶었다.

그 여행을 기획하기 위해서 나는 우선 서울에 있는 인도대사관에서 관광비자를 얻어야만 했다. 그리고 서울에서 꾸앙저우廣州 경유 델리까지의 왕복표를 샀다. 1월 23일 델리에 도착하여 2월 20일 떠나는 여정이었다. 이 여정은 그냥 사막을 방문하는 목적이라면 너무 긴 기간인 것처럼 보인다. 그러나 나는 도달하기 매우 힘든 타르사막의 심장부에 들어가기 위해서 또 하나의 타운을 경유해야만 했다. 델리에서 나는 비카네르Bikaner까지 기차로 여행해야만 했다. 그리고 비카네르에서 제이살메르Jaisalmer까지 버스로 가야만 한다. 그리고 다시 제이살메르에서 버스로 비카네르로, 비카네르에서 기차로 델리까지, 델리에서 비행기로 서울까지! 이 모든 여행은 실로 매우 지루하고, 힘든 노력을 요구하는 여정이었다.

나는 델리공항에 밤늦게 도착했다. 밤 10시경이었다. 비카네르로 가는 기차는 델리의 사라이 로힐라Sarai Rohilla역에서 다음날 1월 24일, 아침 7시에 떠난다. 그러니까 델리에서 머무는 시간은 매우 짧다. 그래서 나는 온라인으로 기차역에서 가까운 곳으로, 잠깐 눈붙일 수 있는 여관 같은 데를 하나 찾아야 했다. 마침 호텔 피트라쉬시 그랜드Hotel Pitrashish Grand라고 불리는 곳이 눈에 띄길래 예약을 했다. 그 호텔은 등급도 없었고 리뷰도 없었다. 그러나 결국 몇 시간 눈붙일 목적이라면 허름한 방이면 족했다. 사막에서 그냥 맨몸으로 지낸 수많은 날들을 생각하면 호텔을 가릴 것은 없었다. 택시를 잡아 호텔에 도착했을 때는 거의 한밤중이었다. 호텔의 웅장한 이름과는 딴판으로 그랜드라는 이름만 먼지 속에 휘날리는 곳이었다. 우선 길이 어두웠다. 그리고 작은 로비는 아주 희미한 형광등이 몇 개 켜져 있을 뿐이었다. 담배꽁초 내음새로 충만했고, 싸구려 타일바닥에 낡은 비닐 소파가 하나 놓여있다. 리셉셔니스트가 나와 나의 짐을 도와주었고, 나의 온라인 예약을 확인했다. 그리고 작고 짙은 피부색의 30대 중반 아니면 40세 정도의 남자가 나를 호텔방으로 안내했다. 방은 1층에 있었으며 작고 습기 찼으며 창문이 없었다.

그 남자는 영어를 할 줄 몰랐다. 그리고 방에 딸린 때투성이의 욕실을 보여주면서 벽에 달린 스위치를 껐다 켰다 했다. 나에게 스위치 데모를 하려는 것이었겠지만 불이 꺼지는 순간 갑자기 이상한 느낌이 나를 덮쳤다. 그는 호텔 방문을 닫고 들어왔고 또 방 안쪽에 서서 나를 째려보고 있는 것이다. 객지에서는 젊은 여성이라는 사실 그 자체만으로 나에게 무의식적인 스트레스를 주는 것이다.

실상 그 남자는 나에게 팁을 요구하고 있었는지도 모른다. 그러나 그 순간 나는 최악의 사태가 발생할 수도 있다는 것을 상정하지 않을 수 없었다. 순간이지만 외지에서 자정이 넘은 시각에 아주 저급한 호텔방에 두 사람이 서있다는 사실 그 자체가 나에게 무의식적인 공포를 주는 것이다. 그리고 내가 무식했으면 좋겠는데, 때마침 2012년 12월 젊은 여인이 인도에게 강간당한 사태로 여권·인권을 부르짖는 항의데모가 전국적으로 일어나고 있었다는 사실을 나는 잘 알고 있었다. 그 소요는 전 세계적인 주목을 받으며 진행중에 있었던 것이다. 나중 일이지만 영국의 BBC방송은 이 케이스를 『인도의 딸*India's Daughter*』이라는 다큐영화로 만들어 방영했다(2015. 3. 4).

이 사건은 "2012년 델리 갱 레이프2012 Delhi gang rape"라 불린다. 이 사건을 간단히 요약하면 다음과 같다. 2012년 12월 16일, 싸우스 델리의 무니르카Munirka라 불리는 외곽지역에 죠티Jyoti Singh Pandey라는 23세의 인턴 물리치료사가 그의 남자친구 아빈드라Awindra와 함께 영화를 본 후 버스를 타고 귀가중이었다(밤 9시 반경). 그런데 이 버스는 정규적으로 운행되는 버스가 아니라 폭주족들이 재미로 운행하는 전세버스였다. 이 버스 안에는 2명의 연인 외로 운전사 포함 6명의 젊은 남성이 있었다. 버스의 문들이 다 닫히고 버스가 지정된 노선을 벗어나 질주하자 아빈드라는 그 6명 갱의 일원이었던 운전사에게 항의를 했다. 그러자 그들은 아빈드라를 쇠몽둥이로 심하게 때려 의식불명상태로 눕혀버린다. 그리고 죠티를 뒷좌석으로 끌고 가 심하게 쇠몽둥이로 구타하고 윤간한다. 어찌나 거칠게 다루었는지 그녀의 질구가 파열된 것은 고사하고 내장까지 다 파열되었다.

그리고 두 사람은 움직이는 차에서 밖으로 내동댕이쳐졌다. 이들은 그날 밤 11시경 행인에 의하여 신고되어 사프다르중병원Safdarjung Hospital 응급실로 옮겨졌지만, 죠티는 12월 29일(13일 만에) 사망한다. 인도의 미디어는 강간당한 여성의 이름을 밝히지 않는다. 그래서 이 여인은 "무서움을 모르는"이라는 뜻의 "니르바야Nirbhaya"라는 이름으로 알려졌다. 죠티는 강간당하는 중에도 끝까지 저항하고 강간자들을 물어뜯어 상처를 남겨 확실한 증거를 만들었다. 결국 강간을 한 갱들 6명은 모두 검거되었지만 사법부는 이들의 처벌에 관해 매우 미온적이었다. 그리고 인도의 일반적 풍습은 강간의 존재 자체를 부정하는 분위기였다. "계집애가 주책없이 나돌아 다니니깐 그렇지"라는 식으로 일축해버리고 마는 것이다. 죠티 케이스는 이러한 인도의 고질화된 여성차별문화를 근원적으로 각성시키고 새로운 입법을 강행케 하는 거대한 문화운동, 시민운동, 사법투쟁운동으로 발전했다. 우리나라는 여권운동에 있어서는 매우 앞서있는 나라에 속한다고 말할 수 있다. 인도에서는 여성의 안전이 보장되기가 힘든 분위기였던 것이다. 그리고 그런 문제에 정부나 사법부가 개입하기를 꺼려했다.

이러한 최근의 소요를 생각할 때, 낯선 사람이 내 방 안쪽에 서있다는 사실이 나에게 무의식적 공포를 조장한 것은 숨길 수 없는 사실이다. 나는 재빨리 방문을 열고 그 남자 보고 나가라고 손짓했다. 그는 끌끌거리는 듯한 느낌으로 문밖으로 나가서는 아직도 복도에서 때꼰한 눈으로 나를 말똥말똥 쳐다보고 있는 것이다. 나는 곧 그의 면전에서 문을 꽝 닫고 걸어 잠궈버렸다. 생각해보면 그는 순진한 사람이었고 나에게 팁 한 장 얻기 위해서 기다렸을지도 모른다. 그러나 나의 지식의 폭력이 그를 불순하게 만들었을지도 모른다. 관념적 공포 때문에 팁 주는 것도 새까맣게 잊어버렸던 것이다. 그의 발자국소리가 문에서 멀어지자 나는 드디어 한숨을 내쉬었다. 그리고 침대의 시트를 벗기고 빈대가 있는지를 잘 살펴보았다. 역의자에서 빈대가 우글거리는 것을 보았기 때문이었다. 빈대가 보이지 않자, 나는 시트를 다시 씌우고 몇 시간 눈을 붙였다.

아침 6시 정각에 일어나 즉각 호텔을 체크아웃했고, 15분 가량 걸어 사라이 로힐라역에 도착했다. 매우 큰 백팩을 등에 지고 바퀴 달린 카메라 장비백을 질질 끌면서. 역은 이미 지역민 상인과 여행객으로 붐비고 있었다. 매우 서늘한 아침이었다. 남자들은 단조로운 색깔의 재킷을 입었고, 여자들은 다채로운 문양의 긴 천으로 몸을 휘감았다. 인도에서는 어디를 걸어도 짜이 냄새가 콧전에 어른거린다. 결코 나쁘지 않다. 톡 쏘는 싱그러운 생강과 소두구씨 카르다몸, 그리고 감미로운 생우유의 내음새는 기분좋게 자극적이다. 예상했던 대로, 나는 군중 속에서 방향감각을 상실했다. 전자예약영수증에 쓰여져 있는 열차를 정확히 찾아낸다는 것은 어려운 일이었다. 그래서 컴퓨터화면을 아이폰으로 다시 찍어 그것을 승무원들에게 보여주었다.

2A 특실 열차간. 한 사람이 누워갈 수 있을 만큼 널찍하지만 편한 의자는 아니다.

열차는 어떻게 찾았지만 정확한 객실을 찾는 것 또한 문제였다. 나의 기차표에 적힌 클라스는 "2A"였다. 아마도 1등칸 다음의 특실일 것 같다. 그러나 정확한 표시가 없어 나로서는 등급을 분별하기 어려웠다. 혼잡스러운 객차간을 헤치고 나아가다 보니 텅 비었고 의자가 길쭉길쭉해서 잠잘 수도 있는 그런 칸에 도착했다. 그러나 좌석의 쿠션이 얇고 또 낡아빠진 비닐커버였기 때문에 그런 자리에 오랫동안 앉아 간다는 것은 매우 불편한 일이었다. 객실 내부는 전체적으로 낡아빠졌고, 구식이었으며, 색이 바랬다. 그렇지만 나는 창가의 긴 의자에 앉아 창문 밖으로 지나가는 광경들을 바라볼 수 있었다. 어느 곳을 가든지 차간에 설치된 디지털광고판에 끊임없이 눈길을 강요당하는 KTX류의 비주체적 여행보다는 훨씬 더 여유롭고 아름다운 여행이었다.

열차에서 보이는 판자촌 광경. 핸드폰으로 찍은 것이라서 명료하지 않다.

기차가 서서히 움직이기 시작했다. 창문을 장식하는 장면들이 활동사진처럼 바뀌기 시작했다. 역을 떠나자마자 나의 눈길을 자극한 것은 슬럼slum의 광경이었다. 수천 개의 임시변통으로 만들어진 판잣집들이 다닥다닥 철로변을 휘덮고 있다. 어떤 것은 벽돌담으로 된 것도 있다. 여기저기서 주워온 베니어판이나 비닐방수포나 콜탈을 칠한 판대기 등등으로 잇대기는 했지만. 지붕만 해도 물결모양으로 홈이 나있는 플라스틱판이나 양철판, 나무합판이나 천, 모두 가릴 것 없이 잡탕으로 이어져 있지만 그 광경은 묘한 색깔의 심포니를 그려낸다. 이 작은 가정단위들은 다닥다닥 연접되어 있어 대부분 이들은 지붕을 공유한다. 어떤 것은 2층으로 되어 있는데 그것은 꼭 큰 박스 2개를 포개놓은 것 같다. 단지 2층 방문 밑으로 사다리가 놓여있을 뿐이니까, 2층에 사는 사람은 그 사다리를 통해서만 바깥세상과 연결이 된다. 그러니까 2층에 사는 사람들은 어느 정도 남녀노소를 막론하고 서커스꾼이 되어야 한다는 뜻이다. 사다리를 올라가고 난 후에는 땅바닥이라는 것은 존재하지 않는다. 집대문을 연다는 것은 오직 사다리 위에서만 가능하다. 사다리 위에서 방으로 기어들어가야만 하는 것이다.

판자촌을 벗어난 광경. 쓰레기가 많다.

얼핏 보기에 이 판자촌은 지저분하고 먼지로 휘덮인 단갈색의 건조물로 보인다. 우선 지붕이 모두 회색이고 쓰레기더미를 여기저기 쌓아놓은 것처럼 보인다. 물론 주변에는 항상 쓰레기와 깡통들이 너저분하게 깔려 있지만, 주민들은 이 쓰레기들을 활용하여 항상 캠프파이어를 만들 수 있다. 불 주변으로 모여들어 몸을 녹이고 짜이를 마시곤 하는 것이다. 그야말로 이곳은 가난한 사람들 중에서도 최빈곤층의 사람들이 사는 곳이다. 안전한 물공급도 없다, 전기도 없다, 적절한 위생시설도 없다. 그러나 자세히 들여다보면, 놀라웁게도 많은 집들이 아주 어여쁜 밝은 색 페인트로 칠해져 있다. 대부분의 사람들은 푸른색이나 아쿠아 그린을 원하지만, 노란색, 자줏빛, 핑크빛을 원하는 사람들도 있다. 이러한 색깔의 변화는 그들의 삶을 보다 유쾌하게 만들고 있다. 그렇게 최빈층의 사람들임에도 불구하고 어떻게 해서든지 자기집을 깨끗하게 꾸미려고 노력하는 그들의 심미적 감성의 발로는 인간의 위대함을 입증하고 있다.

지나치는 장면들이 점점 익숙해지면서 그 내면을 꿰뚫어볼 수 있게 되면 그 판자촌에 살고있는 사람들의 발랄한 삶이 보이기 시작한다. 그것은 분명 그 지역의

기차길 주변으로 보이는 시골집 풍경. 원통형의 한 공간속에 모든 살림이 꾸려지고 있다. 나도 저런 곳에서 자게 될 것 같다.

땅면적에 그 인구밀도를 계산하면 그곳에 아무리 높은 고층아파트를 짓는다 한들 도저히 그들이 향유하고 있는 삶의 질을 보장할 길이 없을 것이다. 여인들은 빨래한 다채로운 문양의 긴 천들을 빨래줄에 걸고 있고, 남자들은 장작불 주변으로 옹기종기 모여 짜이를 마시고 있다. 붉은 사리를 휘감은 여인들이 늘씬한 허리를 돌려가며 머리 위에 항아리를 이고 가고, 꼬마들은 깔깔거리며 뛰어가고 철로길을 밟으며 놀이를 하고 있다. 낡은 자전거가 문밖에 파킹되어 있고, 판자촌 사이사이 모퉁이에는 구멍가게들이 일용품을 진열해놓고 있다. 삶의 조건이 아무리 가난하고 불결하다 한들 판자촌의 가족들의 그 공동체의 일원으로써 공동체를 가꾸어 나가면서 주어진 환경 속에서 가능한 최상의 삶의 기쁨을 창조해낸다. 삶의 가장 기초적인 편의시설이 결여되어 있는 것처럼 보이는 속에서도 사람들은 페인트를 사다가 자기 집을 칠한다는 그 마음씨가 나는 인간에 대한 위로처럼 느껴졌다. 대한민국은 빨갱이를 때려잡듯이 판자촌을 때려잡았다. 마치 판자촌이 문명의 최대 적이라도 되는 듯이. 그러나 판자촌이 사라진 서울은, 아니 지방도시까지, 아니 시골구석까지, 아니 대한민국 전체가 진정한 공동체가 사라진 "체제종속"의 공허한 빈곤의 장이 되어 버렸다. 판자촌을 살리면서도 얼마든지 아름다운 대한민국을 건설할 수 있었다. 단지 우리에게는 그러한 안목이 없었다. 모든 "발전"의 기준은 맨해튼이 되어야 했다. 빠리의 개선문거리가 되어야 했다. 이러한 외재적 사유를 이제 본질적으로 벗어버릴 때도 되지 않았을까?

기차가 산업지구와 농촌의 들판을 지나게 되자, 전날의 누적된 피로가 몰려왔다. 잠을 충분히 자지 못했기 때문에 깜박 깊게 곯아떨어진 것 같다. 눈을 떴을 때, 시골풍경이 전개되어 있었고, 밭과 쓰레기, 그리고 관목더미들, 그리고 빈둥거리는 소들이 눈에 띄었다. 정오쯤, 나는 이미 라자스탄Rajasthan주의 대사막 안으로 들어와 있었다. 색깔이 단조로워졌고, 풀들이 사라진 황금빛 모래의 대지, 꼭 사슴의 뿔처럼 생긴 이파리 없는 작은 나무들, 둥근 원통형의 흙집 위에 지푸라기 지붕을 고깔처럼 얹어놓은 매우 간략한 집들이 시선을 끌었다. 도시에서 멀어질수록 쓰레기가 보이지 않아 행복했다. 풍경이 보다 자연스러워지고 사막 같이 느껴졌다. 이국땅에 있는 고독한 이방인이라는 느낌이 사라지고 나의 고향으로 돌아온 느낌이 들었다.

낙타 페스티발의 한 장면. 춤추는 낙타.

오후 3시 반경에 나는 드디어 비카네르 정크션 기차역에 도착했다. 내가 4일 숙박으로 예약해놓은 게스트하우스는 비제이 게스트하우스Vijay Guest House라 불리는 곳이었다. 한 가족이 운영하는, 침실과 아침을 제공하는 이곳은 관광객들에게 인기가 높은 곳이었다. 널찍한 방과 목욕탕이 딸린 방이 1박에 10불밖에 되지 않았다.

그러나 내가 이 장소를 숙소로 선택한 가장 중요한 이유는 이 집 주인, 비제이Vijay 때문이다. 비제이는 비카네르 지역의 오리지날 "카멜맨camel man"으로서 명성이 높았다. 그것은 그가 관광객을 위한 다양한 낙타 관련 액티비티에 관련되어 있다는 것을 의미했다. 사막에 낙타를 타고 나가는 여행을 조직할 뿐 아니라, 그는 매년 열리는 대규모의 비카네르 낙타축제를 주관하곤 했다. 내가 이곳에 머물고 있는 동안에 바로 그가 주관하는 비카네르 낙타축제가 열리는 것이다. 나는 애초에 나의 여행일정을 그 축제에 맞추어 세심하게 조정해놓았던 것이다. 나는 이 기회를 통하여 라자스탄 지역의 낙타문화와 낙타생리에 관하여 많은 것을 배울 수 있을 것이다.

낙타 페스티발. 낙타의 털을 깎아 아름다운 무늬를 만들었다. 이 낙타는 몸집이 실로 거대하다.

【제19송】

성과 속의 극한이 만나는 지점, 카르니 마타

비카네르 기차역에서부터 게스트하우스까지 어떻게 어떻게 가라는 비제이의 사전지시에 따라, 나는 역전에서 오토바이를 개조한 인력거에 올라타서 운전사에게 다음과 같이 고함쳤다: "비카네르 사가르길, 소피아 여학교 맞은편에 있는 비제이 게스트하우스!" 운전사는 아주 짙은 어조로 "소피아 스쿨"을 반복하면서 고개를 끄덕였다. 그리곤 곧 출발하였다. 길은 포장되어 있었지만, 모래와 노견의 흙먼지로 뒤덮여 있었다. 소가 여기저기 어슬렁거리고 있었는데, 그것은 인도사람들이 소를 성스럽게 생각한다는 것에 관해 내가 몇 번이고 들었던 나의 관념을 입증하는 것처럼 보였다. 그렇지만 소가 길을 점유하게 되면 소가 비킬 때까지 계속 크락션을 울려대는데, 그러한 운전사의 행동은 소를 신성시한다고 말하기에는 너무도 신경질적이고 난폭했다. 하여튼 종교적 관념에서 파생되는 사회적 행동양식은 합리적으로 파악되기 힘든 측면이 있다. 그리고 나는 낙타가 끄는 짐구루마를 보았는데 매우 인상적이었다. 거대한 바퀴 두 개만 달린 구루마에는 나무마루판이 있고 그 위로 다양한 화물이 밧줄로 묶여져 있다. 매우 효율적인 운반수단처럼 보이는데 구루마를 끄는 것은 단지 하나의 낙타였다. 낙타가 옆을 가까이 지나갈 때 나는 눈이 휘둥그래졌다. 내가 이전에 보았던 낙타와는 전혀 다른 모습이었다. 이곳의

비카네르 시내를 어슬렁거리는 소

낙타들은 엄청 거대하고, 우직하고, 강건하게 보였다. 쌍봉의 박트리안 낙타처럼 보였지만 여기 낙타는 어디까지나 단봉이었다. 그러나 내가 이집트나 요르단에서 본 드로메다리의 단봉낙타보다 훨씬 키가 컸고 또 몸집이 거대했다. 정말 자이언트 낙타였다. 그러나 많은 낙타를 접하게 되면서 이곳에서는 자이언트 낙타가 평상적인 사실이라는 것을 깨닫게 되었다.

게스트하우스에 도착했을 때, 인간적이고 온후한 모습을 한 중년부인과 그녀의 호리호리한 젊은 아들이 나를 마중했고, 또 나를 나의 방으로 안내해주었다. 그 아들은 틴에이저임이 분명했고 큰 눈과 매우 섬세한 어린 얼굴을 지니고 있었는데, 자신의 어림을 변장하기 위하여 코 밑에 짙은 수염을 길렀다. 인도 같은 사회에

거대한 단봉낙타들

중동·이집트에서는 내가 손을 올리면 낙타 머리가 쉽게 닿았다. 그러나 여기 낙타들은 내가 손을 뻗어도 낙타 얼굴에 미치지 못한다.

서는 나이가 들어 보이는 것이 유리한 것이다. 게스트하우스 건물은 한 패밀리가 운영하는 시설치고는 꽤 큰 시설이었다. 두 개 층의 객실들이 거대한 코트야드를 내려다보고 있었다.

나의 방은 매우 널찍했다. 단단하고 얇은 매트리스가 놓인 큰 더블베드와 벤치, 그리고 지역풍경을 그린 화가 작품들을 복사한 액자들이 벽에 걸려 있었다. 무엇보다도 욕실의 깨끗함에 기분 좋게 놀랄 수밖에 없었다. 내가 정말 믿을 수 없었던 사실은 이렇게 깨끗한 방과 너무도 맛있는 엄마요리와도 같은 훌륭한 식사를 포함하여 하루에 10불만 내면 된다는 것이었다. 이것은 정말 유구한 전통을 자랑하는 인도문명의 성실한 측면을 보여주는 좋은 예인 것처럼 느껴졌다. 나를 처음 마중해준 여인은 비제이의 부인이었는데, 데이지Daisy라고 불렀다.

그녀는 숙박하는 모든 손님들을 위하여 저녁에는 다양한 커리들을 준비했고, 또 아침에는 든든하게 배를 채울 수 있는 달걀베이스의 그리고 채식주의자들의 음식을 장만해놓았다. 그녀의 따스한 마음이 들어있는 음식들이었다. 나는 닷새 동안 이곳에 머물면서 데이지가 만들어주는 맛있는 음식 이외로는 아무 것도 손대지 않았다. 사실 나는 인도여행에서 종종 체험하는 여행객들의 공포스러운 설사체험이야기를 너무도 많이 들었기 때문에 데이지의 음식 이외로는 외식에 흥미를 느낄 수 없었다. 행복스럽게도, 나는 전 여행을 통하여 위장의 불편을 전혀 느끼지 않았다.

첫날 나는 시내를 탐험할 수 있는 충분한 시간을 갖지 못했다. 그래서 대신 나는 지역민들이 입는 옷을 사러 나가기로 했다. 나는 데이지에게 시장가는 것에 관해 문의했더니 콧수염 달린 자기 아들을 데리고 나가라고 했다. 그의 이름은 히테슈바르Hiteshwar였는데 보통 히투Hitu라고 불렀다. 히투는 그 집의 맏이였고 나이는 20세였다. 히투는 영어를 잘했다. 나에게는 안도의 한숨이었다. 그를 만난 후로는, 비카네르에 있는 동안 나의 모든 것을 그에게 의존할 수밖에 없었다. 그는 그만큼 믿을 만한 인물이었다. 내가 아는 유일한 인도 여성옷은 사리*sari*였다. 사리는 5미터에서 8미터에 이르는 긴 천으로 된 인도 고유의 잘 알려진 의상이다. 내가 히투에게, "사리 하나 사러갈까?"라고 했을 때, 히투는 깔깔 웃었다. 사리는

시장. 내가 옷을 산 곳.

오직 결혼한 여성들을 위한 의상이라는 것이다. 그리고 부인 중에서도 나이 든 사람들이 선호하는 것이라고 했다. 얼른 고개를 돌려 주변을 살펴보았어도 실제로 완벽한 사리를 휘감은 여자들은 거의 눈에 띄지 않았다. 대부분의 젊은 여성들은 허벅지까지 내려오는 긴 셔츠와 바지, 그러니까 투피스에다가 스카프를 걸친다. 나이 든 여인들은 짧은 소매의 셔츠와 긴 치마, 그리고 반투명의 커다란 베일을 뒤집어쓴다. 하여튼 라자스탄 지역에서 볼 수 있는 일상적 특징은 이러했다. 내가 우선 산 것은 단순한 흰 셔츠와 그것에 매치되는 흰 바지였다. 모두가 아주 헐렁헐렁했고 100% 면이었다. 인도는 면의 나라이니만큼 중동에서 만나는 화학섬유 제품과는 질감이 달랐다. 나의 피부가 자연이니만큼 자연의 옷감을 선호하는 것은 당연한 이치이다. 몸빼스타일의 풍성한 바지와 긴 웃옷의 컴비네이션을 보통 샬와르 카미즈*shalwar kameez*라고 부른다. 그런데 여자의 경우는 이 투피스 위에 반드시 긴 스카프를 걸쳐야만 한다.

처음에 나는 왜 도대체 긴 스카프를 걸쳐야만 하는지를 이해하지 못했다. 긴 스

가장 흔한 여인의 의상. 머리에 인 것은 소똥을 말린 것. 인도 최고의 땔감이다.

내가 처음 사서 입은 흰 면제품 의상

카프의 중간을 가슴부위로 오게 하여 어깨 너머로 제킨 스카프의 양단은 등에 양쪽으로 늘어지게 된다. 그 모양이 제대로 유지될 리 없기 때문에 항상 다시 만져야 한다. 그것은 불편하기 그지없었고 더운 날씨에 기능은 없어보였다. 나중에야 그 까닭을 알아냈는데, 그것은 여자의 가슴과 유방의 모양이 타인에게 노출되는 것을 가리기 위한 예의 때문이라고 했다. 관념적으로 볼 때, 인도여인의 의상습관은 중동의 습관과 크게 다르지 않았다. 중동에서도 베일과 까만 부르카(얼굴까지 전체를 가리는 것)의 존재는 결국 여성의 몸매를 딴 남자에게 보여서는 아니 된다는 금기사항 때문인 것이다. 인도의 의상은 단조로운 중동과는 달리 색상이 찬란했다. 종교적 관념은 동일하지만 표현양식은 보다 인간적이다.

날짜가 흘러감에 따라, 히투가 말한 대로 좀 더 칼라풀하고 아름다운 무늬가 있는 의상들을 수집했다. 어느덧 나는 지역의상에 자연스럽게 동화되었기 때문에 사람들은 나를 북동지역에서 온 이민노동자로 간주했다. 북동지역의 사람들은 동아시아사람처럼 보인다. 나는 길거리에서나 시장 노상점포에서나 인력거정거장에서나 지역민과 섞여 있으면 외부인이라는 느낌은 전혀 주지 않았다. 인력거에 올라탔을 때도 일부러 인도사람 액센트를 써서 "소피아 스쿨"이라고 외치면 드라이버는 그의 검지 하나를 들어올린다. 그것은 가격이 10루삐라는 뜻이다. 그것은 18센트 정도밖에는 되지 않는다. 어떤 때는 나는 딴 사람들과 합승을 해야만 했다. 운전사는 나만 태우고 가기가 뭣하니까 곡식이나 과일의 큰 자루를 든 지역민을 같이 태우는 것이다. 그 큰 짐들이 모두 작은 인력거공간 속으로 꾸겨 넣어진다. 내가 만약 외국인 관광객이라는 인상을 던져주었다면 이런 일은 전혀 발생할 수가 없었을 것이다. 외국인 관광객은 올라타면 무조건 100루삐나 200루삐를 내야한다.

그러니 합승은 꿈도 꿀 수 없다.

의상 외로 또 하나의 중요한 변장술은 나의 검은 스킨톤이었다. 그리고 나는 적당한 계기에 적당히 머리를 흔드는 방법을 터득했던 것이다. 머리를 꼿꼿이 세운 상태에서 좌우로 회전시키면 그것은 거부의 표시이고, 또 아래위로 끄덕이면 그것은 오케이라는 뜻이 된다. 그러나 머리를 꼿꼿이 세운 상태에서 좌우로 기울이기만 하면(해부학적으로 말하면 전두면으로만 기울인다) 그것은 매우 오묘한 의사표시가 된다. 그것은 노우도 아니며 예스도 아니지만 또 전부를 의미할 수도 있다: "글쎄," "아마도," "응" 등 애매한 긍정·부정이 된다. 그것은 상황적 맥락에 따라 의미가 다르게 해석될 수도 있다. 나는 며칠 만에 무의식적으로 지역민들과 소통하는 지혜를 이 "좌우기울임bobbling"을 통해 습득했다. 그들은 내가 그들을 이해했다고 느낀다. 하여튼 이렇게 애매한 제스쳐로써는, 타이밍만 잘 맞추면, 무엇이든 크게 잘못될 일은 없는 것이다.

2013년 1월 25일, 비카네르에 도착한 다음날, 나는 맛있는 아침을 끝내자마자, 매우 특별한 사원을 하나 방문하기로 마음먹었다. 내가 라자스탄의 비카네르 지

사원의 코트야드, 건물도 많고 마당도 여러 개 있다.

사원의 참배객

역에 오기로 결심했을 때부터 마음속에 간직하고 있었던 특별한 장소였다. 그것은 비카네르 외곽으로 30km 떨어진 곳, 데슈노크Deshnoke라고 불리는 작은 읍내에 있는 카르니 마타 사원Karni Mata Temple이었다.

나는 이 특별한 사원에 대하여, 나의 맨해튼 아파트먼트에서 한 쌍의 쥐를 애완동물로 키우기 시작한 2006년 이후로 매우 소상히 알고 있었다. 월트 디즈니는 어려운 생활조건 속에서 살 때 자기 창고침실을 들락거리는 쥐들을 보면서 미키 마우스 캐릭터에 대한 힌트를 얻었다고 했는데, 나 역시 모든 도시에서 인간과 더불어 살고 있으면서 항상 혐오와 기피의 이단자로서 휘몰리고 있는 너무도 영민한 이 동물에 대한 탐구로부터 그들이 살고 있는 도시지하세계와 폐허의 심층을 사진으로 담기 시작했다. 나의 작가로서의 삶이 이렇게 시작되었던 것이다. 나는 쥐를 통하여 도시라는 유기체의 무의식공간을 발견했던 것이다. 이 인도의 카르니 마타 사원은 "쥐의 사원"으로 알려져 있는데 카르니 마타는 인도의 쥐의 여신의 이름이다.

쥐라는 동물은 우리가 흔히 생각하는 것보다는 고도의 지력을 가진 놀라운 생물체이며, 나의 가슴속에는 항상 특별한 자리를 차지하고 있었다. 그래서 비카네르에 올 기회가 생기기만 한다면 방문해야 할 가장 우선적인 곳이 카르니 마타였다. 그곳은 수천수만 마리의 쥐가 살고 있는, 이 지구상에서 유일한 사원이었으며, 인간이 쥐를 공경스럽게 취급하는 유일한 곳이기도 했다. 쥐가 성스러운 위상을 지니기까지 한 곳이었다. 나는 내셔널 지오그래픽에서 만든 다큐를 보고 그 사원의 존재에 관해 특별한 관심을 갖게 되었다. 나는 이 다큐로부터 내가 키우는 영민한 암컷 쥐를 사원의 이름을 줄인 "마타"로써 명명했다. 그 암쥐는 검고 배 쪽으로 흰 털이 나있었는데, 나를 타인과 식별하여 알아보았고, 또 잘 따랐다. 내가 산보나갈 때는 내 어깨 위에 올라탔으며 어깨 위에서 똥이나 오줌을 싸는 적이 없었다. 대·소변이 마려우면 어깨로부터 팔을 타고 내려와 누었고 내가 손을 뻗치면 팔을 타고 다시 올라왔다. 산보길에서도 내 뒤를 졸졸 따라오곤 했다.

히투는 그의 패밀리 자가용차로 나를 데슈노크까지 데려다주었다. 사원의 주차장에 차를 댔을 때 나는 내가 고대하고 또 고대하던 곳에 왔음을 직감할 수 있었

사원 입구의 주차장 광경. 소들이 어슬렁거리고 있고 점포가 즐비하다.

사원을 들어가려면 신발을 벗어야 한다.

다. 장면의 느낌이 시골의 정경에서 갑자기 포장된 거대한 주차장과 함께 관광촌 분위기로 바뀌었기 때문이다. 기념품과 간단한 음료와 스낵을 파는 점포들이 즐비했다. 그만큼 많은 사람들이 이곳을 찾는다는 얘기인 것이다. 늘 그러하듯이 주차장 한복판에는 소들이 어슬렁거렸고 그 뒤로는 한 점포가 아이스크림을 팔고 있었는데 그 광고판에는 "100% 아이스크림, 100% 채식음식"이라고 쓰여져 있었다. 하여튼 아이스크림도 100%가 아닌 그 무엇이 또 있는 모양이다.

그리고 부근에는 개방된 신발장이 있었는데 그 싸인은 "당신의 신발을 여기에 벗어놓고 들어가시오. 무료임"이라고 쓰여 있었다. 그러니까 사원 내로 진입하기 위해서는 모든 사람이 신발을 벗고 맨발로 들어가야만 하는 것이다. 나는 고무로

사원 바닥에 쌓인 음식찌꺼기와 쥐들

된 샌달을 신고 있었고, 내 발은 이미 더러웠기 때문에 별로 문제될 것이 없었다. 그러나 깨끗한 것을 좋아하는 문명국의 관광객들에게는 이것은 진실로 난제가 아닐 수 없다. 쥐만 보아도 몸서리가 쳐지는 혐오감을 느끼는 사람들에게는 참으로 어려운 상황인 것이다. 아무리 청소부들이 하루종일 깨끗하게 바닥을 닦는다 한들, 항상 쥐똥과 음식찌꺼기, 그리고 먼지들이 쌓여있기 마련이다. 사원은 매우 넓은 면적을 차지하고 있는 거대한 곳인데 사원마당에만 대략 2만 마리 이상의 쥐가 살고 있었다. 우리가 사원의 주전主殿을 걸어 들어갈 때에, 히투는 나에게 쥐가 발등 위로 후루룩 지나가면 그것은 아주 좋은 행운을 의미하는 것이라고 했다.

주전당의 아주 정교한 대리석조각품으로 짜여진 아치형 게이트와 은조각으로 장식된 대문을 지나면서 나의 흥분은 증폭되기 시작했다. 벽이나 문의 조각들은 쥐의 모양들을 담고 있었는데 매우 정교한 걸작품들이었다. 쥐들이 내 주변에서 어른거리는 가운데 카르니 마타 사원을 바라보는 나의 느낌은 그토록 읽고 배우고

우유를 먹고 있는 쥐들

은조각으로 정교하게 구성된 카르니 마타 신전의 문들

동경했던 미켈란젤로의 그림으로 장식된 장엄한 시스틴 성당을 두눈으로 처음 바라보았을 때 받은 느낌과 진실로 진배가 없었다. 그만큼 이 사원에 대한 나의 향심이 컸던 것이다. 인도문명은 인간존재의 모든 극한상황, 그리고 그 감추어진 가능성을 노출시키는 매우 잡다한 문명이다. 성과 속, 정토淨土와 예토穢土, 해탈과 번뇌가 하나로 뒤엉켜진 문명이다. 그래서 그 가능성의 심도는 어느 문명과도 비교하기 어려운 그 무엇이 있다.

카르니 마타를 위한 지성소가 자리잡고 있는 대리석 성전 안에는 내가 사진이나 비디오를 통하여 익숙하게 보아왔던 흑색·백색 대리석 타일이 엇배치되어 있는 마룻바닥이 깔려있다. 그리고 홀의 여러 코너에는 우유가 가득 담긴 큰 둥근 금속쟁반이 놓여있는데 그 주변으로 쟁반 테두리에 올라앉아 몸의 밸런스를 취하며 우유를 먹고 있는 쥐들이 새까맣게 무리를 짓고 있다.

이러한 충격적인 광경에 사람들이 놀라서 정작 이 사원의 건축과 예술의 아름다움을 놓치고 마는데, 이 사원이야말로 후기 무갈예술양식의 한 정교하고도 아름다운 걸작품에 속한다. 이곳에 오는 방문객의 대부분은 외국에서 오는 관광객이 아니라 거의 인도사람들이다, 그만큼 이곳은 토착민 순례자들의 사랑을 받는 곳이다. 인도의 순례자들은 곡식과 단것들로 만들어진 다양한 음식을 준비하여 쥐들을 공양한다. 그런데 이 순례자들은 "하얀 쥐"를 찾기를 매우 갈망한다. 하얀 쥐는 여신 카르니 마타 본인의 화신이거나, 또 그녀의 아들 중의 하나의 화신으로 간주되기 때문이다. 매우 놀랄 만한 사실은 쥐들이 갉아먹은 음식을 사람이 같이 먹는 것을 지고의 영광으로 생각한다는 것이다. 그리고 쥐들이 먹고 남은 우유를 섞어서 만든 짜이를 마시는 것을 행복하게 생각한다. 실제로 사람들이 쥐가 먹고 남긴 음식을 먹고 마신다. 나는 도대체 그러한 행위의 근원이 무엇인지 궁금했다. 카르니 마타가 속한 계급은 라자스탄 지역의 브라만과 크샤트리야에 해당되는 차란*Charan*이라는 카스트이다. 이 차란 카스트의 지역공동체 사람들은 쥐들이야말로 이 카스트에 속한 모든 사람들이나 그들의 조상들의 화신이라고 믿는다. 그러니까 자기들 가족이나 친척 모두가 죽으면 반드시

신전 벽의 대리석 조각

까맣고 하얀 대리석이 엇갈려 배열된 바닥. 참배객들이 들여다보고 있는 곳이 카르니 마타를 모신 지성소이다.

쥐가 된다는 것을 의미한다.

우리가 보통 윤회輪廻, 즉 삼사라*saṃsāra*라고 부르는 것은 불교 고유의 사상이 아니라 인도문명 전반에 깔려있는 공통기저라 말할 수 있다. 삼사라는 "흐른다"는 뜻이다. 그 흐름은 생과 사를 연결하면서 끊임없이 이어진다. "생사유전生死流轉"이라고 하는 것이다. 이러한 업業*karman*의 유전을 믿는 사람들에겐 쥐와 사람의 동일시는 너무도 자연스러운 것이다. 이 쥐사원이라는, 우리의 통념을 깨는, 이 성소야말로 성과 속의 극한점이 만나는 곳이라 말할 수 있다.

왜 이곳 사람들이 그토록 쥐를 숭상하는지 윤회적 사유를 전제로 하면 쉽게 이해가 간다. 쥐들은 그들의 돌아가신 할머니·할아버지일 수도 있고, 또 이 쥐들이 미래의 자기들 자녀로 환생할 수도 있다. 그런데 이러한 신념은 역사적 근거가 있다. 이 쥐사원의 주신인 카르니 마타Karni Mata는 역사적 실제인물이었으며 살아있는 여신이었다. 그녀는 1387년에 태어나 1538년에 죽었으니 151세를 산 것이다.

카르니 마타 사원의 지성소를 들어가기 위해 줄 서있는 사람들

영국의 장수한 농부 올드 톰 파Old Tom Parr, 1483~1635(152세에 사망)의 경우를 보아도 불가능한 이야기 같지는 않다. 카르니 마타는 종교적·군사적으로 탁월한 민중지도자였던 것 같다. 그리고 금욕주의적 삶을 살았던 것 같다. 그녀는 살아있는 동안 예수나 여타 종교적 창시자처럼 많은 이적을 행하였다고 한다. 그러나 그녀는 매우 보통사람처럼 감정적인 인간이기도 했다. 전해오는 이야기에 의하면, 어느날 그녀의 막내아들 락스만Laxman이 연못에서 물을 마시려다가 그 연못에 빠져 죽었는데, 그녀는 저승사자인 야마Yama에게 락스만을 돌려달라고 간청한다. 그런데 야마는 그 청을 거절한다. 카르니 마타는 화가 나서 맹세한다. 그녀의 자녀나 후손들은 그 어느 누구도 저승에 가지 않을 것이라고! 대신 쥐로 환생할 것이라고!

이 여인의 무릎 사이에 쥐가 들어가 있다.
화평한 이 여인의 얼굴을 보라!

그런데 이러한 이야기에는 많은 버전이 생겨나게 마련이다. 어떤 버전에는 야마가 락스만으로 하여금 쥐로 환생하는 것을 허락했다고 하는데, 역시 이런 이야기는 맥아리가 없다. 그리고 카르니 마타의 전기적 스토리에 의하면 카르니 마타는 결혼을 하지 않았으며 그에게 결혼을 간구하는 남성에게 자기 여동생을 주었다고 한다. 카르니 마타는 평생 순결을 지켰다고 한다. 그렇다면 그의 자식이란 이종조카가 된다. 이야기가 어떠하든지간에 카르니 마타라는 전설적 인물은 그녀가 산 시대에 매우 존경을 받은 경이로운 인물이었음에 틀림이 없다. 그녀와 관련된 성채나 유적이 많다. 우리나라로 치면 조선왕조 초엽에 해당되는데 이렇게 신

국립낙타연구소의 낙타 종류 설명 팻말

화적으로 숭배되는 것을 보면 인도문명이 얼마나 짙은 종교적인 색채를 깔고 있는지를 알 수 있게 된다.

사원 내에서 기념사진 몇 개를 찍고 쥐들의 행태를 관찰한 후에, 히투는 나를 다음의 관광지인 "국립낙타연구소The National Research Center on Camel"로 데려갔다. 나는 다른 기회를 포착하여 카르니 마타 사원에 반드시 다시 오리라고 마음먹었다. 나는 쥐사원에서의 새로운 행위예술과 사진작업을 기획하고 있었다. 그러나 지금 마침 자가용자동차가 있을 때는, 될 수 있는 대로 많은 곳을 둘러보는 것이 상책이었다. 그 낙타연구소는 비카네르 외곽에 몇 킬로 떨어진 곳에 있는 농장이었다. 거대한 우리, 외양간, 곡식창고가 널찍널찍 자리잡고 있었는데 거기에는 4개의 다른 종의 400마리 낙타가 사육되고 있었다. 새로 태어난 아기 낙타, 그리고 내가 이전에 본 적이 없는 엄청 거대한 낙타들을 얼이 빠지도록 홍미롭게 쳐다본 후에, 라자스탄의 다른 종자들의 성격에 관하여 팻말에 쓰여진 것을 읽고 또 그들의 차이를

갓 태어난 새끼 낙타

비교해보려고 눈앞의 낙타들을 관찰해보았으나, 결국 나의 소견에는 모두가 다 비슷하게 보였다.

이 국립연구소의 목표는 낙타축산학, 유전학, 질병예방, 밀크생산, 짐 끄는 능력 등을 향상시키는 것에 관한 것이다. 낙타의 일하는 능력에 관한 현대적 응용으로서 재미있는 측면의 하나는 낙타로 하여금 특수 방아를 돌리게 하여 전기를 생산케 하는 것이다. 연구소의 시설들을 둘러보고 느끼는 것은, 도시에서는 제아무리 근대화가 진행되고 있을지라도 타르사막 지역에서는 낙타가 지역민의 삶의 주요 부분을 차지하고 있다는 것이었다. 근대화·산업화라는 명목 아래 모든 삶의 방식이 무차별하게 서구식으로 획일화되어가는 시대의 추세는 결코 바람직하다고 볼 수 없는 것이다. 집으로 돌아오려고 할 때, 연구소에 있는 한 점포에 들렀는데 이름이 "카멜 밀크 팔러Camel Milk Parlor"였다. 그곳에서는 낙타밀크와 그것으로 만든 차나 아이스크림 같은 다양한 제품이 판매되고 있었다. 나는 따끈한 차를 선택

ऊंट उत्सव-2013 का आगाज आज, तैयारियां पूर्ण

दो दिन लाडेरा व अंतिम दिन शहर में होंगे कार्यक्रम

मरुनगरी में 20वें अंतरराष्ट्रीय ऊंट उत्सव का आगाज शनिवार को लाडेरा के धोरों से होगा। तीन दिवसीय ऊंट उत्सव के तहत पहले दो दिन के कार्यक्रम लाडेरा व अंतिम दिन समापन समारोह डॉ.करणी सिंह स्टेडियम में आयोजित होगा।

केमल फेस्टीवल के तहत होने वाले विभिन्न कार्यक्रमों की तैयारियों को पर्यटन विभाग ने शुक्रवार को अंतिम रूप दिया। पर्यटन विभाग के उपनिदेशक हनुमान मल आर्य ने बताया कि शनिवार को दोपहर 12 बजे लाडेरा मेला मैदान में तीन दिवसीय ऊंट उत्सव शुरू होगा। प्रभारी मंत्री हरजीराम बुरड़क सफेद कपोत व गुब्बारे उड़ाकर महोत्सव का उद्घाटन करेंगे। इसके बाद तीन दिवसीय कार्यक्रम के तहत पहले दिन खो-खो प्रतियोगिता होगी। आर्य ने बताया कि शुक्रवार को विभिन्न तैयारियों को अंतिम रूप दे दिया गया है। विभिन्न प्रतियोगिताओं के लिए ग्राउंड व मुख्य समारोह का मंच भी

भारतीय संस्कृति होगी साकार

ऊंट उत्सव में इस बार प्रदेश के बाहर से भी कलाकार अपनी प्रस्तुतियां देने लाडेरा पहुंचेंगे। जिसमें राजस्थान के अलावा हरियाणा, हिमाचल, गुजरात, जम्मू कश्मीर आदि स्थानों से कलाकार आएंगे। शुक्रवार को बीकानेर पहुंचे हिमाचल के कलाकारों के ग्रुप लीडर बालक राम ठाकुर ने बताया कि उनका ग्रुप पहले दिन कुल्लू का फोग डांस प्रस्तुत करेगा। इस डांस को नाटी नृत्य के नाम से जाना जाता है। उन्होंने बताया कि हिमाचल का यह प्रसिद्ध नृत्य बसंत ऋतु, होली, शादी-विवाह आदि में किया जाता है। विभागीय अधिकारियों ने बताया कि ऊंट उत्सव में विभिन्न प्रांतों के कुल 150 से अधिक कलाकार अपनी प्रतिभा दिखाएंगे।

है। उन्होंने बताया कि प्रदेश के बाहर से आने वाले कलाकार केवल लाडेरा में ही प्रस्तुति देंगे। अंतिम दिन डॉ.करणी सिंह स्टेडियम में होने वाले सांस्कृतिक

ऊंट उत्सव के दौरान होने वाली मिस मरवण प्रतियोगिता की तैयारियां करती विदेशी युवतियां।

विदेशी युवतियों ने की रिहर्सल

मिस मरवण प्रतियोगिता में हिस्सा लेने वाली विदेशी युवतियों ने शुक्रवार को विजय पेइंग गेस्ट हाउस में रिहर्सल की। प्रतिभागियों ने इस मौके पर अपने हाथों में मेहंदी भी रचाई। पेइंग गेस्ट हाउस के संचालक विजय सिंह ने बताया कि विजय पेइंग गेस्ट हाउस की ओर से तीन विदेशी युवतियां इस प्रतियोगिता में हिस्सा ले रही है। जिसमें दो ऑस्ट्रेलिया व एक साउथ कोरिया की है। प्रतिभागियों को प्रतियोगिता के बारे में जानकारी दी गई है। विदेशी युवतियों में कॉम्पिटिशन को लेकर काफी उत्साह भी नजर आ रहा है।

ऊंट उत्सव में आज के कार्यक्रम

तीन दिवसीय ऊंट उत्सव में पहले दिन पुरुष व महिलाओं के लिए खो-खो प्रतियोगिता, महिला मटका दौड़, महिला म्यूजिकल चेयर, सांस्कृतिक संध्या व अग्नि नृत्य आदि कार्यक्रम होंगे। सुबह 12 बजे शुरू होने वाले यह कार्यक्रम रात आठ बजे तक चलेंगे।

केमल बैंक काउंटर भी होगा

स्टेट बैंक ऑफ बीकानेर एंड जयपुर की पीबीएम अस्पताल शाखा की ओर से ऊंट उत्सव के दौरान केमल बैंक काउंटर लगाया जाएगा। सहायक महाप्रबंधक टीएस राठौड़ ने बताया कि काउंटर पर विदेशी मुद्रा का भारतीय मुद्रा में परिवर्तन किया जाएगा। यह काउंटर को लाडेरा व अंतिम डॉ.करणी स्टेडियम लगाया जाएगा। केमल

그곳 신문에 난 나와 오스트랄리아 여성들

했다. 화덕에 끓여지지 않은 음식으로부터 위장이 탈날 수도 있다는 긴장감이 나를 여전히 지배하고 있었던 것이다.

그날 밤, 게스트하우스 안마당에는 성대한 디너파티가 열렸다. 비제이는 그가 잘 아는 다른 호스텔에 묵고 있는 여행객들까지도 초청하였다. 비제이는 내가 아주 다채롭게 수놓은 인도 여자셔츠를 입고 있는 것을 보자, 아주 유쾌하게 나와 인사를 나누고, 그 옆에 있는 2명의 블론드 머리를 한 오스트랄리아 여성들과 사진을 찍을 것을 요청했다. 이 사진은 낙타축제에 참여하는 외국인들을 소개하는 기사에 쓰일 것이라고 했다. 갑작스러운 일이었지만, 나는 어떤 일이 일어날지에 관해 별 생각도 없이 즉석에서 응낙하고 말았다. 나는 비제이가 하라는 대로, 오스트랄리아 여성들의 팔뚝에 헨나 문신을 그리는 작업을 하는 척 했다. 그때에 신문사 소속의 사진사가 몇 방의 사진을 찍었다. 많은 여성관광객들이 낙타페스티발의 마지막 날, 1월 28일에 있게 될, 미녀선발대회에 취미 삼아 참석한다고 귀뜸을 해주었다.

디너파티가 진행됨에 따라 나는 오스트랄리아의 젊은 여성들과 다른 관광객들과 섞여 잡담을 나누면서 깔깔거리기 시작했다. 난데없이 라자스탄 지역행사에 우리가 참여하게 되었으니 얼마나 웃기는 이야기인가 하고! 다음날 아침, 나는 나와 두 여성의 사진과 함께 전면기사로 실린 신문을 펼쳐보게 되었다. 페스티발에서 무엇이 일어날지 도무지 종잡을 수 없었고, 기다리고 있는 미지의 모험은 나를 설레이게 만들었다.

셋째 날, 나는 나 홀로 비카네르 읍내를 탐험했다. 고도의 작은 골목들을 미로처럼 헤매는 기쁨을 누리면서 시장에서 지역민들과 섞이고 스카프 가격을 흥정하기도 했다. 그 다음날, 그러니까 2013년 1월 27일, 나는 비카네르 시내에 있는 거대

주나가르 요새

한 16세기 주나가르 요새Junagarth Fort를 방문했다. 5만 평방미터에 달하는 거대한 요새 안에는 궁전과 신전 그리고 다양한 양식의 파빌리온이 들어차 있었다. 나는 이 인상적인 요새를 보고 난 후에 카멜 페스티발로 향했다.

페스티발은 모래로 휘덮인 사막지대에서 낙타경주를 하는 것으로부터 시작했다. 수백 명의 관람객들, 대부분이 남자들이었지만, 그들은 레이스 코스로 지정된 평지를 따라 솟아있는 모래언덕에 모여 흥분되는 경주를 바라볼 태세를 차리고 앉아 있었다. 경주가 한창 시작될 때, 그리고 경주가 끝나고 나서는 구식 확성기가 장착된 오래된 픽업트럭 위에 열 명 정도가 타올라서 돌아다니면서 다양한 발표를 해댔다. 이 사막동네의 분위기는 내가 말리 팀북투에서 참관했던 사막축제를 연상시켰다. 단지 입은 의상이 달랐고 쓰는 언어가 달랐다. 그동안 얼마나 많은 일이 일어났는가? 나의 체험의 여정이 주마등처럼 휘익 의식의 스크린을 스쳐 지나갔다.

낙타경주의 참가자들

【제20송】

독사와 더불어 춤추는 칼벨리아 여인들, 불 위에서 춤추는 자스나트 신자들, 그리고 미쓰 비카네르의 고역

아프리카 사하라사막 뚜아렉의 낙타경주처럼, 이곳 인도 타르사막 비카네르의 낙타경주에서는 낙타 주인이 직접 낙타등에 올라타 낙타를 몬다. 중동의 낙타경주에서는 주인이 올라타질 않고 가벼운 노예아동 자키를 썼다가 위험한 사례가 발생하니까 자그마한 로봇 자키를 등에 올려놓고 낙타를 뛰게 하는 것과는 사뭇 다르다. 보다 인간적인 전통문화가 보존되어 있는 것이다. 낙타가 말처럼 빠른 속도로 질주하는 것을 보고 있으니까 예전에 느끼지 못했던 충동 같은 것을 느끼게 된다. 내가 한번 직접 낙타를 몰아보고 싶다는 충동이다. 그만큼 낙타의 질주는 경쾌하고 멋있게 보였다. 그러나 내가 질주하는 낙타를 몬다면, 결국 나는 추락할 것이고 발목뼈를 부러뜨리는 것으로 결말이 날 것은 뻔한 이치다. 최종적 챔피언이 결정되는 마지막회 질주가 마감되는 순간, 스탠드 위에 있던 많은 관중들이 우루루 경기장으로 몰려들었고, 잘 뛴 낙타들을 격려해주었다.

이날 밤, 이 축제 프로그램은 사방에서 모여든 각기 다른 지역 인종들의 춤과 음악들의 공연으로써 화려하게 진행되었다. 그 중에서 가장 관능적이고 기억에 남는 춤은 칼벨리아Kalbelia라고 불리는 유목민족의 것이다. 이들은 영어로는 "스케쥴드 트라이브스Scheduled Tribes"라고 부르는 카스트에 속하는 집시들인데, 우리말로는

매혹적인 칼벨리아 춤

"지정指定카스트"라고 번역하기도 하고, 중국말로는 "표열종성表列種姓"이라고 번역하기도 하는데 결국 전통 인도헌법상 규정된(지정된) 인도사회의 최하층 카스트이며, 우리가 알고 있는 "불가촉천민Untouchables"과 동의어로 보면 된다. 인도말로는 "달리트Dalit"(산스크리트어로 "깨진broken"의 뜻이다)라고도 한다. 그러나 불가촉천민 중에 이 칼벨리아는 역사적으로 코브라 등 다양한 뱀을 생포하거나, 뱀의 독을 채취하여 거래하거나 하는 특수직업에 종사하여 왔다. 인도에서는 어느 집에 뱀이 들면 이들을 부른다. 우리말로 하면 유능한 "땅꾼"들인 셈이다. 이들이 추는 칼벨리아 춤은 경쾌하고 즐겁기가 그지없는데 주로 뱀의 동작에서 유래된 춤사위이며, 의상도 뱀의 문양과 관련이 있다.

칼벨리아의 여인들은 대체로 건강하고 예쁜 얼굴을 하고 있는데 흘러내리는 검은 스커트에 매우 다양한 색상과 문양을 수놓았고, 그리고 조그만 거울 조각들을 장식으로 쓴다. 그리고 또 많은 보석으로 치장되어 있는가 하면, 구슬로 만든 머리장식에는 찬란한 술의 베일이 달려있다. 머리 꼭대기로부터 발끝까지 온몸을 휘감은 정교한 의상이 움직이며 찰랑거릴 때, 그 모습이 어찌나 매혹적이고 최면적인지, 그 무용 전체 공연시간 동안 단 한순간도 나는 눈을 뗄 수가 없었다. 이 춤은 대체로 11세기 초의 힌두 성자 고라크나트Guru Gorakhnath에까지 그 근원이 올라가니까 매우 유구한 역사를 지니고 있는 셈이다. 그러나 이러한 찬란한 전통도 이제 칼벨리아의 유니크한 삶의 공동체가 붕괴되면서 점점 사라져 가고만 있다 하니 참으로 안타까운 일이다. 21세기 인류사회는 위대한 전통예술의 원형을 다 잃어만 가고 있는 것이다.

해가 떨어지자 또 하나의 매우 인상적인 공연이 선을 보였다. 밤시간을 종료하는 퍼포먼스로서 시드 공동체 종족Sidh community(라자스탄 비카네르 지역에 살고 있는 특수한 카스트. 고결한 카스트이다)의 "불춤fire dance"이 펼쳐진 것이다. 처음에는 완전 백색의 장포長袍를 입고 짙은 노란색의 터반을 두른 한 그룹의 남자들이, 마당에 피운 캠프파이어의 높은 화염이 좀 잦아들게 되면, 그 거대한 불구뎅이를 지팡이로 쑤셔대면서 그 위로 훠훠 날아다닌다. 그리고 그 캠프파이어 부근에는 악기를 연주하는 그룹 앞에 한 테이블이 있는데 그 위에 놓여있는 놋쇠사발에서는 불이 활활 타올라 악사들을 환히 비추고 있다. 가장 권위 있게 보이는 한 노인이 백색 장포를 입고 커다란 사발 모양의 장구를 두드리며 노래를 부르고 있는데, 마치 우리 경기민요에서 길게 뽑는 후렴과도 같이 들린다. 매우 신성한 종교적 챈팅인 것 같다. 그 옆에 또 한

칼벨리아 무희

사람이 앉아 양손에 든 두 개의 조그만 놋쇠종을 부딪혀 반복적인 리듬을 형성하고 있는데, 품격 있는 소리라 할 수 있다.

초장에 불 위로 날아다니는 불춤은 잠깐 있으니 매우 지루하게 느껴졌다. 그러나 사람들이 불 위로 막 걸어다니는 것을 보았을 때 나는 경악하지 않을 수 없었다. 처음에 나는 내 눈을 의심치 않을 수 없었다. 이글거리는 붉은 목탄들은 아직도 불길이 타오르고 있는데도 그 위를 분명하게 맨발로 밟고 지나가는 것이다. 그것도 아주 정상적인 속도로. 그리고 반복적으로! 그리고는 또 맨손으로 악사의 테이블에서 타고 있는 숯덩어리를 집어내어 손바닥에 놓고 그것을 빙글빙글 돌려가며 춤을 추는 것이다. 그러니까 손바닥에서 불이 활활 타는 것 같고, 어둠 속에서는 화염만이 춤을 추는 것처럼 보인다. 신기하고 아름다운 광경이 아닐 수 없다. 어떤 사람들은 타오르는 숯덩어리를 입에 넣었다가 노오란 불꽃들을 토해내곤 한다.

막장으로 가자, 음악의 템포가 빨라지면서 총 8명의 춤꾼들이 붉은 숯밭으로 뛰어들어가서, 여신餘燼을 찬다. 그들은 정말 맨발로 잔화殘火를 차내면서 잿구름을 지어내고 찬란한 불꽃들의 폭발을 어두운 공중 위로 펼쳐낸다. 그들의 춤이 완성되었을 때, 아무도 불로 인하여 다친 사람이 없었다. 나는 하도 신기해서 도대체 이들이 누구인가라고 물었다. 사람들의 대답은 이들은 영적인 사람들이며, 불로써는 다치는 법이 없다고 했다.

나중에 나는 이들 시드 공동체 종족사람들은, 자스나트Jasnath Ji Maharaj라고 하는 16세기의 시드 구루Sidh Guru를 신봉하는 사람들이며, 이 불춤은 그에 대한 그들의 헌신을 상징하는 한 거룩한 표현이라는 것을 알게 되었다. 내 눈으로는 처음 보았지만, 실상 불 위를 걷는 보행의 과시는 수천 년 동안 이 세계의 다양한 공간에서(희랍에서 중국까지, 그리고 베카섬의 사와우Sawau 종족, 희랍정교회, 폴리네시아의 종족들 등등) 신념과 용기의 테스트로서, 그리고 사회적 결속력의 제식으로서 존재하여왔다. 나에게는 어떻게 이들이 화상을 안 입는가에 관한 것은 여전히 한 미스테리로 남는다. 과학적 평론에 의하면, 숯 위에 덮인 재가 열전도율이 낮고, 발바닥이 닿는 시간 동안 충분히 화상을 입지 않을 수 있는 조건이 형성될 수도 있다는 여러 가지 설도 있다. 그래서 나도 한번 해볼까 하는 유혹을 느꼈으나, 어려서 무당 흉내내어 작두에 올라탔다가는 반드시 벤다는 소리를 들은 적도 있고, 하여튼 용기를 낼 수가 없었다. 집에서 그런 짓을 해본다는 것은 진실로 좋은 생각이 아닌 것 같다.

내가 화장을 한 후에 칼벨리아 무희와 같이 사진 찍다.

2013년 1월 28일, 바로 비카네르 낙타축제의 마지막 날이었다. 나는 축제의 마지막 판인 미녀퍼레이드에 참여하기로 되어 있었다. 오전에, 나는 오래된 학교건물로 초대되었다. 그리고 외국인 미녀퀸들을 위한 드레싱 룸으로 사용되고 있는 한 교실로 갔다.

각지에서 온 다양한 미녀들과 함께

치장한 낙타

그 교실에는 축제용 의상들로 넘쳐났고, 인도식 화장대가 많이 설치되어 있었다. 지역의 아가씨들은 우리를 아름답게 꾸미기 위하여 온갖 정성을 다 쏟고 있었다. 그들은 나에게 화려한 의상을 입혔고, 얼굴에 온갖 화장품을 발랐다. 내가 혼인의상을 입은 인도의 인형처럼 보일 때까지. 나는 평소 화장을 하지 않기 때문에 참 어색하게 느껴졌다. 처음에는 화장을 그냥 재미로 받아들였다. 그리고 다른 외국인 여성들도 같이 짙은 인도식 화장을 했다. 서로 같이 웃으면서 사진을 찍곤 했다.

그러나 페스티발에 나가기로 했을 때, 나는 심각한 문제가 있다는 것을 느끼기 시작했다. 미인행렬은 이날 오후 늦게 열릴 예정이었다. 그러니까 축제의 거의 대미를 장식하는 행사였다. 그러나 나는 이 축제의 가장 중요한 부분인 낙타의 탤런트 쇼와 그들의 아름다운 자태를 선보이는 경연이 진행될 동안 사진과 비디오 촬영을 해야만 했다. 그런데 나는 아침 일찍 미녀옷을 입었고 화장을 해버렸으니 하루종일 내가 해야만 하는 중요한 과업을 짙은 화장을 하고 거추장스러운 옷을 입고 수행할 수밖에 없었다. 단지 입고 있는 옷이 행동에 거추장스럽다는 사실만이 문제되는 것이 아니었다. 나의 외관은 내가 요구하지 않는 많은 거추장스러운 요청들을 끌어당겼다.

처음에 몇 명의 젊은 청년들이 그들과 같이 사진을 찍자고 요청했을 때는 나는 순진하게 그들의 요구에 응해주었다. 그러나 금방 너무도 많은 다양한 남성들이 내 주변으로 몰려들어 같이 사진을 찍자고 덤볐을 때는, 나는 곧 난폭한 남성들의 파도 속에 떠밀려 다니는 신세가 되고 말았다. 어떤 자들은 나의 드레스를 잡고 늘어졌으며, 어떤 자들은 내 팔을 잡아당기거나 떠밀거나 했다. 나는 곧 도망가려고 발버둥쳤으나 그럴수록 더 많은 남성들이 큰 구경이나 난 듯 내 주변으로 몰려드는 것이다. 나는 공황상태에 빠졌다. 이러다가 쓰러지기라도 한다면 남성들의 발굽에 밟혀죽을 것만 같았다. 이때, 구원의 빛이 나타났다. 다행스럽게도 이 광경을 쳐다본 히투가 개입하여, 고래고래 소리지르며 촌스러운 사람들의 무례를 막아주었던 것이다. 그는 안전하게 나를 군중으로부터 탈출시키는 데 성공했다.

그때부터 나는 군중 곁으로 가지 않았고, 낯선 사람들과의 접촉을 피하고 오로지 메인 쇼를 다큐멘터리로 만드는 데만 집중하였다. 낙타 후보들은 아주 밝은 색깔의 의상을 입고 있었다. 빨강, 노랑, 핑크, 초록, 황색, 청색의 구슬, 꽃, 거울조각, 종, 술로 만든 치장들을 몸통부터 다리 끝까지 휘둘렀다. 매우 현란하게 아름다운 낙타의 모습이었다. 어떤 낙타들은 몸털을 염색해서 그린 그림으로 덮여 있었다. 그러나 가장 놀라운 낙타의 모습은 한 마리의 거대한 몸집의 까만 낙타였다. 이 낙타의 피부 그 자체는 회색이다. 그런데 털은 새까맣다. 그러하기 때문에 털을 깎으면 회색의 바탕이 드러나기 때문에, 깎지 않은 털의 모양으로 온갖 패턴을 만들고, 전신에 아름다운 예술품을 창조해 놓았다. 도장으로 치면 남겨놓은 까만색의 털이 양각이 되는 셈이다. 양각의 까만 털로 다양한 모양이 연출되었는데, 꽃문양, 소용돌이문양, 기하학적 문양, 그리고 앵무새, 공작새, 말, 코끼리, 사슴, 그리고 사람 등의 다양한 동물의 모습이 그려져 있는 것이다. 원시인의 동굴벽화를 연상케 하는 위대한 예술이었다. 그 탁월한 장인솜씨와 디자인감각은 도대체 이것을 어떻게 만들었을까 하는 궁금증을 일으켰다. 그런데 더욱 더 나를 놀라게 만든 사실은 양각방식에 대한 나의 탐색의 결론이었다. 그 낙타이발사는 이 전체 예술을 단 한 개의 녹슨 가위 하나로 만들어낸 것이다.

낙타들의 탤런트 콘테스트 부문에 이르러서는, 낙타가 한 마리씩 조련사에 의하여 원형무대 위로 끌려나왔다. 끌려나온 낙타는 좁은 무대 위에서 조련사의 훈령에 따라 춤을 추기도 하고 다양한 복종행동을 하기도 하는데, 옆으로 눕기도 하고,

누운 배 위에서 조련사가 물구나무를 서기도 한다. 낙타가 링 위에서 두 발을 번갈아 높이 들면서 바닥를 내려치면 낙타를 치장한 작은 종들과 장식들이 울리면서 멋드러진 리듬을 만들어내는 것이다. 어떤 낙타는 그 작은 무대 위로 올라가서 실상 자신의 4발의 균형을 잡기도 어려운 형편인데 한 남자가 그 발굽 사이로 드러누워 있는데도 그 남자를 전혀 다치지 않도록 4발을 들었다 놓았다 하면서 그 민첩한 감각과 써커스적인 묘기를 과시하여 박수갈채를 받았다.

또 하나의 낙타는 앞의 두 발을 동시에 하늘로 치켜세우는 묘기를 보였다. 낙타는 이미 말보다도 엄청 키가 큰데, 두 발을 같이 들어올리니 그 거대한 높이는 태산과도 같았다. 이런 동작을 반복하다가 그 낙타는 뒷다리를 굽히지 않은 채 앞다리만을 굽혀 땅에 엎드려, 앞다리의 엘보우로 기는 동작을 했다. 조련사가 옆으로 누우라고 할 때까지! 이러한 낙타의 동작을 바라보는 것은 매우 엔터테이닝 하기는 했지만, 도무지 이렇게 비자연적인 동작을 어떻게 이 거대한 동물에게 길들였는지, 그것이 궁금했다. 조련사는 단지 낙타 목에 걸린 두 개의 끈만을 사용하

조련사에 따라 움직이는 낙타. 두 발을 동시에 치켜세우고 있다.

여 별로 완력을 쓰지 않고 부드럽게 낙타를 다루었다. 대부분의 낙타들은 조련사의 지시를 불평하지 않고 따랐다. 단지 한 마리가 입을 크게 벌리면서 신음소리를 내면서 거품을 뿜어댔다. 그 낙타는 자기가 군중 엔터테인먼트에 사용되고 있다는 사실에 대해 행복하지 않은 감정을 표하고 있는 것처럼 보였다.

낙타 밑에 사람이 누워있다.

이 낙타의 감정은 나중에 내가 미녀 콘테스트 스테이지 위에서 느꼈던 감정과 매우 유사했을지도 모르겠다. 물론 나는 낙타처럼 많은 일을 해야 하지는 않았다. 그냥 몇 번 워킹을 하고 사람들이 내 드레스와 얼굴을 볼 수 있도록 돌아 주는 것이 전부였다. 그럼에도 불구하고 나는 좀 별난

엘보우로 기는 낙타

써커스의 원숭이처럼 느껴졌다. 이 축제의 미녀 스테이지 부분은 내 기억으로부터 쉽게 지워졌다. 그때는 이미 관중들의 시선을 받는다는 것이, 아까 난폭한 남자들 사이에서 일어난 트라우마적인 사건의 기억과 함께, 지겨워졌기 때문이다. 그날 저녁 게스트하우스에 도착했을 때 나는 완전히 지쳐있었다. 그리고 내 얼굴의 화장을 시원하게 물로 벗겨냈다. 내 피부가 있는 그대로 숨을 쉬게 만든다는 것이 그렇게 좋을 수가 없었다. 나는 이 편안한 비카네르의 게스트하우스에서 하루를 더 머물기로 작정했다. 하루를 푹 쉬면서 건강을 회복하고, 나의 다음 목적지인 제이살메르Jaisalmer에서 해야 할 일들을 준비하기 시작했다. 제이살메르는 사막의 한가운데 깊숙이 위치하고 있었다. 그리고 그곳에서 나는 이 여행의 주요목표인 사진작품을 만들어야 한다.

사막 사파리를 가기 위한 여러 투어 가이드들을 찾아내기는 했으나, 그 중에서 나는 사하라여행사라는 가이드를 선택했다. 우선 그 이름이, 내가 가려는 곳이 사하라사막이 아니라 타르사막이었기 때문에, 좀 어색하기는 했다. 그러나 그 여행사는 온라인 관광객들 사이에서 리뷰 점수가 매우 높았고, 명성이 있는 회사 같았다. 그 회사의 창업자는 미스터 데저트Mr. Desert라고 불리는 지역 유지였는데, 그는 그 지역의 낙타 사파리비즈니스를 개척한 인물이기도 했다. 그리고 지역사람들에게 그는 말보로담배, 코카콜라 텔레비전광고물에 출연한 것으로 유명했다. 그러나 내가 그에 관해 좀더 깊은 연구를 한 결과, 그는 얼마 전에 세상을 떴다는 사실을 알아냈다. 그래서 실제로 그 비즈니스를 계승한 사람은 20살 난 그의 아들 아니켓Aniket이었다. 아니켓은 나의 이메일 문의에 대하여 매우 정중하고 신속하게 대답해주었다. 그래서 나는 그 아들팀과 문제가 없다고 생각했다. 나는 아니켓에게 나의 여행을 조직해달라고 부탁했다.

2013년 1월 3일, 나는 비카네르를 오후에 떠나 밤늦게 제이살메르Jaisalmer에 도착하는 버스에 몸을 실었다. 지역정거장을 수없이 서는 로칼 버스로 8시간을 가야만 했다. 사람들이 올라타고 내리는 가운데 버스간의 분위기가 확확 바뀐다. 어떤

내가 묵은 곳, 하벨리 양식의 건물.

때는 몹시 붐볐다. 내가 버스에서 내렸을 때, 젊은 청년이 나를 기다리고 있었다. 그는 나를 미라Meera로 알고 있었다. 안전을 위하여 나는 나의 신분을 감추기로 했던 것이다. 사람들이 내 진짜 이름을 알면 요즈음은 매우 쉽게 나의 누드작품에 접근할 수가 있다. 그렇게 되면 내 사진작업을 도와주어야 하는 나의 가이드도 곤란에 처해질 수가 있다. 어찌 되었든 지역공동체는 보수적일 수밖에 없기 때문이다. 요르단에서 누라Noora라는 이름을 사용했듯이 나는 인도에서는 미라Meera라는 이름을 사용했다. 치미Chimmy라 부르는 이 친절한 청년은 아니켓이, 나를 버스정류장에서 픽업하여 게스트하우스까지 데려다주기 위하여, 보낸 사람이었다. 그런데 알고 보니 치미는 또 하나의 사람을 데리고 왔다.

이들은 두 개의 오토바이에 분승하여 하나는 나를 싣고, 하나는 내 짐을 싣고 간다는 것이다. 그런데 나는 내 비싼 장비가 든 짐과 분리된다는 것에 직감적으로 불안감을 느꼈다. 나의 주저함을 느낀 치미는 환한 웃음을 지으며 내 짐에 아무런

하벨리 양식의 건물 일부. 정교하기 그지없다.

사고가 없을 테니 안심하라고 나를 설득하는 것이었다. 오토바이에 매달려 질주하는 것은 새로운 도시에 당도하는 재미있는 웰컴인사였다. 오토바이는 우리나라 옛날 염천교 다리 부근에 깔려 있었던 그런 작은 돌로 포장된 꼬불꼬불한 언덕 골목길을 끝없이 질주하여 올라갔다. 게스트하우스는 수라즈 빌라스 호텔Hotel Suraj Vilas이라 불리는, 값이 허름한 시설이었다. 그런데 호텔이 들어있는 건물은 하벨리*haveli*(인도 아대륙의 타운하우스나 맨션의 건축약식을 지칭하는 일반명사)라고 불리는 16세기에 지어진 특수양식의 전통적 타운하우스였는데, 그 돌조각이 섬세하고 아름답기 그지없었다. 그 안쪽으로는 코트야드가 있었고, 아치천정의 회랑과 창문들, 그리고 발코니를 형성하는 붉은 사암沙巖의 조각들은 캄보디아의 반테이 스레이Banteay Srei처럼 정교하기 그지없었다. 2층의 나의 방은 비록 초라하고 깨끗하지 않았고, 블랭키트들은 오랫동안 빤 적이 없는 중국산 합성담요였고, 오래된 목욕탕에는 벽도마뱀이 붙어 있었지만 하룻밤 10불짜리 호텔에서 무엇을 더 바랄 것이 있겠는가? 그러나 그 전체 건물의 느낌은 그 세부에 이르기까지 장중한 세월의 예술이었고, 우리의 상식적 감각을 초월하는 그랜드한 그 무엇이었다. 나는 꼭 역사박물관의 한 모델인 찬란한 거실에서 자는 것과도 같은 느낌을 받았다. 침대는 꽃모양의 장식적 아치들로 둘러싸여 있고, 모든 기둥들도 전형적 무굴제국의 양식인 꽃소재의 조각으로 장식되었고, 모든 아치 안쪽으로는 품격 있는 코발트 블루의 육중한 커텐이 드리워져 있었다. 침실 외로 독립된 거실이 있었고, 거기에는 하나의 작은 테이블과 두 개의 의자가 놓여있었다. 그리고 독립된 사적

머름중방 난간 위에서 졸고 있는 비둘기들

인 발코니까지 딸려있었다. 그것은 실제로 맨해튼의 그랜드 호텔 수트룸의 공간을 뛰어넘는 그 무엇이었다. 발코니를 걸어나가 보니, 길 건너 맞은편 하벨리의 아름답고도 정교하게 조각된 기하학 문양의 정면 머름중방 턱어리진 난간 위에서 졸고있는 한 떼의 비둘기를 볼 수 있었다. 미국 같으면 그런 곳에는 비둘기가 못 앉도록 망을 칠 것이다.

밤은 극도의 정적에 싸여 있었다. 아무런 소음도 없었다. 단지 길거리와 사원에 달려있는 인경이 바람에 나부껴 소연蕭然하게 딸랑거릴 뿐이다. 그리고 내가 서있는 발코니 밑 좁은 골목으로 정처없이 걸어가는 한 외로운 소가 석회암 블록을 밟고 지나가는 소리가 뚜벅뚜벅 심심치 않은 리듬을 만들고 있을 뿐이다. 이 마술과도 같은 장면은 나를 타임캡슐의 다른 세계로 운반시켜 갔다. 그리고 주인 없는 소발굽 소리가 멀어지며 더 이상 들리지 않게 되었을 때, 극도의 피로가 나를 덮쳤다. 나는 침실로 무너져 버렸다.

다음날 아침 내가 잠에서 깨어났을 때야 비로소 사람들이 왜 제이살메르를 "황

뚜벅뚜벅 걸어가는 소

금의 도시the Golden City"라고 부르는지를 알 수 있었다. 모든 건물과 길거리포장이 누우런 사암으로 되어 있어, 타운 전체가 황금색깔로 빛난다. 아침은 옥상에서 먹게 되어 있는데, 옥상에서는 자이나교 사원을 포함하여 가까운 옥상들의 풍경이 인상 깊게 전개된다. 그러나 나는 게스트하우스를 둘러싼 몇 개의 빌딩들, 그 너머로는 아무것도 볼 수가 없었다. 도시가 보이지 않는 그 고립감이 처음에는 너무도 신기했으나, 나중에 동네를 걸어다녀 보고나서야 내가 숙박한 곳이 높은 언덕 위에 지어진 거대한 성채 안쪽이라는 것을 뒤늦게 깨달았다. 내가 묵은 호텔은 거대한 성벽 안쪽으로 성벽과 붙은 곳이었기 때문에 몇 집밖으로는 아무것도 보이지 않았던 것이다. 그 밖으로는 성벽 아래 낭떠러지 절벽이었던 것이다. 유네스코 세계문화유산으로 등재된(2013년) 이 제이살메르 성채Jaisalmer Fort는 평지에서 80m 정도 솟아오른 언덕 위에 위치하고 있는데, 제이살Rawal Jaisal이라고 하는 통치자에 의하여 AD 1155년에 완성된 것이다. 제이살이 이곳에 왕국을 세운 것에 관해서는 많은 전설이 얽혀있다. 이 성채는 계속 강화되고 재건축되었는데, 그 위치가 실크로드Silk Road상의 중요한 트레이드 루트의 한 중심지였기 때문이다.

이 성채는 라즈푸트Rajputs라고 하는 상당히 지위가 높은 전사카스트에 속하는 사람들에게 중요한 방위시설이었다. 라즈푸트는 전사이며 또 상인들이기도 했는데 이들은 중앙아시아, 인도, 페르시아, 이집트 등을 오가는 무역상들에게 세금을 징수함으로써 번창했다.

아침 베란다에서 본 광경

지금 이 제이살메르 성채는 인도에서는 성채 안에서 실제로 생활하는 성민城民이 살고 있는 유일한 고성古城으로 유명하다. 이 성민의 인구가 고정인구 4천 명 정도이며, 또 끊임없이 유입되는 관광객들의 인구가 보태져야 한다. 황궁을 비롯하여, 7개의 자이나교 사원, 그리고 아름다운 하벨리양식 건물들의 거리들, 그 외로도 수없이 아름다운 역사적인 조각품들이 널려있다. 성채 그 자체가 매우 인상적인데, 삼중의 입체구조로 되어있고, 99개의 둥그런 성보城堡가 둘러쳐져 있다. 압도적으로 단단한 보루라는 인상을 준다. 나는 성보의 꼭대기로 기어올라가 그곳에 설치되어 있는 오래된 대포 옆에 앉아, 그 아래로 펼쳐지는 현대도시 제이살메르 씨티가 존재하지 않았을 때의 광막한 황야를 연상해보았다. 이 성채 주변으로는 도무지 인간이 마을을 형성할 수 있는 곳이 아니었다. 그곳은 비가 거의 오지 않는 불모의 광야였다. 그곳에서는 수십 마일 밖에서 쳐들어오는 적들을 쉽게 관망할 수 있으며 대책을 마련할 수 있다. 그토록 거대하고 돌올突兀한 석성, 9세기 동안의 모래바람, 지진, 수없는 전쟁을 견디어낸 이 위대한 성채가 요즈음 근대화되면서 관광객들이 넘치고 수돗물이 공급되어 하수도시설이 엉망이 되고, 또 급증하는 인구의 근대적 요구를

아침 성안 골목

제이살메르 성채를 지은 라즈푸트 전사카스트의 후예

다 수용할 수 없게 되자 여지없이 붕괴되어만 가고 있는 것이다. 지금 이 성채는 보수되어야만 하는 위험지구로 설정되어 있다.

내가 꼬불꼬불하고 가파른 언덕 골목길을 따라 내려가다가 성채의 대문에 도착했을 때, 다양한 관광기념품을 파는 많은 행상들이 지나가면서 소리를 지른다: "곤니찌와," "니하오." 그제야 비로소 나는 관광객이

제이살메르 성채 전경

된 느낌이 들었다. 거대한 대문을 지나고, 관광객들을 기다리고 있는 차들과 오토바이택시가 가득한 네모난 광장을 가로질러 갔을 때, 빨간 글씨로 "사하라 트래블스Sahara Travels"라고 쓴 가게 간판을 목격할 수 있었다. 그 옆에는 "미스터 데저트"의 얼굴이 크게 프린트되어 있었다. 나는 그 가게 안으로 들어갔다. 키가 크고 늘씬하게 생긴 젊은 사람이 꼭 볼리우드Bollywood(인도영화계를 부르는 말: Bombay + Hollywood. 인도영화산업은 양적으로는 세계 제1위이다) 스타를 연상시킨다. 항상 선량한 소년 역할만 할 것 같은 청년이 나를 수줍은 듯한 미소로 맞이한다. 아니켓이었다.

【제21송】

타르사막 한가운데의 혼례, 강남스타일

아니켓! 그는 내가 여태까지 사막여행과 패밀리 스테이에 관하여 계속 통신을 주고받았던 인물이었다. 나의 계획은 3일 동안의 사파리 여행에서 우선 나의 작품사진을 먼저 찍고 난 후에, 사막 한가운데서 낙타를 키우고 있는 낙타양육사의 집에 가서 그곳에서 며칠을 더 머무는 것이었다. 결국 요번 나의 제이살메르 여행 전체

말타고 들어오는 신랑의 모습

결혼행렬, 그리고 북치는 사나이. 우리나라의 장구와 비슷하고 장구채도 있다.

기간은 2주일이라는 시간이 허락되어 있었다. 그래서 나는 이 지역환경에 익숙해질 수 있는 충분한 시간적 여유를 가질 수 있었다. 몇 마디의 질문과 응답을 교환한 후, 아니켓은 나에게 친근한 인간으로 다가왔다. 그는 나를 그날 밤에 열리게 될 그의 친척집 결혼식에 같이 가겠냐고 즉석초대를 했다. 나는 그 혼례초청을 기쁘게 받아들였다. 그것은 나로서는 지역문화에 참여할 수 있는 참으로 좋은 기회였다.

해가 넘어가면 길거리에서 힌두식 혼례행렬이 시작된다. 아주 시끌저끌한 풍악과 함께 시작되는 이 행렬은 "바라아트*baraat*"라고 불린다. 거대한 나팔스피커가 부착된 한 작은 봉고트럭이 행렬의 선두에 서서 가는데 뒤쪽으로는 스포트라이트가 부착되어 색깔을 계속 바꾼다. 그 뒤로 100~200명 정도의 사람들이 차를 따라 가는데 춤을 추며 걸어가고 있는 것이었다. 그 행렬의 군중 한가운데 말을 탄 신랑이 우뚝 솟아 보인다. 신랑은 아주 밝은 색의 오렌지 색깔의, 머리 뒤로 긴 꼬리가 달린 터번turban을 쓰고 있다. 신랑은 왕자와도 같이 무릎까지 내려오는, 눈부시게 화려한 금슬로 수를 놓은 흰 튜닉을 입고 군중 위로 떠밀려가고 있는 것이다. 사실 바라아트라는 행렬은 결혼식이 거행되는 자리로 가는 신랑 측의 행렬이다. 그러니까 우리나라 친영親迎예식(신랑이 신부를 맞이하러 가는 예식)과 크게 다를 바가 없다. 말을 타고 가는 것도 우리 옛 풍습과 다를 바가 없다. 이 행렬은 신랑의 가족, 친구, 이웃들로 구성되어 있으며, 이들은 가면서 춤추고, 노래 부르고, 웃기를 한 반 시간 정도 한다. 이것은 정말 흥미로운, 흥분되는 혼례의 킥오프(개시)인 것이다.

그 봉고트럭 바로 뒤에서 포퓰라한 볼리우드Bollywood(인도영화) 음악에 맞추어 신나게 춤을 추고 있는 사람들은 거개가 남성이었다. 말을 타고 있는 신랑은 그 춤추는 남성들 뒤를 따라가고 있었다. 그리고는 아주 아름답게 멋을 부린 여성들이 줄을 이었다. 물론 나도 뒷줄에 끼어 있었다. 그러니까 말 탄 신랑 앞뒤로 남성행렬과 여성행렬이 나뉘어 있는 것이다. "남녀칠세부동석"이라는 식의 고풍윤리가 인도사회에는 아직도 지배적인 것이다.

남성들은 대부분 근대적인 그러니까 서구식의 복장을 하고 있었다. 셔츠를 입고

왼쪽이 아니켓의 사촌여동생. 뒤쪽으로 결혼식장 무대 전체가 보인다.

정장 수트를 그 위에 걸친 사람도 있고 걸치지 않은 사람도 있다. 젊은 사람들은 블루진을 입은 사람들도 많다. 그러나 여성들은 예외 없이 특별히 장식된, 그리고 아주 정교하게 수를 놓은 사리*saris*를 몸에 휘감았다. 어느 사회이든지 여성이 전통의 담지자 노릇을 하고 있는 것이다. 그들이 입은 사리는 구슬이나 작은 거울 쪼가리가 사리의 천 위에 꿰매져 있기 때문에 사리 그 자체가 매우 무거울 수밖에 없었다. 뿐만 아니라 은과 금으로 만든 보석 장신구를 목이나 손목에 잔뜩 감았고 또 얼굴에는 화장을 짙게 했다. 여성들이야말로 축하의 경의를 복장으로 표현하고 있는 것이다.

나는 인도에 오기 전에 인도문화를 이해하기 위해서 많은 볼리우드 영화를 리서치했는데, 예외 없이 주인공이 갑자기 춤을 추기 시작하면 민중 전체가 싱크로나이즈드 된 동작으로 폭발적인 춤의 공연을 벌이곤 했다. 나는 이런 광경이 인도영화 특유의 코메디라고만 생각했다. 실제 삶에 있어서는 일어날 수 없는 아주 광열적인 동작이라고만 생각했다. 그런데 이게 웬일인가! 타르사막 한가운데 있는 평범한 지역민의 혼례행렬에서 정확하게 영화와 똑같은 일제동작의 춤사위가 펼쳐지고 있는 것이다.

아마도 이것은 아주 유명한 영화들로부터 대중 모두가 기억하고 있는 춤사위를 혼례라고 하는 축제의 기회에 신나게 발현하고 있는 듯이 보였다. 노래가 바뀌면서 여성들이 끼어들기 시작하고, 여성들끼리 서로 감싸고 돌면서 그들의 손목을 코브라머리처럼 오묘하게 돌리면서 격정을 표현하는 그 모습은 너무도 아름다웠다. 나는 보통사람들이 술에 취하지도 않았는데(알콜은 공적으로 타부에 속한다), 이토록 군무 그 자체에 취하여 환희에 빠져들어가는 광경을 난생 처음 보았다. 우리 한국사회는 춤이라는 사회적 일체감이 부족한 편에 속한다. 영고, 동맹과 같은 고대사회의 축제에서는 오히려 있었을지 모르지만, 현대사회에서는 그런 보통사람들의 군무가 생활화되어 있질 않다. 좀 애석한 느낌이 든다.

춤추는 사람들로부터 발현되는 에너지가 나를 흥분시켰다. 나 스스로 좀 취한

결혼식장 모습. 코믹한 거위 두 마리.

듯, 아주 자연스럽게 행복한 분위기에 젖어들었다. 나는 행렬의 도중에서 그들의 전통적 고수의 장구 리듬과 인도 특유의 음악에 아주 깊숙이 일체감을 맛보고 있었다. 그런데 갑자기 이건 또 뭔가? 아주 이색적인 리듬으로 색조가 확 바뀌더니 폭발적으로 싸이의 "강남스타일"을 연주하고 춤을 추는 것이다. 나는 단지 한 달 전에 이 노래가 세계적으로 폭발적인 인기를 끌고 있다는 뉴스를 들었을 뿐이다. 나는 강남스타일이 어떤 노래인지도 몰랐다. 정말 이 광경은 완벽하게 나의 의식에서 차단되어 있던 충격파였다. 인도의 아주 편벽한 외로운 타운에서 열리고 있는 결혼식에서 이런 노래와 춤을 경험한다는 것, 그들이 "강남스타일"을 한국말로 외치고 있는 광경은 써리얼리즘의 명화와도 같았다. 사람들이 강남스타일을 아직 다 완벽하게 익히지는 못했지만, 그 노래가 나오자마자 그들은 모두 자기들 버전으로 춤사위를 펼쳤다. "한류"의 의미를 생전 처음 깨닫는 순간이었다.

결혼식장은 집안이 아니고 공적인 장소에 붉은 펠트를 깔아 설치한 옥외 뱅퀴트 홀이었다. 널찍한 공간 주변을 둘러친 벽들은 빛나는 흰색 화학섬유의 주름진

휘장으로 덮여 있었고, 혼례가 이루어지는 플랫폼은 높은 단상에 마련되었고 그 뒷면은 다양한 꽃문양으로 장식되어 있었다. 그런데 재미있는 것은 그 광장 한가운데는 인공적으로 만든 사각의 호수가 있다. 호수 주변은 흰 새틴 주름천으로 화려하게 장식되고 등불이 뺑 둘러 빛나고 있었다. 그런데 좀 코믹한 것은 그 가짜호수에 두 마리의 거위까지 놀고 있는 것이다. 이 거위는 백조가 구하기 어려우니까 대신 갖다 놓은 듯했다. 아마도 우리나라의 "원앙"과도 같은 상징성을 지닌 것일 것 같다. 문명에는 항상 이런 공통적 특성이 나타난다.

결혼식장의 아니켓 누나.
품위가 있어 보인다.

나는 아니켓의 여사촌동생을 새로 사귀었는데 아주 영어를 잘했다. 스무 살 가량의 나이였고 "쿠키Kuki"라는 이름을 가졌다. 쿠키는 아주 상냥했고 열정적이었다. 나는 쿠키와 함께 하면서 아주 편안함을 느끼게 되었다. 본격적인 혼례는 신부가 무개無蓋의 1인승 가마(4명이 든다)를 타고 식장에 도착하면서 시작된다. 그리고 양가의 식구들이 스테이지 위에서 만난다. 동시에 궁전과 같이 보이는 건물 위로 밤하늘에 불꽃놀이가 수를 놓는다. 궁전건물에는 두 개의 망루turets가 있고 그 위로 양파 같이 생긴 지붕이 있다.

나는 이방인인 주제에 가까이 가서 볼 수가 없었지만, 신부와 신랑은 서로의 목에 엄청나게 화려하고 큰 화환을 걸어주었다. 그리고 스테이지 한가운데 화염이 피어오르는 항아리가 놓이고 그 주변을 둘이서 같이 서약을 하면서 일곱 바퀴를 돌았다. 이 두 사

스테이지 위로 올라간 신랑과 신부

람의 손목은 끈으로 묶여 있었다. 제식이 끝나자, 하객들은 뷔페 영역으로 가서 먹었다. 다양한 야채튀김과 카레와 밥이 공양되었다. 쿠키는 나를 불러 내가 충분히 맛있게 먹었는지를 확인한 후, 유숙처까지 안전하게 데려다 주었다.

다음날, 나는 제이살메르 성채 안의 골목길들을 자유롭게 걸어다녔다. 그리고 쿠키의 집을 방문했는데, 그녀는 그녀의 집 옥상에 이탤리언 레스토랑을 경영하고 있었다. 이탤리언이라고 하지만 매우 빈약한 것이었으나, 그 꼭대기에서 성채 밖의 타운의 모습이 시원하게 잘 보였다. 쿠키는 나에게 토마토소스의 스파게티를 가져왔는데 완벽하게 이탤리언이라고 말할 수는 없겠지만 인도카레의 맛을 벗어난 토마토소스의 맛은 매우 신선했다. 나는 그녀가 미혼이라는 것을 알았기에 결혼에 대한 그녀의 생각을 물어보았다.

놀라웁게도 볼리우드 영화가 추구하는 낭만성과는 전혀 반대로, 그녀는 중매결혼에 반란을 일으킬 생각이 전혀 없었다. 쿠키는 자기에게 경제적 안정을 제공할 수 있는 나이 많은 남성과 결혼하고 싶다고 말했다. 외면적으로 보면 쿠키는 매우

쿠키네 집 옥상에서 바라본 성밖의 제이살메르 시가

쿠키네 집

근대화 되었고 서구화 된 여성이었지만 그녀는 나에게 아주 쿨하게 말했다. 로맨스 따위는 일없다고, 자기에게는 중매결혼이 최선이라고.

쿠키에게 점심공양에 대한 감사를 하고, 멀지 않은 곳에 있는 자이나교의 최대 사원을 방문하러 걸어갔다. 들어가려는데 월경중인 여인은 입장하지 말라는 팻말이 보였다. 물론 이런 팻말을 무시하고 나는 들어갈 수 있었다. 아무도 내가 월경중인지 아닌지를 확인할 수 없기 때문이다. 그러나 나는 그들이 정해놓은 나름대로의 룰이지만 그 룰을 지켜주기로 했고, 자이나사원에 들어가지 않았다. 내가 여자라는 이유로, 월경상태로 그 사원에 들어가는 것은 그 사원을 부정不淨하게 만드는 것 같았다. 그런데 두고두고 생각해보아도 이러한 계율은 내가 알고 있는 자이나교의 특성과 비교해볼 때도 도무지 아귀가 맞지 않는 모순을 내포하고 있는 듯이 보였다. 자이나교는 이 지구상에서 가장 평화로운 종교라 말할 수 있다. 일체의 살생을 금하기 때문에 채소의 뿌리도 뽑지 못한다. 뿌리를 죽일 뿐 아니라 주변의 미생물이나 벌레까지 다 죽이기 때문이다. 그들은 자연적으로 떨어지는 식물의 열매만 먹고 산다. 보통 채식주의자라 말하는 사람들보다 채식의 단계가 훨씬 높다. 그러나 이러한 평화주의 간판에도 불구하고 자이나교도 여성이나 여체에 관한 관념에 있어서는 타 종교와 다를 바가 없는 것 같다. 월경 출혈은 부정不淨하고 폭력적인 것으로 인식되었다.

그들이 고대사회에서 어떠한 해부학적 지식을 가지고 있었는지는 모르지만, 월경피는 몸의 미생물을 죽이는 폭력의 결과라는 것이다. 그것이 아이를 생산하기 위한 창조적인 생성기능의 한 단계라는 것을 인정하지 않는 것이다. 그리고 자이나교의 어떤 종파는 남자의 나체수양을 해탈의 첩경으로서 권장한다. 성기를 노출하고 완전히 발가벗은 상태로 수련한다. 그렇다면 여성에게도 똑같이 나체수련을 권장해야 할 텐데 여성의 나체수련은 금지된다. 발가벗은 여성은 남성의 성기를 발기시키고 남성의 해탈에로의 길을 방해한다는 것이다. 완전히 여성은 남성의 해탈의 수단으로 간주되고 있는 것이다. 요즈음 한국의 여성해방론자들이 들으면 격노할 이야기들이지만, 그 논리적 정당성을 떠나서 문화적 습성이나 종교적 전통과 관련된 이런 관념들은 정말 고치기가 힘든 것 같다. 그렇다고 과격한 안티테제만을 제시한들 문제해결은 점점 복잡해진다.

이날 나머지 시간과 그 다음날 동안 나는 제이살메르 성채의 안팎을 다 자세히 돌아다닐 수 있었다. 제이살메르 인구의 6%만이 성채 안에서 살고 있다. 그래서 제이살메르 경제적 활동의 대부분은 성채 밖의, 주요시장 중심으로 이루어지고 있다. 사막에서 생활할 것에 대비하여 나는 적당한 민속의상을 찾아보기로 했다. 아니켓이 낙타사진 이후에 일반가정에서 생활하는 패밀리 스테이를 예약해놓았기 때문이었다. 그러나 나 혼자 토속의상을 사는 것은 불가능했다. 어디서 무엇을 사야 할지도 몰랐을 뿐 아니라, 말 못하는 외국인이라는 것이 들통 나면 지역민이 입지도 않는 의상에 엄청난 가격을 매겨 바가지를 씌울 가능성이 매우 높기 때문이었다. 그래서 나는 아니켓의 사무실로 가서 그에게 나를 시장으로 데려가 달라고 부탁했다.

그런데 이상하게 아니켓이 매우 주저하는 것이다. 그래서 문제가 뭐냐고, 주저하는 이유가 뭐냐고 물었더니 이와 같이 답하는 것이었다: "정말 도와드리고 싶죠. 그런데 제가 오토바이 한 대밖에 없어요. 그런데 사람들이 여자가 뒤에 앉아 있는 것을 보면, 사람들이 수군거리고 소문을 내게 마련이죠. 저는 아직 미혼이걸랑요."

아니켓은 브라만 카스트에 속한다. 브라만이라고 꼭 잘사는 것은 아니다. 그러나 전통적으로 고귀한 정신상태를 유지하는 영적인 카스트로서 인지되고 있다. 힌두교의 성직자들은 모두 이 카스트 출신이다. 그의 가정교육은 매우 보수적인 듯했다. 그가 염려하는 것은 우리나라 개화기 때 아주 작은 시골마을에서나 있을 법한 얘기였다. 하여튼 나는 그를 설득시켰고, 그의 오토바이를 타되, 그를 잡지 않고 최대한 직업상 이방인을 수송하는 일로 보이게끔 하겠다고 약속했다. 결국 아니켓은 나를 적당한 민간 내재봉소內裁縫所로 데려다주었다. 지역민 여인이 많은 천을 쌓아놓고 원하는 치수대로 즉석에서 만들어주는 것이다. 그러니까

힌두인 내재봉소

옷감과 다 만들어진 옷

기성품집이 아니었다. 아니켓은 그의 누이들이 좋아하는 내재봉소 아주머니에게 날 데려다주었다. 그 아주머니는 나의 치수를 척척 재더니 천을 고르라고 한다. 나는 빠알간 색깔의 얇은 비단 쉬폰chiffon과 두꺼운 비단 새틴satin 두 종류를 골랐다. 얇은 것은 윗도리와 머리 베일로 쓰고 두꺼운 것은 더 짙은 색인데 치마로 쓴다. 둘 다 같은 색조였고 금박으로 가생이가 장식되어 있다. 그런데 요즈음은 진짜 비단이 아니고 모두 폴리에스텔계열이다. 그 아주머니는 저녁 늦게 오면 옷이 돼있을 것이라고 했다.

그런데 여기서 맞춘 것은 힌두 드레스였다. 실상 내가 사막에 가서 머물 곳은 무슬림 패밀리였다. 무슬림들은, 특히 여성들은 힌두여인이 입는 것과는 다른 특별한 옷을 입는다. 그래서 무슬림 옷을 맞추려면 무슬림 장인에게 가야 한다. 무슬림과 힌두, 이 두 종교그룹의 차별은 옷 맞추는 것이나 시장 보는 것과 같은 삶의 일상성 속에서 확연히 구분되는 것이다. 나는 이 두 여인그룹의 옷이 어떻게 다른

무슬림의상을 입고 낙타에 올라타다.

지 그 차이를 인식하지 못했다. 한국인이라면 누구나 그러할 것이다. 그러나 옷을 맞추면서, 아니켓의 설명을 들으면서 그 차별을 인식하게 되었다.

첫째, 시골의 무슬림 여인들은 묵직한 순면의 까만 치마를 입는다. 그런데 치마가 아주 펑퍼짐하게 넓고 서양의 불룩한 페티코트와도 같다. 그런데 그 위로 매우 긴 아주 심하게 수놓은 겉치마를 이중으로 걸친다. 그리고 중요한 것은 종족마다의 특색을 나타내는 금이나 은으로 만든 보석을 걸치는 것이다. 그러나 나는 결혼을 하지 않았기 때문에 보석치장이나 수놓은 겉치마 안 걸쳐도 된다고 아니켓은 설명해주었다. 하여튼 보석을 많이 휘두른 여자는 다 결혼한 여인인 것이다. 무슬림 테일러 집에서 나는 세 가지의 다른 천을 선택해야 했다. 첫째는 스커트이다. 스커트는 무거운 까만색의 순면 기지인데 그 위에 소용돌이 모양의 점박이 선이 있고 그 사이사이로 핑크색의 둥근 꽃문양이 찍혀있다. 둘째는 가벼운 화학섬유로 된 셔츠(웃옷)인데 큰 꽃무늬가 박혀있다. 전체적으로 회색과 장밋빛색으로 얼룩져 있다. 그리고 셋째로는 머리에 쓰는 베일인데, 아주 독특한 심홍색의 천인데 전체 색조와 맞추어 입는 것이다.

의상이 다음날 아침에 곧바로 완성된다길래, 그때 가보니 위에 걸치는 웃옷인 셔츠는 길게 무릎까지 내려오는 일종의 튜닉이었고, 소매도 꽤 길게 내려오는데 어깨는 약간 부풀려 있었고, 가슴쪽은 주름이 잡혀 있었는데 전체 느낌이 아주 오래된, 품위 있는 옛 영국 블라우스와도 같았다. 앞쪽으로는 작은 종이 하나 귀엽게 달려있었다. 나는 이 지역의 내재봉소 기술자들이 그토록 복잡한 디테일을 갖춘 의상을 그토록 단시간 내에 개별적 수치에 따라 완벽하게 만들어내는 그 정교한 손놀림에 대하여 경악감을 감출 수 없었다. 우리가 살고 있는 세계는 이러한 기술을 상실해가고만 있고, 인간적인 만남을 유실해가고만 있는 것이다. 근대화라는 이름 아래! 참 애석하기 그지없다. 힌두의상도 무슬림의상도 나에게 기막히게 잘 맞았다. 나는 대만족이었다.

2013년 2월 3일, 아니켓은 타르사막으로 가는 몇 명의 다른 관광객과 나를 지프

차에 태우고 출발하였다. 사막으로 가는 도중에 아주 특별한, 버려진 빌리지 앞에 차를 세웠다. 쿨다라Kuldhara라고 불리는 이 고스트타운은 13세기 실크로드 연변에 번창한 아주 부유한 브라만 카스트의 타운이었는데, 19세기 초에 버려지게 되었다. 사실 아무도 왜 이 마을이 버려지게 되었는지 그 정확한 사연을 알지 못한다. 전해내려오는 민간전설에 의하면 아주 사악한 제이살메르 성채의 영주가 있었는데, 이 마을의 수장의 딸과 강압적으로 결혼하려고 노력하였다고 한다. 브라만의 프라이드를 지닌 이 지역 사람들은 그 사악한 군주에게 항복하는 대신, 다 함께 이 마을을 포기하기로 결정하고, 아무도 이 마을에 살지 못하도록 저주를 걸었다는 것이다. 그래서 그 뒤로는 이 마을에 아무도 살지 않았다는 것이다.

아니켓은 이 이야기를 조용하게 그리고 웅변조로 관광객들에게 들려주었다. 그리고 이곳 지역민들이 이곳에 밤중에 있게 되면 유령들이 나타나서 사람을 쫓아낸다는 말을 한다고 설명을 덧붙였다. 이 마을 전경이 잘 보이는 집 하나를 재건축하여 이 집들이 원래 얼마나 멋있는 집들이었나 하는 그 양식적 특성을 보여주는데, 그 옥상의 정교한 탑모양의 건조물에 앉아 있으면 돌더미와 부스러진 집벽들이 지붕 없이 대지 위에 널려져 있는 모습은 음울하고 기괴하기 그지없다. 불

버려진 마을 쿨다라

과 19세기 초까지만 해도 번창했던 이 도시의 모습이 이렇게 음산한 흉가집들의 더미가 된 것은 상전벽해라 할 만하다. 이 잔재들의 모양으로 판단한다면, 사실 이 마을은 집중적인 지진의 폐해로 이렇게 포기되기에 이른 것으로 보인다. 그러나 사람들은 그러한 과학적 설명은 좋아하지 않는다. 인과적으로 딱 떨어지지 않는 "썰說"을 더 좋아한다. 로맨스와 미스테리가 있어야 지속적인 전설이 만들어지는 것이다.

버려진 마을 쿨다라를 볼 수 있는 부잣집 옥상

우리는 그 부잣집 옥상에서 사진을 몇 장 찍고 서쪽으로 서쪽으로 더 달렸다. 그리고 동물들을 멕이는 커다란 샘에 도착했다. 그곳에서 나는 낙타양육사를 만났고 또 내가 예약한 여섯 마리의 낙타를 만났다. 아니켓은 나를 그 낙타양육사에게 소개했다. 그의 이름은 다디야Dadiya였다. 다디야는 매우 검고 햇볕에 다져진 거칠고 질긴 가죽 같은 피부를 가지고 있었다. 그는 도저히 50이나 60세 이하로 보일 수는 없었다. 그런데 나는 나중에 그의 나이가 43세에 불과하다는 것을 알았을 때 좀 놀랐다. 그리고 보마Bhoma라 불리는 20대 후반의 젊은 청년이 우리 여행의 잡일을 도와주기 위해 동행하기로 하였다. 낙타에 안장을 얹고 내리고, 또 음식을 장만하는 일을 거들어주어야 하는 것이다. 그 시점으로부터 나는 나의 존재의 안전을 모두 이 두 사람에게 맡겨야 하는 것이다. 아니켓은 나에게 이 두 사람이 나의 모든 것을 안전하게 보살펴주리라는 것을 확신케 하고, 지프차를 타고 떠나갔다.

동물 물 멕이는 곳은 가장자리가 세멘트벽으로 둘러쳐진 매우 큰 둥근 풀이었는데, 그곳에서 우리는 사막으로 더 깊게 들어가야 했다. 진실로 생각보다 내가 가야 할 길은 머나먼 여정이었다. 다른 관광객들의 발길이 닿지 않는 순결한 모래사막, 그래서

낙타 물 멕이는 샘의 모습

내가 자유롭게 사진작품을 만들 수 있는 곳을 찾아가는 사막인의 여정은 오랫동안 낙타를 타고 가야만 했다. 우선 다디야는 내가 탈 아주 특별한 낙타를 골라주었다. 다디야는 서투른 영어로 나는 이 낙타만을 타야 된다고 설명해주었다. 이 낙타는 검은색으로 다른 낙타와 구분되었는데 아주 순하기 그지없어 다루기가 제일 쉽다는 것이다. 나 스스로 낙타를 몰아가며 긴 여정을 완수해야 한다는 이 사실이 처음에는 나를 흥분의 도가니로 휘몰았다. 그것은 나의 첫 경험이기 때문이다. 타지의 사막인들은 나에게 그런 기회를 허용하지 않았다. 내가 낙타의

내가 타고다닌 낙타 위에 장착한 솔라에너지.
컴퓨터 · 카메라 충전이 가능하다.

나의 사막행렬

등 위에 앉아서 여행을 시작한 것이 오전 11시였다. 그리고 중간에 한 빌리지에 멈춘 것이 오후 1시였다.

그러나 다시 아무것도 없는 광야로 나아가 수없이 작은 모래언덕을 헤치며 두 시간을 더 나아갔다. 아무 소리도 없는 광야에서 꾸벅꾸벅 낙타 위에서 4시간을 여행한다는 것이 결코 낭만은 아니었다. 처음에 우리는 천천히 움직였다. 그러면서 꾸벅꾸벅 움직이는 낙타등의 리듬에 내 몸의 흐름을 맞추어 나갔다. 좀 지나자, 다디야는 낙타가 행보를 빨리 하게 하기 위해서 목젖 있는 쪽으로 혓바닥을 차서 소리를 내는 방법을 가르쳐주었다. 나는 그들이 내는 소리에 가깝게, 낙타에게 명령하는 소리를 모방하려고 끊임없이 노력했지만 그것은 헛수고였다. 그들의 소리는 매우 컸고 정확했다. 그러나 얼마 지나지 않아서 나의 낙타가 전혀 내 소리에는 관심이 없다는 것을 알아차렸다. 낙타는 나에게는 관심을 표명하지 않고 오직 앞서가는 그룹과 그의 매스터를 놓치지 않고 따라가려고 노력할 뿐이었다. 어쩌다가

중간 빌리지의 사람들. 사는 집이 매우 원초적이다. 모래와 머드로 만들어졌다.

낙타가 종종걸음으로 빨리 갈 때 흥분되는 순간도 있었지만, 그 긴 여정은 도저히 엔죠이할 수 있는 성격의 것이 아니었다. 그 낙타의 흔들림에 어려서부터 적응이 되지 않은 사람은 허리와 다리의 심한 통증을 느끼게 마련이다. 나는 평소 쓰지 않던 근육을 너무 많이 썼기 때문에 나중에는 완전 파김치가 되고 말았다.

우리가 샌드듄에 의하여 바람이 막히는 안온한 캠핑장소를 찾았을 때, 이미 늦은 오후였다. 다디야와 보마는 낙타의 안장을 내렸고 저녁에 필요한 모든 물건을 풀어헤쳤다. 그리고 천을 한 장 모래 위에 펼치고 그 위에 물건들을 놓았다. 나는 마른 풀이나 나무를 불쏘시개로 쓰기 위해 모으는 척 했지만, 결국 일은 그들이 다 했다. 그런데 이 인도사막에서의 캠핑여행은 내가 이집트나 요르

단의 사막에서 경험했던 관광여행과는 비교도 될 수 없으리만큼 단순하고 원초적이었다. 인도의 사막이 가장 반문명적이라고 말해야 할 것 같다. 가스버너도 없었고 텐트도 없었다. 불은 당지에서 만들어 내야 하고, 잠은 완전히 모래 위에 한 몸으로 자야하는 것이다.

진짜 타르사막. 이런 사막 구경하기가 정말 힘들다. 석양의 모습. 타르사막은 모래의 느낌이 특별히 노란 색조가 강하게 스며있다.

【제22송】

타르사막의 빗줄기 속에서 울다
극심한 존재의 허약, 칠한팔열七寒八熱

보마Bhoma가 제일 먼저 한 일은 모든 사람을 위하여 짜이*chai*(우리말의 차*cha*, 서양말의 티tea, *tay*, *chaa*가 모두 "짜이"에서 유래되었다)를 만드는 것이었다. 그 속에 든 카페인, 밀크, 설탕은 우리의 에너지를 보충시켜 주었고 생강이나 독특한 스파이스는 우리 몸을 덮여주었다. 그리고 옆에 있던 다디야Dadiya는 납작하고 효모가 들어가 있지 않은 짜파티*chapati*라고 부르는 빵— 아니 호떡이라 해야 할 것 같다 —을 만들었다. 기성품이 아닌 원자료들을 써서 즉석에서 만드는데, 밀가루, 소금, 물만으로 반죽한 것을 양손바닥으로 왔다갔다 두드려가면서 둥그런 종이처럼 얇게 만드는데 그 과정이 아주 흥겨운 콧소리에 맞추어 리드믹하게 이루어진다. 완전히 편편하게 펴지게 되면, 타와*tawa*라 부르는 둥근 오목쇠판이 장작불에 달아오를 때, 그것을 탁 던지면서 호떡을 구워내는데, 사막 한가운데서 그토록 맛있는 빵을 즉석에서 원자료를 사용하여 만들어내는 기술은 참으로 놀라운 것이다. 주요리는 베지터블 카레vegetable curry인데, 감자, 캐비지, 양파를 먼저 기름에 볶아 물을 붓고 향신료를 사용하여 끓여 만든다. 구성물은 매우 단순했지만, 사용하는 스파이스들이 요리를 매우 맛있게 만들었다. 물론 시장이 반찬이라는 배고픔 덕도 있었겠지만, 나는 두 접시를 가득히 넏름 다 먹었다. 짜파티로 훑어가면서 카레 디쉬를 먹는 것이다.

그날의 노동으로 고갈된 에너지를 채울 만큼은 충분히 먹었다. 해는 이미 기울고 있었고, 그날 저녁에 작품사진을 찍을 수 있는 에너지나 시간은 어차피 없었다. 나는 우선 그 지역의 모래언덕을 여기저기 찍어보았다. 나는 그곳이 우리가 사막의 이미지로 떠올리는 순결한 모래로만 구성된 식물이 없는 능선을 발견하기는 어려운 곳이라는 사실을 알게 되었다. 타르사막은 강우량이 꽤 있는 곳이고, 내가 본 어떤 사막보다도 야생식물군이 형성되어 있었고, 따라서 군데군데 사람들의 공동체나 농장이 자리잡고 있었다. 타르사막은 전 세계에서 사람이 가장 많이 사는 사막으로 꼽힌다. 인구밀도가 1km^{2}당 83인 정도 된다. 사하라사막의 인구밀도가 1km^{2}당 1인 것에 비하여 매우 높은 것이다.

다음날 어디서 사진작업을 해야 할 지에 관해서도 나는 정확한 장소를 찾아내기에는 너무 지친 상태였다. 나는 그냥 멀리 있는 모래언덕과 농원들 너머로 해가 지는 것을 바라보고만 있었다. 하늘은 장밋빛으로 변해갔고, 머스타드 황색의 모래 위로 따스한 광채를 드리우고 있었다. 해가 저문 지 얼마 안되어 아주 단순한 침낭조건, 두 개의 두꺼운 담요, 하나는 깔고 하나는 덮는 원초적 수면조건임에도 불구하고, 나는 깊고 깊은 잠의 나락으로 떨어졌다. 나의 얼굴을 사막바람이 스쳐지나갔고, 머리 위로는 쏟아질 듯한 광막한 하늘의 별들이 나를 덮고 있었다.

나는 다음날 아침 매우 일찍 일어났다. 분홍과 자줏빛의 여명이 해가 솟기 시작하자 재빠르게 오렌지색깔의 노란빛으로 변해가는 것을 보고 나는 순식간에 나의 카메라장비들을 챙기고 촬영의 이상적 장소를 찾기 위해 잠자리를 떠나야만 했다. 어떠한 경우에도 촬영은 아침의 오염되지 않은 선명한 조명의 시간을 놓칠 수가 없다. 최상의 조명조건의 카이로스는 역시 촉촉한 아침햇살이다.

다디야Dadiya는 발빠르게 움직여주었고, 내가 필요로 하는 것은 무엇이든지 실현시켜 주려고 최선의 노력을 다했다. 나는 다디야에게 단 한 마리의 낙타라도 우선 준비시켜달라고 요구했다. 나는 일출의 아름다운 광채를 놓치고 싶지 않았다. 그 광채는 너무도 빨리 중천으로 떠버리는 태양과 더불어 매우 맛없는 깔깔한 직사광으로 변해 버리기 때문이다. 다디야가 나와 같이 움직이면서 나의 촬영을 도와주고 있는 동안에 보마(Bhoma)는 나머지 낙타들과 짐들을 관리하면서 뒤에 처지어 있었다. 보마는 아직 결혼하지 않았고 여성의 나체를 직접 본다는 것이 그들의 문화관습에 부적절했기 때문이었던 것 같다. 나는 곧 다디야와의 작업을 매우 편안하게 느끼게 되었다. 다디야는 완벽하게 프로펫셔널했고 고도의 집중력을 소유한 조력자였다. 한바탕의 작업을 완수한 후에 나의 만족도는 계속 증가될 뿐이었다.

여명에서 일몰까지, 순결한 모래가 있는 두 지역에서 일곱・여덟 개의 장소로 이동했다. 물론 이 작업현장은 관광객들이 미칠 수 없는 곳이었다. 아마도 나의 사진작업역사에 있어서 가장 다산多産의 하루였다고 말해야 할 것 같다. 다디야는 여태까지 내가 만난 어떠한 조수보다도 더 효율적인 감성의 소유자였다. 나는 확신을 가지고 말할 수 있을 것 같다. 다디야는 훈련된 사진작업의 전문조수보다도 몇 배 더 나를 편하게 만들었다. 그도 그럴 것이 그는 그 지역 사막의 시각적 언어를 완벽하게 숙지하고 있었다. 내가 사막의 한 지점을 가리킬 때, 그는 내가 어느 지점을 가리키는지를 정확히 직감하고 있었다. 모두 밋밋하고 층층이 전개되는 모래언덕 지역에서 그 포인트를 정확히 숙지하는 것은 놀라운 감각이다. 그런데 더 중요한 것은 그곳에 가기 위해서는 카메라의 전경시야에 낙타의 발자국이 자연스러운 모래사막의 주름을 흩트리면 안되기 때문에 그 포인트까지 낙타를 데리고 우회해서 그 포인트로 갑자기 나타나야 하는 것이다. 이 어려운 작업을 그는 항상 정확히 수행했다. 내가 원하는 바로 그 장소에 그는 신속히 카메라의 뷰파인더상에 등장하곤 했다. 그러면 나는 나의 카메라의 상태를 다 조정해놓고, 다디야가 낙타를 데리고 있는 곳까지 가서 옷을 벗고 낙타와 포즈를 취하고 있는 동안 다디야는 카메라로 돌아와 셔터를 눌러대야 한다. 이런 작업은 결코 쉬운 과정이 아니다. 그러나 다디야는 실수 없이 내가 원하는 그림을 잡아냈다.

사실 카메라에 나타나는 2차원 평면 영상 속의 한 지점이 실제로 어디를 의미하

타르사막의 일출

타르사막의 일몰

나의 대표작 중의 하나. 이런 사진 하나를 찍는 과정이 얼마나 지난한 작업인지를 독자들은 이해해줄 것이다. 타르사막의 일몰시.

는지를 기억하고 그 장소로 신속히 이동한다는 것은 결코 쉬운 일이 아니다. 광학적인 환각이 지배하는 세계이며, 실제 거리보다 시각상의 거리는 매우 가까운 것처럼 느껴진다. 그리고 거리의 표준이 될 수 있는 아무런 스케일도 없으니 더욱 난감하다. 그러나 다디야는 항상 내가 막연하게 가리키는 그 지점, 정확히 그 지점에 기적적으로 나타나곤 했다. 그것은 지리감각이 뛰어나서라기보다는 나의 마음을 읽는 독심능력讀心能力이 탁월하다고 말해야 할 것 같다.

나의 낙타시리즈 작품에서 가장 만족스러운 영상을 창조해낸 그 위대한 날, 해가 가라앉자, 실로 내가 할 수 있는 것은 아무 것도 없었다. 흥분이나 감격은 아무런 의미가 없었다. 저녁을 먹고, 짜이를 마시고, 조금 쉬었다고 곯아떨어지는 것 외로 할 수 있는 것이 아무 것도 없는 것이다. 그토록 많은 작업을 한 날, 손흥민이 그라운드를 열심히 뛰어다닌 것처럼 열심히 뛰어다닌 그날, 저녁 일찍 곯아떨어진다는 것은 너무도 당연한 일이다. 그런데 한밤중에 추위와 습기를 느끼며 일어나야 했다. 사실 처음에는 뭐가 뭔지 아무 것도 알지를 못했다. 점차 눈이 떠지고 정신이 들자, 비가 쏟아지고 있다는 것을 알게 되었다. 다디야는 일어서서, 매우 널찍한 투명한 플라스틱시트를 가져와 펼쳐놓고 담요를 움직여 빠듯하게 다 플라스틱시트 속으로 들어가라고 했다. 잠자리를 한 플라스틱이불 속에 다 집어넣는 것이다. 빗속에서 이런 식으로 잠을 잔다는 것이 얼마나 어리석은 일인지는 명약관화하다. 우리는 딴 방도가 없었다. 그러나 나는 너무도 지쳐있었기 때문에 머리로부터 발끝까지 비닐(플라스틱)시트 속으로 비비고 들어가서 한동안 곯아떨어져 잤다.

그러나 그 놈의 비닐시트는 구멍투성이였고, 비는 계속 쏟아졌다. 모래바닥 양쪽으로 물이 스며들었다. 내가 다시 정신 차리고 깨어났을 땐, 비는 계속 쏟아졌고, 내 담요는 이미 흥건히 젖어 있었다. 내 머리와 의복이 모두 질척질척 거렸다. 다디야는 나를 두드리더니 일어나서 자기를 따라오라는 것이었다. 우리는 그 플라스틱시트를 머리에 이고, 한 십오 분 가량을 우중에 걸어갔다. 그리고 한 작은 곧 쓰러질 것 같은 오두막에 도착했다. 그 오두막은 4개의 나무기둥으로 구성되어 있고 한 면은 개방되어 있었는데, 지붕은 초가집처럼 사막의 초목으로 이엉을 엮어놓았다. 그리고 3면의 벽도 빗자루 만드는 풀과 같은 것으로 대충 엮어져서 막혀 있었다. 지붕과 벽에서 빗방울이 계속 떨어지기는 했지만 사막에 누워 비를 맞는 것보다는 훨씬 나았다.

보마는 낙타를 관리하기 위하여 그의 일을 보러 나갔다. 우리의 모든 짐이 빗속에 방치되어 있었던 것이다. 그가 돌아왔을 때, 다디야와 나는 오두막에 쪼그리고 그냥 앉아 있었다. 잠을 잘 수가 없었다. 사막에서 한밤중에 비를 맞고 아무런 보호막이 없이 덜덜 떨고 있었던 그 감각은 평생 잊을 길이 없을 것 같다. 모든 것이 젖었다. 체온을 유지하는 유일한 길은 두 손으로 무릎을 껴안고 품안의 온도라도 유지하는 길밖엔 없었다. 내 인생에서 처음으로 자연적 환경으로부터 내 몸 하나라도 보호할 수 있는 단순한 주거형태가 그토록 절실하게 필요한 것이라는 사실을 절감하였던 것이다. 인간은 진실로 무위無爲의 몸을 가지고 태어난 존재이긴 하지만 이미 그 무위를 유지하기 위하여 유위有爲에 의존하지 않을 수 없도록 진화된 동물이라는 사실을 나는 살아생전 처음 실존적으로 느껴보았던 것이다.

그 오두막에서 추위와 싸우며 고문당하는 듯한 긴 시간을 보내다가, 나는 무릎을 두 팔로 감싼 채 그냥 기절해버렸다. 내가 다시 두 눈을 떴을 때는 여명이 밝아오고 있었고 비가 그친 후였다. 나는 그날 아침 무엇이 나에게 그런 무지막지한 에너지를 주었는지 도무지 알 수가 없다. 나는 오전에 미친 듯이 또 하나의 작품 촬영판을 벌였다. 마치 그 전날 숙면을 하고 충분한 휴식을 취한 사람처럼 건강하게 활동하였던 것이다. 드디어 나는 나의 모든 짐을 꾸려서 나의 유순한 낙타를 타고 다시 제이살메르로 가는 여행을 묵묵히 감행하였다. 두 시간 동안 낙타를 타고 갔다. 그리고 30분 가량 기다리니 제이살메르로 가는 지프차가 왔다. 내가 수라즈 빌라스 호텔Hotel Suraj Vilas에 도착했을 때야 비로소 내가 심각하게 아프다는 사실을 느끼기 시작했다. 내가 작품을 완성해야 한다는 집념에 열중하고 있었던 그 과정의 집요함이 내가 고열을 가지고 있었다는 것조차 인지 못하도록 의식에 강렬한 커텐이 쳐져 있었을 수도 있다. 그렇지 않다면 나의 의식이 나의 편치 못함을 수용하는 순간에 나의 체온이 갑자기 치솟았을 수도 있다. 드디어 나는 방에 왔고 침대로 왔다. 그 유위의 환경이야말로 나의 의식을 느슨하게 만들었던 것이다. 좌우지간, 나는 방에 들어서자마자 침대 위에 나무토막이 쓰러지듯 쿵 하고 쓰러졌다. 저 하데스의 침울 속에서 울려 퍼지는 듯한 무서운 한기가 나의 몸을 주체할 수 없도록 떨게 만들었다. 아주 끔찍한 한기와 열기였다.

온전히 릴랙스하고 잠을 청하기 위해서는 나는 나의 몸을 씻어야만 했다. 나는 사막여행으로부터 때가 덕지덕지 끼어 불편함을 참을 길이 없었다. 나는 비실비실 배쓰룸으로 걸어들어가 더운 물 꼭지를 틀었으나 그 현장에는 더운 물은 존재하지 않는다는 것을 깨달았을 뿐이다. 그래서 나는 1층으로 내려가 더운 물을 달라고 요청했다. 아무도 없었고 마르고 홀쭉한 랄라Lala라는 10대의 소년이 있었을 뿐이었다. 그는 호텔 매니저인 치미Chimmy의 동생이었다. 랄라는 나에게 항상 아침을 서브해주었던 매우 친절하고 명랑한 소년이었다. 그는 항상 팝음악이나 그가 좋아하는 서양의 풍물에 관하여 나에게 묻곤 했다. 내가 그에게 더운 물 좀 달라고 했더니 더운 물을 끓여서 한 양동이를 이층으로 올려 보내주겠다고 했다. 나는 몸을 질질 끌면서 간신히 계단을 올라와 내 방으로 돌아왔다. 그리고 그가 한 양동이의 물을 가지고 올 때까지 억지로 눈을 뜨고 기다리고 또 기다렸다. 한 양동이의 더운 물을 지친 몸으로 기다렸으나 결국 그 소년은 오지 않았다.

30분이 지났고, 또 한 시간이 지났다. 아무런 소식이 없었다. 나는 방문을 열고 베란다 회랑으로 나아가 내부의 코트야드를 내려다보았다. 분노의 기운조차 없었지만, 아래층을 향해 그냥 소리쳤다. 그제서야 10분 가량 지나자, 랄라는 드디어 한 양동이의 더운 물을 가지고 나타났다. 그리고 일층에서 이층 베란다 쪽으로 밧줄을 던져 철난간에 걸쳐놓았다. 그리고 나 보고 그 밧줄을 잡아당겨 양동이를 끌어올리라고 얘기하는 것이다. 나는 그 밧줄을 당길 힘이 없었다. 불가하다고 말하자, 그는 계단을 올라와서 그 양동이를 잡아 올렸다. 나는 그것을 기다리는 동안 서러움의 눈물을 터뜨리고 말았다. 그 눈물은 아마도 내 몸의 고열, 더운 물조차 얻을 수 없는 문명의 결여로부터 발생하는 극심한 불만, 나의 집이라는 안락에 대한 그리움 때문에 생겨난 것이리라. 그러나 무엇보다도 눈물이 터져나온 것은 존재의 허약의 느낌 때문이었다. 신체적 한계가 불러일으키는 존재의 허약처럼 인간을 비참하게 만드는 것은 없다. 그 무서운 고문을 견뎌낸 많은 투사들의 의지를 생각하며 나의 존재의 초라함은 더욱 더 나의 눈물을 자아냈다.

내 뺨으로 눈물이 죽죽 흘러내리는 것을 목격한 랄라는 순간 충격을 받고 당황해했다. 자기가 잠자느라고 더운 물을 잊어버리고 만 사실 때문에 내가 우는 것인지, 그는 걱정스러워했다. 나는 말했다: "걱정마라! 나는 정말 너무 아프단다." 그리곤 빨리 방문을 닫았다. 한 손에 플라스틱 바가지를 들어 더운 물을 쏟고 또 남은 한 손으로 몸을 문질러대는 것이 매우 불편했으나, 어쨌든 찬물 샤워보다는 더 나았다. 나는 결국 그런 우여곡절 끝에 잠자리에 누웠으나 몸의 고열과 근육통은 눈물을 멈출 수 없게 만들었다. 나는 어둡고 고립된 방 속에서 손가락 하나 움직일 기운 없이 홀로 누워있어야만 했다.

얼마 지나고, 나는 칼칼 따끔따끔한 목구멍에 극심한 갈증을 느끼며 일어났다. 이불을 뒤집어쓴 채 회랑으로 나아가 난간에 기대어 인도할머니처럼 소리를 쳤다. 랄라가 코트야드에 나왔을 때, 나는 그에게 날 생강을 짤라 꿀과 함께 달여 올려줄 것과, 또 한 주전자의 끓인 맹물을 같이 가져다 달라고 요청했다. 놀라웁게도, 생강과 꿀이 준비되어 있었고, 또 달인 물은 제대로 된 강렬한 맛이 있었다. 나는 하룻밤 지나는 동안 여러 번에 걸쳐 생강차를 요청했고 두꺼운 이불 속에서 흥건하게 땀을 배출했다. 나의 긴급 자가치료는 효용이 있는 것 같았다. 그날 오후를 지내면서 그래도 고온의 몸덩어리가 좀 식은 것 같았다. 같은 날 저녁 9시 경, 아니켓이 의외의 방문을 했고, 내 방문을 두드렸다. 그는 그의 어머니가 정성스럽게 만든 홈메이드 디너를 가지고 왔다. 그 저녁은 내가 중학교 때 한국에서 가지고 다녔던 몇 층으로 된 원통형 도시락과 비슷한 통에 아주 예쁘게 담겨져 있었다.

아니켓 엄마가 도시락에 담아 보낸 음식

아니켓은 나의 방문 밖에 있는 회랑 휴게실에다가 테이블 하나와 의자 두 개를 놓았다. 내가 층계를 오르락내리락 할 필요가 없는 곳이었다. 그는 두 개의 접시와 은숟갈을 가져와, 도시락 속의 음식을 펼쳐놓기 시작했다.

완두콩을 넣은 쌀밥과 짜파티, 카레로 볶은 야채요리, 납작한 렌즈콩으로 만든 걸쭉한 수프, 도너츠처럼 생긴 튀긴 빵이 펼쳐질 때 나는 또다시 울 뻔했다. 물론 요번의 울음은 나를 케어해주는 사람이 있다는 고마움으로부터 생겨나는 것이리라. 울음은 존재의 허약함으로부터도 생겨나지만, 또한 존재의 포만감으로부터 생겨나기도 하는 것 같다. 랄라는 아니켓에게 전화를 걸어서 내가 심각하게 아프다는 것을 이야기한 것 같다. 그래서 아니켓의 어머니가 두 사람을 위한 저녁도시락을 만들어준 것이다. 사실 이 지구상에는 인간이라는 공통분모로 인하여 최소한의 온정과 사랑을 베푸는 따스한 감정이 그래도 살아있는 것이다. 이 문명인들은 나에게 너무도 친절했다.

나는 나의 병상病狀으로부터 완벽하게 회복하는 데 하루를 더 누워있어야 했다. 그러나 그 다음날에는 다시 사막으로 갈 수 있을 만큼 건강이 회복되었다. 2013년 2월 7일, 나는 다디야에게 다시 갔다. 우선 아니켓이 관장하는 관광객들과 함께 다시 이전에 갔던 코스로 사막으로 향했다. 그것은 곧 버려진 쿨다라 마을에 다시 들른다는 것을 의미했다. 그런데 이번에는 전번에 내가 주목하지 못했던 새로운 유적을 목도하게 되었다. 그것은 지하로 뚫린 직사각형의 기다란 통로였는데 계단이 매우 깊은 데까지 정교하게 만들어져 있었다. 그 계단의 끝은 너무 어두워 보이지 않았다. 나는 낙타작품사진 시리이즈 이전에 전 세계 대도시들의 지하세계를 다룬 작품들을 전시회 테마로 삼았었기 때문에(갤러리 현대, 강남 스페이스, 나도裸都의 우수憂愁Naked City Spleen, 2009. 8. 25~9. 13) 지하세계에 관해 특별한 관심이 있었다. 그 계단이 지하터널로 연결된 것이라 생각하고 그 계단을 따라 내려가 보았는데, 그 계단은 벽으로 막혀 있었다. 그 벽 한가운데 있는 돌벽돌 하나에는 가네쉬 신상이 부조로 새겨져 있었다. 가네쉬는 두상은 코끼리형상이고, 그의 발 주변에는 항상 쥐 한 마리 혹은 뒤쥐shrew 한 마리가 새겨져 있다. 가네쉬는 모든 장애를 제거하는 신으로 알려져 있지만 또 동시에 장애를 설치하는 힘도 가지고 있다. 나는 이 기묘한 구조물에 깊은 인상을 받고, 다시 밖으로 걸어 나와서 아니켓에게 그 지하계단이 도대체 뭘 의미하는지를 물어보았다. 그것은 인도문명의 한 신비로운 현상 중의 하나인데, "우물"을 의미하는 것이다. 정확하게 말하자면 "계단우물stepwell"이라고 부르는 것이다. 계단우물은 우리의 평상적 상상을 초월하는 매우 정교한 구조물로서 엄청난 돌계단의 기하학적 구조로 이루어진 지하샘물이다. 샘물 하나를 만들기 위해 강남의 엄청난 빌딩을 짓는 것보다 더 많은 수공을 들이는 것이다. 나는 도대체 왜 인도인들이 단지 물의 공급을 위해 그토록 거대한 계단구조를 만드는지 잘 이해가 가질 않았다. 계단우물 주변에도 단순한 원통의 우물들이 많이 있기 때문이다. 이 거대한 계단구조는 지진으로부터 수원을 보호하기 위한 것일까?

쿨다라 계단. 위의 빔에는 새겨진 다른 신들이 새겨져 있다. 계단우물로 내려가는 입구이다.

계단은 이렇게 벽으로 막혀 있었다. 한가운데는 가네쉬상 부조가 새겨진 벽돌이 있다.

아무래도 물을 긷는 사람들은 여성이 주류이고, 이들은 계단을 내려갔다 올라가는

쿨다라 계단 위의 빔에 새겨진 다른 신

행위를 통해 신과 교섭하는 제식적 의미를 엔쬬이하고 있는 것 같다. 계단돌에는 힌두 신들이 새겨져 있고, 또 많은 종교적 의미를 지니는 장식이 많다. 인도에서는 이 계단우물을 "바오리*baori*"라고 부르는데, 인도 전역에 수천 개가 있다. 서부지역에 많으며 파키스탄지역에까지 퍼져있다. 그 옛날의 모습은 정말 찬란했겠지만, 지금은 아무도 쓰는 사람이 없고, 파손된 채로 있고, 쓰레기와 더러운 물로 가득 차있다. 관광명소로 지정된 것들은 아직도 깨끗한 모습을

찬드 바오리의 장쾌한 전경. 그리고 우물 앞에 있는 신전 건축물.

유지하고 있는데 제일 유명한 계단우물이 찬드 바오리Chand Baori라 부르는 것인데 개방된 직사각형의 우물이며 사방의 벽은 반복되는 기하학적 형상의 계단으로 이루어져 있다. 8세기 때부터 시작되어 18세기 무굴제국시대에까지 내려오는 이 우물은 13층의 3,500개의 계단으로 이루어져 있다. 깊이는 30m에 이르며 그 아래에 내려가면 평상온도보다 5~6°가 낮기 때문에 여인들이 그곳에 앉아 담소하기에 너무 좋은 곳이었다. 버려진 쿨다라의 우물은 그러한 메이저 사이트에 비하면 작고 별 의미가 없는 것처럼 보였지만, 바오리문화 전체를 이해하고 나니, 쿨다라의 우물도 강렬한 아우라를 풍겼고 나에게 지속적인 인상을 남겼다.

지난번과 마찬가지로 나는 다디야가 낙타를 데리고 기다리고 있는 곳까지 자동차로 운송되었다. 요번에는 낙타가 두 마리밖에 없었다. 한 마리는 다디야 자신을 위한 것이고, 또 한 마리는 내가 타기 편한 유순한 브라운 색깔의 낙타였다. 한 시간 정도 모래언덕을 가로질러 평평한 지형에 3세대가 같이 살고 있는 오두막 공동체에 도착했다. 그 마을은 둘러쳐 있는 모래언덕으로 보호되고 있었다. 이러한 작은 지역공동체를 라자스탄에서는 다아니*dhani*라고 부른다. 이 다아니에는 단지 세 개의 전통적 진흙집이 있었다. 이 진흙집은 매우 단순하고 작은 원통형의 벽으로 구성되어 있으며 그 정면에는 대문에 해당되는 입구가 그냥 뻥 뚫려 있다. 그리고 집안에는 몇 개의 작은 구멍이 뚫려 있는데 유리문 같은 것은 일체 없다. 이 구멍들은 창문으로 기능하는데, 광선과 통풍, 그리고 밖을 나가지 않고도 다양한 각도로 밖을 내다볼 수 있는 시야를 제공한다. 그리고 원통형의 벽 위로는 나무로 엮은 원뿔형의 천정이 있고, 그 천정 위로 초가 이엉이 얹혀져 있는 것이다. 원뿔형의 천정은

다디야의 그림 같은 집. 그의 부인과 딸과 아들.

다디야의 집은 담은 없고 옆에 지붕 없는 창고가 하나 있다. 집과 창고 사이공간에서 나는 노숙했다.

더운 공기를 위로 빼어내어 실내의 온도를 낮추는 기능이 있다. 이 원초적인 진흙 원통형의 집은 너무도 작고 귀엽게 보여 꼭 만화 속의 그림과도 같다. 그러나 그 작은 공간 속에 한 세대의 모든 삶이 펼쳐지고 있다. 대여섯 식구의 침실과 부엌이 극히 좁은 공간 안에 다 배열되어 있는 것이다. 두 개의 오두막집은 같이 붙어 있다. 그리고 진흙으로 만든 담이 한 집마다 독자적으로 둘러쳐져 있다(진흙벽은 겉으로 진흙을 발라 안 보이지만 진흙벽돌로 쌓은 것일 수밖에 없다). 그 중 한 집은 직사각형의 창고를 오른편에 만들어 놓았다. 그런데 이 창고는 세멘벽돌과 철문으로 지어졌다. 그러니까 세멘벽돌창고는 그 두 집 옆에 위치

형의 집, 담과 창고의 모습.

하고 있다. 그곳에서는 사람이 자지 않는다.

제3의 진흙집은 창고헛간으로부터 50m 가량 떨어진 곳에 동떨어져 있다. 나는 결국 이 세 집이 다디야와 다디야 두 형제들의 3핵가족을 위한 세 채의 공동체라는 아기자기한 사실을 발견하였다. 우리가 도착했을 때, 전통의상과 보석으로 치장한 노년의 부인이 창고헛간이 있는 가운데 오두막으로부터 나와, 웃으면서 매우 시끄럽게 뭐라고 말했다. 두 십대의 소녀들이 마당에서 일하는 중에 나를 호기심 어린 눈으로 흘끗 쳐다보았지만, 가까이 와서 말을 걸 생각은 하지 않았다.

다디야 형의 두 딸. 둘 다 십대의 소녀들.

가운데 집 노부인(형수)과 가벼운 인사를 나눈 후에 다디야는 나를 50m 밖에 떨어져 있는, 진흙담이 둘러쳐져 있지 않는 제3의 오두막집으로 데려갔다. 다디야의 부인은 짙은 색깔 피부의 매우 잘생긴 여인이었다. 건장한 몸매에 아주 짙게 수놓은 의상을 입고 있었고, 아주 많은 거추장스럽게 보이는 헤비한 보석으로 장식되어 있었다. 이토록 원초적인 소박한 환경에서 여인의 몸에 보석이 그토록 찬란하게 장식되는 상황은 좀 설명을 필요로 하는 문화적 심층을 드러내고 있다 할 것이다.

아들을 안고 있는 여인이 다디야의 부인. 그 옆의 두 여자가 다디야 형님의 두 딸. 성숙해보이지만 10대의 소녀들이다.

【제23송】

원초적 삶의 기쁨

— 사막의 천사들 —

나에게 닥쳐오는 질문은 왜 그토록 단순하고 소박한 무위의 삶을 영위하는 사람들이 그토록 현란한 금·은 패물을 몸에 걸치고 살아가야만 하는지에 관한 것이다. 다디야의 부인은 목에 한 줄의 목걸이를 걸쳤는데 그 목걸이에는 직사각형의 은판이 주렁주렁 달리어 있고 정교한 염주와 함께 가슴팍을 장식하고 있다. 그리고 그녀의 손목에는 딱딱한 둥근 은팔찌가 수갑처럼 여러 개 채워져 있는데 그 묵직해 보이는 은팔찌마다 징(작대기 모양의 못)이 돌출해 있고 또 그 징의 끝, 그러니까 주두柱頭는 동그란 모양으로 마무리되어 있다. 그 묵직한 주두가 손등 쪽으로 불쑥 나와 있으니 우리 상식에는 그런 팔찌를 끼고 하루종일 생활한다는 것은 거추장스럽기 그지없을 것 같았다. 뿐만 아니라 양쪽 발목에도 팔찌보다 더 두껍고 더 무거운 딱딱한 은발찌가 채워져 있다. 그리고 코의 한 쪽(보통 왼쪽)에는 콧방울을 뚫어 채운 매우 큰 골드 디스

다디야 부인

저기 뒷켠으로 떨어져 있는 다디야집이 보인다.

크(콧방울 전체를 커버하고도 남을 넓적한 금방패 모양의 장식)가 있다. 그리고 그녀의 귀에는 여러 개의 구멍이 뚫려있고 구멍마다 고리형 귀걸이가 달려있다.

나는 그곳에 엿새를 머물렀다. 내가 그곳에 머물러있는 동안 어느 시간대이든 단 한 번도 다디야의 부인이 보석치장을 벗는 것을 보지 못했다. 나는 그들의 오두막집 밖에서 잤기 때문에 그녀가 잠잘 때 그 모든 것을 벗는지 안 벗는지조차도 확인할 길이 없었다. 아마도 내가 추측컨대, 그 모든 것이 그녀의 몸 자체의 일부가 되어버렸기 때문에 그것들을 몸에 부착된 채로 놓아두고 잔다고 해도 이상할 것이 없을 것 같다. 만약 잘 때 그 모든 것을 벗어버리고 잔다고 한다면 그것은 대단한 작업이 될 것 같다. 그 장신구들은 그녀의 사지에 매우 밀착되어 있고

형집의 담에 올라탄 새끼 염소. 너무 귀엽다.

다디아의 1살 짜리 아들

또 치밀하게 라크되어 있기 때문에 그것을 매일밤 떼어낸다는 것도 보통 어려운 일이 아닐 것 같다. 그렇다고 그 묵직한 것들을 코와 귀와 사지에 다 채워놓고 잔다는 것도 도무지 상상키 어려운 것이다. 나는 사실 이런 문제들을 명쾌하게 해결하지는 못했다.

처음에는 서양교육을 받았고 여성을 억압하는 이 지구상의 전통사회들을 매우 부정적으로 바라보는 데 익숙하기만 했던 나로서는 여성이 결혼하게 되면 그 결혼여성의 기동성을 제약하기 위하여, 그 결혼여성이 가정에 보다 충실하도록 길들이기 위하여 그런 헤비한 패물을 장착시키는 것으로 생각하기가 일쑤였다. 그러나 이러한 나의 가설은 완벽하게 잘못된 것이라는 사실을 그들의 삶의 현장과 관념에 천착하면서 깨닫게 되었다. 전통사회의 여성들은 그들의 습속에 따라 패물이 거추장스러운 장식이 아니라 그들의 몸을 보호해주고 강화시켜주는 좋은 장치라는 신념을 가지고 있다. 그것은 아마도 그들이 믿는 전통의학의 인체관과도 상관되어 있을 것이다. 그들은 그러한 패물이 그들에게 건강과 특히 임신능력을 증대시킨다고 믿는 것이다.

그러나 기실 더 중요한 패물의 기능은 그것이 혼인녀에게 더 많은 권세를 보장해준다는 것이다. 금과 은으로 된 헤비한 패물은 결혼과정에서 지참금의 일부로서 신부의 부모가 신부에게 보석으로 치장된 겉옷들과 함께 선물하는 것인데, 재미있는 사실은 이 고귀한 보석들은 온전히 여성의 소유로 남는 것이며, 혼인녀는 어떠한 경우에도 이 보석패물을 처리할 수 있는 자유로운 권리를 끝까지 장악한다는 것이다. 그러니까 패물들은 여인들에게 확고한 삶의 안정감을 제공하는 것이다. 그녀의 은치장물이 헤비할수록 그녀는 부유하고 고귀한 집안의 여성이었다는

집주변에서 혼자 노는 1살 짜리 아들.

것을 나타내준다. 물론 금장식물은 은장식물보다 한 차원이 더 높다.

그러니까 극단적으로 말하자면 한 여인은 자신의 재산을 불완전한 은행에 맡기지 않고 자기 몸에 부착시키는 것이다. 혜비한 패물은 곧 그녀의 통장에 저금이 많다는 것을 의미하는 것이다. 한 여인의 생애에 있어서, 결혼생활과정을 통하여서도 남편은 자기 부인에게 보석을 선물할 수 있다. 그 선물 역시 부와 권력의 표상으로서 여성에게 부여되는 것이다. 그러니까 보석이라고 하는 것은 인생의 통과의례의 절목마다 주어지는 중요한 재산이다. 탄생, 성장(관례冠禮), 결혼, 임신 등등의 통과의례마다 보석은 그 의미를 표시한다. 그리고 이러한 마킹은 비단 여성에게만 국한되는 것은 아니다. 어느 날, 다디야와 그의 부인은 나에게 1살 먹은 아들의 발목에 채워져 있는 아름다운 금발찌와 은방울을 보여주면서 자랑스러워했다. 그들이 유족한 생활을 할 수 있기에 그들의 장남에게 이러한 고급스러운 보석 선물을 할 수 있다는 사실에 관하여 매우 행복한 프라이드를 느끼고 있는 것이다.

창고 옆에서 돌배기가 혼자서 똥을 누고 있다. 창고와 집 사이에는 내가 잠자리로 쓰는 침대가 놓여있다.

다디야와 그의 부인은 자식 둘을 두었는데 큰 아이가 베키Becky라 부르는 세 살짜리 딸이었고, 둘째가 한 살 먹은 아들이었다. 다디야의 형님들은 다디야 패밀리보다는 나이가 많은 자식들을 거느리고 있었다. 8살, 10살짜리 두 아들과, 십대 초반과 십대 후반의 두 딸이 있었다. 이 두 딸은 얼마나 착한지, 베키와 베키의 남동생을 거의 전적으로 보살펴주고 있었다. 우리 도시삶에서 볼 수 없는 고립된 사막의 단란한 대가족 패밀리였다.

다디야는 아이들의 나이를 나에게 말해주었다. 그 나이는 틀림없는 맞는 나이이겠지만, 정말 그들의 삶의 행태를 보면 믿기 어려운 구석이 너무 많았다. 도시에서 우리가 경험하는 아이들의 성장과는 전혀 다른 차원을 달리며 빠르게 성숙하는 것이다. 돌밖에 안된 꼬맹이가 하루종일 혼자 뛰놀고 스스로 대소변을

죽은 가지를 꺾는 베키

베키가 나무를 줍다가 가시에 손가락이 찔렸다.

해결한다. 집에 너무 가까운 곳이 아니면 어디든지 똥오줌을 싸도 된다. 그리고 세 살 먹은 베키는 집주변의 모든 살림살이를 능숙하게 처리한다. 염소를 묶기도 하고, 풀어주기도 하고, 이동시키기도 하며, 불쏘시개를 보이는 대로 거두어들이며, 연료로 쓸 동물의 똥을 잘 펴서 말리며, 집주변을 항상 빗자루로 쓴다. 그리고 물을 나르고, 식구들이 먹고 남긴 그릇을 씻는다. 세 살 먹은 꼬마가 이 모든 일들을 능란하게 해낸다는 것은 우리의 상식으로는 좀 생각하기 어려운 것이다. 그러나 베키는 그녀의 언어로 매우 또박또박 말을 하면서 어떻게 그 일들을 해야 하는지 세밀하게 설명을 했다. 베키는 모든 음절을 매우 명확하고 아름답게 발음했다. 나는 대학시절 뉴욕의 어마어마한 부잣집에서 3살짜리 남자아이의 베이비씨터 노릇을 한 적이 있는데 사막의 같은 나이의 아이와 비교해보면 그 차이가 너무 엄청나서, 도무지 그 뉴욕 아이의 성장단계를 적절하게 설명할 길이 없다. 그 도시의 남자아이는 베키와 같은 나이인데도 기저귀를 차고 있고, 밖에 나갈 때는 반드시 유모차를 타고 나가며, 엄마가 옆에 없으면 항시 울어댄다. 사막의 자족적인 아이들을 관찰하면서, 도시의 삶, 도시의 문명이 기준시 하는 교육방식이 인간의 자연스

나무를 집으로 메고 가는 베키. 하루종일 상당량을 모을 수 있다.

러운 성장을 방해하는 너무도 많은 장애물을 설치해놓고 있다는 잔인한 사실을 깊게 통찰할 수 있었다. 룻소의 『에밀』을 논의할 건덕지조차 없다.

저녁식사가 그 작은 집 안에서 장작과 말린 낙타똥을 태우는 화력에 힘입어 만들어진다. 진흙을 구워 만든 작은 화덕이 통풍용으로 뚫린 작은 창문 밑에 자리잡고 있다. 보통 식사라는 것은 손으로 만든 짜파티*chapati* 빵과 인도인의 대표적인 스튜라고 할 수 있는 달*dal*로 이루어진다. 달은 마른 렌즈콩dried lentils을 양념과 오일과 함께 볶아 끓여서 만든다. 렌즈콩(편두扁豆)은 사막사람들에게는 매우 중요한 식재이다. 그것은 냉장고 없이도 장기간 보존될 수 있으며, 밀가루보다 훨씬 더 풍요로운 영양소를 내포하고 있다. 단백질, 섬유질, 비타민, 광물질 등을 충분히 함유하

집안의 화덕. 저녁식사를 만들고 있는 다디야의 부인. 낙타똥을 만진 손으로 밀가루를 만지곤 한다. 나는 뒤에서 짜파티 빵을 만들고 있다.

달과 짜파티

고 있는 것이다. 곁들여지는 양념들도 많은 비타민과 무기질을 첨가해주며, 기름 또한 많은 칼로리를 제공한다.

다디야의 부인은 보통 인도음식을 먹는 여인들과는 달리, 짜파티 빵을 잘게 찢어서 달에 그냥 섞어 버무린 것을 오른손으로 꾹꾹 움켜쥐어 먹는다. 이러한 방법은 손가락에 달이 직접 묻기 때문에 좀 덜 고상한 듯이 보인다. 처음에 나는 빵을 찢어서 손가락이 직접 묻지 않게 빵으로 달을 집어 올리는 방식을 선호했으나, 결국 나도 다디야 부인처럼 잘게 찢은 빵을 달과 섞어서 빵에 달이 다 스며들도록 하여 편하게 손가락으로 집어 먹었다. 짬뽕을 만들어 다 먹고난 후에 손가락을 핥으면 되는 것이다. 그리고는 손을 따끈한 모래에 비벼대면 다시 깨끗해지곤 한다. 사막에서 존재한다는 것은, 열과 신체적 활동으로 인하여, 존재유지 그 자체에 많은 에너지가 소요되는 것 같다. 사막에서는 항상 배고프다. 매일 똑같은 음식을 잔뜩 먹어도 그저 먹을 수 있다는 것이 감사할 뿐이었다. 그러니까 항상 많이 먹게 된다.

저녁을 먹고 나니까, 다디야는 집밖에 한 작은 메탈 프레임의 침대를 설치했다. 그리고 그 위에 카페트를 깔고 두꺼운 담요들을 제공해주었다. 집이라고 하지만 너무 작아서 침대를 펴놓을 공간이 없었다. 나는 이미 별하늘을 덮고 자는 생활에 익숙해졌기 때문에 야외숙박이 낯설지 않았다. 나의 침대는 다디야의 예쁜 집과 돌벽돌을 쌓아 둥글게 만든 헛간 사이에, 맞바람을 피할 수 있는 자리에 놓여졌다. 물론 침대는 안락한 물건은 아니었지만, 침대를 놓고 잘 수 있다는 것 자체가 이미 사치였고, 더구나 덮을 수 있는 두툼한 담요가 몇 개 있다는 것이 따스한 행복감을 주었다. 나는 여행으로 지쳐있었고, 지독한 감기에서 회복된 직후였다. 침대에 기어 올라가자마자 안락한 꿈의 세계로 빠져 들어갔다. 아침에 상쾌하게 눈을 뜰 때까지 단 한 번도 깨지 않았다.

풀 먹인 내 머리카락

다음날 내가 해야 할 첫 번째 일은 의상을 바르게 차려입는 것을 배우는 것이었다. 가장 큰 문제가 머리에 쓰는 베일이었다. 원주민 여자들이 쓴 것과 똑같은 모양으로 뒤집어쓰면 곧바로 흘러내리곤 하는 것이다. 어떻게 그 머플러 천들이 클립이나 휘감아 매는 장치가 없이도 느슨한 상태에서 계속 머리에 머물러 있는지를 이해할 수가 없었다. 나중에야 나는 그 비결이 스카프에 있는 것이 아니라, 그 밑에 있는 머리카락의 특별한 손질에 있다는 것을 깨닫게 되었다. 나는 그들과 똑같은 헤어스타일을 해야겠다고 마음먹고 십대 소녀들에게 내 머리를 가리키며 그들과 똑같은 머리를 만들어달라고 요청했다. 손짓발짓 다 해가며 바디 랭귀지로써 그들과 소통했다. 그 서먹서먹했던 소녀들은 나와 곧 친근감을 느끼게 되었고, 내 머리를 손질해주겠다고 동의했다. 그러더니 곧바로 그들은 무슨 가루물질과 뜨거운 물을 섞어서 일종의 풀을 만들었다. 투명한 색깔이나 좀 뿌옇게 된 풀이었다. 나는 그것을 뒤집어쓴다는 것이 좀 걱정되어 다디아에게 달려가서 그게 뭐냐고 물어보았다. 다디야는 그것은 식물에서 추출된 순수하게 자연적인 풀인데, 헤어스타일을 만들기 위해서는 반드시 발라야만 하는 풀이라고 설명해주었다.

오케이! 나는 소녀들이 내 머리와 머리카락 전체에 그 풀을 발라댐에 따라 그 풀의 성격과 용도를 정확히 이해하게 되었다. 그들은 내 머리 정중앙에 가르마를 타서 두 편으로 나누고 머리 꼭대기에서부터 뒷켠으로 양쪽으로 두 줄기를 땋아 내렸다. 보통 "더블 프렌치 브레이드a double French braid"라고 부르는 스타일이다. 그 소녀들이 내 머리를 너무 세게 잡아당기는 통에 두피가 아플 지경이었다. 결국 최종적 모습은 내 머리의 상단에 평평한 면적을 각지게 만들어놓았다. 양쪽에서 땋은 머리의 옹이가 양쪽으로 자리잡고 있기 때문이다. 풀이 말라가면서 나는 머리 전체가 옥죄는 듯한 느낌을 갖게 되었다. 다디야는 그곳 여인들은 이러한 머리를 한 달가량 지속시킨다고 한다. 그 말은 곧 한 달 동안 머리모양을 만지지 않고 그대로 잔다는 뜻이다. 그리고 3주 만에 머리를 풀고, 씻고, 또 다시 모양을 만든다는 뜻일 게다. 첫날 이후로 마른 풀이 박편이 되어 떨어지기 시작했다. 그러니까 꼭 내가 비듬이 극심하게 많은 사람인 것처럼 보였다. 그러니까 그 풀은 머리모양을 유지시키는 데도 유용하지만, 머리카락 자체를 깔깔하게 만들어 머리에 쓴 베일이 흘러내리지 않도록 만드는 효과를 자아내고 있는 것이다. 나는 이런 실천을 통해서, 인도여인들의 스카프가 아무런 장치가 없이도 흘러내리지 않을 수 있는 이유를 알아낸 것이다. 그것은 머리카락의 모양과 질감에 그 비결이 있었던 것이다.

뒷머리 땋기

후에 나는 이러한 헤어스타일이 또다른 실용적 기능을 갖는다는 것을 알게 되었다. 이 헤어스타일은 머리 위에 똬리를 놓는 것과도 같이 정수리 면적을 평평하게 넓혀주기 때문에 여인들이 항아리를 머리 위에 실어나를 때, 그 항아리의 발란스를 취하는 것을 용이하게 만들어준다. 물을 퍼올 수 있는 샘(실제로 땅속에서 솟아오

물동이 이고 가는 나. 앞에 길잡이 해주는 베키.

르는 샘 같지는 않고, 일종의 물탱크인 것 같다)이 집에서 약 200미터 정도 떨어져 있는데, 소녀들은 부지런히 머리 위에 꽤 커다란 물동이를 이고 걷는다. 물론 물을 가득 채웠는데 그 물동이에 전혀 손을 대지 않고 밸런스를 취해가며 여유롭게 걸어가는 모습을 쳐다보는 것은, 그 소녀들의 호리호리한 몸매와 제대로 차려입은 의상과 함께 그것은 실로 하나의 예술이라 해야 할 것이다. 동이에는 귀가 달리지도 않았다. 보통 때는 머리와 동이 사이에 똬리(a round cushion pad)를 놓지만, 어떤 때는 똬리가 없이도 맨머리로 잘도 이고 다닌다. 내가 처음 동이를 이었을 때, 나는 똬리를 머리에 얹고 두 손으로 물동이를 잡았지만 그래도 계속 동이가 기울어져 떨어질 뻔했다. 그 무슨 낭패인가! 수십 번의 연습을 거쳐, 나는 머리에 똬리를 놓지 않고 한 손만 동이를 잡고 직선으로 걸어갈 수 있는 경지까지는 도달할 수 있었지만, 도저히 소녀들처럼 손을 놓고 목의 밸런스만으로 걸어가는 경지에는 도달할 길이 없었다. 삶의 곳곳에 "도의 경지"가 있다. 그것은 스님이나 도사의 전유물은 아니다. 이 소녀들의 경지가 용맹정진을 하는 스님의 경지보다 더 지고한 것일 수도 있다. 나의 서투름이 소녀들을 낄낄거리게 만들었고, 베키와 꼬마 사내들은 우리 주변을 돌면서 명랑하게 뛰어놀았다.

그 중 한 번은 물동이를 나르는 나의 모습을 집중적으로 영상화하는 다큐작품을 만들고 있었는데, 베키와 사내아이들이 카메라 앞에서 노래부르고 춤추면서 뛰놀았다. 나는 내가 찍은 필름을 되돌려볼 때 비로소 그 사실을 알았는데, 내가 하는 모든 일들이 그들에게는 신기했고 신선한 기쁨을 선사하는 퍼포먼스였다.

큰집의 작은 딸. 물동이 이고 가는 모습은 도인의 경지. 그것 나름대로 지고의 예술이다.

내가 이 아이들에게 관해서 깊은 인상을 받게 된 것은, 이들이 항상 웃고 야외에서 즐겁게 논다는 매우 단순한 사실, 그리고 극히 단순한 오브젝트를 가지고 재미를 창조하면서 논다는 사실을 발견하면서부터였다. 이들은 끊임없이 자기들을 즐겁게 만드는 사태를 고안해낸다. 그리고 울거나 싸우거나 하는 법이

내 카메라 앞에서 춤추는 베키. 세 살이라고는 믿기지 않는 발랄함이 있다. 예쁘기 그지없다.

손바닥그림 놀이. 집중하는 베키

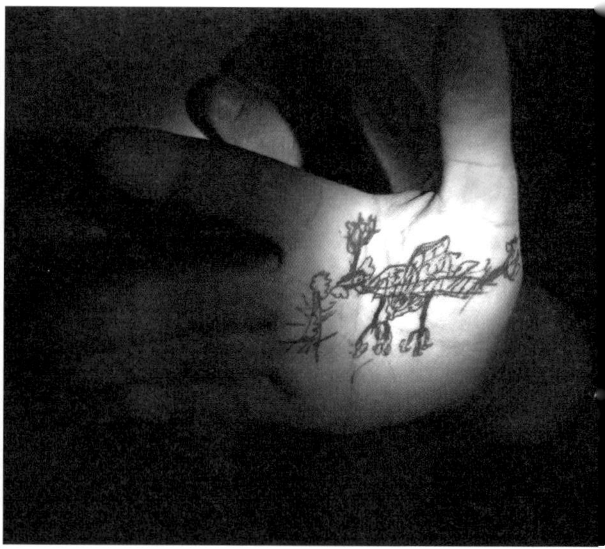

손바닥그림 놀이. 그림은 옆집 사촌오빠가 그렸다.

거의 없다. 도시문명의 아이들이 하루종일 울거나 찡얼거리는 것과는 매우 대조적이다. 일례를 들자면, 어디서 볼펜 하나를 얻든지, 전등 하나를 얻든지 하면 그걸 가지고 수없는 종류의 오락을 끊임없이 지어내고 또 그것에 열중한다. 하룻밤은 나이가 좀 있는 소년이 거기 있는 모든 사람의 손바닥에 그림을 그리고 글씨를 쓰는 놀이를 고안해냈다. 그 손바닥그림은 매우 정교했다. 나는 그가 손바닥그림을 그리고 있는 동안 그 손바닥을 전등으로 비쳐주었는데 어두운 방에 모두가 옹기종기 웅크리고 있는 판에 집중된 스포트라이트가 생기고 또 그림이 그려지는 그 장면 자체가 매우 신비롭고 인간적인 훈기가 느껴지는 것이다. 그들은 그 그림을 그리는 소년이 여러 가지 패턴과 글자와 숫자를 쓰면서 하는 말 한마디 한마디에 비상하게 집중하고 웃곤 했다. 그 행위 자체가 위대한 연극이었다.

낮에 밖에서 놀 때도 그러했다. 동네에

시소놀이

는 단지 하나의 시소가 있을 뿐이었다. 새총처럼 쌍갈래 가지가 달려있는 나무 하나가 땅에 굳건히 박혀있다. 그리고 그 위로 기다란 통나무 하나가 횡으로 걸쳐져 있다. 이 시소는 결국 두 개의 큰 나무로 구성된 초라하기 그지없는 물건이었지만 아이들은 그 나뭇가지에 매달려 끊임없이 다양한 놀이를 만들어내고 있는 것이다. 베키가 시소의 한 편에 남자아이들과 함께 타려고 하다가는 곧 땅에 떨어지곤 했다. 도시아이들 같으면 울면서 짜증을 낼 텐테, 베키는 웃고 또 웃으면서 천진난만하게 그곳에 기어이 올라타려는 노력을 반복하는 것이다. 그 순결한 시도와 웃음, 그리고 끊임없이 재미를 만들어낼 줄 아는 그들의 모습은 우리문명사회에서 말하는 바 "교육"이라는 것이 과연 무슨 가치가 있는 것인지, 더구나 "덕성교육," "인성교육"이라는 것이 무슨 의미가 있는 것인지, 깊은 반성을 자아낸다. 자연이 그들에게 가장 바람직한 도덕을 가르치고 있는 것이다.

아름다운 베키의 모습

다아니*dhani*라고 부르는 작은 마을공동체에 사는 여인들의 일상생활을 한번 살펴보자! 다아니래야 세 패밀리의 집과 샘 하나로 구성된 아주 작은 마을일 뿐이다. 이들이 집밖을 다닌다는 것은 오직 땔나무를 구하기 위하여 어슬렁거리는 것일 뿐이다. 우리 도시에 사는 사람들의 입장에서 보면, 그러한 단조로운 환경 속에서 권태를 느끼지 않고 산다는 것은 불가능할 것처럼 생각된다. 키엘케고르에 의하면 하나님이 이 세상에 인간을 창조할 때, 인간과 함께 권태를 창조했다고 했다. 인간이 산다고 하는 것 자체가 권태를 벗어나기 위한 몸부림이라는 것이다. 사실 도시사람들에게는 이러한 실존주의철학이 매우 그럴듯하게 느껴지지만, 실상

나무를 하는 베키와 나. 베키가 항상 더 많이 나른다. 힘이 세다.

이들 삶에 적응하게 되면 그런 도시인들의 권태는 존재하지 않는다. 나는 매우 빨리 이들의 삶에 적응하였고 특히 아이들의 웃음소리와 함께 일순간도 권태라는 것을 느껴볼 기회가 없었다. 발랄한 생명의 약동만 있었다.

베키는 항상 나와 같이 있었다. 나에게 끊임없이 말을 했는데 베키가 쓰는 언어는 마르와리Marwari였다. 나는 한마디도 알아들을 수 없었지만 이심전심으로 통

그릇 씻는 장면. 능란하게 그릇을 씻어내는 베키. 너무도 그 모습이 귀엽다.

다디야의 부인과 내가 집안에서 차를 마시고 있다.

했다. 베키는 하루종일 연속되는 일들을 즐겁게 수행했다. 단 한순간도 쉬는 법이 없이 계속 움직였다. 동물의 똥이라든가, 조약돌이라든가, 나무조각 같은 쓰레기들을 빗자루로 쓸어내는 지루한 작업도 아주 익사이팅한 놀이로 만들어냈다. 하루의 일과 중에서 가장 재미있는 과업은 그릇을 씻는 일이다. 3살짜리 베키는 이 일에 매우 숙련되어 있었다. 물이 워낙 없기 때문에 그릇을 씻는 주재료는 모래였다. 그릇은 스테인레스나 양철로 되어 있다. 그릇을 씻기 위해서는 먼저 좀 떨어진 곳으로부터 작열하는 태양에 소독된 깨끗한 모래를 퍼와야 한다. 깨끗한 모래를 두둑하게 쌓아놓은 후에 그릇 씻는 작업이 시작된다. 큰 대야에 약간의 물을 붓고, 가루비누를 섞어 휘젓는다. 그리고 불결한 그릇들을 그 비눗물에 담가 씻어

완성된 그릇들. 매우 깨끗하다.

소량의 물을 써서 빨래하는 모습. 애기옷을 빨고 있다.

내가 마지막으로 본 베키의 모습. 언제나 보고 또 보고싶은 얼굴이다.

내기 시작했다. 나중에는 그 물이 시커멓게 변해버리지만 모든 그릇이 정해진 양의 물을 통과한다. 그런 후 그릇들은 깨끗한 모래 위에 놓이게 되며, 하나씩 문질러대기 시작하여 완전히 마를 때까지 부벼댄다. 그리고 나중에는 모래를 털어내면 되는데 이러한 방식으로 그릇을 씻고 나면 우리가 생각했던 것보다 훨씬 더 위생적이고 깨끗한 그릇이 된다. 베키는 그 과정을 너무도 명랑하게, 너무도 솜씨 있게, 너무도 즐겁게 해냈다. 베키의 몸짓 하나하나가 모두 엘랑 비탈*élan vital*이었다. 그것은 삶의 환희였다. 권태의 그림자는 그 어디에도 없었다.

내 인생에서 가장 힘들게 느꼈던 순간 중의 하나가 아마도 베키에게 작별인사를 하는 순간이었을 것이다. 지금 이 순간에도 나는 베키에게 달려가고 싶은 충동을 느낀다. 이 지구상의 그 많은 지역을 여행하고 사람을 만났어도 베키는 좀 특별했다. 엿새 동안의 고립된 공간에서 그토록 어린아이와 특별한 일체감을 느끼는 체험은 물론 나에게 처음 있는 일이었다. 베키는 아주 특별한 천부의 재능을 부여받은, 천사의 얼굴을 가진 어린이였다. 베키는 나에게 무엇이든지 가르쳐주려는 열의를 가지고 있었다. 내가 하지 못하는 일들을 할 수 있도록 만드는데 모든 성의를 다 했다. 그런데 베키는 단지 3살의 어린이였다. 그렇지만 베키는 내 인생에서 만난 매우 위대한 스승이었다. 그 시간 그 공간에서 더없는 교사였다. 지금 이 순간에도 베키의 움직임과 베키의 언어를 또렷이 기억한다. 한 인간으로서 어린이의 경이로움을 나는 처음 느꼈던 것 같다. 그러한 레벨에서 어린이와 교감을 가질 기회는 별로 없었다. 이 모든 것이 언어의 장벽과 문화적 차이를 넘어서 일어났던 것이다.

사막을 떠난 후에 나는 제이살메르성채 밖에 있는 아주 깨끗한 신식 호텔로 거처를 옮겼다. 경치를 바꿀 필요도 있었지만 또 아주 오랫동안 뜨거운 물 샤워를 할 수가 있었다. 성채 안에 있는 호텔에서는 그러한 시설을 향유할 수가 없었다. 우선 나는 6일 동안 이상한 풀로 덕지덕지 덮인 머리카락을 깨끗하게 풀어내야만 했다. 그 작업도 샴푸질을 여러 번 해야만 했다. 내 원래 머리의 정상태로 되돌리기 위해서는, 나는 여러 번 머리를 감아야만 했던 것이다. 원래의 모습으로 돌아왔을 때, 나는 나의 두피가 매우 신선한 호흡을 하는 것을 느꼈다. 기분이 좋았다. 나는 멋있고 모던한 인도에서 산 면제품의 샤츠와 바지로 갈아입은 후에 곧장 옛 궁전을 개조한 화려한 레스토랑으로 갔다. 팬시한 음식과 프랑스제 와인이 날 기다리고 있었다. 항상 이런 새로운 환경을 접할 때면, 그토록 어렵게, 그토록 극한에 가까운 다른 환경에 적응해버린 내가, 원래의 관습대로 돌아오는 과정이 그토록 쉽고 빠르게 이루어진다는 사실이 매우 경이롭게 느껴진다. 세살버릇 여든간다라는 속담도 이에 맞는 이야기이겠지만, 더욱 중요한 사실은 무위에서 유위로의 복귀는 너무도 쉽게 이루어진다는 사실이다. 이것이 우리 문명인들의 본질적인 문제점일지도 모른다.

며칠 동안 제이살메르에서 피로를 푼 후, 그 타운에서 발견할 수 있는 최상의 음식과 더운 샤워를 실컷 즐긴 후, 나는 아니켓과 따스한 굿바이를 나누고 비카네르로 가는 로컬 버스에 올라탔다. 이 버스는 밤새 달리는 야간 버스였다. 그래서 레귤러 시트 위로 옛 열차 위 짐칸 같은 곳에 침대칸이 있었다. 침대칸이라지만 온갖 때와 음식나부랭이들이 더럽게 널브러져 있었다. 그래서 나는 이런 상황을 예상하고 그것을 덮을 깨끗한 시트를 준비해왔다. 쿵쾅거리는 버스에서 8시간을 잔 후에 눈을 떠보니 이미 날이 밝았고, 버스는 종착지에 닿았다. 그날 나는 비제이 게스트하우스, 그러니까 내가 이전에 묵었던 바로 그 방으로 복귀했다. 그것은 2013년 2월 16일의 일이었다. 내 방에 히투Hitu로부터 하트모양이 그려진 환영카드가 놓여있는 것을 보고 반가운 느낌이 솟구쳤다. 보통 하트그림은 발렌타인 데이에 통용되는데 발렌타인 데이는 이미 이틀 전에 지나가버렸다. 왜 하트가 그려져 있는지는 모르겠지만 혼자 여행하는 사람에게 그러한 환영사는 기분이 좋은 것이다. 우의의 표시로 받아들였고, 나는 카드를 보낸 그의 세심한 배려에 고마움을 느꼈다.

제이살메르의 궁전 레스토랑

【제24송】

쥐와 식탁을 공유하는 무차별의 경지, 카르니 마타의 흰 옷 두른 여신

친근한 가정과도 같은 분위기 속에서 충분한 휴식을 취하고 있는 동안, 나는 지난번에 충분한 교섭을 가지지 못했던 쥐사원, 카르니 마타를 다시 가보기로 마음먹었다. 나는 인도를 떠나기 전에 이 비카네르 지역 데슈노크의 카르니 마타 쥐사원에서 좀 충격적이고도 본질적인 예술 프로젝트를 진행하고 싶었다. 다음날, 히투는 나를 사원으로 데려갔고, 나의 예술 프로젝트에 관해 상담할 수 있는, 사원의 책임을 맡고 있는 적임자를 찾았다. 우리는 그곳의 수석사제를 만날 수 있었다. 그는 40대로 보이는 매우 호리호리한 사람이었고, 툭 튀어오른 콧날과 강한 턱라인이 도드라져 보였다. 그는 영어를 아주 유창하게 했으며 우리를 따뜻하게 맞이했다. 아마도 그는 그가 외국의 다큐멘타리 영화제작자들에게 부과하는 표준적 금액인 미화 200불을 내가 깎지 않고 낼 용의가 있다고 말했기 때문에, 더욱 친절한 것 같았다. 이 사원은 그 독창성 때문에 내셔널 지오그래픽 잡지에 상세히 소개된 바 있고, 그러한 연유로 세계의 많은 미디어들이 이 사원을 찍기 위해 왔을 것 같다. 그 다큐 촬영허가금액은 지역의 맥락에서 보면 꽤 큰돈이다. 그러나 내 생애에서 단 한 번 있을 뿐인 중요한 행위의 기록을 남기는 기회라는 것을 생각할 때, 나는 200불이 비싸다고 생각하지 않았다. 그래서 구질구질하게 바게인을 하지 않았다.

사원에 들어가는 사람들

그는 사원의 여기저기를 안내하면서 그가 관광객들에게 흔히 뇌까리는 수준의 이야기를 우리에게 들려주었다. 일례를 들면, 한 우수한 과학자가 이곳을 방문하여 수천 마리의 쥐를 검사한 결과 단 한 마리에게서도 병적 상태나 병원을 발견하지 못했다는 것이다. 이것이야말로 이 사원의 쥐들이 신성하다는 것을 입증하고 있다는 것이다. 진실로 말도 아니 되는 뻥에 불과했지만(수천 마리의 쥐의 건강검진을 무슨 수로 한단 말인가!), 나는 그를 조용히 따라다니며 그의 구라를 열심히 들어주었다. 그의 구라가 다 끝났을 때, 나는 그에게 나의 예술 프로젝트를 설명해주었다.

"나는 그냥 사원에 쥐들과 함께 앉아있을 것입니다. 그리고 쥐들과 함께 그들이 먹던 우유를 같이 마실 것입니다." 갑자기 사제의 얼굴이 확 변했다.

"정말?"

그는 경악을 감추지 못하고 나를 바라보았다. 내가 그러하다고 긍정을 반복했을 때, 그는 계속 뇌까렸다.

“당신은 쥐와 우유를 같이 마시는 최초의 인간이 될 것 같소. 실제로 이 지역사람들조차도 쥐들이 먹던 우유를 먹을 때는 끓여서 먹지요.”

그가 그토록 열심히 이 사원의 쥐들은 병이 없고 성스럽다고 말한다는 사실을 전제로 한다면 그의 경악은 실로 모순적 당착인 셈이다. 결국 그는 쥐들이 깨끗하다는 것을 믿지 않고 있었던 것이다. 그가 떠벌인 말들은 실로 외국관광객을 위한 비즈니스용도의 언변일 뿐이었을 수도 있다.

2013년 2월 18일, 내가 서른두 살이 되는 그날, 그것은 예수가 십자가에 못 박히는 나이 정도의 삶의 고비였을까? 하여튼 나는 쥐들과 함께 숨쉬는 무차별의 경지를 체험하기 위하여 카르니 마타 사원으로 발길을 재촉하였다. 히투는 나를 사원으로 데려왔고 나를 수석사제에게 안내했다. 수석사제는 내가 쉴 수 있는 방도 내주었고, 나의 모든 짐보따리를 안전한 곳에 보관할 수 있도록 해주었다. 나는 바로 이날 밤 델리로 가는 버스를 타야만 했기 때문에 호텔로부터 나의 모든 짐을 가지고 나와야만 했던 것이다. 내가 아름다운 하이얀 대리석 기둥 사이에 한 코너를

사제의 사진을 따로 찍을 기회가 없었다. 여기 사진은 모두 비디오의 스크린 샷이다. 오른쪽 남자가 수석사제.

카메라설치 광경

행위예술의 장소로 선택하고 장치를 하기 시작한 것은 오후의 이른 시각이었다. 그곳은 흰 타일과 검은 타일이 체크무늬로 배열되어 있었고 홀에는 여신을 위한 주신전이 자리잡고 있었다. 나는 그곳에 두 개의 카메라를 설치하였다.

메인 카메라의 프레임의 한가운데에 나는 하나의 크고 둥근 금속제 쟁반을 조심스럽게 놓았다. 그리고 내가 방금 구입한 신선한 밀크 여러 팩을 뜯어 쟁반에 부었다. 얼마 동안 그 자리에 있었는지도 모르는 기존의 우유, 관광객들이 부어놓은 우유를 내가 마신다면 나는 병에 걸릴 가능성이 높다고 생각했다. 비록 내가 쥐들과 함께 우유식사를 한다 하더라도 신선한 우유를 사용하는 것이 위험성을 줄일 수 있다는 것은 확실했다. 나는 사진의 효과를 위해 우유가 쟁반의 가장자리에 찰랑찰랑 넘치도록 우유를 부었는데, 그것은 결국 쟁반을 넘어 대리석 바닥에 쟁반 주변으로 작은 시냇물을 형성해버렸다. 나는 이미 카메라의 프레임을 고정시켰기 때문에 질척거리는 우유 위에 털썩 앉을 수밖에 없었다. 나는 하이얀 순면소재로 만든 인도의상을 입고 있었다. 넉넉한 몸빼 스타일의 바지와 길게 늘어지는 웃옷과 흰 면사포를 썼기 때문에, 내 옷이 바닥의 밀크에 젖어도 표시는 나지 않았다.

드디어 나를 향하고 있는 카메라가 작동하기 시작한다. 그러면 나는 의식의 새로운 영역으로 몰입한다. 그렇게 고양된 심적 상태에서는 나는 나의 몸이나 삶을 지배하는 모든 불안감에서 해방된다. 오로지 찰나 그 순간순간에 내가 하고자 하는 일에만 의식을 집중시킨다. 고승의 무아경이 무엇인지는 모르겠으나 아마도 비슷한 체험일 것 같다. 그리고 아무리 고승이래도 그러한 무아경을 일상적으로 지속시킨다는 것은 거짓말일 것이다.

행위예술이라는 것은 그 자체로 아무런 물리적 결과물을 남기지 않는다는 것이 그 유니크한 특성이다. 화가는 그림 그리는 과정을 통하여 유화나 수채화나 어떤 작품을 남긴다. 조각가도 마찬가지다. 그러나 진정한 행위예술은 행위의 과정 그 자체이기 때문에 시작과 끝이 없고 과정은 무위 속으로 증발해버린다. 관객이 나의 행위를 예술이라고 생각하든, 생각치 않든 그것은 문제시되지 않는다. 예술가와 관객은 그 순간의 행위의 장 속에 같이 몰입할 수밖에 없다. 주·객이 일체가 되는 행위의 장 속에서 나는 새로운 황홀경으로 진입하는 것이다. 우선 나는 반가부좌를 틀고 편안히 앉는다. 물론 주변의 모든 사람들이 나를 쳐다보고 있다는 것을 나는 충분히 의식하고 있다. 그러나 그 동시에 나는 타인이 나를 어떻게 인식하고 있는지에 관한 일체의 자의식이나 염려를 벗어버린다. 일상생활 속에서 나는 매우

바닥에 흥건하게 흐른 밀크 위에 앉다

부끄러움을 많이 타고, 걱정을 많이 하는 편이다. 그러기 때문에 범용에서 벗어나는 짓을 공적으로 행하는 사례는 거의 없다. 그러나 예술이라는 이름 아래서 내가 행위를 감행할 때는 나의 에고Ego가 지어내는 다양한 걱정으로부터 완벽히 해탈되는 모양이다.

처음에 나는 그냥 앉아 있었다. 목마른 쥐들이 나에게 다가오기를 기다리는 것이다. 그러자 나의 우유쟁반가에는 쥐들이 한 마리 두 마리 모여들기 시작했다. 그들이 목을 축이고 있는 동안 나는 서서히 내 손으로 우유를 떠서 마시는 행위를 계속했다. 손으로 떠 마시니까 아무래도 우유가 팔뚝으로 흐르기도 했다. 내가 계속 우유를 쥐와 같이 마시고 있을 때 비둘기가 날아가면서 밀크쟁반 속에 똥을 한 방울 찍 싸고 가기도 했다. 지금 그때 일을 생각하기만 해도 나의 속이 뒤틀리고 메스꺼워진다. 그러나 그 당시에는 내가 성취하고자 하는 것이 있었기 때문에 위장의 고통에 관해서는 감내할 각오가 서 있었다.

내가 그러한 퍼포먼스를 행하기 전에 그것을 하는 것에 관한 명백한 정치적, 사회적 맥락의 의도를 가지고 있지는 않았다. 사원 안의 블랙 앤 화이트 인테리어의

쥐와 나

순수한 시각성, 검은 쥐들과 흰 우유 그리고 나의 흰 옷의 대비가 나의 행위 그 자체의 당위성에 대한 창조적이고도 시적인 비젼을 자극하리라고 나는 기대했다. 내 생각으로는 젊은 여인이 흰 색의 옷을 입고 사원에 앉아있다는 것 그 자체로 순결성, 청결성, 성스러움이라는 전통적 심볼리즘을 대변한다. 그리고 그러한 여인이 마시는 우유라는 액체는 성스러운 모성애와 영원한 생명력을 상징한다. 그런데 이런 고결한 심볼리즘이 인간들, 아니 우리의 상식적 인식 속에서 더럽고 혐오스럽고 역병의 근원처럼 느껴지는 기분 나쁘게 시커먼 쌩쥐들과 곧바로 연합되는 장면은 오묘한 텐션을 자아내며, 우리 인간이 관념적으로 동물에게 부과하고 있는 가치규정이 과연 정당한 것인가에 관한 질문을 야기시킨다. 일례를 들면, 어느 정치인을 "쌩쥐"라고 표현할 때 함축하고 있는 행위양식은 쌩쥐에게는 오히려 너무도 자연스러운 것이며 하등의 도덕적 비열성의 대상이 될 수가 없는 것이다. 사실인즉, 인간이 쥐만도 못하다는 얘기를 하고 있는 것이다. 쥐가 인간에게 폄하되고 있는 특성은 쥐에게는 당연한 것이다.

우유를 같이 마시다.
점점 쥐들이 모여들기 시작한다.

나는 본시 쥐 일반에 대하여 특별한 애

호의 심정을 가지고 있었다. 나는 하우스 페트로서 두 마리의 쥐를 오랫동안 양육한 적이 있다. 하나는 검고, 하나는 하얀색이었는데, 이들과 수년간 교섭을 하고 지내면서, 쥐가 얼마나 영리하고 깨끗한 동물인지에 관해 깊은 통찰을 얻을 수 있었다. 예를 들면, 그들의 우리에서 하나의 코너에 변소간으로 지정된, 물론 그들의 의식 속에서 지정된 것이겠지만, 같은 곳에다가만 변을 본다. 그리고 그들이 나의 침대나 소파에서 놀 때에는 그곳을 더럽게 만들지 않는다. 그리고 그들은 자기 몸을 끊임없이 핥아 정돈하고, 남도 깨끗이 핥아준다. 결코 행동방식이 고양이와 다르지 않다.

나는 그들 스스로 우리 밖을 나가고 또 들어오곤 하는 방법을 가르쳤다. 그리고 내가 밖으로 산보를 나갈 때 내 손으로 뛰어올라 팔뚝을 타고 내 어깨로 기어오르는 방법을 가르쳤다. 신기하게 들릴지 모르지만, 쥐는 개 같은 페트와 마찬가지로, 주인을 정확하게 알아본다. 까만 쥐가 특별히 영리했다. 내가 내 손을 그 쥐 앞에 내밀면 내 어깨에까지 기어올라 같이 산보할 채비를 차린다. 그리고 산보할 때는 그 쥐가 언제 어디서 변을 볼지를 나는 잘 안다. 내가 손을 땅에 대면 쥐는 팔뚝을 타고 내려와 변볼 곳으로 간다. 변을 보고 난 후에는 나를 졸졸 따라온다.

무아경에서 우유를 마시다

내가 손을 내밀면 그제서야 손바닥으로 뛰어올라 어깨의 원위치로 복귀한다. 나는 쥐와 이토록 친근한 관계를 만들어왔기 때문에 나의 행위예술을 통해 인간이 쥐들에게 덮어씌워 온 클리쉐, 즉 고정관념들을 깨버리거나 역전시키는 한 편의 시를 창조하고 싶었던 것이다.

원래의 의도와는 달리, 나의 퍼포먼스는 예상치 못했던 새로운 의미체로 발전해 나갔다. 행위예술 그 자체가 원래 의도된 그 무엇만을 구현하는 것은 아니다. 나의 퍼포먼스가 사람들이 관념적으로 그토록 증오하고 혐오하는 동물을 고귀한 그 무엇으로 숭배하는 아이러니를 간직한 장소에서 이루어졌다는 데서 이미 그러한 의미체가 발생할 소지가 있었던 것이다. 쥐사원의 지역 참배자들은 내가 하는 것이 어떠한 퍼포먼스인지에 관해 근원적으로 아무 생각이 없었다. 나의 행위를 행위예술로서 파악하고 있는 사람은 오직 사제 하나뿐이었다. 나의 비디오카메라는 자동으로 작동되고 있었기 때문에 사제는 매 20분마다 셔터를 눌러주는 작업에 참여하고 있었다. 퍼포먼스는 2시간 남짓 지속되었다. 처음에 사람들은 내 주변으로 몰려들어 무심히 구경하고는 또 생각 없이 흘러갔다. 그러나 완전히 붉은 옷으로 휘두른 한 정중한 여인이 나에게 다가와서 바닥에 무릎을 꿇고 내 무르팍 주변에 흘려진

나를 경배하는 순례자들

밀크를 두 손으로 부드럽게 적시고, 그 손을 그녀의 이마에 댄 후에는, 양손을 기도하는 자세로 모아 공손히 절을 하자마자 분위기는 일변했다. 그녀의 숭배 퍼포먼스가 끝나자마자 많은 사람들이 나에게 같은 동작을 하며 내 앞에 공손히 경배의 예를 갖추기 시작했다. 어떤 사람들은 내 무릎을 직접 만지기도 하였고, 어떤 사람들은 내가 앉아있는 곳의 엎지러진 우유를 부드럽게 터치하곤 했다.

그러던 중, 4명의 여인이 본격적인 태세를 갖추고 이마를 땅에 대는 제대로 된 경배의 예식을 행하는 것이다. 이즈음 왔을 때, 나는 그들의 행위가 단순한 존경의 인사를 하는 것이 아니라, 그들의 종교적 숭배의 대상으로서 갑자기 내가 신격화되고 있다는 것을 깨닫게 되었다. 이러한 사태의 발생은 나에게는 완벽하게 생소한 것이고, 또 전혀 예기치 못했던 것이다. 이러한 상황의 황당무계함은 나에게 참을 수 없는 웃음의 감정을 압박시켰다. 아마도 내 인생에서 치밀어 오르는 웃음을 참느라고 처절하게 고생해야만 했던 가장 기묘한 순간이었다. 나는 나의 안면표정을 변화시키지 않은 채 고요히 앉아있었으나 속에서는 계속 웃음이 치솟아 올랐다. 나는 나의 아랫입술을 꽉 물고 있어야만 했다.

이러한 경배의 현실을 내가 받아들이는 유일한 방법이 어쩌면 웃음이었을지도

내 앞에 엎드린 여인은 완전한 신적인 경배예식을 갖추어 지성으로 절했다

모른다. 아니, 그 순간에 끊임없이 웃음이 치솟았다는 것 자체가 그러한 사태의 가장 진실한 수용태세였을 것이다. 웃기는 것으로 받아들여졌다는 것 자체가 나의 진실이요, 나의 상식이었을 것이다. 알고 보면 모든 "성스러움"이라는 것이 웃기는 것일 수도 있다. 사제는 그 사람들은 머나먼 북동지역에서 온 참배인들이 많았는데, 그들은 나를 살아있는 여신으로서 실제로 믿었다는 것이다. 나는 전설이라는 것이 관객에 의하여 만들어지는 것이라는 사실을 몸으로 직접 체험했다. 예수나 싯달타에 관한 모든 기술도 이러한 과정을 통해서 이루어졌을 것이다. 사람들은 무엇이든 신비롭거나 기적적인 사태에 관하여 믿음을 가지고 싶어 한다. 온 몸을 흰 천으로 휘감고 앉아서 쥐들과 같이 우유를 마셨다는 단순한 사실만으로도 내가 신적인 존재라는 믿음을 사람들에게 던져주기에 충분했다. 내가 그 순간 나 자신을 신적인 존재로 착각하는 환각이나 믿음에 빠져버리고 말았다면 나도 신적인 존재가 되었을지도 모른다. 그러나 경배의 대상이 된다는 것은 인간되기를 포기하는 것이다. 예수나 싯달타나 모두 이러한 신성과 인성의 갈림길에서 방황한 불쌍한 존재들이었을지도 모른다.

2시간 정도 흘렀을 때, 사제는 나에게 말해주었다. 바나나 절편을 나의 구부린 손이나 팔에 사람들에게 안 보이게 하여, 여기저기 뿌려두면 쥐들은 더욱 몰려들 것이라는 것이다. 그러고나니깐 쥐들이 떼로 몰려들기 시작했다. 일시에 10~15마리 정도의 쥐들이 내 다리와 팔 주변으로 기어오르기 시작했고, 어떤 놈들은 내 머리에까지 올라갔다. 이러한 광경을 목도하는 사람들에게는 나에게 어떤 초자연적 영감이 있어서 성스러운 신전의 쥐들을 끌어모으는 힘이 있다고 믿게 될 것은 뻔한 이치였다.

생각해보라! 지나가던 한 참배객이 흰 옷을 입은 청순한 젊은 여인이 새카맣게 쥐들로 덮여있고, 그 여인 앞에 많은 사람들이 엎드려 경배하는 것을 보게 된다면, 자연히 이와 같이 속삭이리라! "보라! 저기 동방에서 온 살아있는 여신이 있다!"

이 처음의 속삭임은 다른 속삭임들로 전파되어 나갈 것이다. 그러나 이러한 인간의 전파에는 반드시 변형과 추가가 동반된다.

바나나 뿌린 후에 몰려드는 쥐들

"저 살아있는 여신은 아무개의 화신이야! 아무아무 신의 딸이야!"

"저 여인은 신성한 흰 옷을 입고 있고, 카르니 마타의 화신인 흰 쥐가 그녀의 몸 위에 있다!"

"저 여인이 우유를 만지자마자 그 쟁반으로부터 우유가 샘물처럼 솟아올랐다."

이런 이야기들은 끊임없이 회자될 것이다. 나는 결국 지구상의 모든 종교적 텍스트에 실려 있는 환상적 이야기들이 이렇게 시작된 것이라는 확신을 표방하지 않을 수 없다. 종교라는 것은 결국 신앙에 관한 것이다. 신앙이란 믿음의 도약이다. 믿음의 도약이란 아무런 물증 없이 수용하는 것을 의미한다. 이러한 이야기들은 오랜 시간에 걸쳐 계속 반복적으로 이야기되고 낭송되면서, 원래 일어난 사태와는 무관한 방향으로 발전된다.

사람들은 열두 해 동안 혈루증으로 앓고 있던 여인이 예수에게 나아가 그 망토를 만지는 것만으로 혈루가 즉각 멈추었다는 이야기를, 예수가 그 여인에게 허브 약처방을 내려서 혈루가 멈추었다는 이야기보다는 선호하게 마련이다. 전자가 훨씬 더 재미있고 신기하고 드라마틱 하고 의미가 깊기 때문이다. 나는 도대체 왜 인간들이 그토록 초자연적 권능에 관한 사특한 이야기들을 맹목적으로 믿고 싶어하는지에 관하여 이해하기가 어려웠다. 한국사회의 가장 큰 병폐 중의 하나가 종교가 퍼뜨리는 기적담화에 대한 맹신일 것이다. 그러나 이러한 맹신은 인간의 본래적 모습에서 기인할지도 모르겠다. 아마도 그러한 맹신이 인간에게 안전과 위로의 감각을 제공하기 때문일 것이다. 그러나 이러한 안전과 위로는 거짓에 기반한 것이다. 맹신이 인간에게 좋은 것일 수도 있다는 허약한 이야기를 나는 찬동할 수 없다. 나 같은 행위예술가에 의하여 너무도 쉽게 농락당한다면 그것은 불행한 일이다.

그들이 믿는 "살아있는 여신"은 기실 보통사람이고, 혹은 기벽이 있는 관광객이거나, 혹은 사기꾼일 수도 있다. 그러나 행위예술이라는 단순한 관점에서 보았을 때, 이렇게 전개된 의외의 상황은 더없이 최상의 케이스 시나리오일 수가 있다. 관객이 예술

경배하는 사람

이 사람은 내 무릎에 손을 대었다

경배하는 사람

나도 배가 고파 바나나를 같이 먹었다

가의 퍼포먼스 그 자체의 과정으로서 참여하였으며, 부지불식간에 그 퍼포먼스의 의미체 속에 혼연일체가 되었으며, 그 예술작품의 상징적 의미를 변화시키고 첨가하곤 하였던 것이다. 이것은 더 바랄 수 없는 행위예술의 전형이었다.

관객 중에서 오직 두 사람만이 신전에서 일어나고 있는 일이 행위예술의 한 작품이라는 사실을 정확히 파악하고 있었다. 하나는 카르니 마타 사원의 사제였고, 또 하나는 나중에 온 그 사제의 친구였는데 그는 비즈니스맨이었다. 솔직히 말하자면, 그 두 사람이 모두 비즈니스맨이라 해야 할 것이다. 그들은 내가 누구이고 어떤 예술을 행하고 있는지를 정확히 알고 있었지만, 그들의 비즈니스 감각을 넘어서서 나의 퍼포먼스에 완벽히 몰입해있었다는 것은 확실했다. 두 시간 이상을 지속한 나의 전 퍼포먼스 과정을 통하여 놀람과 경탄의 제스쳐나 탄성을 내는 것을 아끼지 않았다. 사실 그 퍼포먼스는 나의 손가락에서 피가 흐르고 있다는 사실을 뒤늦게 발견함으로써 끝이 났다. 한 마리의 쥐가 나의 손가락을 바나나 조각으로 생각하고 꽉 물었던 것이다. 나는 결코 놀라지 않았다. 오히려 피를 좀 뺀 후에 눌러 지혈을 시키고 조용히 일어났다. 그리고 쥐들을 쫓아버렸다. 사제 또한 일어나 나에게 다가와서 내 퍼포먼스가 완료되었는지를 물었다. 나는 내가 쥐에게 물렸

어린이까지 데리고 와서 나에게 경배한다

다고 조용히 말했다. 사제는 나의 손가락에서 피가 뚝뚝 떨어지는 것을 보자마자, 충격을 받고 얼굴이 창백해졌다.

"빨리 의사에게 가야돼요! 의사에게 가야돼요!"

그는 반복해서 말했다. 그때 나는 다시 웃음이 터져 나올 뻔 했다.

"사제님! 이 쥐들이 사제님께서 여러 차례 말씀하신 대로 그렇게 깨끗하고 성스러운 존재들이라고 한다면, 내가 의사에게 그렇게 서둘러 갈 필요가 없잖아요?"

물론 나는 이렇게 말하지는 않았다. 나는 쥐에게 물린다고 반드시 병에 걸린다는 미신을 믿지 않았기 때문에, 나는 그에게 별 걱정 없을 것이라고 말했다. 대신 나는 물었다.

"어디서 내 손 씻을 곳이 없을까요?"

쥐가 내 머리 꼭대기까지 올라가 있다

손을 대강 치료한 후, 사제에게 내가 목욕하고 옷을 갈아입을 만한 곳이 없겠냐고 물었다. 나는 이날 밤 델리로 떠나야 했다. 그리고 델리에서 하룻밤을 잔 후에 그리운 조국 한국으로 돌아가는 비행기를 타야한다. 사제와 그의 친구는 영어를 꽤 잘하는 사람들이었다. 그들은 내가 버스 타기 전에 편히 쉴 만한 곳이 있다고 일러주었다. 사원에는 내가 샤워를 하고 옷 갈아입을 만한 곳이 없다고 했다. 그들은 매우 경청을 해주었고 또 친절했다. 아마도 나의 퍼포먼스를 체험한 후에 더욱 그렇게 된 것 같다. 둘 다 모두 나의 퍼포먼스가 너무 좋았다고 극찬을 아끼지 않았다. 그들이 현대미술에 관하여 어떠한 지식을 가지고 있든지 나와는 별 상관이 없다. 그들은 사원에서 목격한 장면의 진실성에 깊게 감동된 것 같다. 예술은 사람을 묶는 힘이 있다.

그들을 나를 태우고 멀지 않은 곳에 있는 옛 집으로 갔다. 큰 정원이 앞으로 나있고 낮은 담으로 둘러쳐져 있는 집이었다. 그것은 폐쇄된 학교건물 같았다. 사제의 친구의 이름은 아쇼크Ashok였는데 아주 조용한 성품을 지녔고 안경을 쓴 중년신사였다. 아쇼크는 이 낡은 학교건물을 관광객을 위한 게스트하우스로 리모델링하고 있는 중이라고 말해주었다. 우선 그는 엉성하지만 프라이버시가 보장되는 목욕실을 보여주었다. 그러나 더운 물은 없었다. 찬물을 통에 담아 끼얹고는 이내 정상적 옷으로 갈아입었다. 그러나 버스를 타기까지 아직도 몇 시간이 남아있었다.

남는 시간을 활용하여 아쇼크는 그 학교건물 안에 자리잡고 있는 자기 비즈니스에 관해 설명해주었다. 그는 불가촉천민의 공동부락에서 수공으로 만든 천과 공예품을 판매하고 있었다. 그는 공예품으로 가득 차있는 작은 방을 나에게 보여주었다. 그는 그의 회사를 차르카*Charkha*라고 이름 지었다고 했다. 차르카는 전통적 방적에 쓰였던 물레의 인도말이다. 산스크리트 어원상으로는 원圓*cakra*을 뜻한다. 마하트마 간디는 이 차르카를 인도인이 자족과 독립을

인도의 물레 차르카

성취하는 상징으로서 그의 가르침의 근본으로 삼았다. 아쇼크는 그의 핸드폰에 들어있는, 차르카를 돌리고 있는 마을사람들의 사진을 보여주었다. 그들은 땅바닥에서 물레를 돌렸다. 그리고 다양한 천을 짜는 큰 베틀기계는 그의 작은 상점에 설치되어 있었다. 차르카의 심볼리즘은 인도의 독립운동에서 매우 중요한 의미를 지녔고, 그것은 인도 국기의 초기형태로부터 오늘날에 이르기까지 문양으로 들어가 있다. 나는 아쇼크의 설명을 매우 흥미롭게 들었고, 결국 울로 만든 큰 쇼올과 실크 스카프를 하나씩 샀다. 가격은 지역기준으로 보면 매우 비쌌지만, 천이 자연섬유였고 순결한 고급품이있기에 어차피 나에게는 비싼 것은 아니었다. 생각해보면, 이 두 사람은 나로 인하여 오늘 하루종일 장사를 잘한 셈이다. 사제에게는 200불을 주었고 그의 친구에게는 40불을 주었다. 그것도 캐쉬로. 인도의 평균임금은 하루에 2.7달러이다. 내가 산 스카프를 만든 사람은 아마도 1불도 벌지 못했을 것이다.

하여튼 나는 이 날이 다가도록 하루종일 만족감에 젖어있었다. 공생애의 예수와 비슷한 나이가 된 서른두 번째의 생일을 아주 특별하게 만들어준 모든 사람들에게 감사했다. 그들은 나를 버스정류장에 데려다주었고 나는 석별의 정을 나누며 수없는 감사를 했다. 나는 극도로 피곤해있었기 때문에 버스 안에서 깊은 수면에 빠져들었다.

아쇼크 학교 전경

【제25송】

사막 수행의 시작

델리에 도착했을 때, 나는 샹그릴라라고 불리는 5성급 호텔로 곧장 갔다. 나는 제일 높은 층에 방을 하나 얻었다. 그곳에 방을 얻게 되면 디너에 앞서 드링크와 간단하지만 맛있는 스낵을 제공하는 클럽라운지를 자유롭게 사용할 수 있는 특권이 주어졌다. 나는 그날 온종일 호텔에서 지냈다. 풀장과 스파를 마음껏 활용하면서, 쥐와 먼지의 흔적을 깨끗이 씻어내었다. 사실 최상의 사치라는 것은 고급의 정도에 달린 것이 아니라 주어진 시설을 최대한으로 향유하는 몸과 마음의 자세에 달린 것이다. 나는 나의 삶의 장면의 극적인 전환에 부응하여, 샹그릴라호텔에 머무르는 하루와 반나절을 최대한으로 향유하고 또 향유했다. 뜨거운 물이 쏟아지는 욕조에 몸을 담그는 모든 순간이 순결한 환희였고, 내 입안에서 홀짝 거리거나 한입 씹거나 하는 모든 순간이 절대적인 지락至樂이었다. 다음날 한국에 가는 비행기에 올라탔을 때, 나는 지나간 나의 삶의 장면들에 대하여 더없는 만족감과 기쁨을 만끽하고 있었다. 이렇게 나는 인도문명과의 첫 랑데뷰를 결론짓고 있었다.

인도여행 후에 나는 나의 주된 홈베이스를 요르단의 암만으로 옮겼다. 때는 2013년 4월이었다. 그리고는 곧바로 이름 모를 병에 걸려 신음하고 있는 나의 낙타 보싸Bossa를 보러 이집트로 갔다. 내가 요르단에 5월에 돌아왔을 때, 나의 주된 관심은 사막에서 홀로 사는 것을 실험해보는 데 있었다. 나의 베두인 가이드 아우

타야의 캠프 전경, 다섯 개의 텐트가 보인다.

데Aude의 배다른 형인 타야Tayah는 와디 럼Wadi Rum에 투어리스트 캠프를 하나 소유하고 있었는데, 내가 장기간 머물 수 있는 시설을 제공해주기로 약속되어 있었다. 그 캠프는 빌리지로부터 사막 한가운데로 12킬로미터 정도 더 들어간 곳에 한적하게 위치하고 있었는데, 4륜구동 자동차로 모래 위를 달려가면 25분 정도면 도달하는 곳이었다. 이 캠프는 서쪽으로는 100미터 정도 되는 바위산이 있고, 동쪽으로는 20미터 정도 되는 바위조성물이 있는데, 그 사이에 안온하게 자리잡고 있었다. 이 캠프는 원래 관광객들을 위한 시설로서 지어졌으나 거의 관광객손님을 받지 않았다. 주인인 타야의 주 수입원이 경주용 낙타를 기르고 경주에 참가시키고 또 파는 데 있었기 때문이었다. 이 사실은 이 안온한 바위계곡 전체를 실제로 나 혼자 쓸 수 있다는 것을 의미했다. 자동차를 타고 지나치는 사람들이 나를 쉽게 발견할 수 없도록 캠프가 잘 가려져 있는 곳에 위치하고 있는 것이다. 이러한 조건은 나에게는 매우 이상적인 상황을 제공했다.

나에게 중요한 것은 단독자로서의 은신처를 확보하는 일이었다. 왜냐하면 이번의 나의 체류목적은 베두인의 삶과 문화를 배우는 데 있지 않았다. 나는 도시의 소음과 인간으로부터 철저히 격리되는 절대적 은둔을 요구하고 있었다. 그러기 위해서는 완벽한 프라이버시가 보장되는 곳이어야만 했다. 나는 방해받는 일 없이 계속 집필하고 싶었고, 나 자신의 존재의 성찰에 집중하고 싶었던 것이다. 이때 가장 중요한 것은 안전의 문제였다. 지나치는 베두인 남자들이 이방의 처녀가 홀로 살고 있다는 것을 알게 되면 귀찮은 일이 많이 생길 것 같았다.

이러한 실험을 감행하도록 나를 내몬 충동성은 그리 희귀한 욕구에서 발생한 것은 아니다. 자연을 사랑하고, 또 도시의 억압적인 삶에서 발생하는 막연한 염려로부터 근원적으로 해방되고 싶어서 격리된 광야에서 카타르시스적인 체험을 갈구하는 성향의 도시인이라면 이러한 시도를 한번은 해보고 싶은 충동을 느낄 것이다. 이 지구상에는 다양한 자연의 풍경이 존재하지만, 사막은 단연코 매력적인 곳으로 부상되게 마련이다. 사막은 "죽음"이라는 존재상황과 항상 직결되어 있기 때문이다.

사막의 가혹한 삶의 조건은 인류의 문화적 환경 속에 대부분의 유일신종교제도를 탄생시켰고, 세계 인구의 절반 가량의 사람들을 예속시켰다. 다시 말해서 유일신사상은 사막의 특수정황이 만들어낸 판타지이지, 그것이 곧 종교의 고등성을 보장하는 것은 아니다.

역사적으로 사막의 이미지는 항상 고난, 수난의 이미지로 물들어 있었다. 사막을 실제로 체험해본 적이 없는 사람들은 사막에 가게 되면 길을 잃거나, 인정머리 없는 열기와 갈증에 기운을 못차리거나, 모래광풍에 파묻히거나, 전갈이나 독사에게 물리거나 하게 마련이라는 상상력에 시달리게 된다. 그런가 하면 또 수많은 유명소설이나 영화 덕분에 우리는 사막에 대한 매우 긍정적이고 로만틱한 이미지를 가깝게 느끼기도 한다. 광활한 허공, 모든 기억과 과거의 슬픔을 날려버리는 뜨거운 모래바람, 그곳은 네가 고통을 당하지만, 또 너를 정화시킬 수 있는 곳, 아마도 싯달타와도 같은 각자覺者가 될 수 있는 곳이겠지. 유명한 문학작품의 몇몇 전형적인 고전들이 사막을 배경으로 했다. 폴 보울스Paul Bowles의 『피안의 하늘*The Sheltering Sky*』(1949, 1990년 베르톨루치에 의하여 영화화), 미카엘 온닷지Michael Ondaatje의 『잉글리쉬 페이션트*The English Patient*』(1992, 1996년 안토니 밍겔라Anthony Minghella에 의하여 영화화, 9개 부문 아카데미 수상), 앙투완 드 생텍쥐페리Antoine de Saint-Exupéry의 『어린

캠프와 내 서재가 있는 바위산이 보이는 전경

왕자*Le Petit Prince*』(1943, 300개 이상의 언어로 번역됨), 파울로 코엘료Paulo Coelho의 『연금술사*The Alchemist*』(1998, 영화제작은 계속 시도되었으나 실현되지 못함. 브라질사람의 소설로써 세계적인 베스트셀러) 등등의 작품이 열거될 수 있을 것이다. 이 이야기들은 다음의 항목 중에서 반드시 몇 개의 주제들을 전개시킨다: 서사시적인 사랑이야기, 비극적인 상실, 죽음, 자아발견, 구원, 그리고 영적인 계시.

나 역시 타야의 캠프에서 장기거주를 기획했을 때에는 이들 테마 중 한두 개의 클리쉐를 가슴에 품고 있었을 것이라는 사실을 외면할 수 없다. 그러나 이미 오랫동안 단순한 전통적 주거환경 속에서 토착유목민들과 섞여 지내온 나로서는 사막의 고존孤存을 유지시키기 위하여 어떠어떠한 조건이 필요하다는 것에 관하여 나 자신의 확고한 철학을 정립시킨 후였다. 그 조건에는 모종의 타협이 필요했다. 가장 단순한 무위無爲적인 생존의 필수품과 내가 도시에 살면서 향유한 최소한의 문명필수품 사이의 조화라 할까, 하여튼 그러한 타협이 필요했던 것이다.

우선, 긴 시간 동안 사막에서 혼자 살면서도 생산적이고 창조적인 삶을 영위하기 위해서는 내가 나의 허리를 다치지 않고 읽고 쓸 수 있는 공간이 필요했다. 그것은 단순한 요청이다. 내 몸에 맞는 책상과 의자였다. 그러나 이 따위 아주 단순한 삶의 사치가 베두인의 삶의 공간 속에는 전혀 존재하지 않는다는 것이다. 아주 단순한 목제 책상이 필요하다는 것을 설명하기 위해서 나는 그것이 어떠한 것인지를 사진을 찍어 보내면서 설명해야만 했다. 그들에게는 전혀 생소한 것이다. 내가 사진을 보여주었을 때, 아우데는 나에게 말했다: "알아, 알아. 나도 알아! 그런 거 어디선가 본 적이 있지. 아마도 그런 것은 아카바의 시장에서 살 수 있을 거야!"

베두인들은 내가 목격한 한에 있어서는 거의 책을 읽지 않는다. 그들이 무엇인가 읽게 되면, 그들은 마룻바닥이나, 보료 위에서 팔뚝을 괴고 축 늘어진 채로 읽는다. 학교 다니는 아동들도 바닥에 엎드려서 숙제를 하거나 그냥 바닥에 앉은 채로 한다. 그들이 전기나 인터넷, 그리고 부수되는 셀폰이나, 텔레비전, 랩탑, 토요타자동차 같은 것을 어찌나 빠르게 수용했는가를 생각해보면 그것은 마치 초현실주의적인 그림의 결합태와도 같이 느껴지지만, 우리가 우리의 일상생활에서 불가결의 물건들이라고 여겨지는 아주 기초적인 것들은 오히려 결여되어 있다. 유선전화라든가, 책상이라든가, 스프링이 들어간 침대 매트리스라든가, 나무의자 같은 것은 전혀 그들에게 생소한 아이템인 것이다.

2013년 5월 중순, 암만에 있는 나의 아파트에서 일주일 가량을 보내면서, 내가 그곳에서 사귄 친구들과 다시 어울린 후에 나는 드디어 사막을 향한 짐을 새롭게 꾸리기 시작하였다. 그리고 나무책상 하나를 사기 위해 먼저 아카바Aqaba로 갔다. 아카바는 인구가 15만이나 되는 매우 북적대는 대도시이다. 요르단 국경의 최남단에 위치하고 있으며 또 요르단의 유일한 항구도시이기도 하다. 기원전 4천 년

경부터 이미 많은 인구가 모여 살았으며 구리광이 있었다. 지금도 요르단의 경제 발전에 매우 중요한 역할을 담당하고 있다. 관광산업이 발달하면서, 아카바의 홍해해안은 환상적인 리조트와 휴가를 위한 콘도미니엄건축물로 쫙 깔려 있다. 그렇지만 아카바의 구시가지 다운타운에는 지역상인과 남부 요르단 전역에서 몰려드는 빌리지의 사람들로 붐비고 있는 것이다. 와디 럼의 빌리지에서 오는 베두인들도 이들 중의 한 그룹이다.

와디 럼에서 여기까지 차를 몰고 오면 한 40분 걸린다. 그들은 사막에서 구할 수 없는 특별한 물건들을 구매하러 때때로 아카바를 와야만 한다. 이 도시는 진실로 사람들이 북적대는 살아있는 도시였으며 카오스의 센터였다. 그러나 영어를 말하는 사람은 거의 찾아볼 수 없는 토속적인 동네였다. 그래서 내가 책상을 산다 할지라도 그것을 와디 럼까지 운반하기 위해서는 아우데의 도움이 절대적으로 필요했다. 그래서 사정을 이야기했더니, 그는 친절하게도 직접 아카바로 와서 같이 책상을 산 후에, 그것을 와디 럼까지 실어다주겠다고 약속했다. 우리는 아카바에서

나의 서재. 책상을 놓은 후의 모습.

만나 시장을 헤매었다. 시내에서 가구를 파는 집은 쉽게 발견할 수 있었으나, 놀라웁게도 책상은 모두 싸구려 합판으로 만들어진 매우 저질스러운 물건뿐이었다. 그들이 파는 물건의 대부분이 그러하듯이 모두 중국에서 수입된 것이었다. 우선 그따위 나무가루를 눌러 만든 합성목으로써는 사막의 척박한 외부환경을 견디어 낼 수가 없다. 내가 이 데스크를 쓰고자 하는 곳은 실내가 아닌 실외였다. 사막이라는 광활한 공간에 사암으로 둘러싸인 아늑한 곳에 환상적인 독서 사무실을 차려놓기 위해서는 자연소재의 단단한 나무책상이 필요했다. 플라스틱 베니어판이나 발암물질이 방출되는 합성목재료의 책상으로는 나의 꿈은 이루어질 길이 없었다.

작열하는 사막의 끝없는 공간을 쳐다보면서 읽고 쓰고… 아~ 얼마나 멋있는 생활인가! 다섯 집을 돌아다닌 후에, 드디어 우리는 단단한 나무로 된 책상을 발견했다. 마호가니 칼라로 색상을 입힌 것인데, 나무는 단단하고 튼튼했다. 그리고 사이즈가 꼭 내 마음에 들었다. 랩탑을 놓고 주변에 책이나 하드디스크나 커피컵을 여유있게 놓을 수 있는 공간이 마련될 수 있었다.

아우데의 트럭에 분해된 책상을 싣고 와디 럼 빌리지에 도착했을 때, 아우데의 주변으로 사람들이 몰려들었다. 그리고 궁금증에 사로잡혀 사온 것이 뭐냐고 물어댔다. 그 중의 한 사람이 아우데의 사촌이었다. 아주 핸썸하게 생긴 23세의 청년이었다. 이름을 모하메드 팔라Mohammed Falah라고 했다. 디즈니의 애니메이션 영화에 나오는 알라딘Aladdin과 똑같이 생긴 인물이었다. 아우데가 이것은 내가 캠프에서 사용하려는 책상이라고 설명해주자마자, 그는 운반을 도와주겠다고 하면서 트럭에 훌쩍 올라탔다. 우리가 캠프에 도착했을 때, 모하메드는 이 책상이 돌산 꼭대기로 운반되어야 한다는 것을 알아차렸다.

이 책상은 밥상 테이블과는 달리 내가 앉은 곳을 빼놓고 3면이 막힌 4개의 나무 패널로 이루어져 있었다. 그는 놀라웁게도, 4개의 패널을 한꺼번에 목과 어깨의 등짝에 올려놓고, 머리를 기울여 두 손으로 4개 패널 전부를 치받은 상태로, 돌산의 중턱 나의 서재로 지정한 곳까지, 계속 걸어가는 것이다.

도무지 마호가니 색상의 책상 무게를 생각할 때 아무리 힘있는 성인이라 할지라도 4개의 패널을 혼자 한꺼번에 치받아 나른다는 것은 상상키 어려운 과업이었다. 책상이 놓여질 돌산의 고지에 올라가는 것만 해도 10분의 시간이 소요되었다. 모하메드는 매우 홀쭉한 몸매의 사람이었고 나는 그의 건강이 심히 염려되었다. 그래서 패널을 나누어 여러 번에 나르자고 계속 제안했어도 그는 단번에 운반할 것을 계속 고집했다.

도대체 그런 힘이 어디에서 나왔는지 나에게는 불가사의였는데, 그는 쉼이 없이 단번에 전 패널을 목적지까지 나르는 데 성공했다. 아우데는 천성이 매우 게으른 사람이었다. 그는 그의 캠프의 자동차 곁에 기대어 쳐다보고만 있었다.

우리는 모하메드가 가져온 작은 포켓 나이프를 활용해서 책상을 조립하기 시작했다. 사실 그것은 조립을 위한 마땅한 공구가 아니었는데도 불구하고, 모하메드는 그 공구를 매우 솜씨 있게 활용하였다. 가구상에서 실수로 같은 면의 패널을 두 개 주는 바람에 구멍이 맞지 않았지만, 모하메드는 구멍을 하나 더 파서 나사못이 제대로 들어박히도록 조립해주었다. 결국 우여곡절 끝에 단단한 나무책상이 탄생되었고, 그것은 끝없는 사막의 장쾌한 파노라마를 한눈에 굽어볼 수 있는 사암의 고지 위에 단단히 자리잡았다.

나의 서재. 책상을 놓은 후의 모습.

베두인들이 정오에 떠난 후에, 나는 캠프에 단독자로서 남게 되었다. 나는 나의 실험의 첫날을 시작해야만 했다. 제일 먼저 내가 해야 할 일은, 이 캠프에는 텐트가 5개 한 열로 지어져 있는데 그 중에서 내가 거주할 텐트를 고르는 일이었다. 이 텐트들은 현대식으로 지어져서 전통적인 베두인 텐트와는 좀 다른 성격의 것이었지만, 사도 바울이 만들었다고 하는 염소털로 짠 텐트기지로 건물외벽 전체를 덮은 것은 전통적 감각을 계승하고 있었다. 그것은 관광객들을 위하여 지어진 반영구적 구조물이었는데, 바닥을 지면에서 약 20㎝ 가량 띄어서 지은 것이 특이하고 현명한 설계였다. 쇠프레임으로 바닥을 띄워 만들고, 그 위에 합판을 깔고 그 위에 비닐돗자리를 덮었다. 바닥이 공중에 떠있기 때문에 뱀이나 전갈이 방안으로 들어오지 않는다는 것이다.

각 방마다 두 개의 트윈 사이즈의 쇠프레임 베드가 있는데 그 위에 스프링 침대가 있는 것이 아니라 싸구려 스폰지매트리스가 놓여있는 것이다. 그리고 입구 반대편에는 여닫이 창문이 하나 있다. 입구의 문도 경첩이 달려 여닫는 것인데 안쪽에서 잠금장치인 빗장이 달려있다. 나는 5개 텐트의 사정들을 면밀히 살핀 후에 한가운데 있는 텐트를 나의 방으로 골랐다. 나의 짐을 안에 넣고, 긴 소매의 셔츠를 벗고 나니 안도의 한숨이 푹 나온다. 나는 베두인들이 옆에 있을 때는 나의 피부를 노출시키지 않기 위해서 신경을 썼다. 보수적인 베두인윤리를 존중한다는 것을

단독자의 모습

보여주어야 그들이 나를 쉽게 다루지 않을 것이다. 사막에 관광온 서양의 여성들은 탱크톱이나 쇼트팬츠를 입고 자유롭게 나다니지마는 나는 베두인이 있을 때 그렇게 품위없게 행동하지 않았다. 나 자신 이미 그들의 문화에 꽤 동화되어 있었다. 실상 사막의 작열하는 태양 아래서 소매 없는 셔츠를 입고 다닌다는 것은 매우 어리석은 발상이다. 그러나 고독의 첫 순간만은 나는 자유를 누리고 싶었다. 좀 느슨한 까만색의 탱크톱을 걸치고, 헐렁한 요가바지에 밀짚모자를 쓰고 머리카락이 뒤로 묶였지만 베일 속에 꽉 묶이지 않고 그냥 자연스럽게 흘러내리도록 내버려두는 첫 순간의 감동은 내가 이 사막에서 자유롭고 고독한 단독자가 되었다는 것을 선포하는 일종의 축하연이었다. 그냥 내가 입고 싶은 것을 입을 수 있다는 것만으로, 그렇게 해탈감을 맛본다는 것은 내 생애에서 처음 있는 일이었다.

내가 선택한 가운데 텐트. 바닥이 지면에서 떠있다.

내가 꾸민 방의 모습

나는 동쪽의 바위언덕 주변을 살펴보기로 했다. 책상이 놓인 나의 서재는 서쪽 바위산의 중턱에 있다. 그 맞은편에 나지막한 바위산이 나의 주거가 있는 곳이다. 동쪽의 바위언덕의 최하단의 암벽을 활용하여 부엌이 만들어졌다. 그 바위언덕 꼭대기에는 직사각형의 금속 물탱크가 두 개 놓여 있는데 이것은 서로 통하여 부엌과 욕실에 수압이 느껴지는 물을 제공하고 있다. 나는 호기심에 물탱크 위로 올라가서 뚜껑을 열고 그 안을 들여다보았다. 놀라웁게도 물은 맑고 깨끗했다. 물론 수면 위로 떠다니는 까만 개미가 적지 않게 보였지만.

나는 그곳에서 바위언덕을 더 올라가서 내가 오전에 쓸 수 있는 그늘진 곳을 찾을 수 있을까 하고 살펴보았다. 내가 서재로 삼은 곳은 서쪽 바위산 중턱에 있기 때문에 완벽한 동향이다. 그러니까 오전에는 그늘이 들지 않는다. 오후 2시 이후에나 나의 책상에는 그늘이 드리운다. 사막에서는 "그늘"이라는 게 매우 중요한 삶의 조건이다. 작열하는 태양을 직접 쬔다는 것은 참을 수 없는 열기를 느끼기도 하지만 금방 피부에 화상을 입는다. 바위에 가려지는 그늘 속에 앉아있기만 해도 최소한 10℃ 정도는 더 서늘하게 느낀다.

내 경험으로 볼 때, 아우데의 엄마 캠프 밖에서 잤을 때 이미 아침 7시가 되면 태양은 너무나 강렬했다. 8시만 되어도 태양 아래서 몇 분을 견딜 수가 없었다. 내가 아우데 엄마의 집에 있을 때 아침 일찍 일어날 수밖에 없었던 것은 바로 이러한 이유 때문이다. 물론 지금 새로 생긴 이 텐트 속에서는 나는 늦게까지 잘 수 있을지 모른다. 그러나 태양이 내려 쬐기만 하면 이 텐트 속은 곧 찜통이 되고 만다는 것을 곧 깨닫게 되었다.

바위언덕의 북쪽으로 기어올라갔을 때, 나는 커피를 마시면서 책을 읽고 아침운동을 할 수 있는 아주 완벽한 장소 하나를 발견했다. 바위언덕의 중턱에 나의 서재와 비슷한 매우 평평한 공간이 있는 것이다. 지상으로부터 5m 정도의 높이에 있는데 동쪽 바위에 가려 오후 시작 때까지는 완벽하게 그늘에 덮여 있는 것이다. 내가 서편 서재에서 일할 수 있게 되기까지 오전의 시간을 나는 여기서 보내면 되었다. 그리고 또한 놀라운 것은 이곳에서 빌리지까지 가로막는 장애물이 없어서 그런지, 폰 시그널이나 인터넷 시그널이 통하여 아이폰으로 세계의 뉴스를 접할 수도 있다는 것이다. 뉴스를 볼 필요는 없어도 접할 가능성은 남겨두어야 한다. 물론 내가 쓰는 전기는 모두 태양광을 활용한 자가발전이다. 나는 이 장소를 나의 모닝까페my Morning Cafe라고 명명했다. 이 장소의 평평한 표면은 구들장 같은 회색돌이 깔려있어서 마치 로마궁전의 바닥과도 같은 느낌이 들었다. 나는 이 돌바닥 위에서 매일 아침 북향의 광활한 파노라마를 쳐다보면서 요가를 하고 좌선의 수행을 하리라고 마음먹었다. 물론 사막에서의 나의 일정은 내가 첫날 꿈꾸었던 그러한 규칙적 일과로 이루어지지는 않았다. 단독자의 디시플린은 자유를 지향한다.

나는 앞으로 벌어질 아름답고도 신선한 생활에 대한 홍분과 희망을 안고 캠프로 돌아왔지만, 부엌이 엉망진창인 것을 발견했다. 쓰레기와 곰팡이 투성이었다. 깨끗한 부엌이 없이는 나의 안락한 삶이 이루어질 수 없다는 것을 잘 알았기 때문에 나는 즉각적으로 청소작업에 착수했다. 절해고도의 사막 한가운데라는 것을 생각하면 진실로 여기 부엌은 모든 현대적 시설이 갖추어진 매우 사치스러운 것이었다. 스테인레스의 싱크대, 수도꼭지, 가스탱크에 연결된 3개의 버너가 있는 쇠프레임의 스토브, 돌로 된 카운터, 쇠다리 두 개 위에 걸쳐놓은 합판 식탁, 주전자, 단지와 프라이팬, 접시걸이, 접시와 사발, 실버웨어, 유리컵, 금속제 소반 등등이 구비되어 있었다. 바닥에 깔려있는 타일이나 벽면을 포함하여 그 모든 것이 때와 먼지로 덕지덕지 붙어있었다. 싱크대는 쓰다 남은 찻잎과 음식물 잔여로 막혀, 곰팡이천지였고 온갖 수챗구멍 악취가 서려있었다.

깨끗한 접시조차도 음식찌꺼기로 덮여있었다. 이것들을 모두 내 기준으로 청소하려면 몇 날 며칠을 걸려야 할 것 같았다. 그러나 우선 싱크대라도 치우고, 접시를 깨끗이 하고, 마루를 닦자! 주전자는 필요하니까 우선 닦자! 뚜껑을 열어보니 곰팡이 핀 찻잎으로 가득차 있었다. 그것을 씻어내고 나는 몇 번 물을 채워 박박 끓였다.

부엌 외관

그리고는 점심을 준비하기 위하여 나는 내가 방금 빌리지에서 사온 음식재료를 점검하였다. 20개 정도의 쿠브즈Khubz 빵, 5개의 통마늘, 올리브기름 한 병, 자아타르 *za'atar* 한 봉지(아주 전형적인 중동지역의 스파이스인데, 백리향, 소금, 참깨, 거망옻나무 이파리 말린 가루를 섞어 만든다. 검붉은 가루인데 좀 시고 레몬 향내가 난다), 오이와 토마토 한 봉지, 요구르트 3곽, 참치깡통, 옥수수통조림, 야채깡통, 올리브 기름, 한 통의 훔무스hummus(병아리콩가루로 만든 찍어먹기용 반죽), 무타바알

주전자를 끓여 소독하다

mutabbal(가지와 참깨를 으깨서 만든 페이스트), 쥬스 한 통, 밀크 한 통, 몇 개의 음료수 등이었다.

이 중 몇 개의 아이템은 곧 상할 수도 있는 것이라서 우선 첫 식사를 위하여 선발되었다. 냉장고가 없는 이 사막의 열기 속에서 음식물이 얼마를 견딜 수 있는지에 관해 나는 지식이 없었다. 나는 토마토와 오이를 썰었고, 무타바알과 요구르트의 패키지를 뜯었다. 그리고 빵 한 개를 가스스토브 위에 김 굽듯이 구웠다. 최종적으로 만들어진 점심은 매우 만족스러운 것이었다. 나는 바위 사이에 그늘진 곳을 찾기도 했다. 부엌 실내에서 우그리고 앉아 먹는 것보다는 시원한 밖에서 먹어야 할 것 같았다. 단독자로서 처음 향유하는 식사에 대한 대접이 아닐 것 같았다. 사막의 그늘에서 사막을 향해 첫 점심을 먹어라! 나는 언제나 미식가이고 애식가이다. 주어진 조건에서 나는 항상 가능한 최상의 식사를 창조하기 위하여 세심한 주의를 쏟는다.

오후 4시경 나는 점심식사를 끝냈다. 그리고 서쪽 암산을 올라갔다. 나는 캠프에서 빈약한 플라스틱 의자를 하나 찾았다. 나의 서재로 가서 책상 앞에 의자까지

내가 만든 최초의 식사

구비하여 놓았을 때, 그 지역은 완전히 그늘에 덮여 있었고, 매우 쾌적한 온도를 유지하고 있었다. 이 플라스틱 의자는 내가 내 등허리를 제대로 받쳐줄 수 있는 단단한 나무의자를 발견할 때까지 임시로 사용하기로 했다. 나는 책상 앞에 걸상을 놓은 후에 서재 부근 환경과 파노라믹 뷰를 친근하게 느끼기 위해 여기저기 걸어다녔다. 그리고 고원의 벼랑에 앉아 가부좌를 틀고 명상에 진입하였다. 광활한 사막의 에너지를 한몸에 빨아들일 기세로 앉아 있었다.

서재 바위산에서 바라보는 장쾌한 원경

【제26송】

"버리는" 인간, "만드는" 인간

과연 인간이 고요히 앉아서 눈감고 있다고 해서 어떤 초월적 경지를 획득할 수 있을 것인가? 좌선 그 자체를 어떤 신비적 실체로서 접근하는 사유에 나는 깊은 흥미를 느껴보지 못했다. 사막에서 최초로 나 혼자만의 세계를 구축하고 처음으로 그 고독한 환경 속에서 야망에 넘치는 자세로 선정을 시작했지만 몇 초 후에 나의 정신자세는 곧 무너지고 말았다. 파리가 윙윙 내 주변을 감돌기 시작한 것이다. 눈을 감고 선정에 들어갈려고 했지만 귓바퀴 주변을 손으로 휘젓지 않을 수 없었다. 나는 꼬마 시절로부터 한국의 불교사원에서 가르치는 명상테크닉을 배워 알았지만, 명상의 좋은 수행자가 될 수 없었다. 나의 부모님은 어려서부터 한국의 많은 유서 깊은 절을 데리고 다녔다. 그리고 사원에 가면 꼭 수행을 해야 한다고 말씀하셨다. 그런데 그런 좋은 환경 속에서도 나는 좌선을 하는 척만 했지 심취해보질 못했다. 아마도 무의식적으로 선수행은 삶 속에서 자연스럽게 이루어져야 한다고 생각했던 것 같다.

나는 사막에서 윙윙거리는 파리와 함께 선정의 세계에 들어갈 수 있는 그런 집중력을 지니지 못했다. 마음을 비워야 할 텐데, 나는 끊임없이 이놈의 날 괴롭히는 파리가 어디 있을까 하는 것만 생각하고 있었다. 파리를 쫓아버릴려고 했을 때, 나는 파리가 단지 한 마리가 아니라는 것을 알아차렸다. 두 마리가 나를 괴롭히고

책상에서 바라보이는 파노라마

있었던 것이다. 이놈들을 죽여야 할까? 그래도 부처님 말씀대로 살생은 나쁜 것이 아닐까? 그런데 도대체 파리가 왜 여기까지 와서 날 괴롭혀? 이 사막의 고지대엔 정말 먹을 것도 없고, 물조차 없는데. 아마도 내가 등반을 했을 때 날 따라온 놈들일지도 몰라. 이런 하찮은 상념들이 내 마음을 꽉 채우고 있었다. 몇 분 후에 나는 메디테이션이라는 발상 자체를 포기하고 말았다. 파리 몇놈 얼씬거리는 것만으로 사유가 없는 의식의 세계로 진입할 수 있는 기회가 봉쇄되고 있었던 것이다. 나는 나약한 인간에 불과했다.

내가 서재라고 명명한 오피스지역에서 경험한 바대로, 사막의 파리는 내내 나를 괴롭히는 존재였다. 지난해(2012년) 여름에 내가 아우데의 엄마 텐트에서 3주를 보냈을 때, 그곳에는 정말 파리가 많았다. 어디에나 있었고, 특별히 대낮에는 극심하게 많았다. 결국 나는 파리가 내 얼굴에 착륙을 해도 그것들을 쫓는, 그런 일을 하는 것을 포기해야만 하는 적응상태에 이르게 되었다. 그때야 나는 개발도상지역의 어린이들을 그린 다큐사진들, 흔히 그들의 얼굴에 파리가 다닥다닥 붙어있는 것으로써 그 지역의 극도의 빈곤과 기근을 상징하는 그런 사진들이 매우 조작적이며 부정확하다는 것을 깨닫게 되었다. 파리가 많은 지역에서 살다 보면 파리와 더불어 사는 지혜를 배우는 것 외로는 딴 방도가 없다. 파리를 쫓아버리거나 그것을 박멸하기 위하여 애쓰는 수고를 하는 대신에 파리에 대해 근원적으로 신경을 꺼버리면 오히려 우리의 삶의 질이 개선된다. 얼굴에 착륙하는 파리와 극도의 빈곤이라는 것은 아무 상관이 없는 것이다.

그렇지만 아무래도 도시에서, 그러니까 문명권 내에서 자라나온 나 같은 사람으로서는 그러한 곤충들과 공존하는 삶을 산다는 것이 쉬운 일이 아니었다. 내가 나의 고독한 실존을 체험하기 위하여 타야의 캠프로 왔을 때, 나는 암암리에 "문명화된civilized" 삶의 수준 같은 것을 기대하고 있었던 것 같다. 비록 광야에서의 프라이버시를 즐기는 특혜를 누리면서도, 나의 삶의 기초적인 안락을 유지하기 위하여 내가 생활하는 환경을 개선시킬 수 있다고 믿었던 것 같다.

그런데 사막의 산꼭대기에 정좌하고서 고요함을 즐기거나 그늘에서 점심을 먹을 때, 몇 마리의 파리가 윙윙거리는 것은, 실제로 평상시에 수백 마리가 윙윙거리는 것보다도 더 인내하기 어려운 위협처럼 느껴졌다. 그렇게 느끼다 보니 파리에 대해 인내심을 상실했고 또 분노를 느끼게 되었다. 부엌을 깨끗이 치우고 난 후로는 캠프 주변으로 파리가 현저히 줄었는데도 말이다. 단 한 마리의 파리가 윙윙거리는 것조차도 그러한 사막의 정적 속에서는 도버해협을 건너는 나치의 비행단보다도 더 막대한 산란을 일으킨다. 열대지역 사람들이 흔히 하듯이 비닐봉지에 물을 담아 매달아두면 빛의 산란이 생겨 파리를 내쫓는다고 하길래, 그런 방법도 취해봤지만 전혀 도움이 되질 않았다. 결국 나는 도시에서 파리채를 하나 사왔고, 파리를 파리채로 짓눌러버려 열반시키는데 도사가 되었다.

파리가 성가심을 일으키는 유일한 벌레가 아니었다. 타야의 캠프에서 잔 첫날 밤, 나는 전등을 들고 저녁을 만들기 위해 따로 떨어져 있는 부엌건물로 갔다. 그리고는 나는 카운터 위에 베두인들이 남겨놓고 간 뜯어진 설탕봉지 속으로 들락거리고 있는 수천 마리의 개미행렬을 목격하였다. 실제로 사막의 개미들은 우리가 흔히 보는 개미들보다 사이즈가 훨씬 크다. 해가 가라앉으면서 나는 뭔가 불안감을 느끼기 시작했고, 최초로 완벽한 고독과 정적이 어둠 속에 찾아왔다. 그 순간 그토록 열심히 왔다갔다 하는 개미군단을 갑자기 목격한다는 것은 비록 그들이 나에게 해를 끼치지 않을 것을 알았어도 왠지 진저리가 쳐졌다. 음산한 느낌을 가중시키는 것은 개미가 내는 소리였다. 도시생활에서는 느껴볼 수 없는 사막의 정적! 그 정적 속에서는 개미가 발을 옮기는 소리, 그리고 설탕가루의 결정들을 우적우적 씹어대는 소리가 꽤 크게 들린다.

나는 한참 그들을 들여다보고 있다가 설탕봉지를 통째로 들어서 재빨리 부엌 밖으로 멀리 던져버렸다. 그것을 천천히 들어서 쓰레기통에 털어내 버릴 그럴 용기가 나질 않았다. 그러는 동안 개미들은 내 팔을 기어올라오고 겨드랑이 속으로 진출할 가능성이 컸기 때문이었다.

첫날의 저녁은 토마토와 오이를 다져 올리브오일과 저민 마늘에 볶은 요리와 빵 한 조각의 매우 단순한 것이었다. 나는 저녁을 별도로 만들어놓은 투어리스트 라운지에서 먹었다. 그리고 나는 칫솔을 찾으러 내 텐트로 갔다. 그리고 전등을 켠 채로 욕실로 갔다. 첫날의 밤 내내 나는 공연히 전등을 켜고 부지런히 왔다갔다 했다. 왠지 모르게 불안했기 때문이었다. 사실 나는 왜 무엇이 두려운지도 알지 못했다. 정적과 어둠이 나로 하여금 내 마음에 깔려있는 심오한 고뇌들을 대면케 하고 있는 것일까? 그런 환상적 이야기는 철학가들이 지어내는 망상에 불과한 것이다. 결국 문제 되는 것은 "자아"라는 것이다. 그리고 그 자아가 혼자 있다는 것, 또 나약하다는 것, 그런 원초적인 사실이 형성하는 의식이 이름 모를 불안을 자아내고 있는 것이다. 스님들은 혼자 토굴에 앉아있어도 제도적인 뒷받침이 있다. 나는 그야말로 완벽하게 무방비의 이방의 땅에 댕그러니 놓여있는 것이다.

새로운 환경 속에서 나는 잠을 잘 이루지 못했다. 아우데 엄마의 캠프에서 노천에서 잤어야 했던 것을 생각한다면 이 타야의 텐트에서 자는 것은 호사스러운 생활이라고 말해야 할 것이지만, 그만큼 불안감이 짙었다고 말해야 할 것 같다. 침대는 전혀 안락한 수준의 것이 아니었다. 거기에 있는 담요나 베개나 매트리스가 모두 몇 달 몇 년을 그곳에서 썩었는지, 다양한 관광객들이 얼마나 때를 묻히고 떠났는지, 그 더럽다는 느낌은 나의 불안감을 더욱 짙게 만들었다. 그러다가 결국 곯아떨어지고 말았는데 정말 산송장처럼 의식을 잃었다. 너무도 피곤했었기 때문이었다. 그러나 아침일찍 눈을 뜰 수밖에 없었다. 작열하는 태양의 광선에 덥혀진 텐트 안의 후끈거리는 열기 때문이었다.

평상시대로 내가 해야만 하는 첫 과업은 부엌에 가서 커피를 만드는 것이었다. 시간이 지나면서 나는 진짜 간 커피콩가루와 필터와 원뿔형의 용기를 갖추었지만, 그때만 해도 인스턴트 커피밖에는 없었다. 인스턴트라 해도 아침에 커피 한 잔 마시는 일만은 포기할 수 없는 일과였다. 중국이나 인도에서 건너온 싸구려 찻잎으로 사막의 사람들이 만드는 짜이는 나의 모닝커피 한 잔의 맛을 영원히 대체할 길이

고인돌책상(오른쪽 하단구석)에서 바라보이는 모습

없었다. 나는 커피컵과 낡은 아마존 킨들Amazon Kindle(디지털 독서용 타블렛)을 들고 내가 모닝 카페Morning Cafe라고 지정한 구역으로 걸어갔다. 나는 그늘에 앉아 제임스 솔터James Salter(1925~2015, 미국의 소설가, 단편작가)의 소설을 펼쳤다. 커피를 마시면서 소설을 읽으려고 했지만, 막상 몇 페이지 읽고 나니 자세가 매우 불편했다. 어떻게 해서든지 독서에 편리한 환경을 새롭게 조성하지 않으면 안되겠다고 생각했다. 주변을 둘러보니 테이블의 탑으로 쓸 수 있는 구들장같이 생긴 평평한 돌이 눈에 띄었다. 이내 나는 그 돌을 활용하면 하나의 작은 독서용 테이블을 만들 수 있겠다는 생각이 들었다. 그래서 아침 내내 나는 아주 작은 고인돌같이 생긴 예쁜 공간을 구현하기 위해 돌들을 날랐다. 자연적으로 형성된 후미진 곳에 두 개의 굄돌군을 만들어 그 위에 덮개 석판을 놓으면 나는 굄돌 사이로 다리를 뻗을 수 있다. 덮개석 두 개를 직각으로 연결하여 절벽에 연결하였기 때문에 책상은 왼쪽으로 팔걸이 책상이 둘러쳐진 L자 모양이 된다. 그리고 물론 자연절벽은 나의 등받이가 된다. 꽤 쾌적한 고인돌책상이 만들어진 것이다. 나는 이 고인돌책상의 앉는 곳에 좀 허리를 편하게 하기 위해서는 방석 같은 것이 필요하다고 생각했다. 그래서 텐트로 돌아가 베개 방석을 찾아보았다. 적당한 것이 있었다. 이렇게 해서 고인돌책상의 분위기가 거의 완벽에 가깝게 세팅이 완료되었을 때, 아침에 커피를 먹고 요가를 하는 곳으로 정해놓았던 평평한 곳이

앞쪽에서 찍은 고인돌책상

고인돌책상 전경

고인돌책상에 앉아 책을 읽다

잔돌들이 널려있어 좀 문제가 있어 보였다. 그래서 나는 캠프로 다시 내려가서 빗자루를 하나 구해왔다. 그리고 한참 동안 모닝 카페 구역을 깨끗이 쓸어냈다.

생각해보라! 아시아라는 먼 이방에서 온 작은 여인이 모자 쓰고 마스크 쓰고 장갑 끼고 바윗돌을 굴리는가 하면, 평평한 널찍바위 위를 깨끗이 쓸고 하는 모습을 베두인들이 본다면 도대체 뭔 짓을 하고 있는가, 얼마나 이상하고 우스꽝스럽게 생각할 것인가? 일련의 작업이 끝난 후에 주변을 둘러보고 있으려니까 또 생각이 하나 떠올랐다: "아항~ 뜨거운 물 때문에 저 부엌건물까지 뛰어갈 필요가 있겠나? 바로 여기 까페에다가 물 끓이는 장치를 만들자! 그럼 커피를 여기서 바로 만들 수 있으니 얼마나 좋은가?"

그래서 나는 캠프로 내려가서 불을 지필 수 있는 죽은 나뭇가지들을 수집하려고 이곳저곳을 다녀보았다. 나는 캠프 주변을 멀리 벗어나는 일은 할 수 없었다. 혼자서 방향을 상실하면 미아가 될 수도 있기 때문이었다. 그런데 캠프 주변에는 장작이 될 만한 관목이 거의 없었다. 몇 시간을 걸어 헤매어야만 며칠 커피물을 끓일 수 있는 장작개비들을 긁어모을 수 있었다. 나중에나 알게 되었는데, 베두인들은 픽업트럭을 몰고 멀리 다니면서 큰 나무들을 베어 트럭에 꽉 채워 온다는 것이다. 그러니까 싹쓸이를 해오는 것이다. 그러니 내가 하나둘 주워 모은 가지들이 얼마나 유치한 행위였는지, 그들은 웃어넘기고 말 것이다. 그러나 나의 행위가 얼마나 비효율적이었든지간에, 장작개비 저장소를 꾸미고, 4군데 돌을 놓고 작은 솥을 걸어 밑에 불을 지펴 물이 보글보글 끓는 것을 쳐다보았을 때 나는 천상천하유아독존의 즐거움을 느꼈다. 그때는 이미 늦은 오후였다. 나는 장작개비를 반대편의 책상이 놓여있는 서재 쪽으로도 날랐다. 그곳에다가도 커피 끓일 수 있는 시설을 만들었다. 장작개비들을 움푹진 곳에 쌓아 바람에 날아가지 않도록 했다. 그리곤 플라스틱 의자에 앉아 한숨을 돌렸다. 그리곤 또 생각했다. 이 의자 뒷켠에 방석을 하나 놓고 전체를 담요로 덮으면 꽤 편한 의자가 되겠지. 나의 뇌리는 주어진 사물을 어떻게 새롭게 조합함으로써 나의 삶의 환경을 개선시킬 수 있는가 하는 창조적인 충동으로 가득차 있었다.

긁어모으는 땔감

환경을 개선하고자 하는 나의 욕구는 결코 감소하지 않았다. 매일 나는 캠프 주변에서 내가 할 수 있는 것은 무엇이든지 변형시켜 새로운 장치를 발명해내었다. 그것은 나의 기예적 소양을 테스트하는 것이기도 했다. 제1일에 나는 태양광 배터리를 활용하여 나의 랩탑이 하루종일 작동할 수 있도록 만들고, 그러한 설치로써 서재가 기능적으로 돌아가도록

드디어 커피물을 끓이다

나의 텐트 한 켠에서도 태양광발전을 했다

잘 꾸며놓았다. 그리고 방석과 담요를 활용하여 새롭게 꾸민 플라스틱 의자는 내가 몇 시간을 계속 앉아있어도 허리에 아무런 부담을 주지 않았다. 게다가 나는 책상 옆에 사각의 바위와 평평한 판석을 결합하여 물건을 놓기에 편리한 스탠드를 하나 만들었다. 나는 그 위에 배낭이나 책이나 기타 물건을 올려놓을 수 있었다. 바닥에 놓으면 먼지에 휩싸이게 된다. 그리고 서재 쪽의 산을 등반하여 그 꼭대기 어느 지점에서 가장 정확하게 인터넷과 전화 시그널이 소통되는지를 찾아냈다. 그 작업에만도 여러 시간이 걸렸다.

내가 많은 시간을 소요했어야만 하는 또 하나의 작업은 나의 식품관리에 관한 것이었다. 그곳에는 우선 냉장고가 있을 수 없기 때문에, 음식물이 상하는 것을 막는 창조적인 방안을 고안해내야만 했다. 채소와 음료는 개방해 박스에 담고 그 위에 천을 덮어 끊임없이 물을 뿌리는 것이다. 천에서 물이 마르는 기화열이 그 아래에 있는 것들을 시원하게 유지시키는 것이다. 그러나 제4일에는 모든 빵에 곰팡이가 슬어 내버려야만 했다. 토마토와 오이는 다 먹어서 썩을 겨를이 없었다. 그렇지만 크래커류와 깡통음식이 남아있어 며칠간은 더 버틸 수 있었다.

그런데 신선한 음식의 결여보다 더 큰 문제가 발생했다. 나는 나의 생리에 전혀 대책이 없었던 것이다. 월경이 시작되었어도 패드나 탬폰이 준비되어 있질 않았다. 그래서 멘스로부터 해방되는 방법을 고안해내야 했다. 나는 우리의 할머니들이 지금같이 간편한 일회용 패드가 있기 전에는 목면포를 개어 쓰고 또 빨아 다시 쓰곤 했다는 사실을 기억해냈다. 나는 그런 용도로 쓸 만한 목면포가 있는지를 급히 알아보았다. 내가 발견한 유일한 포대기는 곰팡이가 핀 침대덮개였는데, 그것은 부엌의 한구석에 구겨 처박아놓은 것이었다. 물론 곰팡이 핀 천을 사용할 수는 없는 노릇이었고, 또 그것을 표백할 수 있는 유한락스류의 케미칼도 없었다.

이때, 나는 어릴 적부터 엄마로부터 배운 예지를 또 생각해냈다: "면포를 소독하거나 표백하는 가장 자연스러운 방법은 그것을 물에 넣고 삶는 것이니라." 그래서 나는 곧 큰 솥을 걸고 물을 붓고 곰팡이 슨 천을 넣었다. 그리고 장작을 지폈다. 가루비누를 약간 뿌리고 오랫동안 푹푹 삶는 것이다. 약한 비눗물에 면포가 삶아지는 내음새, 뽀글뽀글 올라오는 기포가 천을 부풀리다가 푹푹 숨쉬며 내뿜은 기운의 독특한 향기는 나의 어린 시절의 향수를 불러일으켰다. 나의 어머니는 전통적인 요와 이불로만 생활하셨기 때문에 요나 이불을 감싸는 면포를 때때로 삶으셨고 그것을 말리고 풀 멕이고 다리는 전 과정을 주기적으로 반복하셨던 것이다. 그 내음새는 나의 노스탈지아의 전부일지도 모른다. 삶을 때의 내음새나 햇볕에 말린 것을 거두어들일 때의 내음새가 엄마라는 존재의 향기였다. 아니 나의 뿌리의 전체를 물들이는, 어느 것도 대신할 수 없는 나 자신의 아이덴티티였다. 그 내음새는 어떠한 것도 흉내낼 수 없는 그러한 강력한 초시공적인 힘을 지니고 있었다. 나의 존재 전체를 과거 어느 시공간의 삶의 자리로 이동시키는 위력을 지니고

새롭게 단장한 의자와 그 옆에 있는 고인돌스탠드

있었던 것이다.

마르셀 프루스트Marcel Proust, 1871~1922(프랑스의 소설가, 비평가, 수필가. 20세기에 가장 큰 영향을 끼친 작가의 한 사람으로 거명된다. 대표작은 『잃어버린 시간을 찾아서』)가 그의 마들렌 케이크 한 조각이 던져주는 온갖 추억에 대해 그토록 유명한 문장을 남겼듯이, 나에게 이 내음새는 새로운 우주의 발견이었다. 마들렌 케이크 한 조각이 홍차 찻잔 속에 담겼다가 입으로 들어가는 순간 그는 어릴 때의 기억으로 여행을 떠났다. 프루스트에게는 맛이었지만, 나에게는 아주 토속적인 내음새였다. 프루스트에게는 아기자기한 문명의 환경이 있었지만, 나에게는 문명이 초극되는, 모든 개념적 인식이 거부되는 원초적 내음새였다.

한참을 삶았으니 면포는 아주 깨끗해졌고 완벽하게 살균되었다. 사막에서 면포를 말리는 것은 순식간에 이루어진다. 말리면서 또 살균되는 것이다. 나는 완벽하게 뽀송뽀송해진 면포대기를 맞는 사이즈로 다 잘라서 이상적인 형태로 접어 여러 개의 면포위생대를 만들었다. 나는 이러한 완벽한 자연제품을 만드는데 성공한 나

태고의 향수를 불러일으킨 면포 삶는 장면

자신을 대견스럽게 생각했다. 그런데 이후 아우데와 이야기 나누던 중에 이 문제가 언급되자, 그는, "내 처는 때가 되면, 빌리지에 있는 상점에서 패드를 사다 써요. 당신도 필요하면 전화만 해주면 사다드릴께요." 그가 대수롭지 않은 듯이 이런 말을 내뱉었을 때, 하루를 소비한 나의 작업이 괜한 짓을 했다는 생각도 드는 것이다. 그러나 결국 나는 나의 작업이 위대한 "만듦"의 결실이라는 확신을 가지게 되었다. 플라스틱과 화학소재로 만들어진 일회용 패드를 사용하지 않고 낡은 면포를 재활용하는 것은 환경에도 좋고 나 자신의 건강을 위해서도 좋다. 그것이야말로 자연에서 사는 자연의 삶이 아니고 또 무엇이랴!

시행착오를 거치면서 행한 나의 비효율적인 작업의 어리석음에도 불구하고, 그 작업들은 사막에서 살아가는 나 자신의 삶의 방식을 스스로 고안해내고 또 배워가는 과정의 빼놓을 수 없는 소중한 가치였다. 처음에는 나는 도시생활의 편리함과 나를 둘러싸고 있는 인간이 제작한 물건들을 포기하는 삶을 산다는 것이 과연 무엇을 의미하는지, 과연 어떤 것인지 별로 정확한 감각을 갖지 못했다. 당연히 나는 미니멀리스트가 될 것이라고 생각했고, 내가 해오解悟를 얻을 때까지 몇 시간이고 앉아서 멍 때리는 명상을 하리라고 생각했다. 시간이 흘러갈수록 나의 의식세계로부터 개념적 물체들이 하나둘씩 제거되고 텅 빈 공空으로 진입하게 되리라고 생각했던 것이다. 그러나 실제로 일어난 사건들은 그 정확히 반대의 방향으로 달려갔다. 내가 당면한 "원시적" 상태로부터, 나는 수만 년 동안 호모 사피엔스가 성취해온 많은 문명의 작업들을 모방하고 있었던 것이다.

아주 사소한 것들이지만 삶의 안락을 조금이라도 개선해보려고 환경을 끊임없이 개선시키는 나의 욕구, 자연에서 획득될 수 있는 물건들로써 생활에 유용한 장치들을 발명해내는 노력, 예를 들면 고인돌책상이나 돌멩이화덕과 같은 것을 만들어내는 나의 욕구는 사막에서 보내는 시간 내내 조금도 줄어들지를 않았다. 『예기』「악기樂記」에는 "만드는 자가 성인이다"(作者之謂聖)라는 말이 있다고 하는데, 문명의 진보의 계기를 만드는 사람들의 가치를 극상으로 높인 유가적 발언이겠지만, 사실 불교가 말하는 "해탈"이라는 표현도 근원적으로 문명을 거부하는 작업 속에만 내재하는 것은 아니다. 그것은 부당한 "집념"이나 "애착"에 대한 경고일 뿐, 문명을 근원적으로 거부함으로써만 공空의 세계로 진입하는 것은 아니다. "만드는" 프로세스 속에서 망아의 경지를 과시할 수도 있다. 해탈이라는 것이 문명 밖에 떠있는 실체는 아닐 것이다. 인간 존재의 본질은 역시 "버리는" 데 있는 것이 아니라 "만드는" 데 있지 아니할까?

나는 인류역사의 시작 이래로 인간이라는 종자가 항상 본성적으로 품어왔던 창조적 과제의 본질을 다시 습득해가고 있다는 것을 느꼈다. 제4일, 그러니까 위생대를 만든 다음날, 나는 가지와 철사줄을 사용하여 "N.O.O.R.A."라는 5개의 글자를 만들었다. 그리고 그것을 굳건하게 나의 텐트 정문에 부착시켰다. 그것은 마치 태고적 인간들이 동굴벽화를 그린 후에 한구석에 이름 싸인 대신에 손가락모양을 그려넣어 그것이 인간의 작품이라는 것을 말한 것과도 유사했다. 누라는 사막에서의 나의 이름이었다. 그것은 나의 영역, 내가 텐트와 주변 지역에 가한 인위적 작품에 대한 어떤 주체성을 표현하는 선포였다.

캠프에 내 이름을 걸어놓는 작업을 마쳤을 때, 나는 겨우 이곳이 나의 집이라는 느낌을 갖기 시작했다. 나는 베두인들이 옆에 있지 않은 한에 있어서는 이 작은 영역의 보스가 된 것이다. 그래서인지, 긴 소매에 칼라와 단추 달린 셔츠를 입고 있는 두 서양 백인청년들이 내 서재가 있는 산으로 걸어가고 있을 때, 나는 소리를 지르며 그들을 따라갔다. 그들의 주목을 끌기 위함이었다. 내가 그곳에 머물고있는 동안 나의 영역, 아니 나의 작은 코스모스에 걸어 들어온 사람은 그들이 최초였다. 베두인들은 보통 차로 다닌다. 그리고 특별한 목적으로 초대되지 않은 이상, 자기의 집 이외의 다른 캠프에는 얼씬거리지 않는다. 내가 추측컨대 이 침입자들은

유럽으로부터 온 관광객임이 분명했다. 미국인이나 오스트랄리아 관광객이라면 당연히 머리 위에 푹 뒤집어쓰는 티셔츠를 입는다. 캠핑을 하거나 집밖에서 무엇을 할 때, 단추 달린 포멀한 와이샤츠를 입을 까닭이 없다. 문화가 역시 다른 것이다.

나는 갑자기 그들에게 친근감을 느꼈고 헬로우를 했고, 내가 누구라는 것을 말했다. 평상적인 나의 삶의 궤도 속에서는 낯선 사람에게 걸어가서 말을 거는 일은 없을 것이다. 나는 좀 내성적이고 수줍음을 타는 편이다. 그러나 나흘간의 절대적인 고독 속에 감금되어 있던 나의 심적 상태가 말 많은 여인으로 나를 변모시켰던 것 같다. 낯선 사람들과 그토록 많은 수다를 떨어본 기억이 별로 없었다.

이 젊은이들은 포르투갈에서 휴가를 이용해서 관광 온 사람들이었다. 그들은 와디 럼 한가운데서 홀로 살고있는 뉴욕 거주의 동방의 한국여인을 우연히 만났다는 사실에 좀 경이감을 느끼는 듯했다. 나는 그들을 나의 서재 오피스로 데리고 가서 나의 책상과 새롭게 꾸민 의자를 보여주었지만 별 반응이 없었다. 그들의 눈에는 그 책상이 여기 오기까지 얼마나 많은 고초의 시간들을 거쳤는가 하는 삶의 체험이 공유되지 않았기 때문에 그냥 책상이 사막에 있다는 지극히 평범한 사실로만 해석되고 있는 것이다. 실망스러웠지만 할 수 없는 노릇이었다. 그래서 나는 그들을 서재 산꼭대기로 데려갔다. 그곳에서는 광활한 일몰의 파노라마가 펼쳐지고 있었던 것이다. 그것은 영원히 반복될 수 없는 지상至上의 예술작품이었다.

광활한 일몰의 파노라마

【제27송】

별똥별이 떨어질 때 무엇을 빌어야 하나?

— 베두인 호스피탤리티와 고대 암각화 세계 —

나는 그 포르투갈 청년들과 함께 일몰을 감상하면서 사진을 찍었다. 마치 내가 그들처럼 휴가를 이용해 사막의 진귀한 광경을 바라보기 위해 온 관광객인 것처럼. 땅에 거미가 깔리고 나의 서재동산에서 땅바닥으로 내려왔을 때, 그들은 가까이에 있는 그들의 관광캠프로 나를 초대하고 싶다고 말했다. 그들은 그 캠프에는 투숙하고 있는 관광객들이 많으며 베두인 호스트는 자기들과 함께 내가 저녁식사에 참가하는 것을 환영할 것이라고 말했다. 물론 나는 그들의 친절한 초대를 받아들였다. 어두운 부엌이나 라운지에서 혼자 깡통채소를 뜯어먹고 앉아있는 것보다는 그곳이 백방 나을 듯이 보였기 때문이었다.

나는 사막 모래길을 걸어 그들을 따라갔다. 나의 모닝까페 바위의 동쪽으로 펼쳐진 광막한 오픈 스페이스에 발자취를 남기면서 따라간 것이다. 나의 서재바위에서 보면 이곳은 정말 아름다운 파노라마가 장쾌하게 펼쳐지곤 했던 곳이다. 이 오픈 스페이스 한복판에는 베두인들이 트럭을 몰고 지나다니는 일종의 하이웨이가 나있다. 그래서 나는 방향감각을 잡기가 어렵지 않았다. 포르투갈 청년들이 묵고 있는 캠프에까지 실로 한 15분 도보의 거리였다. 그 캠프도 바위로 둘러싸인 곳에 포근히 안치되어 있는데 서쪽이 터져 있었다. 내 서재의자로부터 멀리 바라보이는 세 개의 캠프 중 가운데 것이었다. 그 캠프는 살라Salah라 이름하는 매우

살라 캠프 전경

점잖은 남성에 의하여 소유된 곳이었는데, 그곳이 나의 생애에 의미 있는 사건을 일으키리라는 것은 당시 전혀 예기치 못했다. 그 인연은 내가 요르단을 완전히 떠난 이후로도 계속되었던 것이다.

타야의 캠프와는 달리, 살라의 캠프는 꽤 큰 캠프였고, 항시 거의 매일 관광객으로 복작거리는 곳이었다. 내가 주 객실인 라운지 텐트에 들어갔을 때 그곳에는 15명에서 20명 정도 되는 많은 관광객이 있었다. 그 라운지는 베두인 스타일의 양탄자와 태피스트리 벽걸이로 품위 있게 장식되어 있었고, 가운데는 진흙으로 만든 실내 화로가 있었다. 식사가 제공되는 곳의 선반에는 골동품 놋주전자, 그릇들이 가득 진열되어 있었다.

나는 공식초대손님이 아니었기 때문에 처음에는 수줍음을 탔다. 그 분위기를 알아챈 포르투갈 청년 중 한 사람이 들어서자마자 나를 주인 살라에게 소개했다. 그리고 나를 어떻게 만났고 어떻게 같이 오게 되었는지를 설명했다.

살라는 베두인치고는 키가 큰 사람이고 매우 반듯한 체형에서 풍기는 풍채가 매우

호웨이타트 종족의 추장인 아우다 아부 타이

노블하고 압도적인 그 무엇이 있었다. 딱 벌어진 어깨뿐 아니라, 그의 인자하게 굴곡진 얼굴의 모습과 섬세한 표정이 거물급이라는 인상을 금방 풍긴다. 나는 그의 얼굴이 어디서 많이 봤다는 느낌이 들었다. 기억을 더듬고 더듬어 나는 그가 피터 오툴이 주연한 영화 『아라비아의 로렌스』(1962)에 나오는 한 캐릭터와 똑같이 생겼다는 것을 기억 속에서 찾아냈다. 실제로 그의 얼굴은 역사적 실제인물인, 호웨이타트 종족the Howeitat tribe의 추장인 아우다 아부 타이Auda Abu Tayi와 흡사했다. 그는 로렌스와 같이 아카바만을 공격하고 요르단 지역에서 오스만투르크의 세력을 무찌르는 데 큰 공을 세운다. 영화 속에서 그 역할은 성격배우 안토니 퀸Anthony Quinn이 담당했지만, 나는 실제 로렌스의 책과 역사서를 통하여 아우다 아부 타이의 얼굴을 기억하고 있었다. 그리고 나중에 안 일이지만, 놀라웁게도 이 지역의 베두인들은 거의 전부가 아우다 아부 타이의 종족인 호웨이타트 종족에 속한다는 사실을 발견하고, 나의 추론이 허황되지 않았음을 알게 되었다.

내가 만난 살라

살라는 마제스틱 하고 위엄있는 제스처를 유지하면서 나를 환영했다. 그는 이미 이웃 캠프에 아시아의 소녀가 한 명 자취하고 있다는 사실을 알고 있었고 그 소녀가 자기 캠프를 방문했다는 것을 너무도 당연한 일인 것처럼 기뻐했다. 작은 마을세계에서는 소문은 급행열차를 탄다. 타야의 캠프가 비어있다는 것을 잘 알고있는 그는 나의 적막감이 걱정되었는지, 앞으로 언제고 자기 캠프쪽에 건너와도 좋다고 친절하게 초대를 해주는 것이었다.

이러한 초대는 매우 관대한 제의이다. 그곳의 식사는 숙박료를 내는 게스트를 위한 것이므로 유료일 수밖에 없다. 그것이 살라와 살라의 가족이 생계를 유지하는 방식이다. 그런데 지금부터 나는 이웃으로서 언제고 와서 공짜밥을 먹을 수 있다는 것이다. 감사하지 않을 수 없다. 이것은 세계문화사에 항상 베두인 특유의 풍속으로 기록되고 있는 "베두인 호스피탤리티Bedouin hospitality"라는 관례의 한 표현이다.

우리는 아랍권의 사람들을 최근에 연속적으로 일어나고 있는 테러사건들 때문에 매우 호전적이고 야만적인 가치관을 가지고 사는 사람들인 것처럼 암암리 인지하는 경향이 있다. 그러나 베두인 원래의 토착적 삶은 지극히 평화롭고 상부상조의 친절한 에토스를 바탕에 깔고 있었다. 오늘날의 왜곡된 모습은 궁극적으로

살라 캠프의 메인 라운지

서구권의 제국주의적 야욕이 초래한 측면이 강하다. 물론 자신들의 책임도 없지 않겠지만, 세계의 토착문명의 순수성이 서구 이권의 침탈로 인해 변모해가는 모습을 그냥 인류의 숙명으로 받아들이기에는 너무도 서글프다고 말할 수밖에!

과거의 베두인들은 친구이든 낯선 이방인이든, 사막에서 길을 잃고 방황하는 사람들이든 누구든지 텐트에 접근하기만 하면, 그들에게 마시고 먹을 것을 친절하게 제공했다. 사흘 동안은 아무것도 묻지 않고 무조건 접대하는 것이 불문율이었다. 손님들이 오면 염소 한 마리를 잡는 것이 관례였고, 전통적인 맛있는 커피를 달여 정성스럽게 대접했다. 모든 게스트는 커피를 세 컵까지는 달라고 할 수가 있었다. 세 컵 이상 달라는 게스트는 탐욕의 인간으로 낙인 찍혔다. 커피는 집안간의 원한문제 해결이라든가 결혼에 관해 합의할 때도 반드시 필수품이었다. 커피를 마시면서 논의하는 것이다.

이러한 전통의 가장 특이한 측면은 완벽하게 낯선 이방인일지라도, 본인이 얘기하지 않는 한, 도대체 그가 어디에 있었는지 무엇을 원하는지 그런 질문을 제4일

살라 캠프의 메인 라운지. 식사도 여기서 이루어진다. 앞에 보이는 카운터에 뷔페음식이 진열된다.

까지는 던질 수 없었다. 오면 무조건 편안히 쉴 수 있도록 해주는 것이다. 한국인의 친절이라는 것은 매우 자연스럽게 이루어지는 것이지만, 이들의 친절이라는 것은 좀 제식적·율법적 측면이 강하다. 그만큼 절박한 환경에서 살아가는 사람들의 예지가 묻어나는 것이다.

한 베두인 가정의 사례로 전해 내려오는 재미난 얘기가 있다. 한 가정에 남자가 왔는데 대접을 하다 보니 그가 자기 가족의 한 사람을 죽인 집안의 원수라는 것을 알게 되었다. 그렇지만 그들은 그 사람에게 염소 한 마리를 잡아 후대했고, 그들의 천막에서 3일 동안 편안히 쉴 수 있도록 해주었다. 그리고 제4일이 되는 날 그는 자기 갈길을 평온히 떠났다. 텐트의 주인은 자기 장남에게 곧 명한다: "따라가서 그를 죽이고 오라!"

또 하나의 스토리는 이 호스피탤리티 습관 때문에 아랍반란Arab Revolt(1916~1918. 제1차세계대전중에 영국정부와 메카의 샤리프 후세인 빈 알리가 연합하여 오스만제국에 반란을 일으킴. 통일된 아랍독립국가를 만드는 데는 실패함)에 차질을 빚을 뻔한 얘기이다. 아랍의 리더들이 메디나Medina에 모여 혁명의 깃발을 올리기로 모의하고 비밀스러운

살라 캠프의 라운지에 앉아있는 필자

여행을 하고 있을 때, 두 명의 터키군인들이 이들을 따라붙었다. 두 명의 터키군인들이 혁명에 장애를 주는 존재였으므로 일찍 제거했어야 옳았는데, 이 호스피탤리티 습관 때문에 그렇게 할 수가 없었다. 아랍인들은 이 두 명의 적군을 다마스커스까지 안전하게 데려다준 후에나 혁명의 깃발을 올릴 수 있었다고 한다.

하여튼 이러한 스토리는 매우 극단적인 특별사례에 속하는 것이지만, 베두인들의 호스피탤리티의 엄격한 관습은 아마도 매우 실용적인 삶의 요청으로부터 생성된 미풍양속일 것이다. 어떠한 사막의 여행자라도 예기치 못한 난관에 부닥칠 수가 있고, 음식과 수면의 절박한 요구는 누구에게나 발생하는 것이다. 타인에 대한 호스피탤리티는 결국 나의 생명줄이 되는 것이다. 전 사막공동체가 하나의 생명공동체였던 것이다.

베두인 호스피탤리티의 상징. 염소 한 마리를 잡았다는 상징으로 손님식탁 위에 그 머리를 놓는다. 두 마리를 잡았으면 머리 두 개를 놓는다. 뒤에 흐릿한 사람이 살라.

요즈음은 이러한 관습이 같은 방식으로 통용되지는 않는다. 그러나 살라가 나를 자기 캠프에 받아들이는 태도는 같은 호스피탤리티 전통이라 말할 수 있다. 언제고 한 끼의 식사는 대접할 수 있다는 여백을 남겨놓았던 것이다.

살라의 캠프에서 관광객들에게 대접하는 풍성한 주메뉴로서 우리의 관심을 끄는 특별한 "베두인 닭요리"라는 것이 있다. 그들이 요리하는 특별한 방법 때문에 그들이 그런 명명법을 자신 있게 취하고 있지만, 실상 닭고기는 알고 보면 미국이나 브라질에서 온 냉동통닭이다. 우선 냉동통닭을 칼로 쳐서 조각내고 물로 씻은 다음, 거기에 특별한 향신료와 레몬, 어떤 때는 깡통 토마토소스를 넣어 재운다. 물론 이런 양념들을 다 전통적 베두인요리방식이라고 말할 수는 없을 것 같다. 그런

삼층 시렁

데 재미있는 것은 지금부터 시작되는 것이다. 그들은 2층 또 3층으로 된 동그란 형태의 메탈 바비큐 시렁 위에 양념된 것을 놓기 시작한다. 보통은 닭고기를 제일 꼭대기층에 놓는다. 그리고 다음 층에 토마토, 가지, 제일 바닥층에 양파, 감자 등을 깎거나 가르지 않고 통째로 놓는다. 이러한 3층 시렁에서는 쿠킹이 이루어지는 동안에 제일 윗층의 육즙이 아래로 떨어지면서 아랫것들에 스며들 수 있을 것이다.

이 전체 요리의 핵심적 부분, 그리고 베두인 독자적인 풍속이라 말할 수 있는 부분은 불을 때는 방식에 관한 것이다. 사막의 모래를 깊게 후벼 파내어 그곳에 강

시렁을 땅속에서 파낸다

철실린더를 박는 것이다. 그리고 그 실린더 안에다가 모닥불을 지핀다. 그 모닥불을 꽤 오래 잘 태우고 나뭇가지들이 이글이글 타오르는 붉은 숯이 되었을 때, 바로 그 위에 준비된 시렁을 올려놓는 것이다. 그리고 그 실린더 오븐 전체를 쇠뚜껑으로 덮어버린다. 그리고 그 위에 삽으로 사막의 모래를 두툼하게 덮어버린다. 그러니까 요리를 하는 오븐 전체가 땅속으로 사라지고 마는 것이다. 그런 상태에서 최소한 두 시간 정도 담소를 하면서 기다리는 것이다. 이러한 전통적인 베두인 바비큐를 자르브*Zarb*라고 하는데, 이 자르브는 관광객들을 대접하는 데는 최상의 선택이 아닐 수 없다. 땅속에 파묻힌 숯의 향기와 이글이글 타오르는 태양의 열기를 먹은 깨끗한 모래의 향기 속에서 푹 익는 모든 것들은 우선 조리방식이 쉽고 간편하며 도무지 맛이 없을 수가 없다.

시렁을 꺼내는 장면

그리고 쇼적인 요소가 풍요롭게 전개된다. 관광객들은 모래로 덮인 오븐을 다시 헤쳐 꺼낼 때, 땅속에 들어간 시렁이 지상에 나올 때까지, 주변에 빙 둘러서서 구경을 하게 마련이다. 그리고 그 전 과정을 촬영하느라 정신이 없다. 그리고 최종적으로 잘 요리된 바비큐가 그 모습을 드러내게 되면 환호성을 지르며 박수를 치게 된다. 그리고 기다리느라 배가 고파질 대로 고파졌으니 한 입의 맛은 천상의 열락이 아닐 수 없다!

살라의 집에서 내가 느낀 음식에 관한 가장 인상적이었던 요소는, 채식주의자들에 대한 배려가 있다는 사실이었다. 베두인 사회에는 그러한 배려는 사실상 존재하지 않는다. 그런데 살라의 집에서는 쿠브즈(호떡), 쌀밥, 오이-토마토 샐러드, 토마토소스와 수프로 만든 야채스튜 같은 것이 꼭 나오는 것이다. 깔끔한 국물이 있는 요리는

채식주의자들을 고려한 음식

한국인의 식성에 얼마나 고마운 것인지 모른다.

나는 그곳에 있는 모든 디쉬를 조금씩 다 취했다. 한 플레이트 가득 음식을 담았는데 어찌나 맛있었는지 마지막 한 입, 손에 묻은 양념까지 남김없이 핥아먹었다. 나는 최근 신선한 식재료로 만든 잘 익은 요리를 먹어본 기억이 도무지 없었기 때문이었다.

저녁식사 후에, 베두인들은 차를 더 끓이기 시작했고 사람들은 주변에 둘러앉아 떠들기 시작했다. 그곳에는 또 하나의 주인공이 있었다.

살라의 큰아들은 이름을 알리Ali라고 했는데, 아주 잘생긴 24세의 청년이었다. 그런데 이 청년은 쳐다보면 항상 졸고있는 듯이 좀 매가리가 없어 보인다. 그러나 알리는 매우 즐거운 이야기를 잘 만들어내는 유쾌한 담론가였다. 말은 매우 천천히 했지만……. 그는 언젠가 이런 이야기를 하면서 죠크를 했다:

"유럽이나 아메리카에서는 떨어지는 별똥별을 쳐다보게 되면 누구나 소원을 빌라고 소리쳐요. 그런데 우리 베두인에게는 전혀 그런 관념이 없거든요. 우리는 별똥별을 악귀들로부터 우리를 보호하기 위하여 하나님이 던지는 무기라고 생각해요. 하나님이 우리를 위해 열심히 악귀를 진멸하고 있는데 또 뭘 빌어요? 어느날, 저는 여자관광객과 같이 앉아있었어요. 그런데 그때 별똥별이 떨어지고 있었어요. 순간 그 여자는 본능적으로 외치더군요. 헤이, 알리, 빨리 소원을 빌어요! 그런데 나는 도무지 무슨 소원을 빌어야 할지 몰랐어요. 무슨 소원을 빌어야 할지 전혀 모를 때 빌 수 있는 소원이 무엇일까요? 여러분! 아세요? 대답해보실 분 계십니까?"

그리고는 그는 한숨을 내쉬며 주변을 둘러보았다. 그리고는 사람들이 머뭇거리자 곧 자기가 대답하는 것이었다:

"아세요? 떨어지는 별똥별을 다시 보게 해달라고 비는 것이죠."

알리 손에 든 고슴도치

상당히 고상한 죠크일 것 같다. 그 순간 관광객이 낄낄 웃었다. 그 소리를 듣자 알리는 흐뭇해했다. 죠크가 성공했다고 자부하는 것이다. 그리고는 그는 텐트 밖에 있는 무엇인가를 본 듯했다. 그리고 얼른 일어나 밖으로 나갔다. 되돌아왔는데 그의 손에는 고슴도치가 담겨져 있었다. 고슴도치를 손에 담을 때는 가시로 덮여있는 등쪽으로 눕혀 안아야 하기 때문에 두꺼운 수건을 깔아서 두 손에 담아야 한다. 그러니까 고슴도치의 얼굴과 발이 하늘쪽으로 노출되어 있다. 우리는 고슴도치를 가시 속에 웅크린 채로 항상 보기 때문에 그 까발겨진 모습을 볼 기회가 별로 없다. 그리고 사막의 고슴도치는 한국의 고슴도치보다는 가시털의 날카로움이 좀 덜한 것 같다. 고슴도치의 얼굴과 네 발을 그렇게 가까이서 보기는 처음이었다. 나는 고슴도치가 그렇게 귀여운 동물인지 처음 알게 되었다. 얼굴이 쥐처럼 생겼지만 주변의 털과 함께 훨씬 더 귀엽게 보인다. 가시털을 지닌 포유동물이다. 알리가 데려온 고슴도치는 만화 속의 캐릭터처럼 보였고, 알리를 전혀 두려워하지 않았다. 얼굴을 다 드러내놓고 발이 노출되어 있기 때문에 고슴도치는 이 부자연스러운 자세를 뒤엎기 위해 두 발로 요동을 쳤다. 그런데 내가 가까이 가기만 하면, 얼굴쪽으로 손가락으로 찌르는 시늉을 하기만 하면 금방 얼굴을 푹 파묻고 다리를 감싸 가시공처럼 동그랗게 되어버린다. 포식자(맹금류)로부터 자신을 보호하기 위한 수단으로 그렇게 변형되는 것이다.

그래서 나는 그 고슴도치가 항상 알리 주변에 있는 페트와 같은 것으로 생각했다. 그래서 나는 알리에게 물었다: "얘 이름이 뭐야?"

그러자 모든 관광객들이 웃음을 참지 못했다. 그리고 알리는 아주 웃기는 목소리로 이와 같이 말했다:

"나의 이름은 리브미얼론Leave Me Alone(혼자 있게 해주오)입니다."

풀려난 고슴도치

그리고는 알리는 고슴도치가 자유롭게 자기길을 가도록 놓아주었다. 고슴도치는 우선 텐트 안에서 자유롭게 어슬렁거렸다. 관광객들은 사진을 찍고 비디오를 돌리느라 야단이었다.

저녁 후에 또 하나의 희롱 액티비티는 여우들을 관찰하는 것이었다. 닭을 먹고나면 어차피 뼈다귀가 남는다. 그 뼈다귀나 살찌꺼기를 바위 위에다 던지는 것이다. 그 장소는 관광객이 있는 곳으로부터 안전하게 떨어져 있지만 또 전등을 비추면 굶주린 놈들이 음식을 확보하기 위하여 몰려드는 모습을 자세히 볼 수 있다. 지난 나흘간, 나는 타야의 캠프에서 가까이 오는 여우를 전혀 목격할 수가 없었다. 이제야 그 이유를 알 것 같았다. 이 근방의 여우들은 밤이 되면 모두 저녁잔치를 위해 살라의 집으로 집결하고 있었던 것이다. 아무 국물이 없는 나에게 올 리가 없다.

쫑긋 세운 큰 귀와 덥수룩하게 무성한 꼬리털이 나의 인상에 포착되었을 때, 나는 아우데 엄마의 캠프에서 여우와 만났던 기억을 떠올렸다. 한밤중에 자다가 문득 눈을 떴는데 바로 내 코앞에서 내가 먹다 놓아둔 차를 마시고 있었다. 얼마나 놀랐는지 모른다. 공포 속에 나는 숨을 죽이고 가만히 있을 수밖에 없었다. 그러나 지금 야생동물에 대해 그다지 공포심을 느끼지 않는다. 그들의 삶의 방식이나 습관에 보다 깊은 이해가 생긴 것이다. 그러나 하여튼 무엇이든지 물을 수 있는 동물에 대해서는 조심스러워한다. 그래서 나는 살라집에 갔다온 이후로는 여우를 위한 음식을 서재 올라가는 산밑에 갖다 놓았다. 부엌에서 내다보이는 곳이다. 그렇지만 멀리 떨어져 있었기 때문에 내 캠프권역으로 들어오지는 않았다.

여우 또한 잡식성의 포유동물인데 한국에서는 보기 힘들다고 한다. 여우들이 음식을 다 먹고 난 후, 나는 관광객들이 하는 대로 별을 바라보고 있었다. 나는 관광객그룹의 일원처럼 행동하고 있는 것이다. 보통의 일상적 삶에 있어서는 내가 관광객이 되어 그 그룹 속의 일원이 된다는 것은 상상하기도 어려운 일이다. 나는 여행을 해도 혼자 했고, 주변의 사람들이 감히 할 엄두도 못내는 그런 짓들만 골라서 했다. 그러나 4일 동안의 완벽한 고존孤存을 겪은 후에 자연스럽게 나는 타자와 같이 행동하는 것에 즐거움을 느끼게 된 것이다. 홀로 존재하지 않는다는 어떤 느낌을 확보하고 싶었던 것이다. 아~ 결국, 나 또한 사회적 동물일 뿐이구나!

사막의 여우

극도의 피곤이 휘몰아 닥쳤다. 잘 시간이 되었다. 나는 일어나서 감사의 인사를 전하기 위해 살라를 찾았다. 살라에게 감사와 작별의 인사를 했을 때, 그는 그날 밤을 자기집 텐트에 머물러도 좋다고 말했다. 그는 내가 개방된 고무샌달을 신고 있었기 때문에 집에 가는 길에 전갈이나 뱀 같은 것이 우려된다고 말했다. 나는 정중하게 그의 제안을 사절했다. 그리고 홀로 나의 원래의 잠자리로 향했다. 이마전등을 켜고 대지의 상황을 살피며 걸었지만 고독과 무심 속의 행보는 그 나름대로 범인이 느껴볼 수 없는 광막한 아름다움이었다.

이 밤이야말로 앞으로 무수히 연속된 밤들의 시작이었다. 나는 살라의 캠프를 줄곧 다녔다. 그 번잡한 캠프는 곧 나의 나이트 라이프의 일환이 되어버렸다. 타야의 캠프에서 생활한 그해, 여름과 가을 내내, 일주일에 여러 번 야행성 사교와 유흥을 감행하는 것이 나의 루틴이 되어버렸다. 맨해튼에서 저녁 먹으러 나가고, 마시고 춤추고 하는 똑같은 유흥생활이 자연스럽게 이루어지고 있는 것이다. 적막한 사막 한가운데로 맨해튼을 옮겨놓은 셈이 되고 말았으니 이게 뭔 아이러니일까? 살라 캠프에 갈 때면 옷도 더 멋있게 입고, 눈화장도 하고, 작은 핸드백 속에 전화와 열쇠를 넣고, 텐트를 굳건히 잠궈놓고 출발하는 것이다.

그 다음날 아침, 내가 모닝까페 고인돌책상에서 커피를 마시며 책을 읽고 있는데, 한 방문객이 그곳까지 올라와 나를 찾는다. 모하메드 팔라Mohammed Falah였다. 23세의 이 청년은 최초에 나의 나무책상을 돌산 꼭대기로 운반해주었던 인물이다. 모하메드는 그냥 와서 그늘 밑에 앉아있는 것이다. "그냥 앉아있는데" 뭐라 말할 수도 없는 노릇이다. 그리고 모하메드는 영어를 잘했고, 유모어가 있는 인물이었기 때문에 별로 성가실 것도 없었다.

그는 갑자기 우리가 앉아있는 곳에서 멀지 않는 바위산 지점, 그리고 서재 바위산의 어느 지점에 고대의 다양한 암각그림과 문양과 문자가 새겨져 있는 곳을 안내해주겠다고 말했다. 흥미로운 제안이 아닐 수 없다. 로컬의 사람들이 아니면 나 같은 이방인이 그러한 사정을 알 리가 없다. 나는 실제로 가보고 거대한 충격에 휩싸였다.

사람의 형상이 두 개 있고 그 밑에 발바닥이 두 개 그려져 있다. 인간의 정체성을 표현.

암각형상과 문자

내가 살고있는 지점의 바로 뒷켠에 그토록 장쾌한 고대인의 신비롭기 그지없는 석각이 펼쳐지고 있었던 것이다. 그 모습은 언젠가 아버지를 따라가서 보았던 울산 반구대의 암각화와 매우 비슷하다. 반구대의 암각화는 고래사냥의 현실적 모습을 그렸다는데 그 세계사적 가치가 있다. 물론 반구대에도 호랑이, 사슴, 멧돼지 같은 육상동물이 그려져 있다. 이곳에는 낙타, 휘어진 큰 뿔이 있는 아이벡스, 타조와 같은 현지의 동물그림이 그려져 있고, 또 놀라운 것은 기원전 수 세기로 거슬러 올라가는 시대의 문자들이 상당히 잡다하게 새겨져 있다는 것이다. 갑골문과 문자학·성운학의 대학자인 엄마와 같이 왔더라면 이 그림이나 문자에 대해 좀 더 구체적인 느낌을 말할 수 있겠지만 나는 이 방면의 지식이 별로 없었다.

알파벳의 조형. 따무딕 문자.

유네스코의 세계문화유산으로 들어간 와디 럼 보호구역Wadi Rum Protected Area만 해도 암석면에 새겨진 암각문양들이 2만 5천 개가 넘는다. 이 다양한 암각은 이 지역에 인류가 정착하는 1만 2천 여 년의 여정을 표현하고 있다. 우리나라는 암각화의 숫자가 너무 적고 문자가 거의 없는 데 반해 여기는 다양한 문자가 널브러져 있다. 다시 말해서 이 지역의 고대인은 문자를 통하여 소통하는 문화를 매우 일찍부터 가지고 있었다는 것이다. 동아시아는 한자의 강력함 때문에 로컬한 문자의 개발이 묵살된 반면 이곳은 상형이나 알파벳문자가 다양하게 개발된 듯하다.

동물들의 가축화과정, 사냥장면, 싸움이나 전쟁장면, 사람의 손과 발의 이미지(사람의 아이덴티티를 나타내는 수단), 다양한 종교적 제식, 추상적인 종족의 마크 등등이 풍요롭게 그려져 있는데, 이 암각의 대부분은 BC 2세기로부터 AD 4세기 사이의 작품으로 추론되고 있다. 그리고 BC 4·5천 년 사이의 작품으로 추정되는 상형문자

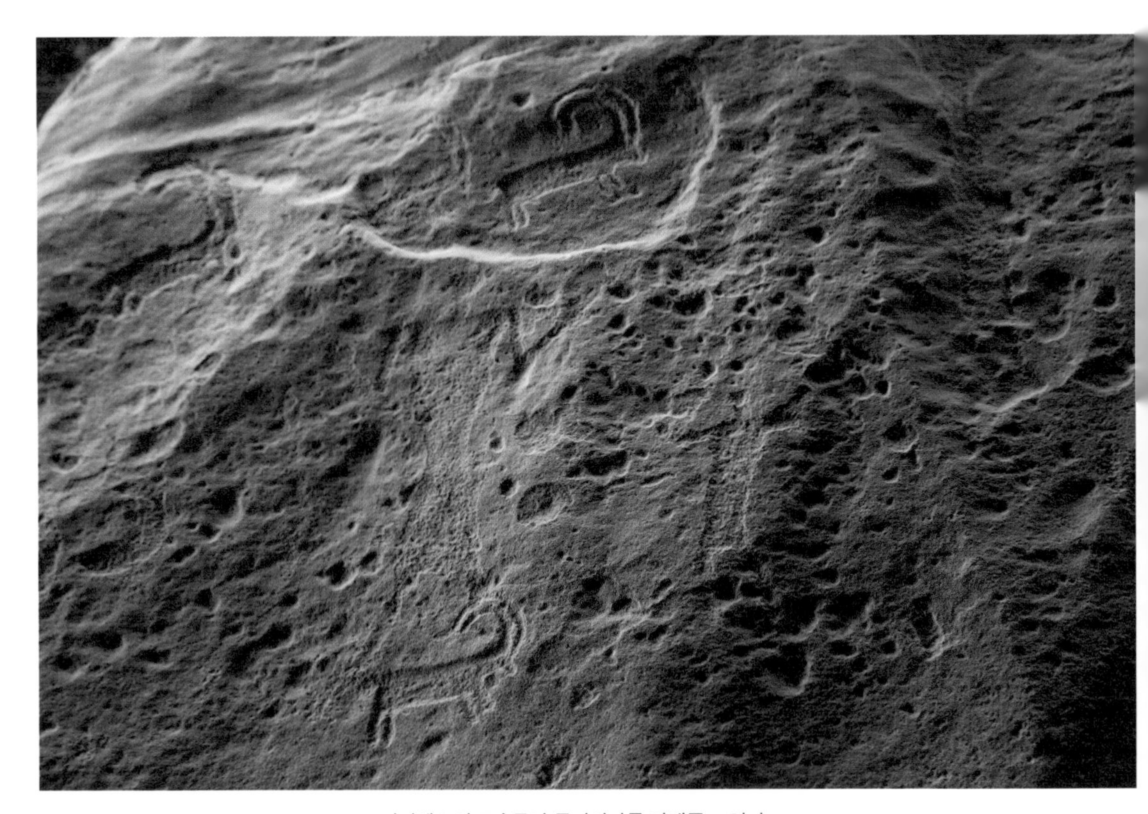

아이벡스의 모습들이 무엇인가를 말해주고 있다.

들도 있다. 그리고 나는 매우 신비롭게 보이는 심볼들을 많이 발견하였는데, 그 심볼들은 상형문자가 아닌 소리글자임이 분명했다. 그것은 고대 알파벳의 조형들이었다. 이 석각문자들이 제대로 해독되기만 한다면 페니키아 문자 중심으로만 알파벳을 생각하는 우리의 기존의 관념을 바꿔야 할지도 모른다. 사막이야말로 인류 고대문명의 무궁한 심원일 것이다.

사람을 그렸는데 귀신 같기도 하다. 동방 고대 상형문자인 갑골문甲骨文, 금문金文에 나오는 "큰 대大"자도 이러한 사람의 정면 모습에서 유래된 것이다.

【제28송】

문명은 가증스럽다. 그러나 인간의 자연은 결국 작위의 문명을 향해 간다

따무딕문자로 쓰여진 초기의 암각 텍스트는 따무드종족이라 불리는 아라비아반도 북방에 위치한 사람들이 남긴 것인데, 이들은 아라비아만에서 동남쪽에 위치한 마다인 살레Mada'in Saleh 부근의 아틀랍산Mount Athlab의 기슭에 정착한 그룹이다. 이들도 원래는 아라비아 남부에 기원을 두기는 하지만 북상하여 이곳에 정착한 것이다. 이 문자 텍스트들은 대강 2·3천 년 전 것으로 고증되고 있다. 따무드종족에 관한 고대의 확실한 언급은 앗시리아의 왕 사르곤 2세Sargon II가 BC 715년에 남긴 것이다. 앗시리아에 의하여 정복된 동부·중부 아라비아의 종족들 가운데 그 이름이 명료하게 언급되고 있는 것이다. 예수가 일상생활에서 쓴 언어인 아람어 Aram도 결국은 이 따무딕언어와 같은 계열의 언어임이 밝혀지고 있다.

내가 본 현장의 명문 중에는 이 따무딕언어 외로도, 나바테아왕국의 독자적인 언어가 있었는가 하면, 중세와 근세의 아라빅 명문도 있었다. 그리고 짓궂은 로컬 베두인 아이들, 우리처럼 이 고대 암각문자·문양들의 소중한 가치를 인식할 수 없는 아이들은 그 명문들 곁에 자기들의 낙서를 제멋대로 첨가해놓았다. 한 경우는 최소한 2천 년 이상 된 것으로 보이는 낙타들의 그림 옆에다가 낙타들을 나르기도 하는 큰 트럭을 그려놓았다. 지금 보면 그것은 분명 문명훼손의 만행으로 보이지만, 수천 년 후에는 학자들이 보고 그것에서 특별한 의미를 고증해낼지도 모르겠다.

암각 따무딕 문자

그날, 모하메드는 나에게 암각문자들을 보여준 후에 군말 없이 빨리 되돌아갔다. 그러나 다음날, 모하메드는 코카콜라 몇 개와 사탕과자 몇 봉지를 싸가지고 나에게 다시 왔다. 그는 텐트 하나에서 담요를 취했다. 그리고 자기 차로 나를 초대하는 것이다. 다른 한 군데 볼 것이 있다고 하면서 그곳에서 조촐한 피크닉을 하자는 것이다. 그곳은 내 장소에서 멀지 않은 또 하나의 바위언덕이었다. 모하메드는 그늘진 평평한 곳에 담요를 펼쳐놓았다. 그리고 드링크와 스낵을 정렬시켜놓았다. 나는 도대체 왜 내 장소와 하등의 다를 바가 없는 곳에 또 하나의 평평한 암반을 찾아온 이유를 전혀 알 수가 없었다. 그러나 모하메드가 갑자기 어색하게 다음과 같은 말을 했을 때 모든 정황을 쉽게 알아차릴 수 있었다: "나는 당신 책상을 바위 꼭대기에 올려놓기 위해 등허리와 어깨가 심하게 고통을 당했지, 아무래도 몸을 다친 것 같아. 마사지 좀 해주겠어?"

순간 나는 그 소리를 듣자, 크게 웃지 않을 수 없었다. 그리고 속으로 생각했

다: “아항~ 요놈이 날 한적한 이곳으로 데려온 은밀한 목적이 있었구나! 나에게 친절하게 대해준 이유가 있었다구.” 그러나 일단 그가 내 무거운 목제책상을 등에 올려놓은 채 한 번 쉬지도 않고 바위언덕을 올라간 것은 사실이었다. 그리고 그로 인해서 등과 어깨가 쑤신다는 말은 쌩거짓말은 아닐 것이다. 쌀쌀맞지 않게 정당한 댓가는 보여주는 것이 정도일 것이다. 그래서 나는 모하메드에게 말했다: “오케이! 내가 등마사지를 좀 해주마! 그러나 그것뿐이야. 더 이상 아무것도 없다구.”

내 말이 떨어지자마자 그는 담요 위에 배를 깔고 일자로 누웠다. 나는 모하메드 등 위에 걸터앉지 않고 옆으로 앉아 그의 어깨날의 혈들을 잽싸게 눌러주었다. 그리고 곧 다 되었으니 일어나라고 명령했다: “내가 누르는 방식은 고대로부터 내려오는 침술방식이야! 아주 효과만점일 거야!”

모하메드는 얼굴에 실망끼가 가득차 보였다. 그러나 한마디도 불평의 말을 꺼내지는 않았다. 나에게 친절함을 잃지 않았고, 어영부영하다가 나를 캠프에 데려다주고는 사라져버렸다.

내가 와디 럼에서 더 많은 나날을 보내면서 알게 된 사실은, 마사지를 주거나 받거나 하는 일은 베두인 남자가 외국인 여자와의 챈스를 모색하는 매우 전형적인 수법이라는 것이다. 얼마 지나지 않아 나는 서양의 여성관광객들이 무심하게 혹은 심각하게 베두인 남성들과 성적 관계를 맺는 일이 심심치 않게 일어나고 있다는 사실을 알아냈다. 베두인 여성과의 혼전 정사는 매우 엄격하게 금지되어 있기 때문에 많은 베두인 남성들은 외국여성들을 대상으로 챈스를 모색하는 것이다. 사막의 싱싱한 마초를 갈망하는 서양여자도 물론 있을 것이다.

그러나 와디 럼에 사는 베두인들은 그들의 윤리적 계율에 관해 강한 자부심을 가지고 있었다. 그래서 그들은 대체적으로 외국여성에 대해 공격적이거나 폭력적이지는 않다. 또한, 그들의 윤리적 명성은 관광사업에 매우 중요한 함수라는 것을 잘 알고 있었다. 그것은 그들의 생계와 직결되는 문제였다.

모하메드의 경우는 특별히 여성에 대해 폭력적이어야 할 아무런 이유가 없었다. 그는 이미 베두인 여성과 결혼을 했다는 사실을 알게 되었다. 그리고 제2의 부인을 맞아들이기 위해 교섭중이라는 것이다. 뿐만 아니라 그는 이미 많은 유럽의 여성들과 교제를 맺었다는 사실도 나에게 전달되었다. 그는 어찌 보면 디즈니영화에 나오는 알라딘처럼 보인다. 아주 하얗게 빛나는 이빨이 매우 완벽한 정렬을 이루고 있었다. 어떻게 그가 그런 이빨을 유지할 수 있는지 그것은 나에게는 하나의 수수께끼였다. 베두인들은 거의 이빨관리를 하지 않기 때문이다. 그의 이러한 외관이 그를 전형적인 베두인 플레이보이로 만들고 있는 것이다. 그러나 헛꿈에서 깨어나는 것이 신상에 좋을 듯 싶다.

2013년 5월말 내가 와디 럼을 떠날 때까지 나는 이미 나의 호젓한 사막의 독거생활의 일상적 루틴을 확립했다. 모닝까페의 고인돌책상에서 아침 커피를 한 잔 마시며 독서를 하고, 부엌을 청소하는 등 캠프의 정돈을 하고, 그 주변의 경관을 둘러보며 트레킹이나 하이킹을 한다. 그리고는 내가 전화나 인터넷을 연결시킬 수 있는 장소를 찾아낸다. 오후에는 서재로 올라가서 편한 책상에 앉아 읽거나 글을 쓴다. 그리고 해가 지면 살라의 집으로 가서 저녁을 먹고 모여드는 사람들과 교제를 한다. 그리고 나의 캠프로 돌아와 꿈나라로 간다. 그곳에서 8일간 생활해 보고나서 나는 이미 이러한 생활리듬을 확보했다. 이 체험은 앞으로 내가 이곳에서 계획하고 있는 장기체류의 서막이었다. 그리고 큰 문제가 없다고 하는 확신을 주었다. 와디 럼에서 계속 머물 수도 있었지만, 나는 일단 6월 한 달 동안은 인도의 미진한 체험을 완성하기로 마음먹었다.

나는 인도 동북부의 사막 이외의 지역을 탐색하기로 했다. 남서쪽의 환상적 고아 지역, 팔로렘 비치Palolem Beach in South Goa, 라자스탄의 호반도시 우다이푸르Udaipur의 꿈결 같은 호수, 최북단 히마찰 프라데시Himachal Pradesh 서히말라야산맥의 장엄한 광경들을 보기 위해 나는 사막을 떠났던 것이다.

그러나 그토록 아름답고 기이한, 푸르디 푸른 자연의 경이에 눈이 끌리면서도 나의 마음은 항상 와디 럼의 사막계곡에 남아있었다. 홀로 광야를 떠도는 다윗처럼.

인도의 고아 지역 광경

사막은 이미 나의 집이 되었고, 그곳에서 너무 오래 떨어져 있으면 그리워 어쩔 줄을 몰랐다. 엄청난 정글과 장엄한 산맥은 매우 익사이팅한 요소들이 많았지만, 사막이 제공하는 정적과 침묵은 제공하지 않는다. 그리고 사막의 산맥이 형성하는 광활하고도 탁 트인 성스럽고 숭고한 랜스케이프의 아름다움은 제공하지 않는다. 나는 이러한 콘트라스트를 통해, 왜 굳이 사막에서 종교적인 천재들이 태어나는지, 왜 사막에서 흥기한 종교들이 인류의 정신사를 그토록 강력하게 지배했는지를 알 수 있을 것도 같았다. 나는 와디 럼으로 돌아가야만 했다. 그곳이야말로 나의 도시생활에서 생긴 모든 질병을 치유할 수 있는 곳이라고 확신하게 되었다.

내가 6월말 요르단에 되돌아왔을 때, 내가 웰컴하는 손님 한 명이 동시에 도착했다. 그 손님이란 내가 한국에서 자라날 때 신촌 봉원사 부근에서 내내 같이 생활한 가장 가까운 친구였다. 혜원이라는 아이였는데, 지금은 후리 미끈하고 유행에 따라 멋있는 옷을 입은 도시형의 숙녀였다. 그러나 혜원이는 여전히 어릴 적과 똑

고아 해변

같이 사내 같이 왈가닥스러운 레이디였다. 혜원이는 단식원을 운영하는, 자연주의자인 아버지 밑에서 컸기 때문에 자연의 생태에 관하여 정보가 많았다. 봉원동 안산을 돌아다닐 때면 나는 항상 혜원이에게 배웠다. 초등학교 시절에도 우리는 떨어질 수가 없었다. 딴 아이들은 시내로 나가기를 좋아했지만 우리는 뒷산에 가서 놀기를 선호했다.

그녀가 한 달 동안이나 요르단에 머무는 동안 우리가 같이 한 일이라는 것은 우리가 꼬맹이 시절에 같이 놀았던 것들의 좀 어른스러운 버전이라고나 할까, 하여튼 그런 소소한 재미였다. 봉원동 뒷산 대신에 우리는 와디 럼 광야의 바위산을 올라갔고, 사해의 진흙 속에 파묻혀 일광욕을 즐겼고, 탄자니아Tanzania(아프리카 동해안의 국가. 킬리만자로산이 있다)로 날아가서 사파리의 동물들을 보았다. 그리고 잔지바르Zanzibar(탄자니아의 일부이긴 하나 반독립적 위상을 가지고 있다. 많은 섬으로 구성됨)의 흰

탄자니아 잔지바르의 광경

모래 비치를 즐겼다. 우리는 암만에서 다르에스살람Dar Es Salaam(탄자니아의 수도)으로 가는 매우 싼 비행기 티켓을 만났기 때문에 아프리카여행을 즐길 수 있었다.

혜원이가 나와 함께 일주일간 와디 럼에 머무르고 있을 때는, 내가 처음에 왔을 때와는 달리, 생활이 몹시 쾌적했다. 나는 그녀가 나의 일상적 삶을 개선하기 위하여, 그리고 또 타야의 캠프 주변의 삶의 공간을 편하게 만들기 위하여 노력한 모든 지혜를 잊을 수가 없다. 혜원이는 매우 꼼꼼했고 유능했다. 걔는 내 부엌을 철저하게 깨끗이 청소했다. 나의 엄마나 그렇게 청소할 수 있을까? 부엌의 벽

타일과 조리대 위에 붙은 때를 말끔히 벗겨내었고, 모든 접시와 은그릇을 새것처럼 닦아놓았다. 뿐만 아니라 혜원이는 싱크대 밑에 파이프에서 물이 새는 것까지도 고쳐놓았다. 오랜만에 휴가를 와서 뭔 노동을 그렇게 하냐고 말렸어도 걔는 완고하게 일을 고집했다: "나는 깨끗하게 하는 게 좋아. 어차피 너한테 필요한 일 아냐? 친구 뒀다 뭐해." 그토록 긴 여행을 하고 와서 친구를 위하여 청소만 하고 앉아있는 혜원이의 모습은 요즈음 나의 감각으로는 생각하기 어려운 것이다. 한국에서 그의 친구들이 사막에 간다고 하니까 다 말렸다고 한다: "너 미쳤니? 사막엔 왜 가? 중동? 얼마나 위험한 곳인데, 사막은 지루한 곳이야. 돈 주고 가라고 해도 우린 못가!" 운운.

나는 이미 미국생활에 완벽하게 적응한 사람이지만, 미국에서의 인간관계라는 것은 철저히 개인주의적이고 자기중심의 이해관계에 얽매여 있다. 3명의 미국친구가 3번에 걸쳐 따로 나를 방문했다. 그때마다 나는 방문객이 나를 안다는 것을 기화로 나의 소재를 활용하여 자기들의 쾌락이나 휴가를 즐긴다는 것만을 느꼈지, 그들이 친구인 나에 대해 하등의 관심을 갖는다는 것은 생각할 여지도 없었다. 서양의 친구라고 하는 것은 혜원이나 1년 후에 나를 방문한 나의 언니가 나를 도와주는 그러한 이해의 깊이에 도달하는 적이 없다. 친구의 실존의 영역에 개입하여 정을 주고받는다는 것은 그들의 사전에 없다. 영화에 가끔 있을지는 몰라도 실제로 서구사회에서 우정이라는 것은 멀리 사라져버린 단어일 것이다.

어찌되었든 나를 방문한 사람들은 다 여성이었다. 물론 남성친구들도 많이 있다.

탄자니아 잔지바르 마사이족

그러나 나를 방문한 친구는 다 여성이었다. 팀북투의 뚜아렉 추장인 말리가 한 말이 생각난다: "팀북투에 홀로 여행하는 관광객들은 거의 다 여성이야. 남성들은 꼭 그룹을 지어 와. 세계 어느 곳에나 여성이 남성보다 더 용감한 것 같애."

8월 중순에 암만에서 나는 혜원에게 아쉬운 작별의 인사를 나눈 후에, 나는 와디 럼에서 내가 쓸 적합한 나무의자를 찾느라고 도시 전체를 쑤시고 다녔다. 다행스럽게도, 등받이가 아름답게 수직의 곡선을 지닌, 완벽하게 편리한 골동품 나무의자를 발견했다. 암만 다운타운의 길거리시장에서 발견하였는데 누가 봐도 품격이 높은 걸작품이었다. 새 가구집에서 엉터리 나무의자는 보통 100불을 호가하는데, 이 의자를 판 사람은 15불의 양심적 가격을 제시했다. 나의 기호에서 벗어난 유일한 조건은 시트의 색깔이었다. 그래서 나는 의자를 들고 천갈이집으로 갔다. 그래서 바닥에 새로운 스폰지를 두툼하게 넣고 연한 갈색의 두꺼운 천으로 천갈이를 했다. 천이 얼마나 단단한지, 비닐계열의 천박한 느낌이 없어 좋고, 또 외부에서도 잘 견디어낼 그런 고품격이었다. 나는 의자를 상점에서 버리는 스폰지를 얻어 테이프로 잘 감쌌다. 버스의 트렁크 속에서 딴 화물과 부딪혀 상처가 날 것을 단단히 예방하는 조처였다.

나는 2013년 8월 21일 아카바에 도착했다. 아우데

고품격 의자

변소 짓는 모습

가 나를 그의 트럭에 태워 와디 럼까지 데려다주었는데, 우선 그의 엄마 캠프에 들렀다. 놀라웁게도 아우데의 형 아흐마드와 아우데의 배다른 동생인 칼리드는 엄마의 텐트 밖에, 염소를 기르는 우리 가까운 곳에다가 변소를 짓고 있었다.

그들은 맞배지붕의 조그만 상자곽 같은 집을 메탈 프레임으로 짓고 있었다. 문까지 만들어 모래바닥 위에 올려놓았다. 구덩이를 파고 신발 같이 생긴 도자기를 놓고 또 그 주변으로 세멘트를 부었다. 모래바닥 밑으로 아무리 팠다고 해봐야 대소변을 저장할 탱크가 따로 마련되었을 리 만무하다. 그들은 곧 메탈 프레임을 천으로 덮어 변소깐을 가릴 셈이었다. 나는 이 광경을 쳐다보면서 인간세 문명의 의미를 심각하게 반문하지 않을 수 없었다. 아우데의 엄마는 사막의 베두인으로서 평생을 잘 살아왔다. 그들에게 변소깐이라는 것은 존재해야 할 하등의 이유가 없었다. 개방된 사막모래 위의 아무 곳에나 대소변을 누면 나머지는 자연이 다 처리한다. 강렬한 태양이 말려주고 분해시키고 남김없이 소독까지 다 해준다. 냄새 안 나고, 깨끗하고 오히려 위생적이다. 그런데 이제 와서 문명의 이기로 나아갈 것을 주장하면서 변소깐을 만든다? 폐쇄된 공간에 온갖 냄새와 병균이 들끓게 만들면서 진보와 근대화를 논한다? 이거 도대체 말이 되는가! 왜 평생을 자연 속에서 자연인으로 살아온 아우데의 엄마가 인위적 공간인 더러운 암흑의 변소깐이 필요하단 말인가? 인간의 어리석음을 바라보면서 나는 그 무지스러운 행위에 통분을 느끼지 않을 수 없었다. 그러나 그들에게 그것은 선진문명이었다.

새로 정돈한 안온한 방모습

내가 타야의 캠프로 돌아왔을 때, 나의 집에는 이미 많은 생활용품과 다양한 식품이 쌓여 있었다. 지난번에 혜원이가 올 때 큰 여행가방에 많은 것을 가지고 왔고, 또 요번에 내가 한 짐을 더 가지고 왔기 때문이다. 이제는 집안을 좀 정리할 필요가 있었다. 나는 우선 작은 플라스틱 테이블 하나를 텐트 안으로 들여놓았다. 그리고 작은 거울도 하나 걸어놓았고 모자나 옷을 거는 갈고리도 벽에 박아놓았다. 그리고 내가 자지 않는 옆 침대 위로 빨랫줄 같은 것을 설치하여 많은 옷들을 걸쳐놓을 수 있게 만들었다. 내 가방 속에 묵고 있던 것을 꺼내어 걸어놓으니깐, 나의 텐트는 이제 한 가정의 작은 안온한 방과도 같은 느낌이 들었다.

혜원이가 남기고 간 장갑과 모자

혜원이는 나에게 생활에 유용한 많은 물건

들을 남겨놓고 갔다. 그녀가 인도에서 산 몇 개의 매우 가벼운 긴소매 면튜닉, 태양을 가릴 수 있는 몇 개의 마음대로 접어도 무방한 편리한 모자, 그리고 죽은 나뭇가지를 부러뜨릴 때 끼면 편리한 새틴장갑들 등등의 물건을 남겨놓고 갔다. 그리고 이 새틴장갑은 내 손에 굳은살이 배기는 것을 방지하기 위하여 핸드로션을 바른 후에 그냥 끼고 자면 아주 손이 부드러워졌다. 사막생활은 도시인의 미관을 허락하지 않는다. 너무도 너무도 고마운 것은 혜원이가 놓고 간 전기모기채였다. 그것은 우리가 보통 알고있는 중국산의 큰 라켓형의 채가 아니라 작고 성능이 높은 아담한 전기모기채였다. 나는 이 모기채에 무한한 애착을 느끼며 잘 때 항상 곁에 두고 잤다.

나는 이 모기채를 들어 수십 마리를 잡을 때가 한두 번이 아니었다. 사막의 모기는 행동이 느리다. 한국의 모기는 모두 손흥민처럼 민첩하다. 놀라웁게도 캠프 안에는 모기가 많았다. 모기가 많다는 것은 분명 모기를 발생시키는 근원이 있다는 것이다. 그렇다면 분명 웅덩이 같은 것이 필요하다. 그래서 나는 유일한 수조인 물탱크를 조사해보았다. 그 뚜껑은 굳게 닫혀 있었고, 그 안을 들여다보아도 모기 유충의 모습은 찾아볼 수 없었다.

이 작은 흡혈귀와의 투쟁은 끝날 날이 없었다. 나는 심지어 대나무로 만든 시트로넬라 오일 토치citronella oil torch까지 문앞에 설치했는데, 그것은 내가 암만의 고급 미국 하드웨어 상점에서 산 것이다. 시트로넬라 오일을 심지로 태우면 모기가 접근하지 않는다고 했는데 그 효과는 잘 모르겠다.

아침 8시~9시 사이에 이미 태양은 높게 떠있는데, 텐트는 달아오르기 시작한다. 나는 아침에 일찍 눈을 뜨자마자 동향의 문을 열고 마주보고 있는 서쪽의 창문을 열고 공기를 소통시킨다. 그러나 텐트의 대문은 동향이기 때문에 햇빛이 깊숙이 들어와 바닥을 뎁혀 버린다. 그래서 나는 기발한 변통의 장치를 생각해냈다. 먼저 나는 텐트 밖에다가 고리를 만들어 대문을 활짝 열어 고정시켰다. 그리고 맞은편 창문도 똑같이 묶어 고정시켰다. 그리고 돗자리 하나를 문의 상인방에 고정시키고 그 돗자리의 늘어진 끝에다가 플라스틱 테이블을 고정시켜 세워놓아 문지방 영역

돗자리 차양의 완성된 모습. 그 앞에 있는 것이 시트로넬라 오일 토치.

에 그림자가 드리우도록 만들었다. 그러니까 돗자리가 문 전체의 비스듬한 차양 노릇을 하는 것이다. 이 기발한 고안품은 방안의 온도를 3·4도는 낮추는 효과를 가져왔다.

부엌도 많이 개선되었다. 사막의 빌리지에서 구할 수 없는 많은 음식재료들을 나는 나의 캠프로 수송해왔다. 암만에서 나는 아시아식품, 특히 타일랜드 제품들을 살 수 있었다. 쌀국수, 그린 커리 페이스트, 피시 소스, 깡통 코코넛 밀크, 참기름, 킷코망 간장, 고추장을 대신할 수 있는 타이 핫소스 등등이었다. 그리고 나는 다양한 허브, 스파이스, 파스타, 건조된 파르메시안 치즈, 일리 커피, 필터, 콘 등을 샀다. 냉장고 없이도 견딜 수 있는 음식재료와 향신료, 양념은 내가 도시에 갔다 올 때마다 늘어났다. 이 새롭게 확보된 재료들과 빌리지의 상점에서 살 수 있는 것들을 결합하면, 많은 창조적인 레시피를 탄생시킬 수 있었다. 그것은 매우 맛있는 국제적인 요리였다. 마늘과 허브 토마토소스에다가 올리브 오일과 치즈를 섞어 볶은 이탤리언 파스타, 타이 가지 그린 커리와 코코넛 밀크와 밥을 섞어 만든 요리, 참기름에 중국식으로 볶은 야채를 덮은 자극적인 쌀국수 요리, 편두와 버섯으로 속을 만든 수제 만두, 이런 식의 창조적인 컴비네이션은 끝이 없었다.

요리하고 싶지 않을 때는 살라의 캠프로 가서 저녁을 먹으면 되었다. 그러니까 식사만은 매우 풍족했다. 사람들이 생각하는 것보다 나는 충분한 영양을 섭취했다. 나는 매우 열정적인 요리사였다. 그리고 어렸을 때부터 먹는 것을 사랑했다. 그리고 미식가였다. 그런 습관은 사막에서도 지속되었다.

혜원이 떠나고 난 후 3일째, 나의 집 부엌 근방에 예기치 못한 손님들이 찾아왔다. 나는 오후 내내 나의 서재 영역에서 의자를 놓기 위한 완벽한 조건을 만드느라고 분주히 움직이고 있었다. 내 책상 주변을 덮어주는 반동굴형의 암벽을 빗자루로 깨끗이 털어내고 있었다. 나의 논리인즉슨, 사암이 부서지기 쉬워서 바람이 불면 미세한 모래를 날려 내 컴퓨터로 떨어지게 만든다는 것이다. 나의 노동은 불필요한 것이었을지도 모르지만, 그러한 논리에 의한 나의 노동은 나에게 과제상황을

내가 만든 창조적 요리

해결해나가는 기회를 만들어주었다. 그 서재공간을 변형시키는 나의 노동이 가미되면 그 공간에는 나만의 가치가 생겨난다. 서재가 더욱 나의 고향인 것처럼 느껴지는 것이다.

내가 아래 텐트영역으로 내려왔을 때, 부엌 주변에 세 마리의 커다란 낙타들이 어슬렁거리고 있었다. 보싸Bossa와 깊은 정분을 나눈 이후로 나는 낙타들을 본능적으로 좋아했다. 그래서 부엌으로 가서 쿠브즈 빵 한 보따리를 손에 들고 거기서 빵 하나를 꺼내어 찢어 한 조각 한 조각씩 주었다. 그러나 그들은 하도 먹지 않아 굶어죽어 간 보싸와는 전혀 딴판이었다. 그들은 잘 먹어 건강했다. 그러나 과도하게 게걸스러웠다. 빵 한 조각을 맛보더니만 미친 듯이 나에게 달려오는 것이다. 나는 순간 위협을 느껴 뒷걸음치다가 그만 빵보따리 전체를 놓치고 말았다. 그들은 나의 빵 식량 전체를 순식간에 해치워버렸다.

나는 살라의 캠프에서 빵을 좀 얻어올 수도 있었고 아우데에게 사다달라고 요청할 수도 있었지만 나는 밀가루와 이스트를 써서 나 스스로 빵을 만들어 보리라고 작심했다. 처음 만든 빵은 너무 말랐고 질겼다. 가스 스토브만 있는 내 부엌에서 큰 냄비를 활용하여 오븐 흉내를 내려고 했지만 역부족이었던 것이다. 두 번째 시도에서는 나는 버터를 썼는데, 두꺼운 팬케익과도 같은 느낌의 빵이 탄생했다. 첫 번째 빵보다는 훨씬 부드러웠다. 결국 나는 사막에서 아주 훌륭한 빵을 만드는 기술을 터득하고야 말았다. 세 명의 게걸스러운 방문객 덕분이었던 것이다.

두 번째로 만든 빵. 성공작.

이 모든 나의 노력은 생존을 위해 필요한 수준을 훨씬 뛰어넘는 것들이다. 내가 나의 일상적 삶을 개선하려고 분주히 움직이고 있을 때 나는 본래의 의도에 역행하는 방향으로 모든 것을 진행시키고 있었다. 내가 역행이라고 말하는 것은, 더욱 더 베두인의 원래 모습처럼, 더욱 미니멀리스틱하게, 더욱 "원초적"으로 돌아가고자 했던 본래의 지향점과는 반대의 방향으로 나의 삶이 진행된 것을 의미한다. 베두인처럼 살아보겠다는 나의 의지와는 달리, 나는 나의 환경을 더욱 더 "문명화된" 요구에 맞추어 개변하고 있었던 것이다. "원초적"과 "문명화"를 대비시킨 나의 어투 자체가 이미 직선적 진보사관의 가치판단을 깔고 있는 것이다. 원초와 문명의 대비는 근원적으로 잘못된 것일지도 모른다. 도시의 소음과 세속의 집착에서 해방되어 야생의, 천연의 자연에 동화되고 싶었던 내가 나 자신만의 새로운 코스모스를 창조하는 데 골몰하고 있었던 것이다. 결국 나는 해탈을 지향한 것이 아니라, 사막이라는 제로 포인트에서 재출발하고 있었던 것이다. 무엇을 향해? 인간이 수천 년간 진행시켜온 문명의 전개를 나는 반복하고 있었던 것이다. 나는 "전개"라는 말만 썼지 "진보"라는 말은 쓰지 않겠다. 하여튼 나의 실험이 이루어질 곳은 사막 이외로는 없었다. 와디 럼에서 내가 나의 창조능력을 재발견하는 과정에서 배운 것들은 삶에 대한 보다 폭 넓은 비전을 나에게 안겨주었다. 특히 예술가로서의 나의 삶에! 그것은 창조하고 싶어하는 끊임없는 갈망의 분출이었다.

사막에서 만들어 먹은 만두

【제29송】

무위적 삶 자체가 하나의 유위적 예술

— 사막의 고독 속에서 똥개를 만나게 되는 사연 —

나의 소꿉친구 혜원이를 암만에서 떠나보내고 그곳 중고품가게에서 의자를 구해 와디 럼에 돌아온 지 나흘째 되던 날, 나는 서재 바위산에 나의 책상과 의자 한 세트를 어떻게 놓을까, 그 완벽한 배치를 궁리하면서 하루를 소비하였다. 바위산 위에 책상 하나 놓기 위해 여러 시간을 소비한다는 것, 그 단순한 사건 하나에 하루 전체를 매달린다는 것을 과연 우리의 일상적 감각 속에서 이해가능할 것인가?

처음에 나는 책상을 반 동굴화된 옴폭한 벽면을 향해 안정적으로 붙여놓을 생각을 했다. 그러나 책상을 돌려서 의자를 벽면에 기대어놓고, 책상과 벽면 사이에 얼마간의 공간을 주면, 사막의 파노라마가 한눈에 들어오는 유리한 시선을 확보할 수 있었다. 독서와 함께 시선의 평온과 영감을 동시에 얻게 되는 것이다. 그러한 방식으로 새로운 자리를 확보한 후에 나는 주변의 작은 조약돌과 큰 돌을 모두 치워버렸다. 그리고 주변에 쌓인 먼지와 모래들을 오랜 시간을 걸려 깨끗이 벗겨내었다. 그렇게 열심히 소제를 한 후, 그곳을 둘러보았는데 뭔가 잘못된 듯, 자연스러운 안온함을 느낄 수 없었다. 깨끗하게 청소한 사건이 왜 나를 불안하게 만들었을까, 바닥을 오랫동안 보고 또 자세히 살펴보았다. 결국 그 장소를 깨끗이 청소한다는 것 자체가 자연스러움에 대한 폭력이었던 것이다. 모든 것이 자연스러움

책상에서 바라보는 사막의 파노라마

을 상실해버린 것이다. 내가 청소하기 이전에는, 움푹 파인 반 동굴바닥에는 모래가 꽤 두툼하게 깔려있었다. 날아다니던 모래들이 그곳에서 안식을 얻는다. 또 그곳에는 바위가 떨어져 그 쌓인 모래들이 교란당할 염려라곤 없었다. 반 동굴벽에서 떨어질수록 굵은 모래와 자갈이 깔리게 된다.

여러 시간, 세밀하게 조사하고 사유한 끝에 도달한 결론은 이러하다: 돌맹이 하나의 모양과 위치, 그리고 헤아릴 수 없이 많은 모래알들의 분포가 수천 년 또는 수백만 년을 거쳐 진화된 자연스러운 결과라는 것이다. 내가 조약돌을 쓸어내림으로써 순식간에 나의 시각에 편하게 느껴졌던 모든 평형상태가 달아나버린 것이다. 그래서 나는 오후시간에는 내가 내버린 조약돌을 주워다가 바닥에 까는 작업을 해야만 했고, 벽쪽으로 모래를 다시 깔아 그 모래의 펼쳐진 모습이 조약돌의 분포와 매우 자연스러운 연속성을 이루도록 세심한 배려를 해야만 했다. 자연스럽게 연속적으로 보이는 다양한 모습이야말로 나에게 심미적 쾌감을 주었다.

사막에서의 삶의 실험을 시작할 때, 나는 곧 예술을 창작한다는 생각을 자연스럽게 망각해버리고 말았다. 왜냐하면 사방에 깔린 것이 지고의 예술이었기 때문이다. 내가 소위 "예술"이라고 생각했던 것들을 만들어내야만 하는 근원적인 욕구를 상실해버린 것이다. 나는 이미 걸작 예술품 안에 들어와 있었다. 텐트문만 걷고 나가면 모든 심미적 감성이 충족되는데, 무엇 때문에 방안에 우그리고 앉아 궁상맞게 붓질을 하고 있단 말인가? 내가 애초에 사막생활을 시작할 때, 이미 나는 미니멀리즘적인 삶을 살게 되리라고 기대했고, 인위적인 창작을 포기하게 될 것이라고 생각했다. 그렇게 되면 예술이라고 따로 할 이유가 없어지니깐 예술품을 만드는 작업도 제거될 것이라고 생각했다.

그러나 실상인즉, 그렇지 않았다. 내가 나의 책상 주변으로 조약돌을 세심하게 재배치하는 그 행위 자체가 내가 예술품을 만드는 과정과 하나도 다를 것이 없었다. 나는 사막에서도 역시 끊임없이 창조적이어야만 했다. 그러한 행위가 없으면 나는 무생물에 가깝다. 사막은 텅 빈 캔버스와도 같았다. 그 표면은 항상 무화無化되면서 신선한 캔버스를 제공한다. 그래서 최초의 한 획을 그을 때, 나는 그 여파를 다 감지할 수 있다. 동양의 화론가畵論家들은 일 획이 곧 만 획이고, 일 획에서 곧 모든 법이 성립한다는 얘기를 한다고 하는데 그 가장 강렬한 사례를 나는 사막의 삶 속에서 느낀다: "무법無法으로 유법有法을 생하고, 유법으로써 중법衆法을 관철한다." 중국의 명말청초의 화가, 석도石濤, 1642~1707의 말이다.

아마도 내가 도시를 떠나온 이유를 말하라면 이 이상의 대답은 없을 것 같다. 도시는 나의 예술적 비젼을 흐리게 만들고, 예술과 상품, 예술과 상업선전의 경계를 없애버리는 비속한 경지로 나를 몰고간다. 와디 럼에 정착하면서 예술을 제거시키겠다는 대자적 의식은 오히려 사라지고, 나의 실존 그 자체가 행위예술과 설치미술의 혼합이 되어버렸다. 나는 소위 예술품을 만들지는 않지만 나의 삶이 끊임없이 예술적 과정의 현현 속에 있다고 느꼈다. 사막이야말로 예술이란 무엇인가라는 질문에 대한 카타르시스적인 순수체험을 제공하는 그 무엇이었다.

다음날 책상이 온전한 제 위치를 찾았을 때, 나는 수평기를 동원하여 완벽한 수평을 맞추었고, 의자를 아래 캠프로부터 날라오는 작업을 해야만 했다. 의자가 보관되어 있는 부엌으로 갔을 때, 캠프로 다가오는 한 방문객이 있었다. 그는 내가 살라의 캠프에서 만난 적이 있는 베두인 소년이었다. 그의 이름은 모하메드 살라Mohammed Salah였는데, 바로 유머감각이 넘치는 큰아들 알리Ali의 좀 수줍은 동생이었다. 모하메드 살라는 후리미끈한 키에 좀 여성적인 성격의, 19살 난 소년이었는데, 매우 큰 갈색 눈매에 눈썹이 길게 하늘로 치솟았다. 도톰한 입술과 얼굴의 윤곽이 모든 여성이 선호하는 미모였다. 심미적으로 말한다면, 그는 아름다운 베두인 청춘의 이데아적 카탈로그 이미지의 표상이 될 만했다.

걸상을 날라주는 모하메드 살라

갖추어진 나의 서재세계

책상 곁에서 커피를 끓인다

내가 그를 그의 집에서 보았을 때는 그는 별로 말이 없었다. 그래서 그가 내가 살고 있는 곳을 찾아온 사실이 좀 의외였다. 개성으로 말한다면, 이 소년은 항상 잘 기름이 쳐진 기계와 같이 돌아가는 외향적 플레이 보이, 모하메드 팔라Mohammed Falah(책상을 날라다 준 23세의 청년)와는 정반대의 인간형이었다. 나는 기분좋게 그를 맞이했다. 모하메드 살라는 웃으면서, 그냥 멋쩍게 지금 뭘 하고 있냐고 나에게 물었다. 내가 의자를 책상 있는 데까지 올려야 한다고 말하자마자 그는 의자를 등에 메었다. 그와 같이 바위산을 오르면서 나는 생각했다: "의자는 책상과 달라 가벼우니깐, 맛사지 해달라는 얘기는 하지 않겠지?"

서재에 도착하자마자, 우리는 의자의 포장을 벗겼고, 그것을 책상 안쪽으로 놓았다. 그는 내가 꿈꾸었던 환경을 드디어 창조해놓은 것에 관해 만족해하는 것을 눈치라도 채는 듯이 나에게 이 모든 세팅이 매우 훌륭하다고 말해주었다. 그리고 그 모든 것이 자기의 일상적 감각과는 매우 "다르다"고 말했다. 확실히 그는 "다름"을 감지할 줄 아는 섬세한 감각의 소유자였던 것이다. 그가 말하는 모든 것은 매우 순결했다. 그리고 말이 많지도 않았다. 그는 내 책상과 주변경관을 바라보면서 충만한 웃음을 지었다: "이런 방식으로 자기 삶의 환경을 꾸미는 사람은 처음 봐요. 정말 멋있어요."

사실, 모하메드 살라는 내가 그곳에서 하고 있는 일을 이해하고 흠상할 줄 아는 최초의 베두인이었다. 그때부터 우리는 정말 가까운 친구가 되었다. 나는 많은 시간을 그와 함께 보내면서 광야를 탐색하고 정통적인 베두인 삶의 양식을 발견했다. 그것도 인사이더적인 청년세대의 관점에서.

그는 나를 통해서 이 세상의 다른 지역에서 벌어지고 있는 문화나 정치에 관하여 듣는 것을 매우 즐겼다. 그는 지적 호기심으로 충만한 청년이었다. 내가 와디 럼에서 목격하는 현상에 대한 나의 관점을 얘기하면 아주 심도 있게 경청하곤 했다. 어디서나 요즈음 젊은 사람들이 그러하듯이 그는 전자기기상에 있는 게임을 하기를 즐겨 했고, 텔레비전에서 축구를 계속 보고 있었고, 자동차에 관해서 이야기하는 것을 좋아했다. 나는 그가 베두인이라는 것을 잊어버릴 때가 많았다. 관광객이나 언론매체를 통해 세상에서 일어나고 있는 현재적 사건을 너무 잘 알고 있기 때문이었다. 내가 작은 아이패드를 빌려주면, 그는 아이패드상에서 축구게임을 몇 시간이고 했다. 그리고 세계의 주요팀이나 선수들에 관해 다 정보를 가지고 있었다. 그리고 어린 사람들이 즐겨 사용하는 소셜 미디어를 사용할 줄 알았다. 그리고 어느 날 나에게 최신 유행하는 스냅채트Snapchat를 쓰느냐고 물었다. 내가 고개를 흔들자, 그는 대뜸, "스냅채트가 페북 메신저보다 더 나아요. 다운로드 받으세요"라고 말하는 것이었다. 스냅채트는 한국의 스노우앱에 비견할 만한 새로운 비디오 메시지앱이다. 전기도 없고, 지상전화선도 없는 문명권의 새로운 세대가 스마트폰과 인터넷을 통해 전세계와 공유하고 있다는 것은 초현실주의적 그림이었다.

모하메드는 요르단 사막 안의 작은 빌리지에서 자라난 소년이다. 그것은 부인할 수 없는 사실이다. 그가 아버지가 사용을 허락하는 낡은 지프차에 손을 대기만 하면 그는 며칠이고 사라져 보이질 않았다. 그는 사냥하고, 탐험하고, 캠핑한다. 사막은 이 소년에게 그러한 자유를 허락한다. 그 나이의 소년들은 모두 그러한 자유를 누리기를 갈망한다.

서재산에 의자를 올려놓은 그 다음날, 그는 나를 처음으로 지프에 태우고 떠났다. 나는 그가 진정으로 사막을 사랑하는 인간이라는 것을 직감했다. 그는 캠프와 동네사람들을 떠나 광야로 깊게 깊게 탐험의 여로를 개척했다. 그는 사막의 지리, 식물상, 동물상에 관해 놀라운 지식을 지니고 있었다. 그는 말을 많이 하지 않았다. 그러나 나는 그와 사막에 같이 있다는 것이 매우 편안했다. 그는 사막의 환경과 놀라운 조화를 이루고 있었고, 존재 그 자체가 사막에 융화되고 있는 느낌이었다. 가끔 그가 차를 멈추고 본넷을 열어 엔진에 물을 부을 때는 좀 불안했지만…… 그가 물을 부으면 물이 끓어올랐다. 자동차가 과열된 것이다. 어떤 때는 차가 멈추어 엔진이 다시 작동되지 않았다. 모하메드는 돌맹이 한 조각을 들어 배터리를 꽝 때렸다. 희한하게도 엔진은 스타트되었다. 차가 아주 고장나버리면 누군가가 올 때까지 마냥 기다려야 한다. 전화도 연결될 길이 없었다. 할 수 있는 일이라곤 마냥 기다리는 것밖에 없다.

모하메드 살라는 와디 럼에서 내가 신뢰할 수 있는 유일한 인간이 되었다. 그와의 우정은 여러모로 중요한 의미를 지녔다. 무엇보다도 그는 내가 완벽히 편안하게 느낄 수 있는 유일한 로컬 베두인이었다. 그만큼 그는 순결한 영혼이었다. 대부분의 베두인들이 친절했지만, 개인적 친분관계를 맺기는 매우 어려웠다. 무엇보다도 그들은 나를 단순한 게스트나 친구로서 대하는 것이 아니라 하나의 재원, 즉 돈줄로 생각했다. 아우데만 해도 내가 그의 엄마캠프에 머물고 있을 때, 두 개의 물탱크에 물을 채워야 한다고 하면서 미화 70$을 요구했다. 나중에 알았지만 물값은 공짜였고, 물트럭에 소요되는 개솔린비용은 기껏해야 20$ 정도였다. 내가 관광객들이 볼 수 있도록 욕실 앞에 물을 절약해야 한다는 싸인을 붙여놓았는데, 칼리드는 그 싸인을 찢어버렸다. 그리고 핏대를 내면서 그의 관광객손님들이 물을 쓰고 싶은 대로 편하게 쓸 수 있도록 해야 한다고 말했다. 물값은 누가 내는데? 나는 화가 날 수밖에 없었다. 뿐만 아니었다. 나는 칼리드에게 노스페이스 재킷을 사다주었고, 아우데의 부인이 부탁해서 인도로부터 비싼 실크 사리 드레스를 사다주었다. 그들은 나에게 요구만 했지, 인간적 교감이라는 측면에서는 한없이 부족했다. 내가 그들에게 제공하는 것은 물리적인 것만이 아니었다. 나는 아우데를 위하여 웹사이트를 건설해주었고, 그 덕분에 그는 많은 관광객과 수입을 확보할 수 있었다.

그리고 때로 베두인 남자들이 감추고 있는 음심이 나를 불편하게 만들었다. 그래서 베두인 여자와 친구를 하고 싶어도 그들은 영어를 못했고, 또 집밖으로 나갈 수가 없었다. 그래서 결국 모하메드 살라가 나에게는 유일한 친구가 된 것이다. 그는 음심이 없는 순결한 영혼이었고 성실한 지적 호기심의 소유자였다. 와디 럼에 수백 명의 모하메드라는 이름의 남자가 있겠지만 지금부터는 모하메드 살라를 그냥 모하메드라고만 부르겠다.

모하메드와 친구한 이후로 나는 나의 사막캠프에서 일주일간을 생활루틴을 반복하며 혼자 지냈다. 캠프에 홀로 지내는 것이 이제는 꽤 익숙해졌지만 때로 고독을 느끼기도 한다. 아마도 그렇기에 살라의 캠프에서 관광객들을 만날 때는 유별나게 수다쟁이가 되곤 하는 것 같다. 그리고 또 모하메드를 만나게 되면 괜히 너무 많이 웃는 것 같다. 고독을 찾아 이렇게 어렵게 사막 한가운데 보금자리를 만들어놓고 또다시 반려의 벗을 그리워한다는 것 자체가 좀 웃기는 일일 수도 있다. 그러나 도시환경에서 느끼는 고독과 사막의 고독은 근원적으로 질이 다른 것이다. 도시에서 느끼는 고독은 존재를 빈곤하게 만드는 고독이다. 고립·왕따에서 생겨나는 불안감이다. 도시의 고독은 주변에 사람들이 넘쳐나고 있다. 그리고 사람들이 나를 찾아내는 여러 루트가 있다. 그렇지만 나에게 전화를 거는 사람도 없고 또 나의 안부를 묻는 사람도 없다. 그냥 무관심한 것이다. 아파트에 혼자 앉아 있

와디 럼 깊은 곳 탐험

으면 때때로 그냥 아무 이유 없이 기분이 저조하고 우울해진다. 그러나 사막에서의 고독이란 매우 대조적이다. 나는 물리적으로 단독자이다. 사람들이 나를 접근할 수 있는 길이 차단되어 있다. 사막에서 내가 느끼는 고독은 멜랑콜리아가 아니다. 오히려 사막의 고독은 나 자신과 편하게 지내는 지혜를 가르쳐준다. 그리고 그것이 인간이든 타 생명체이든 내 주변의 다른 생명체의 현존을 흠상하게 만든다.

실제로 사막에서 내가 완벽하게 고독하다는 것은 정확한 표현이 아니다. 밤이 되면, 나 주변을 동물들이 감싼다. 나는 내가 쿠킹을 할 때마다 남은 요리를 여우들을 위하여 밖에다 놓아두는 습관이 있다. 그렇게 하면 정규적인 방문객이 생기게 마련이다. 어떤 때는 여우똥에 플라스틱이 섞여있는 것을 보고 가슴이 아팠다. 그 여우는 너무 배고파서 쓰레기통의 플라스틱까지 먹었을 것이다. 그래서 여우를 잘 멕여야겠다고 생각했다. 고슴도치도 나를 방문하는 단골 중의 하나였다. 그 중 어떤 놈은 전혀 사람을 두려워하지 않았다. 내가 크래커를 주려는데 내 손으로 팔짝 뛰어올라, 크래커를 부지런히 먹어치웠다. 베두인들은 고슴도치를 독사들을 먹어치우기 때문에 인간에게 이로운 동물로 간주한다. 고슴도치는 잡식이다. 벌레, 도마뱀, 곡식, 식물 닥치는 대로 다 먹는다. 어떤 때는 내가 실수로 올리브오일을 모래 위에 쏟았는데, 다음날 아침에 일어나 보니 그 자리에 깊은 구멍이 파져 있는 것을 목격할 수 있었다. 고슴도치가 기름냄새 때문에 땅속을 뒤진 것 같다.

나를 찾아오는 여우

이 동물들이 밤에 부엌을 침입하여 개판을 치지 않도록 하기 위하여 나는 항상 부엌문을 잘 닫아놓았다. 그럼에도 불구하고 항상 부엌 내부에서 알루미늄으로 포장된 V자 치즈를 까먹거나 다른 장난을 치는 놈이 반드시 있었다. 곤충류로 보기에는 그 자국들이 너무 컸다. 여우나 고슴도치는 담 높이 달려있는 창문을 넘어올 리 만무했다.

나를 찾아오는 고슴도치

이 범죄의 주인공은 추측컨대 일종의 설치류인 것 같았다. 그래서 포장된 치즈 하나를 밖에 놓아두고 밤에 그 주변을 감시하기로 했다. 밤늦게 문을 열고 부엌의 저 켠 바위벽 쪽을 향해 전등을 비추었을 때 나는 놀라운 광경을 목도할 수 있었다. 아주 이질적으로 생긴 동물, 너구리를 쥐처럼 우그려놓은 형상이라고나 할까? 등 쪽에는 짙은 쥐색의 털이 나있고, 배 쪽에는 흰 털, 눈을 빵 둘러서는 까만 털, 그리고 꼬리 부분은 까만 털, 꼬리도 길지는 않지만 제법 털이 풍성했다. 무게는 100그램 정도, 그리고 귀가 쫑긋 매우 컸고 코는 분홍빛, 인상이 뭔가 어려움을 당하고 있는 듯한 슬픈 표정이었다. 이 놈은 벽면을 수직으로 자유롭게 왕래했다. 창문을 넘나드는 것은 일도 아니다. 미스테리는 풀렸으나 이 동물의 족보를 알 수가 없었다. 사막에서도 매우 드물게 목격되기 때문에 베두인들도 이 동물을 본 적이 없다 하고, 그 이름도 알지 못했다.

그래서 나는 나의 부엌을 방문하는 이 손님을 행운이라 여겼고, 이 놈이 치즈를 까먹다 남겨놓은 부엌의 쥐구멍 앞에 여러 가지 음식을 차려놓고 먹을 수 있게 배려했다. 나의 음식저장고를 뒤지지 않게 단속해놓았고 쥐구멍 앞에서 식사를 다 해결하도록 해주었다. 며칠이 지나자 이 놈은 거의 내 식구처럼 친밀해졌다. 음식을 장만해놓고 자기를 기다린다고 생각하는 것이다. 그래서 나는 이 동물의 비디오를 찍을 수 있었고, 그것을 페북에 올려 전문가들에게 이 이국적인 설치류의 정체성에 관해 문의했다. 그 이름은 아시안 가든 도마우스Asian Garden Dormouse(엘리오뮈스 멜라누루스*Eliomys melanurus*)! 좀 긴 이름이었다.

아시안 가든 도마우스

아침에는 여러 다른 종류의 새들이 찾아온다. 작은 모래빛의 종달새가 가장 흔한 방문객이다. 주작속屬의 로즈 핀치rosefinches도 있다. 로즈핀치는 생기기는 종달새처럼 생겼는데, 붉은 털로 온 몸이 덮였고, 흰 털과 까만 털이 강렬한 무늬를 형성하는 아름다운 날개를 지녔다. 휘티어wheatears라는 매우 매력적으로 생긴 검은딱새류도 찾아온다. 까만 새이지만 가슴이 하이얗다. 이들 작은 턱시도 새들은 나에게 매우 친절하다. 한 휘티어는 매일 아침마다 내가 아침을 지을 때면 반드시 날 찾아온다. 이 놈은 내가 음식찌꺼기를 던져준다는 것을 알고 바로 문밖에서 기다린다. 때로는 내가 밥을 안 주면 달라고 아름답게 그 소망을 노래하곤 한다. 오래 사귀다보면 새들의 지저귐의 질감을 통해 그들이 어떠한 요구를 하고 있는지 알 수가 있다. 새들은 정보교환의 천재로 알려져 있다. 내가 이들 생명체들, 심지어 곤충들과도 많은 언어를 교환하고 있는 동안, 불현듯, 개 한 마리 정도는 키워도 괜찮겠다는 생각이 머리를 스쳐 지나갔다.

야생동물로 둘러싸여 있다는 것도 그 나름대로 훌륭한 일이었지만, 나의 감정을 소통시킬 수 있는 항존하는 반려가 내 곁에 있다는 것은 이런 외딴 환경에서는 매우 의미가 있을 것 같았다. 도시생활에서의 거추장스러운 페트와는 또 다른 의미였다. 그리 보자면 물론 개가 제일 이상적일 것 같았다. 개야말로 1만 5천 년 이상을 인간과 함께 진화해오면서 인간과 감정을 주고받을 수 있는 이상적 교감체로서 발전해온 것이다. 처음에는

나의 음식을 매일 기다리는 휘티어

매우 막연하게만 생각했다. 타야가 자기 캠프에서 개를 키우는 것을 허락할지에 관해서도 자신이 없었다. 또 도시로부터 개 한 마리를 사올 적에 과연 그 개가 사막에서 잘 적응할지에 관해서도 나는 확언할 수 없었다. 나는 개나 동물을 매우 사랑하는 사람이지만, 내가 내 책임 하에 개를 키우거나 훈련시킨 경험은 없었다.

내가 반려견의 생각을 해냈을 때, 나는 우선 암만에서 여행사를 운영하고 있는 나의 친구 사이드Said와 의견을 교환하였다. 그는 나를 아우데와 연결시켜 주었고, 사막에서 머물 수 있도록 모든 안배를 해준 인물이었다. 그는 다양한 종류의 개들을 키우고 있는 사람들을 알고 있으며, 내가 원하는 이상적인 종자를 하나 찾아주겠다고 약속했다. 그는 독일종 로트바일러*Rottweiler*, 알라스카 눈썰매견 허스키의 사진들을 보내왔다. 그리고 심지어 코케이시안 쉐퍼드의 강아지 사진까지 보내왔다. 코케이시안 쉐퍼드는 추운 산 지역에서 기르면 털이 수북한 곰 사이즈로 클 수도 있는 매우 공격적인 경비견이다. 그런 개를 키우면 눈에 띄일 수는 있겠지만, 사막에서 그런 위압적인 개를 키운다는 것은 도무지 어불성설이었다. 허스키도 키우면 매우 아름다울 수는 있다. 그러나 본시 추운 날씨에 익숙한 개종자를 이 사막에서 키운다는 것도 도무지 어불성설이다. 대체적으로 캠프를 떠나 어디론가 도망치기 때문에 잃어버릴 가능성이 크다고 한다.

로트바일러는 사막에서도 키우기에 적합한 종자일 수도 있다. 그러나 사람을 향해 뛰어가기를 잘하기 때문에 겁에 질린 베두인들이 죽여버릴 위험성이 높다고 한다. 요르단에서 이렇게 유명한 종자를 내다 팔기 위해 양육하는 사람들은 돈을 아끼기 위해 매우 빈곤한 상태에서 개를 키운다고 한다. 그래서 이런 개들이 어릴 때 혹사를 당해 뭔가 결함이 많다는 것이다. 내가 이들에게서 개를 산다면 동물학대로부터 돈을 버는 사람들을 도와주는 꼴이 아닐까?

이러한 문제를 가지고 이 생각 저 생각 굴리고 있을 때, 나는 불현듯 모하메드에게 개를 하나 기르고 싶다는 얘기를 했다. 그러자 그는 나에게 내 인생에 두고두고 영향을 끼치게 될 한 계기가 되는 중요한 얘기를 했다: "어~ 우리 캠프 뒤에 개가 한 마리 묶여 있어요. 우리는 그 개를 처치곤란해 하고 있어요. 그 놈은 우리 가축을 보호하는 능력도 없고 영리하지도 않아요. 당신이 좋아할지 어떨지는 모르지만……"

모하메드는 상황을 설명하기 시작했다. 그의 엄마가 개를 키웠는데 이 개가 공격적인 경비견의 역할을 못해 가축을 지켜주지를 못했다는 것이다. 그래서 소용이 닿질 않아서 이 개를 관광캠프 주변을 자유롭게 돌아다니도록 풀어놓았다는 것이다. 그랬더니 이 놈이 밤중에 밖에서 잠자는 관광객들의 얼굴을 핥아, 다음날 아침 관광객들이 불평을 토로했다는 것이다. 그래서 살라가 개를 붙잡아서 사람들을 귀찮게 굴지 않도록 캠프 뒤에 있는 바위에 묶어 놓았다는 것이다. 모하메드는 말했다: "이 개는 비교적 큰 개에요. 아주 힘이 세요. 앞발로 사람을 눕힐 수도 있어요. 미루 누나가 이런 개를 좋아할지 모르겠네요. 이 놈은 정말 멍청한 놈이거든요. 머리가 나빠요!"

그때는 밤이었다. 나는 모하메드를 따라 바위산을 에둘러 캠프 뒤쪽으로 있는 작은 산의 저 켠, 보이지 않는 평평한 곳으로 갔다. 절벽에 움푹한 곳에 전등을 비추자, 졸린 눈을 한 개 한 마리가 사람이 그리워 꼬리를 어찌나 세차게 흔들어대는지 뒷다리를 가누지 못하고 제대로 일어서지도 못한다. 그 개는 까맣고 누런 잡종 똥개였다. 우리나라 풍산견 만한 크기의 개였는데 철사와 노끈으로 묶여 있었다.

이 버림받은 슬픈 개는 우리를 보고 너무도 기뻐한다. 우리가 가까이 가자, 우리를 향해 돌출하며 일어서다가 썩은 잔반으로 가득찬 낡은 밥통을 엎어버린다. 그러자 한 번도 씻어준 적이 없는 밥통의 온갖 오물이 흩어지면서 같이 유포되는 악취는 눈을 뜰 수가 없는 지경이었다.

【제30송】

베두인의 개에 대한 생각과 종교적 관념의 폭력

나를 보고 미칠 듯이 좋아 날뛰는 이 비극적인 개, 온몸이 브라운 색깔의 흡혈 파리들로 덮여있었고, 내장에는 온갖 종류의 기생충이 드글거릴 것이 뻔한 이 개는 이름을 게르나스라고 했다. "게르"의 알r 발음은 혀를 무겁게 말아 떨어야 한다. 마지막 실러블에 액센트가 있다. 베두인들이 사냥에 쓰는 매의 이름에서 따온 것이다. 이 귀여운 땅의 종자에게 그토록 장엄한 하늘의 이름을 주었고, 또 그럼에도 불구하고 이렇게 곤혹스러운 경지에 처박히게 된 이 개의 운명은 실로 헤아릴 길이 없었다.

동물을 사랑한다고 하는 모하메드가, 자기집 개가 짧은 줄에 묶인 채 완벽한 고독 속에 방치되는 것을 아무렇지도 않게 생각하는 그의 태연함에 나는 정말 할 말을 잃었다. 게르나스의 목에는 가죽끈도 아닌 금속제 와이어가 달려있어 그의 목을 파고 들어가고 있었고, 24시간 그리고 일주일 내내 사막의 열기 속에 그늘도 없이 방치되어 있어도, 모하메드의 일상적 감각에는 문제될 것이 없었던 모양이다.

내가 개를 인식하는 방법은 물론 서구적 관점에 물들어 있다고 말해야 할 것 같다. 개는 인간의 가장 좋은 벗이고 패밀리의 정당한 한 멤버인 것처럼 인식하는 것이다. 그러나 서구 이외의 다른 문화에 있어서, 특히 개발도상국가들에 있어서는 개를 그러한 방식으로 인식하지 않는다. 1980년대 서울, 내가 자라날 때만 해도 오토바이 뒤에다가 커다란 장을 묶고 길 잃어버린 개나 실종견, 그리고 사람들이

게르나스, 필자가 그린 유화.

팔려고 하는 개들을 콜렉트하기 위하여 주택 골목가를 하루종일 배회하는 사람들, 우리가 보통 "개장수"라고 부르는 사람들을 목격하는 일은 전혀 희한한 광경이 아니었다. 그들은 그 개들을 식용견농장에다가 항상 판매처분할 수 있었다. 나는 오빠와 함께 『래시』계열의 영화 한 편을 본 후에, 영화에 나오는 종자와 비슷하게 생긴 콜리Collie 강아지를 사달라고 부모님을 졸랐다. 아버지는 우리를 데리고 충무로 대한극장 옆으로 가서 정말 의젓하게 생긴 콜리 강아지 한 마리를 사주셨다. 그런데 이 강아지를 기를 만한 공간이 우리집에는 없었다.

그래서 차고 한 귀퉁이에 억지로 집을 지어 길렀는데, 이 강아지가 계속 설사를 했고, 아버지 · 엄마 다 교수생활로 바쁘신 분이었으므로 이 개를 간호할 사람이 없었다. 그리고 아버지는 개를 키울 만한 환경이 우리집에는 마련되기 어렵다고 계속 우리를 설득하셨다. 그래서 우리는 이 강아지를 봉원동 건너편에 있는 할머니집에 갖다 놓았다. 할머니는 매사에 경험이 풍부하신 분이므로 개를 잘 키우실 것이다.

이 개는 얼굴이 뾰족하고 옅은 브라운의 털과 목 주변의 흰털이 길게 늘어지는 종자였는데 원래 스코틀랜드의 종자로서 양떼를 지키는 목양견이라고 한다. 할머니는 이 개 이름을 "덕구"라고 지었다. 그것은 이름이라 할 것도 없이 할머니가 개를 부르는 방식이다. 그것은 "덕dog"이라는 영어발음을 한국식으로 한 것인데, 할머니는 "덕구德九"라는 한문으로 개이름을 설명하셨다. 영어로 하면 "버츄나인Virtue Nine"이 된다. 구수九數가 끼어 도교적인 냄새도 나는 이름이 되고 만다. 영국 순종개에 덕구라는 이름은 정말 코믹하다.

이 개는 보통 콜리보다도 훨씬 더 몸집이 크게 자라났다. 할머니는 이 개를 전통적인 방식으로 키우셨는데, 마당에 묶어놓았을 뿐, 마땅한 훈육을 시키지는 못하셨다. 사실 할머니집도 이 큰 개를 키우기에는 공간이 별로 없었다. 할머니는 우리가 이 개를 보러 자주 놀러오는 재미 때문에 키우신 것 같다. 그리고 불행하게도 이 개는 선천적으로 그리 영민한 개가 아니었다. 생기기는 너무도 잘 생겼는

게르나스가 묶여있던 곳에서 하루종일 바라보는 풍경. 아무것도 느낄 수 없는 고독한 곳이었다.

데 머리가 나빴다. 그래도 우리가 가기만 하면 좋다고 어쩔 줄을 몰라했다. 덕구가 너무 흥분되거나 크게 짖으면 할머니는 매를 든다. 그러면 덕구는 할머니 방문 밖에 조그만 툇마루가 있었는데 그 밑으로 쑤시고 들어간다. 그것이 계속 반복되는 삶이었다. 우리가 개를 데리고 나가기도 몸집이 너무 커서 버거웠고, 또 뒷산에서 체조하는 사람들이 개를 못 데려오게 했다. 어느날, 덕구는 줄을 끊어버리고 집을 탈출했다. 그리고는 영영 다시 돌아오지 않았다.

오빠와 나는 하루종일 울었다. 생각만 하면 오토바이 개장수에게 붙들리어 보신탕(개고기탕)집으로 직행했을 것 같았다. 그래서 생각만 하면 울음이 나왔다. 부모님은 그러한 좋은 품종의 개들은 식용고기를 얻기 위해 도살되는 법은 없으니 걱정 말라고 위로해주셨다. 우리는 시간 나는 대로 덕구를 찾아 헤매었으나 덕구에게 무슨 일이 생겼는지, 도무지 행방이 묘연했다. 우리가 할 수 있는 것은, "맞아! 덕구는 더 좋은 집을 만나 행복하게 살고 있을 거야!"하고, 희망을 뇌까리는 일뿐이었다. 그러나 내 의식의 뒷켠에서는, 그러한 희망이 구현될 챈스는 거의 없다는 것을 확인하고 있었을 뿐이다.

서양사람들에게 개고기 먹는 나라의 대표적 사례로서 전형화되고 저주의 대상이 되는 나라에서 자라난 나의 입장에서는, 베두인들이 개를 다루는 방식에 관해 비판할 여지가 별로 없었다.

불란서의 여배우 브리지트 바르도Bridget Bardot(1934년생의 여배우로서 1960년대 섹스 심볼로서 유명)가 한국을 지목하여 개고기 먹기를 중단하라고 국제적 캠페인을 벌였고 한국문명을 "야만"으로 규정한 유명한 사건에 대해, 나는 나의 친구들에게 정당한 의견을 제시한 바 있다. 그녀의 오만한 이른바 "개권리운동"이라는 규탄은 내가 열거하는 몇 개의 사례만 들어도, 그것이 얼마나 모순적이고, 위선적이며, 무지의 소치이며, 인종편견적인지 금방 들통나 버린다.

예를 들어보자! 돼지는 지능지수가 개보다 더 높다. 알고보면 매우 영리한 동물이다. 그러나 돼지는 서양에서 식탁의 고기용으로 전혀 권리를 운운할 수 없는 방식으로 사육되고 있다. 개를 먹는 습관은 기근시기로부터 유래된 것이다. 개고기는 칼로리가 높으며 동방에서는 약효가 있다고 생각된다. 개고기는 상식常食의 소비재로서 인식되는 것은 아니다. 한국인들은 보신탕이라는 개념으로 먹는 것이지 일상적 밥상음식으로서 먹지는 않는다.

개에게 잔인한 짓을 한다구? 이것 또한 참으로 웃기는 역설이다. 프랑스사람들이 최고급요리로서 꼽는 거위간, 후아그라*foie gras*를 생산하기 위하여 하는 짓을 보면 가공스럽다. 후아그라라는 것은 근원적으로 거위의 병든 기름기가 와장창 낀 간을 말하는 것이다. 그러니까 지방간이 최대치에 달한 부어오른 간이다. 이 간을 생산하기 위하여 거위에게 과도한 음식량을 강압적으로 먹게 하는 것이다. 이렇게 기름기가 많이 낀 간일수록 사치품목으로서 고가에 팔리게 되는 것이다. 이런 짓거리가 과연 식용개사육보다 더 훌륭한, 아무 문제가 될 거리가 없는 행위라고 말할 수 있는가? 이러한 문화적 상대주의를 파악하고 있는 내가 과연 모하메드에게 그가 게르나스에게 별 생각 없이 하고 있는 짓을 도덕적 악으로서 항의할 수가 있단 말인가?

이 세계의 개발도상의 나라에서는 대체로 방치된 실종견들의 증가, 그에 따른 질병 컨트롤이 문제가 되어 개를 무자비하게 다루는 경향이 있다. 와디 럼 빌리지에서도 이런 상황은 예외가 될 수 없었다. 사람들도 의료혜택을 받지 못하는 상황에서, 개의 수 증가방지를 위해 난소제거, 혹은 거세의 수술을 한다든가, 질병예방을 위해 백신을 주사한다든가 하는 것은 애초에 생각할 수도 없는 문제였다. 개의 개체수 감소를 위해 베두인들은 암컷 강아지를 총으로 사살하는 데 익숙해 있다. 단지 수컷 강아지만을 일하는 개로서 양육하는 것이다. 길 잃은 개들이 공격적이거나 광견병증상이 있으면 가차 없이 쏘아버린다. 그리고 젊은이들이 스포츠오락으로서 쏘기도 한다.

인도에서는 집 없는 걸인이 길거리 주인 없는 개들을 먹이고 있었다. 인도는 역시 생명을 존중하는 문명이다.

내가 이들의 개에 대한 태도를 좀 자세히 연구해본 결과, 물질적 자원의 결핍이 꼭 개학대의 유일한 이유는 아니라는 것이다. 내가 인도에서 목격한 바로는 길거리의 동물들이 아주 못사는 사람들의 구역에서도 음식을 공급받고 있고, 또 소와 같은 동물은, 그들의 생계와 무관한 동물임에도 불구하고, 거룩하게 모셔진다. 소들이 길바닥에 꽤 많은 양의 똥을 남기거나, 트래픽을 막고 있거나 해도 지역의 사람들이 그들을 해치거나 하지 않는다. 어린 시절의 간디가 소를 잡아먹는 것이 조국근대화의 길이라고 생각했을 정도로 인도사람들은 소에 대해 종교적 숭배심을 가지고 있다.

내가 이미 앞서 설명했듯이, 인도에는 쥐를 숭배하는 사원도 있다. 우리가 그토록 원망시 하는 쥐들을 보호하고 숭배하고, 스스로 먹을 것이 부족한 지역민들도 그들에게 음식을 제공하고 있다. 네팔에서는 매년 열리는 종교페스티발에서 개가 숭앙되고 있는데, 일반적으로 네팔의 힌두이즘에서는 개가 상당히 훌륭한 이미지를 지니고 있기 때문이다. 대강 10월 아니면 11월에 거행되는데, 티하르Tihar라고 불리는 5일간의 긴 힌두페스티발의 두째날, 노란 금잔화로 만든 화환을 개의 목에 걸어주고 두 눈 사이 미간의 인당印堂(불교에서는 백호白毫라 한다)에 빨간 염료로 점을 찍어준다(네팔사람들은 티카Tika라고 하는데, 그것은 자비의 광光을 발한다고 생각한다). 거리의 개이든, 페트 개이든지를 막론하고 이날은 개들이 음식을 대접받고 숭앙을 받는다.

티하르 축제에서 대접받는 개. 목에 화환을 걸고 이마에 티카를 찍었다.

『마하바라타』에 이미 언급되어 있는 대로, 네팔사람들은 시바신의 아주 맹렬한 현현인 바이라바Bhairava가 개를 옆에 두고 있다고 믿는다. 죽음의 신인 야마Yama도 두 마리의 경호견을 지니고 있는데 이 두 마리의 개는 눈이 4개이며 나라카Naraka(지옥)의 문을 지키고 있다고 믿는다. 그러기 때문에 개에게 잘보이는 것이 지옥으로 가는 것을 막아준다는 것이다. 물론 네팔이나 인도에도 주민들은 딴 나라들과 마찬가지로, 많은 길거리 개들 때문에 몸살을 앓고 있다. 길거리 개들 또한 매우 빈곤한 상태에서 허덕이고 있다. 그렇지만 사람들이 그 개들을 학대하는 것을 허용하지는 않는다.

그렇다면 왜 와디 럼에서는 어린아이들이 개에게 돌을 던지도록 격려되고 있으며, 어른들은 개들을 사살하는 것에 아무런 양심의 가책을 느끼지 않고 있는 것일까? 나는 일반적으로 베두인들이 개에 대하여 매우 부정적인 견해를 가지고 있다는 사실에 관해 매우 호기심을 느꼈다. 그들의 관념을 비판하기 전에 그 연유를 깊게 파들어 가봐야 할 것 같다는 생각이 들었다. 개라는 주제에 관해 내가 베두인들과 토론을 벌이면,

아우데 엄마네 집 옆집의 개와 당나귀. 사막의 개들은 당나귀를 따른다.

그들은 천편일률적으로 "개는 이슬람의 신념체계 속에서는 나쁜 것이다"라고 대답한다. 이것은 곧 개라는 동물이 종교제식상 더러운 존재로서 취급된다는 것을 의미한다. 그러나 순수하게 종교적인 이유에 의하여 맹목적으로 동물을 학대한다는 것은 나에게는 전혀 설득력이 없었다. 아주 강력한 무슬림국가임에도 불구하고 터키에서는, 길거리에 공공의 개집이 마련되어 있고, 사람들이 개들에게 먹이를 제공한다. 요르단 같은 나라에서는, 암만과 같은 대도시의 부유한 엘리트층의 사람들이 서구인들과 똑같은 방식으로 개를 애완견으로서 양육하고 있다.

그러나 와디 럼에서는 개는 오로지 일하는 개로서만 취급되며, 경비견으로서의 기능을 더욱 공격적으로 만들기 위하여 개들을 꽉 붙잡아 매둔다. 개주인들조차도 자기의 개들이 텐트나 집으로 너무 가까이 오면, 오지 못하도록 지팡이나 신발을 던진다. 그러니까 개들이 자기 생활권에 있는 것을 죄악시하는 것이다. 나는 이러한 그들의 행태가 이해가 가질 않았다. 왜 개가 사람의 생활권에 같이 있으면 안되는가에 관해 질문을 던지면, 그들은 항상 같은 대답을 한다: "선지자 무함마드께서 개는 불결하다고 말씀하셨습니다."

나는 베두인들이 왜 동물학대를 묵과하는 그러한 혼란스러운 믿음을 갖게 되었는지에 관해, 그 실상을 알아내는 데 상당한 시간 동안 연구를 감행해야만 했다. 선지자 무함마드의 말씀의 정통기준인 꾸란에는 개에 관한 부정적 언급이 전혀 없다. 그러나 선지자 무함마드의 가르침과 행적에 관해 구전으로 내려오던 것을 모아 편찬한(물론 이것은 무함마드의 사후, 몇 세대를 거친 후에 편찬된 것이라서 그 진실성에 관한 논란이 있다) 또 하나의 경전 하디쓰Hadith에 개가 불결하고 불순하다는 것을 나타내는 몇 개의 구절이 포함되어 있다. 베두인들이 가장 인용하기 좋아하는 구절은 사히흐 무슬림Sahih Muslim(하디쓰 6대 컬렉션 중의 하나. 9세기에 편찬됨) 속의 정결의 장the Book of Purification 속에 있는 것이다: "알라의 메신저 무함마드께서 그 개들의 죽임을 명령하시었다. 그리고 또 말씀하시었다: 나머지 개들은 어떻게 할까요 하자, 무함마드께서는 개들은 사냥을 위해서, 또 사육하는 가축떼를 보호하기 위하여 양육할 것을 허락하시었다. 그리고 또 말씀하시었다: 개가 그릇을 핥았을 경우, 그 그릇은 물로 일곱 번 씻고 마지막 여덟 번째는 흙에 문지른다."(Muslim Book 002, Hadith 0551).

그리고 또 다른 구절이 있다: "알라의 메신저 무함마드께서 이와 같이 말씀하시었다: 너희들이 가지고 있는 그릇 하나라도 개가 핥은 후에는 첫 번째는 모래로 닦고 일곱 번을 물로 씻어 정화한다."(Muslim Book 002, Hadith 0549).

이 구절 중에서 제일 먼저 주목해야 할 것은 "그 개들의 죽임"이 무엇을 뜻하느냐는 것에 관한 것이다. 학자들은 "그 개들"이라는 것은 "광견병에 걸린 개들"의 뜻일 것이라고 의견을 모은다. 정화에 관하여서는, 나는 첫 번째 인용문보다는 두 번째 인용문이 더 현실적이라고 생각한다. 7번을 물에 씻고 난 후에 다시 흙에 문댄다는 것은 도무지 말이 되지 않는다. 그 지역의 흙이란 모래밖에 없다. 그러니까 그릇을 먼저 모래로 씻고 나서 일곱 번을 물로 씻는 것이 더 사리에 맞는다는 것이다.

어쨌든, 베두인들은 이 구절을 문자 그대로 신봉하여 확대해석했다. 그들의 손을 포함하여 무엇이든지 개의 침이나 개의 젖은 코와 맞닿기만 하면 무조건 모래

양치기가 개를 활용하여 모는 양떼

로 문지르고 일곱 번을 물로 씻는 것을 율법화한 것이다. 나는 모하메드에게 이렇게 질문한 적이 있다: "하디쓰를 쓴 사람들의 시대에는 비누나 살균제가 없었기 때문에 7번 운운한 거 아냐?"

도무지 7번이라는 숫자는 완벽하게 임의적이었다. 1번에 어느 정도의 시간이 필요하다는 규정성도 전혀 없었다. 그러니 1번 길게 하면 수십 번도 되는 것 아닌가?

내가 모하메드에게 종교적 주제에 관해 이야기하면, 나의 과학적 탐색은, 예를 들면 개의 입으로 인하여 생겨난 박테리아를 씻어내는 일에 관한 디테일한 탐색 같은 것은 곧 그의 모호한 종교적 관념에 부닥치고 만다. 그는 바로 현대과학이 이슬람의 고문헌에 쓰여져 있는 모든 것을 증명하고 있다고 모호하게 주장해버리고 마는 것이다: "알어, 알어, 과학자들이 말야! 개 입에 모래로만 씻길 수 있는 박테리아가 있다는 것을 증명했어! 선지자 무함마드께서 말씀하신 모든 것이 바로 현대과학에 의해서 다 입증되고 있단 말야!"

나는 그 과학자가 누구냐고 물어보고 싶었지만, 이미 종교적으로 세뇌된 빌리지의 보이와 논전을 펼 이유가 없었다. 실상 그는 자기자신의 종교경전도 읽지 않았

양을 지키는 개의 모습. 개는 이러한 노동을 반드시 해야 한다.

다. 무함마드는 "개 침" 얘기는 하지도 않았다. 베두인들이 알고 있는 이슬람이라는 것은 경전으로부터 온 것이 아니라, 타인의 입술에서 온 것이다. 그들은 타 신앙가가 말한 것을 아무 생각 없이 믿는 데만 익숙해 있는 것이다. 전 세계의 종교인들이 그들의 고래의 신념을 필요하기만 하면 근대과학에 의하여 정당화하곤 하는 아주 흔해빠진 오류를 신봉한다. 역사적으로 모든 종교인들이 과학을 신성을 모독하는 것으로 그토록 저주하고 방해해왔음에도 불구하고 지금은 과학을 자기 정당화에 활용하고 있는 것이다.

나는 무엇에 분개하게 되면, 오히려 그것의 정체를 깊게 탐색하곤 하는 습관이 있다. 나는 이러한 문제를 명확히 인식하기 위하여 성문화된 텍스트를 더욱 깊게 파헤치기 시작했다. 하디쓰에 있는 몇 개의 다른 구절들은 사냥이나 가축을 보호하기 위한 목적이 없는 상태에서 개를 기르는 것은 하람*haram*이라고 말하고 있다. "하람"이란 이슬람의 율법에 위배된다는 뜻이다. 그리고 또 검은 개는 사악하다는 규정도 있다. 우리의 기도를 듣기 위해 오는 천사들을 방해한다는 것이다(Muslim Book 004, Hadith 1032, 그리고 Bukhara Volume 004, Book 054, Hadith 448).

이런 구절들은 종교라기보다는 그 시대의 문화와 연관되어 있는 것 같다. 왜냐하면 가장 신성한 경전, 꾸란에는 개를 포함한 모든 짐승에 대하여 어떠한 편견을 드러내지 않는다. 이 동물들은 하나님을 예배하는 하나님의 창조물일 뿐이다. 하나님의 가르침에 따라 너희들이 훈련시킨 짐승이 너희들을 위해 잡아온 것은 먹어도 좋다고 기술되어 있다. 개가 잡아온 짐승에는 물론 개 침이 묻어있을 것이다. 그것을 잡아먹기 전에 반드시 씻어야 한다는 규정이 전혀 없다. 꾸란의 주석가들은 개를 불결하게 규정하는 이슬람전통은 전혀 경전의 근거가 없다고 말한다(꾸란 5:4, 6:38, 24:41 참고).

베두인들은 개들이 다른 동물과 마찬가지로 자비롭게 다루어져야 한다는 것을 잘 알고 있다. 그들 자신의 종교의 원래 규정에 따랐다면 금지되었어야 할 그러한 행위들이 오랫동안 마구 자행하여온 것을 새삼 고칠 생각을 하지 못하는 것이다. 그리고 개의 학대에 관해서도 신경을 쓰기에는 그들의 삶의 문제가 너무 복잡한 것이다. 개의 학대에 관해 외국인들이 항의를 하면, 자동적으로 종교를 내걸어 비판이나 구차한 변명을 다 봉쇄해버리고 마는 것이다.

여기 빌리지의 베두인들은 이미 관광사업과 텔레비전의 정보교환을 통하여 서양에서 개들이 다르게 취급된다는 것을 잘 알고 있다. 그렇지만 서양의 관습을 매우 비열하게 바라본다.

개들이 주인의 얼굴을 핥는다든가, 개들이 집안에서 같이 산다든가 하는 서양인들의 모습을 보았을 때 그들은 치를 떨며 분개하는 것이다. 개가 사람의 집안에서 같이 산다는 것은 상상조차 할 수 없는 일이다. 이론상 서양사람들이 기르는 개들이 깨끗하고 건강하다는 것은 상상할 수 있다 해도, 실제로 그러한 삶의 직접경험을 그들은 가질 수가 없다. 그리고 그들이 개를 다루는 방식은 이미 종교적 율법에 의하여 규정되어 있다. 나는 개들이야말로 정당하게 취급하면 너무도 훌륭한 사람의 벗이 될 수 있다는 것을 설명할 길이 없었다.

모로코에서 낙타 타고 여행하는 필자

모로코의 에르그 체비 사막. 아름다운 여인의 살결과도 같은 모래언덕이 광범위한 지역에 펼쳐져 있다.

게르나스를 처음 본 후에, 곧바로 그 개를 집으로 데려갈 용기는 나지 않았다. 나는 내가 직접 개를 길러 본 경험이 없었을 뿐만 아니라, 이미 다 커버린 야생의 훈련 안된 똥개를 내가 관리한다는 것에 대한 확신이 서질 않았다. 게르나스는 힘이 센 개였다. 나는 그가 펄쩍펄쩍 뛰면서 줄을 잡아당기는 위세 때문에 그에게 가깝게 갈 수도 없었다.

우선 그는 목욕을 해야 하고, 백신을 맞아야 하고, 구충제를 먹어야 한다. 이러한 과정에서 나를 물 수도 있다. 내가 실제로 겪어보지 않는 한, 내가 게르나스를 제어할 수 있는지 확신을 할 수 없었다. 그러나 그가 처해있는 비참한 신세를 쳐다보고 그를 외면할 수는 없었다. 게르나스에게 새로운 삶의 기회를 주어야 할 의무감 같은 것을 느꼈다. 그러나 나는 그를 곧바로 데려갈 수는 없었다. 나는 에르그 체비 Erg Chebbi라 불리는 엄청나게 거대한 모래언덕 지역에서 2주 동안 작품사진 활동을 하기 위해 모로코로 가야만 했기 때문이었다.

9월 4일, 와디 럼을 떠나기 전에 나는 모하메드에게 내가 돌아오는 대로 게르나스를 맡아 키우겠다고 말했다. 그리고 그에게 여러 번 간청했다: "제발 개를 묶어두지만 말아줘. 하루에 한 번은 꼭 풀어주기도 하고 데리고 산책을 나가기도 해야지. 하루종일, 일주일 내내 꼭꼭 묶어두는 일은 금물이야!" 모하메드는 그냥 고개를 끄덕거리면서 걱정말라고 말했다. 그러나 내가 생각키엔 내가 없는 동안 개를 한 번이나 보러 갔을까?

모로코에서 돌아왔을 때, 나는 요르단의 암만에서 며칠을 보냈다. 나는 암만에 아파트를 가지고 있었기에, 개를 위한 것들을 포함해서 사막생활에 필요한 물품들을 샀다. 나는 그곳의 수의사로부터 광견병 백신주사를 구했다. 물론 자세한 시술설명서가 포함되어 있었다. 그리고 알약 형태로 되어 있는 구충제를 샀다. 개의 피부에 관해서는, 개에게 뿌려도 안전한 살충제 파우더를 샀다. 그리고 2개의 다른 타입의 목줄을 샀다. 하나는 목걸이와 줄이 분리되는 것이고, 하나는 긴 밧줄로 끝이 올가미같이 되어 있는 형태의 것이다. 크게 고리를 만들어 개의 머리에 씌우면 그냥 쑥 들어가게 되어 있고, 또 잡아당기면 적당히 목을 졸라맨다.

제2의 형태의 목줄을 산 이유는 내 캠프로 데려가려고 할 때 개가 반항할 것을 염려했기 때문이었다. 게르나스가 공격적이 되면 별로 접촉을 안 해도 올가미를 쉽게 씌울 수 있기 때문이었다. 나는 게르나스를 떠올리면서 암만에서 이 생각 저 생각을 했다. 내가 그를 다시 만날 때 어떤 시나리오가 만들어질까 마냥 궁금하기만 했다.

나는 2013년 9월 24일, 와디 럼 사막의 나의 집에 도착했다. 내가 진정코 집으로 돌아왔다는 느낌을 가지게 된 최초의 계기였다. 모로코에서 여행하고 있는 동안, 모로코의 분위기는 나에게 잘 맞질 않았다. 재미있게도 모로코에서, 이 세상 어느 곳보다도 와디 럼에 있는 나의 텐트가 그리웠고, 나의 귀향처처럼 느껴졌던 것이다. 암만에 있는 아파트나 뉴욕에 있는 아파트보다도 더욱 그리운 그 무엇이었다. 나의 물건을 다 풀어놓고 난 후에 나는 곧바로 밧줄로 된 목줄을 집어들고 살라의 캠프를 향해 발길을 옮겼다.

【제31송】

음식금기와 문명의 하부구조

– 게르나스의 극적인 운명전환 –

모하메드는 내가 여행을 끝내고 자기집에 개를 데리러 오고 있다는 것을 잘 알고 있었다. 그는 통조림콩과 채소를 토마토소스에 볶은 요리와 신선한 오이와 토마토, 그리고 올리브 오일로 만든 홈무스(빵 찍어 먹는 페이스트)로 구성된 매우 아름다운 점심식사 테이블을 마련해놓고 날 기다리고 있었다. 나는 오자마자 개에 관해 먼저 물어볼 수는 없었다. 맛있는 점심을 다 끝낼 즈음 나는 게르나스에 관해 물어보았다. 내가 그 개를 집으로 데려갈 수 있겠는지……. 그랬더니 그만 그날 아침 일찍 게르나스가 도망쳐버렸다고 말하는 것이었다. 내 얼굴에 실망하는 안색이 역력하자, 그들은 개는 반드시 붙잡아올 수 있다고 말하는 것이었다. 그가 도망친 것은 이번이 처음은 아니라는 것이었다. 게르나스는 목줄에서 벗어나려고 잡아당기고 또 당기고 해서 목에 상처가 났다. 그래서 철사줄로 목을 감아놓기까지 했는데도 필사적인 노력 끝에 다시 목줄에서 벗어났다. 나는 곧바로 게르나스를 찾으러 나서지 않는 그들의 자세에 불만이 많았지만, 그날 나는 집으로 혼자 돌아올 수밖에 없었다. 게르나스를 다시 만날 것을 기약하면서!

다음날, 관광객들을 위하여 요리를 하고 캠프를 청소하는 이집트 일꾼이 개를 찾아나섰다. 그 이집트인이야말로 게르나스를 주기적으로 돌봐준 유일한 사람이었다.

그는 주방에서 남은 음식을 게르나스 옆에 내다버리고 또 게르나스에게 물을 주곤 했다. 요르단에만 해도 점점 이집트, 예멘, 시리아 같은 가난하고 전쟁으로 피폐하게 된 나라들로부터 이민이나 난민이 많이 유입되고 있다. 이들을 부릴 수 있는 여유가 있는 베두인들은 그들이 천하다고 생각하는 일들을 이 외국노동자들에게 위탁한다. 그 이집트인이 게르나스를 발견하는 데는 오랜 시간이 걸리지 않았다. 게르나스는 그나마 그가 살 수 있도록 주기적으로 음식을 갖다주는 그를 따를 수밖에 없었을 것이다. 게르나스를 만나러 가는 나의 가슴이 쿵쾅거렸다. 그를 어떻게 안전하게 데려가면 좋을지 안달거리며 속을 태웠다. 그는 비록 좋지 않은 상태에 있었지만, 살라의 캠프는 여전히 그의 집이었다. 그는 살라의 캠프로부터 멀리 도망가지는 않았던 것이다. 그의 새로운 집은 이제 살라의 캠프가 아니라 내가 거주하고 있는 타야의 캠프라는 것을 그에게 어떻게 가르칠 수 있을 것인가? 할 수 없지! 아마도 타야의 캠프에 당분간은 도망가지 못하게 꽁꽁 묶어둘 수밖에 없을

게르나스가 묶여 있던곳, 철사목줄에서 머리를 빼고 달아났다.

거야. 그가 타야의 캠프를 새 집으로 인지할 때까지!

그러나 나의 기우를 날려버리는 매직이 일어났다. 게르나스는 날 보자마자 나에게 달려왔다. 나는 그를 목줄로 묶을 필요조차 없었다. 그는 그냥 내 곁에서 편안했고 순종적이었다. 나는 그의 머리를 가끔 토닥거리면서 그와 함께 나의 캠프로 걸어왔다. 그는 전 구간을 집에 가듯이 날 따라왔다. 그 뒤로 게르나스는 내 곁을 떠나지 않았다. 나는 게르나스를 위해 사 온 목줄을 사용할 기회조차 없었다. 게르나스는 나를 죽을 때까지 따르고, 보호하고, 지켜야 할 유일한 존재로 곧바로 선택한 것이었다.

게르나스의 밥통과 목줄. 게르나스는 여기 보이는 이런 철사로 목이 묶여 있었다.

내가 와디 럼에 있는 동안, 게르나스는 자연 그대로 완벽한 자유를 누렸다. 가끔은 낮에 혼자 사라질 때도 있었지만, 어둑어둑해지면 어김없이 나의 캠프로 돌아와 텐트 문앞에 둥지를 틀고 밤새도록 나를 지켰다. 그가 나에게 온 것은 2013년 9월 25일이었는데, 그가 온 후로 시간은 빨리 지나갔고, 반석 위에 있는 것처럼 나의 삶이 든든하게 느껴졌다.

나는 그때 게르나스와 7주를 계속해서 같이 붙어있었다. 사막을 탐험하기도 하고 같이 산행을 하기도 하고, 하찮게 보이는 게임을 하면서 히히덕거리고, 음식을 같이 먹고, 밖에서 캠핑할 때는 나란히 누워 잤다. 내가 친구들 자동차를 타고 사막의 깊숙한 데까지 가서 캠프를 쳤을 때도 게르나스는 어김없이 나타났다. 그는 우리 차를 졸졸 따라왔다. 차를 놓쳐버렸을 때도 게르나스는 나를 어떻게 찾아내는지를 잘 알고 있었다.

그리고 매일 나의 서재바위로 올라와서 나의 책상 곁에 만들어놓은 포옴쿠션 방석 위에 누워있었다. 내가 집필하는 동안에도 조용히 내 곁을 지켜주었다. 때로는 바위절벽 끝에 서서 장엄한 사막의 파노라마를 멍하니 바라보기도 하고, 염소떼나 낙타가 지나가면 짖어대기도 했다.

내 서재 책상 곁, 방석에 앉아 있는 게르나스.

물론 그토록 생존경쟁이 치열한 사막의 황무지에서 개의 충성심을 확보한다는 것은 거저 되는 일은 아니었다. 나는 매일 내가 할 수 있는 한 성심껏 게르나스를 보살폈다. 빌리지의 상점에 갈 때마다 나는 냉동된 염소고기와, 통조림 참치, 통조림 소세지, 그리고 때로는 얼린 닭간 한 봉지 등을 사왔다. 그래서 이런 것들을 남긴 밥과 함께 섞어주면 게르나스는 미친 듯이 먹어댔다. 그의 왕성한 식욕을 충족시켜주는 것이 급선무였다. 비참한 노예의 생활에서 왕궁의 생활로 격상된 느낌이었을까?

서재 평평한 바위 끝에서 멍하게 사막의 파노라마를 바라보다.

그런데, 냉장고가 없는 사막에서 고기음식을 유지시킨다는 것은 대단히 어려운 숙제였다. 특히 닭간은 얼마

보관이 안되었다. 그러니 사오는 대로 상당량의 한 봉지 전체를 줄 수밖에 없었다. 사실 한 패킷에 든 닭간은 개 한 마리가 한 번에 먹기에는 매우 많은 분량이었다. 그러나 나는 처음에는 개를 위한 균형 있는 음식을 준비하는 방식을 잘 몰랐다. 어찌 되었든, 게르나스는 사막에 사는 어떤 다른 개보다도 이미 호강을 하고 있었다. 개를 위하여 누군가 매일 특별히 요리를 한다는 것은 사막에서는 꿈도 꿀 수 없는 일이었다.

부엌 천장에 매단 염소고기

그러나 닭간과는 달리, 염소고기는 오랫동안 보존이 가능했다. 나는 팀북투Timbuktu에서 도살된 염소의 내장을 발라낸 몸통 전체를 그늘에 걸어 말리는 것을 본 적이 여러 번 있다. 그래서 나 또한 해동된 염소고기를 그늘에 걸어놓는 방식으로 보존기간을 늘려보려고 했다. 나는 염소고기를 소금에 비벼서 젓가락에 꿰어 꼬치를 만들고, 그 젓가락 꼬치들을 비닐 끈으로 묶었다. 그리고 그 꼬치끈을 동물들이 쉽게 미칠 수 없는 부엌 천장에 매달았다. 그런 방식으로 고기는 사흘 동안 보존이 가능했다. 내가 그렇게 보존한 염소소기를 요리할 때는 사흘째 고기는 염소고기의 특별한 향을 더욱 짙게 풍겼다. 사람은 그 냄새를 어려워할지는 모르겠지만 게르나스는 그 냄새 나는 고기를 매우 좋아했다. 보존음식의 발효향은 익숙해지면 모든 동물에게 매력적인 것 같다. 나는 그 고기요리를 밥을 멕이기 위한 방편으로 조금씩 섞어주었다.

게르나스는 식성이 매우 까다로웠다. 그는 맨밥이나 그냥 빵, 그리고 생야채는 굶어죽기 직전까지는 먹으려 하지 않았다. 야채를 고기든 밥에 섞어주면 밥만 발라먹고 야채는 어떻게 해서든지 밀쳐 남겨놓았다. 개는 본시 늑대의 아종이기 때문에 육식을 선호하는

내가 불 때서 밥을 하는 동안, 그 밥을 자기도 먹게 되리라는 것을 아는 게르나스는 밥이 되는 과정을 지켜보고 있다.

잘 보존해서 고기냄새가 짙게 나는 염소고기를 요리하여, 밥이 없을 때는 월남 쌀국수에 비벼주곤 했다. 더없는 호강이었다.

것은 분명하지만, 게르나스는 육식 중심으로 자라났을 것이 분명하다. 캠프에서 던져주는 닭뼈더미를 주로 먹었을 것이다. 나는 날카로운 닭뼈로 인해 개가 죽을 수도 있다는 소리를 들었지만, 베두인은 그런 얘기 아랑곳하지 않고 닭뼈를 개에게 준다. 축제나 잔치 때 염소를 잡으면 그 내장을 개에게 주는데 그런 생내장에는 기생충이 많다.

그리고 염소고기를 발라먹고 나면 그 뼈를 개에게 준다. 그러나 와디 럼에 사는 다른 개들이 별로 까다롭지 않게 주는 것을 다 먹는다는 것을 생각할 때, 게르나스의 까다로운 식성은 그의 열악한 환경에서 형성된 것이라는 결론에 도달할 수밖에 없었다. 캠프에서 내다버리는 썩은 밥과 야채더미 옆에 묶여 있었기 때문에 그런 것들이 도무지 그에게는 역한 느낌을 주었을 것이다. 식생활이 너무도 열악했던 것이다.

나는 사막에서 개를 위하여 육고기를 다루는 동안, 하나의 재미있는 통찰을 얻게 되었다. 이전에는 나는 왜 돼지고기가 이슬람이나 유대교에서 금기사항이 되었는지에 관해 의문을 품지 않았다. 사람들은 일반적으로 돼지는 진흙에 뒹굴기를 좋아하기 때문에 더러운 것을 좋아한다, 그래서 더럽다라고 생각하게 마련이다. 그러나 사막에서 실제로 고기를 보존하는 문제와 씨름을 해본 이후로는 돼지고기를 금하는 데는 아주 구체적인 이유가 있다고 생각하게 되었다.

이러한 율법이 만들어진 시기에는, 돼지고기를 보존한다는 것이 거의 불가능했을 것이다. 돼지고기는 다른 고기보다도 사막의 열기 속에서 금방 상하기 마련이다. 돼지고기는 염소나 양이나 소의 고기와 같은 붉은 육

염소의 폐를 주워다 먹었는데, 게르나스는 그 후 사흘 동안이나 아팠다.

자연환경에서 흙목욕을 즐기는 돼지들.

이 돼지는 너무도 행복하게 보인다.

질의 고기보다 훨씬 세포의 밀도가 낮다. 그래서 위험한 기생충이 살 속에 서식하기 쉽다. 돼지는 적당한 음식으로 사육되지 않거나, 그 고기가 철저하게 삶아지지 않으면 그것을 먹는 사람들이 병에 걸리기 쉽다.

닭고기도 부패나 오염의 측면에서 동일한 문제가 있다고 볼 수 있겠지만 우선 닭은 작기 때문에, 닭 한 마리가 통째로 쉽게 요리될 수 있고 하루에 깨끗하게 소비될 수 있다. 그러나 돼지는 상황이 다르다.

닭이나 염소, 양은 사막이라는 환경 조건에 그래도 적응이 쉬운 편이지만, 돼지는 많은 물과 많은 식재료를 필요로 하기 때문에 실제로 사막에서 키울 수가 없다. 돼지는 떼몰이도 불가능하고 수송이 매우 어렵다. 돼지가 사막권의 종교문명에서 한결같이 타부로 규정된 데는 충분한 이유가 있을 것이다. 우리는 풍요로운 삼천리금수강산에서 우리가 먹고 남는 것만으로 돼지가 자연스럽게 사육될 수 있다고 생각하겠지만, 돼지가 먹는 것은 모두 사람이 먹을 수 있는 것이다. 돼지는 사람과 식재료의 경쟁상대이다. 일례를 들면 소는 사람과 식재료의 경쟁상대가 아니다. 사람이 먹지 않는 것을 먹는다. 더구나 소는 문명에 많은 노동력을 제공하고 똥은 귀한 연료가 된다. 소는 인간문명에 공헌하는 존재이다. 그러나 돼지는 고기를 제공하기 위하여 사육될 뿐이다. 그러니 사육되는 돼지의 식재료는 모두 인간이 먹을 수 있는 것을 빼앗아가는 것이다. 다시 말해서 돼지의 고기를 생산하기 위해서 곡식이나 과일, 채소, 뿌리류의 식량자원이 낭비되는 것이다.

그러나 돼지고기는 맛있고 매력적이다. 한 사회의 특권층이 돼지고기를 선호하게 되면, 그 고기를 생산하기 위하여 민중이 먹을 수 있는 양식이 사라지게 된다. 돼지고기는 민중에게 원수처럼 느껴질 것이다. 이러한 식량자원의 언밸런스 문제를 해결하기 위하여 종교지도자들이 종교적 권위의 힘을 빌어 돼지고기를 금지시켰다는 것이 인류학자들의 공통된 정론이다. 모든 사회의 타부가 매우 불합리한 것도 많지만, 그 타부의 하부구조에는 어떠한 합리적 이유가 있다는 것 또한 우리가 주목해야 할 문명의 측면들이다.

돼지는 식욕이 왕성해서 뿌리나 과일 같은 것이 없을 때는 쓰레기더미나 동물의 썩은 시체 같은 것도 마구 먹어버린다. 그래서 돼지의 살에는 기생충이 스며들 가능성이 높다. 닭도 돼지와 똑같이 먹이 스펙트럼이 넓은 잡식동물이지만, 날카로운 부리로 음식을 선별해서 먹는 능력이 발달해있고, 또 놀라웁게도 산란 싸이클이 짧아 다량의 에그(난자)를 인간에게 제공하기 때문에 식량순환에 있어 효율성이 지극히 높은 동물이다. 인간이 한 달에 한두 개의 에그를 생산하는 것에 비하면 닭이 에그를 생산하는 싸이클은 동물세계에서 유례를 찾기 어렵다. 그래서인지 몰라도 닭은 모든 문명에 있어서 종교적 타부의 대상이 되지 않는다.

이슬람이라는 종교가 발생하던 시기와는 달리, 21세기에는 육류를 안전하게 가공하고 보존하는 기술이 발달해있다. 위생이나 에코시스템이나 경제적 구조 때문에 1400년 전에 형성된 음식금기를 지금도 그대로 고수한다는 것은 좀 어리석은 일이다. 종교적인 무슬림에게 왜 돼지고기를 안 먹냐고 물어보면, 그들은 한결같이 이와 같은 방식으로 논리를 전개한다: "돼지는 더러운 동물이야. 예언자께서 이미 돼지고기는 인간에게 해롭다는 것을 아셨어. 그리고 그러한 사실은 이미 근대과학에 의해 다 증명되었지." 그러나 이러한 추론은 전혀 과학과는 무관한 것이다.

종교는 인간에게 "믿을 것"을 강요한다. 믿는다는 것은 "신념의 도약"에 근거하고 있는데, 그것은 의문이 없이 증거도 없이 교설을 맹종하는 것을 의미한다. 원래의 종교적 경전에 위배되는 새로운 증거가 발견되면, 그 증거는 배척되어야만 한다. 이전의 교설이나 학설을 부정하는 새로운 증거의 수용이야말로 과학의 정신이요, 인류문명을 진보시킨 힘이다.

『구약』과 『꾸란』이 돼지고기는 더럽다고 규정해버렸기 때문에 돼지는 더러운 동물로 남아있어야만 한다. 베두인들이 개들이 더럽다고 말할 때도 동일한 논리가 적용된다. 아마도 그러한 신념은 광견병이 많았을 때 생겨났을 것이다. 지금은 근대과학이 광견병을 백신으로 해결했다. 그러나 종교적 신념은 사람들로 하여금 이러한 과학적 진보조차도 합리적인 마음으로 받아들이는 것을 방해한다.

사실 음식금기는 인종적 편견을 조장키 위한 방편으로 사용되기도 한다: "우리 무슬림이나 유대인들은 돼지고기를 먹지 않아. 더럽기 때문이지. 저 돼지고기를 먹는 크리스챤이나 이교도나 무신론자들은 우리보다 열등한 족속들이야." 음식금

사람을 바라보는 눈이 꼭 사람 같다. 윈스턴 처칠의 유명한 멘트가 있다: "고양이는 사람을 내려보고, 개는 사람을 우러러보고, 돼지는 사람을 같게 본다."

기는 자기들이 싫어하는 음식을 먹는 자들을 혐오스럽게 바라보게 만든다. 그것은 과거에 김치를 먹는 한국인을 서구인들이나 일본인들이 혐오스럽게 바라보던 시절이 있었던 것과도 같다.

모든 문화에 있어서 사람들은 동물을 의인화하는 습성을 가지고 있다. 돼지의 경우는 공연히 아주 부정적인 평가를 받고 있다. 그것은 정말 억울한 것이다. 사람들은 돼지가 진흙목욕을 즐기기 때문에 더럽다고 생각하는데, 그것은 땀구멍이 없기 때문에 체온의 밸런스를 유지하기 위하여 필연적으로 요구되는 것이다. 우리가 "호미오스타시스homeostasis"라 불리는 생체항상성의 한 매커니즘일 뿐이다. 그리고 돼지를 욕심꾸러기라고, 탐욕스럽다고 말하는데, 그것은 잡식동물인 돼지가 진화과정에서 많은 음식을 섭취하도록 진화되어왔을 뿐, 탐욕과는 아무 관련이 없다. 탐욕이란 오로지 인간의 속성일 뿐이다. 돼지의 "잘먹음"은 자연스러운 생리일 뿐이다.

그리고 그들의 불운한 누명과는 달리, 돼지는 적합한 자연환경 속에서는 매우

나의 작품사진. 앞 오른쪽 우리에 있는 것이 필자. 이 사진은 많은 것을 상징하고 있다.

청결한 동물에 속한다. 나는 이 동물과 친해보기 위해 미국의 대규모 돼지사육농장에서 작품사진을 찍는 행위를 감행한 적이 있다. 수천 마리의 돼지들이 매우 좁은 공간의 우리에 폐쇄되어 있는 아주 불인한 산업농장에서, 그리고 몇 달씩 전혀 청소해주지 않는 그런 열악한 환경 속에서도, 돼지들은 자기의 배설물들을 모두 우리 밖으로 밀어내었다.

그들은 자기들이 먹고 자는 장소 가까이에서는 똥이나 오줌을 싸지 않는다. 나의 개 게르나스도 행위양식이 이와 동일했다. 그는 살라의 캠프에서는 그는 줄에 묶여있었기 때문에 자기의 배설물을 관리할 공간적 여백이 없었다. 그러나 나에게 온 후로는 그는 항상 캠프로부터 멀리 떨어진 곳에서 대소변을 가렸다. 그가 얼마나 이런 문제에 관해 세심하였는지, 나는 사막에서 일년 내내 단 한 번도 그가

돼지와 인간의 무차별성, 그리고 우리 인간세 문명의 다양한 문제점을 그려내고 있다.
나의 이 작품사진은 중국을 비롯한 세계의 미디어들이 크게 보도하였다.

똥누는 것을 보지 못했다. 훗날 그가 인도어 덕(집안에서 키우는 개)이 되었을 때도 나는 그에게 특별한 훈련을 하지 않아도 대소변을 정확히 가렸다. 그는 집안에서 단 한 번의 사고를 친 적이 없다. 게르나스는 정말 깨끗한 개였다. 게르나스는 오물과 악취 속에서 살았어야만 했던 세월의 불행을 견디기 어려웠을 것 같다.

게르나스는 칠칠치 못한 털과 더러운 냄새로 찌든 초라한 똥개로부터 독일 셰퍼드를 방불케 하는, 빛나는 털과 당당한 체구를 지닌 귀족적인 개로 매우 빨리 변모해갔다. 주변 사람들의 인식도 따라서 같이 변해갔다. 게르나스는 "누라의 개"(누라는 사막에서의 필자 이름)로 통했고, 어떤 지역민들은 그 개를 내가 외국에서 데려온 것으로 인지했다. 와디 럼에서 전신이 새까맣거나, 까맣고 갈색의 털로 덮여있는 개를 보기는 매우 힘들다. 이 지역의 대부분의 개들은 옅은 색깔이다. 하얗거나, 옅은 브라운, 그리고 반점을 곁들인 개들이 대부분이었다. 그래서인지 하디쓰(무함마드의 언행을 기록한 구전자료 전승)에는 까만 개는 사악한 것으로 언급되어 있다. 어떤 베두인은 게르나스가 경찰견 같다고 말했다. 그들은 텔레비전에서 본 헐리우드 경찰영화 속에 나오는 독일 셰퍼드를 연상한 것 같았다.

살라도 게르나스가 내 밑에서 변모한 후에는 그를 더 좋아하는 것 같았다. 내가 개를 가져간 이후로 2주가 지났을 때 저녁 즈음, 그는 나의 캠프로 예기치 않은 방문을 했다. 나는 게르나스와 함께 있었다. 그는 그의 아들 모하메드가 캠프일을 하지 않고 어디론가 사라져버려 찾으러 여기까지 오게 되었다고 했다. 나는 살라에게 모하메드가 어디 있는지를 모르겠다고 했다. 그때 살라는 게르나스를 보았다. 게르나스는 순간 그의 옛 주인을 알아보았다. 그러나 그에게 가깝게 가기를 거절했다. 이것은 참으로 놀라운 상황이었다. 보통 개들은 옛 주인에 대한 충성심이 대단하기 때문이다. 살라는 나에게 물었다: "게르나스가 어때? 참 보기가 좋군."

게르나스는 나의 훌륭한 반려라고 내가 사랑을 담아 이야기했을 때, 그는 나에게 말했다: **"이제 이 개는 네 것이다. 가져라!"** 이 순간 게르나스는 공식적으로 나의 개가 되었다.

나중에 암만에 사는, 관광사업을 오래 했고 베두인의 관습에 정통한 나의 친구 사이드는 내 말을 듣고 깜짝 놀랐다. 그리고 말하는 것이었다: **"베두인들은 자기들이 키우던 개를 타인에게 주는 법이 없어. 사막에서는 소유관념이 강해, 한번 자기 소유가 되었던 것을 남에게 양도하지 않아. 도대체 미루가 어떻게 그 개를 얻었는지, 알다가도 모를 일이야!"**

살라는 내가 게르나스에게 백신주사를 맞히고, 기생충약을 먹이고, 그를 잘 보살펴준 것에 대해 감사히 생각한다고 말했다. 그리고 자기 캠프로 게르나스를 데려와도 무방하다고 말했다. 관광손님이 있을 때에도 게르나스는 자유롭게 배회할 수도 있게 된 것이다. 나는 게르나스에게 "앉어, 누워, 굴러" 하는 구령을 알아듣게 만들었다. 내 말을 듣고 그대로 하는 그의 재롱은 관광객들의 관심의 한 초점이 되었다. 내가 게르나스를 살라의 캠프로 데려올 때마다, 살라와 그의 아들들과 조카들은 내가 하는 대로 구령을 해보고는 게르나스가 따라하는 모습을 깔깔거리며 쳐다봤다. 게르나스는 곧 그들에게 찬미의 대상이 되었다.

아주 더럽고 구찮기만 한 존재로 인식되어 줄곧 묶여만 있던 바로 그 개가 이제는 목줄도 없이 자유롭게 그들의 생활공간을 누비고 관광객과 캠프에 있는 모든 사람들과 인사를 나눌 수 있게 된 것이다. 오직 그가 미루와 같이 있게 되었다는 이유만으로! 이제 베두인들에게 게르나스는 "서구화되었고 청결한" 존재가

사막의 개는 보통 옅은 색깔이다.

게르나스가 서양 여자 관광객의 발목을 껴안고 있다.
게르나스는 이제 인간의 삶의 한복판에 있는 것이다.

살라의 캠프를 찾은 한국인 관광객. 참 보기 드물다. 젊은 여자들 여섯 명이 관광팀을 짜서 왔다.

된 것이다. 이것은 정말 한 개의 생애에 있어서 있을 수 없는 행운이었고 극적인 운명의 전환이었다. 오직 나의 소유가 되었다는 이유만으로! 아마도 게르나스는 나의 눈빛을 처음 보는 순간부터 이미 이러한 운명의 전환을 다 기획했을지도 모르겠다. 신만이 알 것이다!

이런 죠크를 잠시 제쳐놓더라도, 개는 어떠한 조건 하에서 그 생존을 위하여 인간의 사랑을 얻는 방향으로 그들의 행동거지를 진화시켰음이 분명하다! 적자생존의 법칙을 잘 아는 종자들이 그들에게 사랑의 감정을 쏟는 인간들에게 충성할 줄 알았을 것이다. 이 양자간을 묶는 감정을 공고히 하는 행위야말로 인간들이 지속적으로 식량과 포근한 삶의 환경을 제공해주리라는 것을 알았을 것이다. 하여튼 늑대가 양순한 개로 가축화되어간 과정은 다양한 설명이 가능할 것이다. 오늘날 우리가 말하는 개의 직계조상 늑대는 현존하는 야생늑대와는 계통을 달리한다는 학설도 있다. 하여튼 게르나스는 현명하게도 그에게 최고의 생존기회를 허락하는 공급자를 선택한 것이다. 게르나스는 모하메드의 생각과는 달리 정말 현명한 개였다.

베두인들이 게르나스를 학대했고 그의 비참한 삶으로부터 내가 게르나스를 구원했다고 떠들기는 쉬운 일이지만, 그렇게 말하는 것은 전말을 왜곡시키는 것이다. 그의 이전 주인들은 그냥 그들이 보통 개를 기르는 방식으로 길렀을 뿐이다. 오랫동안 목을 묶어놓는다는 것은 결코 특별한 상황이 아니라 흔한 일이며, 게르나스에게는 차라리 자비였다고 말해야 할 것이다. 그들은 그래도 게르나스를 먹여주었고 계속 살도록 두었다. 그들은 쓸모없는 개라고 인정된다면 총으로 쏴버리는 것이 상례이다. 가장 문제가 되는 것은 게르나스가 착한 성품의 개라는 데 있다. 착한 개이기 때문에 나쁜 개가 된 것이다. 그들이 개를 키우는 유일한 이유는 가축을 지키기 위한 것이다. 베두인의 개는 반드시 공격적이어야 하고 집이라는 코스모스 이외의 존재들에게 대적적이어야 한다. 개는 마쵸가 강한 두목기질의 개이어야만 하는 것이다.

게르나스가 목줄에서 빠져나와 도망쳤을 때마다 살라는 그를 트럭으로 추적하여 더 이상 뛸 힘이 없을 때까지 휘몰다가, 두 사람이 그의 목과 다리에 덮쳐 그를 묶어서 트럭에 싣고 집으로 데려오곤 했던 것이다. 게르나스가 살라의 곁으로 가지 않은 이유, 트럭만 보면 멍멍 짖는 이유를 알 만했다. 그렇지만 동물에 대한 이런 정도의 거친 다룸은 와디 럼에서는 정상적인 것이다. 결코 학대로 볼 수는 없다.

살라와 그의 가족들은 동물을 고의적으로 해치는 사람들은 결코 아니었다. 살라는 나에게 자랑스럽게 말한 적이 있다: "게르나스가 강아지였을 때였지. 매우 아팠어. 죽을 것 같았어. 나는 그 놈을 나무 밑에 묶어두고 음식과 물을 계속 주었지. 그래서 몇 달 후에 건강이 좋아졌어." 그의 말 중 나무 밑에 묶어둔다는 것은 아픈 개에 대한 특별한 배려를 의미하는 것이다. 보통 개는 그늘도 없는 곳에 묶어두기 때문이다.

그늘에서 쉬는 게르나스

【제32송】

베두인이 되려고 하는 북구여인의 고뇌와 한 영국여인의 오만

전체적인 상황을 보다 명료하게 파악케 하기 위해서, 나는 와디 럼에서 일어나고 있는 매우 명백한 동물학대의 정황을 보고해야만 할 것 같다. 일례를 들면, 젊은 개구쟁이들이 개를 철사로 묶어놓고, 큰 자갈을 개에 던져 맞추기 시합을 하는 등, 너무도 처참하게 개고문을 행하는 이야기들이 다반사처럼 떠돈다. 또 하나의 이야기는, 한 남자가 그의 점심을 그냥 무방비로 놓아두었는데, 그의 동생의 개가 그 점심을 먹어버렸다는 것이다. 자리로 돌아온 그 남자는 자기 점심이 없어진 것을 알자 그 자리에서 그 개를 쏘아 죽여버렸다. 나중에 그의 동생이 개를 찾자, 형은 자기는 모르겠다고 해버렸다는 것이다. 결국 그 형은 자기가 죽였다는 것을 고백했을 것이다. 그렇지 않다면 이 이야기의 진상이 나에게 전달되었을 리 만무하다.

나는 이런 얘기들을 한나Hanne라고 이름하는 25살짜리 아가씨에게서 들었다. 한나는 북구에서 온 여인이었는데, 모하메드 살라의 가장 친한 친구이며 사촌인 아브달라라 하는 청년과 정혼한 사이였다. 한나는 개를 사랑하는 여인이었다. 한나가 개에게 행하여지고 있는 공포스러운 이야기를 할 때에는 자애로움, 또는 원망에 가득찬 어조로 이야기하곤 했다. 한나는 그녀의 피앙세인 아브달라가 친절한 영혼의

한나의 애인, 아브달라.

소유자이며 그렇게 참혹한 짓을 할 사람이 아니라고 말을 했지만, 그의 약혼자 역시 개를 어떻게 키워야하는지에 관하여 전혀 지식이 없다고 했다.

아브달라 패밀리의 집 지키는 개가 어느날 주둥이가 반쯤 날아가버린 채로 돌아왔다. 누군가 총으로 그를 쏘았던 것이다. 집안 식구 어느 누구도 이 사태에 대해 어떠한 조치를 취해야 할지를 몰랐다. 집안사람들은 그나마 집이라고 떠나지 않고 있는 그 개를 그늘진 구석에 뉘인 채 그냥 홀로 내버려두었다. 한나는 방치된 그 개를 며칠 동안이나 돌보았지만 그것은 처참하기 그지없는 광경이었다. 겉으로 드러난 상처는 썩기 시작했고, 수백 마리의 두툼한 하얀 구데기가 주둥이에 우글거리고 있었다. 그런데도 개는 살아있었고 간신히 숨을 헐떡거리고 있었다. 이 잔혹상을 목격하면서, 한나는 아브달라에게 그 개를 쏴서 생명을 빨리 종료시켜달라고 애걸했다. 그런데 아브달라는 살생을 하는 것은 이슬람신앙에 어긋난다고 하면서 거절했다. 그러나 실상인즉, 패밀리 멤버 어느 누구도 그 개를 고해로부터 구출시켜줄 수 있는 용기과 결단을 가지고 있질 못했다. 한나는 결국 아브달라에게 개를 쏴주는 것이 우리가 할 수 있는 최선의 길이라는 것을 설득시키는데 성공했다. 아브달라는 방아쇠를 당겼다. 이 이야기는 나에게는 세 가지 주제를 말해주고 있었다.

첫째, 개들이 코가 날아가는 등 아무 이유 없이 학대당하고 있다. 둘째, 아브달라 가족과도 같은 어떤 베두인사람들은 심약하고 겁이 많다. 셋째, 종교가 그들이 행하는 일에 대한 정당성도 제공하고, 또 행하지 않는 일에 대한 구실도 제공한다.

한나는 2013년 10월 중순경, 나의 사막생활에 등장한 매우 독특한 캐릭터였다. 그녀가 북구유럽의 자택에서 6개월을 보낸 후 와디 럼으로 막 되돌아왔을 때, 나는 그녀를 처음 만났다. 그녀는 2년 전 처음 와디 럼에 왔다가 베두인 청년 아브달라와 사랑에 빠졌고, 그 사랑은 결국 그녀를 다시 와디 럼에 돌아오게 만들었다.

나는 그녀를 친견하기 이전에, 이미 그녀의 열렬한 동반자가 되어버린 아브달라로부터 그녀에 관해 몇 번인가 얘기를 들었다. 나는 그들의 관계가 관광객으로 온 서구의 여인이 아주 이국풍의 로컬 가이드에게 홀려 캐주얼한 로맨스를 즐기기 위해 다시 오곤 하는 관계의 한 전형이거니 하고 가볍게 생각했다. 그러나 나의 이러한 상념은 옳지 못했다. 그들은 빌리지의 조그만 집에서 같이 살았다. 한나는 진심으로 사랑하는 한 남자와 같이 살기 위해서, 스칸디나비아 고향에서 향유하던 모든 것을 포기하고 이곳 사막으로 본거지를 옮긴 것이다. 사랑이라는 것이 무엇인지 그 마력은 헤아리기 어렵다. 내가 그녀를 처음 보았을 때, 그녀는 차 뒷켠에 조용히 앉아있었다. 나는 사막의 차간에 매우 매력적인 아름다운 서양여인이 있는 것을 발견하고 내심 놀랐다. 흰 얼굴에 금발의 머리카락, 복성스럽게 생긴 둥근 윤곽에 부드러운 서양미녀의 굴곡이 매우 인상적이었다.

나중에 디너를 같이하면서 이야기를 나누었는데, 그녀는 유창한 영어를 말할 수 있도록 잘 교육을 받은 사람이었고, 또 예의범절이 바른 교양 있는 여인이었다. 나는 자꾸 이런 질문을 던지지 않을 수 없었다: "도대체 당신 같이 지체 있고 교양 있는 여자가 뭣 때문에, 도대체 뭘 바라고 이 사막에서 산단 말이오?" 물론 내가 이런 질문을 던질 때, 사람들은 똑같은 질문을 나에게 던지고 있었을지도 모른다.

그녀와 나 사이에 초면의 서먹서먹한 느낌을 깨는 대화의 첫 토픽이 바로 개에 관한 것이었다. 그녀는 와디 럼에서 두 마리의 개를 소유하고 있었다. 1년 전에 그녀가 양육하기로 했을 때, 그 두 마리의 개는 암컷이라는 이유로 도살될 운명이었다. 그녀는 그 두 마리의 개를 아카바의 수의 클리닉으로 데려가 난소제거수술을 행하였다. 사막에서는 난소제거를 해야만 발정기가 없어지므로 수컷처럼 오래 살 수가 있다. 그리고 아카바에서 산 수입제 개음식으로 개를 길렀다. 이러한 그녀의 행태를 빌리지의 그 어느 누구도 이해하질 못했다. 지킴이견으로 부적합하기 때문에 주기적으로 사살될 운명의 암캐들을 그렇게 많은 돈을 들여서 기른다는 것이 도무지 이해되질 않는 것이다. 빌리지에는 암캐가 극소수였다. 그래서 암캐 한 마리라도 발정을 하면 수십 마리의 수캐들이 사방에서 모여든다. 그래서 암캐 주인의 입장에서는 괴롭기만 한 것이다.

그녀는 내가 개를 사랑할 줄 아는 사람이라는 것을 알아차렸고, 또 그녀를 서구적 기준에 의하여 이해해준다고 생각했다. 그래서 개라는 토픽에 관하여 허물없이 수다를 떨었다.

그녀가 6개월 동안 사막을 떠나있는 동안 그녀는 그녀의 개를 아브달라의 부모집에 맡겨놓았다. 그런데 이 개들이 다시 난폭해지고 다른 베두인 개들처럼 벌레 많은 지저분한 개가 되어버리고 말았다고 불평을 나에게 늘어놓았다. 한나는 매우 신중하게 그 암캐들을 고분고분 말을

나의 개와 한나의 개

사막의 여인들. 외출할 때는 완전히 가린다. 맨 오른쪽이 필자.

잘 듣는 점잖은 개로 훈련시켜 놓았던 것이다. 이제 한나는 개 훈련을 제로로부터 다시 시작해야 한다.

내가 타야의 캠프에서 실험적으로 따로 생활하고 있다는 사실을 안 연후에, 한나는 내가 그녀에게 사막으로 가서 독자적인 생활을 하게끔 영감을 주었다고 고백했다. 그녀의 개들과 함께 따로 캠프를 차리고 살고 싶다는 것이다. 그녀는 많은 측면에 있어서 빌리지 사람들의 행태에 물렸다. 그들이 개를 취급하는 태도라든지, 그녀의 사생활에 참견하는 것, 그들 자신의 영역에 이국인이 있다는 것을 객화해서 바라보는 짜증스러운 시선들에 질려버린 것이다. 단지 한 베두인족의 살림주부가 되기 위해 그토록 가차 없이 가혹한 환경으로 거처를 옮기려고 하는 그녀의 의지에 너무도 당혹감을 느꼈기 때문에, 나는 마치 전형적인 뉴요커들이 파티에서 사람을 만났을 때 말을 던지듯이 그녀를 닦아세웠다. 나의 질문에 대한 그녀의 대답은 대체로 짧고 부정적이었다. 일례를 들면 다음과 같이 질의와 응답이 오갔다.

"본국에서는 직업이 있었니?"

"지금은 없어."

"새로운 일자리를 찾고 있는 거니?"

"아니."

"하루종일 뭘 하고 사니?"

"아무 일도 안 해."

그녀의 대답은 이런 식으로 이어졌다. 그런데 놀라웁게도 그녀는 내가 자기와 똑같은 이유로 이 사막에서 살고 있다고 생각하는 것이었다. 내가 베두인 남자와 결혼하여 사막에서 베두인처럼 살기 위해서 준비하는 것으로 생각하는 것이었다.

나는 유럽여성이 베두인 남자와 사랑에 빠져 베두인의 사막생활과 문화에 온전히 동화되어버린 몇 개의 사례를 알고 있었다. 특별히, 관광객이 많고 베두인들도 비교적 개방적으로 리버럴하게 되어버린 페트라지역에서는 그러한 사례가 종종 있었다.

명절 때 염소를 잡는 베두인. 빌리지 다닐 때의 나의 복장.

내가 페트라에 갔을 때, 한 불란서 여인이 완전히 집시화 된 모습으로 울긋불긋 치장을 하고 타 베두인들과 같이 서서 수제품 보석과 장신구들을 팔고 있는 것을 본 적이 있다. 나는 불어가 자유롭기 때문에 그녀와 이야기를 나누어보았다. 그녀는 토착 베두인 남자와 결혼하여 베두인들이 생계를 이어가는 똑같은 방식으로 생계를 이어가고 있었다. 길거

페트라에서 삶을 꾸린 뉴질랜드 여자. 간호사였다고 했다. 행복한 모습이다. 『베두인에게 시집간 여인』이라는 책을 썼다.

리에서 물건을 팔면서! 무슨 청승이랴마는 그것은 그녀가 선택한 삶이었다.

와디 럼에서는 그런 케이스가 매우 적었다. 내가 알기로는 두 여자 케이스가 있었는데, 하나는 벨기에 여자였고, 하나는 영국 여자였다. 이들은 모두 로컬 남자와 결혼하여 빌리지에서 살고 있었다. 매년 한 10만 명 정도의 관광객이 와디 럼을 찾아온다. 그 중에서 아주 난폭하리만큼 이국적인 사막 사나이들의 매력에 이끌리는 서양 여자가 기백 명 정도 있다고 치자! 그 중에서 단지 두 명의 여자가 베두인의 삶 속으로 진입하여 정착하였다는 사실을 전제로 하면, 베두인과 결혼하여 전업주부로 살겠다는 한나의 발상은 결코 성공적일 수 있을 것 같아 보이질 않았다.

궁극적으로 이 두 여자의 성공담은 온전히 종교적 신념과 연관되어 있다. 그 영국 여자는 결혼하기 전에 이미 이슬람이라는 종교에 접신된 무서운 광신도였다. 한국의 태극기부대 사람들이 이스라엘국기를 같이 가지고 다니는 것을 보면 그 광신의 맹목성을 알 수가 있다.

나는 빌리지에서 베두인 결혼식이 열린다 하여 여성들만 들어갈 수 있는 텐트로 초대되어 갔는데 그 영국 여자를 그 텐트 안에서 만났다. 그녀는 창백하리만큼 하이얀 피부의 여인이었는데 완전히 베두인 냄새가 몸에 배인 듯이 차려 입었다. 그리고 차를 나이가 든 베두인 여인들에게 서빙하고 있었는데, 그 영국 여자는 나에게 차를 대접하는 것을 생략하고 넘어갔다. 그녀의 태도 속에서 나는 의도성을 간파할 수 있었다. 그녀는 내가 살렘을 위해 일하는, 혹은 사우디아라비아에서 온 아우데의 부자 형님을 위해 일하는 인도네시아 하녀로 간주하고 의도적으로 건너

뛰었던 것이다. 그녀는 이러한 레이시즘을 아랍문화권에서 획득한 것일까? 아마도 그녀는 아랍에 오기 전에 이미 무지몽매한 인종차별적인 유럽백인사회의 통념으로부터 배웠을 것이다.

페트라의 베두인들. 와디 럼의 사람들과는 전혀 분위기가 다르다. 리버럴하고 개방적이다. 그리고 서양여자들도 잘 유혹한다.『캐리비안의 해적』속의 조니 댑과도 같은 느낌이다.

또 하나의 여인은 벨기에 여자였는데 빌리지에서 혼혈의 자식들과 살고 있었다. 그런데 이 여인은 거의 집밖으로 나가질 않는다. 그녀는 집안에 갇혀있는 삶이 여인으로서 보다 적합한 생활이라고 믿는, 매우 전근대적인 생활패턴에 젖어있는 고고인류학적 인간인 듯 싶었다. 그녀의 남편이 생존하기에 필요한 무엇이든지 밖에서 가져다주기 때문이다. 그녀 또한 개종한 무슬림이었다. 솔직히 나는 그 여인들의 개인사를 잘 알지 못한다. 나의 추론이 틀릴 수도 있지만, 나는 그 여인들이 고국에서 심각한 실존적 문제를 안고 사막으로 왔다고 가정할 수밖에 없다. 그것이 정당한 신념적 선택인지, 가련한 도피인지는 내가 궁극적으로 판단할 수가 없다.

그러나 한나는 크리스챤이었고, 개종할 아무런 이유가 없었다. 이러한 그녀의 신념적 자세만 가지고도 아브달라와의 관계에 관한 그녀의 삶의 선택이 결코 성공적이기 어렵다는 것을 예측할 수밖에 없었다.

한나를 처음 만난 후로, 나는 그녀에게 삶의 선배로서 조언을 주어야만 하는 묘한 입장에 놓일 수밖에 없었다. 그녀를 돕는 것은 인간적으로 하나의 당위였다. 그런데 그녀가 기획하는 모든 일은 좀 황당하기 그지없었다. 나는 사막에서 살지만 끊임없이 창조적인 일과 속에서 나의 인식의 지평을 넓히고 또 물리적으로도 바쁘게 지낸다. 나는 사막에서의 나의 삶이 나의 실존의 체험을 심화시키는 하나의 실험적 시도이며, 이것이 나에게 궁극적인 초월을 가르쳐주리라고 믿고 있다.

베두인과 사진 찍는 관광객. 베두인들에게 서양여자의 복장은 다 벗은 것과도 같다.

내가 베두인 남자와 결혼하기 위하여 사막에 와서 살고 있다고 믿는 그녀의 터무니없는 망상에 대해 다음과 같이 뇌까려본들 그녀가 무엇을 이해했을까? "오~ 노! 난 이런 데 정착 못해. 잠시 집필을 위해 조용하고 고립된 특별한 환경이 필요했을 뿐이야. 알잖아! 난 맨해튼 한복판에 살고 있는 사람이야."

그리고는 또 지껄일 수밖에 없었다: "사막으로부터 베두인을 데리고 나갈 수는 있지만, 베두인으로부터 사막을 데리고 나갈 수 없다는 속담이 있지. 마찬가지야! 뉴욕으로부터 뉴요커를 데리고 나갈 수는 있지만, 뉴요커들로부터 뉴욕을 데리고 나갈 수는 없지. 뉴욕이 체화된 사람들은 뉴욕을 떠나지 못해." 홍익인간의 신념을 지닌 고조선의 후예가 알라신을 섬기고 살 수는 없는 노릇, 하여튼 내가 한나에게 한 말들은 따지고 보면 매우 속물적인 거드름끼가 배어있을 수도 있다. 그러나 나중에 돌이켜 생각해보면, 나 역시 사막에서 오래 살다 보면 한나처럼 되어버릴 수도 있겠다는 공포심을 깔고 한 말일 수도 있다. 창조적인 예술창작을 위해 가졌던 열정과 포부를 다 상실한 채, 도시의 소음을 다 잊어버리고 나른한 사막여인이 되어버리지는 않을까? 나는 확고하게 한나와는 다르다는 생각을 재삼 다져야만 했다: "나는 뉴욕에 다른 삶이 있다! 나는 새로 태어나고 재충전되었을 어느 시점에 즉각 돌아가리라!"

한나를 만난 지 겨우 며칠 지났을 때 한나는 빌리지의 자기 물건들을 다 꾸리기 시작했다. 살라의 캠프로부터 멀지 않은 곳에 개 두 마리와 함께 사막에 텐트를 치고 살기 위해서였다. 나는 그녀가 자신의 텐트를 마련할 때까지 도시로부터 가져온 대형의 캠핑텐트를 빌려주었다. 나는 놀라기도 했고 또 그녀에 대한 걱정이 태산 같았다. 도대체 어떻게 저다지도 허약하게 보이는 백인 색시가 아주 최소한의 캠핑도구만 가지고 사막에서 홀로 생활할 수 있단 말인가! 내가 타야의 캠프에서 누리는 혜택, 일례를 들면 수도나 가스 스토브 같은 것도 없이 어찌 홀로 생활한단 말인가! 베두인 캠프를 떠나서 따로 산다는 것은 실제적으로 문제가 많았고 또 위험했다. 그러기에 더욱 나는 그녀와 가까이 지낼 수밖에 없었다. 구체적인 생활지혜에 관하여 우리는 서로를 도와야 했고, 그러던 중 우정도 짙어만 갔다. 빌리지나 아카바로부터 어떻게 생필품을 공급받는가? 개는 어떻게 돌봐주나? 살라의 캠프의 음식이 너무 반복적이라서 지루할 때는 내가 좀 이색적인 음식을 제공해주기도 했다. 자연스럽게 우리는 로컬들과는 나눌 수 없는 얘기들을 나눌 수 있는 친구가 되어갔다. 한나의 고백과 불평을 들음으로써 나는 베두인의 문화와 서구의 문화의 차이가 어떤 방식으로 충돌하는지, 그리고 어떻게 실존적 번민을 만들어내는지에 관하여 많은 통찰을 얻을 수 있었다. 그것은 내가 겪은 불만과 공통성이 있었고, 그러기에 나는 그녀와 공감할 수 있었다.

관광객에게 눈치장을 해주는 베두인 남자. 서양관광객의 차림새에 성적인 유혹을 잘 느낀다.

그러나 한나는 나보다 더 많은 잇슈를 감지하고 있었다. 한나는 나보다 체류기간이 길었을 뿐 아니라, 실존적으로 베두인 애인과 같이 생활하고 있었기 때문이었다. 한나보다는 좀 더 현명하고 나이가 많은 친구로서 나는 한나에게 단순히 주부가 되는 것 이상의 어떤 삶의 목표를 사막의 생활 속에서 발견하도록 격려하고 또 했다. 그러나 그녀는 자기자신에 대하여 별로 매가리가 없는 태도를 취했다. 삶의 과정에서 깊은 트라우마를 겪어 그녀 자신에게 어떤 생명력을 제공하는 의미 있는 그 무엇을 상실한 여인처럼 보였다. 나는 계속해서 글을 쓰든지 그림을 그리든지, 북유럽에 돌아가서 도시에 잡을 잡아보라고 권유했지만, 그것은 마이동풍이었다. 한나는 텐트 속에 아무것도 안 하고 앉아있거나, 빌리지의 세멘트벽돌집에 가서 앉아있거나, 음식을 만들 궁리를 하거나, 청소를 하거나, 개하고 놀거나, 러버가 오면 맞이하거나 하는 것이 전부였다. 그러나 그녀의 불만은 매일 쌓여갔고, 그것은 그녀가 와디 럼에서 있어야만 하는 이유가 다 없어질 정도로 불어나고 있었다.

개를 양육하는 문제 이외로 불만의 좋은 예를 들어보면 다음과 같다. 내가 그녀와 공유하는 것들로부터 시작해보자! 우리 둘이 모두 공유하는 첫 번째의 불만은 베두인들과 만나는 것, 그리고 같이 일하는 것을 조직할 때 생기는 어려움에 관한 것이다. 베두인들은 우리와는 매우 다른 시간관념을 가지고 사는 것 같다. 베두인에게 어느 장소에 어느 시간에 있어달라고 말하는 것은 그 약속이 지켜지리라는 것을 기대하기가 어렵다는 것을 전제로 해야만 한다. 베두인은 그 시각에 그 장소에 나타날 수도 있고 나타나지 않을 수도 있다. 베두인들은 사물을 조직할 때 되는 대로 마지막 순간에 결정하거나, 순수히 우발적으로 하거나 한다. 단지 관광가이드로서 관광객을

베두인 집의 지저분한 모습

맞이하고 데리고 다닐 때만 시간을 지키려 하지만, 그것도 대부분은 정시에 나타나지 않는다. 누구를 정확한 시각에 만나기를 약속한다는 것, 그리고 그 약속을 지키기 위해 행동한다는 그러한 행위양식이 베두인 문화에는 존재하지 않는다.

수조차

어떠한 생활상의 중요한 과제를 처리하는 데 있어서도 상황은 똑같다. 일례를 들면, 캠프의 식수탱크에 물이 말랐을 때 아우데에게 늦어도 내일까지는 식수공급트럭이 와서 수조탱크에 물을 채워달라고 요구를 하면, "예스"에 해당되는 말이겠으나 반드시 "인샬라Inshallah"라고 말한다. 그 뜻인즉, 직역하면 "신의 의지하심"이 되겠지만, 의역하면 "알라가 뜻하면 그렇게 될 것이다"라는 뜻이다. 내가 매일 요구해도 항상 대답은 "인샬라"이고, 물트럭이 오는 데는 며칠이 걸린다. 그런 상황에서는 나는 살라의 캠프를 가야만 하고, 그곳에서 병에 물을 담아오거나, 필요하면 그곳에서 몸을 씻기도 한다. "인샬라"는 아랍어에 있어서 미래사건에 관해 이야기할 때 아주 잘 쓰는 말이다. 베두인이 그 말을 할 때는 그들은 정말 문자 그대로 그 말의 뜻을 신봉하는 것 같다. 그리고는 그것을 그들이 해야만 할 일을 하지 않는 것에 대한 편리한 변명으로 활용하고 있는 것이다.

내가 속한 문명권에서는 내가 내일까지 물탱크를 채워달라고 요구하고 그에 대한 응당의 보수를 지불했다고 한다면, 물 채우는 일은 위탁받은 자의 일이고 책임에 속하는 것이며 알라의 의지와는 아무 관련이 없는 것이다. 이러한 문제로 상당한 고충을 경험하고 나면, 베두인이 "인샬라"를 말할 때마다, "웃기지마, 그것은 네 의지야. 신의 의지가 아니란 말야. 네가 해야만 돼. 알겠니?" 하고 호통을 치고 싶지만 나도 덩달아 "인샬라" 하고 끝내는 수밖에 없다. 중국문명의 "차뿌뚜어差不多"는 인간끼리의 관계에서 생겨나는 문제이므로 인간미라도 있지만, "인샬라"는

빌리지 풍경. 팽겨쳐 있는 쓰레기나 물건들.

초월자를 끌어들이고 인간이 빠지기 때문에 한없이 얄밉다. 인간중심문명과 신중심문명이 이렇게 다른 것이다.

한나와 내가 공유하는 또 하나의 불평은 청결의 주제에 관한 것이다. 대부분의 베두인들은 자기들의 공간을 정돈되고 깨끗하게 지키는 것에 관하여 우리와는 다른 기준을 가지고 있다. 수세식변소나 가스스토브가 있는 부엌이나 전기 등의 근대식 편리함이 갖추어진 집에서 산다는 것은 그들에게는 매우 새로운 것이기 때문에 그들의 부적응도 이해할 만한 것이기는 하다. 요즈음의 젊은 베두인들도 집을 깨끗하게 정돈하고 소제해야 한다는 것에 관해 전혀 교육을 받지 못했다. 그들의 부모가 사막에서 문명의 이기가 없이 유목민으로 살았고, 청소라는 것의 필요성을 근본적으로 느껴보지 못했기 때문이다. 자연상태에서는 개미나 뜨거운 햇빛이 청소와 위생에 관한 작업을 말끔히 처리해준다.

부부가 공유하는 공간에 왔다 가는 아브달라와 그의 친구들은 반드시 쓰레기를 남겨놓고 떠난다. 그것을 치우느라고 고생하는 한나의 심정을 나는 이해할 수가 있다. 타야의 캠프에 관광객들이 머물 때마다 나는 똑같은 상황을 체험하기 때문이다. 자주는 아니지만 아우데가 내가 쓰고 있는 텐트 이외의 텐트에 관광객을 데려오면 그들은 반드시 쓰레기를 남겨놓고 간다. 저녁을 먹은 후에 그가 접시나 그릇을 씻는다고 하지만, 그가 씻은 접시나, 사발이나 작은 그릇들에는 항상 음식찌꺼기가 붙어있다. 그러니 그가 씻을 때 내가 참여하여 재차 손질하지 않을 수가 없었다. 그는 항상, "너는 나의 손님이니까 일하지 않아도 돼" 하고 친절하게 말하지만, 그때 내가 씻지 않으면 결국 일과 물의 소비가 몇 배로 늘어날 뿐이다. 내가 같이 씻지 않으면 결국 다음날 내가 여벌의 일을 해야 한다. 워낙 더럽게 씻어놓기 때문이다. 다음날 다시 수고를 한다는 것은 물의 낭비가 크다. 그 물은 내가 지불해야 하는 금덩어리 같은 것이다.

베두인들과 부닥치는 또 하나의 잇슈는 소유자와 소유에 관한 전혀 다른 감각에 관한 것이다. 원래, 유목민들은 사막에서 어떤 특정한 물건이나 토지나 공간

빌리지의 집들은 대개 미완성이다. 그런데 그런 대로 적당히 살고 있다.

을 소유한다는 관념이 없었다. 그들이 만드는 텐트도 일시적인 것이다. **사막에는 영원이라는 것이 없다.** 가혹한 사막의 땡볕 아래서는 무엇이든지 금방 해체되어 버리고 만다. 대상 일반의 지속성에 관한 관념이 부재한 것이다. 유목민들은 그들의 가축도 한 패밀리 전체의 생존을 위한 수단으로만 생각한다. 모든 것은 나누어 갖는 것이며, 그 어느 물건도 하나의 유일한 개인에 의하여 소유된다거나, 영원히 소속된다는 그런 관념이 없는 것이다. 한 필지의 땅을 소유하고, 지속적인 가옥이나, 자동차, 그리고 생계를 위한 다양한 물건을 소유한다는 관념은 매우 새로운 관념이며, 그러한 신 풍속은 빨라봐야 그들의 부모세대 이상으로 소급되지 않는다. 그렇기 때문에 베두인의 젊은 세대들조차 우리가 근대적, 도시적 삶에서 약속으로 지키는 물건에 대한 개별적 소유의 관념을 가지고 있지 않다. 한나는 자기가 아브달라에게 주기 위하여 외부에서 사온 물건들이 빨리 사라지거나 훼손되거나 한다고 불평을 늘어놓았다.

일례를 들면, 한나는 아브달라에게 멋있는 썬글라스 하나를 선물로 사다 주었는데, 그것은 몇 주 만에 부서지고 말았다. 그는 그것을 그냥 방바닥에 그냥 팽개쳐 놓았던 것이다. 그녀는 또 매우 비싼 잠바 한 벌을 고국에서 사서 아브달라에게 주었는데, 그의 사촌이 그것을 보더니 좋다고 하면서 빌려달라고 했다. 그리고는 그 잠바를 되돌려주지를 않았다. 이 사건은 한나를 격분시켰다. 그것은 매우 모독적인 것이었다. 그러나 아브달라는 단순히 이와같이 말할 뿐이었다: "그 애는 내 사촌이잖아. 빌려달라는데 안 된다고 말할 수는 없는 노릇이지."

이들이 나의 아이패드 스크린을 깨먹었다. 타인의 물건의 소중함을 전혀 모른다.

【제33송】

사막의 모래바람 속, 인간사의 궁극적 종착역

무엇을 빌려주고 떼맥히고 하는 일은 베두인사회의 다반사 중의 하나이다. 베두인들 사이에서 이러한 느슨한 관념은 돈을 빌리고 갚고 하는 과정에서도 똑같이 나타난다. 돈을 빌리면 그들은 대부분 그 돈을 정확히 갚을 생각을 하지 않는다. 그리고 그 돈을 꼭 갚아야 할 상황에 몰리게 되면 또 다른 사촌에게 돈을 빌린다. 나는 모하메드가 축구게임을 하고 싶다고 해서 무심코 나의 아이패드를 빌려주는 실수를 범했다. 그는 며칠 동안에 나의 아이패드 스크린을 깨먹어 버렸다. 호소할 건덕지도 없는 일이었다.

북구소녀 한나의 불만은 대부분 그녀가 베두인 남자와 정혼했다고 하는 사실에서 유래되었던 것이었기에, 내가 직접 경험해보지 못한 것이 많았다. 대체적으로 우리는 인간관계나 남녀관계에 관해 많은 불평을 쏟아놓는다. 그러나 한나의 경우, 그녀와 그녀의 베두인 약혼자 아브달라 사이에 가로놓인 아주 깊은 문화적 갭은 둘 중의 한 사람, 아니면 둘 모두를 미치게 만드는 요소를 함장하고 있었다. 인간관계에서 일어나는 대부분의 문제들의 핵심에는 "질투"라는 놈이 항상 자리잡고 있다. 베두인 남자들은 여성에 대한 소유욕이 강렬했다. 그에 수반되는 극심한 질투심 또한 빌리지에서 매우 흔하게 관찰되는 일이었다. 인간관계를 갈라놓거나 중상하는데 이 질투라는 놈은 매우 유용하다.

외국관광객을 가이드하는 베두인

일례를 들면, 내 서재산 절벽 위로 자진해서 무거운 책상을 날라주었던 플레이보이형의 소년 모하메드 팔라는 내가 새로 발견한 캠프의 둘째 아들인 모하메드 살라와 아주 편하게 가까운 사이가 되자, 질투심이 발동하여 우리 사이를 갈라놓기 위하여 거짓말을 했다. 팔라는 모하메드 살라에게 자기가 나와 잠자리를 같이했다고 이야기했다는 것이다. 나는 그런 소리를 처음 들었을 때, 어떻게 그런 엄청난 거짓말을 해댈 수 있는지에 관해, 심히 당혹스러웠다. 그러나 나는 곧 모하메드 팔라의 거짓말이 유니크한 상황이 아니라는 것을 알게 되었다. 베두인 사회가 그런 류의 가짜뉴스로 가득차 있었던 것이다. 한나와 아브달라 사이에서도 그러한 거짓말 소문이 오가며 서로를 괴롭히고 있었던 것이다.

누군가 한나에게 아브달라가 아름다운 외국여자를 차에 태우고 사막으로 가는 것을 보았다고 이야기하는 것이다. 그 아브달라가 그 여자의 손을 잡는 것을 보았다고 고자질하면서 이 둘이 싸우게 만드는 것이다. 한나는 처음에는 이러한 질투 따위가 자기를 괴롭히는 잇슈가 될 수 없었다고 나에게 말했다. 자기가 속한 북구 문화에서는 남녀가 평등하며, 서로가 서로에게 합리적이고 상식적이며 믿음을 주는 관계를 원하기 때문에 개방적 분위기가 지배적이었지만, 일단 폐쇄된 사회 속에서 아브달라의 강렬한 소유욕의 주제가 되어버리고 나면 자기도 점점 불안정하고 질투심에 불타는 계집아이가 되어버리고 만다는 것이었다.

"지난 2년 동안 나는 점점 질투하는 아이가 되었지. 그건 단지 아브달라가 질투하기 때문이야. 아브달라가 어떤 때는 미치광이 같아. 그럼 나도 질투해야만 할 것처럼 느껴지거든. 베두인 가이드들이 외국의 여성관광객과 사막에서 무엇을 노리고 있는지를 알게 되면 정말 참기 어렵게 되어버리거든."

나는 베두인 남자들이 원주민 여자들에 관해 불평을 털어놓는 것을 여러 번 들은 적이 있다. 너무 질투심이 많다든가, 집에서 온종일 잔소리 까며 씹어댄다든가, 바가지를 너무 긁는다든가, 다루기 힘들다든가 하면서 푸념을 늘어놓는 것이다.

나의 메인 가이드였던 아우데의 부인을 처음으로 만났을 때 그 몇 번의 인상을 지울 수 없다. 나를 잠자는 동안 죽이기라도 할 듯이 증오의 시선으로 째려보는 그 날카로운 냉소의 시선을 잊을 수가 없었다. 아우데의 부인이 나와 친근하게 되고, 내가 그녀의 남편을 도둑질해갈 의도가 전혀 없는, 단지 그의 가정에 도움을 줄 것밖에는 아무것도 없는, 다른 차원의 인간이라는 것을 인지하게 되면서, 그녀는 나에게 친절해졌고 아주 편하게 대해주었다. 초창기에는 나는 도무지 이러한 적대감을 이해할 수가 없었다. 나는 단지 방문객일 뿐 그들에게 해를 끼친 아무일도 하지 않았기 때문이었다. 그러나 시간이 지나면서 그 이유를 알게 되었다.

일반적으로 원주민들은 모든 외국여성들이 문란하기 그지없다는 생각을 가지고

베두인 여자들이 사는 생활환경. 적막하기 그지없는 빌리지 풍경.

하루종일 집안에서 사는 베두인 여인들. 외출을 안 하고 일정한 공간에 처박혀 살기 때문에 결혼한 여인은 다 뚱뚱하다.

있다. 외국여성들은 자기가 하고 싶은 일을 마음대로 행할 수 있으며, 또 실제로 내복으로밖에 보이지 않는 노출이 심한 옷들을 걸치고 어디든지 활보하기 때문이다. 한 베두인 남자가 그의 자동차 안에 한 관광여인을 태우고 있는 것이 목격되면,

앉아서 얘기하고 있는 베두인 여인들. 여인들은 사진을 찍을 수 없다. 그래서 한두 컷 몰래 찍은 것만 나에게 있다.

그 즉시 그와 그 여인이 성관계를 가졌다는 풍문으로 유포된다. 이것은 참으로 웃기는 억측이지만, 이런 스캔들은 하루종일 여인들이 앉아서 이빨을 까대는 폐쇄적인 빌리지에서는 매우 흔하게 벌어질 수밖에 없는 습속이다. 이런 것을 이해하고 난 후에는, 베두인 부녀들이 왜 그렇게 질투를 하는지에 관해 일가견이 생겨났다.

생각해보라! 하루종일 집안에서 애기 기저귀나 갈고, 혼자서는 집밖으로 나갈 수 없으며, 사막 어디선가 외국관광객들을 접대하는 남편이 돌아오기만을 기다리는 여인의 입장이 되어보라! 때때로 남편이 전화통화도 되지 않는 상태에서 밖에서 외박 캠핑을 자주 하고, 또 거의 다 벗다시피 한 옷을 걸친 서양여자들과 같이 다닌다는 것을 목격한 사람들의 이야기를 듣게 될 때, 자연스럽게 베두인 여인은 최악의 시나리오를 머리에서 꾸며내기 시작하며, 그러한 걱정으로 자신을 괴롭히게 되는 것이다. 질투는 원주민들의 정상적인 결혼생활에 모든 부조화를 생산해낸다. 이 현상은 관광산업이 초래하는 매우 불행한 측면이다. 관광산업이 성행하기 이전에는 혼전의 성관계나 혼외의 정사는 거의 존재하지 않았다. 여성들은 직계 밖의 어떠한 남성과도 접촉할 기회가 없었고, 남성 또한 그러한 불륜의 행위를 하는 것은 종교적 율법에 의하여 철저히 금지되었다. 그리고 남성중심의 가부장제에 있어서는 남성이 현재의 부인과 문제가 있거나 싫증이 났을 경우에는 혼외정사를 갖는 것을 금지하는 대신에 제2, 제3, 심지어 제4의 부인까지를 취할 수 있도록 길을

베두인 여자들이 사는 생활환경. 적막하기 그지없는 빌리지 풍경.

터놓았다. 물론 이것은 돈이 많이 드는 방식이다.

와디 럼에 관광산업이 성행하게 되면서, 이국풍의 독특한 베두인남자와 성적 스릴을 즐기고 싶어하는 환상을 지닌 서양여인이 실제로 증가추세에 있었다. 베두인남성들은 갑자기 외국여성들과 우발적으로 성적 쾌락을 즐길 수 있는 새로운 루트를 확보하게 된 것이다. 물론 베두인의 여성들은 외국의 남성과 접촉할 기회도 없을뿐더러, 엄격하게 밀폐된 공간에 가려져 있었다. 이러한 불공평한 언밸런스는 지역의 여성들에게 깊은 마음의 상처를 가져다주었을 뿐 아니라, 남성들이라고 해서 쾌락의 즐거움만을 만끽하는 것은 아니다. 결국 남성에게도 깊은 죄의식을 심어주었다.

아브달라와 같이 외국여성들과 데이트를 즐기는 베두인남자들은 매우 비이성적으로 질투하고 대상을 전유하고 싶어하는 욕망에 사로잡힌다. 외국여자들은 베두인여성들과는 달리 한 남성에 대한 충성심이 없는 캐주얼한 분위기의 사람들이 대부분이다. 관계가 더욱 짙어가게 되면 베두인남성들은 자기들의 외국 걸프렌드들이 난음亂淫을 즐긴다고 생각하게 된다. 결국 이러한 관계라는 것은 외국인들에게나 지역민들에게나 무질서와 불행감을 가져온다. 이것이야말로 지역민의 삶을 해치지 않고 도움을 주는 좋은 관광산업의 정반대라 할 수 있는, 악성관광산업의 파괴적 일면이다. 한국에도 한때 일본남성의 섹스관광이 판을 친 적이 있지만, 이것은 여성이 피해의 주체가 된 좀 색다른 폐해라 말할 수 있다.

물론 개발도상국가를 지배하던 전통적 남성섹스관광산업처럼 명백하게 드러나는 것은 아니지만, 여성이 자유롭게 이색풍의 나라들을 다니면서 그들이 본국에서는 누릴 수 없었던 로맨틱한 욕망을 충족시키고자 하는 그러한 풍조를 가리키는 서구풍의 여성로맨스관광 또한 매우 비극적인 역풍을 초래한다. 여성이든 남성이든 관광객들은 그 방문하는 나라에 대해 책임 있는 도덕적 자세를 지녀야 한다. 그리고 어떤 이색풍의 로맨스를 즐기기 위한 여행에 착수하기 이전에 그 지역의 사회와 문화를 공부해야만 한다. 나는 그러한 모험에 대해 개방적인 자세를 지닌 독신의 여성 관광객이 경험하는 모든 함수를 직접 목격하였기 때문에, 더욱 시간이 지나면서 내 주변에 있는 베두인 남성들에 대하여 경각심을 지니지 않을 수 없었다.

아주 좋은 실례를 하나 들어보자! 2013년 10월 13일에 일어난 특정한 사건을 언급해야만 할 것 같다. 그날 나는 평상시대로 아침을 짓고, 설거지를 하고, 게르나스를 데리고 서재바위산으로 하이킹을 하고 있었는데, 칼리드(타야의 동생)와 타야(나의 텐트촌 주인)의 제일 맏형인 마흐무드의 스무 살 난 아들(우리로 치면 그 집안 장손인 셈) 메흐디 마흐무드Mehdi Mahmoud가 갑자기 30대 중반의 아주 하이얀 피부의 불란서여성을 데리고 캠프에 나타났다. 오후였다. 나는 부엌에 씻다 만 접시들을 남겨둔 것이 생각나, 얼른 내려가서 그들을 영접하고, 부엌의 청소를 끝마쳤다. 그런데 그 여자의 태도에는 뭔가 좀 이상한 기운이 감돌았다. 그 여자는 부엌에까지 아주 편하게 들어와 아무 곳이나 주제넘게 어슬렁거리는 것이다. 외국관광객이라면 당연히 조심스러워야 하고 낯선 사람에게 경각심이 있게 마련이다. 그녀는 나에게 매우 일반적인 질문을 던지곤 했는데, 이야기를 진행하면서 나는 그녀가 교양 있고 괜찮은 여자라는 것을 발견했다. 그러나 웬일인지 게르나스는 그녀에게 호감을 갖지 않았다. 게르나스는 그녀에게 다가가 냄새를 맡고 여기저기 끙끙거리더니 매우 맹렬하게 짖어대는 것이다.

게르나스는 공포심이 들 정도로 주체할 수 없이 공격적인 자세를 취했다. 나는 게르나스가 그렇게 대적적인 자세를 취하는 것을 본 적이 없었다. 나는 그녀에게 사과하고, 게르나스를 방문객을 괴롭히지 않도록 산위로 데려갔다. 나는 게르나스를 묶어두는 법이 없다. 한 시간 가량 지났을 때, 나는 캠프를 내려다 보았는데, 그녀는 캠프에 홀로 남겨진

나의 생활영역을 지키는 게르나스

듯했다. 마흐무드도 사라졌고, 그녀를 보살펴주는 사람이 없었다. 저녁식사 때가 되었는데도 아무도 쿠킹해주러 오는 사람도 없었다. 관광에 식사비용은 포함되어 있다. 이때 타야의 어린 동생, 칼리드가 나에게 전화를 걸었다. 그래서 나는 여기 사정을 얘기해주면서 밥해줄 사람이라도 와야하지 않느냐고 항의했다. 그러자 촐싹대는 칼리드는 화를 잔뜩 내면서 나에게 소리치는 것이다.

"게르나스 그놈이 누구에라도 덤비기만 하면 내가 그놈을 죽여버리겠어. 빨리 내려가서 그놈을 묶어두란 말야! 그리고 불란서여인에게 차대접하고 빨리 불이라도 켜놔!"

나는 막내 칼리드에게 이런 공격성이 노골화된 명령을 듣는다는 사실에 너무도 충격을 받았다. 그래서 곧 되받아쳤다.

나의 서재산에서 내려다보는 나의 캠프 전경. 다섯 개 중의 가운데가 나의 생활공간.

"네가 어떻게 나에게 그따위 식으로 말을 하니? 나는 여기서 일하는 사람이 아니야. 내 개는 말썽 안 피우게 내가 조치했어. 네 관광객에게 책임을 져야 할 사람은 너야! 내가 아니란 말야!"

그러자 칼리드는 더욱 화가 나서 나에게 협박조로 말하는 것이었다.

"나는 손님을 나의 캠프로 데려온 것일 뿐이야. 네가 군말할 건덕지가 없지. 나는 그 손님을 아카바로부터 몰고 왔고, 지금 너무 늦었고 난 피곤해. 내가 말하는 대로 하란 말야. 군말하면 뭔 일이 일어나도 난 책임 안 져."

막내 칼리드는 자기가 나를 캠프로부터 쫓아낼 수 있는 권리라도 가지고 있는 것처럼 말하고 있었다. 나는 정말 화가 치밀었지만 분노를 삭히고 그 관광객에게 차를 대접했다. 그리고 가스램프에 불을 켜고, 그 불란서여인에게 미안하다고 하면서

나의 캠프의 라운지 에어리어.

베두인 청년들

좀 기다리라고 말했다. 그러고나서 나는 이 캠프의 주인인 타야에게 무슨 일이 일어났는지를 말해주기 위해서 전화를 걸었다. 타야는 자기 막내동생 칼리드가 미숙하고 어리석은 놈이라 그러니 걱정 말라고 말했다. 그리고 주변의 모두에게 내 개에 관해서는 일체 아무 말도 못하게 해놓았다고 말했다.

조금 있다가 메흐디가 다시 왔다. 그러나 자기 삼촌인 타야를 보자마자 어디론가 급히 사라지고 말았다. 타야는 오자마자 관광객에게 인사를 했다. 그리고 우리가 차를 달이는 화로 주변으로 앉아있을 때, 타야는 그녀에게 자기하고 같이 사막으로 가서 쿠킹을 하고 캠핑을 함께하자고 그녀의 의중을 떠보았다. 놀라웁게도 그녀는 즉석에서 좋다고 대답하는 것이다. 나는 그녀가 처음 만난 남자에게 하룻밤을 정적한 사막 속에서 같이 보내겠다는 것을 동의하는 태도에 좀 놀라지 않을 수 없었다. 그녀를 이 캠프로 데려온 사람은 메흐디와 칼리드인데, 그들에 관해서는 아무런 문의도 하지 않는 것이다. 서양여인들은 정말 놀라웁게 개방적인 것 같다. 그녀가 그녀의 여행가방을 챙기러 간 사이에, 타야는 나에게 이렇게 속삭였다:

"나는 칼리드를 놀려먹기 위해서 이 짓을 하는 거야. 그놈 버르장머리를 좀 고쳐주려고 하는 일이지. 내가 이 여인과 무슨 짓을 꾸미려는 것은 아니야. 나는 매우 바빠. 그러나 그놈을 좀 화나게 만들 필요가 있지. 그놈이 조금 있으면 오겠지. 그놈한테 내가 이 여자를 데리고 갔다는 이야기는 하지 말어. 그냥 어떤 차가 와서 그녀와 같이 사라지는 것만 보았다고 얘기하면 돼."

그들이 떠나자마자 칼리드가 도착했다. 그는 곧바로 다이닝 에어리어로 가더니 플래시 불빛으로 주변을 살펴보고 자동차 타이어자국을 조사했다. 그리고 나에게 무슨 일이 일어났는지, 그리고 그 불란서여인이 어디로 갔는지 자세히 말해달라고 성을 내며 소리쳤다. 나는 네가 말한 대로 그 여자에게 차를 달여주고 서재산으로 올라갔기 때문에 누가 그 여자를 데려갔는지에 관해서는 아는 바가 없다고 했다. 칼리드가 화난 모양을 짓자 게르나스는 으르렁대면서 그를 향해 짖어댔다. 칼리드는 또 게르나스를 죽여버리겠다고 소리치기 시작했다. 그리고는 또 계속 물었다:

"그 여자를 누가 데려갔는지 보지 못했다구? 이게 타야의 자동차 자국이 아니고 뭐람? 그가 여기 있었지? 그가 여기 왔는지 안 왔는지 속시원히 얘기 좀 해봐!" 나는 계속해서 그의 요청을 거부했다. 칼리드는 허공에 대고 소리치면서 캠프를 떠나갔다.

"난 누가 그 여자를 데리고 갔는지 찾아내고야 말 거야! 그놈 찾으면 죽여버리고 말겠어! 내 손으로 그놈을 죽여버릴 거야!"

캠프에 정적이 깃들자마자, 게르나스가 다시

이 젊은이가 제일 어린 조카 메흐디

짖어대기 시작했다. 그것은 여우를 보고 짖는 것과 같은 예사로운 짖음이 아니었다. 그래서 나는 게르나스가 짖으면서 가리키고 있는 방향으로 걸어갔다. 그리고 그곳에서 바위 뒤로 숨어있는 메흐디Mehdi를 발견했다. 게르나스는 그를 알아보자마자, 부드러워졌고 애교를 부렸다. 메흐디는 게르나스를 만나자마자 첫 방에 게르나스를 친근하게 사귈 수 있는 유일한 사람이었다. 그런 의미에서 나 또한 그에 대해 편안함을 느꼈다. 그는 그의 삼촌들을 매우 두려워했다. 그리고 그들 누구에게도 자기가 이곳에 있었다는 것을 말하지 말아 달라고 당부했다. 그는 멀리 사라진 것이 아니라 이곳에 줄곧 숨어있었던 것이다. 나는 그들에게 절대 아무 얘기도 하지 않겠다고 다짐했다. 그리고 그의 곁에 앉아서 그가 말하는 이 사건의 전말을 들을 수 있었다:

> "그 불란서 여인은 내가 아카바에서 만났죠. 그녀를 여기 데려온 것은 나에요. 저는 아카바에서 새 양복을 입고, 멋있는 썬글라스를 쓰고 근사하게 차려입고 있었어요. 그녀는 남자를 찾고 있었어요. 알죠? 남자가 무슨 뜻인지. 그녀는 먼저 나에게 붙었어요. 그런데 칼리드가 우리를 보자마자 그녀를 자기가 데려가겠다는 거에요. 칼리드는 나한테는 삼촌이잖어요. 그래서 아무말도 못하고 뺏겼죠. 그런데 여기 오니깐, 타야가 또 달려 붙은 것이죠. 타야 삼촌이 나에게 또 그러는 거에요. '야! 그 여자 나에게 넘겨'하고요. 그래서 나는 이곳을 떠나야만 했죠. 지금 칼리드가 나한테 계속 전화를 걸고 있어요. 화가 잔뜩 났어요. 칼리드는 이 여자를 꼬실려고 아카바까지 가서 아주 신선한 바닷생선을 사가지고 오고 있었던 거에요. 그런데 그 여자가 사라졌으니 오죽 화가 났겠어요? 그래서 칼리드는 날 죽이겠다고, 타야든 누구든 다 죽여버리겠다고 으르렁거리고 있는 거에요. 정말 미치고 환장할 노릇이죠."

그러더니 또 메흐디는 자기가 여기 캠프에 와서 놀고 싶었는데, 삼촌들이 이곳에 접근 못하도록 막았다고 말하는 것이었다. 나는 메흐디가 어렸고 양순한 사람이었기에 부담 없이 걱정 말고 놀러오고 싶을 때는 놀러와도 된다고 말했다. 그랬더니 금방, 메흐디가 나에게 맛사지 할 줄 아냐고, 자기 등짝이 심하게 아픈데 주물러 줄 수 있냐고 말하는 것이다. 어린 녀석이 곧바로 흑심을 드러내는 것이다. 나는 빙그레 웃으며 고개를 저었다. 그리고 빨리 사라지라고 쫓아내 버렸다.

메흐디가 떠나간 후에 곧바로 살렘이 왔다. 그 집안 형제들이 총출동하는 셈이다. 살렘은 사우디아라비아에서 출세하여 돈을 많이 번 타야의 형이다. 그래도 살렘은 매우 젠틀했고 믿음직스러운 인간이었다. 나는 그에게 이 이야기 전체를 들려주었다. 그는 이 집안의 가부장적인 위치를 점하고 있었기 때문에 모두를 화해시키는 입장을 취하는 듯 했다.

그는 자기가 집안사람들 모두에게 나에게 함부로 대하지 못하도록 엄명을 내리겠다고 말했다.

요르단TV 인터뷰 장면. 요르단TV는 사막에서 홀로 사는 나의 모습을 크게 다루었다.

"칼리드라는 놈에 관해서는 걱정 꺼도 돼. 그 녀석은 심성이 너무 편협해. 당신이 거물이라는 것을 나는 알지. 개한테는 신경쓰지 말어. 참고 견뎌준 것에 감사해. 그놈이 뭐라 하면 당신은 그놈의 부인도, 걸프렌드도, 누이도 아니고 단지 이곳의 손님이라고만 말하면 돼. 뭔 일 있으면 그놈에게 나에게 전화하겠다고 해. 그러면 그놈은 입을 다물 거야!"

그 말을 듣고나니 나는 좀 기분이 풀렸다. 그러자 살렘이 밑도 끝도 없이 자기가 이곳에서 하룻밤 자고 가면 어떻겠냐고 묻는 것이다. 그 순간 가장 믿음직스럽게 보였던 맏형격의 살렘조차도 나와의 기회를 노리고 있다는 것이 명백해졌다. 나는 그에게 이곳에 머물지 않는 것이 좋겠다고 설득을 시켰다. 드디어 나 혼자 캠프에 남게 되자, 긴 한숨이 푸욱 나왔다. 나는 이곳에 더이상 머물 수 없겠다는 직감에 사로잡혔다. 떠날 때가 된 것이다.

그날 밤, 내가 보고 들은 것은 내 주변을 둘러싸고 있는 모든 베두인 남자들, 개개인 모두가 나에게 흑심을 품고 있다는 사실을 반추하게 만들었다. 고인이 된 무살렘의 첫째 부인의 소생들, 칼리드, 타야, 살렘, 이들이 문제였다. 아마도 살렘은 크게 문제가 되지 않을 것이다. 그는 나이가 들었고 현명할 뿐 아니라 나머지에 비해 치우치지 않는 상식을 지니고 있었다. 그리고 돈을 많이 벌었기 때문에 조심할 줄을 안다.

칼리드는 처음에는 나에게 매우 좋은 아이였다. 아마도 그는 나와 데이트를 할 수 있겠다는 황당한 꿈을 꾸고 있을 때는 친절했던 것 같다. 그러나 그런 환상이 제로의 현실이라는 것을 깨달았을 때, 그의 태도는 180도 회전했고, 나와 나의 개를 매우 부정적으로 대했다.

타야의 경우는 처음에는 그의 의도가 명백하게 드러나지 않았지만, 곧 그의 흑심은 드러나기 시작했다. 10월 초쯤일까, 내가 묵고 있는 캠프에 그가 두 번째 왔을 때 마침 그곳에 착한 모하메드Mohammed 살라Salah가 거기에 있었다. 나는 그 전날을 모하메드 살라의 아버지 관광캠프에 보냈다. 그리고 아침이 되자 그가 나를 타야캠프로 드라이브해준 것이다.

타야와 모하메드 살라가 나를 사이에 두고 처음 부닥쳤을 때, 그 관계는 매우 살벌한 것이었다. 타야는 살라에게 누구냐고 물었고, 그에게 즉각 자기 캠프를 떠나라고 명령했다. 순진한 모하메드가 차를 몰고 그의 영역에서 사라지는 것을 확인했다. 그러다가 갑자기 자기 차를 몰고 모하메드에게 가서 내가 알아들을 수 없도록 멀리서 그에게 뭐라고 중얼거렸다. 그리고는 나에게 돌아와서 모하메드와 같은 아이는 자기 캠프에 올 수 없다고 나에게 말하는 것이다. 나는 환영받을 수 있지만 타인은 안된다는 것이다.

> "알어! 이게 다 너를 위해서 말하는 것이야. 나는 이런 인간들의 멘탈리티를 잘 알지. 그들은 나와 같은 종족이잖아. 너는 그들을 잘 몰라. 그러니 내가 이런 말을 할 때는 내 말을 믿어줘야 돼. 모하메드 같은 녀석들이 너한테 오는 것은 두 가지 이유밖에는 없어! 돈, 아니면 너와 자기 위해서지. 그들의 정신상태는 썩었어."

그러나 그 후로, 이런 말을 지껄인 타야의 궁극적 동기가 가속화된 형태로 드러나기 시작했다. 그가 모하메드 살라를 처음 만난 바로 그날 아침, 그는 그 당장에서 그 소년이 캠프에 오지 못하도록 금지시켰을 뿐 아니라, 그의 집안사람들 모두가 그 소년이 자기 캠프에 오지 못하도록 하라고 명령을 내린 것이다. 이런 과격한 형태는 나에게는 매우 충격적이었다. 결국 알고 보면 다 같은 종족이고 혈연관계가 있는 친지일 텐데 그렇게 격절시킨다는 것은 원한을 쌓는 것이다.

그런데 그것도 모자랐는지, 바로 그날 저녁에 타야는 다른 베두인 소년들 아무도 나의 캠프를 접근 못하게 한다는 명분으로 나를 방문한 것이다. 그리고 나보고 라운지에 앉으라고 강권하고 잡담을 늘어놓았다.

사실 타야는 영리한 사람이었고, 유머가 있고 매력도 있는 사람이었다. 나는 그의 말을 들어주기만 했다. 그는 내가 원하지 않는 일을 할 사람은 자기 패밀리에는 없다고 말하면서 나에게 모종의 확신을 심어주려고 했다. 그리고 그는 꽃을 예로 들어 설명했다. 내가 사막에 핀 어여쁜 꽃과도 같다는 것이다. 사람들은 그 꽃을 보면 냄새를 맡아 보고 싶어하고, 또 꺾어 가지려고 한다는 것이다. 그래서 꽃은 보호되어야 하고 물을 주는 등 잘 보살펴야 한다는 것이다. 그러면서 그는 나에게 손을 맛사지 해주겠다고 말했다. 매우 조잡한 비유에 조잡한 흑심이었다. 단지 여태까지 베두인들은 나에게 맛사지를 해달라고 요구했는데, 타야는 자기가 해주겠다고 했다. 그것만이 달랐다.

베두인 여자아이들. 사춘기 전에는 이들은 얼굴을 가리지 않고 살 수 있다. 그리고 사진을 찍어도 된다.

【제34송】

구석기시대에서 신석기시대로

흑심을 품고 나를 마사지해주겠다고 덤벼드는 베두인 남자를 거절하는 방식은 완곡해야만 했다. 나는 둥그래진 두 눈을 굴리며 타야에게 온갖 고상한 말투를 써가면서 내 텐트로 스르르 빠져나갔다. 다음날 아침, 타야의 동생 칼리드가 캠프로 와서 내 이름을 광포하게 불러댔다. 나는 선잠을 깬 채 문을 열고 나와, 도대체 뭐가 잘못된 게 있냐고 물었다. 칼리드는 목청이 찢어지듯 으르렁거렸다:

> "간밤에 누가 여기 있었어? 내가 모를 줄 알아! 뭔 일이 있었는지 다 알겠구만. 지난밤에 누가 여기서 잤냔 말야? 내 캠프에서 뭔 짓들을 하고 있냔 말야."

나는 하도 어이없어 웃음이 터져나올 뻔 했으나 참고 그를 진정시켰다. 간밤에 온 것은 이 캠프의 진짜 주인이자 그의 형인 타야였다고 말했다. 재미있게도 이 말을 듣자 칼리드는 더욱 화가 나서 소리치기 시작했다: "그래 그는 나의 형이야! 형이지. 말해두지. 그는 나쁜 놈이란 말야! 진짜진짜 나쁜 놈이야. 그놈이 부인이 둘이나 되는 것 잘 알지? 생각 좀 해보라구. 두 여자를 거느리고 있는데 또 다른 여자들을 탐내고 있는 거야! 썩은 놈이야. 한번 생각해보라구!"

나는 또다시 웃음이 터져나올 뻔 했으나 억지로 참았다. 칼리드의 논조가 타야가 지난밤에 칼리드 같은 베두인 소년들을 가리키면서 했던 말과 똑같은 푸념이었기 때문이다. 서로 뜯어먹지 못해 안달인 것이다. 나는 나의 입지를 굳게 세웠고, 내 주변으로 벌어지고 있는 모든 탐욕과 드라마에 흔들리지 않도록 냉정하게 처신했다. 그러나 나는 굶주린 상어들이 작은 고기 한 마리를 상금으로 놓고 우글거리고 있는 형국 속의 그 고기 한 마리 신세가 되어있는 것처럼 느껴졌다. 11월경 나는 상어들이 그들의 상금이 사라졌다는 것을 눈치채기도 전에 사라질 수밖에 없다고 느꼈다. 그러나 나는 아직 사막 그 자체를 떠나고 싶지는 않았다. 나는 아직도 나의 사막의 삶으로부터 충분히 얻지를 못했다고 느꼈다. 수도자가 느끼는 어떤 궁극적 해탈 같은 것에 아직 못 미치고 있다고 느꼈다. 이제 겨우 사막이라는 환경에 몸이 적응되어가고, 나의 마음이 개운하게 되어 글을 좀 쓸 수 있겠다는 생각이 드는 것이다.

그러나 타야의 캠프에서 죽치고 살기는 점점 어려워졌다. 상어 같은 남자들 때문이 아니라 겨울이 다가오고 있기 때문이었다. 10월 말경이 되자 텐트 안에서 자도 밤에는 한기가 엄습하여 견디기 어려울 정도로 추웠기 때문에 그곳에서 겨울을 넘긴다는 것은 상상하기가 어려웠다. 밤에 태울 것을 구하는 것도 매우 어려웠다. 그리고 태우고 난 숯덩이를 텐트 안에 들어놔 보았자 연기가 나서 견디기 어려웠다.

그리고 타야가 내가 자기 여자가 될 가능성이 전무하다는 것을 깨달았을 때, 그는 나의 개에 대하여 무자비해졌다. 관광객이 있을 때에는, 그는 나 보고 개를 캠프에서 떨어진 곳에 묶어두고 와서 관광객들과 섞여 놀아주는 것을 요구했다. 개를 묶어둔 채 관광객 시중을 드는 것을 강요하는 그의 태도가 나의 비위를 상하게 했기 때문에, 나는 캠프로 누가 오는 것을 보기만 하면 게르나스를 데리고 멀리 도망가버렸다. 나는 어떠한 경우에도 게르나스를 홀로 사막에 묶어두는 짓을 하고 싶지 않았다. 그는 이미 너무도 그렇게 학대를 당했기 때문에, 트라우마 같은 것이 있었다. 나는 관광객을 피하기 위하여 게르나스를 데리고 서재바위에 올라가 작은 매트리스를 바닥에 깔고 그 위에 가벼운 오리털 슬리핑백을 놓고 그 자루에 들어가 잤다. 게르나스도 차가운 바위 위에서 자기를 싫어했기 때문에 매트리스를 차지하기 위해 나를 밀치듯 쑤시고 들어왔다. 겨울이 오니까 슬리핑백 속에서 자는 것도 추위를 막지 못했다. 나는 편안한 침대가 아니더라도 텐트 안에서 자는 것을 선호할 수밖에 없었다.

그 때에 다른 동네의 수장인 살라Salah가 나에게 아주 훌륭한 제안을 했다. 그는 그의 아들 모하메드 살라에게 나를 자기 캠프에 게스트로서 데려오는 것이 좋겠다고 했다는 것이다. 물론 일을 안 해도 좋다고 했다. 모하메드는 나에게 이러한 자기 아버지의 제안을 말하면서 몸서리치게 좋아했다. 그러나 나는 내가 사막에 온 초지初志를 생각하면서 그 훌륭한 제안을 거절했다. 살라의 캠프는 관광객이 없는 날이 없었다. 결국 나는 도시인들의 소음에 휩싸이게 되는 것이다.

그렇지만 나는 살라의 훌륭한 제안을 살릴 수 있는 방도를 생각하면서 살라의 영역권에서 어딘가에 새로운 거처를 마련할 수도 있겠다는 생각을 했다. 어느 날 오후 나는 게르나스를 데리고 살라의 캠프 주변을 어슬렁거리다가 한 작은 버려

처음 발견했을 때의 초라하고 더러웠던 구조물

전갈. 크고 까만 색깔의 전갈은 독성이 약하다. 작고 모래색의 전갈이 정말 무섭다.

진 시멘트구조물을 발견하게 되었다. 그 건물은 움푹하게 파인 바위를 활용하여 삼면으로 벽을 세우고 지붕을 만들어 지은 공간인데 정면으로는 철대문이 나있다. 낡은 철대문을 열고 들어갔을 때, 그 내부에는 고약한 냄새 나는 쓰레기 천지였다. 찢겨진 담요들, 매트리스들, 염소음식찌꺼기, 그리고 온갖 벌레들이 우글거리고 있었다. 페트물병이 있길래 들어보니 그 속에는 스무 마리 정도의 딱정벌레와 거의 죽어가고 있는 자이언트 전갈이 있었다. 자세히 둘러보니 수돗물꼭지도 있길래 틀어보니 물이 잘 흘러나왔다. 덕지덕지 때가 낀 싱크대 속으로 물이 잘 빠져나갔다.

다음으로, 나는 타일을 붙인 바닥을 점검했다. 쓰레기가 쌓여 거의 보이지 않았지만 헤집어 보니 타일이 깨끗했다. 그 다음에 나는 벽들을 점검했고 또 천정을 점검했다. 완벽한 공간이었다. 그 순간 나는 지구상에서 가장 행복한 인간이 된 것처럼 웃고 있었다.

2013년 11월, 타야의 캠프에 있는 나의 텐트보다 훨씬 크고 유용한 새로운 주거를 만드는데 온갖 세심한 공을 들이기 시작했다. 그 시멘트구조물은 원래 한 캠프를 위한 부엌으로서 지어진 것이었는데 완공이 되질 않았던 것이다. 부엌이래서 바닥에 타일이 깔렸고, 또 바위로 된 정면 아래에는 기역 자 선반이 긴 의자처럼 만들어져 있는데, 전체가 타일로 덮여있었다. 그 타일로 된 부뚜막 같은 선반 위에는, 앉을 수도 있고 또 물건들을 놓기에 아주 편리하였다. 싱크대는 물탱크와 연결되어 있기 때문에 그 장소를 유용한 공간으로 만들어주었다. 그 뿐만 아니라,

윈터 캐슬의 원경

제대로 된 설비를 갖추진 못했지만 물탱크에 연결된 목욕실도 있었다. 그리고 토일렡도 있었는데 사막의 토일렡은 사막에 구멍 하나 있는 것에 불과하다. 하여튼 토일렡도 아름다운 변소가 될 수 있도록 개조될 수 있었다.

나는 그 부엌구조물을 우선 깨끗이 치우고 하룻밤을 슬리핑백 속에서 자보았다. 온도의 변화를 체감하기 위해서였다. 그곳은 겨울에는 더없이 좋은 공간이었다. 그 구조물은 서향이기 때문에 정오로부터 해질 때까지 엄청난 일조량을 획득한다. 그리고 주변을 둘러싼 바위들이 이 구조물을 바람으로부터 막아준다. 그래서 낮 동안에 받은 열기를 밤새 훈훈하게 유지시켰다. 게다가 시멘트벽이라는 사실은 염소털로 만든 텐트 스트럭쳐와는 비교도 되지 않았다. 내가 사막에서 살아보기 이전에는 딱딱한 시멘트구조물 속에서 산다는 것의 고마움 같은 것을 느껴볼 기회가 없었다. 인간이 소음조차 차단되는 단단한 벽과 마루와 천정으로 엮어진 스트럭쳐 속에서 산다는 것을 그냥 당연한 것으로만 여겼던 것이다. 그런 것의 이로움을 전혀 생각해보지 않았던 것이다. 신석기시대의 사람들이 황토흙으로 두꺼운 벽돌을 만들어 벽을 세웠을 때, 나뭇가지와 지푸라기로만 만든 이전의 보금자리에 비해 얼마나 안온함을 느꼈을까 하는 것을 생각하면 진저리가 쳐지도록 기분좋은 느낌이었다. 나는 비로소 신석기시대를 다시 살아보고 있는 것이다. 나는 이 새로운 구조물에서 산다는 것의 매력에 푹 빠지게 되었다. 그래서 이곳을 윈터 캐슬the Winter Castle이라고 명명했다. 이 윈터 캐슬은 나에게 가장 아름다운 성城이 되었다. 2014년 한 해 전체를 통하여 이 성은 프랑스에 있는 어떤 호화 샤토*chateaus*보다도 더 풍요롭고 사치스러운 캐슬 노릇을 했다.

그러나 내가 이 새로운 집으로 이사해가는 과정이나 방법에 관해서 나의 가슴에는 께름직한 후회 같은 것이 남아있다. 모하메드 살라는 타야의 적개심에 대하여 매우 광적인 공포심을 가지고 있었고, 나의 모든 짐을 무살렘 패밀리에 한마디도 하지 않고 비밀리에 운반한다는 계획을 강행하였다. 그 작업은 2013년 12월에 완수되었는데, 그때 나는 잠시 나의 작품전시 때문에 런던과 이스탄불에 체류했다.

내가 여행을 떠날 때는 나의 짐 대부분을 그냥 캠프에 남겨두었고, 중요한 아이템들은 빌리지에 있는 아우데의 집에 맡겨두었다. 그러나 요번에는 나의 모든 것을 팩킹해서 일부는 윈터 캐슬 안에 두었고, 일부는 모하메드 살라의 엄마집에 두

새로 발견한 구조물. 뒤쪽으로 물탱크가 있고 앞에 원래 지으려던 네모난 캠프의 기초가 있다. 맏아들 알리가 만들려 했던 것인데 완성되지 않았다. 오른쪽 사진은 윈터 캐슬의 입구 문이 있는 전면.

었다. 나의 짐들을 차로 나르는 작업을 감행한 것은 모하메드였다. 그는 그 작업을 빠르게 비밀스럽게 감행하였다. 그는 타야의 캠프로 나를 픽업하기 위해서 왔을 때는 매우 신경질적이었다. 신경을 곤두세우고 둘러보고 소리를 듣고, 또 자동차가 다가오지 않는다는 것을 재삼 확인했다.

문열고 들어가면 정면에 보이는 바위벽면의 편리한 선반

모든 이사작업을 타인에게 전혀 눈치채지 못하게 완수했을 때, 나는 암만으로 떠났다. 그리고 나는 나의 오리지날 가이드인 아우데에게 전화를 걸었다. 나는 살라의 캠프에서 때마침 라이드를 얻을 수 있었기 때문에 그냥 당신 신세 안지고 급히 떠난다고 말했다. 그리고 몇 주 후에 보자고 말했다.

그 순간이 나와 무살렘 형제들과의 사이의 관계의 종결이었다. 아우데의 새로 태

오성급 호텔방으로 변한 윈터 캐슬

선반은 물건 놓기가 매우 편리하다

어난 아이도 보지 못했고, 그의 엄마와 그의 여동생에게 작별인사를 하지 못했다. 내가 아우데를 언급하기만 하면 모하메드 살라는 모종의 질투심에 이글이글 타올라 기분나빠 했다. 그는 아우데를 포함한 무살렘 패밀리의 모든 사람들이 나를 이용할 생각만 했다고 투덜거렸다. 그들과 관계를 유지해봤자 돈만 털리게 된다는 것이다. 모하메드는 나보다 어렸다. 그래서 나는 교훈조로 그를 설득하려 했다. 우리가 한 일은 잘못된 일이다, 아우데는 정말 선량한 사람이다, 그들의 양해를 구했어야 한다고 설득을 시도해봤어도 그는 내 말을 항상 커트하면서 말했다.

> "이러한 방식이 우리가 할 수 있는 유일한 방식이에요. 당신은 그들을 몰라요. 당신은 베두인이 아니라서 여기 습속을 몰라요."

나는 한 베두인 패밀리에서 다른 베두인 패밀리로 옮아갔다. 그것이 전부라는 것이다. 집을 옮기게 되면 새 집에 충실할 뿐 다른 집에 대해서는 신경을 끄는 것이 좋다는 것이다.

타야가 우리가 이사하고 있는 모습을 목격했다면 과연 무슨 일이 일어났을까? 나는 지금도 그 대답을 알지 못한다. 내가 런던에서 돌아와서 그 서재바위에 있는 나의 책상과 걸상을 옮기기 위해 타야의 캠프로 돌아왔을 때, 모하메드의 동공에 서려있던 공포 같은 것을 나는 잊을 수가 없다. 나는 그 책상과 걸상을 윈터 캐슬 가까이에서 찾아낸 새로운 동굴에 안치하였다. 그 새 자리 또한 완벽한 바위동굴

쉘터였다. 바위 구조의 한 부분이 움푹 파여 거의 완벽한 반원의 돔을 형성하고 있었다. 내가 공을 들여 구비해놓은 나의 서재시설을 옮기는 것이 최후의 작업이었다. 모하메드는 이 작업을 재빠르게 수행하기 위하여 그의 사촌을 데려왔다. 우리는 이 작업을 낮에 해야만 했다. 밤에, 어두운 길에 그 높은 바위산에서 무거운 책상을 실어내린다는 것은 매우 위험한 일이었다. 그 전 과정이 매우 스릴이 있었고 애가 탔다. 나중에 모하메드에게 물었다.

"그때 타야가 우리가 물건 나르는 것을 보았다면 뭔 일이 일어났을까?"

"당신이 알 일이 아니오. 내가 빌리지에서 타야를 볼 때마다 그가 나를 쳐다보는 시선에 증오가 가득차 있는 것을 느낄 수 있소. 기껏해야 그는 나를 감옥에 가두려 하겠지. 물론 더한 짓도 할 수 있겠지만."

나는 그가 "더한 짓"이라고 말한 그 말의 의미를 깨닫지 못했다. 그러나 나중에야 타야가 나에게 했던 말 중에 이런 말이 있었던 것을 기억해냈다. 그는 나에게 자기와 어떠한 관계설정을 해야 할지 확실히 말하라고 협박조로 말했다.

"남자친구가 있으면 나한테 지금 솔직히 말해줘! 내 캠프에 어떤 놈이 있는 것을 보았을 때 내가 총을 쏘면 어떡하겠어? 그놈이 마침 너의 남자친구라면 어떡하겠느냐구!"

당시 나는 그 말은 아주 더러운 죠크라고 생각하고 그냥 무시해버렸다. 그러나 실제로 그것은 죠크가 아닐 수도 있었다. 옛날에는 이 부족들은 샘물에 대한 권리를 놓고 서로 싸우다가 서로 죽이곤 했다. 그것은 어느 누구도 건드리지 못하는 베두인의 전승이 되었다. 지금 그들은 수원水源을 놓고 싸우지는 않는다. 물이 충분하기 때문이다. 그러나 지금은 관광객에 대하여 비슷한 태도를 유지하고 있는 것 같다.

예를 들면, 살라의 맏아들 알리는 이 동네에서 가장 조용하고, 가장 상식적인 인간으로 정평이 있다. 그런데 나는 그가 피스톨을 잡고 집문을 박차고 나가는 것을 본 적이 있다. 그의 관광객을 훔쳐간 놈을 찾기 위해서였다. 그러니까 나는 사막의 관광캠프를 재정의할 수밖에 없었다. 그것은 와디 럼에 사는 베두인들의 샘물이었던 것이다.

2013년 세모의 며칠로부터 2014년 마지막 며칠까지 꼭 일년 동안, 와디 럼의 윈터 캐슬은 내가 향유하였던 가장 소중한 홈이 되었다. 내가 요르단에서 보낸 2년 반의 세월 속에서 와디 럼의 사막의 광야에서 보낸 달들의 합계는 11개월에 이른다. 그런데 그 중 6개월을 나는 윈터 캐슬에서 보냈다. 윈터 캐슬에서 보낸 6개월의 체험을 몇 줄의 문장 속에 담을 수는 없다. 그 기간이야말로 나의 생애의 가장 소중한 추억들이 담겨있다. 그리고 가장 드라마틱하기도 했다. 고통과 광기와 축복과 평화로 가득찬 세월이기도 했다. 여기 내가 사막의 홈을 버리고 뉴욕시티로 다시 삶의 터전을 옮기게 된 몇 개의 사연만을 적어놓으려 한다.

윈터 캐슬 곁에 새로 만들어진 서재. 정말 안락한 곳이다.

나에게 가장 큰 트라우마를 남긴 사건은 2013년 크리스마스 직후에 일어났다. 나는 크리스마스 며칠 전에 런던에서 돌아왔다. 나는 두 서양인, 스칸디나비아 여인 한나Hanne와 살라의 큰아들과 함께 볼룬티어로서 장기투숙하고 있는 오스트랄리아 청년 마이클Michael, 두 사람에게 크리스마스파티를 열어주겠다고 약속을 했었다. 볼룬티어라는 것은 투숙비 없이 일하면서 지내는 사람인데 마이클은 매우 덩치가 크고 충직했다. 베두인들은 크리스마스가 무엇인지 감도 없지만 서양인들은 자기 고향의 크리스마스 분위기에 모종의 노스탈쟈를 느낄 것임에 틀림이 없었다.

게르나스가 원래의 주인인 살라의 첫 부인, 그러니까 모하메드와 알리의 엄마와 함께 잘 지내고 있다는 소식을 듣고, 나는 좀 떨어진 곳에 있는 게르나스를 찾아오는 일을 미루고 있었다. 나는 아카바에서 물건과 식품을 사와야 했고, 또 윈터 캐슬이 완벽하게 리모델링 되기까지 빌리지에서 머물 곳을 간단히 수리하느라고 바빴다. 빌리지의 임시숙소는 모하메드 엄마집과 연결된 구조물이었다.

서재 확대촬영

암만에서 수송되어온 퀸사이즈 고급침대. 머리맡에 있는 그림은 샹그릴라에서 사온 것이고, 창문 가리개는 탄자니아에서 산 것이다.

나는 윈터 캐슬을 위해 암만에서 아주 훌륭한 침대가 배달되도록 돈을 지불했다. 나는 그 침대가 도착할 때까지 임시로 빌리지에서 머물기로 한 것이다. 크리스마스 이브날, 약속대로 나는 조촐하고 실속 있는 크리스마스파티를 마련했다. 나는 마왕달걀(삶은 계란을 반 잘라 노른자와 마요네즈와 기타 소재를 섞어 다시 노른자 있는 곳에 놓는 요리)과 맛있는 비프스튜를 준비했다. 두 서양 크리스챤들과, 영문은 모르지만 마냥 즐겁기만 한 모하메드 대가족의 다양한 식구들이 참석해서 내가 만든 음식을 즐겼다.

나의 파티에는 프랑스 포도주도 있었는데, 단지 맥주와 알콜도수 높은 리커를 마셔 버릇했던 그들에게 포도주는 매우 이례적인 것이었다. 술은 물론 이슬람사회에서 금지되어 있지만, 베두인들은 술을 숨겨두고 슬금슬금 마신다. 아버지는 아버지대로, 아들은 아들대로, 술을 서로 숨겨두고 몰래 홀짝홀짝 마신다. 어떤 사람은 대놓고 보드카 한 병을 꿀꺽 마시기도 한다. 요르단은 금기가 심하게 계율화 되어있지 않은 편이다. 더구나 베두인들은 자체의 공동체룰에 따라 움직일 뿐 정부의 법제적 구속을 받지 않는 편이다. 크리스마스는 나에게 요리하는 날인 동시에

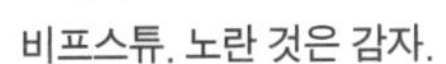

비프스튜. 노란 것은 감자.

크리스마스축제 때 내가 만든 달걀요리. 알리와 마이클.

청소하는 날이기도 했다. 나는 게르나스 생각을 계속하고 있었지만 나는 별로 할 일이 없었다. 나에게는 자가용 차가 없기 때문이다.

12월 26일 아침, 나는 늦게 일어났다. 긴 여행의 여독과 도착하자마자 많은 육체노동을 한 데서 쌓인 피로가 만만치 않았던 모양이다. 나는 우선 커피를 찾았다. 마이클이 마시는 싸구려 아라비아커피나 살라의 작은 가게에서 파는 아줌마 커피 한 봉지를 찾으려고 하고 있을 때, 나에게 하늘과 땅이 갈라지는 것과도 같은 대재난의 소식이 들려왔다. 순간 나의 가슴이 철렁 내려앉았다. 내가 들은 것은 다음 세 마디였다:

"게르나스 갓 샤트 *grnaas got shot*"

아니, 게르나스가 총 맞았다니? 나의 반응은 논리적이었다.

"뭐라구? 죽었단 말야?"

모하메드는 아니라고 대답하고는, 아무런 설명도 하지 않고 차를 몰고 떠났다. 베두인 남성들은 여성에게 설명조의 말을 하지 않는다. 나보고 그냥 집에 있으라고 했을 뿐이다. 나는 즉시 문밖으로 나가 멍하게 하염없이 애타게 거리를 헤맸다. 몇 대의 트럭이 지나갔다. 베두인 운전사들은 내가 걱정되어 조심하라고 했다. 그리고는 모하메드가 나타났다. 자동차 문을 내리면서 나에게 광적으로 소리친다: "집에 들어가요! 지금 당장!"

그는 차를 몰고 쏜살같이 사라졌다. 얼빠진 나를 그냥 내버려두고. 도대체 게르나스에게 뭔 일이 일어났단 말인가? 어디서 그를 발견할 수 있단 말인가? 위로는 못할지언정 설명도 하지 못할손가? 그러나 베두인 빌리지에 있는 차 없는 한 여성의 입장에서는 "기다림"밖에는 아무것도 할 일이 없었다. 베두인 여성들은 한평생을 그렇게 사는 것이다.

한 시간이 지났을 무렵, 나는 집 앞문에 트럭이 주차하는 소리를 들었다. 나는 급히 밖으로 나갔다. 게르나스가 픽업트럭의 뒷켠에서 헐떡이고 있는 것이 아닌가!

"오~ 가련한 게르나스여!"

다행스럽게도 게르나스는 누워있지 않고 서있었다. 그것은 굳 사인이었다. 나는 게르나스를 안아 내렸다. 뛰어내리자마자 게르나스는 비틀거렸으나 걸어갈 수 있었다. 나는 그의 상처가 깊지 않다고 판단했다. 후유 했다.

자세히 살펴보니 게르나스는 가슴과 다리에 몇 개의 상처가 나있었다. 여기서 가까운 타운에는 수의사가 없었다. 그렇다고 암만 같은 큰 도시로 데려가 의사를 찾는다는 것도 보통 일이 아니었다. 그에게 더 많은 신체적 부담을 줄 수도 있다. 나는 게르나스를 회복할 때까지 알리집 정원에 두기로 했다. 간단히 약을 바르며 정성껏 먹였다. 게르나스는 왕성한 식욕을 과시했다. 그의 식욕은 나에게 안도감을 주었다. 2주 내로 그는 완벽하게 건강을 회복한 듯이 보였다. 1년 후에 뉴욕에서 엑스레이 촬영을 해보고 철저한 검사를 해보았는데, 게르나스는 새사냥용 산탄총에 맞은 것임이 밝혀졌다. 게르나스가 목줄을 끊고 밖에 돌아다니게 되면 자동차 뒤따라가기를 좋아하는데 동네 어린이들이 가지고 있던 산탄총으로 그를 쏘

회복된 게르나스

아버린 것이다. 조그만 구슬 같은 조각이 흩어지면서 박히는데, 다행스럽게도 이 구슬조각은 납으로 만든 것이 아니라 쇠로 만들어진 것이었다. 그의 몸에 한 타스 정도의 산탄알이 박혔지만 그것을 빼낼 필요는 없다는 진단이 나왔다. 게르나스는 지금도 그 산탄알을 몸에 지니고 있다.

윈터 캐슬의 내장이 완료되었을 때, 나는 나의 소지품을 패크하여 게르나스와 함께 사막으로 이동하였다. 빌리지에서는 게르나스는 항상 위험에 직면한다. 총에 맞는 위험뿐 아니라, 아이들이 개만 보면 돌을 던진다. 성서에서 간음한 여자에게 돌을 던지듯이 아무 의미 없이 돌을 던지는 것이다. 광막한 사막만이 게르나스에게는 안전한 곳이다. 그러나 게르나스는 자동차만 보면 뒤쫓아가기를 좋아한다. 그만큼 사람이 그리운 것이다. 그러나 사람은 반가워 따라가는 그에게 총알을 안긴다. 나는 게르나스가 자동차를 따라나설 때마다 가슴이 철렁 가라앉는다. 제발 총소리가 들리지 말게 하옵소서! 자비로우신 알라여!

윈터 캐슬 방문 앞의 게르나스 잠자리

게르나스는 새로 셋업된 윈터 캐슬을 자기의 새집으로 알았다. 5분밖에 떨어져 있지 않은 옛 캠프로는 다시 가지 않았다(내 걸음으로는 15분 정도). 게르나스는 개방된 사막에서는 자유로웠다. 그러나 그는 언제나 나의 새집 주변을 맴돌았다. 그리고 내가 부르기만 하면 새집으로 돌아왔다. 매일 밤, 그는 내 집 문밖에서 내가 깔아준 낡은 매트리스 위에서 몸을 웅크리고 잤다. 그리고 그는 자기가 짖는 메아리소리가 타자의 소리라 믿고 계속 짖어대기도 한다. 그렇게 세월은 지나갔다.

하이킹하고, 잡일하고, 집수리하고, 게르나스를 위해 요리하고, 살라의 캠프를 방문하고 그렇게 몇 달이 지나갔지만 특별히 비극적인 사건은 일어나지 않았다. 1월

중순경, 나는 나만 쓰는 아름다운 수세식 도기변기와 샤워를 설치하였다. 2월 말까지 나의 윈터 캐슬은 5성급호텔 못지않게 변해버렸다. 퀸 사이즈의 침대는 단단한 나무로 되어 아래는 큰 서랍들이 장착되어 있었고, 위로는 내가 잠자본 중에서 가장 단단하면서 부드러운 스프링 매트리스가 놓였다. 그리고 오리털이불,

그 이불을 덮는 400수 이집트면커버, 푹신한 오리털 베개, 아름답게 수놓은 방석들, 순면 베드스프레드, 조립식 클로제트, 고색창연한 앤티크 큰 거울, 책상과 걸상, 선반, 한 박스의 양초, 다양한 벽장식, 요리재료, 보온병과 스피커, 발전용 솔라패널들, 장도리 같은 수리용 공구들, 빗자루, 소독약품 등…… 근대적 삶을 위하여 필요한 모든 것이 사막의 나의 작은 공간 속으로 유용하게 밀집되었다.

전기는 태양광으로 자가발전

우아한 윈터 캐슬 방의 야경. 나는 산꼭대기에서 『왕좌의 게임』을 다운 받는 데 성공하였다. 그 미드를 보고 있다.

【제35송】

사막의 평화는 삶의 모든 비극을 감싼다

내가 여행을 떠났을 즈음, 모하메드의 엄마가 나의 윈터 캐슬 옆으로 그녀의 염소와 여타 가축들을 데리고 이사를 왔다. 사막생활이 더 편하게 느꼈기 때문일 것이다. 나는 게르나스를 모하메드 엄마에게 맡길 수 있었기 때문에 마음이 홀가분했다. 나는 서울에서 두 달간 열리는(2014년 3월~4월) 나의 사막전시의 테이프를 끊기 위해 서울을 가야만 했고, 또 새로운 "벌레먹기" 프로젝트를 위해 중국의 벽지들을 여행해야만 했다. 내가 다시 사막으로 돌아왔을 때, 나는 근원적인 본향에 돌아온 듯한 묘한 감정을 느꼈다. 나의 진짜 본향인 서울에서 돌아왔음에도 불구하고! 사막 속의 나의 초라한 작은 캐슬이 실제적인 나의 고향이 되어버린 것이다.

그리고 나를 기다리는 게르나스가 거기 있었다. 그는 나를 보자마자 꼬리를 흔들며 달려왔고, 마치 서러웠다는 듯이 이빨을 드러내며 낑낑거렸다. 내가 땅바닥에 앉자마자 게르나스는 그의 발을 내 무릎 위에 올려놓았고 머리로 양반다리를 하고 있는 내 허벅지를 밀쳐댔다. 더할 나위 없는 애정의 표시였다. 내가 돌아온 첫날부터 게르나스는 모하메드 엄마가 자기를 길러주었음에도 불구하고 자기 진짜 주인은 나라고 인식하고 있음이 분명했다. 내가 없는 동안 게르나스는 매일 밤이면 모하메드 엄마의 캠프로부터 사라졌다. 그리고 반드시 나의 윈터 캐슬 문앞에서 내가 돌아오기를 기다리면서 자리를 지켰다고 한다. 나는 내가 와디 럼을 떠날지라도, 게르나스의 나머지 생애 동안 그와 같이 할 수밖에 없으리라고 직감하고 있었다.

나는 2014년 5월 한 달 내내 윈터 캐슬에서 게르나스와 함께 지냈다. 모하메드 엄마의 캠프에 있는 낙타와 염소, 그리고 야생의 여우, 고슴도치, 다양한 새들, 도마뱀, 벌레들과도 친구하며 지냈다. 나의 윈터 캐슬 생활환경은 꿈이 실현된 것과도 같은 이상적인 것, 다시 말해서 근대문명적인 안락함과 반문명적인 광야의 고적이 결합된 그 무엇이었지만, 실상 이 5월 한 달은 심리적으로 매우 견디기 힘들었던 시간이었다. 왜를 설명하기 위해서는 사막을 다른 광야와 구별 지우는 가장 으뜸가는 요소, 그것을 나는 말해야만 한다. 그것은 "사일런스"였다.

사막에서는, 때로는 정말 무음無音상태이기 때문에, 오직 나 자신의 숨소리만 크게 확대되어 들린다. "사일런스"를 한국말로 번역하기도 어렵다. "고요함"이라고 번역되는 상태는 보통 조용하고, 안락하고, 평화롭다는 느낌과 직결될 것이다. 그러나 사막에서 느끼는 사일런스는 처음에는 괴롭기도 하고, 심지어 공포스럽기까지 한 것이다.

내가 사막에 처음 왔을 때, 소리가 완벽하게 결여된 상태라고 하는 것은 정말 낯선 것이었다. 사이먼 앤 가펑클이 노래하는 "사일런스의 소리"의 사일런스는 그 나름대로 의미를 던져주는 소리인 것이다. 그러나 사막의 무음은 그런 사일런스와도 성격이 다르다. 한국의 고승들이 암자에서 느끼는 침묵과도 다르다. 그 침묵에는 온갖 자연의 합창이 함장되어 있다. 사막의 완벽한 무음에 적응하는 것은 그 나름대로 매우 큰 도전이었다. 만약 그대가 해변이 있는 산악지대에서 자라났다고 한다면, 그대는 바람에 나부끼는 나뭇잎 소리, 새들의 지저귐, 파도의 밀리는 소리 등, 다양한 자연의 소리에 대해 친근감, 이완감, 휴식의 느낌을 느낄 것이다. 그러나 진짜 사막의 정적? 거기에는 나라는 존재의 생명, 그것 하나밖에는 아무것도 없다. 이 사실은 매우 공포스럽고, 신경을 갉아먹는 것이다. 무엇을 생각하고 무엇을 행위할지 감이 잡히질 않는다. 때로 사막의 사일런스는 너무도 경험치 못했던 것이라서, 나는 나의 모든 사유를 상실해버린다. 아주 작은 소음에도 극도로 예민하게 반응케 된다. 나의 신체가 만드는 소리들을 포함하여…… 소리의 결여에 대응하는 것이야말로 사막에서 내가 감내해야만 하는 최대의 도전이었다. 그 사일런스야말로 그토록 오랫동안 나를 붙들어두었던 사막의 힘이기도 했다.

최초로 내가 경험했어야만 했던 몇 달의 강렬한 도전 후에, 나는 나의 신체의 소음이나 신경의 고조에서 오는 불편감으로부터 점차 해방되어갔다. 그러자 나는 사일런스야말로 나의 존재의 모든 경계를 지워버리는 힘을 가지고 있다는 것을 터득하게 되었다. 다시 말해서 나는 내가 처한 환경 전체와 친밀하게 연결되는 것이다. 그리고 사막의 광활한 파노라마는 무한정으로 개방된 공간과 친숙한 삶의 공간이 하나로 융합되는 것을 느끼게 한다.

그러나 나는 곧 또 하나의 도전에 직면하게 되었다. 내가 사일런스의 광막한 개방성에 홀로 존재하는 고독의 안락을 향유하는 경지에 도달하게 된 이후로는 이제는 또 소음이 상존하는 어떠한 곳에도 거하기가 매우 힘들어졌다. 나는 소리라는 것에 매우 민감해져서, 내가 사막에 익숙하기 이전에는 그토록 쾌적하게 느꼈던

사막의 사일런스. 일몰 광경.

해변이나 산장을 싫어하게 되었다. 존재 밖에서 진입하는 여하한 소리도 다 억압적이었다. 나는 도시에서는 내 삶을 우울하게 만들고 불건강하게 만드는 소음공해를 증오하게 되었다. 유럽이나 아시아의 문명화된 평범한 공간 속으로 여행하면서, 완벽한 사일런스와 존재의 경계가 허물어지는 개방성을 동시에 느낄 수 있는 곳은 사막밖에 없다는 것을 재발견하게 된다. 그리고는 빨리 사막으로 돌아가야 하겠다는 집념에 사로잡힌다. 그리고 때로는 죽을 때까지 사막에서 살 수밖에 없겠다는 생각을 하게 된다.

2014년 5월, 바로 그달, 윈터 캐슬에 삶의 궤도가 다시 정착되어가고 있을 그즈음에 사일런스 속에서 사는 나에게 좀 이상한 일들이 생겨나기 시작했다. 나의 주변환경은 쾌적했고, 이웃과도 친하게 지냈지만, 하루종일 홀로 산다는 것이 오히려 나를 외물外物 집착에 복속시켰다. 예를 들면 게르나스에게 감정적으로 과도하

사막, 내 서재로부터...

게 집착한다든가, 살림살이를 위하여 필요한 물건을 구해다 주는 모하메드 살라에게 의존하게 되는 것이다. 모하메드는 내가 믿을 수 있는 유일한 친구였다. 나는 세속의 모든 집착을 벗어던지기 위해 사막으로 왔는데, 사막의 사일런스는 실제로 나에게 그 정반대의 결과를 부과하고 있는 것이다. 사막에 있게 되면 선적禪的이 되어야 할 내가 오히려 많은 것을 요구하게 되고 집착적이 되는 것이다. 그 반대로 내가 사막을 떠나 도시로 나가면 처음에는 도시의 소음조차 신선하고 생동감 있게 느껴졌다.

그러나 요즈음은 사막을 벗어나 어디를 가도 우울하기만 했다. 그러니까 사막의 사일런스도 나를 옥죄고, 사막 밖 문명세계의 소음도 나를 우울하게 만드는 것이다. 이 시기야말로 나에게는 정말 견디기 힘든 세월이었다. 내가 모하메드나 다른 베두인 사람들과 모종의 긴장감을 유지하거나, 지난날 관계를 맺었던 사람들, 그리고 그들과 서운하게 헤어진 것을 생각하면, 사막에서 홀로 있을 때면, 그런 상

내가 명상을 즐긴 곳

념들이 머릿속을 돌고 또 돌아 사일런스를 고통스럽게 만들어버리는 것이다. 사막의 사일런스 속에서는 사람은 자기의 생각을 보다 명료하게 듣는다. 그리고 그것은 반복된다. 그러니까 사실 화가 났을 때 사막에서 혼자 있게 되는 것은 매우 위험한 결과를 초래할 수도 있다.

이런 방식으로 사막에서 사고의 덫에 걸리면, 사막 밖에서도 소음에 적응하지 못하고, 사막 안에서조차 내면의 부질없는 소용돌이 때문에 행복이나 안정을 찾지 못한다. 어느 날, 나는 이러한 상태가 고조되면서 멘탈의 붕괴현상이 일어났다. 나는 심한 오뇌懊惱 속에서 산을 올라갔다. 그리고 꽥꽥 소리를 지르면서 큰 바윗돌을 절벽 아래로 던졌다. 물론 그 아래는 사람이 없었다. 내가 그런 짓을 하기를 멈추었을 때, 엄청 큰, 고음의 신음소리 같은 것이 내 귀에 들려왔다. 그것은 사막에서 울려퍼지는 초자연적인 힘의 발출처럼 느껴졌다. 나는 그렇게 거대한 소리에 충격을 받고 산꼭대기에서 한참을 멍하게 앉아 있었다. 그냥 멍하게, 혼란 속에서

사막의 일몰

석양의 파노라마를 쳐다보고 있었다.

나중에야 알게 되었지만, 그것은 쇼크를 받은 나의 브레인이 특별한 소리를 내는 것으로 귀에서 들리는 것이라고 했다. 물론 그 소리는 환각이 아닌 리얼한 것이었고, 내 생애에서 있어 본 적이 없는 것이었다. 그리고 여태까지 다시 체험해 보지도 못했다. 이렇게 외부소리가 없이 내부에서 음을 감지하는 현상에 대하여 "틴니투스*tinnitus*"라는 의학술어까지 있다고는 하지만, "이명耳鳴"이라는 단순한 말로써 해석될 수 있는 것 같지는 않다. 옛 시절의 신비주의자들은 이러한 틴니투스를 신성에 대한 감수성, 즉 접신으로 해석했을 것이다. 나 또한 그런 현상에 현혹되다 보면 종교를 개창할 수준의 미스틱이 될 수도 있겠지만, 나는 교회나 계룡산보다는 일반상식의 삶의 자리를 더 사랑한다.

이렇게 고뇌에 빠져있을 때, 우연히 나는 나의 모교인 매사추세츠 앤도버의 필립스 아카데미로부터 초청장을 받았다. 오는 6월 모교방문의 리유니언 파티에 나의 모험의 여정을 소개하는 연사로서 초청하겠다는 것이다. 사막의 고독의 슬럼프에 빠져있을 때였기에, 나는 이 초청을 내가 온 세계로 다시 돌아가는 때가 되었다는 한 표징으로 받아들였다. 그리고 1년 반이나 비워둔 뉴욕의 집으로 가보고 싶은 향수를 느꼈다. 나는 바위산 꼭대기로 올라가 3G 시그날 서비스를 통해서 케네디공항으로 가는 왕복비행기표를 무난히 살 수 있었다. 2014년 6월부터 8월까지의 여정이었다. 그러나 나는 반드시 되돌아올 생각이었다. 게르나스를 모하메드의 엄마에게 일단 맡겨놓을 수밖에 없었기 때문이었다.

나의 서재, 집필장소.

맨해튼의 한복판에 다시 있게 된 며칠간은 모든 것이 초현실주의의 그림 속에 있는 것 같이 느껴졌다. 그리고 보스턴 근교로 올라가 졸업 후 15년 만에 나의 모교를 방문하였다. 나의 동급생 친구들은 이미

앤도버 필립스 아카데미에서 만난 고교친구들. 강연하느라고 바빠서 찍은 사진이 별로 남질 않았다.

풀타임 직업을 가진 어른이 되어 있었고, 부양해야 할 자식들을 거느리고 있었다. 그러나 그들은 내가 사막에서 감행하고 있는 모험들을 경외감과 찬탄 속에서 경청하였다.

고등학교 시절, 나는 매우 수줍은, 코리아에서 온 인터내셔날 스튜던트일 뿐이었다. 나는 대부분의 미국학생들에게 주목의 대상이 되지 않았고, 눈에 띄었다 해도 그냥 조용한 공부벌레 정도로 미끄러졌다. 나는 평상시에도 영어단어를 항상 외우고 다니느라고 단어장에 고개를 숙이고 있었다. 그 시절에는 그토록 멋있어 보이던 인기만점의 학생들이 삶의 루틴에서 지루함을 못 견디는 눈초리로, 나를 신나는 모험으로 가득찬 특별한 삶을 영위하고 있는 탁월한 개인으로 바라보게 되리라는 것은 꿈도 꾸지 못했다. 그러나 나의 삶의 현실에서 보자면 하나의 아이러니라면 아이러니랄까, 나는 오히려 그들이 가지고 있는 것, 사랑하는 파트너를 가진 안정된 삶, 자식들, 웃음이 넘치는 단란한 가정, 이런 것들을 가지지 못한 데서

맨해튼 다리는 뉴욕에서 가장 아름다운 다리이다. 수년간 나는 비둘기의 깃 색깔처럼 푸른 돔과
우아한 금속 격자 세공을 감탄의 눈으로 올려다 보곤 했다. 그러다 마침내 그 꼭대기에 올라서서

아래를 내려다 보았을 때, 지나가는 지하철과 함께 온 다리가 진동하던 그 짜릿함을 느끼며,
그 아름다움을 제대로 음미할 수 있었다. 왼쪽 끝에 내가 서스펜션 케이블 위에 올라가 있다.

지금 나의 현재의 삶을 영위하고 있는 것이다.

그러나 내가 나의 내면의 갈등세계와 싸우고 있는 실험적 삶의 방식이 그들에게 그다지도 신선한 영감 같은 것을 던져주고 있다는 사실이 나에게는 하나의 신선한 시선으로 다가왔다. 그리고 내가 애초에 왜 예술가로서의 삶을 선택하고자 했는지에 관한 평범한 이유를 새삼 상기시켰다. 내가 자라나면서 타 위대한 예술가들로부터 받은 영감과 같은 그런 영감을 내가 살고 있는 세계에 다시 돌려주어야겠다는 그런 의도가 나에게는 분명하게 있었다. 내가 사막에 처음 갔을 때 안정적으로 집필할 수 있는 책상을 셋업하느라고 그토록 고생했던 것도 그런 이유에서였다. 내가 만약 그냥 사막의 먼지로 풍화되어 사라져버린다면, 나의 체험의 전모는 예술가의 영감으로 역사의 지평에 남지는 않을 것이다.

그해 여름 뉴욕에서 두 달을 보내고 나니, 나의 심리상태가 사막에 대해 상당한 거리감각 같은 것을 유지할 수 있게 되었다. 옛 친구들과 다시 연락하고 아름다운 날씨와 도시에서 일어나는 다양한 이벤트들을 향유하면서 나는 내가 옛날에 느꼈던 것보다 훨씬 더 도시적 삶의 가치에 대해 충만한 느낌을 가질 수 있었다.

그동안 나는 스카이프 비디오를 통해 모하메드 살라와 이따금씩 연락을 취했다. 게르나스가 잘 지내고 있는지, 내 윈터 캐슬이 안전한지 등을 체크했다. 그러나 모하메드는 내가 맨해튼의 도시 삶에 다시 적응되어 가고 사막으로부터 점차 멀어져가고 있다고 느끼자, 그는 부러움과 동시에 원망 같은 것을 내비치기 시작했다.

모하메드가 나에게 어떤 집착 같은 것을 느낀다는 것은 어찌 보면 너무도 정상적인 것이다. 나는 그들의 단조로운 지루한 삶의 환경에서 보자면 특별한 사람이다. 게다가 나는 결코 늙었거나 매력이 없다고 말할 수는 없는 여자이다. 그가 어리지만 나에게 친구 이상의 감정을 점차 느끼게 되는 것은 충분히 이해가 될 만한 사태이다.

어느날, 드디어 비디오 채트를 통해, 모하메드는 아주 심각한 얼굴을 곤두세우며, 내 개를 내버렸다고 말했다. 그는 게르나스를 아주 먼 빌리지로 데려가서 그곳에 그냥 버리고 왔다고 말하는 것이었다. 나는 완벽한 충격과 불신 속에서 그에

게 소리쳤다: "어떻게 네가 그런 짓을 할 수 있니? 게르나스는 내가 사랑하는 개잖아. 내 꺼란 말야." 그는 대답했다: "그놈은 개일 뿐이야. 나는 개를 원치 않는단 말야!" 내가 훌쩍이며 원망을 표현했을 때, 모하메드는 웃으면서 말했다: "농담이야! 개는 여기 있어. 그런데 나는 이 개가 싫단 말야!"

이런 대화를 나누는 순간, 이미 나는 세심한 탈출계획을 준비하기 시작했다. 나는 게르나스와 더불어 안전하게 빠져나와야 한다!

나중에 알고보니, 모하메드가 그토록 끔찍한 죠크를 한 이유가 있었다. 그의 엄마가 병환이 깊어져 사막에서 다시 빌리지에 있는 집으로 이사를 갔다. 이사를 가면서 가축을 모두 데려갔는데 가축을 지키는 라방Laban이라는 하이얀 똥개와 함께 게르나스도 같이 가야만 했다. 그러니 빌리지의 폐쇄된 공간에 두 마리의 큰 개가 같이 있으니 지저분해질 수밖에 없었다. 베두인들은 개똥을 치우는 법이 없

암만으로 떠나기 전 모하메드의 아버지 살라와 기념사진. 아버지 살라는 정말 좋은 사람이었다.

다. 그리고 게르나스는 집밖을 홀로 나가게 되면 항상 다칠 우려가 있었다. 빌리지의 사람들은 개를 보기만 하면 못살게 군다. 나는 게르나스를 그러한 환경에서 가급적이면 빨리 탈출시킬 필요가 있었다.

뉴욕에서 와디 럼으로 돌아오자마자 나는 게르나스를 사막으로부터 암만에 있는 동물보호센터로 이송시키는 작업에 착수했다. 그 센터는 영국인 할머니가 운영하는 시설이었는데 개의 호텔시설이 있었다. 나는 픽업트럭을 어레인지하여 개를 태우고 내가 직접 암만까지 4시간을 같이 가기로 했다.

이 계획은 쉬운 일이 아니었다. 우선 나는 뉴욕에서 전화로 모하메드에게 게르나스를 딴 사람에게 양도하기로 했으니 개에 관하여 걱정하지 말라고 했다. 내가 뉴욕으로 돌아가기 전에 그가 게르나스에게 나쁜 짓을 할까봐 두려웠던 것이다. 나는 와디 럼 사막에 혼자 있을 것이라고 모하메드에게 이야기했다. 내가 와디 럼으로 돌아왔을 때, 게르나스가 안전한 것을 확인하고 마음이 놓였다. 나는 곧 픽업트럭을 불렀다. 그 전날 밤, 나는 모하메드의 아버지 살라에게 나의 계획을 말

까마귀

했더니, 살라는 갑자기 태도를 바꾸어 자기네 개를 타인에게 양도할 수 없다고 말했다. 자기의 부인이 염소지킴이로서 게르나스를 필요로 할 수 있다고 말했다. 그래서 나는 살라에게 나의 속마음을 털어놓았다:

암만에 가는 트럭에 탄 게르나스

"나는 게르나스와 헤어질 수 없습니다. 그런데 당신의 아들이 개를 싫어합니다. 그래서 암만의 안전한 시설에 맡겨두었다가 미국으로 데려갈 것입니다. 단지 모하메드에게 내가 떠난다는 것을 알리고 싶지 않습니다. 내가 개를 데려간 후에 모하메드에게 직접 전후사정을 다 이야기하겠습니다. 아드님에게 비밀로 해주십시오."

내 말을 듣고 살라는 금새 태도를 바꾸어 게르나스를 데려가도 좋다고 했다. 다음날 나는 게르나스와 함께 스트레스가 많은 여행을 해야만 했다. 트럭에 갇혀 하이웨이로 먼길을 가는 것도, 도시의 빌딩밀림을 보는 것도, 그에게는 처음 체험하는 일들이었다. 그리고 동물클리닉의 냄새를 맡는 것도 그에게는 죽음의 공포를 느끼게 했을지도 모른다. 극도의 스트레스를 풀기 위해 게르나스는 진정제 주사를 맞아야 했다. 나는 그를 그 센터에 두고 떠날 수밖에 없었다. 나머지는 프로페셔날들에게 맡겨두는 수밖에 없었다. 게르나스는 그 보호시설에 4달을 머물렀다. 나는 크로아티아에서 전시회를 했고 또 이탈리

게르나스가 4달 동안 숙식한 곳. 독방. 한 달에 300불 정도의 돈이 소요되었다.

윈터 캐슬 안에 들어온 새. 참새과 핀치.

아에서도 여러 모임을 가져야 했기 때문에 두 달 동안 유럽여행을 했다. 그리고 나의 사막생활을 총결짓기 위해 나는 혼자서 윈터 캐슬에 두 달 동안 머물렀다.

윈터 캐슬에서 혼자 지낸 마지막 두 달이야말로 내 생애에서 가장 생산적이고 의미 있는 시간이 되었다. 데드라인이 눈앞에 있다는 사실은 나의 모든 노력을 더욱 절실하게 만들었다. 게르나스가 없기 때문에 진정한 고존孤存을 향유할 수 있었다. 그 이유를 알 바도 없지만, 나는 개념들의 협박에 시달리지 않고 완벽한 평온 속에서 사일런스를 편하게 대할 수 있게 되었다.

그리고 나의 감관이 매우 건강하게 섬세해졌다. 신체적으로도 아주 건강해졌고, 내가 하고자 하는 일에 보다 확실하게 집중할 수 있었다. 어학공부, 자연관찰, 그리고 집필의 작업이 놀랍게 진척되었다. 사막생활 초기의 흐트러진 의식상태와는 달리, 서재동굴에 앉아 있기만 하면 문장이 머릿속에서 술술 흘러나왔다. 때로는 석양의 해가 가라앉은 후에도 작은 장작불을 지펴가면서 태양광발전 랩탑의 자판을 맹렬하게 두드렸다. 맨해튼 아파트에서 집필하는 것보다도 효율이 높았다. 주변세계에 대한 부질없는 공포가 사라졌고 소음도 나를 더이상 괴롭히지 않았다. 가끔 불현 듯 지나가는 자동차소리도 놀람의 대상이 아니었다. 나의 청각은 더욱 민감해졌지만 그것에 의해 혼란스러워지지 않았고, 오히려 모든 소리를 더욱 흠상할 수 있게 되었다. 아침에 참새나 작은 새들이 지저귀는 소리가 나의 귀를 두드리면 그것은 고귀한 생명의 합창으로서 나를 위로해주었다. 소리에 민감해지면서 나는 까마귀의 지능을 인지할 수 있게 되었다. 그들이 먼 거리에서 서로를 부르는 소리를 최소한 열 종류는 분간할 수 있게 되었다. 그것은 매우 복잡한 그들의 언어상징체계였다. 어느날 아침, 나는 까마귀 울음소리가 심해서 나가보았는데, 까마귀가 집단적으로 여우를 괴롭히고 있었다. 그냥 재미로 괴롭히는 것이다. 타종을 재미로 괴롭히는 동물은 대체로 머리가 비상하다.

트레킹을 떠나는 나. 무거운 배낭을 걸머메었다.

나는 신체적으로도 최호조의 건강을 유지했다. 어느 날 나는 커다란 백팩에 물과 음식을 가득 싣고 3일 동안 트레킹을 떠나기로 했다. 오프라인 구글 위성지도를 유일한 가이드로 삼고. 그러나 사막에서 하룻밤을 지내고 다음 날, 혼자 트레킹을 하다가 그만 바윗길에서 굴러떨어져서 무릎을 다치고 말았다. 늦은 오후였다. 내 주변에 영혼이라고는 아무것도 없었다. 지나치는 차가 있을 수도 없는 곳이었다.

그제서야 나는 사막을 혼자서 다닌다는 것이 얼마나 위험한 일인가를 깨달았다. 특히 응급상황에서는 어찌해볼 도리가 아무것도 없었다. 나는 5시간을 걸어서 윈터 캐슬에 캄캄한 밤중에 도착했다. 그날 나는 무거운 큰 배낭을 걸머지고 15시간을 걸었다. 모래 위를 걷는 것은 맨땅을 걷는 것보다 두 배는 더 힘들다.

나의 전화와 인터넷 동글에 시그널을 받기 위해 매일 바위산을 올라가 작업을 수행할 수 있게 되자, 나는 나의 인스타그램에 나의 글과 사진을 업로드하기로 했다. 이 세계의 다양한 지역에 살고 있는 나의 친구들이 내가 매일 무엇을 하고 있는지를 알 수 있도록! 나는 "콜미누라Call Me Noora"라는 블로그를 만들고 거기에 매일 나의 글을 올렸다. 나의 새로운 체험에 하나의 타이틀을

인터넷 동글

별이 쏟아질 듯한 밤하늘. 윈터 캐슬에 도착해서 촛불을 밝혔다. 윈터 캐슬의 야경사진으로서는 훌륭한 사진이다.

부여하고, 일종의 퍼포먼스 아트 프로젝트로서 콘텍스트를 프레임 하는 작업은, 곧 나의 세계와 재결합을 시도하고, 나의 정상적 멘탈리티를 회복하는 과정이기도 했다. 베두인들은 나를 사막에서 "누라"라는 이름으로써만 불렀다. 누라는 아랍말로 "빛"이라는 뜻이다. 그것은 내가 도시의 삶으로 되돌아왔을 때 또 하나의 이고 alter-ego를 형성했다. 나는 사막생활을 청산하고 떠나면서, 이와 같은 글을 블로그에 남겼다.

> **2014년 11월 말, 누라는 그녀의 컴퓨터와 몇 개의 아이템만을 가볍게 배낭에 싣고 떠났다. 그냥 떠났다. 그녀의 모든 것과 창조물을 그대로 두고 떠났다. 그녀가 있던 곳에 어떠한 사건이 일어났는지는 아무도 모른다. 오직 흔적과 추억만 사막의 모래 위에 뒹굴고 있을 것이다.**

콜미누라는 책으로 구체화될 것이다. 그것은 다양한 장르를 뒤섞는 창조적 시도가 될 것이다. 예술과 삶의 경계를 없애고, 포스트모더니티를 원시세계로 가져가고, 또 원시세계를 탈현대 속으로 융합시키는 작업이 될 것이다.

이렇게 나는 사막의 사랑스러운 보금자리를 떠났다. 나의 체재의 마지막 두 달 동안에 나는 나의 감정의 집착으로 인한 모든 내면의 몸부림을 깨끗이 극복했다. 나의 존재, 그 전체가 사막의 신령한 기운으로 휘감겨졌다. 나는 더 완숙한 인간

내가 굴러 떨어진 곳

으로서 다시 태어났다. 내가 어디 있든지간에 침착할 수 있고, 만족할 줄 알게 되었다. 나의 밖의 세계가 아무리 요동치더라도 나는 평화를 유지할 수 있게 되었다. 진정한 평화는 해탈이 없이 획득될 수 없다. 평화는 삶의 모든 비극을 포섭한다. 평화는 인간의 모든 편협함을 파괴한다. 평화는 영구성에 대한 직관이다. 모든 비극은 삶의 이상을 노출시킨다. 삶의 비극은 결코 무용하지 않다. 비극의 효용은

바위산 꼭대기에서 나의 전화에 시그널을 받고 있다.

평화를 선사한다는 것이다. 비극을 체험할 때만이 감정은 정화된다. 감정을 정화시킬 수 있는 능력이 청춘의 힘이 아니고 무엇이랴!

내가 사막을 떠난 지 수년이 되었지만, 지금도 나는 감정이 흔들릴 때마다 윈터캐슬로 돌아간다. 게르나스는 지금도 내 곁에서 숨쉬고 있다.

양떼 지나가는 사막. 나의 영혼의 영원한 고향. 평화의 상징.

【제36송】

예술의 궁극을 향해 가다

나의 사막생활은 내가 예술창조의 꿈을 이루어간 기나긴 여정의 한 정착지였다. 사막생활이 나에게 무엇을 선사했을까? 다양한 체험의 양상이 이 글 속에서 이미 토로되었지만 최대의 수확이란 역시 삶과 예술은 분리될 수 없다는 원초적 융합에 대한 확고한 신념이었다. 살아가는 것 자체가 예술이고, 예술하는 것 자체가 살아가는 것이다.

예술에 대한 나의 관심이 어떻게 불을 지피었는지 명확한 시점을 말하기는 어렵지만, 어렸을 때부터 나는 유별나게 자연의 경이로움에 대해 민감했다. 비록 서울 장안 한복판에서 자라났지만, 내가 자란 봉원동 안산의 환경은 매우 풍요로운 자연의 모든 요소를 지니고 있었다. 신라시대로부터 내려오는 천년고찰 봉원사가 있고, 춘향가에도 나오는 안산鞍山의 마루가 무악으로부터 뻗어있다. 무악 정상에는 조선조의 연락망이었던 봉수대가 남산을 마주보고 있다. 무악의 기암절벽과 새절 봉원사의 뒷켠의 아름다운

초등학교 5학년 때의 드로잉

수풀 속으로 조용한 오솔길들이 뻗어있다. 나의 집은 거의 산동네 꼭대기에 자리 잡고 있었기 때문에, 문 열고 나가면 곧바로 대자연의 경이와 연결되어 있었다.

나의 예술적 낭만은 이 봉원동 안산에서 그 기반을 마련한 것 같다. 나는 할머니가 키우시는 개나 고양이나 물고기의 모양이나 생태에 각별한 관심이 있었고, 안산에서 마주치는 야생환경의 동물들을 끊임없이 경이롭게 관찰하곤 했다. 내가 10살 때쯤 이미, 모든 동물의 움직이는 모습을 정확히 묘사하는 능력을 지니게 되었다. 그리고 집안의 어른들이나 학교선생님, 그리고 학우들이 나의 그림을 보고 환호하는 것을 보면 괜히 자신을 갖게 되고, 그 방면으로 특별한 열정을 발휘하게 된다.

내가 10살 때 큰 화면에 백조떼가 날아가는 모습을 가득 그렸는데, 그 모습이 하나도 겹치는 것이 없이 다양한 동작을 과시하고 있었다. 하늘로 치솟는 새, 땅으로 수직 강하하는 새, 수평으로 날아가는 새들이 화면에 가득 배치되면서 초현실주의적 전체를 구성하고 있었다. 할머니는 이 그림만 보고 있으면 할머니 자신이 하늘을 날아가는 느낌이라고 했다. 보는 사람마다 이 그림을 극찬했는데, 할머니 장례 후에 이 그림은 어디론가 사라지고 말았다.

14살 때부터 나는 당시로서는 최고의 예술교육환경이라고 자부할 만큼의 좋은 기회를 맞이했다. 매사추세츠 앤도버에 있는 필립스 아카데미Phillips Academy에 입학의 영예를 얻었던 것이다. 그 학교에는 예술창조를 위한 다양한 테크닉을 가르쳐주는 매우 선진적인 시설이 갖추어져 있었고, 캠퍼스 내에 미국예술사의 주요작품이 소장되어 있는 애디슨 갤러리 어브 아메

중학교 1학년 때의 드로잉

리칸 아트Addison Gallery of American Art가 있었다. 이 미술관은 세계적인 박물관으로서 클래식으로부터 컨템퍼러리에 이르는 걸작품들이 걸려있다. 윈슬러 호머Winslow Homer, 에드워드 호퍼Edward Hopper, 잭슨 폴락Jackson Pollack, 알렉산더 칼더Alexander Calder, 죠지아 오키프Georgia O'Keeffe 등 수없는 대가들의 작품을 수시로 쳐다볼 수가 있었다. 어릴 때부터 봉원동 뒷산에서 본 형태와 동작과 색감이 예술사의 맥락에서 승화되면서, 대가들이 왜 대가로서 취급되는지를 깨닫게 되었다. 비쥬얼 이론과 실천을 배우면서 전지구적으로 펼쳐져 있는 예술세계를 직접 내 몸으로 느낄 수 있게 되었다.

1999년, 나는 컬럼비아대학을 다니기 위해 맨해튼으로 거처를 옮겼다. 나는 아버지의 소망에 따라 프리메드premed 학생이 되었지만 컬럼비아대학은 나에게 비쥬얼 아트를 공부할 수 있는 좋은 기회를 허락했다. 컬럼비아대학은 비록 과학전공자라 할지라도 인문학의 다양한 분야를 섭렵하게 만드는 것을 필수적으로 요구하는 대학으로서 악명이 높다. 나는 주말마다 센트럴 파크에서 죠깅을 했고, 그때마다 숨을 고르기 위해 반드시 메트로폴리탄 뮤지엄 어브 아트에 두 시간 가량 머물렀다. 컬럼비아대학생은 ID만 있으면 입장이 공짜였다.

나는 뉴욕에서 대학생활을 마무리하면서 아버지의 엄명을 어기고 의학도의 길을 포기했다. 아버지는 의사가 되기 위해 의대를 가라는 것이 아니라, 의학이야말로 인문학의 정수이므로 의학을 공부해도 훌륭한 예술가가 될 수 있다는 지론을 폈지만 나는 의학공부를 하는 과정이 너무도 적성에 맞지 않아 괴로웠다. 괴로움의 과정 끝에 달성된 결과보다는, 즐거움 속에서 달성된 예술적 성과야말로 보다 더 많은 사람의 고통을 덜어주는 치료가 될 수 있다고 확신했다. 나는 응급환자실에서 복무하면서 그 난장판 같은 생활이 내 평생을 지배하게 될 것을 생각하면 아찔했다. 나의 아버지는 너무도 이상적인 기준을 제시했다. 나는 대학원을 미술대학으로 선택했다.

그렇게 해서 어렵게 미대를 선택했지만, 막상 미대의 생활은 공허했다. 우선 가르

어느 뉴욕 기업인의 요청으로 그린 그림. 호퍼 스타일.

치는 선생님들이 제자들의 장래에 대한 확신이 없었다. 한 학생이 현대적 예술환경 속에서 예술가로서 성공하리라는 기대는 전혀 배제하고, 씨니칼한 얘기만 내뱉었다. 학생들도 인문학의 소양이 전혀 없는 상태에서 서로의 작품에 대하여 수준 이하의 잡설만 늘어놓고 있었다. 대부분의 학생들의 꿈이란 유명한 첼시 갤러리 주인의 눈에 띄어 작품이 걸리고, 스타덤에 입문하여, 화려한 뉴욕 씨티의 라이프 스타일을 엔죠이하는 것, 그런 허황된 꿈이었다. 그것이 이루어지기나 하면 좋으련만 근원적으로 이루어질 수 없는 꿈이었다. 나도 그런 꿈을 꾼 적이 없다고는 말할 수 없겠지만, 나는 나의 미대생활을 통하여 먼저 나의 현실을 직시했다. 뉴욕의 미술대학원에서 매년 수천 명의 졸업생이 배출되지만, 그 중에 자기 작품을 유명한 상업갤러리에 걸 수 있는 기회를 얻는 사람은 한두 명도 어렵다.

예술을 하는 것과 생계를 유지한다는 것은 공존하기 어렵다. 대부분의 학우들은 갤러리에서 거의 몇 푼도 못 받고 잡일을 하거나 또 빠나 레스토랑에서 아르바이트를 하곤 한다. 나도 대학원을 졸업한 후, 아주 낮은 월급에 어느 미디어회사에 풀타임으로 취직했지만, 생계보충을 위해서 밤에는 파트타임 웨이트리스 노릇을 해야만 했다.

페인팅에 내가 아무리 특별한 재능을 가지고 있다 할지라도 그 재능을 발휘하여 현대예술세계에서 성공한다는 것은 거의 무의미한 꿈이라는 것을 점점 자각하게 되었지만, 그 낙심의 과정에 나를 격려하는 하나의 주제가 부상하기 시작했다. 포토그라피! 사진예술은 작품의 결과가 단시간에 출현한다. 그 결과의 탄생 자체가 스튜디오에서 웅크리고 앉아 긴 시간을 고생하는 물리적 과정을 요구하지 않는다. 그러니까 최후 생산물보다는 그 생산물을 만들기 위한 과정, 그 과정의 창조성에만 주력하면 되는 것이다. 그리고 그 과정은 삶의 과정 속에서 동적으로 이루어질 수 있다. 그리고 나에게 주어진 환경 자체가 사진작품을 위한 영감의 근원이었다. 그것은 바로 뉴욕 씨티 그 자체였다. 뉴욕의 길거리를 어슬렁거리면서 나는 아버지가 옛날에 사준 낡은 6메가픽셀의 DSLR 카메라를 눌러대기 시작했다.

그래파이트 & 오일 페인팅

카메라는 내가 예전에 보지 못했던 것을 볼 수 있도록 나의 시선을 훈련시켰다. 도시의 숨어있는 인프라 스트럭쳐를 보게 만들었다. 마릴린 먼로가 서있던 지하철 통풍구, 다양한 지하터널로 통하는 맨홀 구멍, 서스펜션 브리지의 기둥 노릇을 하는 타워에 올라가는 사다리 등등을 조사하기 시작했다. 그리고 도시에 살고 있는 동물들의 현황과 그 생태를 주목했다. 나의 관심을 끈 것은 도시의 배면에 운집해 사는 쥐새끼들! 그들은 어두운 뒷골목, 버려진 공터, 지하철 터널, 그리고 하수구 어디든지 만재해 있었다. 나는 이 동물들에 대한 기호가 생겨났다.

인간세의 가생이에 살지만 너무도 지적이고, 또 그렇게 큰 해를 가하지는 않는다. 사람들은 쥐를 페스트로서만 인식하고 혐오하지만, 쥐는 과학자들이 우리의 삶을 개선하기 위하여 실험하는데 방편으로 활용되기도 한다. 나는 쥐를 따라다니다가, 지하세계나 버려진 어반 스페이스를 수색하기 시작했다. 그러다가 보통 도회지 사람들이 무시해버린 도시의 새로운 층면을 발견하게 되었다.

14년 전 내가 이 새로운 모험을 시작하였을 때만 해도 나는 도시환경 밖에서 산 적은 없었다. 나에게 도시라는 것은 하나의 거대한 유기체와도 같은 것이었다. 한 사람이 다른 사람을 사랑하고 또 증오하듯이, 나와 도시라는 유기체의 관계 또한 동일했다. 뉴욕은 나에게 여러모로 넘버원이었고, 또 그에 따라 사랑과 미움의 관계도 강렬했다. 맨해튼 섬 하나만 해도 지상 500m와 지하 250m 밑바닥에 이르는 인공구조물의 거미줄 같은 중층네트워크로 구성되어 있다. 뉴욕의 다섯 개 버러(독립구)는 35개의 다리와 터널로 연결되어 있는데, 이러한 연결구조는 뉴욕 씨티로 하여금 공학적으로, 건축학적으로, 디자인학적으로 유니크한 맛과 멋을 과시하게 만든다. 나는 뉴욕시의 사람만큼이나 복잡한 해부학적 구조와 그 혼을 탐구했다. 그 창자와 혈관 속으로 침투해갔던 것이다.

과거의 유물로서 폐기된 지하철역, 터널, 하수도, 카타콤, 공장, 병원, 조선소공장 등등의 황량한 공간들은 나에게는 뉴욕 씨티의 무의식세계를 대변하는 것으로 여겨졌다. 거기에는 집단적 기억과 꿈이 아직도 과거의 영화를 간직하고 있었다.

그래파이트 & 오일 페인팅

나는 이 공간들의 역사에 관한 이야기들을 적어나가기 시작했다. 암트랙 기차터널과 그랜드 센트럴 기차터널에서 수백 명의 홈리스들이 어떻게 살았으며, 1939년 컬럼비아대학의 랩에서 우라늄핵을 어떻게 최초로 쪼갰는지, 그리고 또 1987년에 컬럼비아대학의 몇몇 학생들이 대학 지하실에 저장된 핵물질을 비밀지하통로를 통해 반출하려 했던 이야기, 그리고 1837년부터 5년 동안 뉴욕에 민물을 공급하기 위하여 벽돌로 만든 품격 있는 터널이 조성된 등등의 역사를 캐내는 즐거움은 단순한 이야기를 넘어서 인간의 삶을 말해준다. 나는 이러한 이야기를 버려진 공간과 함께 비쥬얼라이즈 시키는 강렬한 작품을 만들고 싶어 했는데 그냥 사진을 찍는 것만으로는 도저히 인간의 내음새를 살려낼 길이 없었다. 그래서 버려진 공간에 사는 동물을 활용하고자 했지만 그것은 쉬운 작업이 아니었다. 가장 쉬운 방법은 그 버려진 무의식세계로 작가인 나 자신을 집어넣는 것이었다. 나는 문화와 시간의

버려진 민물 식수원 공급 수로. 뉴욕 크로톤 애퀴덕트. 미국 뉴욕 브롱크스, 1890년에 폐쇄된 옛 크로톤 수로Old Croton Aqueduct. 이 수로는 뉴욕시에 담수를 공급하기 위해 최초로 건설된 석조터널이다. 뉴욕이 메트로폴리스로 발돋움하는 데 크게 기여하였다. 도시의 지하공간은 인간의 무의식세계와도 같다. 무의식에 잠겨버린 인류역사의 기억을 이 지하공간의 아우라 속에서 온몸으로 느껴본다.

뉴욕의 웨스트 사이드에 있는 터널. 옛 암트랙의 일부. 동네이름을 따서 지옥의 부엌 터널Hell's Kitchen Tunnel이라고 불리기도 한다. 내가 이곳에서 혼자 카메라를 삼각대에 고정하고 사진을 찍으려는데 유령같은 그림자가 나에게 다가왔다. 나는 공포에 떨면서 소리쳤는데, 그 그림자의 주인공은 본시 이 지하터널에서 살고있는 홈리스였다. 내가 좀 비켜달라고 부탁하자 그는 평온하게 자리를 옮겨주었다. 내가 작업을 마치자 그는 나보고 발을 닦으라고 하면서 자신의 셔츠를 건네주었다. 자기는 뉴욕의 교도소인 라이커스 아일랜드에 수감되었었는데 출소 후 이 고적한 터널에서 평화와 고요를 얻었다고 털어놓았다. 이 사람은 나를 출구까지 바래다 주었다. 나는 밝은 햇볕아래 고맙다는 인사를 하고 그곳을 떠났다. 수년 후 내가 이곳을 다시 왔을 때 그는 자취를 감추었지만, 나는 그 사람이 매우 난폭한 성향의 정신분열증 환자라는 사실을 알게되었다. 이 사진은 2006년 뉴욕의 주말가이드 잡지인 『타임 아웃 *Time Out*』에 실려 세인의 주목을 끌었다. 내가 세상의 미디어에 알려지는 계기가 된 것이다. 그후로 나는 2007년 7월 29일자 뉴욕타임즈에 전면기사화 되었고 그 기사 속에서 나는 뉴욕도시 어둠의 지하세계의 한 "전설"로 소개 되었다.

외투를 벗기고, 그 공간의 물체의 보편성을 강조하기 위하여 나를 완전히 발가벗은 몸으로 만들었다. 나의 나신裸身은 작품의 감상자로 하여금 곧바로 버려진 공간의 인간의 내음새로 융합하게 되는 매우 직접적인 매개역할을 한다.

이렇게 해서 시작된 나의 첫 연작품이 나를 도시 무의식세계의 한 "전설"로 만든 "나도裸都의 우수憂愁*Naked City Spleen*"라는 작품이다. 네이키드 씨티 즉 나도는 뉴욕의 별명이다. "스플린"(비장脾臟)이라는 단어는 보들레르의 시집 "파리의 우수*Paris Spleen*"에서 따왔다. 비장에서 분비되는 쓸개즙은 우수를 자아내는 것으로 여겨졌다. 뉴욕에서 모든 삶은 감시 속에 있다. 내가 감시받고 있다는 느낌은 소외감과 막연한 불안을 자아낸다. 그런데 정상적인 제도권의 공간을 벗어나 도시의 무의식세계로 들어가는 것은 일종의 카타르시스와 갱생의 신선함 같은 것을 느끼게 한다. 이 버려진 망각의 공간들이야말로 닭장과도 같이 폐쇄된 뉴욕의 생활공간을 탈피하여, 감시가 없는 자유를 향유할 수 있는 유일한 곳이기도 하다.

돈 많은 사람들은 아파트 닭장을 벗어나 대자연의 별장 같은 곳으로 여행을 떠날 수도 있겠지만, 나같이 가난한 예술인에게는 유령이 나올 법한 이 황량한 공간들, 옛 수로나 버려진 공장지대를 둘러보면서 작품을 만드는 것은 도시의 불안이나 소요로부터 나를 해방시키는 멋진 자유의 도약이었다. 어떤 도시공간도 버려지면 자연이 다시 클레임한다. 아름다운 자연의 정적이 깃들고 폐허 위에 생물이 서식한다. 나의 몸과 이 공간들 사이에 장벽이 사라지면, 이 폐허들은 소외에서 친숙으로, 위험에서 놀이로, 황폐에서 안식으로 그 느낌이 달라진다. 나는 나체로 이 폐허들을 구속 없이 춤추며 다녔다. 그리고 나는 행위예술의 중요함을 깨달았다. 예술창작의 과정이야말로, 최후의 결과물인 사진작품보다, 더 의미 있는 영감의 원천이 된다는 것을 깨닫게 되었던 것이다.

나는 나의 몸을 활용한 새로운 포토그라피 연작 프로젝트를 시작하게 되었다. 나의 몸은 사진이 묘사하고 있는 공간으로 보는 사람들을 끌어들이는 일종의 감각 창구 같은 역할을 한다. 바라보는 사람이 작품의 공간을 더 직접적으로 느끼게 만드는데, 그것은 나의 나체가 그 속에 있기 때문에 내가 느끼는 감각을 대신하여

필라델피아 리치몬드 발전소. 이곳에서 세계 최대의 웨스팅하우스 터보 발전기가 가동되었다. 1985년에 문을 닫음.

느끼게 하는 효과가 있기 때문이다. 그래서 나는 나의 작품의 초점을 촉각, 즉 터치, 그리고 스킨십으로 옮겼다. 그리고 터치의 감각이 인간과 동물을 융화시키는 힘이 있다는 것을 발견했다.

중세기로부터 내려오는 서구의 심신이원론은 인간의 동물에 대한 모든 우월감을 보장한다. 동물은 진정한 영혼을 결여하고 있으며 마음을 갖고 있질 못하다고 마구 비하시킨다. 나는 어려서부터 동물과 인간의 하이어라키에 대해 매우 회의적이었다. 동물의 눈만 쳐다보고 있어도 만물은 하나로 통한다는 것을 직감할 수 있다. 나라는 인간의 존재가, 고양이나 개나 닭에 비해 우월한 존재라는 오만을 버려야 한다. 쇼펜하우어의 말대로 그들에게는 인간의 허세나 거짓이 없다. 나에게 영혼이란 몸의 접촉을 통해서 전달되는 영기靈氣일 뿐이다. 이러한 나의 관념을 표출하기 위해서는 돼지보다 더 좋은 주제가 없었다. 돼지의 피부는 인간의 피부와 오묘하게 비슷하며, 그 해부학적 특성도 인간과 크게 다를 바가 없다. 그들의 높은 지능, 인지능력은 잘 알려진 것이다. 나는 살아있는 돼지와 교감하는 생활을 해본 적은 없다. 식탁에 올라오기 전 상품화된 고깃덩어리로써만 해후했을 뿐이다. 내가 대학원에 있을 때 이미, 나는 대규모 공장형 양돈산업의 충격적 현실에 관해 주목한 바 있다. 슈퍼마켓에 진열된 돼지고기 한 팩에 숨어있는 많은 문제점, 우리 문명의 현실에 관해 반추할 기회가 있었다. 이러한 얘기가 지금은 많이 노출되었지만 내가 이 문제를 예술적으로 승화시켜 제기한 시점인 15년 전만 해도, 사람들은 미국의 식품생산과정과 그 제국주의적 횡포에 관해 모르고 있었다. 모든 것은 비밀리에 비인간화되었고, 문제를 제기하는 동물애호시민단체의 소리도 묵살되었다.

나는 충격적인 사실을 발견하면 할수록 더욱 이 주제로 깊게 빨려 들어갔고, 단순히 예술적 이미지를 창조한다는 목적을 넘어서서 관련된 다양한 주제에 관해 학구적 연구를 깊게 했다. 이러한 사상투쟁의 과정이 나의 사진작품에 배어있었다. 2011년 말, 나는 드디어 이 시리즈를 완성했다. 그 시리즈는 데리다의 언어를 일부 차용하여, "돼

리비어 설탕공장은 1920년에 미국 당밀 회사(American Molasses Co.)가 지은 공장이었다. 공장의 소유주는 안토니오 플로이렌토라는 인물로 그는 필리핀 남부 지역에 거대한 바나나 농장을 소유하고 있어 “바나나 왕”으로 알려지기도 했다. 1985년에 문을 닫은 이후 20년이 넘도록 리비어 설탕공장은 폐허의 상태로 남아 있었다. 그리고 다양한 종의 동식물의 서식지로 둔갑하였다. 그곳에서 처음 개 짖는 소리를 들었을 때 나는 경비견이겠거니 생각했었다. 그러나 얼마 있지 않아 야생견 무리가 살고 있는 것을 발견하였고, 그 밖에도 백조, 오리, 설치류 등 다양한 동물과 아직까지 설탕이 가득한 돔 주위에 보금자리를 마련한 꿀벌도 만날 수 있었다. 돔 형태의 건물 바닥은 묵은 당밀과 동물 발자국으로 뒤덮여 있었다. 그곳은 더 이상 인간의 공간이 아니라 자연의 공간이었다. 잘 생긴 야생견 한 마리가 제 짝을 좇아 달려나가던 자유로운 모습을 부럽게 바라보았던 기억이 아직도 생생하다.

지가 있다. 고로 나는 존재한다The Pig That Therefore I am"이라고 제목붙여졌다. 나는 이 작품들을 아이오와주나 미주리주에 있는 대규모 양돈산업공장에 들어가 찍었는데, 일부는 허가를 얻는 데 성공했지만, 일부는 몰래 들어가 찍었다. 몰래 들어가 찍는 일은 목숨 걸고 하는 일이었다. 경비원들은 총을 들고 있었고 산업마피아조직의 일원들이었다.

나는 돼지와 같이 나체로 우리에서 생활을 했다. 인간과 동물이 혼연한 일기一氣라는 것을 사람들에게 예술적으로 과시했다. 그리고 돼지가 사육되고 도살되는 전과정을 드러냈다. 이 사진들이 충분히 모아진 후 2011년 12월, 나는 마이애미 아트 바젤 기간 동안 프라이머리 프로젝트Primary Projects라는 갤러리에서 사진전시와 함께 행위예술을 감행했다. 4일 동안 유리로 만들어진 우리 속에서 두 마리의 돼지와 함께 생활했다. "나도의 우수" 시리즈는 뉴욕타임즈가 크게 떠들어서 미국 전체에 알려졌지만, 마이애미 퍼포먼스는 전세계를 떠들썩하게 만들었다. 중국과 유럽의 아트계에서 대대적으로 보도했다. 나의 작품은 착상의 기발함과 함께 높은 평가를 받았기 때문에 나는 모든 직장을 포기하고 예술에만 전념하는 새로운 환경을 맞이하게 되었다.

사실 나의 행위예술은 미국 최대의 동물윤리조직인 페타PETA에서 긍정적으로 평가하고 인가했다. 그런데 지방의 작은 시민단체들은 내가 행위예술을 하기 위하여 돼지 두 마리를 학대했다고 생트집을 잡았다. 나는 도살장에서 곧 도살될 돼지 두 마리를 사와서 갤러리 내의 좋은 환경에서 4일 동안 살게 했을 뿐이고, 또 그 후에는 좋은 자연농장으로 가서 살 수 있도록 모든 배려를 해놓았다. 그런데 불행하게도 돼지 한 마리가 폐렴 기운이 있었다. 그 돼지는 갤러리에 오기 전에 이미 좀 문제가 있었던 것이다. 갤러리는 수의사를 불러다가 모든 조치를 다 취했으나, 동물권리 액티비스트들은 학대의 측면만을 주장하여 각 신문에 크게 악담을 떠벌려 놓았다. 그러자 이 돼지들이 가기로 되어있었던 자연농장에서 병든 돼지를 받지 않겠다고 선언했다.

그러자 시민단체 액티비스트들은 자기들이 돼지를 가져갈 것이니 그 돼지치료를 위

나는 104시간 동안 계속해서 돼지 두 마리와 같이 생활했다. 프라이머리 프로젝트에서. 2011. 11. 30.~12. 4.

해 8천 불을 내놓으라고 협박했다. 8천 불이면 시골농가 한 식구가 1년을 살 수 있는 돈이다! 어차피 도살되기로 되어있었던 돼지를 내가 예술행위에 썼다고 8천 불을 내놓으라는 것이다. 나는 하는 수 없이 그들을 달래기 위해 1천 불을 내놓았다. 사실 나는 그 전시를 통해 1천 불도 벌지 못했다. 미국의 시민단체는, 이런 방식으로 자기들의 명분을 위해 목숨 걸고 일하는 나 같은 예술가들에게 터무니없는 트집으로 돈을 뜯어내려고 하고 있는 것이다. 그들은 나머지 7천 불을 갤러리 보고 내라고 협박했다. 당연히 갤러리에 그런 협박이 통할 리 없다. 때로 미국인의 상식은 전세계의 균형감 있는 상식과 비교해볼 때, 너무도 터무니없을 때가 많다. 방글라데시의 민중의 생계현실 속에서, 돼지 두 마리의 치료를 위해 8천 불을 내놓으라는 강탈논리가 성립할 수 있겠는가? 그들의 악담을 취재한 미국의 미디어들에게 나는 이렇게 인터뷰를 했다:

> **"매일 수십만의 돼지들이 인간의 과욕을 위해 도살되고 있습니다. 나의 작품은 관중들에게 인간과 돼지가 본질적으로 다르지 않다는 의식을 불러일으키기 위한 것입니다. 나는 동물의 권리주의자들이 이러한 문제에 관하여 대중을 계몽하고, 공장형 대규모 양돈산업의 과도한 이윤추구를 비판하여, 인간의 권리를 무시하고 지구환경을 파괴하는 짓을 방지하게 하는 데 주력해주었으면 합니다. 인간존재와 동물존재를 동일한 평면에서 바라보게 만드는 좋은 쇼를 기획하는 작은 아트 갤러리를 괴롭히는 바보짓은 하지 마세요."**

나는 이 사건으로 인해 미국문명에 대한 회의를 품기 시작했다. 인류사의 가장 찬란한 과학적 진보와 세계의 리더십을 장악하고 있는 나라, 미국! 그 미국은 인간 삶의 가치를 왜곡하고 있고, 사사건건 부닥치는 파라독스로 충만하여 있다. 내가 뉴욕시에 살면서도 그 도시 삶의 제도적 폐쇄성을 탈피하기 위하여 도시 안의 버려진 공간을 새로 발견했듯이, 이제는 미국 사회 전체, 아니 소위 문명화되

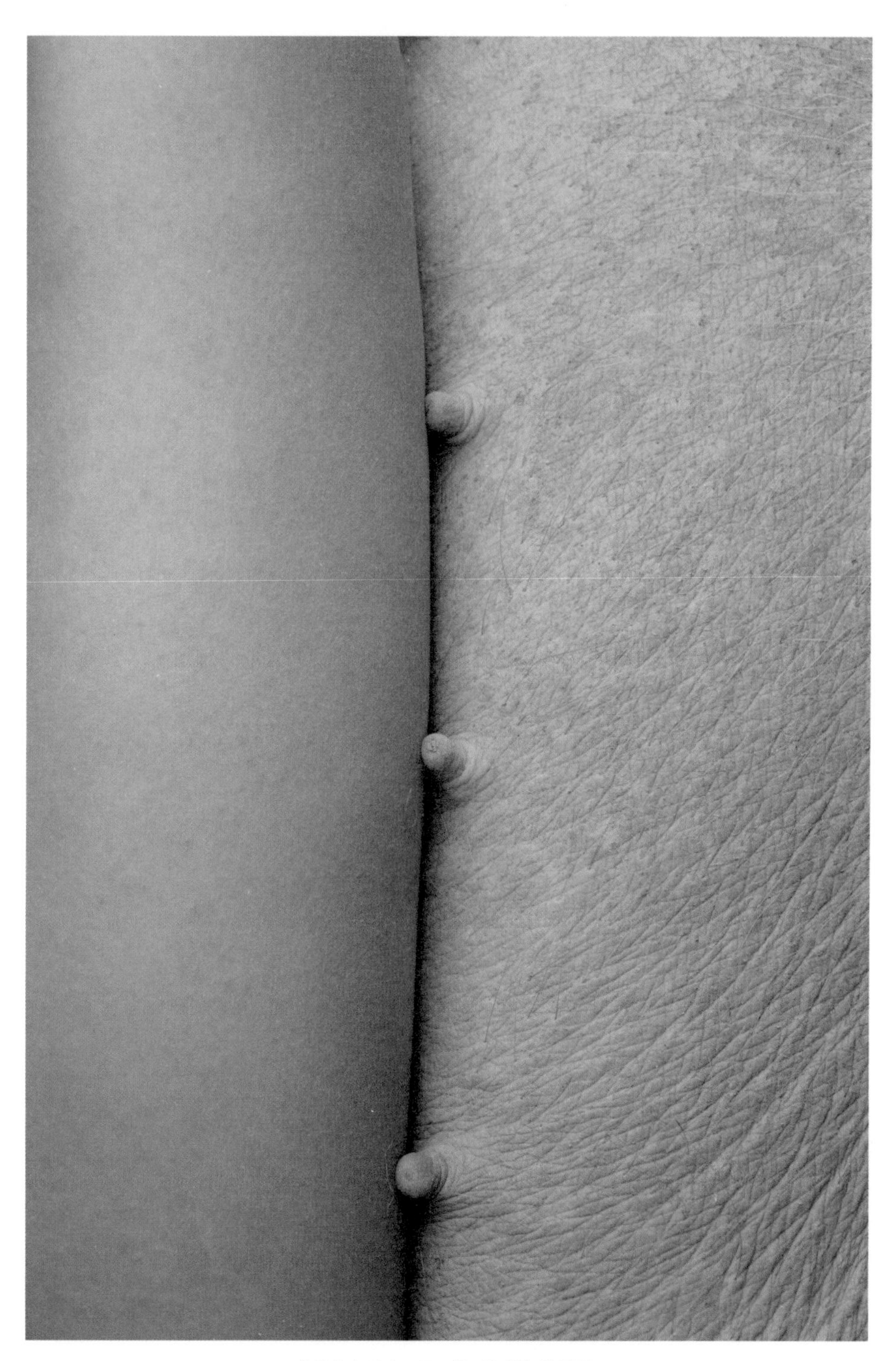

“돼지가 있다 고로 나는 존재한다” 작품

었다는 세계 전체를 탈피하여 새로운 세계를 발견해야겠다는 생각이 들었다. 그런 생각이 오락가락하던 즈음에 사막의 아름다움을 발견하게 되었던 것이다. 텔레비전 프로그램을 찍으러 내 인생 최초로 중동권을 방문했다가 만나게 된 낙타는 그 존재 자체가 반문명적이었다. 나는 낙타의 진화의 역사 속에서 "평화"라는 단어를 발견하였다.

그리고 그 이 동물과 교감하면서 같은 방식의 삶을 변치 않고 유지해온 사막의 베두인들의 예지에 대한 경외심이 생겨났다. 사막이라는 황량한 삶의 조건은 사막의 거주민들로 하여금 낙타라는 동물에 의존치 않을 수 없게 만든다. 사막에 적응한 동물 중에서 가장 큰 포유류인 낙타는 사막에서 생존할 수 있는 특별한 능력을 지니고 있다. 산업화된 농업이라든가 대규모 동물사육이 사막세계에는 침투할 길이 없다. 유목민은 사막에서 살기 위해서는 전통적 삶의 방식을 유지하지 않을 수 없다. 문명을 거부하고 태양과 모래를 선택해야 한다. 낙타에 대한 매료는 나로 하여금 "낙타지도駱駝之道The Camel's Way"라는 연작 시리즈에 착수하게 만들었다. 전시회의 이름은 대중성을 고려하여 "낙타가 사막으로 간 까닭은"이라고 했다. 그때는 나의 사막생활이 3년이 걸릴 것이라곤 꿈도 꾸지 못했다. 그것은 포토그라피 프로젝트를 뛰어넘는 오묘한 철리哲理 탐구의 여행이었다. 존재 근원을 파고드는, 문명과 반문명의 존립근거를 동시적으로 해체시키는 고독한 싸움이었다.

사막에서 돌아온 후, 나는 예술을 바라보는 방식에 근원적 혁명을 일으켰다. 예술은 더이상 한 개인의 자기표현의 열정이나 장난이 될 수 없었다. 흰 벽 걸쇠가 있는 전시장에 걸리는 행운, 그리고 사적인 쾌락을 위하여 누군가 내 작품을 구매해주기를 바라는 소망 속에서 창작행위를 한다는 것이 더이상 의미를 갖지 않게 되었다.

벽에다 예술품을 건다는 것 자체가 삶의 군더더기가 되는 그런 곳에서 오래 생활을 하다 보니, 그토록 선명하고 짙은 대자연의 색깔과 아름다운 구도의 시시각각의 변화 속에서 혼연일체가 되다 보니 자연스레 나를 지배하던 예술의 기존관념들이 허물어져

그래파이트 & 오일 페인팅

나갔다. 이러한 원리적 관념의 변화는 예술세계라고 하는 연관구조, 갤러리, 박물관, 컬렉터, 비평가, 예술생산자 등의 존재 자체를 나에게서 소외시켰다. 내가 성공하기 위해서는 그들에게 알랑방구를 뀌어야만 한다는 당위성도 사라졌다.

내 인생을 회고해본다면 비교적 어린 나이에 예술가로서 상업적 성공을 거두었다는 사실 그 자체가 내가 과연 왜 예술적 삶을 선택하게 되었는지, 그 원초적 충동을 망각케 하는 결과를 초래한 것 같다. 사막은 무無였다. 사막은 나의 존재의 카타르시스였다. 존재의 모든 쓰레기를 불살라버리는 화염이었다. 나는 그 태양의 잿더미 위에서 다시 시작해야만 했다. 나는 결국 아트 메이킹art making의 출발점으로 되돌아왔다.

나는 새로운 포토그라피 연작을 시작했다. 벌레를 먹고 사는 사람들, 돼지나 소를 죽이지 않고도, 그러한 육고기를 먹는 엄청난 낭비를 저지르지 않고도 필요한 영양분을 취하는 사람들의 예지를 체험하기 위하여 중국 내륙, 남미, 중남미, 남아프리카의 유기적 생활권을 탐색했다. 그리고 나의 생각을 정리하는 저작에 많은 시간을 할애했다. 글을 쓰려면 공부를 안 할 수 없다. 글쓰기는 나의 생각을 타인과 공유하기 위한 가장 정직한 방법이다. 예술의 허위성이 최소화되는 예술공간이기도 하다. 그리고 될 수 있는 대로 나의 노동력을 요구하는 작업, 수공이나 페인팅에 보다 많은 시간을 할애하고 있다. 그러니까 나는 요즈음 미술수업의 초년병으로 되돌아갔다. 무無로부터 다시 시작하는 것이다.

제도화된 환경의 연관구조 속에서 어떠한 종국적인 제품을 생산한다는 선입견을 일체 버리려고 노력하고 있다. 완성된 작품을 내놓는다는 것 자체가 일종의 종말론적 허구이다. 물론 예술의 제도권 전체를 내가 부정하는 것은 아니다. 그것은 공공의 교육을 위하여 매우 유효하다. 최근 나는 나의 페인트 브러쉬가 캔버스 위에서 어떠한 느낌을 나에게 전달하는지 그 교감에 몰두하고 있다.

— 完 —

감사의 말씀

이 책의 36송은 2017년 6월부터 2020년 5월까지 『월간중앙』에 연재되었습니다. 3년동안 묵묵히 졸고를 아름답게 한국의 대중에게 펼쳐보여주신 김홍균 편집인 이하 월간중앙 스태프 전원에게 특별한 감사를 전합니다. 그리고 이 글을 책으로 만들 것을 적극 권유해주신 홍석현 회장님, 이상언 대표님께 감사의 말씀을 드립니다.

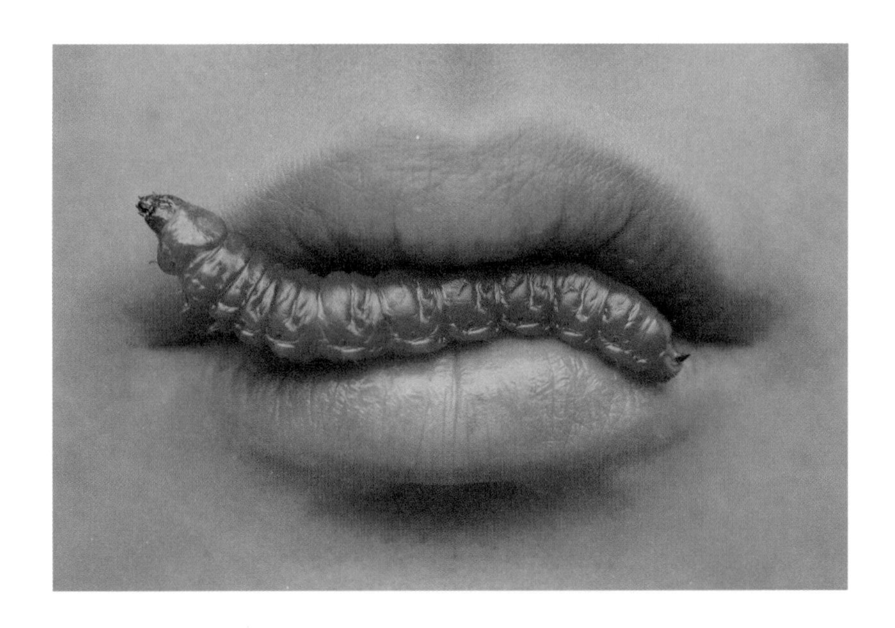

【찾아보기】

인명・지명・용어

자

차

카

타

파

하

ABC순

문도선행록

2020년 5월 11일 초판 발행
2020년 6월 15일 1판 4쇄

지은이 · 김미루
펴낸이 · 남호섭

편집책임 _김인혜
편집 _임진권, 신수기
제작 _오성룡
표지디자인 _박현택
라미네이팅 _금성L&S
인쇄 _봉덕인쇄
제책 _우성제본

펴낸곳 · 통나무
서울특별시 종로구 동숭동 199-27
전화: 02) 744-7992
출판등록 1989. 11. 3. 제1-970호

값 32,000원
ISBN 978-89-8264-144-2 (03980)